城乡建成遗产研究与保护丛书

# 西方现代风土建筑概论

## Introduction to Modern Western Vernacular Architecture

潘　玥　著

U0334413

同济大学 出版社
TONGJI UNIVERSITY PRESS

图书在版编目(CIP)数据

西方现代风土建筑概论 / 潘玥著. —上海：同济
大学出版社，2021.12
（城乡建成遗产研究与保护丛书 / 常青主编）
ISBN 978-7-5765-0002-8

Ⅰ. ①西… Ⅱ. ①潘… Ⅲ. ①建筑艺术－西方国家
Ⅳ. ①TU-861

中国版本图书馆 CIP 数据核字（2021）第 273533 号

本书得到以下基金资助：
国家自然科学基金面上项目：51678415
我国城乡风土建筑谱系保护与再生中的基质传承方法研究
国家自然科学基金重点项目：51738008
我国地域营造谱系的传承方式及其在当代风土建筑进化中的再生途径
国家自然科学基金青年项目：52108026
基于中外比较的风土建筑变迁理论及应用研究
This Research was Supported by Project 51678415，51738008 and 52108026 of NSFC

城乡建成遗产研究与保护丛书
# 西方现代风土建筑概论

潘　玥　著

策划编辑　江　岱
责任编辑　姜　黎
责任校对　徐春莲
封面设计　张　微
版式设计　朱丹天

出版发行　同济大学出版社　　www.tongjipress.com.cn
　　　　　（地址：上海市四平路 1239 号　邮编：200092　电话：021－65985622）
经　　销　全国各地新华书店
印　　刷　上海安枫印务有限公司
开　　本　710mm×1000mm　1/16
印　　张　32.25　　　插页　1
字　　数　645 000
版　　次　2021 年 12 月第 1 版　　2021 年 12 月第 1 次印刷
书　　号　ISBN 978-7-5765-0002-8
定　　价　168.00 元

# 总　　序

　　国际文化遗产语境中的"建成遗产"（built heritage）一词，泛指历史环境中以建造方式形成的文化遗产，其外延大于"建筑遗产"（architectural heritage），可包括历史建筑、历史聚落及其他人为历史景观。

　　从历史与现实的双重价值来看，建成遗产既是国家和地方昔日身份的历时性见证，也是今天文化记忆和"乡愁"的共时性载体，可作为所在城乡地区经济、社会可持续发展的一种极为重要的文化资源和动力源。因而建成遗产的保护与再生，是一个跨越历史与现实，理论与实践，人文、社会科学与工程技术科学的复杂学科领域，有很强的实际应用性和学科交叉性。

　　显然，就保护与再生而言，当今的建成遗产研究，与以往的建筑历史研究已形成了不同的专业领域分野。这是因为，建筑历史研究侧重于时间维度，即演变的过程及其史鉴作用；建成遗产研究则更关注空间维度，即本体的价值及其存续方式。二者在基础研究阶段互为依托，相辅相成，但研究的性质和目的不同，一个主要隶属于历史理论范畴，一个还需作用于保护工程实践。

　　追溯起来，我国近代以来在该领域的系统性研究工作，应肇始于 1930 年由朱启钤先生发起成立的中国营造学社，曾是梁思成、刘敦桢二位学界巨擘开创的中国建筑史研究体系的重要组成部分。斗转星移八十余载，梁思成先生当年所叹"逆潮流"的遗产保护事业，于今已不可同日而语。由高速全球化和城市化所推动的城乡巨变，竟产生了未能预料的反力作用，使遗产保护俨然成了社会潮流。这恰恰是因为大量的建设性破坏，反使幸存的建成遗产成了物稀为贵的珍惜对象，不仅在专业研究及应用领域，而且在全社会都形成了保护、利用建成遗产的价值共识和风尚走向。但是这些倚重遗产的行动要真正取得成功，就要首先从遗产所在地的实际出发，在批判地汲取国际前沿领域先进理念和方法的基础上，展开有针对性和前瞻性的专题研究。唯此方有可能在建成遗产的保护与再生方面大有作为。而实际上,迄今这方面提升和推进的空间依然很大。

与此同时,历史环境中各式各样对建成遗产的更新改造,不少都缺乏应有的价值判断和规范管控,以致不少地方为了弥补观光资源的不足,遂竞相做旧造假,以伪劣的赝品和编造的历史来冒充建成遗产,这类现象多年来不断呈现泛滥之势。对此该如何管控和纠正,也已成为城乡建成遗产研究与实践领域所面临的棘手挑战。

总之,建成遗产是不可复制的稀有文化资源,对其进行深度专题研究,实施保护与再生工程,对于各地经济、社会可持续发展具有愈来愈重要的战略意义。这些研究从基本概念的厘清与限定,到理论与方法的梳理与提炼;从遗产分类的深度解析,到保护与再生工程的实践探索:需要建立起一个选题精到、类型多样和跨学科专业的研究体系,并得到出版传媒界的有力助推。

为此,同济大学出版社在数载前陆续出版"建筑遗产研究与保护丛书"的基础上,规划出版这套"城乡建成遗产研究与保护丛书",被列入国家"十三五"重点图书。该丛书的作者多为博士学位阶段学有专攻,已打下扎实的理论功底,毕业后又大都继续坚持在这一研究与实践领域,并已有所建树的优秀青年学者。我认为,这些著作的出版发行,对于当前和今后城乡建成遗产研究与实践的进步和水平提升,具有重要的参考价值。

是为序。

同济大学教授、城乡历史环境再生研究中心主任

中国科学院院士

丁酉正月初五于上海寓所

# 序

在前工业时代，对应于等级森严、秩序井然的上层"风雅建筑"（high style architecture），适地自然、随宜而成的民间"风土建筑"（vernacular architecture），占到了人类建筑的大多数。风土建筑以传统的适地材料、工艺和文化风习，铸就了自然、自如、自明的地域建筑文化及其营造意匠（bricolage）。作为国家、民族、民系历史身份和文化基因的本真载体，风土建筑至今仍具有不可忽略的研究和借鉴价值。进入工业时代以来，风土建筑亦可对应于现代建造体系下的新建筑。在现代性和全球化的双重冲击下，风土建筑如今正以令人震惊的速度趋于颓败以至消亡。特别是千禧年前后以来，对身份认同的迷茫和对未来不确定性的担忧，使风土建筑的保护与再生研究，进入了传统观与现代性博弈的建筑学前沿。

本书基于风土语境，以欧洲18－19世纪启蒙运动和工业革命背景下的建筑演化为开篇，追溯了风土范畴和语境下的艺术与建筑事件、人物及其影响，探讨了西方相关建筑理论及其语义递变。其中包括对浪漫主义的如画景致、哥特匠艺及工艺美术运动等历史话语的再析，对现代主义萌芽期风土要素的梳理和发挥，研究视角新颖独特。随后作者进一步切入主题，聚焦于1960年代以来，传统观与现代性再次碰撞所产生的风土建筑理论主脉，系统地展现了现代风土理论范式及其内涵的丰富性及文脉关联性，涉及了传统与现代、保护与演进的矛盾性及共生性，因而对国内建筑历史与理论领域相对薄弱的这一方向有拓展意义。

作者在我指导下完成博士论文和博士后研究，硕士阶段师从卢永毅教授，具备良好的西方建筑历史与理论学养，因而能够熟练而广泛地阅读和理解英文理论原著，在纷繁的理念、视角和范式之间建立关联域，对西方现代主义运动前后，与风土建筑理论与实践语境相关的艺术和建筑领域设计大师、理论家和建筑史家的思想和学说，有独到的评析和诠释，可说是国内第一本系统研究西方现代风土建筑理论的著作。不仅如此,本书还述及了日本和我国风土建筑的典型特征及其与西方影响的关系,对当下国内的城乡风土建筑研究与保护也有一定的借鉴价值。

    是为序。

2021 年 12 月 30 日于上海寓所

# 前　　言

　　本书基于广泛的历史文献研读和深入的田野实地考察，对西方现代风土建筑的理论及其影响进行了综合性的历史研究。通过梳理西方现代风土建筑理论的成因和脉络，阐明了风土建筑理论的核心价值，凝练相关价值认知对过往历史与当下实践的作用与影响，对我国下一阶段的风土建筑遗产的存续与处置问题提出现代角度的独特分析和理性思考。笔者尝试从西方史学前沿性的观念史研究着手，以观念更替为主线追溯西方现代风土建筑理论兴起的深层文化转换、价值认知动因，观照彼时的文化、技术、政治及社会变革。在这一基础上，以适应性利用的需求形成风土建筑理论回顾的多个关注点，以风土建筑对现代建筑的影响为主脉，对风土建筑理论史所包含的当代启示部分，尝试了具体化、当下化和本土化的阐释性研究。较为注重从代表性建筑师的现代设计变革以及核心思想入手，挖掘大量埋藏于历史之中、未被探明的风土建筑的转换性继承方式和思考方法，换言之，相关现代建筑师不仅仅被当作设计实践者，也被看作风土观的思辨者与变革者。同时，追踪风土建筑研究自身的学科化进程，详述学科细分和理论发展带来的现代西方风土建筑研究框架包含的广阔内容，囊括风土建筑整体研究、保护的前沿范式。在较为翔实的前期研究基础上，再进一步结合现代遗产保护话语的介入，审视相关国际保护纲领和西方理论积淀对风土建筑保护实践现状的作用问题。为了实现针对性的剖析，选取国外具有代表性的风土建筑遗产保护及再生案例进行实地考察勘验，校准已有理论成果，以此逐渐引出对中国当代风土建筑遗产存续方式的讨论。

　　本书分为上、下篇，上篇包含第一、第二、第三章，下篇包含第四章、第五章、结语。上篇追溯风土在西方作为一种现代观念的肇始与流变。

　　第一章是导论，梗概性地展示现代西方风土建筑观念的生成，回顾西方现代风土建筑代表性文本及其研究旨趣和学科分化，初步追溯西方相关研究者的问题意识和思考方法,并提出本书采用的研究架构。

第二章是西方现代风土建筑的理论背景。首先,从探寻早期风土观转变原因的角度出发,考察风土观与民族国家的关系,以英语词源的王室与乡绅结盟背景为例,指出西方政治格局的二元结构,解释西方社会风土建筑之于风雅建筑的整体社会基础。随后从风土观与文化地景的角度,论述了景观审美的价值取向,整合英国和欧陆若干代表性人物及学说,梳理出早期西方现代风土建筑的核心思想和理论类型。将西方风土观在日本的衍生和影响作了初步梳理,涉及了较早受到西方现代风土观念波动影响的日本现代风土建筑的研究理路问题。

第三章是西方现代风土建筑的理论体系。从风土与现代的关系入手,针对启蒙现代性和工业革命对传统风土建筑的冲击,分析工艺美术运动、新艺术运动等对之前的风土抵抗及启迪。随后对风土建筑的核心理论逐一挖掘:首先以德意志制造联盟的重要成员赫尔曼·穆特修斯的理论为楔子,考察了风土建筑的客观性价值在早期现代运动中的引入。随后以勒·柯布西耶的风土观与其设计实践的关系为证,揭示了现代主义与风土建筑之间暗含的繁盛交流和互相借鉴。作为对照,回溯布鲁诺·陶特在德国、日本、土耳其等若干人生阶段中与风土建筑相关的理论与作品,分析其风土建筑价值认知和实践路径转变的原因,展示其修正和扩充现代建筑理性维度的具体思考方法。接下来以意大利建筑师卡洛·斯卡帕的作品为例,进一步从历史资源的合理转化角度,对风土建筑遗产的改造方式与反思性怀旧进行了阐释。之后对伯纳德·鲁道夫斯基"没有建筑师的建筑"思想形成过程做了总结性考察,揭示西方风土建筑价值认知最终形成结构性转变的深层文化动因。随后以尼古拉斯·佩夫斯纳作为现代主义建筑史编纂者与风土建筑研究的关系为新的入口,透视现代建筑史学编撰在风土建筑这一话题上的思考与转向。并回顾了阿莫斯·拉普卜特的宅形与文化理论,结合保罗·奥利弗的风土建筑学说,提出以1997年《世界风土建筑百科全书》的完成为标志,风土建筑在西方最终完成学科化过程,成为一门独立学科。在该章节最后部分,从风土建筑与地域主义这一理论话语的关系入手以风土现代实践的三种方向析出风土遗产延续的价值论和新风土的在地建构。并指出伴随着风土建筑的"环境—文化"双重本质的发现,以及学科细分式研究的不断深入和综合性的学科化进程,对世界性的社会文化走向以及建筑学自身的更新和学科的总体性进步都将产生持久影响,同时再次提示了风土建成遗产被作为整体进行保护的共识也在学科化同期达成。

为了进一步开拓风土建筑的保护与传承问题的思考方法,下篇以现代遗产保护话语的介入为主线。

第四章是西方现代风土建筑理论的实践意义,梳理了国际保护语境下风土建成遗产的相关理论,指出结合过往相关建筑保护实践进行讨论的重要意义,随后剖析遗产话语中"文化地景"概念下的风土内涵。以风土建筑与乡村景观的永续为线索,对风土建筑遗产的保护历程做了详细的个案考察,包括日本奈良今井町、日本妻笼宿、英国科兹沃尔德,对上述三地的地域历史、保护理念、政策制定、公众参与、复原技术等进行回顾和梳理,结合国际保护纲领与理论,对如何吸取代表性案例的保护经验,同时贯通西方前期的风土建筑理论积淀成果进行了初步的整合与思考。按风土建筑遗产的存续和发展的精细化要求将保护策略分为六种递进的类型:异地标本式保存,原址标本式保存,标本式保存+地景特征、聚落肌理、尺度体系保护,类型三+建筑翻新(再生),类型四+生活形态活化(场景再现),以及类型五+聚落社会组织结构作用。并进一步从风土建筑与人居环境的角度,以英国对现代风土建筑居住建筑的实验性探索为例,勾勒了风土建筑遗产以适度利用的方式重新作为现代居住生活载体的图景。

第五章是西方风土建筑理论的在地思考与实践。从中国风土建筑研究与国际相关语境的差异上出发,简要回溯了过往的民居研究,引出基于文化地理学的民系方言区与风土建筑谱系研究的关系。从中国乡土建筑与西方风土建筑的语境区分上,论述了源于宗法制度的乡民社会传统聚落与西方乡村聚落的异同。通过实地考察,分析了广州恩宁路地区风土建成遗产的延续实践,初步讨论了中国风土建筑遗产存续实验引发的意义。

在结语部分,从"以实证为基础考察风土演进史实,初步梳理了西方风土理论和实践文献""以当代风土问题与解决途径为问题意识,诠释和拓展价值认知和保护策略"和"以国际视野逐渐切入中外比较语境下中国风土建筑遗产存续问题的解析"三个方面概述了本书的研究结论和探索方向,对风土建筑的价值与未来存续方式作了展望。

观念的形成是缓慢的过程,正如萨特在纪念纪德时发出的感悟:"一切真实都是变成的"(黑格尔语)，人们总是忘了这一点，把观念当作一种制成品，没有意识到它并非别的，而只是缓慢的成熟过程，是一系列必然、但可以自行纠正的谬误，一系列片面的，但可以自行补充、扩充的看法。任何一个深植于人心的观念的形成，并不是一蹴而就的，风土建筑这一现代观念的成熟本身也是一个历史性的过程。而任何一部观念史，应该注意到承载观念演进的并非机械之物，而是具有生命的鲜活个体，并且总是处于特定地域与特定时期的社会、文化语境之中。风土建筑这一话题是写在现代"边缘的"，但也是世界性的，风土是不断给当代带来启示的"超历史性"现象。它的研究具有开放性和包容性，本身又同时是一个正在形成中的、不断被以新的诠释角度定义的过程，其深远的文化振幅痕迹和对社会总体进程的巨大影响也早已远超出以国界为范围的讨论。本书所初步显示的目标，指向很多领域的跨界合作，进而期待各种背景的读者能从中得到些许参考和启发，能够有决心共同守护好日渐消失的风土建筑遗产并使之存续，这些社会力量应当不局限于艺术史、建筑设计、人类学、民居研究、城乡规划、遗产保护等各专业领域的同仁，可能还有更多来自热爱传统文化、内心对建筑艺术存有好感的广大公众。

# 目　　录

I

## 下　篇

上　篇

# 第一章 导　　论

　　进入 21 世纪,我国代表着国家、民族历史身份的官式建筑或近于官式的地方建筑大都已有法律保护身份,但量大面广的风土建筑却在城镇化和工业化的摧枯拉朽下,以极快的速度改换原貌或趋于消失。虽然历史上留存下来的自然村镇数以百万计,目前列入保护名录清单的仅是极小的部分。[①]地方在城镇化和旧区改造进程中,怎么保留和发展风土建筑,涉及价值判断与方法手段。针对这种对传承的对象和方式没有较清晰认识的情况,21 世纪的风土研究应着重探索在理论上有前瞻性,在实践中又切实可行的应用途径,需要针对我国城乡风土建筑遗产的存续和发展要求,不断提出关于风土建筑价值认知、研究范式与再生策略的结构性建议。

　　西方风土建筑理论中所积累的经验是否能够作为我们反观自身的镜子? 这些经验又如何应用? 风土建筑如何由一个被动等待保护的对象转变为一个自身具有主体性价值的遗产资源? 以上这些问题都是亟待研究的。因此,在我国当下的语境中研究风土建筑,实际是在研究"如何保护风土建筑"之后那个更关乎传统特质传承与社会良性发展,以及如何修正"现代进程"的结构性问题。我国的风土建筑价值认知理论、研究范式与保护方法,以及适应性利用实验这些课题与西方相比还处于早期阶段,适时吸取西方的理论成果和历史经验尤为重要,而从如何更有效地传承城

---

[①]　根据住建部和国家文物局颁布的最新保护名录,列入国家保护名录的乡村传统聚落有三大类,均可看作乡村遗产的组成部分。其一为 119 处"国家重点文物保护单位";其二为国家"历史文化名城、名镇、名村",包括 135 座"名城"(每座至少含有两个以上的"历史文化街区")、312 个"名镇"和 487 个"名村";其三为 6 819 个部分由国家财政资助保护的"传统村落"(部分还兼有文物保护单位和历史文化名村身份)。除此之外,皖南古村落西递-宏村、福建土楼、开平碉楼与村落,以及红河哈尼梯田文化景观等 4 项乡村传统聚落及景观被收入世界文化遗产名录。其中"传统村落"数量最为庞大,部分还同时具有国家级历史文化名村及重点文物保护单位的身份。其分布特点为:南方约占全国总量的 78%,大大多于北方;山区多于平原、盆地,如晋、湘、滇、黔、闽的山区占比超过全国总量的二分之一;方言区多于官话区,如晋系方言区约占北方各官话区总和的 40%左右;工业化、城镇化起步较晚的地区多于起步较早的地区,如西北地区多于东北地区;城乡人均收入倍差相对较高地区多于发展水平相近的较低地区,如贵州、云南处于全国传统村落数量排名前列。上述的三大类乡村遗产保护系列中的前两类,着有相应的国家保护法律、法规及实施细则,生存问题相对无虞。而第三类"传统村落"量大面广,且没有直接对应的保护法规作保障,其保护和活化也很难持续依赖国家财政资助,实际状况整体上不容乐观。以上数据与分析来自同济大学建筑与城市规划学院常青研究室。

3

乡风土建筑特质这一现实目标来看,结合中国的实际情况有选择地学习西方研究风土建筑的理论和方法,并对该研究历程进行系统梳理,取其精华,学以致用,则是针对目前城乡风土存续和发展需要而作的应时之学。

# 第一节 什么是风土建筑

在展开本书的具体陈述之前,先就关键词——风土建筑以及对应的西方语境下的"vernacular architecture"作出基本定义和范围划定,以明确本书的讨论对象。

对西方语境中"风土建筑"(vernacular architecture)一词的词源学追溯需要从对基础性的词语"建筑"(architecture)的理解开始:architecture 一词源自拉丁文architectura,沿用至今,"建筑"被认为是关于房屋的一门艺术或一门科学,该词更早源于希腊文的 arkhitekton,是由 archos(统治的、主导的),tekton(手艺人、建造者)组合而成,强调的是主导的建造者,以及他的设计和建筑物。与这一词源的意蕴对应,在传统的历史与百科书中"建筑"一词多指具有纪念性的、有名的、意味着权力与财富的——宫殿、庙宇、教堂、政府所在地,延伸到机场、歌剧院等类型。这些"建筑"由伟大的建造者和继承者,以及专业的设计师完成,由这一专业分化出的领域负责识别和解决设计与施工的问题。

此前,西方的百科全书和历史编纂体系一贯重视记录上流社会的纪念性建筑,代表对专业建筑师的重视,而大量"非正统的"(none pedigreed)的建筑却被忽视了。实际上,这类建筑恰恰构成了人们所处建成环境的大部分,由所有人、具有资源聚集力的社群或者地方工匠建造。[①] 究竟如何定义这些数量巨大的建筑类型呢?关于这一对象本身——最后选择的术语"风土建筑"的定义至今仍然存在着一些争议,不同用词之间的内涵辨析也就亟需展开。同时,正因为西方过往一贯强调对专业设计师建筑作品的重视,对于这一对象用词的遴选和确立,其实也反映了关于建筑的认知观念中,原有的偏颇被逐渐修正的历史性过程。

在西方,风土建筑研究可以追溯到法国 18 世纪新古典主义理论家德·昆西

---

① 康斯坦丁诺斯·A.多西亚迪斯的《建筑的变迁》指出,迄今为止由建筑师设计的建筑仅占全世界建筑总量的 5%,在世界上多数地区,他们的影响甚至可以"忽略不计"。实际上,多数建筑都是住户或工匠的作品。属于上层设计传统的历史纪念建筑是向平民百姓炫耀其主人的权力,或者展示跻身上流社会设计师的聪慧和雇主的上好品位。而民间的盖房习惯则下意识地把文化需求与价值,以及愿望、梦想和人的情感转化为物质形式。在这微缩的世界图景里建筑和聚落显露出"理想"的人居环境,不需要设计师,更代表着精英文化的上层设计传统远没有这么"实在"。参见[美]阿摩斯·拉普卜特.宅形与文化[M].常青,等译.北京:中国建筑工业出版社,2007.

（Quatremère de Quincy），他最早指出了建筑语言的风土（vernacular）和习语（idiom）的属性。直到 20 世纪 80 年代，原始建筑（primitive architecture）一词的使用反映了学界注重原始与教化的区别，未意识到"非正统的"民间建筑未必不包含"环境-文化"的教化属性。遮蔽物（shelter）一词的使用强调建造的原始动机是获取遮蔽，对于各种各样的民间建筑类型，它的内涵并不充分。本土建筑（indigenous architecture）一词，不能囊括那些并非由本地居民，而由移民和殖民者建造的民间建筑。无名建筑（anonymous architecture）本身就反映了观察者所带有的对留名建筑师的偏见。自发建筑（spontaneous architecture）暗示了建筑都是被无意识、无动机地建造的，也失之偏颇。在美国，平民建筑（folk architecture）的使用很普遍，但过于暗示阶级划分。乡村建筑（rural architecture）一词的含义从地理分界上看过于狭隘。传统建筑（traditional architecture）一词则不能区分出大量纪念性的和专业建筑师设计的建筑。1839 年时，vernacular architecture 这个词曾首次在英国使用，断断续续并没得到推广，直到 20 世纪 50 年代得到较为普遍的使用。风土建筑一词指向种族的，也指向地方化的，表示了这类建筑有时源于农民，有时又关联于宗教，以其多样性的内涵，如同语言一样，包含一种方言上的差异，以至于有时候会在与世隔绝的社群里找到这类建筑。

西方对风土建筑的主流定义如下：

> 包含住宅以及人民的所有其他建筑，与周遭文脉，与可获得的资源相关联，通常是其所有者或者社群建造的，并且使用传统的技艺。该建筑类型所有的形式均是为了满足某种特定的需要，与源于文化的价值、经济、生活方式等因应。[1]

西方学界最终在 1997 年确定使用"vernacular architecture"这个词来代表这一类建筑，该用语可恰当地显示其"环境-文化"的内涵，同时较少造成误解。

在中文语境里，"vernacular architecture"对应的术语也需辨析，其最终的确立经过学者比较、遴选的过程，常青先生就民居、乡土建筑，以及风土建筑三者的区别做过总结，并指出了中文语境中风土建筑的指向：

> "民居"是对建筑类型而言，"乡土建筑"是对乡村聚落而言，而"风土建筑"是对城乡民间建筑而言，三者均属同一范畴。相比之下，后者（风土建筑）的内涵更为宽泛，更为关注与环境条件相适应、在地方传统风俗和技艺中生长出的建筑特质。[2]

---

[1] Paul Oliver. Encyclopedia of Vernacular Architecture of the World[M]. London：Cambridge University Press，1997：viii.

[2] 常青.序言：探索我国风土建筑的地域谱系及保护与再生之路[J].南方建筑，2014(5)：4-6.

  "风土建筑"即具有风俗性和地方性的建筑,没有民间风土建筑亘古流长的缘由,也就没有官式风雅建筑(或"中国古典建筑")的成型与进化。于今看来,所谓"传统建筑",即地域风土建筑与更为等级化和秩序化的"风雅建筑"之和。值得一提的是,"风土"及其相类的"乡土"仅一字之差,却范畴不同。"乡土"意即"乡村聚落",与邑居的城市聚落相对应,在农耕时代,二者在民间建筑层面上似乎难分彼此。但"乡"出自农耕聚居单位,而"风"却侧重城乡聚落的文化气息,故"风土"较之"乡土"含义更广。比如北京的胡同,上海的弄堂属于风土,而不宜称作乡土。

  在西方语境中,"vernacular architecture"基本可对应于中文的"风土建筑"。

  风土建筑既然属于特定的地方,就必然与自然和人为双重因素造就的大地环境特征关联在一起……风土建筑首先是融入"地脉"或"地志"中的建筑……又是浸润在地方风俗中的建筑。①

中国的"乡土建筑"一词,与西方的"vernacular architecture"在语境和语义上存有差异。中国的农耕文明以宗法聚落和乡民社会为主体,所以"vernacular"过往在中国语境中多译为"乡土",该用词主要适用于中国的乡村聚落。"乡土"和"风土"的另一个词义区别还在于前者强调以血缘、语缘和地缘为纽带的乡民社会,后者侧重文化地理背景和民系方言区的概念,"风土"可以涵盖"乡土",反之则不然。故"风土"较之"乡土"含义更广,指对城乡民间建筑而言的,更为关注与环境条件相适应、在地方传统风俗和技艺中生长出的建筑特质。

  通过对中西语境下"vernacular architecture"与"风土建筑"的比较可知,中西方学者重视"环境-文化"的双重本质作为识别该对象的关键方法,本质上突破了以往的以城乡行政区划来描述该建筑类型的不足,以描述范围囊括城乡的民间建筑。因此"vernacular"的首要核心概念,并非强调社会形态造成的城乡差别,而是接近汉语"风土"一词的含义。本书据此认为可以初步确定对风土建筑相关问题的研究即对应于西方语境中对"vernacular architecture"的研究,"vernacular architecture"一词基本可对应于中文的"风土建筑"。

  1997 年《世界风土建筑百科全书》(*Encyclopedia of Vernacular Architecture of the World*)的问世构成了西方风土建筑研究历程的节点,标志着风土建筑研究的学科化结果,风土现代学科框架的形成有赖于具有敏锐眼光的西方学者持续的努力。在该百科全书中,编者保罗·奥利弗(Paul Oliver)基于风土建筑的"环境-文化"

---

① 常青.从风土观看地方传统在城乡改造中的延承——风土建筑谱系研究纲领[M]//李翔宁.当代中国建筑读本.北京:中国建筑工业出版社,2017.

这一独特的"两分本质"(dual nature),建立了与之相符的风土建筑理论框架,囊括了与风土建筑这一对象相关的各学科研究范式和对应的理论体系。对于建筑师和人类学者而言,过去这两大领域的研究者因为缺乏对平行学科的认识,其相关研究受到阻碍。该百科全书及其建立的学科框架,首先呈现的重要价值就是面向这两类主要的风土建筑研究群体作了一种"打开"的工作:"打通"学科之间的边界,将各学科的方法和理论汇集到风土建筑研究这一新学科之内,为后续的应用研究奠定坚实的理论基础。

今天看来,如果只局限于从一个角度进行风土建筑的研究是不完整的,比如只从建筑学本身的角度来撰写,就会丧失这一研究对象的特殊性,风土建筑的重要特点应是"环境-文化"这一双重内涵,其研究的最大特点即牵涉多学科的交汇,风土建筑学科的真正发展也有赖于相关学科的综合性推动,正如《世界风土建筑百科全书》所指出的:

> 对风土建筑的研究没有单一的方法,作为一个尚处于被定义为学科阶段的对象,既受到缺乏协调的方法的影响,同时又受益于各种研究方向所带来的角度的多样性。[1]

从学术研究的动机来看,一般而言,对于风土建筑的研究会带有教育目的。比如希望通过研究获得建筑设计的基础原则;意图探明特定的建筑特征;期待获得气候调试的手段;探讨地域传统在当代设计中的转化;寻求应对本地需求的建造技艺;解决低成本住房问题等等。但是,研究者也可能仅仅出自于个人建筑求知的需要,单纯的记录和描绘风土建筑。任何领域的研究者都可能存在各种各样的动机和个人兴趣,这就必然影响个人择取的研究方向,以及支持其理论的论据。个人研究出发点的多样性也促使风土建筑研究呈现出多学科化、综合度高的复杂样貌。

西方风土建筑的学科体系中,已经总结了一些旨在说明研究目标和研究方法的总结性论述。以《世界风土建筑百科全书》为代表,其囊括的方法并非浓缩相关学科的概要,真正目的是展示相关学科如何对风土建筑研究产生影响、如何使得研究者产生兴趣,以及风土建筑的研究到底如何受益于相关学科。相关方法大致上分为三大类:第一种是学科性的,由知识体系支撑,比如考古学方法;第二种则是跨学科的、概念性的,例如空间性方法;第三种是方法论性质的,譬如记录和文档化的方法。此外,无论是马克思主义、宗教学还是女权主义,相关意识形态方法可能构成"第四

---

[1]　Paul Oliver. Encyclopedia of Vernacular Architecture of the World[M]. London:Cambridge University Press,1997:vii.

种"，但因为它们可能具备过强的普适性，适合所有的学科，故而也就不被《世界风土建筑百科全书》单独探讨。

被《世界风土建筑百科全书》采纳的西方风土建筑研究的学科和对应方法共有20种，包括（但不限于）：美学的（Aesthetic）方法，人类学的（Anthropological）方法，考古学的（Archaeological）方法，建筑学的（Architectural）方法，行为学的（Behavioural）方法，认识论的（Cognitive）方法，遗产保护者（Conservationist）的方法，发展式的（Developmental）方法，传播论（Diffusionist）的方法，生态学的（Ecological）方法，民族志学的（Ethnographical）方法，进化论的（Evolutionary）方法，民俗学的（Folkloristic）方法，地理学的（Geographical）方法，历史学的（Historical）方法，博物馆学的（Museological）方法，现象学的（Phenomenological）方法，记录和文档化的（Recording and Documentation）方法，空间的（Spatial）方法，以及结构主义的（Structuralist）方法。

该体系并未穷尽所有相关学科、理论和方法，但作为解释风土建筑研究的观察角度和研究动机，以及分辨各类成果隶属于或受益于哪些理论来看，该分类具有明显的参考价值。该体系分类下，某些方法和概念是重叠的，某些理论则需要进一步研究和发展，而某些预设的问题意识将直接指引研究方向，同时也反映出过往研究所存有的"惯性"，凡此种种，可留待今天的风土建筑研究者批判性地运用和思考。

## 第二节　为什么研究风土建筑

以文献和实证为基础的风土理论演进史实，与以诠释和拓展为基础的当代风土问题与解决途径是否可以结合起来研究并写入同一部著作？为何必须这么尝试？

在笔者看来，中国问题艰深难解之尤，在于研究传统建筑的传承。要将西方理论直接套用到中国问题的研究上，常常可以让人感受到极度的勉强。这是从晚清到"五四"，中国转投西方现代性之轨道，从五四新文化三十年到新中国三十年形成的勉强。为了真正认识今日风土建筑的核心问题，研究的侧重所在有三：

**首先是关于风土的身份，其次是关于风土与现代的关系，最后则是风土的可育性。**

首先是确立风土的身份，即通过以文献和实证为基础的风土理论演进史实厘清、扩充对风土建筑价值的认知。我国传统建筑大致可分为两部分：一部分为官式建筑，即相当于西方对应的"高级艺术"（high art）之古典建筑，这些"标本式"的遗产保护状态尚可;其余大部分则是分布于各个地域的风土建筑。如此分法与西方类似,但不同之处在于西方对风土独特的身份认知的进展。

从语言发展呈现的"契约化"使用上看,vernacular 指向的本是某一特定时段,在某一特定地域或者群体内部使用的语言。从建筑学上看,vernacular 指向的是囊括城乡的民间建筑,是在特定时间特定地方产生的本地建筑(不是外来的,也不是从某处直接抄袭过来的),大量的体现在居住建筑上。

从词源学的更多考证上看,vernacular 在西方语境中首先来自社会、经济的概念,源于拉丁语 vernaculus,意思是"家庭的、本地的、风土的",verna 则意味着"本地的奴隶"或者"家养的奴隶",这个词很有可能源于伊特拉斯坎①(Etruscan)语,vernacular 实际上最初意味着一个住在他主人房子边上的人。vernaculus 这个词则起初用于语言学,含义为家事的(domestic)、当地的(native)及土生土长的(indigenous)。vernacular 的词根也提示着风土在过往长期处于古典主义理论与实践外围的历史,作为一种"低等级的模拟"(low mimetic)。在艺术中开始普及的词义中,逐渐包含了当地的、土生土长的形式之意而对立于"高级艺术",处于艺术等级的最末等。自希腊延续至后文艺复兴时期,西方语境中风土的概念一直停留在作为高级艺术的对立物之上②。

自 18 世纪末起风土的身份出现了第一次转变,其原因关联于浪漫主义思潮的兴起,彼时的艺术与文学开始持反转古典价值与非古典价值的立场,比如中世纪艺术被认为优于古典艺术。浪漫主义表面看似赞成艺术的无序,其实追求的是新的有机统一,认为其是更高级之理性的体现,与之相应,风土建筑的"自由感"被认为具有该"高级之理性"③。正因为西方整体文化观念的转变,风土不再被完全归于某个边缘性风格,而是具有理论意义的艺术形式。vernacular 一词因此也在经历浪漫主义运动之后在 19 世纪上半叶开始确立和使用。1839 年,vernacular architecture 一词开始被建筑师、历史学家、考古学家以及评论家用以描述城镇和乡郊中的小型建筑物④。1858 年,vernacular architecture 作为独立的术语被考古学界用来描述体现地域文化特征的建筑与构筑物,以区别于正统建筑⑤(formal

---

① 伊特拉斯坎语是现代意大利中部在古代城邦时期使用的语言,拉丁语的字母来自伊特拉斯坎语。
② Alan Colquhoun. Modernity and the Classical Tradition:Architectural Essays 1980 – 1987[M]. Cambridge:The MIT Press,1989:22.
③ Alan Colquhoun. Modernity and the Classical Tradition:Architectural Essays 1980 – 1987[M]. Cambridge:The MIT Press,1989:30.
④ R. W. Brunskill. Traditional Buildings of Britain:An Introduction to Vernacular Architecture[M]. London:Victor Gollancz Ltd in association with Peter Crawley,1986:15.
⑤ Paul Oliver. Shelter and Society[M]. London:Barrie & Jenkins,1969:10 – 11.

architecture）。

历史行进至现代运动时期，风土迎来观念性转变。伯纳德·鲁道夫斯基（Bernard Rudofsky）《没有建筑师的建筑》（*Architecture Without Architects: A Short Introduction to Non-Pedigreed Architecture*）一书于 1964 年问世，鲁氏为世界各地的原始性风土建筑做了尤为详细的摄影图录，其雄辩的论证方式对于西方主流建筑学界冲击巨大，亦使他们直观地认识到了风土建筑对于现代设计思想的修正性作用，随后兴起的风土建筑研究热潮也反映了现代建筑学对失去地方性的忧虑和反思。现代主义建筑师研究风土建筑适应环境的构成方式和"低技"建造智慧，揣摩具有文化意义的场景、仪式对形成建筑"性格"的重要作用，均属将风土建筑看作设计资源转译到现代建筑语言中的尝试。尽管如此，风土的身份定义是似是而非的，如分离派者赫维西（Ludwig Hevesi）的名言："农夫的风格就是分离派的，因为他们对学院理论一无所知。"[1]可是农夫对自己的风格也同样一无所知，具有高级鉴赏能力的精英建筑师似乎才能享有诠释风土的文化权力。风土被认为不受学院派或古典规则之桎梏，通身洋溢纯理性的光彩，故而一跃成为变化多端的现代主义革新派学习的对象，但其底牌则多多少少是现代建筑师在设计语言一开始的标新取向与任何一种艺术风格在晚期都很常见的自我匮乏之下主动"建构"新形式意义的历史。

其次，核心问题需包含风土与现代的关系，即需关注现代建筑师的主动变革阐发出的风土建筑再生途径。

纵观风土身份之流变，可见西方对风土的认识十分灵活与实用，只要时代变了，环境变了，需求变了，身份与价值判定也自然跟着挪了位子。这种活泛自如使人想起柯尔孔（Alan Colquhoun）类似的论断，现代主义并不代表建筑演进的必然方向，后现代主义，不过是带着历史伪装的现代主义，二者是同一枚钱币的两面，都受到了资本的滋养，服务于当代的文化消费[2]。细思之，风土在西方时而游走于现代的边缘，时而受到文化追捧，不也因为内里受到资本之滋养吗？

从柯氏"两面论"的角度看，可策略性地"放大"风土作为这一枚人类观念"钱币"映照出的群体文化自觉。比如，21 世纪伊始，西方理论界让"风土"扮演与"现代"对话的角色，而不是将其置于对立或者边缘的矛盾位置，至于复合为"风土现代"（vernacular modern）这一概念，以此阐发"风土"作为"另一种现代"（the other

① Lejeune Jean-Françsois, Sabatino Michelangelo. Modern Architecture and the Mediterranean: Vernacular Dialogues and Contested Identities[M]. London: Routledge, 2010: xvii.
② Alan Colquhoun. Modernity and the Classical Tradition: Architectural Essays 1980-1987[M]. Cambridge: The MIT Press, 1989: 17.

modern)的巨大影响力,试图回归对于"现代性"的完整理解。正如柯氏曾经指出的,一个复合的概念往往诞生于相反的概念,比如风土古典主义这个词语,由 vernacular 和 classicism 构成,后出现的 vernacular 反对早先的 classicism,反对的结果是这两个相反的概念最后结合到一起去了,形成了 vernacular classicism[①]。复合词"风土现代"也符合这个规律。总之,写在"现代"边缘的"风土"呈现的两极化倾向,本身就辩证统一,它们的价值更在于可以开启一种辩证运动,甚至还能使之延续良久。每个时代都处在这种境况之中。

正如克洛德·列维-斯特劳斯(Claude Lévi-Strauss)所戏谑的所谓惯常的哲学批判便是既不完全同意第一种态度,也不完全同意第二种态度,最后采取一种结合前二者某些部分的第三种态度了[②]。"风土现代"又不能简单化看作是对立矛盾趋向统一的现象,因为,厌倦符号化与标签化谈论的年轻建筑师,早就无意于使用"风土"解构"现代",也无意于通过"风土"建构"现代",而是将"风土"作为实践"现代"精神的某条看起来新,实则旧的道路。坚持使用风土作为另一种经历了充分自我发展后的"理性"对现代性进行修正和阐发,某种意义上反倒更说明了关注现代主义和风土建筑关系的人本身是彻底的现代主义者了。

正因如此,在本书的核心问题里,重点关注的有现代主义建筑师如何用来自风土建筑的理性线索回应现代建筑的问题,风土在获得身份提升的同时,究竟如何作为建筑师获取灵感的来源。不论是作为本土文化与传统的熟习者,还是作为持泛地域观点的外围观察者,现代建筑师都是"灵活"的、"敏感"的、善于洞察风土价值的"聪明"人。即使来自"南方"的勒·柯布西耶(Le Corbusier)与来自"北方"的布鲁诺·陶特(Bruno Taut)存在思维方式上的根本差异,也可将他们作为同一类善于吸取风土设计资源的建筑师并行讨论。

本书的写作因而将以风土建筑对现代主义的潜在影响作为结构主线,以代表建筑师的设计变革辨识出风土建筑的再生方式。对诸多历史现象背后的西方现代风土建筑理论流变问题进行具体化的阐发和探讨,引发批判性思考的可能性还在于,通过揭示诸如鲁道夫斯基等人物在风土现代观念生成过程中的作用方式,证明风土作为一种思想方法,依然可以不断启发对现代文化转换问题的解答。

最后,研究的核心问题还包含风土的可育性,即在中西互鉴的视野和本土化语境下,将西方吸取风土建筑特质的经验当作一面镜子来参照,再来思考风土建

---

① Alan Colquhoun. Modernity and the Classical Tradition：Architectural Essays 1980－1987[M]. Cambridge：The MIT Press，1989：21.

② ［法］克洛德·列维-斯特劳斯.忧郁的热带[M].王志明,译.北京：中国人民大学出版社,2009：59－60.

11

筑作为遗产存续与发展的实验方式,找到适应于本土的风土建筑存续和再生之道。

围绕这个问题展开的思考无可避免会涉及以下问题:来自西方的经验对本土的现代进程意味着什么? 对大量的传统风土遗存如何开展超乎遗产本身的主体性价值的新挖掘? 更为复杂的是,即便风土对现代主义的发展起了实质的推动作用,即便风土曾处在批评家和历史学家争论的核心,一个古国在真正进入现代这条道路时所面临的现实充满了激烈的矛盾,民族个性与地域主义需要对立于舶来现代主义的国际化,甚至尝试在普世的语言中扮演角色,这一文化应对过程充满冒险与挑战。纯正的国际式和地方式都不会再存在了,譬如第二次世界大战后,后现代开始直接借用历史形式,而不是像新毕达哥拉斯派那样寻找历史的本质。但是回望风土的观念发展历程,又似乎在不断提醒我们,寻求意义的历史必会重演,因为寻找栖居的本质乃人类天然带有的基因属性①。不管怎么说,对于渴望将分隔成片的世界重新联结的现代人来说,风土往往起着凝聚大于分散的作用。

德国人陶特在研究大量亚洲建筑后,顿悟"所有理性的人最后会采用相近的原则"②,竟激烈地倡议西方向东方学习,现代向古代学习。反观自身,最好的药方不也恰在妆奁内那枚铜镜中吗③?

## 第三节　西方风土建筑研究的基本历史轮廓

风土建筑方向的各类研究处在蓬勃发展期,可供查阅的西方风土建筑研究的文献数量众多④。与西方风土建筑研究的潮流对应,国内风土建筑研究的真正兴起在

---

① 关于非西方国家的文化实践与现代主义的关系,有相关学者指出,20 世纪早期的建筑学是更为复杂的、多元的、多面的,现代主义和世界的关系一直还是一个重要课题。东方与西方互隔彼此,更强的力量驱使西方从"他者"身上去寻找本质上的不同,这种力量使得人类的"忧郁"(Melancholy)彻底沉入坟墓。地方的与现代的,民族的和世界的,构成一种混血式的(Hybrids)和对话式的(Dialectical)的并存关系。参见 Esra Akcan. Bruno Taut's Translations out of Germany[M]//Lejeune Jean-François, Sabatino Michelangelo. Modern Architecture and the Mediterranean: Vernacular Dialogues and Contested Identities. London: Routledge,2010.

② Bruno Taut. Die Stadtkrone[M]. Jena: Verlag Eugen Diederichs, 1919:82.

③ 文化借鉴通过"转译"的过程,一个国家要向外部世界打开,参照其他语境下的状况去理解自己国内的问题。但是要注意"转译"发生的时候,不同的国家有不同的地理环境。不存在纯粹地方或者国际的建筑,也不存在一种可以抽象地存在于任何地方语境之外的建筑。参见 Lejeune Jean-François, Sabatino Michelangelo. Modern Architecture and the Mediterranean: Vernacular Dialogues and Contested Identities. London: Routledge,2010:193.

④ 以耶鲁大学图书馆数据库资源查阅 vernacular architecture 结果为例,可查得学术著作不少于 1 500 种,学术期刊类文章 92 000 多篇。以日本学术文献数据库资源查阅 vernacular architecture 的结果为例,可查得学术著作 600 多种,学术期刊类文章 100 多篇,以上数据还有逐渐增加的趋势。

2002 年前后,至今维持了十余年的发展[①]。

整体而言,英国对风土建筑研究开始时间较早,美国受到英国注重地域风土价值传统的影响,相关研究包括各类风土城镇和建筑类型。伴随文化地理学科特别是人类学的发展,美国学者迅速提高了开展相关研究的能力。美国的研究潮流特别是多视野和多学科交叉的方法,对日本产生了很大的影响,日本学界也产生了丰富的研究成果。整体而言,风土建筑研究在西方是以英美国家为主,倡导形成的新学科。进入 21 世纪以来,风土建筑对于建成环境的促进作用与理论意义被进一步扩大,以《世界风土建筑百科全书》的编撰者保罗·奥利弗为其中的代表性学者[②]。

西方对风土建筑的学术研究不仅早于我国,同时进行的是不限于本土的、泛地域化的研究。与我国学术界相关研究的动力最初源于建筑史学内部不同,西方风土建筑的研究从早期的风土观形成,到 18 世纪价值认知方式的逐渐转变,到 19 世纪末进入现代进程进一步发展,再到 20 世纪后期完成学科化,一开始并非是在一种"建筑学""建筑史"的兴趣驱动下进行的。来自美学思潮、哲学变革,以及社会、经济、技术条件的快速变化,由社会物质文化研究的各相关学科,包括但不限于艺术史、社会学、人类学、地理学、考古学、城市规划、遗产保护的发展共同策动,逐渐"定义"了"风土建筑"这一学科。对于这一"新"学科的视角和方法,也正是因为促成它的过程本身就非常的多元,最终作为一门学科也显示出极强的综合性,具有各类学科方法交叉并行的特点。因此,西方风土建筑研究的历程与我国对应的发展情况有很大的不同。目前国内外对于"风土建筑"在研究上运用多学科交叉已经逐渐形成一种"共识"。

总的来说,西方现代风土建筑观的最初兴起甚至可以追溯到启蒙运动时期,与抢救风土建筑保护意识的萌发息息相关,同时风土线索对现代建筑实践的潜在影响也相当深远,还因为现代学科体系的细分发展,在 20 世纪 60 年代以来,其研究也呈现出多学科交融的特点。西方对风土建筑研究的历程包含理论著述及实践应用两大部分,其中也包含西方研究者本身对这一历程进行的回顾。从时间轴上来看,可以较为清晰地分为三个阶段。(1)早期风土观的转变:18—19 世纪风土建筑研究的准备阶段。(2)风土挑战和身份焦虑:19 世纪末—20 世纪 60 年代风土建筑研究的勃兴阶段。(3)走向隐遁的田野:20 世纪 60 年代—90 年代风土建筑研究的学科化阶段(图 1.1—图 1.3)。

---

[①]　以中国知网数据库的相关查询结果为例,中文文献数量共计 75 000 多部,目前处在研究成果高峰期。

[②]　其所在的牛津布鲁克斯大学(Oxford Brookes University)国际风土建筑研究部(the International Vernacular Architecture Unit)是较为重要的风土建筑研究机构之一。

**1. 早期风土观的转变**

现代语境中"风土建筑"一词的内涵,首先是指相对于人工城市而言展现人类自然聚居形态的概念,其讨论涉及物质实体下的本质。总合而言,vernacular 的对应中文首先是"地方、方言"。

语言学上采用 vernacular 这个术语描述有别于官方用语的方言的语言、语法和句法等,而这个词在建筑中扩展的意义描述对立于正统建筑(formal architecture)的那类建筑风格,同时也正因为它来自语言传统的文化性视域,正好可以突破通常意义上的按照行政区划无法囊括横跨城乡的民间建筑的局限,于是vernacular 涵盖的意义在现代学术体系中,对应那一类普遍的、横跨城乡的全体民间建筑。

词源学的追溯提示了早期风土观的"偏见"以及这一认知的较早来源,当然观念在之后两百年间逐渐"反转",但一开始在西方语境中,风土这个词一直被用于古典主义理论与实践外围的领域,讨论的是边缘性的文化或者风格类型。

2014 年,亚当·梅纽吉(Adam Menuge)撰写《英格兰风土建筑研究的历程》一文,后经《建筑遗产》学刊引介发表,这是一篇追溯西方风土观最初变化原因的重要文献。[①] 梅纽吉在此中提出,18 世纪末的浪漫主义思潮与如画美学(the Picturesque)是引发最初风土观转折的两大重要原因。早期的风土观从希腊时期一直延续到 18 世纪末,并未真正变化,风土一直是作为一种高级艺术的对立物而被忽视。梅纽吉认为,早期风土观的最初改变主要可以判定为两方面原因:

一方面,文字与图像资料的产生与掌握开始从上层阶级扩展到全体社会。直到18 世纪末,由于文字和图像资料的垄断,没有产生专门的风土建筑资料。从希腊时期一直到后文艺复兴时期,文字与图像资料的产生和消费由富裕的上层阶层控制,而风土建筑因为其边缘的文化地位并未引起他们的关注,因此上层阶级掌握的文字和图像资料中也就几乎不存在专门的风土建筑资料。风土建筑是记录先民生活方式的"活化石",其历史与考古价值不言而喻,但是此前文物研究者的兴趣集中在古代的纪念碑、中世纪教堂的遗迹,以及与记录贵族和上流人士血统有关的建筑上,风土建筑从未被当作文物研究对象写入史册。

另一方面,18 世纪末起风土建筑及其文化价值开始被注意。此前,风土建筑在文学中"露面"的时候极少受到欣赏,作家认为农舍的生活背离了上流社会的风雅生

---

① [英]亚当·梅纽吉.英格兰风土建筑研究的历程[J].陈曦,译.建筑遗产,2016(3):40−53.

活方式，更谈不上欣赏其中的文化内涵①。风土建筑有时作为配图出现在地形图或者建筑图的边缘空白上，似乎个别艺术家试图在意识形态及道德的体系中，强化风土建筑作为大众居所的形象②。

因此，梅纽吉认为，早期的风土观总体而言是将风土建筑看作高级艺术的对立物，相关学术研究也未萌发。依笔者看，虽然直到 18 世纪末，才有学者形成了有影响力的观念并将其作为讨论对象，但是至迟在 18 世纪后期，关于历史人文的观念和态度就已经有了巨大变化，19 世纪初期开始兴起西方本土文物的探索研究，这一较长的时段不太能被割裂出风土观自身的流变中，或者说这一时期正在逐步酝酿现代语境下所讨论的风土观。因此，18—19 世纪是一个比较重要的新风土观的准备阶段。这一阶段为 19 世纪 80 年代—90 年代开始的来自建筑师群体的学术分析定下了基调，更为 20 世纪的学科化和保护实践奠定了重要的思想基础，以上重要历史现象将在后续章节进行详细追溯。

**2. 18—19 世纪：风土建筑研究的准备阶段**

18 世纪所完成的关于历史人文的观念和态度的剧变，其动力在 17 世纪已酝酿，但客观社会条件的刺激源于工业革命。18 世纪 60 年代起，工业革命使得科学与工程技术朝向精密化发展，古典建筑思维受到来自新兴科学的挑战，18 世纪末出现的新古典主义实质就是在这一挑战下人们对历史兴趣的再发现，对阿波罗式古典主义美学开展现代主体意味的回归，并随之兴起理性主义和考古热。19 世纪初期西方本土文物的探索研究对于风土建筑价值认知与研究的发展同样有着非常关键的作用。

最早在 18 世纪，温克尔曼(Johann Joachim Winckelmann，1717—1768)提出，我们得以变得崇高的唯一途径就是模仿，向古代模仿。提倡用"历史"的方法解决当下的人的问题，他的《论古代艺术》(*Geschichte der Kunst des Altertums*)试图用气候和政治因素来解释古希腊艺术繁荣的现象，并为美术史提供一个风格分类的框架，为当时的新古典主义艺术提供理论基础。温克尔曼的写作是风土观发生变化的一个

---

① 梅纽吉的文章提出，西莉亚·费因斯(Celia Fiennes，1662—1741)的文学作品颇具代表性。西莉亚每一处对农舍的指摘都在于风土建筑中的生活背离了 17 世纪末上流社会的"文雅"的生活方式：茅草屋顶下部暴露在室内(在 16 世纪，抹灰天花板已是常见的文雅的室内特征)；可移动的隔墙("栅栏")太粗糙或腐烂得太厉害，显露出基层的材料(永久的、整齐的抹灰墙方是上流住宅的标配)；粗糙、古老又低效的开放式烟囱，其下的一个大炉台上燃烧着可能从地里搜集来的草皮和泥炭(在上流住宅里，用封闭式壁炉燃烧煤炭早已普及，即便在一些远离海岸，并无法用河流运输煤炭的地区，人们也用体积较大但同样封闭的壁炉来燃烧木材取暖)，等等。

② 梅纽吉进一步指出，不排除有个别的艺术家对风土建筑有兴趣，例如 18 世纪的画家托马斯·盖恩斯伯勒(Thomas Gainsborough，1727—1788)，通过描绘风土建筑中的人们的行为、状态、家庭和社会等级，刻画和暗示劳动者，乔治·穆兰德(George Morland，1763—1804)的画作不关注人物所处背景，关注的通常是风土建筑环境的细节。这些是 18 世纪中为数不多的关注风土建筑的例证。

重要参照点。

引领 19 世纪的浪漫主义运动直接推升了风土观的转变,其最初来源则是 18 世纪的启蒙运动。各类思想变革和文化转换的探索,其精神气候莫不受启蒙运动影响,正是因为启蒙运动带来人的自我发现与觉醒,18 世纪后期才惊现浪漫主义思潮的萌芽,这一内省性思潮中的支持者们或多或少受到启蒙革命性的政治观点的启发,其更加深刻和长远的影响来源是一种对个体经验的尊重,即对"普通人"的同情。

浪漫主义运动代表人物歌德(Johann Wolfgang von Goethe,1749—1832)很早发现了风土建筑的价值,他游历意大利风土民居之后,称其为"柠檬树开花之地",他写信给他的友人威廉・冯・洪堡(Wilhelm von Humboldt)说道:"太阳下,意大利乡村如此宁静,使我只能用赞美来治愈我的重疾。"[1]

从洛克(John Locke,1632—1704)的感觉哲学开始,对于如何掌握知识进入一种新的阶段。人们发现,人类的认识并非全由上帝安排,天赋与超验的认识框架被突破了,人拥有直接对物的经验以直观把握物的本真。人类的知觉,成为这种关注的起点。在这样一种背景下,产生了新的美学经验,不论是伯克(Edmund Burke,1729—1797 年)关于崇高(the sublime)的全新美学范式,还是对于绘画、建筑、园林产生了巨大影响的如画美学,以及约翰・拉斯金(John Ruskin,1819—1900)加以发展的诗如画与新如画美学,均是基于这样的境况:在文化转换时期需要对美有全新的认识。

浪漫主义接续启蒙运动,如画则接续浪漫主义思潮。18 世纪末起,艺术和建筑中兴起的如画,就是在这种文化内省的思潮推动下,艺术家从风土建筑上寻找饱经风霜的质地,"传达意义的粗粝肌理(ruggedness)"[2],对以风土建筑为代表的快速消亡的乡村图景的兴趣日益浓厚。换言之,如画这一风格的最终兴起,接引这一阶段的风土观进入历史的首个拐点[3]。

---

[1] Lejeune Jean-Franςois, Sabatino Michelangelo. Modern Architecture and the Mediterranean: Vernacular Dialogues and Contested Identities. London: Routledge, 2010: xvii.

[2] [美]约翰・迪克逊・亨特.诗如画,如画与约翰・拉斯金[J].潘玥,薛天,江嘉玮.译.时代建筑,2017(6):67-74.

[3] 如画风格的思潮兴起对风土建筑受到青睐起到了缓慢但有效的作用,这一推动是由艺术家群体完成的。1782 年起,威廉・吉尔平(William Gilpin)的一系列游记出版,发表关于如画风格构成原则的观点,随后威廉・佩恩・奈特(William Payne Knight)和尤维达尔・普赖斯(Uvedale Price)加入如画。接下来参与的艺术家群体逐渐壮大,创作出更多作品。从 19 世纪初期开始,越来越多的艺术家开始从英国风土建筑上寻找如画,如主要以英格兰湖区风土建筑为描绘对象的威廉・格林(William Green),以及对拉斯金产生了很大影响的画家塞缪尔・普劳特(Samuel Prout)。通过这些艺术家笔下的精确描绘,公众改变了过去独好风雅建筑的品味。

威廉·华兹华斯（William Wordsworth，1770—1850）于 1810 年出版了《英格兰北部湖区指南》（*A Guide Through the District of the Lakes in the North of England*）①。这本书实际是 19 世纪及其之后风土建筑保护运动的开创性文本。在书中，作者敏锐地观察到传统建筑和地景（landscape）的关系，作为自然主义（浪漫主义在英国的一支）诗人以及如画美学的早期信徒，相比于风土建筑的结构、平面演变，华兹华斯对基地、体量、材料和颜色更加关注。该书列举了当地湖区风土建筑的一系列特点，如门廊、圆形烟囱等，言简意赅地描绘了该地风土建筑的特征，证明其与地质、气候、农业实践和经济发展水平的关系；并以之为基础，尖锐批评现代建设对地方风土的破坏和干预②。

接续华兹华斯的文化引领力③，艺术批评家和社会思想家拉斯金在 1837—1838 年的著作《建筑的诗意》（*The Poetry of Architecture*）一书推动了对于风土建筑的价值认知。在华兹华斯的著作基础上，《建筑的诗意》推进了公众对于风土建筑

---

① William Wordsworth. A Guide Through the District of the Lakes in the North of England[M]. Kendal：Hudson and Nicholson，1835.《英格兰北部湖区指南》最初发表于 1810 年，在 1810 年至 1859 年间出版了 10 个版本，其评判湖区自然景致的标准被认为是延续了如画美学的观点。

② 华兹华斯的《指南》称颂英格兰湖区风土建筑在建筑上的美感："在很多情况下，居住用屋及其连接的外屋呈现出原始岩石的色泽，这是由于所用材料造成的；但是，所谓的'住屋'或'火房'，通常有别于涂有灰泥和粉刷的谷仓和牛棚，而居民并不急于翻新后者，因此在几年的风雨侵蚀下，它们呈现出素净而斑驳的色调……这些谦卑的住宅提醒着沉思的观者们自然的力量，并且这种力量可能（用一种强烈的表达方式）是生长而非创造出来的。"

③ 拉斯金的书题《建筑的诗意》暗含对于华兹华斯以诗歌记录自然与乡村的敬意，拉斯金在书中对湖区风土建筑圆形烟囱的关注也正是呼应华兹华斯在《指南》中最喜爱的建筑特征。在 1860 年，拉斯金在《现代画家》（Modern Painters）的标题页，直接引用了华兹华斯的诗表达他对这位前辈的致意："这灵魂，以及那至高无上的宇宙，不过就是一面反射的镜子，照耀她自己知性的自恋。"（This soul，and the transcendent universe，no more than as a mirror that reflects. To proud self-love her own intelligence）诗句引自华兹华斯《远行》（The Excursion）：

The Excursion/1814
I now affirm of Nature and of Truth，
Whom I have served，that their DIVINITY
Revolts，offended at the ways of Men
Swayed by such motives，to such end employed；
Philosophers，who，when the human Soul
Is of a thousand faculties composed，
And twice ten thousand interests，do yet prize
This Soul，and the transcendent Universe，
No more than as a Mirror that reflects
To proud Self-love her own intelligence；
That one，poor，finite Object，in the Abyss
Of infinite Being，twinkling restlessly！
参见 Edward Tyas Cook，Alexander Wedderburn. The Works of John Ruskin(Volume 3：Modern Painters I)[M]. Cambridge：Cambridge University Press，2010.

的普遍认识。该书基于对英格兰湖区风土建筑的考察,包含了一系列对比英国、瑞士、意大利和法国的建筑传统和当代实践的见解。通过在欧陆和英伦建立国家地景的比较,最终择取"诗意"一词来确立风土建筑的"国族特征"。拉斯金的意图首先是通过一种唤回民众责任感和尊严的方式,重振英国的本土建筑创作,更深层的目的是为了强调风土建筑是国家身份与民族个性的源泉,即如一系列方言语汇一样,国家身份要通过地域性文化"此在"的独一无二来最终呈现①。

在力求反转过往对劳苦大众建筑的美学偏见,或者一种早期民族主义式的动机下,但也出于认为艺术的"感觉"高于"规则"的召唤,拉斯金对于风土建筑的认识,首次颠覆了以往人们对于风土建筑的认识,最终将风土建筑置于优先于高级建筑的地位,认为其具有体现国家特征的品质,而这正是18世纪末期到19世纪初期颇具革新性的新风土观。

文化思潮中一种全新的相对主义(relativism)开始撼动单一的历史论和文化论。联想美学的(associational aesthetic)观点认为,视觉形象能够重现其产生地或产生时代的本质。联想美学把形象化的视觉和语言化的理念联系在一起,前者以视觉形象引发感情,后者则要求视觉艺术需传递历史信息和公共价值观。这一新的观点表现为对以下三种风格的迷恋:第一,异域风格,即非古典的和非西方的建筑物;第二,原始风格,越原始越早期的形式就越为纯净、自然和体现本质,因此也比精雕细琢之物更为真实;第三,民族风格,即本土的建筑风格,在英国特别是哥特风格,被认为融入了民族特性,地位高于舶来的罗马风建筑。② 这些新观念没有直接运用到对风土建筑的研究上,但是偏爱异域风格、原初风格以及民族风格的导向,形塑了早期风土建筑研究的美学心理。随着哥特复兴以及英国工艺美术运动对艺术观念的进一步社会性演绎,观念的初端深深浸润于英国考古学和地理学的传统,使得最早学术研究中,风土建筑既作为文物又作为艺术的双重遗产观念,伴随着从英国人民族意

---

① 参见 John Ruskin. The Poetry of Architecture;or,The Architecture of the Nations of Europe Considered in Its Association with Natural Scenery and National Character(Reprinted)[M]. New York:AMS Press INC.,1971.

② 为了寻求民族国家的建筑语言,英国学界18世纪就热衷于研究本土建筑。英语中"乡间"(country)一词,本就与地方的郡市和绅士阶层相关,与中央的首都以及王室相对,二者在历史上反复博弈,使得这个词衍生出与现代"民族国家"相似的词义,这意味着国家不单单以首都和王室为象征,同时也包含体现风土特征的社会共同体的特征。英伦地方的哥特风土传统,被置于欧洲大陆传来的罗马风之上,以莫里斯"红屋"住宅设计为代表,19世纪的英国工艺美术运动初衷之一,就是为了保留本土的哥特特征,抗衡机器文明对风土传统的消蚀。英国的这一重视风土建筑价值的精神被越洋带为北美,发挥出深远的影响力。参见常青.从风土观看地方传统在城乡改造中的延承——风土建筑谱系研究纲领[M]//李翔宁.当代中国建筑读本.北京:中国建筑工业出版社,2017.

识中产生的道德感,始于英国,并被 19 世纪晚期美国的第一批风土研究者继承。①

不能忽视的是,伴随 19 世纪的美洲的殖民扩张,关于原始建筑(primitive building)的描写频频出现于海外探险家、传教士的笔记和科学考察报告中,风土建筑的概念是作为一种用以认识"未开化"的原始人群及社会研究的样本被得到现代认识的,此时风土建筑的概念有别于我们现在对于风土建筑的定义。代表研究为人类学家路易斯·亨利·摩根(Lewis Henry Morgan)的《美国土著居民的房屋与家庭生活》(*Houses and House-Life of the American Aborigines*),该研究完成于 1881 年,摩根将印第安人的住居形式描述为其习俗、生活方式与社会组织结构在其物质空间上的表现形式。以此文为代表,西方关于风土建筑的学术研究及其学科化(并非发源于建筑学内部)也徐徐拉开了帷幕。

**3. 风土挑战和身份焦虑:19 世纪末—20 世纪 60 年代风土建筑研究的勃兴阶段**

19 世纪后半叶至 20 世纪前半叶,工业化急速改变城市与乡村的关系,带来激烈的社会变迁。新的信念认为文化与物质的繁荣是建立在对技术的依赖上的,这种信念打破了自文艺复兴以来人文思想与科学技术达成的平衡。在这种剧烈的社会变革中,人类学家和地理学家试图将公众的注意力重新引向风土传统。另一方面,大量人口从乡村涌向城市聚居,导致城市急剧膨胀,交通拥堵、环境恶化问题大量滋生,迫于城市生活的压力,规划师与建筑师关注起风土建筑的价值。19 世纪末,英国著名规划师霍华德(Ebenezer Howard,1850—1928)提出应该建设一种兼有城市和乡村优点的理想城市,称之为"田园城市"(Garden City)。20 世纪 30 年代,美国建筑师赖特(Frank Lloyd Wright,1869—1959)在目睹城市化的诸多问题之后,提出"广亩城市"(Broadacre City)的纲要,主张随着汽车的普及和电力技术的发展,没有必要再把一切活动都集中于城市,城市应当与周围的乡村结合在一起,使每家都保有田地,过上"庄园生活"。

从 19 世纪后晚期至 20 世纪前半叶的工艺美术运动(The Arts & Crafts Movement)直接推动了对于风土建筑研究的热潮,从英伦诸岛扩展到欧美,建筑师

---

① 此处应当补充背景并引出留待读者加以分辨的问题是,völkisch 指的是德国的民粹主义运动,民族 Volk 在英语中即 folk,相当于人民。韦伯(James Webb)认为 Volk 这个词包含民族、种族、部落的意思。各个国家的浪漫民族主义是一股可能保守也可能进步的力量,这取决于其所效力的事业。在德国和奥地利,其支持者可能会非常保守,反对社会主义、现代主义、城市化,因为认为这样是颓废和背离传统。他们向往过去的岁月,人们居住在大地上与自然和谐相处——这种理想主义的民族性在德国叫作"家乡艺术"(Heimatkunst, homeland art),在奥地利叫作地方艺术(Provinzkunst, art of the provinces),其极端形式主张将乡土气的农民文化当作真正民族精神的反映,会逐步升级到对任何不属于本民族的文化都不能容忍,这就造成了反智主义(anti-intellectualism,或者叫作反理性主义)甚至反犹太主义(anti-Semitism),曾经在 20 世纪 30 年代达到可怕的地步。参见[英]伊丽莎白·卡明,温迪·卡普兰. 艺术与手工艺运动[M]. 胡天璇,胡伟立,译. 杭州:浙江人民美术出版社,2019:222-236.

构成重要的风土建筑研究群体。泛地域地关注风土建筑和传统手工艺的建筑师,更早的首推辛克尔(Karl Friedrich Schinkel,1781—1841)、森佩尔(Gottfried Semper,1803—1879)等人。现代主义建筑师逐渐加入在风土建筑上寻找灵感的长名单中:穆特修斯(Hermann Muthesius,1861—1927)、路斯(Adolf Loos,1870—1933)、霍夫曼(Josef Hoffmann,1870—1956)、陶特(Bruno Taut,1880—1938)、阿斯普隆德(Erik Gunnar Asplund,1885—1940)、季米特里斯·皮吉奥尼斯(Dimitris Pikionis,1887—1968)、哈森·法赛(Hassan Fathy,1900—1989)、塞特(Josép Lluis Sert,1902—1983)、凡艾克(Aldo van Eyck,1918—1999)、巴瓦(Geoffrey Bawa,1919—2003)、多西(Balkrishna Doshi,1927—)、柯里亚(Charles Correa,1930—2015)等。但是这种研究兴趣总体来说是比较分散的,从兴趣转化为设计的深度也不一致。其中,有着对待风土建筑谜样态度和神秘创造力的柯布西耶(Le Corbusier,1887—1965)代表着一种建筑师的典型理想和多变策略。而鲁道夫斯基则是以建筑师的思辨角度在哲学方法上更为有力地颠覆了过往建筑师对风土建筑的忽视。此后,文丘里(Robert Venturi,1925—2018)、罗西(Aldo Rossi,1931—1997)则更为批判性地反思现代主义。

　　回顾这段时期的风土研究,与现代进程的建筑学关联是一条深邃的思想动脉,具有极强的反思性价值①。风土与现代的关系究竟是如何的?作为当代的建筑史研究者,回顾那段历史时重点关注的是建筑师如何用来自风土建筑的线索回应现代建筑问题,反映在近期的研究特别是在案例研究中,不大涉及建筑师之间的策略是否存在重叠之处,也不讨论建筑师之间潜在的互相影响,如何有力转化风土建筑为设计资源解决具体问题更接近于现实化的倾向②。

---

①　这一阶段的风土建筑研究与现代运动中的设计师群体有着很强的关联,同时,风土建筑最早的学术研究如1916 年出版的 C. F. 伊诺申特(C. F. Innocent)的《英国房屋建造的发展》(The Development of English Building Construction),1923 年出版的西德尼·欧达尔(Sidney Oldall)的《英国住屋的演变》(Evolution of the English House)都已经形成了相当的专业研究深度。

②　在 1920—1939 年两次世界大战期间以及 1945—1970 年第二次世界大战之后,受到地中海地区风土建筑影响的建筑师在世界各地进行了大量实践,这段历史在上世纪末起引起西方现代建筑史学界新的注意并引发了讨论。20 世纪 20 年代,德国的怀乡风格(Heimatstil)、法国的新地方主义(Neo-Regionalism)、英国的工艺美术运动与现代主义的国际式风格(International Style)曾有尖锐的冲突,伴随着 30 年代经济与政治的风暴消解,逐渐被长期积淀而成的,追求原始主义(primitivism)以及风土主义(vernacularism)的潮流替代,第二次世界大战之后,兴起关注风土现代主义(vernacular modernism)。1998 年 3 月 8—15 日,迈阿密大学建筑学院在意大利卡普里岛马拉帕特别墅(Casa Malaparte)召开了题为"另一种现代——二十世纪城市与建筑受到的风土影响"的研讨会(The Other Modern — On the Influence of the Vernacular on the Architecture and the City of the Twentieth Century),同时促成了《现代建筑与地中海地区:风土对话与个性挑战》一书的诞生,有助于推动"风土与现代"话题的新构建。参见 Lejeune Jean-Fransçois, Sabatino Michelangelo. Modern Architecture and the Mediterranean: Vernacular Dialogues and Contested Identities. London: Routledge, 2010.

　　当建筑师群体从 19 世纪末逐渐兴起对风土建筑的研究热情之前,辛克尔在 19 世纪初已经对风土建筑的设计移植问题进行过思考,并提取了风土建筑的要素于建筑设计。作为德国哥特复兴与古典主义的代表人物,辛克尔的设计影响了整个柏林中区(Berlin Mitte)的城市面貌,其思想受到由歌德、席勒(Johann Christoph Friedrich von Schiller)、荷尔德林(Johann Chrietian Friedrich Hölderlin)构成的浪漫主义传统的影响。1803—1805 年,辛克尔前往地中海旅行,他在大量速写中描绘了罗马郊外以及意大利南部卡普里岛上的农舍,他感兴趣的是风土建筑的组合逻辑与结构系统,诸如建筑与环境的关系,以及几何形体的组合方式等等。比如在 1804 年,他在意大利考察风土民居时,以画笔描绘过意大利阿马尔菲海岸萨勒诺(Salerno)港口的一角,远景为皮琴蒂尼山(Piacentini),表现出对风土民居的无尽喜爱。同时,辛克尔得益于在柏林建筑学院(Berlin Bauakademie)受到的专业训练,对意大利农舍的研究侧重于归纳建筑类型与适应自然环境间的模式,他认为风土建筑具有的"如画式的非对称性"(picturesque asymmetry)风格值得高雅艺术效仿①。

　　1823 年,在辛克尔为柏林的夏洛滕堡宫馆舍(Charlottenburg Pavilion)所做的设计中,出现了来自那不勒斯的风土建筑原型(prototype),为了适应柏林寒冷的气候,辛克尔将阳台(balconies)、百叶窗(louvers)、平屋顶(flat roofs)、抹白的墙(white plaster walls),以及整体立方体块(overall cubic massing)都"移植"(transplant)到了新的建筑中②。

　　对于另一位学者森佩尔而言,地中海的古代风土遗迹是他进行历史研究的主要基础。通过考察庞贝遗址以及西西里的河谷遗址,森佩尔寻找到了居住建筑和希腊神庙中使用彩色装饰饰面的重要作用。森佩尔的研究侧重所在为根据对于建筑类型(Typenlehre)的演进调查,探究决定这些演进的原因,得出"技术"(technique)、"技能"(competence)、"技艺"(Können),从而提出"建筑起源说",风土建筑的研究经历使他从逻辑哲学角度的立场转向自然实证主义立场③。森佩尔的研究是基于一种严密的、分析化的抽离而形成的历史演进观,希腊罗马的古迹没有形成形式的障碍,而是成为哲学和科学的研究根基。在这种知识基础上,地中海风土建筑对他的设计进

① Emmanuele Fidone. From the Italian Vernacular Villa to Schinkel to the Modern House[M]. Siracusa:Bibliteca del Cenide,2003.

② Michael Snodin. Karl Friedrich Schinkel:An Universal Man[M]. New Haven:Yale University Press,1991.

③ 森佩尔于 1834 年发表了《古代彩饰建筑与雕塑之初衷》(Vorläufige Bemerkungen über bemalte Architektur und Plastik bei den Alten),1851 年发表了《建筑四要素》(Die vier Elemente der Baukunst),见英译本 Gottfried Semper. The Four Elements of Architecture and Other Writings[M]. Cambridge:Cambridge University Press,1988.,于 1860 年发表了《技术与建构艺术或实用美学的风格》(Der Stil in den technischen und tektonischen Künsten,oder praktische Äesthetik)。

一步产生了影响,森佩尔在瑞士提契诺地区的加巴德别墅(Villa Garbald),借鉴风土建筑自足生成的风格(Auto-generation of Style),通过结合当地的材料,使用社会俗成的建造方式,遵照家庭的结构模式,建造出了紧密契合场所的建筑。

其后,建筑师霍夫曼也注意到风土建筑的特点,并在意大利乡村游历后受到了直接影响。他将意大利波佐利(Pozzuoli)的风土建筑原型用到了普克斯多夫疗养院(Purkersdorf Sanatorium)设计中,新建筑使用简洁的体块来表达对纯净感的追求。[①]

19 世纪末,风土建筑引起了"分离派"(Sezession)的研究兴趣。对于冲破了学院派的保守,与传统的历史主义的思维方式决裂的"分离派"斗士而言,处于郊外的风土建筑是"农夫的建筑",是原真的,自然的,不以自我为中心的,完全出于本能创造而成的,并且与当地土生土长的建造者密切联系,因而成为"分离派"的学习对象。

20 世纪初,赫尔曼·穆特修斯在 1904 年出版的《英国建筑》对风土建筑的价值有了新的发现,穆特修斯认为英国的住宅具有简洁的风格,耐久的结构,采用自然的形式而不是古代的建筑形式,是一种既理性又实际的设计,有适宜的房间形状,和谐的颜色搭配等优点[②],并将他发现的这一价值表述为客观性(Sachlichkeit),用于变革艺术需符合社会性目的和机器生产的建筑实践中。穆特修斯的理论在佩夫斯纳(Nikolaus Pevsner,1902—1983)1936 年的著作《现代设计的先驱者:从威廉·莫里斯到格罗皮乌斯》(*Pioneers of the Modern Movement from William Morris to Walter Gropius*,简称《现代设计的先驱者》)中得到强调,佩夫斯纳肯定了英国的风土建筑对工艺美术运动以及随后的现代主义运动作出的贡献[③]。

如同当时许多建筑师通过"壮游"(Grand Tour)进行泛地域化的学习一样,现代运动的旗手——柯布西耶终生都在向过去学习,在东方之旅中他对民居进行大量研

① 参见 Eduard Sekler. Joseph Hoffmann: The Architectural Work[M]. Princeton: Princeton University Press,1985.此外,19 世纪的意大利弗洛伦萨美学圈受到地中海神话与建筑美学的影响,重视从长久变化的表征中,找到永恒的艺术规律,反对印象主义的混沌。同时,对意大利包括建筑在内的文化研究开始具有了人类学的向度,气候,地理,生活方式,以及当地习俗,都逐渐成为研究涵盖的重要内容。这可以追溯到拉斯金的另一部著作,发表于 1851—1853 年的《威尼斯之石》(The Stone of Venice),书中记录了威尼斯人在潟湖这一特殊的地理环境下形成的水文气候中,如何在漫长的历史中逐渐形成丰富多样的文化表现,参见 John Ruskin. The Stone of Venice[M]. Edited and abridged by J. G. Links. New York: Da Capo Press,2003.

② Hermann Muthesius. The English House[M]. Dennis Sharp(ed.). New York: Rizzoli,1987.穆特修斯的《英国建筑》德文版出版于 1904—1905 年间,参见 Hermann Muthesius. Das englische Haus: Entwicklung,Bedingungen,Anlage,Aufbau,Einrichtung und Innenraum[M]. Berlin: E. Wasmuth,1904 - 1905.

③ Nikolaus Pevsner. Pioneers of Modern Design: From William Morris to Walter Gropius[M]. London: Penguin Books,1936.尼古拉斯·佩夫斯纳.现代设计的先驱者:从威廉·莫里斯到格罗皮乌斯[M].王申祜,王晓京,译.北京:中国建筑工业出版,2004.

究，为后来的理论和实践找到了解决方案。在保加利亚大提尔诺沃（Veliko Tarnovo）看到的民居窗户是他后来萨伏伊别墅（Villa Savoye）水平长窗的来源，后者是现代建筑的标志性特征。匈牙利风土建筑中的庭院，他称之为"夏房"（summer rooms）是萨伏伊别墅内向露台的基型。通过东方之旅，柯布西耶也学习到了真正触及风土建筑"舒适性"（amenity）的秘密所在，在此后的建筑实践中虽然并不总是出现对于舒适性的最大重视，但依然有许多证据表明其理解并转化了风土建筑所具有的情感维度和生活性，包括材料、尺度、日常生活方式等关联特性[①]。一言以贯之，风土建筑在"环境-文化"两分维度上的深刻关联与再现方式存在于柯布西耶的思想与实践之中[②]。

从现代建筑史的记录者来看，塞托里斯（Alberto Sartoris）在 1948—1957 年出版的《新建筑百科全书》（*Encyclopédie de l'architecture Nouvelle*）从气候和地理的角度描绘了含有风土因子的新建筑的发展动向[③]。塞维（Bruno Zevi）在 1950 年出版的《现代主义建筑的故事》（*Storia dell'architettura Moderna*）中表现了对地中海区域作为现代建筑核心的兴趣[④]。1963 年，哈斯汀（Hubert de Cronin Hastings）出版了《意大利的城镇景观》（*Italian Townscape*），使用如画的方式观察过意大利中世纪的城市，他不提倡直接模仿某个风土城镇里的建筑，而是建议归纳类型供现代建筑使用[⑤]。1955 年，希珀尔·孟荷里-纳基（Sibyl Moholy-Nagy）在《无名建筑中的天赋》（*Native Genius in Anonymous Architecture*）中指出，人类作为对遮蔽物寻求者的历史即人类与环境关系的历史，纳吉概括了无名建筑的建造方式是延续生命的载体，是对环境谦和与灵巧的服从，即便这些建造者几乎连名字也没有留下[⑥]。

与纳基的研究仅隔数年，在 1964 年这一关键年份，对于风土建筑的研究而言，具有深远意义的一项展览在美国揭幕。鲁道夫斯基在纽约现代艺术博物馆（MoMA，Museum of Modern Art）举办"没有建筑师的建筑"的展览，鲁氏在纳吉的观点基础上进一步指出，风土建筑是"没有建筑师的建筑"，是"非谱系的"，是"地方的、无名的、自发的、土生土长的、田园的"。在其同名著作中，他将世界各地的原始性风土建筑以极高的艺术性呈现为细腻而直观的图录，富有冲击性[⑦]。该书的问世，对西方主

① Ivan Zaknic（ed.）. Journey to the East[M]. Cambridge：The MIT Press，2007. 勒·柯布西耶.东方游记[M].管筱明，译.北京：北京联合出版公司，2018.
② 参见牛燕芳，刘东洋.也谈柯布[J].建筑遗产，2019(1)：114−119.
③ Alberto Sartoris. Encyclopédie de l'architecture Nouvelle[M]. Milano：Hoepli，1948−57.
④ Bruno Zevi. Storia dell'architettura Moderna[M]. Torino：Giulio Einaudi Editore，1950.
⑤ Hubert de Cronin Hastings. The Italian Townscape[M]. London：Architecture Press，1963.
⑥ Sibyl Moholy-Nagy. Native Genius in Anonymous Architecture[M]. New York：Horizon Press，1957.
⑦ Bernard Rudofsky. Architecture Without Architects：A Short Introduction to Non-Pedigreed Architecture[M]. New York：Doubleday，1964.

流建筑学界带来巨大的震动,极大地引起了人们对于风土建筑的关注。建筑学认识到了风土建筑对于现代设计隐藏的结构性作用,开始主张现代向风土学习。这次展览和著作的问世,客观上形成了风土建筑研究的重要拐点。此后的风土建筑作为现代主义建筑的"老师",结束了作为风雅建筑对立物的历史,建筑学出于丰富设计语言、修正现代性的目的所兴起的对风土建筑的研究热情,其基底实质是希望"现代"与"风土"统一,力图"复魅"。

1966 年,文丘里的《建筑的复杂性与矛盾性》(*Complexity and Contradiction in Architecture*)问世,斯库利(Vincent Scully)认为文丘里的思想不像柯布西耶一样来自希腊神庙,而是来自其对立面,"意大利城镇的立面,有着来自内部与外部的截然相反的要求与应对每日生活的各种变化做出的无穷无尽的微调"。文丘里的观点是对于柯布西耶《走向新建筑》(*Vers une architecture*)的反驳与补充。"柯布西耶要求一种更高贵的纯净性,不论在一个建筑里或是一个城市里,都是一个整体,而文丘里则在所有角度上接纳矛盾与复杂。"①

同年,如同一种回应,罗西出版《城市建筑》(*L'architettura della città*),这一著作加深了这一时期的思想转变,形成了暗流涌动的态势。② 对于这本著作,艾森曼(Peter Eisenman)在 1982 年撰文《记忆之屋:类比的文本》(*The Houses of Memory: The Texts of Analogy*)指出,罗西倡导的是"一种别样的建筑,一种别样的建筑师,最为重要的是,一种别样的使他们理解的途径","罗西尝试建造一个与现代主义不同的城堡,这如同一个精心打造的断头台,为那个已经无力攀登的英雄准备就死之处"。③ 蒙奈欧(Rafael Moneo)指出,罗西对于风土建筑的兴趣是"对于风土建筑理性结构的怀旧",探讨了罗西对于"无名建筑"的兴趣如何将他引向拥抱广大的城市空间④。

从两次世界大战之间到第二次世界大战后,西方建筑在持续研究风土建筑积累的勃兴状态下,尽管有很大的进展,与历史学、考古学、人类学、地理学、社会学等多学科兴起的对风土建筑的兴趣相比,建筑史学内部对于风土建筑的关注整体而言还是不那么充分的,主流现代建筑史的记录里多少忽视了风土建筑对现代进程的影

---

① Vincent Scully. Introduction to Robert Venturi[M]//Robert Venturi. Complexity and Contradiction in Architecture. New York: The Museum of Modern Art, 1966.
② 参见英译本 Aldo Rossi. The Architecture of the City[M]. Cambridge, Massachusetts, London: MIT Press, 1982.
③ Peter Eisenman. The Houses of Memory: The Texts of Analogy[M]//Aldo Rossi. The Architecture of the City. Cambridge, MA: The MIT Press, 1982:4.
④ Rafael Moneo. Theoretical Anxiety and Design Strategies in Work of Eight Contemporary Architects[M]. Cambridge, MA: The MIT Press, 2004:102 – 143.

响,其原因多种多样。大部分由德国、瑞士、英国、以及美国的学者撰写的关于现代主义建筑的研究中,很少对建筑师作品中的风土线索进行研究,他们也很少顾及或真正思考这二者之间的联系。

佩夫斯纳的建筑史名篇《现代设计的先驱者》中关于风土建筑价值认知的部分是众所周知的,既宣示也肯定了英国乡村的风土传统对英国莫里斯的工艺美术运动作出贡献,旋即通过这一运动对随后的现代主义运动起了重要推动作用,但是佩夫斯纳对于风土建筑价值认知和保护的贡献不仅于此,这是过往对佩夫斯纳研究中被忽略的重要内容。从早期风土观中将风土建筑视为高级艺术的对立物,到19世纪初期华兹华斯所倡导的风土建筑首先在文学语境中呈现的价值,再到19世纪40年代左右拉斯金将其逐渐提升为民族精神的"映射物",风土建筑被视为国家灵魂的安放之地。从这一价值认知主线的逐渐"高扬",以及对应研究的学理化过程上看,作为一种"接续",佩夫斯纳发展了风土建筑价值的认知和对公众的普及工作。这位艺术史家是46卷本的《英格兰建筑》(*The Buildings of England*,1951—1974)的主要作者,该书对英国的全体风土建筑进行了长时段、大规模的谱系追踪和建筑档案实录,在书中宣扬的价值认知成为英国保护规划不可或缺的参考,风土建筑的舒适性这一概念被英国的保护制度吸收,同时是英国城乡规划中的关键性概念,在现代规划管理中占据重要地位,是政府部门最为关注的指标,在一个极为有效的操作层面主导着英国风土建筑的良性存续[①]。这位最初肯定风土建筑对现代运动价值的史学家,在他后半程的学术生涯中,建立的英国全体风土建筑保护名目的重要档案,也构成现代意义上风土建筑价值的认知和保护基础,为风土建筑的价值认知,设计转化,研究范式,现代意义的存续再生都作出了不容忽视的贡献。

### 4. 走向隐遁的田野:20 世纪 60 年代—90 年代风土建筑研究的学科化阶段

风土建筑价值认知的准备约在19世纪中叶完成,主要是在艺术、文学领域中的革新者诸如华兹华斯、拉斯金等思想巨擘引领之下带动建筑学由经典建筑向风土建筑转向,主要策源地是英国。随后关于风土建筑的研究内容则更为普遍地出现在非建筑学的,也非任何专业人士的记录中,这些有关原始形态土著建筑传统的记录信息实为丰富,也与观察者的知识背景、兴趣与个人观点相关,必然带有个体的气质,而之后人种学、考古学和人类学的发展接续了这种个体兴趣,其学科化进展极为迅速。

1935 年,日本哲学家和辻哲郎发表著作《风土》,推断风土具有"环境-文化"这一

---

① Alan Gowans. The Buildings of England by Nikolaus Pevsner[J]. Journal of the Society of Architectural Historians,Vol.15.1956(2):29.

双重本质,风土不仅指某一地方的气候、气象、地质、地力、地形、景观等地理维度的总和,风土更是指向人文的风土,即历史、文化惯制以及民族的相互关联,风土现象(风土、风物、风俗、风景)存在于文艺、美术、宗教、风俗、建筑等所有人类的生活中。他将人类的风土现象分作三类来认识:季风型(中国、日本、南洋、印度),沙漠型(阿拉伯、非洲、蒙古),牧场型(希腊、意大利、德国)[①]。风土特型规制着地域文化形成特质,同时作为人的存在方式,人们实际上又在"风土"中发现自己,确定自己,了解自己。

和辻哲郎的《风土》显示了发端于学者的零散兴趣,并未完成系统的学理化、学科化。20世纪下半叶,伴随着城市化和工业化的进程,考古学、地理学、历史学、人类学、社会学等学科发展日趋成熟,风土建筑的内涵和外延得以扩充,已逐渐从作为原初社会物质文化载体的框架中摆脱出来,成为各个学科的学者用以研究传统乡村和传统工艺的对象,研究者借助这一时期积累的对社会、历史、工艺的研究成果,在视野和方法上寻求突破。从20世纪60年代起,风土建筑研究的跨学科性被逐渐认识和深化,由于对风土建筑的一般性研究基本完善,研究工作也进入了更加综合化、理论化、系统化的"问题导向阶段",最终完成学理化,以《世界风土建筑百科全书》的编撰为标志,风土建筑研究在西方真正被作为一种独立的研究方向。

布伦斯基尔(R. W. Brunskill)在1970年出版《风土建筑:一部图解的历史》(*Illustrated Handbook of Vernacular Architecture*),把20世纪以前定义为"风土建筑时代",以大量的插图详解了数百年来英国风土建筑在农耕和工业化早期的形态特征。[②] 1973年,美国学者劳伊德·康(Lloyd Kahn)编著了名为《掩体》(*Shelter*)的图集,将茅屋、帐篷、穹隆、毡包、洞穴、谷仓等予以展现,对现代社会体系之外的民间风土建筑做了分类整理。[③] 斯库里(Vincent Scully)编写了《普艾布罗族:山脉、村庄、舞蹈》(*Pueblo: Mountain, Village, Dance*)对美国印第安部落以乡土材料建造的集合住屋和生活场景作了生动描述和分析。[④]

浅川滋男是一位独具慧眼的研究者,对中国风土民居的研究卓有建树,他的著作《住的民族建筑学》成书于20世纪90年代。1982—1984年,浅川滋男曾在同济大学从事中国传统民居的研究,留学期间,他数次对长江下游地区江南传统民居进行调查,范围涵盖杭州、绍兴、宁波、天台,苏州、无锡、扬州、南京、上海近郊农村,以及安徽南部。浅川滋男的调查与一般建筑学角度的调查不同,是一种人类学角度的风

---

① 和辻哲郎.风土[M].陈力卫,译.北京:商务印书馆,2018.
② R. W. Brunskill. Illustrated Handbook of Vernacular Architecture[M]. London: Faber & Faber, 1970.
③ Lloyd Kahn, Shelter [M]. Bolinas: Shelter Publications, Inc., 1973.
④ Vincent Scully. Pueblo: Mountain, Village, Dance[M]. Chicago: University of Chicago, 1989.

土建筑研究。除了对住宅实地调查、记录、测绘,他的调查内容还增加了新中国成立前空间使用调查与记录;灶间与厨房的实测调查;与当地工匠的座谈会,以了解建筑过程、术语、量度、大木工具、风水;调查《鲁班营造正式》《鲁班经》的版本等。随后,他将长江下游的传统汉族住宅各部件的方言名称、平面类型、家具、住宅使用规范进行了详尽的整理。提出语言是认识民族体系的关键,语言不同,认识世界的方式也不同。因而浅川滋男在实质上形成了以语族划分建筑类型的研究意识。总的来说,以认识人类学的视野,使用民族考古学的方法,开始以语言分区为参照进行风土民居的研究成为浅川滋男解决风土建筑研究中"视野""方法"双重困难的基本着手点。①

保罗·奥利弗的《世界风土建筑百科全书》作为 20 世纪推动风土建筑研究的里程碑式著作,以泛地域的全球视角最先建立风土建筑研究的地区框架,涵盖与风土建筑紧密相关的文化、地理、气候信息。除了《世界风土建筑百科全书》这样综合性、全景式的研究,其他研究者中也形成了综合性较强的著作。比如理查德·布兰顿(Richard E. Blanton)1994 年出版的《家宅比较研究》(*Houses and Households: A Comparative Study*)②及约翰·梅(John May)的《手工艺建筑:风土建筑的世界》(*Handmade Houses & Other Buildings: The World of Vernacular World*)③等。

此外,风土建筑研究在社会、经济、文化、政治等多因素的策动下改变着自身研究的走向,不仅限于建筑学,还包含历史学、地理学、考古学、人类学等多学科的发展和交叉,丰富和加深了风土建筑研究的广度和深度。伴随着风土建筑研究的不断深入,其自身的学科化发展对社会文化走向,特别是建筑学的现代进程也将持续带来新的影响。

### 5. 20 世纪 90 年代以来:风土建筑研究的动态

2006 年,阿莫斯·拉普卜特(Amos Rapoport)的《作为模型系统的风土设计》(*Vernacular Design as a Model System*)④一文根据建筑所处的社会形态,尤其是建造过程中的分工程度和角色关系,把建筑分为原初建筑、风土建筑和高雅建筑三个阶段,物理和经济因素提供了建筑形式可能的范围。与他另一本著作《宅形与文化》

① 浅川滋男.住まいの民族建築学:江南漢族と華南少数民族の住居論[M].東京:建築思潮研究所,1994.
② Richard E. Blanton. Houses and Households: A Comparative Study[M]. New York: Springer Science + Business Media, 1994.
③ John May. Handmade Houses & Other Buildings: The World of Vernacular World[M]. London: Thames & Hudson, 2010.
④ Amos Rapoport. Vernacular Design as a Model System[M]//Lindsay Asquith, Marcel Vellinga. Vernacular Architecture in the Twenty-First Century: Theory, Education and Practice. London and New York: Taylor & Francis Group, 2006.

中的基本观点一致的是，他指出文化最终决定了人们在此中的形式选择。他将风土建筑与原初建筑作了区分，将风土建筑视作人类在进行文化选择时产生的一种建筑类型。进一步，拉普卜特对风土建筑的研究方向给出了建议：对于风土建筑的研究而言，从自然史迈向下一个以问题导向为中心的阶段，可以将风土建筑看作模型系统（model system），理解风土的活动系统、生活方式、象征图式、规则禁忌、本体价值等"意义"（meaning）作用机制。在这些构成意义的因素中，文化是一不可见的因素，因为文化与风土建筑这一实体的关系过于宏大和抽象，所以它更多是在社会性的特征表述中被观察到，比如人类学社会学研究范围中需要考察的包括血缘系带、家庭结构、角色分工、地位身份、族群团体等问题。风土建筑进而应作为一个综合的建成环境的模型系统得到认识，该模型系统包含：时间、空间、意义和交流的组织系统；环境系统；文化景观系统；由固定的、半固定的，以及流动的特征构成的系统。

风土建筑保护方向的学者则进行了认识风土建筑新价值的尝试。罗纳德·卢考克（Ronald Lewcock）的《风土建筑生成观》（"Generative Concepts" in Vernacular Architecture）[①]一文，通过对公元前 4500 年古美索不达米亚伍巴迪德住居（Ubadid House）遗址、公元前 250 年的古庞贝早期罗马住宅、19 世纪黎巴嫩拉洪德住宅（Lahoud House）和 19 世纪南阿拉伯住宅的对比，追溯住宅建筑中庭的跨地域演化过程。就意大利而言，从伊特鲁里亚的墓穴这一原型出发，在黎巴嫩带有中庭的住宅的影响下，意大利北部威尼托地区产生了卡索内（Casone）[②]的风土建筑类型，在这种建筑形式的影响下，16 世纪帕拉迪奥的埃莫别墅（Villa Emo）演进为对称且带有顶盖的中庭住宅，符合古典法则的建筑形式，风土建筑在原型和古典建筑之间扮演了重要的"生成"作用，而这也是风土建筑最为重要的特质，即自我生成和促进演化的能力。卢考克从新的角度赋予了风土建筑以价值。

2008 年，日本学者松本继太和宫泽智士发表《日本白川乡合掌造民居复原研究——白川村加须良地区旧山本家住宅》[③]（白川村加须良の合掌造り旧山本家住宅の復原考察）一文，对风土建筑的保护性研究进行了深入的探索。白川村的"合掌造"民居是日本最负盛名的民居类型之一，因采用联排的成对大叉手作为屋顶构架

① Ronald Lewcock. "Generative Concepts" in Vernacular Architecture ［M］//Lindsay Asquith, Marcel Vellinga. Vernacular Architecture in the Twenty-First Century: Theory, Education and Practice. London and New York: Taylor & Francis Group, 2006.
② 卡索内（Casone）是意大利威尼托地区特有的风土建筑，是当地渔民、猎户或者奶酪生产者的住宅，中世纪的时候在意大利北部产生，第二次世界大战后，这种风土建筑遗存越来越稀少。卡索内既可作为居住用房，也可作为储存农具、谷物等的仓库。常见的卡索内平面多为长方形，两翼对称，中间为中庭，墙体是用砖石或者树枝、稻草为材料，最有特点的是它的屋顶，用麦秆、稻草制作而成，屋顶高耸，倾角亦很大。
③ 松本继太,宫泽智士.日本白川乡合掌造民居复原研究——白川村加须良地区旧山本家住宅[J].胡佳林,唐聪,译.建筑遗产,2016(3):80－97.

而得名。其陡峭的大屋顶通常在外观上作悬山式或歇山式,铺设茅草。合掌造在日本各地区均有分布,其中岐阜县白川乡<sup>①</sup>自昭和四十六年(1971 年)开始,对域内保护困难的合掌造民居进行保护性移建,开辟了"白川乡合掌村"。1995 年 12 月 9 日,作为城乡风土聚落遗产标本,白川村荻町地区的合掌造民居作为白川乡合掌造民居建筑的代表,和日本五箇山相仓等地区一起,以"白川乡·五箇山合掌造村落群"的身份被列入世界文化遗产名录,得到严格保护。旧山本家住宅于 1880 年代建造于日本岐阜县白川村的加须良地区,作为该地区具有代表性的"合掌造"民居实例,虽然前后经过几次拆解复建、变化较大,但是每次改造的痕迹都清晰地保留下来,十分珍贵。作者通过对山本家住宅建筑拆解构件的调查研究,探明其初始建筑结构与历次改造重塑的经过。通过分析构件本体的风化情况、叠压关系等证据,得出在建筑始建时期未安置佛堂的构架部分,而是将里居室作为佛座间使用,作为僧侣接待室的书院造风格的侧居室是在建筑完成后另行增设的等结论,准确地把握了旧山本家住宅的始建面貌与历史变迁过程。并在此基础上进一步指出,旧山本家住宅作为加须良地区的民居实例,其重要性在于它展示了以佛座间为中心、带有书院造风格侧居室的"书院造居室"布局形式的形成过程。日本对风土建筑标本保护和修复的投入,几乎等同于考古和文物的标准,为同类型的风土建筑遗产的研究和保护工作提供了参考价值。

除了文化特征组织结构转化以及建筑实体保护实践,对风土建筑的研究不断拓宽分野,形成了以具体问题为导向的应用模型研究。主要研究风土建筑在形式处理等方面的经验,包括在干热气候中调节和控制光、热、风、湿度、形成良好微气候等一系列措施,学习风土建筑在应对需求、适应环境、注重实用功能、强调资源和材料利用的经济性方面的优点。低技术营造意匠、生态因应特征模式、传统营造技术实验性利用等成为风土研究的新方向。其中较有代表性的著作有 2014 年韦利·韦伯(Willi Weber)与西莫斯·扬纳斯(Simos Yannas)的《风土建筑的教益》(*Lessons from Vernacular Architecture*)<sup>②</sup>等。

考古学家伊萨克·迈尔(Isaac A. Meir)和生态学家苏珊·罗夫(Susan C. Rolf)对风土建筑的可持续发展和环境灾害应对的命题进行了有益的尝试,《风土的未来:走向对风土建筑性能的理解和优化的新方法》(*The Future of the Vernacular: towards New Methodologies for the Understanding and Optimization of the*

---

① 白川乡泛指岐阜县境内庄河流域的上游地区,包括大野郡白川村、高山市旧庄见村、高山市旧清见村。
② Willi Weber, Simos Yannas. Lessons from Vernacular Architecture [M]. London and New York: Routledge, 2014.

*Performance of Vernacular Buildings*)①一文选用的案例位于中东地区沙漠以及地中海少雨地区。在一般性的田野调查方式之外,模型模拟被引入研究中作为主要手段。其参数研究包含原位监控、1∶1模型、红外线温度记录、热量与日光模拟、数字分析。1∶1模型作为对模型进行校正的模拟工具使用,其分析结果包含建造技术、材料、形态特征、细部等。

理查德·巴尔博(Richard Balbo)在《达赫莱绿洲的城市设计中学到的经验》(*A Lesson in Urban Design from Dakhleh Oasis*)②一文中从环境控制学与社会生态学两方面切入,对埃及风土聚落进行研究,将风土建筑所具有的政治特征和宗教因素纳入了风土建筑的可持续发展这一新的研究命题中。提出可持续建筑设计者在介入当地的建造时,不仅需要考虑为穷人进行低成本建造,建筑具备微气候调节能力等实体调控手段,还需要以合乎伦理道德的方式进行社会生态学角度的管控。

班森·劳(Benson Lau)、布莱恩·福特(Brian Ford)、张鸿儒(Zhang Hongru)在《中国一栋庭院式住宅的环境性能》(*The Environmental Performance of a Traditional Courtyard House in China*)③一文中从风土建筑的环境因应角度,使用环境数据测试的方式对周庄张宅的屋顶、前廊、天井等部位进行了考察,评测包括小天井的设置对于光线、通风、视觉舒适度的作用,庭院尺度调节温度(在冬至和夏至日进行太阳高度角测算)的作用,以数据证实这些部位具有良好的环境控制效果,在实证基础上探讨这些效果的设计手段。

这些较新的研究动向相当程度上印证了阿莫斯·拉普卜特对于风土建筑在新阶段的研究判断——将风土建筑作为一个综合的模型系统,以问题为导向进行专项研究。新阶段的主题结合了过去的研究积淀,大致从五个方面展开:风土建筑居住文化(Housing Culture)、风土建筑保护(Conservation)、风土建筑的可持续发展(Sustainable Development)、风土建筑的灾害管理(Disaster Management)和风土建筑的设计(Architectural Design)。其中,风土研究前期至中期的成果,即19世纪末至20世纪末,大多数集中在风土建筑居住文化这一方向上,结合历史学、地理学、考古学、人类学的学科交叉获得研究成果。在风土建筑的设计方面取得的成果集中在

---

① Isaac A. Meir, Susan C. Rolf. The Future of the Vernacular: towards New Methodologies for the Understanding and Optimization of the Performance of Vernacular Buildings[M]//Lindsay Asquith, Marcel Vellinga. Vernacular Architecture in the Twenty-First Century: Theory, Education and Practice. London and New York: Taylor & Francis Group, 2006.

② Richard Balbo. A Lesson in Urban Design from Dakhleh Oasis [M]//Willi Weber, Simon Yannas. Lessons from Vernacular Architecture. London and New York: Routledge, 2014.

③ Benson Lau, Brian Ford, Zhang Hongru. The Environmental Performance of a Traditional Courtyard House in China[M]//Willi Weber, Simon Yannas. Lessons from Vernacular Architecture. London and New York: Routledge, 2014.

20 世纪上半叶两次世界大战和战后。关于风土建筑保护的研究是在前两者的基础上以及遗产保护领域的不断发展中起步的。新兴的风土建筑的可持续发展、风土建筑的灾害管理则需进一步借助多学科的方法和手段进行系统的研究。

在 1920—1939 年至第二次世界大战开始以前,以及 1945—1970 年,受到地中海地区风土建筑影响的建筑师群体在世界各地进行了大量实践,这段历史在上世纪末开始引起西方现代建筑史学界的注意并引发了大量讨论。出版于 2010 年的《现代建筑与地中海地区:风土对话与个性挑战》一书对这段历史进行了回顾,是与本书主题直接相关的文献。按照建筑师活动的地区分类,第一章称"南部",讨论地中海本土建筑师的实践,第二章称"北部",讨论非地中海本土的建筑师的实践。"南部"建筑师是本土文化与传统的熟习者,"北部"的建筑师则是持泛地域观点的外围观察者。在以建筑本位的角度讨论风土现代性的流变之外,该书还得到一些新的结论,在民族主义盛行的国家里,地缘政治特别是右翼势力曾经左右了风土研究潮流的发展。① 编撰者在文中支持的观点也是在有意构建话题的深度,譬如:对风土的本质把握是可以开展的;回归现代性转变的过程也是可以发生的;过往或正在发生的争论对于这个时代的全部意义与价值是再次告知我们,寻找事物的本质乃是我们的基因里带有的特性等。事实上作者所说的这种寻求本质的需求似乎本来就持续存在于现代建筑史学的思辨运动中。

美国学者詹姆斯·沃菲尔德(James P. Warfield,1943—2019)耗费 50 年时间,足迹遍布亚、非、拉地区,访查了包括中国、泰国、尼泊尔、肯尼亚、马里、纳米比亚、新几内亚、斐济、墨西哥、玻利维亚、秘鲁等 60 多个国家的风土聚落,对消失中的风土建筑遗产进行了大量实录和探析,他将采集到的全球各地风土建筑的影像做了专题图解,编为"风土建筑档案"以及系列文章"风土图记"(图 1.4)。内容包括因材施用、形式与禁忌、光与影、场所与仪式、土地与身份等,图解涵盖了诸如时空、意义、隐喻和记忆等建筑学的深层思考。沃菲尔德主张建筑艺术须扎根地方风土,建筑设计应关联地域文化,需以清晰和令人印象深刻的风土建筑影像予以佐证。同时,他的风土建筑研究也颇具文化地理学和人类学的意味,对风土建筑保护和研究有很大的启发意义。风土建筑是一个地方场所精神的空间载体。"风"带有风俗、习惯及其人文意象,属于生活形态范畴;"土"则是土地、本地及其环境性格,属于空间形态范畴。建筑应当被视作风土的重要组成部分。在全球化和城市化的冲击下,风土建筑正在快速消失,面对风土建筑的存续问题,需要有一个基本的社会认识前提,即保持一个地

① Lejeune Jean-Françsois, Sabatino Michelangelo. Modern Architecture and the Mediterranean: Vernacular Dialogues and Contested Identities[M]. London: Routledge, 2010.

方建筑的本土特征,更需对风土建筑进行缜密的调查研究得出理性的价值判断。就像约翰·拉斯金、伯纳德·鲁道夫斯基、尼古拉斯·佩夫斯纳都曾经做过的那样,以文化民主的方式引领大众认识、喜爱风土建筑遗产,唤起保护和延续风土建筑的热情,进而寻求研究与保护风土的有效途径。

图 1.4　詹姆斯·沃菲尔德的"风土建筑档案"　来源:《建筑遗产》

## 第四节　本书的讨论方式

自文艺复兴到启蒙运动以来,西方学界对如何理解传统、运用古典做了深入的研究,而对风土建筑的研究也有了超过两百年的历史沉淀,形成了至为丰富的历史经验和理论范式。至晚到 20 世纪 90 年代,风土建筑在西方已经是一门独立的学科门类,并形成了较为完备的学术体系,包含丰富的价值认知理论、研究范式、保护方法,以及大量适应性利用的实践经验。风土建筑与建筑主流学界之间的相互作用和影响到底是否需要进一步回溯,是否能在填补传统史学的空白的同时把握住风土建筑研究的指归? 是否可以通过当下化、具体化的视角阐释西方风土建筑研究的历程,解读和批判风土作为一个现代观念其生成、流变之旅的意义? 这也涉及一个原本边缘性的话题在何种语境与条件下成为"新兴"话题的历史性验证过程。

综上考虑,本书的目标有三:

**(1) 梳理西方现代风土建筑理论的脉络;**

**(2) 阐明风土建筑理论的核心价值;**

**（3）凝炼对存续实践的影响作用。**

相应的视野和方法上的选择将构成本书的讨论方式。

阿摩斯·拉普卜特曾经提出,《世界风土建筑百科全书》在1997年的问世代表风土建筑的"自然史"式研究阶段已经完成。[①]迁移拉普卜特"自然史"与"问题史"的划分,本书的讨论也将分为"自然史""问题史"两条线索,即按照在风土问题内部识别的新问题构成对历史的聚焦。西方风土建筑理论的由来和发展,对其演进历程的纵览与回顾构成"历时性"的角度,此"自然史"式的论述基础上,从"问题史"的角度以社会经济与文化发展如何策动风土理论的流变为破题线索,突破编年和国别的制约,以大量专篇深入讨论。

在研究方法上,西方的史学前沿给出了很多可资借鉴之处,为了承接下文的论述,先对本书借鉴的新史学与诠释学的视野与方法,进行简要的提炼说明。[②]

**1. 新史学**

自第二次世界大战后,西方的史学研究发生了许多重大的概念变化和方法更新。各种史学流派兴起,如年鉴派、社会史派、心理历史学、精神史学、结构主义史学、知识史、历史人类学、计量历史学、新经济史学、新叙述史学、大众史学、比较历史学、追溯考古史学、地理文化史学等,从不同方面反映了这种史学研究方式的变化和丰富。这些史学流派已经与传统史学差距极大,被统称为"新史学"。与传统史学的观念和方法相比,新史学有极大突破。[③]

新史学首先在史观上与传统史学不同,主要在于"历史是什么""历史学是什么"这两个基本概念上。传统史学重点在政治、外交、法律、经济等方面进行史料调查,再现和说明上层建筑领域里的问题,主要借用经典资料(历史文献、历史著作、文物、考古材料、历史档案)进行归纳,运用现代知识进行解释,以便使过去的事件更为清晰。传统史学注重史料归纳和考订,贵在"让史料本身来说话",是一种记叙和归纳

---

① 参见 Amos Rapoport. Vernacular Design as a Model System[M]//Lindsay Asquith, Marcel Vellinga. Vernacular Architecture in the Twenty-First Century: Theory, Education and Practice. London and New York: Taylor & Francis Group, 2006.

② 本书也以案例研究作为重要的方法补充,案例研究是在社会科学研究领域被广泛应用的一种方法,通过对单一个体、个案深入、全面的研究,来取得对一般性状况或普遍经验的认识,如同一曲交响乐中的独奏部分,往往能够凸显主题,同时呼应整体甚至引至全曲的高潮,起到细致、深入、透彻的效果,具有透过一隅照见全体的作用。同时,案例研究不可避免地要回到理论预设或者理论取向上的证实或证伪,发现事实与预设理论之间的偏差即为研究的重要成果。案例研究最初源头大约可追溯到20世纪初期人类学的研究,如英国人类学家马林诺斯基(Bronislaw Malinowski)对太平洋上特洛布里安岛(Trobriand)原住民文化的个案研究。案例研究与田野调查密不可分,在田野调查中,与研究对象的访谈则构成了珍贵的口述材料,具有补充观念史研究所需新史料的作用,故而口述材料,以及就此扩展搜集的报刊资料、私人日记、未公开的演讲内容等等都是构成研究的重要资料。

③ 参见朱孝远.西方现代史学流派的特征与方法[J].历史研究,1987(2):142-155.

性的描述性史学。

新史学认为历史是以往人类的全部活动,倡导"总体历史学",即包括人与自然、社会,以及人自身的心理和情感等方面的联系。新史学认为历史研究不能只研究上层文化,还应研究特定时期普通人所想、所做。历史研究的目的不是为了描绘过去,而是为了回答问题。因此它像其他学科一样,应有理论指导、分析模式、研究设想、实验设计、实验过程和假设、证实或证伪,以及定量定性分析。新史学认为文献本身不会说话,除非研究者自身向它提出问题,是一种分析性史学。对于新史学来说,需要开辟关于心理情绪史、精神史和某些社会史的新史料,故而口述材料、报刊资料、建筑造型、私人日记等都是重要资料,并且新史学提出历史学家应当把全部注意力从现有史料的考证上转移到正确的历史形象上。这么做的出发点即以一种多学科共同研究的立体历史学来取代单线、平面的历史学,扩大史学研究面和研究方法,用分析阐释取代叙述归纳,用跨学科的综合分析法取代狭窄的史料注释。一言贯之,新史学是对传统史学的一项极大挑战。

西方新史学中,马克·布洛赫(Marc Bloch)创立的法国年鉴派被公认为其开端和代表,其特征主要是秉持总体历史学与科学之间并无藩篱的观点[①]。提出历史研究的"结构"角度,即生态结构、社会结构、经济结构、文化结构,以及包括人类的心理结构和时代精神结构,都属于人类活动中一切延续或交替的结构,历史是总的人类活动史。年鉴派代表人物吕西安·费夫尔(Lucien Febvre)在《历史学家的战斗》(*Combats pour l'histoire*)中提出要广泛地搜集史料,从社会结构和制度上解释历史[②]。第二代的学者费尔南·布罗代尔(Fernand Braudel)则更靠向结构主义,把前期总体历史的概念,变成了各个分解结构的综合,历史研究将只重视较为固定的结构[③]。地理条件和人口是最为重要的"不变结构"(相对而言),经济和社会以及一般人的文化结构被看作"可变结构",政治现象则是无足轻重的"易变结构"。

克洛德·列维-斯特劳斯创立"历史人类学"把结构主义推向极端,被称为后期年

---

① 布洛赫认为史学家研究历史的时候,应该有一个思维分析方式或者研究模型,这一模型不是凭空而来,而是根据已有概念、知识和对史料的认识建立起来的。通过调查以及提出很多问题来舍去与主题无关的问题而将重要问题进行排列组合,并设计调查的步骤,一步步弄清问题,发现事物原型和定义模型之间的不同,这一不同即为研究的成果。新史学的研究模型与马克思·韦伯的理想原型有相通之处,从一种理论假设出发,把概念化为一些变项指数,最后再用事实来证实或证伪。历史学虽然能够走向实验科学,但毕竟缺乏像自然科学那样严密的公理性法则,因此经验的成分与实证的成分往往兼而有之。参见 Marc Bloch. The Historian's Craft[M]. Manchester: Manchester University Press, 1992.

② Lucien Febvre. Combats pour l'histoire[M]. Paris: Armand Colin, 1953:456.

③ 费尔南·布罗代尔于 1972 年出版其代表作《菲利普二世时期的地中海世界》(The Mediterranean World in the Age of Philip Ⅱ),构成历史地理学基础,参见[法]费尔南·布罗代尔.菲利普二世时期的地中海世界[M].唐家龙,曾培歌,吴模信,译.北京:商务印书馆,2013.

鉴派。他提出不仅历史现象、政治事件是无关紧要的，就是时间、地点，以及自然地理也无关宏旨，历史研究的目的是跳过一切去发现"结构"，以及结构之后的宇宙法则。历史研究不过是研究人类活动和行为，人的活动受到可见的法则、特殊的法则和宇宙的法则三者控制①。从这一理论出发，列维-施特劳斯提出，历史研究应当是**"反向研究"**，从事件现象看群体结构，再从群体结构中的稳定部分寻找宇宙法则。

西方新史学的盛行原因在于理论和概念，以及方法上的创新。将历史研究面拓宽，并伴随对诠释历史学的进一步提倡，这些方法与视野上的创新之处在以下三个方面可资学习。

首先，把历史学与其他学科结合，促成新的边缘学科和综合性研究。比如历史学和人类学结合形成历史人类学，这也是研究风土建筑的重要方法之一。历史人类学主要研究人类文化的演进，涉及的范围有家庭、婚姻和亲缘关系，历史上的年龄结构、性别关系、群体心理、生产与分配、政治组织与法律制度、宗教与传说、文化与个人、文化与发展、乡村、都市与社会化等。例如政治学、经济学、心理学、社会学和数理统计学都能和历史学结合，但是历史学还不能同诗歌、文学创作学或者有机化学、核物理学结合，因为前两者不是成熟的科学，后两者的学科性质则与历史学距离太远，这两类学科与历史学的相关系数太小，不能结合为对各自都有益处的新的历史边缘学。

其次，历史学与地理学结合，产生了历史地理学、文化地理学。对于今天的风土建筑研究而言，历史地理、文化地理角度的视界融合显得越来越重要。文化地理学研究中包括建筑和居住，从纵向和横向对原始建筑至现代建筑的演化、世界各地居住条件和建筑造型中反映出来的社会文化心理的差异的起源进行分析，以及不同地域内的文化心理，人类文化的演进，等等。

最后，历史学与文学、哲学相结合产生了观念史，或者也被称为知识史、思潮史、思想史。观念史是一门专门研究人类总体观念演进的学科，即研究每个时代所产生的、反映时代与社会特色的、并对社会和文化产生有力影响的一切时代思潮。根据这一定义，其实观念史并非哲学史或者学术史，因为哲学史研究的是哲学自身这门学科自身的发展史，而观念史研究的则是思潮对于社会结构所产生的影响。这一派的史学家认为应当不受学科限制地研究一切对于社会产生影响的新思潮，不论是科

---

① 列维-施特劳斯提出，可见的法则就是一般常理，控制着人们一般的行为，它可以被体会到，并且有变化，有时间性。特殊的法则也叫群体法则，它是宇宙法则派生出来的，随宇宙法则而变化，控制着历史上"人群"的社会生活和社会行为。最后是宇宙法则，只有它才反映出人类的本质特性。宇宙法则是独立于人类意志之上的根本法则，它没有时间性，也无法直接观察，只能在特殊的群体法则中的不变成分中才能被体验到。参见[法]克洛德·列维-斯特劳斯.结构人类学[M].张祖建，译.北京：中国人民大学出版社，2009. Claude Lévi-Strauss. The View from Afar[M]. New York: Basic Books, 1985.[法]克洛德·列维-斯特劳斯.忧郁的热带[M].王志明，译.北京：中国人民大学出版社，2009.

学的、哲学的、文学的、美学的或者是神学的观念。宗旨是思想家们必须从象牙塔里走出来，到社会中去进行调研。目前，知识史已经成为美国大学历史系学生必修的课程，研究知识本身的演进被认为是历史学研究不可缺少的训练。本书指向的现代风土建筑理论及其影响这一问题，参照的即为观念史、知识史的新史学研究角度。

## 2. 诠释学

在新史学的发展者列维-施特劳斯看来，人类的一切活动都受制于永恒稳定的宇宙法则，而宇宙法则只有一个，当它应用于人类群体社会时，就化为无数的特殊群体法，从而控制和规定了人类社会的群体结构。这些群体法再进一步派生出可见的一般行为法，如常理、规章制度等，进而控制人类的个别活动。人类从属于各种法则控制的结构，只要理解非个体与无时限的总法则——宇宙法，就可以找到体验人类一切行为的关键钥匙。因此最好的历史研究应该是非局限于历史主义的研究，研究历史完全可以从今天开始，至于特别注重过去的那些不正确、不完整但又被历史学家奉为至宝的史料更是没有意义的，一切变化的发生自有决定它们的特殊法则存在。年代的顺序不是必然的，历史学应该是一种人类学。过去、现在或者将来的差异仅是不同文化结构上的区别，所以传统的历史研究，应该为现代行为科学的分析法所取代。

但是对于历史研究者来说，完全地摒弃传统史学采用全新的史学方法和视野实际还意味着历史理解的立场也需要转变，这对于思维来说是"一个非常艰难的时刻"。一些更为根本的哲学立场紧密关联着历史理解问题，它首先隐藏在诠释学（Hermeneutics）推崇的新的历史研究方式之中。

在18世纪之前，好的文学作品不需要解读，清晰是一种必要的品质。启蒙运动后，文学逐渐世俗化。18世纪浪漫主义兴起，出现了一批天才的作品，作者甚至被神化，在宗教改革后，文学替代宗教的地位，宗教开始世俗化，文学具有了"世俗圣经"（secular scripture）的地位。文学作为一种极重要但也更难懂的事物需要解读，于是现代诠释学因之产生。

诠释学发现的一个非常重要的现象就是诠释学循环（Hermeneutic Circle），这种现象指向读者和文本的关系。文本是包含着作者想要表达信息的中介，读者就一个局部开始设想全文剩下的部分，并与整体联系，然后知道越来越多的局部，来来回回穿梭于对全文的预见，局部到整体，再局部到整体，以此循环。因此，诠释学不完全是历史观的碰撞，也是社会、文化的碰撞。海德格尔（Martin Heidegger）和伽达默尔（Hans-Georg Gadamer）坚持认为，初步概念总是存在，伽达默尔称此为前见（Vorurteil）。

海德格尔在《存在与时间》曾指出，当我们要做解读时，当我们看到事物在离我们最近的时候，本身已经包含了解读的结构，并且是通过最原始的方式。很有意思的是很难想象看见某物而不解读它的可能性，近乎不可能，只知道它存在而不知道它是什么是非常难的事情,我们从一开始知道某物时就知道它是某物了,我们只能将某物看作某物,这就是解读。我们控制不住地去理解,我们总是已经理解了,这与对错无关,我们总是必要地理解,理解是一种禁锢。只面对事物而不去思考这是什么不是也很好吗,但这对思维来说是一个极其艰难的时刻。[①]

正如海德格尔所说,在解读的过程中,我们对于被解读存在的解读方式可以来自存在本身,或者我们的解读可以使被解读的存在成为与它自身存在相反的概念,诠释学循环不必然是恶性的,有可能是良性的。[②]

海德格尔的学生伽达默尔进一步发现,一旦文本开始构成意义,读者就会对整个文本做出自己的解读,后者也就是意义产生的原因。仅仅是在读者读文本的时候,就对某种意义有所期待。换句话说一旦开始接触局部,读者就会设想出包含这个局部的整体。那么读者为何不能抛开前见而正确地理解存在呢? 伽达默尔认为,实际上读者永远无法摆脱对于事物先入为主的概念。

伽达默尔强烈反对的诠释学方法是相信存在一种现成的"诠释方法论",最批判的方法论为历史主义(historicism),即相信自己能够撇开前见,可以完全摆脱自己的主观,摆脱自己对于事物的看法,不受自己的历史局限,进入另一个时间或空间的思维模式。历史化(historicizing)的目标认为可以完全进入另一种思想,伽达默尔则认为人们做不到,人们永远无法抛开先入之见,人们所能做的,就是认识到自己确实存在于有意识地思考于自己特定的视界(horizont)之中,自己在面对另一种视界,并且努力在联系两者来认识另外一种视界。通过某种方式将现在与过去结合起来,这与那结合起来,这种方式被伽达默尔称为视界融合(Horizontverschmelzung, horizon merger),这样诠释得出的历史即效果历史(Wirkungsgeschichte, effective history),换言之,效果历史是一种可以为我们所用的历史,而不是被档案记录或将我们与过去分开的那种历史。历史主义在伽达默尔看来有些不道德,因为它屈尊于历史,它认为过去只是一个信息仓库,忘记了我们会从过去性(pastness)和他性(otherness)中学到一些东西的可能性。[③]

对立于伽达默尔的诠释学立场,赫施(Erid Donald Hirsch)则援引康德,提出道德行为的基础是:人应该以自己本身为目的,而不是他人的工具。这种道德律令可

---

①  对思维的"艰难处境"的发现,正是伽达默尔受益于他的老师海德格尔的部分,但是伽达默尔沿着老师的道路发展出了自己,现象学得以发展形成新的诠释学。参见[德]汉斯-格奥尔格·伽达默尔.真理与方法[M].洪汉鼎,译.北京:商务印书馆,2010:377－433;[德]海德格尔.存在与时间[M].陈嘉映,王庆节,译.北京:生活·读书·新知三联书店,2014.

②  Hans-Georg Gadamer. The Elevation of the Historicality of Understanding to the Status of Hermeneutic Principle. [M]//Paul H. Fry. Theory of Literature. Boston: Yale University Press, 2012.

③  [德]汉斯-格奥尔格·伽达默尔.真理与方法[M].洪汉鼎,译.北京:商务印书馆,2010:377－433.

以转化为人的语言,因为语言是人在社会领域的延伸和表达,还因为如果一个人不能把一个人的语言和他的意图结合起来,我们就无法抓住他语言的灵魂,也就是传达意义。① 注意,赫施没有提到真相,他说的是"意义",伽达默尔传达的才是"真相"。赫施认为重要的是意义,伽德默尔认为重要的是真实,这就是两者不同之处的核心,以及不兼容的原因所在,这是一条十字路,一个首先由海德格尔发现的艰难抉择。

伽达默尔愿意牺牲意义在历史上和文化上的精确性,因为他相信先入之见不可避免,他愿意承认在解读中总是带有"我"的成分,但这些成分是好的,因为"我"毕竟是留心差异性的,这就是前理解(Vorverständnis)。赫施则认为在解读中完全没有"我"的成分,因此"我"能够准确地、客观地理解他人的意思,并通过解读的准确性向他人致敬,但赫施的说法后面却没有真相支撑。赫施并不关心他人说的是不是真实的,这是他哲学立场中牺牲的部分。伽达默尔认为我们得接受过去的不同,才能了解它的真谛,但若只顾及自己的感受,我们就无法理解它的真谛,所以我们需要意识到,在阅读中有一种相互关系,我们实际上处于一个"对话"之中,我们需要接受其他人告诉我们的一些真实的事情。另一方面,赫施说,不,重要的是知道另一个人的真正的意义,因为那是尊重那个人独特性的唯一方式。

康德曾说,人们对于我们来说是终点不是途径,我们应该从他们的角度去理解他们。然而伽达默尔认为,如果我们那样做,我们很可能失去了一个可能告诉我们事实的方向,我们事实上是在尊重他们所说的内容的完整性,但未想过这到底是不是"真的"。换言之,古典在伽达默尔所见,为可以提供共同基础的那个部分。而只要在哲学立场上这两者不同,我们就不得不从伽达默尔和赫施中选择一个。

因此,我们总会是带有先入之见的解读者,文本如果仅放在历史的角度理解,那么这样的理解肯定不是绝对正确的。我们从历史的角度看待过去,我们以为自己理解,也就是把自己放在历史的条件下,重新构建历史的视角,而事实上,我们已经放弃了从过去寻找对于自己来说靠得住的、可以理解的事实。因此,伽达默尔的诠释学就新史学的历史理解不足进行了进一步的发展,即承认传统史学对于想依靠新史学的历史研究者而言,是如同"大地"一般起着深刻作用的"前见",摆脱大地仅在波涛之上什么都不能真正建立起来。我们须承认我们曾来自一个"经典的框架",身处在传统的生命之流中,吸收着传统史学提供共同基础的部分,在这个基础上带着"问题意识"诠释历史,获得某种"效果历史"。

按照与研究问题、研究目标相应的方法论辨析和择取后,本书将确定以明暗双

---

① Erid Donald Hirsch. Passages from Martin Heidegger[M]//Paul H. Fry. Theory of Literature. Boston: Yale University Press,2012.

线展开研究论述。明线是以问题导向作为主干,形成西方现代风土建筑理论及其影响的观念透析;暗线是以具体化的阐发力求揭示风土观念连贯发展的社会整体土壤。在双线之中,按照社会经济与文化发展如何策动风土理论的演进与活变为破题线索引领个案,尤其要以跨时期、泛地域的眼光对西方吸收风土建筑特质的成功经验开辟独立章节详细讨论。

最后,笔者就"西方现代风土建筑概论"这一话题涉及的理论时空作简要定义和范围界定。"西方"指先于亚洲进入现代进程的欧美诸国,包含英国、法国、德国、奥地利、意大利、希腊、美国等。理论爬梳的主要时段为 1810 年—1999 年。讨论的对象为风土建筑的现代理论。书中的风土建筑理论体系主要涵盖现代设计和保护实践两个大类,即以风土观念的现代转变、现代设计思想(如何转化风土建筑为其设计资源)与风土建筑遗产保护理论构成主脉。论述主体为风土建筑的现代理论,其时间起始点为 19 世纪初,关键年份为 1810 年。时间截取的原因在于威廉·华兹华斯标志性的《英格兰北部湖区指南》出版于 1810 年,该书是作者身处于工业社会这一转折时期,基于对前工业时代遗留的风土建筑大量消亡的担忧,思考现代进程中逐渐凸显的文化危机,最终向国家层面倡导研究和保护风土建筑以应对传统消亡的痛苦,可视为第一本现代风土观与风土建筑保护运动的理论文本。风土建筑理论爬梳的结束点为 1999 年的墨西哥宪章——《风土建成遗产宪章》(*Charter on the Built Vernacular Heritage*),在该宪章中采用了建成遗产的概念,其中的关键词"vernacular architecture"的内容在西方的语境下不仅包含乡土建筑,也包含具有地域特色的本土建筑、社群建筑,以及大量虽然在城市之内,但是没有建筑师设计的建筑。其实这就意味着,风土建筑的价值是相对于现代工业体系来推断的,是作为一种保留了传统生活记忆(包括社群化生活方式、手作传统技艺等前工业思维痕迹)的建筑类型,具有整体性和时间性,包含了人类的场所记忆。也意味着建筑学、规划学、遗产保护、现代设计等多个学科和实践领域对于风土建筑的研究,在不同出发点的长期分立之后,达成了某种阶段性的共识——对待风土建筑及其前工业色彩的地域关系,须以一种整体性的存留方式展开,以作为抵抗现代建筑整齐划一、乏味无趣的反思性对象。此外,文题所讨论的理论"影响"部分主要涉及日本,择取的原因在于,日本在明治维新之后迅速成为亚洲西化程度最高的国家,自 20 世纪起日本向以英国为主的西方大量学习了对风土建筑的价值认知和管控措施(主要是存续上的),并形成一系列制度化成果,同时日本的风土建筑遗产构筑类型与我国相似,均以木构体系为主,日本的认知和实践方式接近于西方风土建筑理论积淀在东亚建造体系上投射下的一个缩影,对于我国而言具有典型性和相当高的参考价值,故而予以重点研究。

# 第二章　西方现代风土建筑的理论背景

何谓风土建筑的现代定义？"墨西哥宪章"指出：

风土建筑是社群（community）为自己建造房屋的一种传统和自然方式，是一个社群的文化和与其所处地域关系的基本表现。[①]

按此定义分两个方面可尝试理解："风土"之"风"——相当于场所精神（genius loci）及其绵延（durée），"土"——相当于地脉、地貌、地志（topography），结合起来接近于现代语境的完整定义。

回望现代风土观的嬗变，其理念最终得以凝聚为现代认知，绝非一蹴而就，西方风土观的萌芽伴随西方启蒙运动、工业革命、民族国家兴起等一系列社会、经济、政治、文化的潮流下生长。直到18世纪后期欧洲浪漫主义思潮出现之前，风土建筑多数被视作是主流阶层风雅生活的对立物——一种变化较少的包含"偏见"之物。风土建筑在文学中出现的时候还常是被厌恶的对象[②]。

总的来说，风土建筑的理论建构与现代建筑的风土反思是互为关联又不可替代的两种话语，构成了风土建筑理论追溯在思想层面得以深入挖掘的重要"扳手"。那么，第一个总体性问题便是，西方风土观究竟在何时具有现代意义上的雏形？风土建筑现代语境中的理论凝缩和学科架构必定是基于现代观念的准备之后才可能纲举目张的。追溯观念的最初转变是非常必要和紧迫的。现代风土观中最首要的引领力并非来自建筑学自身，而是自18世纪下半叶的文学、艺术领域发端，经过19世

---

[①] "墨西哥宪章"即1999年国际古迹遗址理事会（ICOMOS，the Conseil International des Monuments et des Sites）第十二届墨西哥会议通过的《风土建成遗产宪章》（Charter on the Built Vernacular Heritage），参见 ICOMOS. Charter on the Built Vernacular Heritage(1999)Ratified by the ICOMOS 12th General Assembly [C]. Mexico, 1999.

[②] 西莉亚·费因斯（Celia Fiennes，1662—1741）的文学作品较有代表性，在1685年到1712年间，作者曾游历英格兰，在1698年，她因未能留宿诺森伯兰郡的霍特惠斯尔（Haltwhistle）的一家客栈，而被迫寄宿在一栋农舍，她形容这间屋子："这个窘迫的小屋上方直通茅草顶，也没有隔墙，只有填充了灰泥的移动栅栏；实际上，这个位于另一房间上方的、被他们称之为阁楼的房间虽有顶棚遮蔽却只有栅栏墙……我难以入睡，他们烧着草皮，他们的烟囱是往下的，要么是开放的烟道，房间里到处是烟。"引自 Morris C, （ed.）. The Journeys of Celia Fiennes[M]. London：Cresset Press，1980，此处译文参见[英]亚当·梅纽吉.英格兰风土建筑研究的历程[J].陈曦，译.建筑遗产，2016(3)：40-53.

纪的百年酝酿,到 20 世纪 60 年代末被建筑界整体的承认和重视。在 1969 年,阿莫斯·拉普卜特在他著名的《宅形与文化》中着重提醒将"住屋"这种风土建筑现象作为社会制度和文化的产物看待。风土建筑是一个不仅仅具有建筑学意义的新对象,还夹带了多个学科的思维渗透作用,重新被引回建筑学领域且被加以专门探讨。到 1997 年,保罗·奥利弗编辑出版长三卷、2 000 余页的《世界风土建筑百科全书》,这部重要著作标志着风土建筑的学科化。

　　从历史上看,西方对风土建筑研究可以追溯到法国 18 世纪新古典主义理论家德昆西(Quatremère de Quincy)。他最早指出了建筑语言的风土(vernacular)和习语(idiom)属性,指出了 vernacular 建筑对应于 high style 建筑的风土—风雅范畴。作为布商之子出身的德昆西,在 1776 年自费南下旅行,去过罗马、那不勒斯、庞贝、帕埃斯图姆和西西里,在意大利大约一直住到 1785 年,曾会见皮拉内西等名人。回法国后,他因为一篇关于埃及与希腊建筑起源的历史论文获得学院奖,不久便受聘于撰写《分类百科全书》(*Encyclopédie Méthodique*,图 2.1)中的建筑词条。[①] 因为法国大革命的爆发,1797—1800 年间他逃到德国北方地区潜心研究德国哲学、美学和考古学。1800 年拿破仑大赦,德昆西返回法国开始了学院生涯,1804 年被选为铭文与文学院(Académie des Inscriptions et Bells-Lettres)会员,次年开始发表演讲。德昆西的古典理论核心应当是形成于大革命之前,但并不是重复早先的学院教条,他从根本上重新思考了建筑的观念前提,并和风土建筑有了关联。受到语言学理论的启发,他注意到适用于语言的一般语法原理与特殊语句的句法差别,按此重新思考了埃及与希腊建筑的起源问题,对其社会与文化的作用提出了文化相对主义式的解释,并推出一系列的社会(原始的与文化的)、地理条件都是每一个民族建筑风格形式的决定因素。

**ENCYCLOPÉDIE MÉTHODIQUE.**

ARCHITECTURE,

Par M. QUATREMÈRE DE QUINCY.

TOME TROISIÈME.

A PARIS,
Chez M^me veuve AGASSE, Imprimeur-Libraire, rue des Poitevins, n° 6.

M. DCCCXXV.

图 2.1　德昆西编撰的《分类百科全书》—建筑
来源:Panckoucke

　　早期的人类社会从狩猎、畜牧和农耕发展而来,分别对应了洞穴、帐篷、木构茅

---

① 《分类百科全书》作为新艺术百科,词条按照字母顺序编排,第 1 卷(从 Abajour 到 Colonne)出版于 1788 年,第 2 卷(分两部)出版于 1801 年和 1802 年,第 3 卷出版于 1825 年。

屋三种建筑原型,原型与原初的生活方式密切相关。德昆西认为洞穴和帐篷未能为建筑提供更进一步发展的可能,木构茅屋则具有形式发展的可能性,并且正由于茅屋的材料由木材转变为石材,才提升了希腊建筑。纪念性建筑本质上基于形式与材料的错觉。在《分类百科全书》的"建筑"的词条里,德昆西对建筑的定义发展出了一种灵活感和超前性,他指出比例规则只是一种一般性的指导意见,即:"对大自然秩序之基本原理的概括性模仿,对和我们感官特性及判断力知觉相关联的和谐的概念性模仿,已经赋予建筑以灵魂,使得它成为一门艺术,使得它不再是仿造者,而成为大自然的竞争者。"[①]提出恰当的学习各种类型,"打通"古典主义与各种类型的民间建筑的边界,提倡运用装饰性的标志物,唤起"视觉的雄辩"。[②] 在这种精致的智性基础下,德昆西提倡建立一种包容各类富有生命力的风土原型的、新的"古典主义"。但是,德昆西的视角是经典建筑进化论式的,其目的是考察出经典柱式的形成,探索建筑最后形成高等级形式的原因。从风土观何时具有了现代意义上的思想基础这一点来看,德昆西的这种对于风土建筑习语属性上的兴趣与工业社会带来的文化危机下现代意识驱动所践行的那一类思辨性理论有所区别。

风土观在何时开始具有了最初的现代"升华"呢?其外部原因与历史时段应当追溯至以下三方面:启蒙运动、浪漫主义、"如画"。

首先,自 17—18 世纪启蒙运动起,理性主义盛行,同期,为这样的启蒙理性而战的法国大革命爆发,人民不满,路易十六掉了脑袋,恐怖降临。新的思潮逐渐袭来,情感和热情大爆发,人们开始对哥特建筑、对沉思冥想感兴趣,神经质和忧郁成为艺术的关键词,天才的天马行空受到崇拜,对称、优雅、清晰的形态成了过时之物。至18 世纪与 19 世纪之交,因为政治时局的变化,爱国情感抬头,由拿破仑建立的帝国遍及全球的态势威胁欧洲各国,战争引起了受伤的民族情感的爆发,欧洲各民族或出于一种本能或一种救亡图存的需要,纷纷尝试从本民族的传统生活源泉中汲取以提高自身的活力,提升民族"凝聚性"。伴随着这种爱国情感,在各国积极地研究起本民族自己的历史和风俗、自己的神话和民间传说来。人们对于属于本民族的文化产生强烈的兴趣,18 世纪文学曾一直忽略的社会下层阶级——"人民",第一次引起人们的兴趣并在文学中被加以描绘,成为 19 世纪的文学主流。因为各国对将法语作为一种世界通用语言表示反感,伴随爱国情感和对本民族事物的研究热潮,本族群的方言也成为研究的热点,并被提升到一个很高的位置。作为一种深层观念作用而变化的风土观,可以从对古代歌谣的研究中窥见一斑:

---

① Quatremère de Quincy. Encyclopédie Méthodique [M]. Paris: Panckoucke, 1788-1825:120.
② [美]H. F. 马尔格雷夫. 现代建筑理论的历史,1673—1968[M]. 陈平,译. 北京:北京大学出版社,2017:106-108.

对于古代歌谣研究的热情在 18 世纪下半叶的英国出现,苏格兰诗人麦克弗森(James Macpherson,1736—1796)在 1760 年出版诗作《奥西安》(*Ossian*),托古为苏格兰 3 世纪时的古民歌集。《奥西安》对于德国的浪漫主义者赫尔德(Johann Gottfried Herder)和歌德,法国的夏多布里昂(François-René de Chateaubriand)都产生过巨大影响。之后,英国主教托马斯·珀西(Thomas Percy,Bishop of Dromore,1729—1811)于 1765 年出版另一部研究古代歌谣的著作《古佚诗拾零集》(*Reliques of Ancient English Poetry*)。受到这部著作的影响,德国的高特弗里德·比格尔(Gottfried Bürger,1747—1794)写成民谣集《莱诺尔》(*Lenore*),为欧洲各国传颂。在此后长达 50 年的时间里,这种美学运动的新胚芽渐渐发展,在德国、法国等地引发农民诗歌和农民故事的大量产生,出现对农民语言的崇拜。许多国家的作家都受到民族精神的鼓舞,爆发研究地方文化的热情。与之关联的新理念是独特性意识、深刻的情感内省和尊重事物之间的差异性意识(而非相似性意识),这一思潮与 18 世纪信奉普遍理性不仅可以用于人类生活而且也可用于艺术活动、道德、政治和哲学的观点已大不相同,也是此后英国追求自身民族"性格文化"的发端。

其次,18 世纪后期欧洲出现浪漫主义思潮,这一思潮对于风土建筑价值的推动在于"灵魂内核"的发现,风土建筑自身并没有生命,这里的灵魂内核是一种"比附于独立人的灵魂"所指。浪漫主义思潮源于卢梭革命性的政治观点,对个体情感和经验的尊重这一观念在此间形成,即对"普通人"的同情,对"普通人"眼中的"幸福"具有个体化定义的尊重,这种思想的进步对社会产生了重大影响。浪漫主义者最先认识到,风土建筑是许多代的普通大众通过辛苦的劳作,积极适应自然环境的诸多限制,因应当地的风、雨、阳光等气候、地形地貌和社会价值观等条件,用诚实而下意识的态度和对自己栖居之地的情感,为满足建成环境最基本要求而形成的创造,这些建筑相对于权力阶级为了显示自身高贵而建造的房屋相比,无矫揉造作,能够自然而直观地展示出建筑的内在魅力,展现人与自然、社会环境之间的和谐关系。这种面对自然的谦恭态度,充分显示人与自然之力融合的精神恰好与浪漫主义思潮对自由精神的追求相契合,作为一个特殊的承载某种浪漫主义理想的对象被推崇。

最后,在艺术和建筑中兴起"如画",对于风土观的推进在于其美学价值的引领。18 世纪下半叶,茅舍不规则的形态、废墟摇摇欲坠的结构,唤起了艺术家如画的美学倾向,文学家被激发了大量灵感。同时,在 18 世纪中期的英国,舶来的希腊罗马文化权威被挑战,本土风味的"如画游"的兴起伴随着文化的重新自我定义,在不列颠形形色色的民族主义压力下,进一步抬升了英国本土景色中风土建筑在诗人、艺术家心中的价值。如画的追随者使用桂冠诗人华兹华斯的《英格兰北部湖区指南》(有时简称《湖区指南》）进行"如画游"，大量的联想附着于乡村茅舍。茅舍就地取材，非常质朴，代表着"简单生活"（a beatus ille），令人愉悦，渐成风尚。换言之，英国18世纪下半叶欣赏本土乡村景色的如画美趣味实质是一种寻找城市外的隐遁之地而日渐增长的反实用主义、反农事倾向，以及去意大利化的、重赋本土风景价值的风尚。威廉·吉尔平（William Gilpin）和尤维达尔·普赖斯（Uvedale Price）的如画引领者拒绝社会进行任何变化，宣扬对自然应该保持谦恭。一言以蔽之，因为如画思潮的强大席卷，风土建筑被当作构成如画要素的对象被追随者推崇，当风土建筑借桂冠诗人华兹华斯的褒扬开始具有了"入诗"的资格，"入史"似乎也就顺理成章了。因此，华兹华斯这位诗人在1810年首次出版的《湖区指南》可以视作风土建筑的现代理论在文本追溯上提示的思想起点。

## 第一节　风土观与国家

在我们研究文明生长的时候，我们发现它的过程是一连串的挑战和应战。这一出戏之所以会一幕接一幕地演下去，是因为应战不仅解决了挑战所提出来的问题，而且还在它每次胜利地解决了一个挑战问题后，又提出了新的挑战。这样，文明生长性质的最核心的成分便是一种活力，这个活力把那个受到挑战的一方以一个由于应战成功而出现的平衡状态中，又引向了一个出现新挑战的不平衡境界。在解体的概念中也包含着这种不断出现的重复的挑战的成分，但是在这个时候，每一次挑战却都是失败的。其结果，非但不是每一次挑战都具有与前不同的性质，每一次应战都战胜挑战，把它交给历史，而仅是同一个挑战一次又一次地出现。

——汤因比[1]（1939）

大卫·洛文塔尔（David Lowenthal）曾经指出，遗产在英国看起来很可能与19世纪出现的民族特征和身份的概念有联系，尤其反映在景观上[2]。西方现代风土建筑理论的背景是一幅综合图景，而在风土观最初的现代变革中，国家起到了决定性的作用，最早开始以风土抵抗来应对工业化侵袭的英国特别具有代表性。从今天来看，过往的国家行为确实收获了一些良好的事实性结果，英国的风土建筑保存较为完好，其城镇、村落环境优美，这种表象背后恐怕有着正如汤因比所说的不断以文化"应战"的需要，国家在这一文化应战过程中起到了关键作用。在得益于数百年的

---

① ［英］阿诺德·汤因比.历史研究［M］.郭小凌，等译.上海：上海人民出版社，2010.

② David Lowenthal. British National Identity and the English Landscape［J］. Rural History. 1991（Vol. 2）：205 – 230.

人文历史积淀形成的现代理念、工业革命飞跃性的财力储备、与财力匹配的规划设计与完善的制度下，今天的英国在风土建筑与文化地景的保护上提交了一份出色的成绩单。相对而言，我国对于风土建筑保护的历史也为时不短，并出台了相关法律法规，推进了风土建成环境综合整治常态化和"美丽乡村"建设，但整体而言，对于风土建筑的研究和保护仍显被动，特别是乡村的风土建筑现实状况堪忧。在对风土建筑的价值认知、发展理念、规划设计、管理方式、参与组织等方面，与西方较为先进的国家间尚有明显的差异。追溯英国这一最早兴起现代风土观的国家所经历的认知、研究、保护风土建筑的连贯过程，探寻风土建筑如何从濒临危机逐渐化为国族特征和身份名片，如同一面镜子，对于同样面临着风土挑战和身份认知的此时此地将产生借鉴作用。

首先，整体而言，英国似乎体现着一种独特的发展方式——英国发展方式，其特点是和缓、平稳、渐进，波澜不惊，并无性命攸关的挑战阻断其文明的发展。英国是最早实现工业化的国家，在英国发生的工业革命将全世界推入工业时代。西方世界的几块重要现代文明基石都来自英国，从这个角度看，使得英国可被视作现代世界的开拓者。

其次，英国是最早实现民主制度的西方国家。1789 年发生法国大革命后，中世纪的制度瓦解，资产阶级与教会和贵族之间两个多世纪的斗争结果是在英国最早实现政治变革，实行上下两院，其政治制度是西方政治制度的母体。

仿佛是领跑者相去一路，在竞跑者越来越近之时，却发现丢失什物，行而又止，工业革命之后的英国社会并未继续高歌猛进，在文化上陷入一种对于工业化进程的反思。这种对于"速度"的怀疑和踟蹰究竟是一种"进步"抑或"退步"？按照尼古拉斯·佩夫斯纳的观点来看，至少在建筑领域，英国在当时"失去"了引领文化的位置。在他极富盛名的《现代设计的先驱者》中，佩夫斯纳不无惋惜地写道："由于多种原因，英国丧失了在 1900 年前后新风格成长过程中的领导地位，也正是在这个时候所有的先驱都把工作转向全球性的运动。一场即将来临的群众运动具有摧枯拉朽之势——而且一种真正的建筑风格必定是为了每个人的——这与英国人的性格强烈抵触。这种厌恶情绪阻止了他们选择无情地驱除传统，于是后退到一种折中的新古典主义中去了。""英国在现代主义的准备阶段起着重要作用，德国继而成为进步事业的中心。"[1]耶兹（E. M. Yates）在《英国乡村的演进》（*The Evolution of the English Village*）一文中指出，英国的社会、经济变化影响了包括乡村在内的英国景

———————————
[1]　Nikolaus Pevsner. Pioneers of Modern Design: From William Morris to Walter Gropius[M]. London: Penguin Books，1936.

图 2.2　城市化与商业化,工业污染,石油与机器正在侵害乡村,圣乔治为古老安静的英国乡村而战(St. George for Rural England),勾画了一场善与恶,旧与新,乡村与城市之战。该明信片由乡土英国保护委员会(CPRE)印刷,用于宣传"拯救乡村"　来源:乡土英国保护委员会(CPRE)

观,其程度不仅在于深度也在于覆盖区域之广①。饱受工业衰退影响的英国政府虽然将就业和增长看作优先的公共议题,但是经济增长和社会福利不能以自然环境的破坏为代价,就国家层面来看,对风土建筑的态度开始发生微妙的改变。社会观念经过长期的历史积淀,深嵌于英国国民的文化心理结构之中,成为英国风土建筑观念现代变革的精神动力(图 2.2)。

从英国自身朝野的二元结构显示出的历史特征而言,英国乡绅至今仍偏爱乡村的现象与其社会内部结构和历史传统有联系。英语中"乡间"(country)一词,本来就是同地方具有政治统治权力的地方绅士阶层紧密相关,与中央的首都及王室相对应。在公元 1 世纪罗马人入侵之前,英国的各类民族构成的氏族社会并无国家概念,酋长称"王"。罗马人入侵之后,英国在当时类似于罗马的一个异族行省。罗马人的统治持续了约 300 多年后,在公元 407 年,日耳曼部落盎格鲁—萨克逊人渡海征服该地,其首领开创后来的"七国"王室。值得注意的是,他们均把各自的家世追踪为战争之神"瓦丹"(Woden),其继承人由选举产生,无严格世袭制度。9 世纪时,土地属于居住于城堡中的各个"王",这些"王"即领主,居住于城堡之中,并让出一小块土地给农民使用,农民则以耕种领主其余自用地作为交换,领主拥有作物收获权。领主＋农民＝庄园(独立社会)形成,领主掌握着武装,国王反而对土地没有实际统治权。国王把骑士义务作为土地分封条件进行控制。至 12 世纪,在教会支持下,托以"神的旨意",王室的统治正当性获得保证。1215 年的大宪章建立"王在法下"原则,使得王权受到贵族制衡,进一步的,都铎王朝建立新兴民族国家,英国官僚系统建成。

地方领主与王室的统治相博弈,一直到现代,英语中 country 一词衍生出与现代"民族国家"相近的词义,这就是说,country"国家"这个词在英语语境中,本身就不单单是以首都和王室为象征,同时也包含了体现各地风土特征的社会共同体存在,并进一步衍生为文化共同体。

① E. M. Yates. The Evolution of the English Village[J]. The Geographical Journal, Vol. 148, 1982(2): 182 – 202.

　　王室与乡绅结盟的政治格局决定了英国乡村发展的自身格局呈现一种延续于传统的自主性。那么在一个类似于自治社会的庄园中,乡绅的生活是怎样的呢?在英国,贵族的基业指的是坐落于乡村的祖业,包括亲属和住宅(House)。在16—18世纪,一份基业的规模往往有好几千亩以上,土地收入支持乡间居住的所有费用,一个庄园的人口一般在40~50人,包括客人、家人和仆人,住宅是一个乡村中经济和生活运营的中心。不同于法国贵族喜好将住宅建立于大城市,英国人喜欢居住于乡间自给自足的庄园之中,正是在乡村,一个乡绅的行为举止俨然一个小国君王,一个慈善家长,拥有极大权威性。而这种精英阶级的逆向价值传统正是乡村生活在英国受到推崇的重要的内因,这多少为英国风土观的现代变革奠定了社会性的结构基础。①

　　到了20世纪前半叶,英国的地域和民族身份之间的关系加强,英国性(Englishness)通过地域特征和其独特性在想象中以国家行为被建构起来,这种建构使得英国的地域主义成了一种有力的神话,帮助形成了民族团结的方式,特别是在内战时期起到很大的作用,也正是英国的地方性有力地支撑了英国的整体民族身份。通过这一次"民族身份"的定义,风土建筑作为构成历史景观(historic landscape)的一部分,其价值被再一次提升。

　　以英国的科兹沃尔德(Cotswold)地区为例,这是一处产石灰石(limestone)的山区,首先这一地区是通过大量文献唤起了公众将科兹沃尔德地区作为理想英国的版本,在地形学上的文字记录则显示这一地域被塑造成民族之魂的过程。在1890—1940年间,该地被推崇为英国性的代表,与"景观"关联彰显对于英国的意义。对这一历史阶段的倾向,斯蒂芬·丹尼尔斯(Stephen Daniels)提出"景观"是"民族身份"建构中的象征物,"景观描绘了这个国家,成为伦理道德和美学和谐的典范,特定的景观,其地位相当于国家之象征"②。大卫·洛文塔尔(David Lowenthal)也认为景观对于英国而言具有特别重要的意义。他写道:"在英国的许多特征物之中,景观是其代表,没有其他任何一处地方会将景观一词不仅仅与景色和生活方式(genres de vie)联系,还将其视作国家品质。"③就这种定义英国民族本质的过程,大卫·迈特利

<hr />

① 据统计,英国女王名下拥有的土地超过40 000公顷,威尔士王子以康沃尔郡公爵身份拥有的土地达50 000公顷,其他皇室成员拥有土地达20 000公顷,200多个贵族家庭每户拥有土地在2 000公顷以上。占人口总数2%的贵族和乡绅占有国家37%的财富和74%的土地。土地所有权可以由长子世袭继承。这种"不公平"的土地制度安排却为英国风土建筑的保护提供了某种"便利"和可能。参见Timothy O'riordan. Culture and the Environment in Britain[J]. Environmental Management,Vol.9, 1985 (2):113-120.

② Stephen Daniels. Fields of Vision: Landscape Imagery and National Identity in England and the United States[M]. Cambridge: Polity Press, 1993:243.

③ David Lowenthal. British National Identity and the English Landscape[J]. Rural History. Vol.2, 1991:213.

斯(David Matless)也有精辟论述。他指出,在英国的景观保存中,将保护乡村视为保护和建设行为的主导,将景观和地方生活视为民族特征和身份,这实际上就是在定义英国的本质——英国性[①]。

对于风土观的流变而言,首先是英伦精英阶层带动下的对于"英国性"的诉求,这一过程使得不仅仅是农民与土地所有人这些与风土建筑直接相关联的群体作为风土建筑的守护者,随之而来的是公众也开始在整体性的社会氛围里逐渐了解风土建筑的价值,由此萌发热情,进而引出民族身份的自我确立。在这一连续性的转换中,已经"跃跃欲试"的经典保护思想、建筑史研究、规划制度的国家行为,综合起多领域的丰富和发展,在一种共同的社会基础上"升华"了风土建筑的现代价值,使其关联的研究、存续事业能够顺理成章的被重视并长足发展。

## 第二节 风土观与地域景观

### 一、景观审美的价值取向

遗产保护价值认知本身的发展对于风土建筑现代价值认知的作用是直接的。一方面,过去这场关于保护的争论对遗产保护的公众注意力和审美品位的提升产生带动;另一方面准则、机构、法制等诸多保护制度与实践逐渐形成力量,以事实性的成果牵动了现代保护理念的演进。20世纪初,乡村里的建筑(群)以及与此关联的自然景观和文化习俗被视作对国民有益的品质,通过"善性"立法,以整体方式保存下来,这一结果也是英国浪漫主义运动"遗产"的某种体现。风土建筑的现代价值取向受到民族国家兴起的影响,受到现代保护思想变革的刺激,现代风土观即使发生流变,但始终包含母体的特征——伦理和审美,且偏向于景观审美。景观审美的价值取向进一步发展为社会公共利益的相关考虑,自始至终互相作用和关联,部分统一于整体,综合形成风土建筑现代理论的基本图景——这也是理解构成现代风土建筑建筑理论背景的关键之处。

布莱恩•格林(Bryn Green)曾通过追问"什么是保护"(What is conservation?)"为什么保护"(Why conserve?)"为谁保护"(Who for?)等问题,提出只有伦理和审美意义上的论证才可能为风土建筑(主要指乡村)提供真正的哲学基础。[②]

---

① David Matless. Definitions of England,1928-89: Preservation, Modernism and the Nature of the Nation[J]. Built Environment,Vol.16, 1990(3):179 - 191.

② Robert Anill Boote. Countryside Conservation: The Protection and Management of Amenity Ecosystems by Bryn Green[J]. The Town Planning Review,Vol.53, 1982(3): 350 - 351.

　　我们来看看布莱恩所提供的"伦理—审美"论证为何在风土建筑上能够实现共存，首先这一论证是基于长期以来英国发生的文物古迹的修复—反修复之争（Restoration and Anti-Restoration）的一种综合推断法——关怀对象由文物古迹转为乡村中的风土建筑。第一重的伦理意义的论证，对应历史角度；第二重的审美意义的论证，对应艺术角度。布莱恩的论证中，前者正是一种"反修复"思想出发的尊重历史各时期痕迹，完整保留遗迹的习惯；后者则是源于艺术品修复传统的风格性修复，主张艺术性干预的传统。鉴于风土建筑这一对象有别于文物古迹的特殊性，伦理性和审美性在文物古迹上激烈的对立性需要被削弱，化为现代风土观哲学基础的同一性。

　　这一现代认知的主线过程往前回溯，可以得到我们已经涉及的若干思想策源物。首先，英国经典保护进程的动力多半归于浪漫主义思潮刺激，针对16、17世纪欧洲工业化道路的不安最初来自文学领域，以诗人和作家群体为代表。卢梭（Jean Jacques Rousseau）从"善性"的角度重新建构人与自然之间的关系。他推崇同情心是人类具有的"唯一的自然美德"，且包含对动物的感情，倡导"回归自然"。卢梭所谓的"自然状态"意图是建立一种对比于现实社会的理想状态，唤回道德，恢复本性，这种"自然状态"是"现在已不复存在，过去也许从来没有存在，将来也许永远不会存在的一种状态"。卢梭的影响是巨大的，18、19世纪浪漫主义思潮在英、德、美达到高潮。

　　其次，经历了浪漫主义思潮的洗礼，在英国保护思想发展的主线历程中，究竟提倡一种出于遗迹美学品位的反修复立场，还是以艺术品完整性为第一要义的风格性修复态度，各自以拉斯金、莫里斯和怀亚特（James Wyatt）、斯科特（George Gilbert Scott）为代表的两大阵营，发生过非常激烈的对立和交锋。而这一思想辩论与风土建筑的现代理论成形有直接联系。

　　1836年，英国的哥特复兴由普金（Augustus Welby Northmore Pugin）引发，力图建立建筑风格的伦理。至1851年，普金一直宣扬哥特式是教堂建筑的唯一形式，因其在建筑设计中保持诚实。普金在其著作《尖顶或基督教建筑的真实原则》（*The True Principles of Pointed or Christian Architecture*）的开篇中阐明了他的两大建筑设计的真实原则："设计的两大规则……其一，去掉与建筑的方便性，可建设性和适用性无用的特征""其二，所有装饰均包含建筑必不可少的结构基础上的丰富性"[①]。1848年，英国思想巨擘、艺术评论家拉斯金（John Ruskin）在《建筑七灯》（*The*

---

① Nikolaus Pevsner. Pioneers of Modern Design: From William Morris to Walter Gropius[M]. London: Penguin Books, 1936:47 - 48.

*Seven Lamps of Architecture*)中写道:"建筑最可歌可泣者,着实不在其珠宝美玉,不在其金阙银台,而在于它渴望向我们诉说往事的唇舌,在于它年复一年,不舍昼夜地为我们守望的双眼。"①受到这些思想和理念的影响,对传统村落,多采取保存废墟,任其衰败,一座古堡、教堂、修道院往往任其青苔蔓延,残迹之美方能诱发思想情怀。拉斯金的门徒——莫里斯的艺术见解则是 19 世纪"历史主义"(Historicism)的衍生部分。主要秉持的态度即认为一栋普通住宅也可能是艺术实践的承载者,一件生活中的器物也是艺术家发挥天赋之所在。莫里斯对艺术的定义把问题引离美学进入更广阔的社会科学领域,倡导复兴手工艺的运动——英国工艺美术运动,实际上是将手工艺提升到值得能工巧匠追求的艺术,为普通人的劳动也能具有艺术价值。他主张,"我不愿意艺术只为少数人服务,仅仅为了少数人的教育和自由""(艺术必须是)被人民创造出来又为人民而生,对于创造者与使用者而言均是乐趣"②。拉斯金在很大程度上受到普金影响,莫里斯则是拉斯金的信徒。这三位人物的接续性构成连贯的人物谱系,接近于文化卢德主义(Intellectual Ludditism),即一种精英阶层对新技术和新事物的反抗。到了 1877 年,古建筑保护协会(Society for the Protection of Ancient Buildings,SPAB)诞生,莫里斯以"反修复主义者"所撰写的保护宣言呼吁:"抵制对建筑物现有结构或装饰的任何篡改。"莫里斯单一原则的立场有其局限性:"如果老建筑不适用于现在的功能,应该使用另一座建筑而不是改变或扩大建筑。"这在一定程度上不啻为一种极端唯物主义美学倾向。③

　　在以保护纪念物为主的保护论争之中,这些讨论中心的文本上逐渐描摹出风土建筑价值的新发现,其中以拉斯金和莫里斯为代表人物。从 18 世纪下半叶开始,接续浪漫主义思潮在英国的艺术和建筑中兴起"如画"美学,艺术家开始从风土建筑上寻找这种如画美学中所推崇的饱经风霜的质地,对以风土建筑为代表的快速消亡的乡村图景的兴趣日益浓厚。"如画"以绘画的衡量方式来代替原有的古典规则,追求将建筑、园林与自然环境作为整体入画式的呈现,追求景物引发主体的想象力与精神运作。这使得乡村环境的如画品质及其风土建筑美学价值的建构有了审美维度的新哲学基础,与此相伴的是如画游,以及师法如画乡村的绘画与建筑实

---

① John Ruskin. The Seven Lamps of Architecture[M]. New York:Dover Publications,1989:176.
② Nikolaus Pevsner. Pioneers of Modern Design:From William Morris to Walter Gropius[M]. London:Penguin Books,1936:50 - 52,55.
③ Stephan Tschudi-Madsen. Restoration and Anti-Restoration:A study in English Restoration Philosophy [M]. Oslo:Universitetsforlaget:1976:69 - 73.

践的热潮。①

19世纪初,华兹华斯形成了第一部从地形学角度划分的,对于英国风土建筑的记录和评价《湖区指南》②,如画的追随者开始使用华兹华斯的指南开展如画游,大量的联想附着于乡村茅舍。

拉斯金接替华兹华斯的角色,在《建筑的诗意》一书中,拉斯金在英国首次将风土建筑置于超越古典建筑的地位,将其断定为承载国家灵魂的实体,书中列举英国、瑞士、意大利和法国的建筑传统,用"诗意"来概括风土建筑所体现的"国家特征"的品质,强调就如一系列方言语汇一样,风土建筑实践通过传达地域性,是民族个性和国家身份的来源。风土建筑中匠人的技艺与时间本身一同构成了完整体,工匠方式和工具的原真性无法复制。这些地域化的技艺就如一系列方言语汇一样,风土建筑实践通过传达地方性,成为国家身份的源泉。③

同时期,由于英国社会对于历史及考古学兴趣的扩大,反对当前开发及野蛮的"文物修复"(Restoration),这种因素共同刺激了社会制度保障和保护团体组建,国家立法行为也经历了从景观审美到公共利益的权重变化。约翰·卢波克(John Lubbock)爵士在1870年提出《历史遗迹法案》(*Ancient Monument Bill*),不久就刺激了英国第一部保护性立法,即1882年的《古迹保护法》(*Ancient Monuments Protection Act*)。从1870年—1979年的《历史古迹与考古地区法》(*Ancient Monuments and Archaeological Areas Act*)颁布,约百余年,英国颁布了多部与遗产

①　将乡村民居入画的画家有洛兰(Claude Lorrain)、普桑(Nicolas Poussin)等人,村舍成为田园风景的如画要素之一。该时期相关的建筑实践有,18世纪建筑师Isaac Wane赞颂不入流的谷仓、马厩等风土建筑的美学价值:"最好的建筑师并不是那些不屑于为最小的建筑进行设计的人,因为无可置疑的是,一座设计惊喜的农舍中,一个建筑师所获得的赞誉比一座设计糟糕的宫殿要大得多。"参见汉诺—沃尔特·克鲁夫特. 建筑理论史:从维特鲁威到现在[M].王贵祥,译.北京:中国工业出版社,2005. 在1798年,马尔顿(James Malton)用乡土材料建造了一栋具有浪漫效果的乡村建筑,认为这些小房子"构成建筑有益的品质",参见An Essay on British Cottage Architecture//Lefaivre L. Tzonis A. The Emergence of Modern Architecture:A Documentary History from 1000 to 1810[M]. London:Routledge, 2003.最早的如画建筑实践为1749年的沃波尔(Horace Walpole)的设计Villa of Strawberry Hill,模仿中世纪的乡村住宅。1811年,纳什(John Nash)设计了Blaisc Hamlet模仿乡村田园风光。诺曼·肖(Richard Norman Shaw)的乡村住宅,则融入了很多风土建筑要素,比如石砌基座、挂瓦屋顶、高耸的烟囱、凸窗等,这种"图录式风格"曾被路斯批判。路斯认为应当"记录农民建造的方式,他们从我们的祖先汲取智慧,显现了风土的本质,但是不该模仿其形式,而必须寻求这些形式的原因"。参见Adolf Loos. Rules for Building in the Mountains[M]//Adolf Loos. On Architecture, Studies in Austrian Literature, Culture & Thought. Michael Mitchell, trans. Vienna:Ariadne Press, 2002.

②　William Wordsworth. A Guide Through the District of the Lakes in the North of England[M]. Kendal:Hudson and Nicholson, 1835:74.

③　John Ruskin. The Poetry of Architecture; or, The Architecture of the Nations of Europe Considered in its Association with Natural Scenery and National Character(Reprinted)[M]. New York:AMS Press INC., 1971.

保护主题密切相关的法律、法规。包括 1909 年的《住房与城镇规划法》(*The Housing and Town Planning Act*)、1932 年的《城市规划法》(*Town and Planning Act*)、1947 年的《城乡规划法》(*The Town and Country Planning Act*)、1949 年的《国家公园和乡村进入法》(*National Parks and Access to the Countryside Act*)、1967 年的《城市宜人环境法》(*Civic Amenities Act*)等。

英国国家信托(National Trust)在 1895 年建立,作为重要的非政府因素,主张保护事业应当捍卫国家认同与塑造国民性格,目标是"永久保护全国具有历史价值和自然美的土地与建筑",这种基于国家战略高度推进风土建筑保护的理念不仅体现在国家信托早期的宣传和组织活动中,也体现在国家法律对乡村自然景观和传统村落遗产公共属性的界定之中。国家信托在建立之后,赢得社会普遍支持,顺利接受社会各界的捐赠,具有收购不受重视的历史建筑和传统村落的力量。1957 年致力于保护 19 世纪建筑的维多利亚学会(Victorian Society)成立,这个学会拯救了大量维多利亚时期建筑(建造于 1837—1914 年间的建筑),改变了公众对于维多利亚时期建筑过度装饰、精巧癖性的厌恶,帮助公众理解、品味历史各阶段的古老建筑。这一类风土建筑虽然处于城市这一行政性地理分区中,但公众对其价值的认知升级也有助于整体风土建筑价值的认知发展。在其后,现代的保护(Conservation)、保存(Preservation)、遗产(Heritage)等概念的演进,进一步构成保护发展的逻辑。

总之,风土建筑现代观念兴起的动机之一可归于伴随对文物古迹保护整体性进程的拓展,也是怀旧和保护这一"英式"冲动的表现,更是一种在审美和伦理之间来回弹射和博弈的现代思辨过程。

英国 20 世纪中期,建筑史与风土建筑的理论发展之重要交汇,其代表当推尼古拉斯·佩夫斯纳爵士的著作《英格兰建筑》(*The Buildings of England*)系列,在1951—1974 年间出版了 46 卷。关于这套丛书,肖恩·奥雷利(Seán O'Reilly)指出,"佩夫斯纳"这位 1933 年开始在英国定居的来自德国纳粹统治下的犹太移民,成为对英国建筑史最深刻的批判性评价的代名词,"佩夫斯纳"成了评价遗产和非遗产利益的重要工具,这套丛书则是构成官员评估遗产价值的参考之一[1]。在这套丛书中,佩夫斯纳在一种深刻的洞见下,以地质、地理、历史等方面构成详细而广泛的背景,描述了"英格兰建筑"这一庞大的建筑体系,实际上将英格兰全域的风土建筑做了一次"普查实录"。这套丛书对建筑史本身来说就已经意义深刻,对于英国的风土建筑存续进程而言意义更甚,问世之后即被作为指导某栋风土建筑拆除与否的重要标准。

---

① [英]肖恩·奥雷利.英国历史建成环境保护——一段在实践中往复的历史[J].江孟繁,陈曦.译.建筑师. 2018(4):7-18.

这必然也导致一些后果，在"佩夫斯纳"这套丛书地方卷中遗漏的建筑，常被官员忽视甚至鼓励性拆除。

《英格兰建筑》系列的一项不可忽视的贡献在于，佩夫斯纳在其中引出了风土建筑的最重要价值在于"舒适性价值"，这一关键概念提供了关于风土建筑到底具有什么特殊价值的解答。"舒适性"纯然是一个英式概念，指历史建筑、历史环境的特征、外观、布局等方面给人带来舒适、愉悦的感受。这一英国创造的概念，更多指向的是深植于风土建成环境之中的传统气息，指的是自然、历史融合一体的环境中，居民的精神得到陶冶，而地方特色文化将以此作为基础被积极激发和持续性培育出来。这个词也被某些研究者认为是一种可以识别但是不可定义的概念①。"舒适性"可以说是理解英国对风土建筑的关键性价值认知，这一价值被其规划领域充分认识，在英国风土建筑研究和存续的进展中被不断认识和阐释，综合了风土建筑从景观审美到公共伦理的价值取向。

在日本，英国的"Amenity"这一舶来概念也被翻译为舒适性，并在20世纪80年代被学界认识和接受。日本的学者认为，"舒适性"不是指单一的某种特征，而是许多综合性价值的集合。包含艺术上的悦目，被建筑师称为设计美；经过历史沉淀后形成的舒适亲切的风景；也包含实际的效用，例如居住、保暖、阳光、新鲜空气、家庭氛围等，存在于一切场所之中。一言概括，"Amenity"指的是整体设计上的舒适感，一种理所当然的东西，存在于理所当然的场所中。②

简言之，以"佩夫斯纳"系列著作作为标志的建筑史与风土自身理论发展上的交汇，至少对风土建筑研究构成了两项贡献：一是对英国风土建筑的区划整理工作树立了基本的遗产保护参考名录，二是建立了风土建筑及其景观整体性的"舒适性"价值理论。后者被英国的规划体系吸收，在观念层面出色保证了保护风土建筑政策制度的同步发展，还被一些注重民族特色地域身份构建的国家（如日本）较早的学习和吸收。

另外，英国国家层面的规划体系发展与拉斯金、莫里斯奠定的文化思想平行，吸取了佩夫斯纳的舒适性价值，但进一步来看，地方规划和管理的发展又并非仅仅基于风土建筑价值的伦理—审美论证，也就是说规划决策层并不太关注特定的单体修复和各种争议原则，而是在处于个人品位、哲学之外的立场承认风土建筑的现代价值，主要以善性立法为目标，公共利益为原则，建立一套平行发展的全国性制度系

---

① "舒适性更易被识别而不是定义"（amenity is easier to recognize than to define），参见 Barry Cullingworth. Town and Country Planning in the UK[M]. London：Routledge，2015：134–135.
② 西山夘三.歴史の町並み事典[M].東京：柏書房株式会社，1981. 日本观光资源保护财团.历史文化城镇保护[M].路秉杰，译.北京：中国建筑工业出版社，1991.

统,覆盖到各地方政府,使得一套有利于现代实践科学发展的规划体系持续运转。与此相应,英国没有单独设立的风土建筑保护制度,主要通过分立体系和倡议来推进实施,以多层面的社会联系对风土建筑提供有效保护,大量的具体保护事宜授权给地方政府和各类社会组织,广泛地调动地方和社会组织参与,鼓励各地方因地制宜,依照自身的文化传统和地方情况探索风土建筑存续的模式和经验。

1909 年的《住房与城镇规划法》(*The Housing and Town Planning Act*)作为英国第一部村镇保护法案,就是以"公共利益"为目标,管控整个英国的公共卫生和住房,维护对公众有利的地方品质。这一广大的保护范围内已经包括了乡村中的风土建筑,并在"舒适性"概念下进行价值判定和管理[①]。1909 年的法案不仅奠定了现代保护的制度基础,对于风土建筑及其所处的乡村而言,善性立法的维度在制度层面保障了风土建筑存续及价值认知的正当性,也奠定了 1940 年代以后的法律[②]。到了20 世纪 20 年代到 30 年代,是英国的乡村持续遭受严重冲击的年代,污染和噪音侵蚀传统乡村的自然景观和幽静氛围。1926 年,帕特里克·艾伯克隆比爵士(Sir Patrick Abercrombie)出版《英国的乡村保护》(*The Preservation of Rural England*)一书,对城市到郊区道路两侧带状发展的现代建筑蔓延现象提出公开批评。他认为,这种随经济发展而出现的城市扩张,由于缺乏统一管理和规划,使城镇和乡村之间犹如持续的消费品传送带,缺少明显的分界线;大量商业性企业、郊区住宅、广告牌等不断扩张到乡间,严重侵吞乡村自然景观与破坏人文传统,毁掉众多富有文化底蕴和生态涵养功能的传统村落。他因此呼吁成立一个专门的国家性委员会以遏制城市无限制向乡村扩张的态势,同年 10 月 7 日,乡土英国保护委员会(The Council for the Preservation of Rural England,CPRE)宣告成立,可视作风土建筑保护运动的核心组织,其本身也成为英国的象征,代表着某种"英国性"[③]。艾伯克隆比认为,需对都市规划和面积扩大的进行有效控制,以保持英国乡村环境的"舒适性"不受损害,他指出,对于乡村的保护与干预应当根据条件选择以下策略:(1)保留保存原状;(2)适当改变但保留其特色;(3)完全重新构筑,但新建筑的特征不能刺眼,应当是积极的、有吸引力的。他还指出,居住在乡村中的人们深以为苦的地方,可能

① Edmund George Bentley. A Practical Guide in the Preparation of Town Planning Schemes[M]. Nabu Press,2010.
② Anthony Sutcliffe. Britain's First Town Planning Act: a Review of the 1909 Achievement[J]. Town Planning Review,1988(3),Vol. 59:289 - 303.
③ CPRE 组织主张通过规划、划分区域、综合配置等方法来规避无限制的城市发展给传统乡村及其社会带来的严重伤害,保护英国乡村的传统景观,遏制城市的无限制扩张。促成英国环境和乡村保护法令的颁布,例如 1947 年的《城乡规划法》(The Town and Country Planning Act),以及 1955 年的《绿化带建设法》(Green Belt Circular)等。

正是外人以为美之处,因此在发展乡村时,预先的科学决策是很重要的,特别是在新建乡村规划时,有些乡村需要更加注重自身的经济发展。[1]

在 1947 年《城乡规划法》(*The Town and Country Planning Act*)、1949 年的《国家公园和乡村进入法》(*National Parks and Access to the Countryside Act*)、1967 年的《城市宜人环境法》(*Civic Amenities Acts*)等规划制度化成果中,英国规划系统对于风土建筑的保护动机并非从其本身的伦理或审美价值的"遗产"视角出发,而是依托于公共利益的视角,这的确是一个非常值得思考的现象。换句话说,**现代"遗产"化的过程本身就已经逐渐消解了纯粹出于"伦理—审美"角度的个人美学价值的闭合论证,走向一个更需要进行适当变化,但必须清楚这种变化的目的是为了公众利益,保持其主要的价值要素的抉择过程**。这几部法律在英国沿用至今。

从现代学者的反思成果来看,还可以得到进一步启示。比如彼得·拉克汉姆(Peter J. Larkham)在《保护与遗产:建成遗产的概念与应用》(*Conservation and Heritage: Concepts and Application for the Built Heritage*)中指出"保护""保存""遗产"三个概念的区别。"保护"是一个相对新的概念。但从个体行动或法规来看,"保护"已经有相对长的历史,而应用于建筑环境的"保护"在众多国家都有着较长的历史。在"保护"和"保存"之间还存在着某种混淆。"保存"是较为古老的概念,意思是不需要重大改变的保留下来。而"保护"则主要是 20 世纪用语,意思是需要适当变化,但必须清楚这种变化的目的是保持其主要的价值要素。随后,"遗产"成为一种对过去事物的估值,选择及解释(甚至开发利用)的过程。[2] 也有人认为,20 世纪末,"遗产"成为一个关键词,也通常带有一种负面的含义。[3] 彼得·拉克汉姆批判性地指出,"遗产"既不是历史也不是场所,是为大众消费提供选择和展示的过程。在他看来,"遗产"是通过对神话、意识形态、民族主义、地方荣耀、浪漫理想或简单市场营销手段而成的一种历史商品。也就是说,"遗产"与"保护残存的历史资源"有着不同的含义,这种概念下提倡的保护与遗产其实是分离的,但是近年来则有混淆的趋势。从早期的"保存"古迹,发展到"保护"整个历史地区,再发展到结合商品化与消费的"遗产",这三个概念的演进呈现的是逐渐忽视可靠性与历史"正确性"的过程。另一位学者格瑞格利·阿什沃斯(Gregory Ashworth)则指出,保护是第三种居于两者之间的路径和方式,过去经过选择成为三种形式,即历史、记忆、遗迹。这三者经过转

---

[1] Patrick Abercrombie. The Preservation of Rural England[EB/OL]. [2018 – 09 – 26][https://www.jstor.org/stable/40101681]

[2] Peter J. Larkham. Conservation and Heritage: Concepts and Application for the Built Heritage[M]// Cullingworth Barry. British Planning: 50 years of Urban and Regional Policy. London: Athlone, 1999.

[3] Robert Hewison. The Heritage Industry: Britain in a State of Decline[M]. London: Methuen Publishing Ltd, 1987.

译最终成为遗产①（图 2.3）。

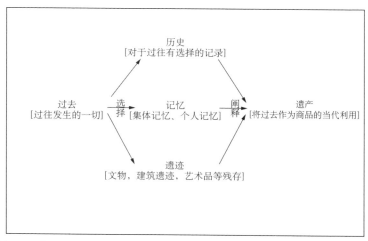

图 2.3　格瑞格利·阿什沃斯（Gregory Ashworth）关于过去（the past）、历史（history）与遗产（heritage）逻辑关系的概念框架　来源：Built Environment

这些学术概念的自我修正在英国的立法中有所证明。1947 年《城乡规划法》使用过"遗产"一词，随后的立法中自动停用。1975 年《关于建筑遗产的欧洲宪章》（*The European Charter of the Architectural Heritage*，简称 The Declaration of Amsterdam，即《阿姆斯特丹宪章》）重新使用"遗产"一词，提出"欧洲的建筑遗产（architectural heritage）不仅包含最重要的纪念性建筑，还包括那些位于古镇和特色村落中的次要建筑群，以及它们的自然环境和人工环境"②，目的是唤醒欧洲对共同建筑遗产的兴趣，加强建筑及历史区域的保护。如果说到了 1920—1930 年间，英式现代风土观所注重的"传统价值"更多出于美学清晰性和怀旧动机，经过几十年的发展，原来对风土建筑景观审美的价值取向逐渐转变为公共利益和社会发展的考虑。2007 年，英国执行欧盟《2007—2013 乡村发展规划》（*EU Rural Development Policy 2007—2013*），以加强乡村保护和经济发展，创建具有活力和特色的乡村社区。2008 年，英国作为自然保护地的土地和海洋面积从 1996 年的 230 万公顷增加到

---

① Gregory. J. Ashworth. Conservation as Preservation or as Heritage：Two Paradigms and Two Answers[J]. Built Environment，Vol.23，1978(2)：92 – 102.

② "The European architectural heritage consists not only of our most important monuments：it also includes the groups of lesser buildings in our old towns and characteristic villages in their natural or manmade settings."参见 The Council of Europe. European Charter of the Architectural Heritage[C]. Amsterdam，1975.

350万公顷,其中包含传统村落和乡村景观。这些政策举措注定会继续对英国乡村生活形塑和风土建筑的存续产生深刻影响,风土建筑及其环境存续始终居于英国发展战略的优先选项之中。

## 二、英国和欧陆若干代表性人物及学说

### 威廉·华兹华斯:湖区风土建筑考

威廉·华兹华斯(William Wordworth)为浪漫主义运动的著名诗人,英国湖畔派[①]的主要人物,以其60余年写作生涯所留下的大量文学作品质量之高超,获得与他最为尊崇的诗人弥尔顿(John Milton)相齐的盛名,他作为浪漫主义的重要人物对于风土建筑价值认知的转变,因其所属文学语境下的讨论所限,其重要的思想奠基作用尚少有研究论及(图2.4)。

华兹华斯对风土建筑现代价值的认知和保护上的贡献主要体现在以下两方面。

首先,以文学家的敏锐指出诗性的语言源于民间,不应在风雅和风土之间进行人为的划分,应当在农民质朴的语言中寻找诗意。在其诗论中暗示:传统建筑的层级体系也应当像诗歌的语言那样突破风土建筑与上流建筑的藩篱,因为华兹华斯的引领,风土建筑具有了"入诗"的资格。

那么为何要将风土生活(换句话说,农民的

图2.4　华兹华斯(1770—1850)
来源:《十九世纪文学主流》

语言,农民的生活)——这一风雅生活的对立物作为诗歌的题材? 华兹华斯认为全部英国诗歌,在弥尔顿之后,失去了诗的能力,仅仅保持了诗文做法的形式,使得诗沦落到仅意味着语法艺术的地步,评判一个诗人,往往只根据他把握这种语法艺术的程度,导致在韵文的做法中产生了比以往任何时候都更显著的背离散文规则的发展。从弥尔顿到汤姆森(James Thompson)之间的时代中,英国诗歌几乎没有出现过一个有独创性的大自然的形象或者对大自然的崭新描绘,因此华兹华斯大声疾

---

① 与德国的浪漫派有歌德、席勒与霍夫曼、诺瓦利斯这两极一样,英国浪漫派也有它的两极:湖畔派(华兹华斯、柯勒律治、骚塞)和拜伦、雪莱。德国文学具有浓重的思辨色彩,英国诗歌则具有浓重的自然意味,英国人崇尚丰富、细腻的情感,在湖畔派那里表现为田园式的空灵,参见[丹麦]勃兰兑斯.十九世纪文学主流(第四分册:英国的自然主义)[M].徐式谷,江枫,张自谋,译.北京:人民文学出版社,2017:1-36.

呼"大自然啊",并作为口号。所谓"大自然",是指与城市相对的乡村。在长期的城市生活中,人们忘记了他们生活所依赖的土地,已经不再真正认识它,乡村在这个意义上即代表了大自然。在《抒情歌谣集》1800年版序言中,华兹华斯这样解释道:

> 他们(农民)在社会上处于那样的地位,他们的交际范围狭小而又没有变化,很少受到社会上虚荣心的影响,他们表达情感和思想都很单纯而不矫揉造作。因此,这样的语言从屡次的经验和正常的情感产生出来,比起一般诗人通常用来代替它的语言,是更永久,更富有哲学意味的。[1]

华兹华斯的主张表面看来是一场关于诗歌语言的革命,寻求存在于乡间的新鲜语言[2]。借自然景色追求隐遁,冀图在自然界中获得天人合一的自由感。但进一步看,不能仅仅看作是追求审美的自由,或者视为一种关于审美教育的药方转换那么简单,换句话说,人的语言决定思维,只有解决语言问题,才能影响思维方式,才能解决工业革命间接导致的人的创造力逐渐匮乏的问题。在乡村的生活状态下,人类心灵的各种基本感情找得到适宜的土壤,可以在一种更大程度的淳朴状态下共生共存,居住在乡间和自然各种美而持久的形体经常接触,再加上乡间各种行业活动必然而不变的性质,可以使得一切感情变得耐久而坚强有力,人的感情受到的限制较少,便于发展成熟,人的思维方式更为实际。这便是为何农民表达情感和思想都很单纯而不矫揉造作。因此,就华兹华斯的诗论来看,从长期的乡间经验和正常健康的情感产生出来的地方性语言,是更鲜活更接近真理本身的,是诗性语言的宝贵来源。

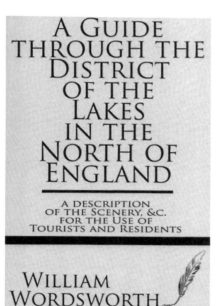

图 2.5 《英格兰北部湖区指南》封面
来源:Windham Press

其次,华兹华斯以诗意的方式对风土建成环境进行了人类学式的记录,描摹风土建筑及其主体——居民及农舍周边景物构成,形成第一部地形学角度划分的对于风土建筑(湖

---

① 华兹华斯.《抒情歌谣集》1800年版序言[M]//伍蠡甫.西方文论选.上海:上海译文出版社:1979.
② 华兹华斯和柯勒律治(Samuel Taylor Coleridge)认为英国诗歌有三个显著的时期——从乔叟到屈莱顿是朝气蓬勃的诗的青年时期,从屈莱顿到18世纪是诗的荒芜时期,"目前"是诗的复兴时期。

区)记录《英格兰北部湖区指南》(图 2.5),作为风土建筑保护运动的开创性文本,华兹华斯揭示了工业化与风土建筑的冲突,第一次提出应将风土建筑看作"国家财产"进行抢救,第一次向国家层面提出了应当重视本国风土建筑遗产的卓见。

华兹华斯于 1799 年结束了在德国的生活,搬至英格兰湖区的格拉斯米尔(Grasmere),居住了 10 年。他所喜爱的湖区住所是当地的一座风土建筑,被称作鸽舍(Dove Cottage),1891 年起作为文学博物馆开放。他写作了大量诗歌描绘这处住所,歌颂在湖区的生活及其所包含的隐遁于自然的精神。这座村舍使用当地的泥岩(mudstone)建造,表面覆盖灰泥(roughcast render),屋顶是用当地的橡木(oak timber)和天然断裂的板岩(riven slate)铺就,初建于 18 世纪初。[①] 与其诗论重视农民语言相对应,华兹华斯总结了自己在风土环境中的生活,最终完成《英格兰北部湖区指南》的写作。

"湖区"是英格兰西北部传统农牧区,包含几处古老的郡县:坎伯兰郡、威斯特摩兰郡、北兰开夏郡。这些郡在自然和人文特征方面具有相似性和连续性,但是并没有形成整体的地理概念。华兹华斯将其建构为一个整体,称为"湖区"。以现代文化地理学的角度看,湖区是一个典型的"空间/地方/风景"的复合体。《指南》以散文的形式简洁的描绘湖区地形特征,彰显风土建筑与地质、气候、农业和经济等因应关系。关注传统建筑和景观之间的关系,珍视当地风土建筑的场地、体量、材料和颜色所共同形成的氛围。尽管华兹华斯本人不是建筑师,却在《指南》中归纳了作家视角下湖区风土建筑特点,指出当地风土建筑都有门廊(porches)、圆形烟囱(round chimneys)、顶上覆盖着"魔鬼"装置[②]。华兹华斯意识到风土建筑具有因应环境的特殊能力,他写道:

> 在很多情况下,居住建筑及其连接的外屋呈现出当地岩石的色泽,这是由于所用材料造成的;但是,所谓的住屋(Dwelling)或火房(Fire-house),通常有别于涂有灰泥和粉刷的谷仓和牛棚,因为居民并不急于翻新前者,因此在几年的风雨侵蚀下,它们呈现出一种色调……这些谦卑的住宅提醒着沉思的观察者,它们是自然的作品,并且这种力量可能(以一种强烈的表达方式)是生长而非建

① 华兹华斯 1795 年居住于湖区的多塞特郡,1797 年,搬到奥尔福克斯顿宅。1798 年,华兹华斯与柯勒律治合作出版《抒情歌谣集》,揭开英国浪漫主义诗歌的序幕。1799 年华兹华斯结束为期三年的德国生活,兄妹搬回格拉斯米尔的村舍居住,1800—1805 年这段时期,被称为"鸽舍时代"。1805 年华兹华斯发表自传体长诗《序曲》。与他共同生活的表妹多萝西·华兹华斯曾写信给她的朋友博蒙特(Beaumout)女士描绘这处住所:"我们的房子真的是个'村舍',不是广告上那种有马房或者马厩的房子,而是屋顶低矮,从入口就穿过厨房的房子。"华兹华斯密集活动的区域为科克茅斯,霍克斯海德,格拉斯米尔与赖德尔。
② 当地对风土建筑屋顶一种抵挡下降气流装置的俗称。

造出来的。①

在《英格兰北部湖区指南》第三节《变化及遏制其不良影响的趣味原则》(*Changes and Rules of Taste for Preventing Their Bad Effects*)中,华兹华斯进一步批评城市化进程对湖区风土建筑的不当干预和破坏。华兹华斯记录道,1769 年诗人托马斯·格雷(Thomas Gray)有幸见证过湖区质朴的原生态美,"没有半片红砖绿瓦,没有闪耀的绅士府邸和院墙破坏这片小小的、意外的天堂具有的宁静;只有安宁,质朴,安贫乐道,以及最简练适宜的装束"②。仅仅 40 年后,"湖区如今名声在外;游客们从英国各地纷至沓来,一些游客倾心于此地的美景便干脆在此定居;风景最为优美的德文湖和威南德密尔湖的岛屿首先被侵占,很快,因这种侵占这些地方面目全非"③。这些富有的新定居者在湖区建造风格各异,色彩耀目的住宅,或在湖区开阔地上大量种植落叶松等针叶树种。不当干预使得湖区面目全非,被华兹华斯批评为"严重的越界"(gross transgressions)④。

此外,华兹华斯也记录了湖区农民的生活面临工业化带来的威胁。随着农作产业化进程不断加快,虽然少部分业主从工业化的推进和农业机械的推广使用中受益,但大多数家庭手工作坊无法维持,纷纷破产,自耕农们或前往城镇谋生,或成为湖区更大规模农场主的雇工。加上旅游业的发展和外来定居者涌入,小片土地逐渐在被典当抵押之后纷纷落入了有钱买主手中,很快,湖区周边的土地全部落入当地或外地的贵族士绅手中。

如何才能自然延续湖区风土建筑的风貌呢?华兹华斯在《指南》中显示出了一种近乎生态学的坚持,他指出,湖区的美丽不仅是大自然的赐予,也是经历了时间的积累,由一代代湖区居民营建的结果。湖区地景的发展并未停止,但改造应当总是依照或遵从大自然的力量和进程来进行⑤。最典型的应该是以"自然之手"改造,体现在风土建筑上——即一栋栋小村舍,这些村舍都是利用湖区当地的泥岩和板岩建成,当地农民会采用与湖区地景相适的"石色"作为外墙粉刷更新后的颜色,村舍在经历时间的层染之后呈现出一种荒野之美——这种美与其说是建成的,不如说是自然长成的。这些小村舍因此与湖区特殊的地景浑然一体,其色彩和形态都让人想到湖区居民世世代代保持着的自然朴素。湖区居民之所以能建造如

---

① William Wordsworth. A Guide Through the District of the Lakes in the North of England[M]. Kendal: Hudson and Nicholson,1835:62.

② William Wordsworth. A Guide Through the District of the Lakes in the North of England[M]. Kendal: Hudson and Nicholson,1835:70.

③ Ibid.

④ Ibid.

⑤ Ibid.:75.

此自然朴素的房屋,在根本上就是因为湖区的农民本来就保有同样自然朴素的本性。

这部"湖区风土建筑考"最终提出"把湖区视作国家财产,留给那些有纯粹趣味的人去欣赏和游览"[①],虽然"国家""有纯粹趣味的人"等用语未意识到风土建筑遗产作为公共利益的一部分需要实现民主共享的重要性,但是华兹华斯第一次就国家精英层面提出了应当重视本国风土建筑遗产的卓见,此时距离拉斯金、莫里斯掀起的回归本土传统的运动尚早,这一重要论著作为风土建筑保护的开创性文本,具有某种"象征"意味,华兹华斯可以称为第一位现代"风土者"(vernacular popularizer)。如果西方风土建筑研究历程由这部华兹华斯《英格兰北部湖区指南》完成的年份1810年开始计算,距今已经两个多世纪。

对于17世纪的精英文化群体而言,风土建筑对他们来说更多代表租金来源,里面居住着与他们的风雅生活毫不相干的农民。在19世纪以前,风土建筑从未被真正认为具有审美、艺术价值,但也不排除有个别作家注意到了它的特殊性[②]。18世纪下半叶的浪漫主义运动,英国的自然主义诗人将风土建筑视作"美丽之物""自然之物",这种认知"反转"并不是单个现象,同时还有更多的关注"普通人的生活"的现实主义态度出现。狄更斯(Charles John Huffam Dickens)的《雾都孤儿》(Oliver Twist)书写伦敦的平民区,雨果(Victor Hugo)的《巴黎圣母院》(Notre-Dame de Paris)揭示巴黎普通流浪者的生活,左拉的《土地》(Terre)和《萌芽》(Germinal)描绘风土民居并对居于其中之人寄以同情,雷蒙特(Wladislaw Reymont)在《农民》(Chlopi)和《福地》(Ziemia Obiecana)中刻画波兰乡村的生活习俗和自然环境……换言之,华兹华斯并不是唯一注意到风土建筑和平头百姓并对其进行描绘的作家,但是放置在是否真正作用于风土建筑本体的价值认知而言,这位浪漫主义诗人有着不可忽视的贡献。

### 如画美学:"初识"风土建筑

1794年,一幅蚀刻版画成为一个有力的例证——"看"与"被看",暗示了一种新的视觉欣赏对象产生,风土建筑作为"美丽之物"的审美价值于浪漫主义的文学领域几乎同期通过"如画"美学的兴起延伸到了绘画这一视觉艺术之中,被专门识别出来,并得到新的发展,对于现代风土观则意义深远——这幅画出现在英国建筑师约翰·普劳(John Plaw,1745—1820)的《乡村建筑》(Rural Architecture)一书的

---

① William Wordsworth. A Guide Through the District of the Lakes in the North of England[M]. Kendal: Hudson and Nicholson,1835:72.

② 如英国诗人乔叟(Geoffery Chaucer)的《修女和牧师的故事》(The Nun's Priest's Tale)写道"煤烟满地正是她的闺房,还是她的大厅"(Full sooty was her bower, and eke [also] her hall)。

扉页上<sup>①</sup>（图 2.6）。

图 2.6 约翰·普劳《乡村建筑》 来源：Victoria and Albert Museum，London，1794

这幅蚀刻版画描绘了典型的 18 世纪"如画游"的情景：在英格兰西北部湖区的温德米尔湖岸，两名穿着富贵的游客脸上带着微笑，正在欣赏和评鉴乡村的朴素之美，他们是当时具有高尚品位的人——具有如画美鉴赏力的人们，品位体现在其着装的尤为雅致，也在于他们面对眼前的风景展现出别具一格的欣赏力。画面远处是人工巧饰的自然景观——温德米尔湖贝尔岛。岛上有一栋风土建筑，正是由普劳本人设计的带有简洁古典装饰的乡村别墅。乡村的朴素之美在画中被描摹得高深莫测，意在传达一种受英国上流阶级推崇的乡村中的"知足之乐"。

这幅蚀刻版画是这个时代开始关注"平凡之美"的缩影，乡村的朴素之美随着浪漫主义思潮的席卷，体现在英国自然主义文学中的歌咏，也几乎是在同期，在 18 世纪下半叶通过"如画"的兴起成为新兴美学风尚中一种必不可少的视觉要素，从抽象的文本描摹走向具象的视觉体验，风土建筑的审美价值在文学中日臻成熟，"如画"的兴起则将这种审美体验扩展到了视觉领域，从绘画到园林，最终引向建筑。

"如画"有时也称"如画美"，在 18 世纪以前，"picturesque"一词宽泛地意指某种景色或人类活动适合入画。在意大利语里"pittoresco"指的是一种同雕版绘画相关的绘画技术，17 世纪起与自然景观产生联系，"pittoresco"意味着更直接的在绘画中模仿和描绘自然，法语的"pittoresque"代表一种风景画技法。在 17 世纪晚期到 18 世纪初期，法语"pittoresque"或意大利语"pittoresco"的英语化术语"picturesque"在英国被赋予了新的意义。由风景画到景观创造，并伴随"远离传统"，"picturesque"这个词本身开始转变为具有评论指向的术语，被用来特指风景的美学特性，逐渐与后来英国绘画和园林的百年变革产生紧密联系，对景物进行"如画"式的欣赏逐渐成为当时的文化风尚。"picturesque"不仅仅是单指景色像画一样，区分"入画"和"如

① John Plaw. Rural Architecture[M]. London：J. Taylors，1794：8.英国建筑师普劳的著作在 19 世纪上半叶是最早的关于农舍和别墅的建筑书籍之一，在如画实践中普劳将农舍作为一种时髦品味加以欣赏，参见 Howard Colvin. A Biographical Dictionary of British Architects 1600 - 1840［M］. New Haven：Yale University Press，1997.

画"也在于此,"入画"与"如画"不同,前者"入画"仅就景物本身是否适宜成为一幅画的构景要素来甄选,即这些要素在一起能够"像一幅画"(like a picture);后者"如画"则是包括经历了精神文化上的历史性转换之后形成的特定趣味。换言之,并非所有"入画"者可成为"如画"者,"如画"的甄选标准已经超越了视觉性的审美标准,隐含文化偏好。因此"入画"并非是对 18 世纪晚期如画美(the Picturesque)的合适界定,也不是对现代有时使用的英文小写的如画美(picturesque)的合适界定。[①]

在洛克(John Locke,1632—1704)感觉哲学的影响下,在视觉之外,比较和联想被加到人们对于自然美的体验中。由吉尔平(William Gilpin,1724—1804)首先确立了"如画游",其完成《怀河见闻》[②]一书的年份——1782 年被认为是英国"如画游"的滥觞之年,但他并未对如画的文化特性进行进一步的浓缩。1791 年,他曾致信给约书亚·雷诺兹(Joshua Reynolds)对"如画"进行界定:"说到'如画'这一术语,我自己总是用它仅仅表示适合入画的物象:根据我的界定,拉斐尔的一幅漫画和一幅花卉同样都是如画的。"[③]换言之,吉尔平虽然拓宽了"如画"对象的范围,但他还未区分"入画"和"如画",也就是并未完全将这一术语专指风景美学。

3 年后的 1794 年,尤维戴尔·普赖斯(Uvedale Price)的《论如画美与崇高和美的比较》(*An Essay on the Picturesque, as Compared with the Sublime and the Beautiful*)发表,从他开始使用"the Picturesque",即在"如画"——"picturesque"前面加了一个定冠词"the"并将原来的"picturesque"的首字母大写,带来的结果是将一个普通、低调的形容词"建构"成一个暧昧难解的、争议颇多的美学概念,这种新定义使得该词的意义与原本的通俗用法有了很大区别[④]。结合之前观念上的准备,即对于自然美景的欣赏需带动联想和比较,作为一个美学概念的用词——"如画",其对应的欣赏也就绝不限于眼睛,还涉及精神运作。"如画"欣赏并非仅是视觉行为,还涉及大脑思考的综合,必须通过眼睛开始感觉,再逐渐产生想象,才能形成一个完整

---

① Malcolm Andrews. The Search for the Picturesque[M]. Stanford:Stanford University Press,1989:vii.
② 威廉·吉尔平完成于 1782 年的《怀河见闻》完整书名为《1770 年夏怀河和南威尔士等地见闻,主要和如画美相关》(Observations on the Wye, and Several Parts of South Wales, etc. relative chiefly to Picturesque Beauty;made in the Summer of the Year 1770),在 1786 他还完成了《湖区见闻》,完整书名为《1772 年英格兰地区尤其是山区以及坎伯兰的威斯特摩兰湖区见闻,主要和如画美相关》(Observations relative chiefly to Picturesque Beauty;made in the Year 1772, on Several Parts of England;particularly the Mountains, and Lakes of Cumberland, and Westmoreland)两卷本。此外,"如画游"的另一位引领人格雷(Thomas Gray)也是英国 18 世纪重要的抒情诗人,他的《湖区日志》(Journal in the Lakes 1769),源自 1769 年起格雷给朋友托马斯·沃顿写的一系列信件,1775 年首次在他的诗集里出版,书中描写了如何利用克劳德镜(Claude Mirror)这种工具寻找如画美,1780 年起被广泛传播。
③ Malcolm Andrews. The Search for the Picturesque[M]. Stanford:Stanford University Press,1989:14.
④ Uvedale Price. An Essay on the Picturesque, as Compared with the Sublime and the Beautiful[M]. Cambridge:Cambridge University Press,2014:1 - 16.

的如画美欣赏过程①。

以"如画"之眼看待自然引发深层次的反复玩味,带来更高的"精神喜悦",约翰·克莱尔(John Clare)这么形容这一感受:"当一处自然景物与作家所描写的诗歌意象相似时,我感到非常快乐……一个普通人会直接说他喜爱清晨,但是一个有趣味的人(a man of taste)能够在更高的层面上感受清晨,他会想起汤姆逊的美好诗句'明眸之晨,露水之母'。"②

图 2.7 克劳德镜 来源:Science Museum,London

"如画"一开始就显示出很强的精英主义倾向,作为构成"如画"美学要素一部分的风土建筑也是作为"他者"被精英阶层加以观察和欣赏。吉尔平确立的术语"如画游"并非普通旅行,克劳德镜(Claude Mirror)③这种专门用于把普通风景转换为如画美的工具是不可或缺的旅行装备(图 2.7)。但是除此之外,"如画游"是一项真正昂贵的支出,其昂贵并不体现在旅费和诸如克劳德镜这样的旅途装备之上,而是进行这种旅行要求观赏者具备较高的文学与艺术素养。在英国人看来,若要"真正"读懂风景,文学和艺术的教育必不可少,一个精通维吉尔(Virgil)的人总是会被认为比一般人更能领会乡村风光的内涵④。衣冠楚楚的

---

① 从历史角度看,关于这种"如画"的观念接续性曾经有各种阐释。例如 1927 年克里斯托弗·胡瑟(Christopher Hussey)在《关于如画美的研究》(The Picturesque:Studies in a Point of View)中的观点为,如画风格前承古典艺术,后启浪漫艺术,为使想象能够形成通过眼睛感觉的习惯,这种衔接很有必要,当艺术从对理智的诉求转向想象,如画美就产生了。参见 Christopher Hussey. The Picturesque:Studies in a Point of View [M]. London:Routledge,2004.

② J. W.,Anne Tibble(eds.). The Prose of John Clare[M]. London:Routledge & K. Paul,1951:174−175.

③ 克劳德镜是一种深色凸面镜,有椭圆或方形镜框,名称源自风景画家克劳德·洛兰(Claude Lorrain),又称"黑镜"(black mirror)。如画旅行者使用时转身背对风景,退入自己的镜中映像,镜子经过仔细选择的图像,被赋予了幽暗协调的色调,获得绘画般的质感,旅行者经常用这一工具将镜中景象转换为速写和水彩画。

④ 18 世纪一名普通的游客面对曼彻斯特的煤坑居然能报以"欣赏"联想起古典文学,可见大众对于成为一名如画美学要求的"有趣味的人"(a man of taste)所做的"努力"。这位游客写下如下内容来形容"煤坑之美",称其"新奇":
这新奇的景致怎不叫我回想?
那些经典寓言,我们曾被教过;
那些古老神话,我们曾经学过;
老卡伦的渡船,冥河的波浪。
参见 Malcolm Andrews. The Search for the Picturesque[M]. Stanford:Stanford University Press,1989:20.

游客拿着速写本蹲在溪流之中,打量一个没有经过文化教育的湖区牧羊人呆呆地立在近处,并以"如画"之眼将其描绘在速写本上。比起"没有文化"的观景人和同样"没有文化"的"画中人",富裕的游客正是以"如画游"来划定其精英身份,成为一个"有趣味的人"(a man of taste)并因此有了更多的美学特权(图 2.8)。

"如画"是英国的精英阶层在面临文化转换过程中的一种"创造",草根阶层很难突破知识上的局限获得这种欣赏能力。此外,一个"被看"的"他者"如何成为一个也能参与"看"的行为主体?这恐怕是"如画"萌芽时刻起就带有的"先天不足",以后也将不可避免引来拉斯金式的道德困境:枉顾他人的疾苦,将生活在茅舍中的穷苦百姓看作为"如画"欣赏的对象,这必然引发道德批判。

图 2.8　旅行家(木刻版画 Thomas Bewick,1764)
来源：The Traveller

在吉尔平 1776 年的《高地》中,作者这样描写罗蒙湖(Loch Lomand)附近的景色：

> 山谷中有间孤零零的茅舍,掩映在几棵大树下,有个小小的果园,几间杂屋。我们可以称它就是一个帝国,乡下人安居于此,管理着他的牲畜,一群群的牛羊在丰饶的山谷中啃着青草。他卑微的住所笼罩在和平和宁静之中,若不这样,它怎么可能与周边的景色浑然一体?[①]

吉尔平所歌咏的茅舍具有朴素之美,令人神往。这段描写着重展现了茅舍在美学角度上的"别致",然而作为"如画之物"的风土建筑与居民的道德困境已经出现。茅舍实际上十分简陋,占地长约 27 英尺(约 8.1 米),宽 15 英尺(约 4.5 米),分为大小两间,大的养牲畜,小的住人,屋主一家生活贫寒困苦,依靠饲养奶牛为生,1 年收入仅 15 英镑[②]。

越来越多的联想通过文字构筑的意象附着于乡村茅舍,从流行于英格兰的古罗

---

① William Gilpin. Observations, relative chiefly to Picturesque Beauty, made in the Year 1776, on Several Parts of Great Britain; particularly the High-Lands of Scotland[M]. London: Wentworth Press, 2016: 11 - 12.

② 约瑟夫·摩曼对吉尔平描绘的情景作了考证《苏格兰高地和英国湖区的远足:附有回忆,描述和史实的参考》,参见 Joseph Mawman. An Excursion to the Highlands of Scotland, and the English Lakes, with Recollections, Descriptions and References to Historical Facts[EB/OL].[https://ir.vanderbilt.edu/handle/1803/1801][2019 - 05 - 31]

图 2.9　伯罗代尔城堡峭壁（Julius Caesar Ibbetson，约 1812）　来源：Abbot Hall Art Gallery, Kendal

图 2.10　蒙茅斯郡丁登寺受"工业化"冲击前（Michael Angelo Rooker, Monmouthshire，约 1770）　来源：私人藏品

图 2.11　从村庄往丁登寺"现代村舍破坏如画景致"（John Warwick Smith，约 1798）　来源：National Library of Wales Aberystwyth

马诗篇再到"如画"美学兴起后英国本土诗人、作家的歌咏，对乡村、对那些具有平凡美事物的欣赏很自然地渐成社会风尚，茅舍中人们的生活所显示的道德困境则被放在一边。

除了道德困境的问题，"如画"本身的另一项"先天不足"也在于其审美特质带来的反历史性。诚然，正如这些文本所描摹的"田园牧歌"中显现的那样，风土建筑就地取材，非常质朴，代表着令英国人向往的"简单生活"（a beatus ille），这种审美特质令人感到平静和愉悦（图 2.9）。但"如画"时期对于乡村的歌咏其所指已经与罗马帝国奥古斯都时期的诗歌不同，也关联着18 世纪特殊的社会环境的变化。18 世纪末的如画美既是一种反农事取向，同时也是一种反工业取向，劳绩遭到"如画"引领者的厌恶，如画美拒斥进步，提倡面对自然人类要感受到自己的卑微，必须反对一切的实用主义。工业化带来的对风土建筑的破坏，使得这些"如画"的倡导者更为不安，希望时代停滞发展的步伐。当然这些基于反历史性的批判也从另一个角度说明了风土建筑的存续难题已经在最先经受工业化洗礼的英国出现，它的身上集中了文化转换时期英国智识阶层的激烈"应对"方式（图 2.10，图 2.11）。

传统文化与工业化进程之间的对立情形愈演愈烈，在 18 世纪 60 年代的工业革命之后，英国城市中新兴的富有阶层——北方工业家喜爱乡村生活，在乡村风景优美之地置业，改建老式的茅屋，对能看得到自然风景的乡间住宅求之若渴。

至 19 世纪上半叶,富裕阶层对于乡间舒适居住环境的渴望使朴素低调的如画美被逐渐破坏,工业家的新住宅变为"如画"支持者大力讨伐的对象。除了华兹华斯,在 1851 年,诗人丁尼生(Alfred Tennyson)的《埃德温·莫里斯》(*Edwin Morris*)也以充满讥讽的语气记录下这些新建房屋如何破坏了"如画"的景致:

<blockquote>
当时,我是一个速写画家:

看这里,我画的:山岚,小桥的曲线,

……城堡的废墟……就在岩石之巅

看起来就像岩石的,是青苔覆盖着的炮塔;

再看这里,古老地方的新贵,

他们是百万富翁,来自墨西河那边……①
</blockquote>

华兹华斯《指南》中指责在山顶上矗立的新建房屋破坏了原来的"如画"景色,批评这些富人的房屋和周围隐在林丛之中的老房子形成刺目的对照,也和山谷居民的茅舍形成刺目的对照②。针对乡村被破坏,如画美丢失,这时候的英国文化阶层所发出的批判是极为尖锐的,针对新兴资本在乡村中不顾及风土建筑存续的"连贯性"而失度扩张的趋势,许多公众人物借助其号召力予以抨击。"如画"一方面挖掘了风土建筑的审美价值,一方面难以避免伦理困惑。正因为审美偏好难以避免"去道德化""反历史性",实际也暗示了单纯由这一思想引领下的现代的保护实践如果缺乏反省能力,就会缺乏与大众群体作为风土建筑居住者的亲缘性。

探究"如画"思潮与风土建筑现代观念抬升的运动,不能忽略的是该文化变革是在不列颠形形色色的民族诉求闪现时发生的,英国本土景色在诗人、画家和旅行者心中的价值逐渐升华。"如画"的复杂运动最终带来了风土建筑价值认知的变化,茅舍不规则的形态、废墟摇摇欲坠的结构,均符合废墟美追求粗粝质感和提供怀古幽思的需求。自然而然的,在"如画"美学思潮中,风土建筑作为废墟美的一部分,被看

---

① 丁尼生(Alfred Tennyson)的《埃德温·莫里斯》(Edwin Morris)也被称为《湖区》(The Lake),作于 1851 年:
I was a sketcher then:
See here, my doing: curves of mountain, bridge,
Boat, island, ruins of a castle, built
When men knew how to build, upon a rock,
With turrets lichen-gilded like a rock:
And here, new-comers in an ancient hold,
New-comers from the Mersey, millionaires,
Here lived the Hills—
参见 Alfred Lord Tennyson. Edwin Morris[M].[https://www.fulltextarchive.com/page/The-Early-Poems-of-Alfred-Lord-Tennyson6/][2019 – 05 – 31]
② William Wordsworth. A Guide Through the District of the Lakes in the North of England[M]. Kendal: Hudson and Nicholson,1835:74.

作"美丽之物",确立了新的审美价值,而在之后的不断考察中,我们还会发现"如画"思潮不仅伴随着风土观最初的现代变革,且一直如影随形,时至今日也未削减这一思想倾向的巨大影响力。

### 约翰·拉斯金:风土建筑的价值升华

总的来说,18—19世纪是一个风土建筑研究进入酝酿、准备的思想阶段,在这个时期里包含了深刻的社会变革和观念转折。经历美学阐释与价值重估之后,风土理想逐渐完善,同时,人类进程由前现代转入现代,风土建筑与工业化的冲突越发激烈,风土建筑因其违背工业时代追求普适、标准化的目标,无法适应大量生产、快速建造的要求被边缘化。风土建筑的研究呈现"主流中断""暗流涌动"的特殊现象,直到20世纪60年代建筑学身陷现代主义危机,风土建筑重新得以纳入建筑学主线议题。

图 2.12 拉斯金《建筑的诗意》书影
来源:George Allen, Sunnyside, Orpington, and 8, Bell Yard, Temple Bar, London. 1893

其中,"如画"的新一代诠释人——艺术评论家、遗产保护先驱拉斯金从"废墟"的诗意出发,对风土建筑在审美价值之外包含的怀旧价值、慕古价值、政治价值、道德价值做了新的综合和提升,最终号召建筑师"向风土建筑学习"。"被引领到不仅仅至那些庙宇和高塔里,也要到普通的街道和农舍里,并且相对于那些按规则建造的建筑,对由情感引发创作而成的建筑更有兴趣"[1],最终将风土建筑与民族的灵魂等量齐观。这是19世纪一项由拉斯金完成的、极为重要的风土建筑价值"升华"过程,在过往的研究中较少被注意到。

更进一步的问题是,在30年的城镇化对乡土中国的风土遗存带来的不可避免的大量破坏面前,需要抢救的已不仅是可见的建筑遗存,更是如何在保护实物之外,保留风土建筑予所居之人的"宜居感"。在短暂的吐故纳新之需外,风土建筑将更恒久地作为文化证据回应严峻的社会命题,甚至如拉斯金所提倡的作为民族灵魂的安放之处。风土建筑对于民族的凝聚作用远远大于离散,其指向的当代命题正如哲学家尤尔根·哈贝马斯所提出的:"后民族结构"这一理论模型的逻辑推演是否能在文

---

[1] John Ruskin. The Poetry of Architecture; or, The Architecture of the Nations of Europe Considered in its Association with Natural Scenery and National Character(Reprinted)[M]. New York: AMS Press INC., 1971.

化共同体的分崩离析与身份认同的普遍缺失的时代里依旧成立。①

**1. 作为建筑学理解根基的风土建筑**

拉斯金对风土建筑的研究形成于写作生涯的早期,集中于其早期著作《建筑的诗意:或者联系欧洲诸民族与自然景色及民族性格的建筑学》②(*The Poetry of Architecture*;*or*,*The Architecture of the Nations of Europe Considered in its Association with Natural Scenery and National Character*,也称为《建筑的诗意》,图 2.12)一书,其构思形成于 1837 年的夏天,英国西摩兰(Westmoreland)和意大利农舍的强烈对照引发了拉斯金的写作愿望,在他看来,建筑是人类心灵的产物,风土建筑是欧洲各民族特征和性格的显示,从其适应环境的能力,调节气候的方式可以发现对应的民族性格和心灵特征,呈现诗意的心灵,故而该书命名为"建筑的诗意"③。写作目标是引导年轻的建筑师理性思考,坚信成长起来的一代,能够将自己从对于维特鲁威及其追随者的固执和束缚中摆脱出来,向风土建筑学习,从考察低等级的农舍开始,进一步考察别墅,再导向建筑更高级形式中的组合原则,最终建筑作为一种关于设计和品位的整体性的艺术获得进步。④

该书分为两部分展开论证:第一部分评述、比较英格兰、法国、瑞士,以及意大利的风土建筑;第二部分考察意大利科莫湖地区和英国温德米尔湖地区的乡村别墅,归纳建筑艺术性组合的原则,提出若干乡村建筑实践的建议。第一部分的风土建筑研究占据主要篇幅,显示作者在对风土建筑这一过往被建筑师忽视的对象上灌注了大量思考。通过对英国、意大利两国风土建筑性格的比较和分析,拉斯金提出本国文化命题的最终答案将来自向普通、平凡的风土建筑学习。拉斯金正是通过欧洲各国风土建筑的比较,竭力挖掘自身文化的特点,将英格兰的风土建筑所具有的冷静、坚毅、温和、简朴等特质比附于英格兰人民的心灵特质,风土建筑的价值被大大抬

① ［德］尤尔根·哈贝马斯.后民族结构［M］.上海:世纪文景/上海人民出版社:2019.
② 《建筑的诗意》是拉斯金第一部重要著作,写作时拉斯金才 18 岁,拉斯金在《建筑的诗意》前言中认为,"按照我起的书名,包含我述及一系列问题的角度,这些思考开始于我的 18 岁""集聚了我最好的词句"。
③ 拉斯金认为农舍对于气候的适应力,展现的是一种性格(文化),比如他称赞瑞士山区的农舍具有一种美,其性格特质在于适宜和谦虚,他喜欢称之为"民族性",或者称为"自成一格"(sui generis),而意大利低地农舍"最具有音乐性,最忧郁",英格兰的农舍"活泼美丽"。
④ 拉斯金《建筑的诗意》提出:"我们应当把一个国家的建筑看作是民族的情感和方式影响之下形成的,并且与环绕它的周围环境紧密关联,并且是在它所处的这片蓝天下形成的;我们应当被引领不仅仅至那些庙宇和高塔里,也要到普通的街道和农舍里,并且相对于那些按规则建造的建筑,对由情感引发创作而成的建筑更有兴趣。我们应该着手研究那些低等级的建筑,从街巷到村落,从村落到城市;而且,如果我们能够成功的将每个人的注意力更为直接地引导到建筑科学中最为有趣的部分里,我们的写作就不是在枉费心力。"参见 John Ruskin. The Poetry of Architecture;or,The Architecture of the Nations of Europe Considered in its Association with Natural Scenery and National Character(Reprinted)［M］. New York:AMS Press INC.,1971.以及《建筑的诗意》序中所引 1938 年 12 月《建筑杂志》(Architectural Magazine)的年度评论。

升,成为民族灵魂安放之所①。

**2.《建筑的诗意》与本国风土命题**

《建筑的诗意》的写作动机来自拉斯金对本国风土建筑的观察——英格兰西摩兰郡高地农舍与意大利低地农舍有强烈反差,在比较中引发风土建筑的价值综合。《建筑的诗意》指出,英格兰高地景色虽然需要崇高(sublimity),但实际农舍却体现出另一种品质——谦虚(humility),它们是小尺度的、形式简洁的,具有一种克制的调性,很容易被隐藏在原野之上或者被自然荫蔽起来。这些农舍就如谦虚的农夫一般对自身毫不在意,这种不引人注意的特点反而使得它更长久地留存下来,同时也使其能与建造在大道上的宏伟建筑媲美。此外,农舍通过细节的精致感获得辨别性,通过居民的生活显示出情感的一致性、得体感。这种特质在别处恐怕难觅,也是英格兰特殊地域的产物,而欧洲大陆居民的精神(以意大利为典型)与岛国上的居民(英国)迥异,大陆居民有着更为深刻和细腻的感知力,在意大利农舍中有着英格兰农舍不具有的"崇高"。

拉斯金将风土建筑视作民族心灵的产物,英国风土建筑的特质被总结为民族性上的"谦虚""朴素""坚毅",其建筑特征则与这些"性格"特质对应,对比这一阶段与现代风土建筑"环境-文化"两分特性(dual nature)的发现,拉斯金对于本国风土命题的研究结果可区分为一系列包含"环境-文化"维度的价值认知:审美价值、怀旧价值、慕古价值、道德价值以及政治价值,风土观被大大提升和扩充了。

在拉斯金之前,无论是浪漫主义还是如画美学,对风土建筑的形式欣赏中,并未真正从因应地理环境这一点上发现风土建筑的审美价值,拉斯金对风土建筑的地理考察以及价值论断相对而言具有了接近文化地理学的视角。

在《建筑的诗意》中,拉斯金对坎伯兰郡和西摩兰郡的地质进行考察后得出,山地在总体上由泥质板岩和硬砂岩组成,混有少量硅质岩、斑状绿岩石,以及正长岩,山体内硅质的存在形成了表面颗粒状的肌理,因此当地的岩石显得古旧,褶皱较多。泥质板岩和硬砂岩这类岩石因为经由结霜粉碎压成,再经由冲刷自然形成平缓的石块。石块的棱角在水的作用下抹平,又将这些成分融入土壤,成为一种矾土,利于苔藓的生长。种种地质特点使得这些岩石自身产生丰富的色彩,从冷调到暖调不一。作为农民最易于获得的当地石材,岩石被加工成一种易于使用的尺寸,长度在4英尺

---

① 拉斯金《建筑的诗意》提出在对于建筑的更高层次的追求上,在需要精神更为深刻或者崇高的阶段里,英国从来就不能与欧洲大陆的民族相匹敌。"欧洲大陆的民族性格总体而言,在志向上更崇高,激情上更纯粹,梦想上更狂野,怒气上也更猛烈;但是在相较于温和与简朴的渴望程度上,更自然地倾向于追求兴奋,而不能够在同等程度上经验那些人类幸福感的另一支更为冷静的细流,宁静家庭的稳定感,以及在毫不引人注意的火炉边享受到的喜悦。这些幸福感来自每日规律的劳作,以及每日获得的回馈。"

（约1.2米）到6英尺（约1.8米）之间，农舍屋顶使用这些尺寸铺就的石材，一般还会用黏土连结。正长岩、花岗岩被打磨之后则用于砌造窗台，使窗户显得窄而深。在拉斯金看来，风土建筑是由最先到达此地的人自发建造，建造者并未刻意追求依据地质特点的取材体现建筑美，但自然而然地按照地质条件对建筑材料的选择和使用展示了一种不自知的美和诗意。

其次，从地质的考察出发，拉斯金形成了一道更完整的建筑学视角，风土建筑体现地志（topography），承载地望（atmosphere），就此再次扩充了风土建筑的价值维度，指向怀旧价值与慕古价值。

《建筑的诗意》提出，建筑形式美的最初产生原则为"适宜"，即就近使用来自高山上的材料，建筑因之呈现坚毅的气质，随着时间的推移，由"自然之手"进行修饰和渲染，建筑浸染古色（patina of age）最终产生卓越的美。拉斯金以一副木版画"英格兰海拔最高的住宅"为例，此画描绘了17世纪北约克郡马勒姆荒地的景象（Malham Moor，North Yorkshire），以当地石材建造的风土民居——"中楼"（Middle House）。拉斯金强调风土建筑的形式和自然之间经由时间流逝达成融合，选址地树荫掩映，远处是隐现的山坡，风土建筑在自然地景中含蓄的呈现出朴素和坚毅的人格化品质（图2.13）。

最后，拉斯金对于风土建筑的考察不限于建筑实体，居住在建筑中的人的境况也进入了他的视野，使得风土建筑的价值延伸到了"精确科学"不处理的人性与道德维度。

FIG. 6. The Highest House in England.

图2.13　英格兰风土建筑17世纪北约克郡马勒姆荒地（Malham Moor，North Yorkshire）建于450米高海拔的"中楼"（Middle House）　来源：George Allen, Sunnyside, Orpington, and 8, Bell Yard, Temple Bar, London. 1893

《建筑的诗意》提出，风土建筑的诗意还包含着居住者对自身境况的忍耐而产生的坚毅感。农舍中的居民都很贫困，农舍往往自建造起没有经历过修缮，建筑与居民一起承受了风雪、水流、霜冻等考验，青苔和蕨类也未被清理过，经年累月显出郁郁葱葱的样子。但是农舍灰色的"脑袋"并未低下，它的坚毅与强壮并未减退，即使这些损毁还在延续。不断蔓延的青苔从那些灰暗的裂缝里爬出来，它所有的美在于其尊严和那一丝忧郁气质，这是美之灵魂所在。黑格尔曾在《法哲学原理》（*Rechtsphilophie*）中指出，"市民社会""彻底失去了其德性"，黑格尔使用古典的概念作为产生现代意义的内部着手点，到了拉斯金那里，风土开始具有外部的、多元文化的话语形态,风土被暗示包含着动态图景,可以不断形成新的归属感、亚文化以及生活方式,与"历史中"的人实现真正的共生。

在分析完本国的风土命题之外,欧洲大陆历史性城镇中的全体风土建成遗产如何获得自身的延续性?拉斯金对这类风土建筑的立场倾向于"废墟"美学,较有现实意义的部分在于提倡本国建筑师向风土建筑学习如何创造,主要体现在《建筑的诗意》以意大利风土建筑为例的论述中。

首先,拉斯金从整体的国家气质上给予一种判断,指出意大利风景的根本性荣耀来自极度的忧郁性:"意大利是死亡者的国度,她的名字和她的力量与那些长眠于地下的苍白魂灵同行,她的无上荣光即在于长眠(hic jacet),她是一座巨大的坟墓,她所有现世的生活不过是一种幻影或记忆,这个国家在陈年岁月中老去,因为它在老去中显示光辉。"①

从对风土建筑的观察扩展到居民身上,拉斯金的笔触变得犀利生动,他认为现代意大利人其习性犹如猫头鹰。在大白天,一整天他们都懒散地躺着不动,但到了夜晚,他们变得如此活跃,但是只限于在非工作的活动上。懒散,部分是来自气候和温度,也部分来自整个民族的颓败中的财富,这给所有继承以持久的影响力。人们在七天中大概有三天是不动的,这种习惯下,贫穷带走了力量,残忍的懒惰削弱了意志,意大利人的邋遢阻止了他们逃离对其国家的忍耐。

在这种环境中,意大利人更乐于修补废墟作为房屋居住,在这些有很长年岁的、破败的,但是健壮的罗马竞技场的拱券保护下,居民开起商铺,改造为农舍,那些不活泼的、呆板的、原始的贫穷就这样被庇护了。这些本来作为低等级的风土建筑上的秩序感因而频繁地显示出那些宏伟建筑物的痕迹,装饰与建筑材料的坚固感就此显露无疑。

其次,通过对意大利风土建筑的细节考察,拉斯金提出,意大利的风土建筑因为植根于更为深厚强大的历史传统,与风雅建筑之间无清晰的界限。意大利农舍首要引人注意之处是屋顶,由瓦片铺成,曲度较大,按照垂直线排布,相对于英国的平屋顶,提供了一种让人感觉更愉悦的表面肌理。意大利的阳光十分强烈,为了荫蔽要

---

① 引自《建筑的诗意》第 1 章第 23 节,参见 John Ruskin. The Poetry of Architecture; or, The Architecture of the Nations of Europe Considered in its Association with Natural Scenery and National Character (Reprinted)[M]. New York: AMS Press INC., 1971.在拉斯金唯一的一次写作小说的尝试中,现存有一些片段:"委拉斯凯兹(Velasquez),这位新手,"这个角色正在演讲,"柏树适合意大利的风景,因为意大利是一个坟墓之邦,空气中充满死亡的气息——她住在过去,在过去她如此辉煌——她在死亡里显得美丽动人,她的人民,她的国家,都是死的;她的无上荣光即在于长眠(hic jacet)"。(全集第 1 卷 542 页),内容经修改收入了《建筑的诗意》一书中,参见 Edward Tyas Cook, Alexander Wedderburn. The Works of John Ruskin (Volume 1)[M]. London: George Allen, 1903—1912:542.

求屋顶的边沿挑出墙面,留下深长的阴影。将两到三扇窗户安置在屋檐下,室内就可以保持阴凉,墙壁则像城墙一般厚重。处处呈现优雅和不规则感,同时也具有现代感和简洁性(图 2.14)。

图 2.14 拉斯金《建筑的诗意》中绘制的意大利乡村风土民居 来源:George Allen, Sunnyside, Orpington, and 8, Bell Yard, Temple Bar, London. 1893

由此,拉斯金推出意大利风土建筑具有崇高这一美学特性,并以相应的建筑特征说明:

(1)形式的简洁:屋顶做平,不建老虎窗或者山墙;墙面做平,没有圆肚窗(bow-window)或者带雕塑的凸窗(sculptured oriel)等德国、法国、荷兰常见的建筑要素[1],建筑显示了极度的现代性和谦虚感。

(2)明亮的效果:明朗的气候对人产生的作用展现在白色墙面与绿色植被上,碧蓝天空下,光线强烈的环境中,建筑确立出明亮的效果[2]。

(3)优雅的感受:意大利低等级的建筑上显示了一种其所处环境的高等品位,视觉在自然与建筑美之上获得安慰,心灵获得滋养。

---

[1] 《建筑的诗意》描述了关于坡屋顶和凸窗有违于简洁性的原因,拉斯金说:"当我们看到坡屋顶时,我们会想起阁楼,当我们看到伸出的窗户时,我们会想到帐篷支架,意大利的农舍确立了一种简洁性,反映了一种建筑的高级秩序,而且避免了所有滑稽的对于宫殿的模仿,它摆脱了农舍本来的低等级特质。农舍的装饰具有高贵性,没有什么笑嘻嘻的前脸或者没有意义的开槽,只有比例优美的拱券,以及具有品位的带有雕塑的柱子。没有什么反映其居住者的卑微,反而产生一种整体的具有尊严感的氛围,使得美与高贵在建筑之间浮现,并且与周围荣耀的风景相匹配。"

[2] 拉斯金《建筑的诗意》提出:"意大利农舍的墙面上没有雨水的痕迹,土地和空气都不潮湿。太阳的炎热使得所有的苔藓和霉变都不见了。屋顶上没有茅草或者石头使得植物生长,一切都很清晰、温暖,对于眼睛来说非常锐利。意大利农舍的墙面的白色如果与绿色搭配将是格格不入的,但是环绕它的天空是蓝色的,山脉和水都是碧蓝,橄榄树是灰色的,桂冠树和桃金娘则也远不明亮,均是一种中立的色调。意大利农舍的白色因此变得十分和谐。"

（4）老旧感：农舍内部让人不适的、废墟般的无秩序和破败感[1]。

总体而言，拉斯金的视角是接近文化地理学角度的，意大利居民的起居习惯、精神气韵都决定了风土建筑的个性，当风土建筑群落中居民行为同质的基础越深厚，那么与历史的共生关系就越牢固。在研究本国的风土建筑之外，拉斯金要讨论意大利农舍的美和颓废感其实是为了引出更高的呼吁。拉斯金认为，意大利农舍呈现出"崇高"这一美学特质是英国建筑师永远无法模仿的。任何一个国家的建筑师不能战胜时间的问题，也没有选择既成历史环境的自由，作为建筑师应当追求基于本土的审美原创性，因此也不应该去肤浅的模仿意大利或者其他国家的建筑形式，建筑师真正的目标是，在向风土建筑学习的时候，不要单纯记录建筑信息，而是了解一种本土的趣味（taste）是如何形成的。换言之，拉斯金的研究似乎在提示我们向风土建筑学习的视角，照他看来，风土建筑并非舶来之物，而是产生于特定地域的"此地人"之手，包含真正的建造智慧和创作源泉。只有风土建筑最能了解"此地人"的需求，最能真实反映"此地人"的品质，也最能给以"此地人"真正的宜居感。

在卷帙浩繁的拉斯金全集中，作为其首卷开端的这本《建筑的诗意》对于追溯浪漫民族主义兴起中英国如何发展出风土建筑作为民族心灵的化身这一认知具有相当的典型性，在拉斯金思想余温下，移民英国的尼古拉斯·佩夫斯纳延续"如画"美学发展出风土建筑的"舒适性"价值，并进行长时段、大规模的谱系追踪和建筑档案实录形成 46 卷本的《英格兰建筑》（*The Buildings of England*，1951—1974），并被作为风土建筑保护的重要参考名录。这些重要的价值认知被英国的规划体系以"善性"立法方式吸收，接续性地促进了风土建筑保护在英国的制度化发展。

那么与风土建筑频频相连的民族文化这一用语中，究竟何谓民族？过去文化意义上的 Volk（民族）与指向公民组成的 Nation（民族），在今天全球化带来的越来越强的文化离心力作用下是否依然可以被简单的回答为：一个民族就是由说同一种语言的人组成的集体？民族精神在时间上的绵延与空间上的广延在今天的语境下是否还有其自发性？不管如何，一个民族的精神为自我与他者明确了界限，包容他者意味着不把他者囊括到自身当中，并同时不把他者拒绝道自身之外，但保持民族重心的策略却依然在于，采取一种真正的共同体方式，其边界可以加强或者松动。这也是本书以"向风土建筑学习""保护风土""重返风土"等"声音"重读拉斯金、伯纳德·

---

[1] 拉斯金《建筑的诗意》写道："破碎的屋顶，灰暗的、令人疑惑的、残次不齐的窗户，隐蔽的内室，破损污秽的帷帐，显示了一幅画面，对于眼睛而言是令人厌恶的，但总是让心产生忧郁感。这一民族的财富是冷血的，也是健忘的。人死了，被活着的人踩而走了过去，宫殿最为了解这些，因为宫殿就是由这些幸存者建造的。但是不幸和废墟却将指向坟墓，编年的历史里不记录失败。谁能够将意大利转变为一个新的国家，一个渴望唤醒力量的，一个不再沉睡的孤独者？让她从她忧郁的思考，甜美静谧，无穷无尽的记忆中的那些闪光的时光里醒来？"

鲁道夫斯基、保罗·奥利弗、和辻哲郎等一众"风土者"提出的句子里,包括在历史之中的人性内容。

### 三、核心思想和理论类型

随着 18—19 世纪浪漫主义运动、"如画"美学思潮的作用、拉斯金等中心人物引出的国家认同等,风土建筑在这个时期的价值认知初现端倪,可以将以上代表性人物及其学说概括为五类。

(1) 审美价值的认知(aesthetic value cognition):对风土建筑的形式、色彩和装饰性本身感到愉悦。

(2) 怀旧价值的认知(nostalgia value cognition):对风土建筑的欣赏沉溺于文学意象、忧郁引起的愉悦或崇高情绪。

(3) 慕古价值的认知(antiquarian value cognition):试图重新构建本真秩序,通过慕古、复古等方式建立与历史的联系,从风土建筑组织原则和技法中吸取灵感。

(4) 政治价值的认知(political value cognition):风土建筑被看作是国家灵魂安放之所,与民族压力和身份诉求相关。

(5) 道德价值的认知(moral value cognition):与历史感紧密相连,与文化自我批判性诉求相关。

这些自 18 世纪晚期逐渐开启的价值认知和思想基底,同时也伴随着新的学科研究方式融入,对接下来 200 余年的西方风土建筑研究历程带来持续的影响。

"如画"与风土建筑价值认知关系的追寻中,均屡屡涉及精英主义的美学立场,无法绕开道德困惑,而这一点在现代保护语境中显得较为重要。英国积淀下来的文化观念以及许多思想者提出的现代困境,作用为今天风土建筑价值的认知惯性。

1845 年 2 月 11 日,狄更斯(Charles Dickens)参观了那不勒斯的贫民窟之后说:"如果如画美的传统理念都是与这样的苦难和退化有关,随着时代的进步,恐怕我们得确定一种新的如画美。"①在《教堂钟声》(*The Chimes*)中他进一步批判"如画",借多赛特郡(Dorset)劳工威尔·冯(Will Fern)之口对富有的贵族说(图 2.15):

上流社会的人啊,我在这个地方生活了很多年。看到那边矮墙边的小房子了吧? 我看到贵妇人们画它有上百次了。我听说它在画里很漂亮,但画中没有

---

① Kathleen Tillotson. The Letters of Charles Dickens(Volume IV:1844—1846)[M]. London:Oxford University Press,1977:266.

图2.15 狄更斯《教堂钟声》劳工威尔的茅舍
(Clarkson Stanfield,1845) 来源：The Chimes

风吹雨打,也许它更适合出现在画里,却并不适合居住。①

自18世纪晚期起,在"如画"风景的审美前提开始面临的挑战中,发展到19世纪以拉斯金最为激进,他所强调的道德标准,在19世纪的英国获得普遍赞同,而这种反思性的能量辐射至今。1856年,拉斯金在《现代画家》第4卷《论透纳式的如画美》中记录了一次如画美的体验,在道德和审美判断的对抗中回到了一个古老的困境之中,虽然吉尔平(William Gilpin)曾经建议暂时搁置道德感以绕开对抗:

下午,沿着索姆河,我在它的小支流间快乐地散步……岸边有几棵柳树,树枝被截掉,只剩下树桩,立在松软的泥土中……几艘小船看起来就像是纸船……由几个小贩摇着,穿行在水草之间……在一处漆黑的染坊后院的映衬之下,桂竹香和天竺葵开得特别鲜艳,饶有趣味……河水漫过水草,缓缓流动,之后,逐渐变窄,水势汹汹,足以推动两三个磨坊水车轮子。一个磨坊就紧挨在华丽的旧哥特式教堂旁边,教堂拱壁斜斜插入肮脏的河水中,拱壁上带有图案繁复的窗花格;这一切都很精致,都颇具如画之美。……我不禁想,为了给我提供如画之美的主题,使我能够快乐的散步,不知道有多少人正在受苦受累。②

在这里拉斯金流露出对于生活在破败茅舍之中的人们所存的同情,为了解决道德困境,他进一步提出"新的如画美"以代替"旧的如画美"。在《现代画家》中,拉斯

---

① 引自狄更斯(Charles Dickens)《教堂钟声》(The Chimes)第三章《威尔·冯的农舍》(Will Fern's Cottage)："Gentlefolks, I've lived many a year in this place. You may see the cottage from the sunk fence over yonder. I've seen the ladies draw it in their books, a hundred times. It looks well in a picter, I've heerd say; but there an't weather in picters, and maybe 'tis fitter for that, than for a place to live in. Well! I lived there. How hard—how bitter hard, I lived there, I won't say. Any day in the year, and every day, you can judge for your own selves."参见 Charles Dickens. The Chimes:A Goblin Story of Some Bells That Rang An Old Year Out and a New Year In[M]. London:Bradbury and Evans, 1844:119.

② John Ruskin. Of the Turnerian Picturesque[M]//Edward Tyas Cook, Alexander Wedderburn. The Works of John Ruskin(Volume 6, Modern Painters IV)[M]. Cambridge:Cambridge University Press, 2011.

金以透纳（Joseph Mallord William Turner）的画作为主要范本，讨论了两种形式的如画美：高尚的（即透纳式的）如画美和低级的如画美。低级的如画美是一种冷酷的"表面的如画美"，是对于混乱和废墟的陶醉，这是一种老朽，冷漠，呆板的趣味，"缺乏强烈的同情心"。透纳的作品是高尚如画美的范例，也就是如狄更斯所说带有道德感的"一种新的如画美"，在这样的风景中，画家"与他的表现主体心灵相通"。他也许会画一些散架的风车和坍塌的修道院，但他会在自己的作品里注入高尚的、道德的同情。[1]

今天来看，如画美从社会角度看，以"如画"去"看"意味着巨大的文化排他性。18 世纪末的英国，能够感受到如画美愉悦的人主要还是那些既有闲暇和财力又有鉴赏力的精英分子，他们对自然风景和乡村住民的美学关注来自一种对于"他者"的兴趣，无法避免伴有一种相应的道德距离。在拉斯金身上，我们可以看到这种趣味似乎已经终结于维多利亚早期的自由人文主义者和福音教派的社会良心所感受到的压力。对乡村败落风景进行纯粹的审美或形式主义的欣赏与人道主义的同情之间，两者注定无法调和。但是我们在此处考察如画美的若干特质，并非是为了认识其曾作为英国社会阶层永久分化的作用而存在，而是还要进一步考察为何尽管拉斯金曾经提出"新的如画美"，但"旧"如画美阶段从未真正结束，并且持续在风土建筑的价值认知以及存续方式上显现。无论是在建筑设计、人类学研究，以及保护领域中，这种如画美的价值认知惯性似乎发挥着持续的、巨大的作用，现代依然无法绕开这一惯性。因此，笔者先在这里反复重申拉斯金已经提出的问题，按照风土建筑研究史实的演进，在接下来的章节中逐步展现这一感知倾向的持久影响力和现代应对方式。今天，正如我们在西方许多乡村中（也包含我们自己）所看到的一切，与"如画"时期的绘画、明信片、旅行日记所宣传的理想化乡村非常相似，或许提示着一直以来，因为历史性的审美心理、文化观念的持续作用，以及这一审美偏好天然带有的"去道德性"，使得现实与理想混淆的距离并不遥远。

## 第三节 西方风土观对日本的影响

### 一、和辻哲郎的风土理论由来

1927 年，与海德格尔同岁的和辻哲郎从日本远道而至德国，他阅读了海氏的哲

---

[1] 参见潘玥.回响的世纪风铃：约翰·拉斯金对如画的升华及其现代意义[J].建筑学报，2020（9）：116 – 122.

学名著《存在与时间》①之后,顿悟空间与时间一样应当被视作整体运用于主体的存在之中,他因此得出,存在(Dasein)是某种双重的结构,不应当限于"个人",而应当包容"社会"这一具体的方面,不与空间相结合的时间就并非真正的时间。按照海氏所说的"站出来"(existere)以意向性为特征,个人意识被和辻哲郎推及全体,意向性转为相互关系。当时间与空间结合时,历史性才会显露其面目,历史与风土也就在这个维度上结合。

图 2.16　和辻哲郎《风土》日文版封面
来源:日本岩波文库

正是因为对时间问题的缜密分析,风土这一问题在年轻的和辻哲郎眼中才开始得以重现浮现,风土也就不在停留于本身,时间、历史与风土的关系是相即不离的。最终,和辻哲郎发表《风土》一书(图 2.16),推断出风土是人之存在的根本结构,没有一种风土不是历史的,也没有一部历史不是风土的。

和辻哲郎启发我们,风土特型规制着地域文化形成特质,同时作为人的存在方式,人们实际上又在"风土"中发现自己,确定自己,了解自己,在自我了解中完成自己的自由形成。一个现代人在深深体会风土的魅力之后恐怕会思考,原来那些跟我一样感受的先人是这么应对风土的问题! 更久远的古希腊经典《裴洞篇》则吟咏:每一条河流都将获得它流经的那一部分大地的性质。人类的生命如同河流,自古以来就是浸润在风土中流向未来。在今天,我们看到全球化激发对于地方性事物更为强烈的依恋,那么由和辻哲郎的《风土》出发,意味着倡导一种针对当下境况的新精神:重返风土、保护风土、延续风土、转译风土,将是来自对于某种具有集体记忆的共同体的渴求,将是在一个被分割成片的世界里对于延续性的向往。这也是日本学者最先受到的来自西方现代理论的启迪,以及一系列风土建筑保护与实验背后哲学观念的某个重要起点。

## 二、日本风土建筑研究理路

在弗朗索瓦丝·萧伊(Françoise Choay)《建筑遗产的寓意》(*L'Allégorie Du*

---

① ［德］海德格尔.存在与时间[M].陈嘉映,王庆节,译.北京:生活·读书·新知三联书店,2014.

Patrimoine)这一极富洞见的、勘正保护理念与实践时弊的解析性文本中,涉及日本对建筑遗产的处置方式只有不多的两处:

> 在明治维新的大环境下,19世纪70年代见证了历史性纪念物的概念审慎地进入日本:日本是一个坚持延续传统的国家,它只按朝代来认识历史,只以活的方式来对待古今艺术,并且只以照例的重建将其纪念性建筑物总是维持在新的状态,它对西方时间观念的吸取表现在对于世界历史的认识,对于博物馆概念的接受,以及对作为过去见证物的纪念性建筑的保护上。……历史性纪念物(monument historique)这一西方发明,自19世纪下半叶已成功传播到欧洲之外。历史性纪念物的保护实践必须具备历史参照系,把艺术放在历史之中,拓展其概念寓意。如演示茶道仪式,如果忽略日本人对于自然的情感、神道以及日本式的社会结构,那么越热情越会加大对其误解,掩饰这些表象下的实际所为。①

萧伊提醒我们,日本的保护实践按照其自身的"在地"需求,有选择地吸收西方的保护理念,与其说其真的奉行"拿来主义"倒不如说是"任尔东西南北风",贯通东西的文化差异,为"他人作其嫁衣",最终均服务于自身的文化繁衍。

日本的保护实践确实牢固的根源于自身的逻辑,且这种逻辑并未如西方一般以学理化的方式进行抽象的理论综合,更多的是以一种经验性的哲学践行态度反映其价值认知方式。存续逻辑的生成首先表现在其传统铸就下固守的独特时间观和自然观,以及伴随这一观念下的对于"新生"之物的喜爱与信仰。在日本伊势神宫、出云大社②等少数的社寺中至今奉行较为严格的造替、迁宫制度。伊势神宫的所谓"造替",造永恒的自殖制度替有毁灭之虞的建筑,借重复的更替式建造以抵抗自然时间

---

① [法]弗朗索瓦丝·萧依.寇庆明,译.建筑遗产的寓意[M].北京:清华大学出版社,2013.
② 日本神话中,每年10月,全国的神明都要离开自己的居住地,前往出云聚集,故和历10月又被称为"神无月"。只有在出云地区,10月才被称为"神在月"。在此期间,凡人的任务是维持朴素、斋戒,并举行盛大的迎神与祭神大典,这是时至今日出云每年最重要的活动。典礼所在地即出云大社,可谓是"诸神的客厅"。在神道教的谱系中,出云大社本殿中祭祀的"大国主神",是苇原中国的统治者。苇原中国指人间世界,即日本本土。与之对应的天上世界,称为高天原。高天原是800万神明的居所,它的统治者是日本神话体系的最高神祇——"天照大神"。祭祀天照大神的主社,是最为古老而崇高的三重县伊势神宫。无论是从神社的神祇地位还是建筑地位来评判,出云大社都是紧随其后的日本第二。出云大社每60年进行一次迁宫,最近一次迁宫(视作修缮)花去时间11年,只有60年前的职人掌握了制作超大型传统桧皮屋顶的技术(每一片长120厘米),花费大量人力。笔者在实地看到屋顶实物模型是类似于叠涩的层层密布法,每一层向上错开0.5厘米。制作新的屋顶时,先由60年前制作屋顶的职人对这次新建的职人进行技术传授,再实际制作,金漆工艺难度次之。在出云大社最近一次迁宫的11年间,举行大型仪式16次,包括奉祝祭、奉币祭、本殿迁座祭(参进/迁御)、大殿祭、本殿清祓式、假殿座祭等。2008年开始的出云大迁宫,首先进行了仪式,请所奉的本殿的大屋顶修缮完后,2013年进行仪式把大国主大神请回本殿。出云大社的注连绳寓意将全国众神与大国主大神相连,现在也被日本人当成结婚仪式最佳场所。作为自然神崇拜之国,崇拜新生,日本国民总是要把神的住所维持在一个新的状态,并认为他们的神也因此永远年轻。无论是"造替"还是"迁宫"均反映了日本独特的宗教心理和时间观念。

的阻断。① 也就是说,不论自然无情的侵害何时造访,建筑总是抢先一寸寸地自我毁灭,又定时一分分地原样重新塑造,这意味着以一种非线性时间观的呈现,建构了向往保持新生状态的延续传统,跳出了西方遗产保护关于建筑遗产历史真实性的框框,巧妙地凌驾于时间的束缚。这种制度可以解决的是那种存在于历史时间和自然时间中的终极"疾病":人们一方面向往特别古老的神圣权威和神圣建筑,同时又希望这些神圣的东西永远崭新(图 2.17—图 2.20)。

图 2.17 每年六月在伊势神宫外的吉田(Miryoden)举行的"移栽"仪式 来源:Günter Nitschke

图 2.18 日本众多神道仪式路径(山体—仓房—宫殿)的比较,最末为伊势神宫
来源:Günter Nitschke

① 现代西方宗教学及人类学研究的基本理论,或是将注意力集中在原始宗教现象的独特结构上,或是通过仪式的收集考察表达出人类的历史。1757 年,德·布罗塞(Charles De Brosses)在其著作《论神物崇拜仪式,或者古埃及宗教和现代尼日利亚的宗教之比较》主张"人类的理智是从低级向高级发展的"。宗教的最早形式是粗糙的,也即是说,它仅仅是一种"拜物教"(fetishism),是处于"朦胧"状态的动物崇拜、植物崇拜以及其他的对无生命东西的崇拜现象。19 世纪末,曼哈特(W. Mannhardt)在《森林和田野的迷信》表明仍然存在于宗教仪式和农民信仰中的"低级神话"(lower mythology)的重要性,这是一种比"自然主义神话"还要早的宗教阶段。詹姆斯·乔治·弗雷泽(James George Frazer)在《金枝》中继承了这种思想,将人类的智力发展划分为三个阶段:巫术(亦称前万物有灵阶段)、宗教、科学。认为巫术阶段在形式上与科学阶段相近,与宗教阶段不同。巫术与宗教都在追求自然规律(虽然方式不同),但宗教寄希望于神的干预。穆勒(Friedrich Max Müller)在《原始文化》提出泛灵论的思想,即原始人类相信万事万物被赋予了灵魂。对应于这一思想的批判来自安德鲁·朗格(Andrew Lang),在《宗教的形式》一书中他指出,在古代文化水平上的对众神("All Fathers")的信仰,并不能从对灵魂的信仰上来解释。冈特·尼契克(Günter Nitschke)的建筑人类学著作《从神道到安藤:有关日本的建筑人类学研究》(From Shinto to Ando: Studies in Architectural Anthropology in Japan)中的考察侧重于理解仪式的意义,正如他所提出的:"我试图提供的,乃是一种关于神道礼仪和神道建筑中构筑物和仪式行为复制性的意义的初级理论。"而在他对于"式年迁宫"相关仪式的考察中,首先出现了涉及仪式本质意义的探讨。"式年迁宫"为每 20 年在伊势神宫举行一次的仪式,始于 5 月某天,这项仪式结束的日期要等到 8 年后 10 月举行的"迁宫"礼仪。考察完式年迁宫的"移栽"仪式后,尼契克对这种保持萌初状态的原始宗教仪式如此评论道:"很难说,到底是哪个细节更加引人入胜:是简单古朴的建筑和圣域的标记? 还是仪式行为的清晰性? 二者都回荡着来自遥远过去、在永久性的神社建筑被建造之前的自然神道。"参见 Günter Nitschke. From Shinto to Ando: Studies in Architectural Anthropology in Japan[M]. London: Academy Editions · Ernst & Sohn, 1993.潘玥.神性的栖居——《从神道到安藤:有关日本的建筑人类学研究》读书笔记[M].建筑师.2017(2):103—108.

图 2.19　日本出云大社神乐殿中　　图 2.20　出云大社大迁宫之本殿迁座祭　来源:《出云大社由绪
粗壮的注连绳　来源:自摄　　　　略记》

　　造替制度本身意味着一种活泛的"造替式"保护思路的推行,当然并非是说要在
风土建筑遗产保护中实行神社的造替制度,而是基于严格的"民家编年法"科学研究
方式,对幅员辽阔的风土建筑进行科学研究和高度精简、浓缩,形成简括实用的建筑
"谱系""样式"知识,再进一步形成操作性的设计模型用于保护实践。比如 20 世纪
70 年代在京都曾对民家建筑进行"样式保护"的探索——其实质即在对相近时段、相
近地域的风土建筑形成"谱系""样式"模型系统,方便设计师择取,即可进行木造建筑
的无穷"自殖"。日本这种活泛的西方理念活用能力、严密的研究范式、蔚为大观的存续
研究体系,向关心风土建筑存续问题的同仁提出了问题:我们该如何延续历史? 我们仅
仅延续的是一种建筑实体而已,还是将延续与建筑载体所紧密相关的全部建筑历史和
设计知识,以及基于这些基础之上的那一种绵延不断的文化自信与民族创造力?
　　带着这样的疑问,当去比较日本的风土建筑及其环境存续的实例,譬如本书在
后文还将着重考察的日本长野县南木曾町妻笼宿、日本奈良县橿原市今井町时,笔
者还需提请读者注意以下差异:
　　日本对于风土建筑这一类型的存续实践上与对社寺级的(神社、寺院)这类"文
物"类保护实践的操作逻辑一致,也即对真实性有独特的认识。这些风土建筑在修
复中往往去除近期的新建之物,着力修复已经不存在的历史场景,着力复原历史环
境与传统聚落,并在怀旧的氛围中恢复传统节庆仪式和生活场景,获得有形之建筑
与无形之灵韵的同步"再生"。
　　此外,这些案例在放大镜之下又会呈现出明显不同。譬如何以长野县深山中的
妻笼宿保护的顺利程度要大大高于奈良县的今井町? 究竟是风土聚落的地域偏远

程度,还是聚落本身的规模,抑或是这一处地域的"此地人"在暗中规制着保护进程的顺利与否?今井町的保护进程长达40年,相较于妻笼宿,显得更为反复、谨慎地制定保护策略与各方利益相关者的持留、迟疑有关。这个问题最终将指向遗产中那些"此地人",这也意味着重建地方住民对于本地的文化自信心绝非短期内可以完成。

**博物馆概念与"异地迁建"保护**

日本在风土建筑的存续上较早受到西方"舶来"保护观念的影响,如萧依所说的,"它(日本)对西方时间观念的吸取表现在对于世界历史的认识,对于博物馆概念的接受,以及对作为过去见证物的纪念性建筑的保护上"。西方的露天博物馆是日本最早择取的风土建筑存续方式,即在日本各地收集民家建筑作为"标本",经过拆解、运送、搭建,在露天博物馆集中陈列并对公众开放。这种特殊的博物馆陈列方式被作为早期保护、研究、展示风土建筑的重要手段,也是风土建筑存续不可或缺的起步。

露天博物馆的雏形来自20世纪30年代的西方民俗博物馆运动。第二次世界大战之前,西方兴起斯堪的纳维亚的民俗博物馆运动(Folk Museum Movement),这种博物馆理念的兴起是源于注意到公众对民族学的兴趣。博物馆主要关注濒临消亡的文化类型,譬如"凯斯特"文化和其他一些英国的边缘文化,倡导一种包容种族差异的价值观和文化观。这类民俗博物馆有1938年建立的曼克斯民俗博物馆(Manx Folk Museum at Cregneash,位于爱尔兰海的马恩岛),1948年在英国威尔士开放的圣费根博物馆(St Fagan's Museum),1958年在北爱尔兰开放的唐郡博物馆(Down County Museum)。自然而然地,民俗博物馆运动也影响了作为承载民俗活动的载体——风土建筑的价值认知。

20世纪60年代起,英国的露天博物馆(open-air museums)陆续建成。1967年在伍斯特郡开放了阿冯克罗夫特博物馆(Avoncroft Museum)、1970年在苏塞克斯开放了威尔德和唐兰德露天博物馆(Weald and Downland Open Air Museum)、1972年在杜伦附近开放了比米什博物馆(Beamish Museum)、1976年在白金汉郡开放了奇尔特恩博物馆(Chiltern Museum)等。比如在苏塞克斯的威尔德和唐兰德露天博物馆中的展品——风土建筑实例"月桂叶农舍",是一座15世纪早期建于肯特郡奇德林思通(Chiddingstone,Kent)的"威尔德式住宅",这一展品是英格兰东南部在15世纪晚期乡村的典型农舍,根据现存证据复原后收入博物馆作为展品。

日本的"对于博物馆概念的接受"也与西方同步调地从经典的历史性纪念物扩展到了风土建筑。1957年,大阪府丰中市的日本民家聚落博物馆开馆,从各地迁建的风土建筑都被集中在博物馆中,这是日本吸收西方露天博物馆概念的一次发端,早于英国伍斯特郡的阿冯克罗夫特博物馆。1967年,川崎市的日本民家园与金泽市的江户村对公众开放。随着早期采用"异地迁建"保护方式的民家聚落博物馆建成，20 世纪 70 年代在日本白川乡实现的合掌造"原址保存"是这一最初存续模式的升级。民家研究通过博物馆的展示为公众熟悉之后，也为日本兴起全国性风土建筑研究热做了准备，全国性的民家研究热又为下一轮注重地域特色的造町浪潮奠定了基础。这些价值认知的转变历程以及反映在存续模式上的变化，意味着一种深刻的转变：风土建筑的调查不再仅仅被看成历史对象，换句话说，风土建筑从作为历史文献实存资料具有研究价值逐渐过渡为新的遗产类型，关联的价值认知和保护实践变化随之而来。

在 1897 年，日本颁布了第一部保护法《古社寺保存法》，保护对象为神社和佛寺。1929 年这部法律改名为《国宝保存法》，1949 年法隆寺金堂遭遇火灾，以此为契机，1950 年汇合相关法律，制定《文化财保护法》，1966 年颁布《古都保存法》，在 1975 年《文化财保护法》中增添"传统的建造物群保存地区"选定制度，并将保护范围增添到建筑物之外所有地面的构筑物以及相关的传统技术，即建筑物所在地区及其上所有构筑物被指定为文化遗产（包括树木、花园、沟渠和池塘等），以强调它们所创造的历史景观的整体性。1975 年的这一"传统的建造物群保存地区"在各个地方政府定义这一区域之外，特别重要的地区以地方推选的方式入选"国之重要传统的建造物群保存地区"，获得国家补助进行保护。

回顾日本以经典社寺保护为主的语境中，国家层面保护领域的发展大致经历了几个不同时期，可分为五个阶段：

第一阶段（1868—1926 年）日本颁布了第一部文化遗产保护法《古社寺保存法》（1897 年）；

第二阶段（1926—1945 年）日本加强对国宝的保护，防止流失海外，原保护制度中增修《国宝保存法》；

第三阶段（1945—1966 年）日本颁布更完善的文化遗产相关保护法《文化财保护法》；

第四阶段（1966—1975 年）日本将古都保护纳入历史景观的保存中形成《古都保存法》；

第五阶段（1975—现在）日本将传统的建造物群保存地区加入文化遗产的保护对象中，在《文化财保护法》中增添"传统的建造物群保存地区"选定制度。①

综合起来看，涉及风土建筑价值认知和保护进展突破性发展的是第四阶段和第

---

① Satoshi Asano. The Conservation of Historical Environments in Japan[J]. Built Environment 1978,25(3)：236 - 243.

五阶段。日本自 1868 年明治维新以来,文化遗产认定对象中建筑的范围指的是社寺(神社、佛寺),宫殿这些类型,直到 1975 年之前,从未对民间建造的"民家"(Minka)在法律层面给予成片保护的资格。在第二次世界大战前,作为重要文化遗产被指定进行保护的"民家"建筑单体仅为两栋民居,即大阪府羽曳野市的吉村家住宅和京都府的小川家。① 风土建筑单体的保护数量屈指可数,更遑论风土聚落这样由点及面的大范围保护了。

随着战后日本经济的飞速发展,对风土建筑的破坏加剧,日本社会集体性的文化危机感爆发,其重要的显现方式之一就是此时兴起的风土建筑研究,即对民家这一建筑类型价值的认知被大力发展。今井町的今西家在 1957 年被指定为重要文化遗产,1963 年之后,日本各地的民家被纷纷指定为重要文化遗产,对于日本文化遗产的概念形成了一次重要的扩充。1966—1977 年,日本文化厅进行了为期 11 年的全国性民居情况调查。1981 年,日本批准 297 处民居,共 534 栋风土建筑单体为文物。进一步的,1970 年,经地方住民运动发展形成重要的民间保护组织"全国历史风土保存联盟"(全国歴史の風土保存連盟),进一步促进地方自治体颁布建筑保护条例,这些例子中包括长野县的妻笼宿,岐阜县高山市,以及山口县荻市,等等。

以妻笼宿的保护为例,妻笼宿并无观光资源,当地住民于 1971 年制定《住民宪章》提出"三不"即"不租、不售、不拆"的保护原则,1973 年地方自治体建立《妻笼宿保存条例》,地方自治体立法推动了宏观层面的立法,1975 年日本文化厅对于古老聚落与街区的保护立法进入新一轮的修改,于同年 7 月,修正颁布《文化财保护法》,追加了新的保护对象——"传统的建造物群保存地区",将其纳入文化遗产保护对象名录,提供国家补助金②,2018 年,日本共计有 117 处"国之重要传统的建造物群保存地区"。南木曽町曾将 1973 年制定的《妻笼宿保存条例》于 1976 年 4 月进行了一次修改,同年 6 月确定新的保存计划,妻笼宿的保存面积扩大到 1 245 公顷,至今(截至 2018 年)还是日本 117 处"国之重要传统的建造物群保存地区"中面积最大的一处保护区。

经典的社寺保护语境中,已经开始逐渐涉及风土建筑保护的构想。在第四阶段的进展中,《古都保存法》制定于 1966 年,这部法律制定时期的保护活动以京都、奈良、镰仓这些代表日本的历史性城市为主,镰仓的鹤之冈八幡宫里山的住宅开发,奈良的若草山开发受到当地市民的激烈反对,自发的保护意识渐渐开始影响风土保护

---

① 大阪府羽曳野市的吉村住宅在 1937 年被认定为文物被保存,京都府的小川家住宅的文物认定年份则是 1944 年。

② 岩井正.伝統的建造物群保存地区におけるまちづくりのサスティナビリティに関する研究——橿原市今井町・近江八幡市八幡を事例として一[J].都市経済政策,2009(3).

的总体进程。镰仓市民发起的保护运动十分热烈，提出只有在相关建筑、规划、保护法建立之后，对历史城市的开发才有章可循。在社会性推动下，1966 年 1 月，经过日本自民、社会、民社三党的共同法案上交国会，颁布《古都保存法》①。在这部法律中，"历史风土"（歴史の風土）被认为是"日本历史上具有意义的建筑群、遗迹等与周围自然环境为一体，展现出古都传统文化的一种土地状态"，随之形成了新的保护区制度。《古都保存法》对开放设立许可制度，对于不许可开发的土地建立行政买入制度，形成了历史环境保存的行政保障。可以说这部法律的构想之初，包含对历史环境中除却社寺单体之外广大风土聚落环境的作用的承认，但并未形成颠覆意义的结构性作用。适用这套法律的城市除了京都、奈良、镰仓之外，还囊括了天理市、橿原市、樱井市，以及斑鸠町、明日香村这些并非城市概念下的乡村型风土聚落。换言之，这部法律对于历史环境保护的认定范围，已经是突破行政区划分野的城乡风土聚落总体。但与日本现行的保护性法规比较而言，《古都保存法》的保护范围仅选定了若干座城市和乡村聚落，认定范围依然是较为狭窄的。比如并未列入金泽市、出云市这些非常具有历史文化价值的历史性城市，也就是说这部法律因为范围所限，不适用于成片的风土建筑。

换言之，正如这部被俗称为《古都保存法》的法律名称所提示出来的问题，其保存对象限于"古都"，尚未将广阔的风土聚落作为文化遗产的一部分，并将其建筑本体之外的自然环境、历史景观一起作为整体进行保存，即使是已经列入保护对象的京都、奈良、镰仓这些古都，对在域内经典社寺建筑之外更为浩大的风土建筑群的保护则无专门讨论和涉及。

第五阶段的进展完全突破了经典社寺保护语境，1975 年因此成为一个具有标志意义的年份，日本 1950 年形成的《文化财保护法》在这一年将"传统的建造物群保存地区"纳入文物级别的保护制度中，也就意味着不仅仅是历史性文化城镇，而是更广义的涵盖城乡的风土建筑的保护在日本国家层面获得支持。但是对这一保护对象的干预限于立面修复、防火、抗震措施的加强，并未以历史建成环境整体区域为保护对象进行全面的规划管控②。综合来看，这也显示了在日本的保护问题上国家层面的法律进展很大程度上关联于（换句话说，滞后于）学者和地方住民的社会性力量推动。

此外，整个 20 世纪 50 年代是日本民居研究的摇篮时期，当时在日本兴起的对于"民家"的调查，主要是以东京大学的太田博太郎先生为中心，以现场调查为基础的风土建筑研究。太田博太郎对于日本青年史学家的引领作用毋庸置疑，作为天才型

---

① "古都における歴史的風土の保存に関する特別措置法"一般被称为"古都保存法"。
② 西山夘三.歴史的町並み事典［M］.東京：柏書房株式会社，1981.

的人物,他的《建筑史序说》花了全书一半的篇幅几乎穷尽日本所有的建筑史文献,并进行清晰分类和简括解读,对日本文化的"野心"和日本建筑史传承的苦心孤诣可见一斑,这本书完成之时,太田博太郎才三十岁出头而已。作为至为重要的日本风土建筑保护的开创性实例——妻笼宿的保护正是由太田博太郎倾力主导,保护过程前后绵延15年时间,太田博太郎竖立的保护原则贯彻保护进程的始终,以妻笼宿作为有力证明,太田博太郎成功推行了科学民居研究法。这种强烈的竖立日本文化地位与科学研究范式的动机平行于写作《日本建筑史序说》的那位"少年"最初的想法。[①]

20世纪50年代起,太田博太郎与大河直躬、工藤圭章、泽村仁、铃木嘉吉,以及伊藤郑尔共同进行了日本全国性的民居调查。在战前,日本对于民居年代的判定多是依靠研究者个人化的直觉,太田博太郎研究室力图改进以往凭靠经验的研究方法,着力建立客观、合理、可普及的科学研究方法,确定民居研究的学术体系。在太田博太郎的建议下,在法隆寺使用的复原方法被迁移运用到民居的复原上,这是日本对于风土建筑的修复缘何会采用接近于文物保护标准的最初动力,也正是由太田博太郎所建立和倡导的民居研究方式所奠定。首个实践例子即大阪府羽曳野市的吉村住宅,这栋建筑在1937年被认定为文物被保存,在1951年进行了几乎等同于文物修复标准的解体修理。

民居研究在攻克解体修复的技术难题之外,主要的问题是在于缺少资料,影响复原的可靠度。对于复原而言,如果不能确立复原对象的历史坐标,就无法进行"科学"的复原。同时民居复原的方法,与使用史料的社寺研究不同,民居几乎无法完全依靠史料进行复原。社寺的建造年代由于有充足的资料记载,对于复原来说就容易找到充足的依据,而对于民居这种源于民间大量性的风土建筑来说,后者的初建年代等资料因为少有文字和图像记载,非常难确定。关于这一类复原办法的研究,太田博太郎等人曾通过对今井町的民居调查逐渐积累了一套研究范式。1956年11月与1957年5月,东京大学对今井町进行了两次调查,并在这段时间确定了"民家编年法",合并原来的复原方法,建立了一种新的综合民居史研究的方法:**迁移考古学中的土器编年,即比较制作、材料、样式,以及出土地层为基准进行推定新旧的工作,民家的编年法将历史、地域相近的建筑看作一种"地层"进行判定研究,以此获得复原的依据**[②]。

1969年日本杂志《建筑与社会》50卷发表特辑"民居谱系与保存计划",包括太

---

① 潘玥.《日本建筑史序说》评述[M].时代建筑,2017,4(156):148-149.
② 以今西家所在的今井町而言,区域内部有同时期的700栋民居,在许多民家的门槛上发现止冲槛,如门槛长度是二间,门槛则有四条槛,其中一条占两间的长度,其余三条槛则分别是两间长度的3/4、1/2、1/4,这三条槛被称为止冲槛,这种做法在今西家也被发现。这样的建筑局部构造做法出现区域性的重复的时候,可作为一种重要的线索来进行复原的推定。参见关野克、太田博太郎,等.今井町民家の编年[M]//日本建筑学会论文报告集第60号(昭和33年10月).东京:日本建筑学会,1958.

田博太郎、伊藤延男、足达富士夫、浅野清等活跃的学者撰写了文章。太田博太郎提出保护风土聚落(集落保存)的必要性,保护应当由"点"及"面"逐渐覆盖整个风土聚落全域。太田博太郎以长野县南木曾町的妻笼宿为例,将其作为风土建筑保护的一个范例,由此引出了"町并"①保存,范围实则涵盖历史性环境的一般形态,适用于全体风土建筑保护方法的实施概要:

(1)建筑复原、修缮＝对于风土聚落中的重要建筑物应当执行与日本文物保护相同标准的方式进行解体复原和修缮;其他建筑物按照保证"外观"的原则(范围为建筑物全部正立面以及建筑进深至1间为止)进行复原和修缮。

(2)建筑外观的型制＝新建、改建时,必须遵守当地传统建造对材料、意匠等方面的型制规定。

(3)景观复原与维护＝建筑物以外的公共空间须被看作景观,区别于建筑物进行复原与维护。

(4)作为支撑风土建筑保存的城市规划须为游客设置停车场,建立交通规划体系,解决长期居住的居民的私家车问题等。②

太田博太郎在此中再次明确提出需对民家复原执行等同于"文物修复"的标准,并且需对风土建筑以及文化景观进行整体性保护。

同期杂志上,作为奈良女子大学与奈良文化财研究所调查今井町的指导者,足达富士夫发表了关于今井町保护模式的文章《历史街区的保护——以奈良县今井町为例》,提出了"单体建筑即使没有历史个性,但是作为构成环境整体的一部分,也具有价值",并归纳了今井町这一类风土建筑聚落的保存方式:

(1)历史街区立面保护即进行地景分析,建筑类型的综合,提取抽象化的标准立面。在改建时采用类型的方式进行设计。

(2)保留旧街道的建筑肌理和布局方式。

(3)复原今井町的文化景观——城壕。③

在太田博太郎的文章基础上,足达富士夫的观点对于风土建筑延续的方法论来说非常重要,即风土建筑在修复之外,木构建筑的翻新工作无可避免,但必须基于科

---

① 日本对于风土建筑的保护并没有按照行政区划有城乡之别,基本上都是以"历史性环境"的"町并"(町並)来覆盖日本市、町、村这样的既存在于城市,也存在于乡村的特征性风土建筑及聚落环境,并以此作为重要的保护对象。"町并"这个和文汉译词首先指的是日本风土民居的一种具体形式,即日本具有代表性的风土民居"町家"原型不断重复和衍化所构成的大大小小的城、镇、乡间的街道立面和建筑肌理,以及由这些街道和建筑纵横交错形成的整体的风土聚落环境。换言之,"町并"是对日本传统民居"町家"所构成的连续的街道景观和建筑肌理的一种统称以及外延,本书直接沿用"町并"这一说法指代的是日本成片的风土建成遗产地区,也有研究者将其翻译为"街屋"。
② 渡辺定夫.今井の町並み(大型本)[M].京都:同朋舍,1994.
③ 足達富士夫.地域景観の計画に関する研究[D].京都:京都大学,1970.

学的民家谱系研究基础上,再生式的设计中需延续聚落建筑肌理,保持尺度同一。此外,足达富士夫还提出关于风土建筑的功能活用问题,认为今井町被认定为日本国家级文化财的今西家住宅作为民家博物馆的活用模式值得借鉴。

从露天博物馆概念的第一次扩展,再到太田博太郎和足达富士夫的哲思洞见,按照风土建筑延续上的层级来看,可以按照推进的深度和广度分为以下几种类型:

类型一:异地标本式保存;

类型二:原址标本式保存;

类型三:标本保存+地景特征、聚落肌理、尺度体系保护;

类型四:类型三+建筑翻新(再生);

类型五:类型四+生活形态活化(场景再现);

类型六:类型五+聚落社会组织结构作用。

与该分类方式进行对照,太田博太郎的保护模式是将类型二的文物修复标准作为一种风土建筑保护的基础进行类型三的探索,足达富士夫进一步提倡的保护模式属于类型四这一更为深入的延续方式,即包含尺度体系保护的建筑翻新(再生)的保护模式。

**从"地域文化遗产"到"保存修景计划"**

1965年,日本迎来一轮高度经济发展的时期。从对人类环境产生的影响来看,凡论及"开放"的时代必然意味着同时是"历史环境被破坏"的时代,对于日本社会来说亦然。在面对一个经济飞速发展的时代,敲响了与历史如何"清算"的警钟,各地的历史环境与景观一一被破坏,此时日本全国兴起对"历史街区"这一概念的讨论,指向日本古代城市、乡村的历史街道、建筑风貌和聚落肌理[1]。1966年,足达富士夫提出"地域文化遗产"概念,同时包含对日本近代建筑的价值的评定[2]。

历史聚落保护和城市开发进程的对立之下,日本对本国现代化进程的集体性批判中,以西川幸治的观点较具有代表性。日本作为亚洲西化程度较高的国家,自现

---

[1] 在1955年起至1967年,日本针对文化遗产及其所处环境保护的新理念产生,在建筑和扩展到规划的领域里探讨,形成了新的认知方式和理论。1963年.日本建筑学会及其建筑史部与城市规划部以"开发与文化遗产保护"为题组织探讨,实际上即就日本社会面临的"保护"与"开放"的对立难题进行协调。在1964年,日本建筑学会的杂志《建筑杂志》编纂题为"保护与开发"的特辑(Vol.79,No.935),注重在"文化遗产"的视野下,以保护作为焦点进行探讨,文化遗产的概念开始扩展,保护与开发与城市规划的关联性被肯定。1963年12月日本杂志《建筑文化》刊登特辑"日本的城市空间",以城市规划和建筑设计的角度分析日本各地的社寺、参道、城下町等日本传统空间,吸引了很多建筑师的注意。明治维新以来,日本的大学建筑教育基本以移植欧美的现代建筑理念为主,特辑的刊登对于日本的建筑教育而言,具有别样的意义。

[2] 1964年,联合国教科文组织UNESCO关于"景观和场所"(landscape and sites)的相关视角进入日本,提倡景观和场所作为人类不可缺少的,是对于人类健康、道德、精神均有很大影响的一种整体性的关联,应被视作给予人们美好文化生活的必要之物。参见足達富士夫.历史的街区的保存-奈良县今井町的场合[J].建筑と社会.1969(10):53-54.

代主义建筑的旗手柯布西耶在《走向新建筑》中的观点被浓缩为一句口号："住宅是居住的机器。"①住宅作为一种同质化的工业产品四处泛滥,日本国民渐生"故乡失落感"。西川幸治提出"保存修景计划",并在 1973 年成书。他提倡以传统街区作为文物保护单位,将原来的环境印象保存传给后世,例如日本爱知县五箇山的传统民居"合掌造"的保存。所谓的"保存修景计划"是提倡在文化遗产概念扩充的同时,在保存方式上选择冻结式的原址保存,并在此基础上加以利用。②

西川幸治认为,对立于近代的都市建设,日本历史上的城乡是基于自立的思想形成的,因此对于文化保护日本人应当有自己的理解方式。与罗马处处皆古迹的状态相比,日本的京都,奈良都还不算是古迹丰富的地方,很多处于市郊之地,或者乡间田园里,或被埋没的野外。中世纪以来日本形成了一些港湾商业都市,但是这类城下町遗构也不多。地下埋藏的遗迹亦处于被破坏的危机之中。另外,文化遗产与历史景观之间的紧张关系因为技术的变化加重。材料上,传统木造建造体系变为钢结构、钢筋混凝土结构的硬质构造体系。以京都为例,20 世纪 60 年代起各地区进行了局部的再开发。70 年代则因为地铁建设事业进行了再度的全面性开发。使得京都现在的建造已经与原本的木构文化体系在"质"与"量"上完全不同。在种种批判之后③,作为 20 世纪 30 年代出生的人,西川幸治对目睹风土建筑及其聚落的巨变深感痛心,他就"文化遗产与历史环境"命题提出,现代社会以"开发优先"的名义,使得人们所处的文化环境变得均一单调,而在过去,每一个地方城市均有不同的面貌,现在这些地方却会使得到访的人失望,很多地方同质化严重,就像一座座蔓延日本各地的小型"东京",失去地方特性和辨识度。东京这座城市本身所产生的生活环境的恶化也因之传递到各个地方,地方城市逐渐失去独有的传统,面临文化崩坏的危机。这种恶果也即奉行所谓的开发优先,轻视保护生活环境,欠缺对于历史和文化的深度认识,是完全忽视地方的独立性而进行都市开发造成的后果。西川幸治最终将现代城市进程中将工业化等同于都市化,所谓 Industrialization = Urbanization(工业化＝都市化)的鲁莽等式归结于是造成日本国民产生"故乡失落感"的重要外因。

此外,还有一个更为棘手的内因"似曾相识",就是日本地方社群由于社会剧烈变动带来的原有组织结构的彻底崩坏。明治初期实行日本的"壬申户籍制度"以及

---

① Le Corbusier. Toward an Architecture[M]. Los Angeles: Getty Research Institute, 2007. 在《走向新建筑》中,柯布西耶曾经提出:"我们应当被怜悯,因为我们住在毫无尊严的住宅中,损害着我们的健康和精神面貌。"书中,柯布西耶提供了一系列可操作性的解决方法,但是其深刻的批判最后被简化为一句著名的口号"住宅是居住的机器。"
② 西川幸治.都市の思想:保存修景への指標[M].東京:日本放送出版協会,1973.
③ 西川幸治还批评了帝国饭店的拆除等现象,认为这些文化遗产的流失事件不仅事关管理者的责任,任何一位本国游客作为文化遗产的共有者都应该有保护遗产的国民自觉。

昭和时期的"町村合并"造成村落共同体解体,也造成了地方史、古文书档案去向不明。8 世纪起的日本,在律令时代就模仿唐制户籍,从 11 世纪起,一直奉行所谓"阙户籍时代",中央集权逐渐衰弱,私有制庄园兴起。这种稳固的社会结构方式由于 1872 年明治的户籍制度改革完全破坏,新的"壬申户籍制度"以户为单位,以血缘关系者为基本成员,也包含非血缘关系成员的身份登记制度,依此建构一种均质化的国民社会。这一户籍制度被众多日本学者诟病瓦解了保护的社会性基础,错误地区分了身份,对于遗产保护的不利影响至大。同时,大量的年轻人无法抵御都市光怪陆离的诱惑与就业机会,纷纷涌入城市,乡村"过疏化"越来越严重,乡村滞留的人口基本以老年人为主。更为惊心的是,日本各地以自称拥有"银座"区为荣,对自身独有的传统已经毫无信心,无感于文化遗产的珍贵性,急于照搬固有的城市空间模式大步进入摩登时代。

鉴于这些惊心触目的现状,西川幸治提出,文化遗产的保护必须在学者的努力之外,争取地方住民参与的基础之上进行构建,同时需要行政力量的介入。实际上他的真知灼见确实在妻笼宿的保护和冈山县仓敷市①的保护上得以体现。

西川幸治提出的"保存修景计划"究竟是否带来成效?答案可判定为肯定,至少在 1972 年,京都制定《市街地景观条例》,这是一个从京都着手的计划,但实际上更是一个带有全国视野的计划,即构想保存全国范围内具有个性的都市美,地方城镇特色,进行"特别保全修景事业"。各类地方自治体制定的风土建筑保护法规出台,制定时间甚至早于京都的地方条例。

1965 年左右,日本全国兴起一轮汹涌的保护历史性环境的运动,侧重点在于保护町并,日本地方自治体的住民和学者成为主导性力量,各地纷纷制定保护风土聚落的地方性法规②。其中包括金泽市、仓敷市、荻市这类城市型风土聚落,其顺利保护均为这轮运动的成果之一③。

其中,金泽市的保护条例指出"该条例为了防止随着城市保护开发带来的对本市

---

① 倉敷(kurashiki):日本中国地区,冈山县内小城市,靠山面海。17、18 世纪为物资集散地,商业中心。在 19 世纪纺织业兴起。

② 1970 年前后,具有某种象征意义的大事件就是教科文组织日本国内委员会与日本文化厅在联合国教科文组织的协助下,开展了"京都·奈良都市计划中历史性地区的保存与开发论坛"(1970 年 9 月 7—13 日),论坛对京都与奈良两个城市在高度经济成长期进行了无计划性的建设项目予以批评,强调新的一般性原则"对于文化遗产的保护,不仅限于登录或未登录的建筑或遗迹单体,也必须包括其共同的周边区域"。1970 年日本《建筑杂志》10 月号主题为"景观保存",反映了对于历史性环境的高度关注,日本文化厅采用"景观保存"概念,对于日本当时的文化遗产概念进行补充,提出"建造物为核心及其周边环境地域保存"决定进行"修景策略制定",5 年后,对应这一保护对象的"传统的建造物群保存地区"制度得以实施。

③ 1968 年石川县金泽市制定了《传统环境保存条例》,保护加贺藩武士居住地(武家屋)和城下町,岐阜县高山市制定《市街地景观保存条例》,冈山县仓敷市则制定了《传统美观保存条例》。

固有传统环境的破坏，同时将传统环境和近代城市的关系进行调和，形成新的传统环境，使得市民可以继承"，并建立补助金制度。仓敷市的保护条例则指出"保存本市固有的、历史形成的传统美观性，为了传承，制定必要的措施。出于发扬对于乡土之爱，发展本国文化，发展观光等目的"，因而建立"传统美观保存指定地区"，分为"美观地区"以及"特别美观地区"，在保存风土民居之外，还保护诸如桥梁、河岸、以及树木等地景要素，对于变更土地形质等行为进行管理（图2.21，图2.22）。1968年，长野县南木曾町妻笼宿的住民运动团体"爱妻笼会"建立，次年，妻笼宿附近的"奈良井宿保存会"结成，岐阜县白川乡合掌造村落的"白川乡合掌家屋保存组合"成立，村内建立补助金制度用于合掌造家屋的茅葺屋顶的定期更换。1971年，今井町成立了"今井町保存会"，在这一时期，日本地方造町热情继续高涨，各地成立的地方居民组织有"高山上三之町町并保存会""会津复古会""中之岛守护会""荻町部落自然环境守护会"等。[①]

图2.21　在1978年被选为日本国家重要文化财的仓敷"特别美观地区"最古老的民居大桥家住宅修复后（对外开放参观）　来源：自摄

图2.22　日本冈山县仓敷"特别美观地区"的舒适氛围来源：自摄

### "传统的建造物群保存地区"制度与"样式保护"

　　1972年，日本保护风土建筑及其环境的国家层面的决策构想团体"集落町并保存对策协议会"建立。就在1973年，高山市、仓敷市、荻市被选为风土聚落类型范式

①　此外，值得注意的是自1965年开始，与对风土聚落保护态度共通的也是日本同期对于近代建筑（主要是明治、大正时代）西方舶来"洋风"建筑的价值认知。对这两类建筑的保护都是在日本经济高度成长期里一起涌现的对于保护历史性环境的同根性诉求。基本上是在1955年兴起，几乎与民家研究兴起同期，也是在1970年，日本的《建筑杂志》刊载《全国明治洋风建筑列表》（1月号）。1972年，建于明治四十三年（1910年）的东京都旧近卫师团司令部被作为日本重要文化遗产进行保护，建筑内部的钢筋混凝土结构被修复和加固，翻新后作为东京国立近代美术馆工艺馆使用。建于明治三十二年（1899年）的京都中京邮电局在1974年进行了一轮保护更新，按照日本建筑学会提出的保护外墙，内部使用新结构进行了保护。仓敷市的常春藤广场保留了明治时期浦边镇太郎建造的砖砌工厂，1974年作为酒店开放，意料之外地受到年轻人的追捧。

意义的案例进行国家层面的调查。1975年,日本的《文化财保护法》引入了新的制度①。

对于重视法制管控的日本社会来说,若要保护风土建筑区域,需要在建筑基准法的限制内容上对设计进行严格的管控,但为了延续传统的木造建筑,对样式进行了严苛规定的建筑基准法本身也需要进行松动。对风土建筑保护的各利益相关者取得的某种共识实际上是,在选定一座"传统的建造物群保存地区"时,不仅要建立建筑基准法的缓和性条例,以及提供优化的补助金制度,最为重要的要能够详细地对所谓的建筑翻新再生——"修景"(修补地景)设计进行指导,这样才能使这类保护常态化,这在京都的"样式保护"模式中得到了很好的证明,同时也在今井町1993年的建筑基准法的缓和性条例中得以体现。

在日本《文化财保护法》中对"传统的建造物群""传统的建造物群保存地区""重要传统的建造物群保存地区"的若干定义可以一瞥日本对于风土建筑价值的认知方式②:

(1)传统的建造物群:与周围的环境一起构成历史氛围、具有极高价值的传统的建筑群。(第二条1项5号)

(2)传统的建造物群保存地区:为了保护传统建筑群以及与这一建筑群共同形成的环境,由市、町、村根据城市规划以及现行法律选定的地区。(第83之2条)

(3)重要传统的建造物群保存地区:基于市、町、村的申请,由文部大臣选定的"传统的建造物群保存地区"中全域或者部分具有特别高价值的地区。(第83之4条1项)

其中,重要传统的建造物群保存地区的选定基准(1975年11月20日,日本文部省告示第157号)为:

(1)作为传统建造物群整体具有优秀的设计意匠;

(2)传统建造物群的组织结构保留旧态;

---

① 日本国家文化遗产级别的"传统的建造物群保存地区"允许由地方各自治体主导保护,独立制定地方性保护条例,以尊重该地域住民的保护意向。在各地方认定的"传统的建造物群保存地区"中设立"国之重要传统的建造物群保存地区",如果入选,其保护级别等同于国家级的文化遗产,选定之后可以得到国家的保护补助金,但仍然由当地的市町村管理。1976年,角馆町、京都市、白川村、荻市、日南市纷纷制定地方保护条例。1978年,日本民间综合性的风土建筑保护组织"全国町并保存联盟"建立。
② 日本国土厅根据1977—1978年建设省和文化厅的《建设省·文化厅的历史性环境保全市街地整备计划策定调查》内容,在1978—1981年选点实施了"传统的文化都市环境保存整备事业",这些试点包括竹田市、柳川市、津和野町、高山市、足利市、玉名市、篠山町、竹原市、角馆市等,限于财政支出,这些地方仅为示范之用。日本的风土建筑保存的动向概括而看,已经融汇了各方面利益相关者的努力,最近一段时期的动向来看"传统的建造物群保存地区"的选定数量在逐步减少。

（3）传统建造物群及周围环境具有显著地域特色。

若选定成功,市町村的保护管理与修缮就可以获得国家补助。

在日本1975年《文化财保护法》中对保护的干预方式则进行了限定。《文化财保护法》施行令第4条各号规定,以下行为需向该市町村教育委员申请许可:

（1）建筑物及其他构筑物新建、加建、改建、移建、拆除;

（2）建筑物的修缮、式样改变,色彩变更等一切外观改动;

（3）宅地造成其土地形质的变化;

（4）伐采木、竹;

（5）采取土、石;

（6）其他条例认定的对保存地区现状有变更的行为。

对现状变更的行为则需考虑几种基准:

（1）传统建造物的加建、改建、修缮、式样变更、色彩变更的行为,需要在变更后依然保留传统建造物群的位置、规模、形态、意匠,以及色彩;

（2）不能损害传统建造物群之外的建筑物,避免对传统建造物群保存地区的历史氛围产生损害;

（3）土地形状变更以及包含木、竹的自然资源开采不得损害历史氛围;

（4）其他对维持传统建造物群保存地区历史氛围有损的行为。

其中,科学的民家研究与保护实践的可操作性干预下,京都样式保护提供了启发性探索。京都在1972年制定了京都市的市街地景条例,内容主要是美观地区、大型建筑物管控地区,以及特别保全修景地区三项地区制度。对于第三项的特别保全修景地区制度来说,不仅仅是较为单一地保存町并,更广泛地指涉文化景观的完整性保护要求。在该条例中,指定第1号地区是京都东山产宁坂地区,明确提出了保护建筑物的方法:即通过对历史街区的调查提取分类,形成典型的传统町家外观分类,并形成外观保护采取的样式。在这些类型中进一步分类出按照建筑外墙封闭程度的大小即"全闭""半闭""全开"三种类型,这三种类型为其原有建筑改建为诸如住宅或者店铺时的样式选择。这种样式保存手法至少解决了两个问题:第一,适应当代不断更新的城市生活要求;第二,为木构建筑易于毁坏的现实问题提供实际对策。与后续今井町基于1969年足达富士夫最初提出的保护策略相比照可发现,1972年京都的"样式保存手法"实际是后来今井町保护计划正式构想的来源之一（图2.23）。

日本研究与存续风土建筑的历史已经不短了,在活用西方理念、科学研究范式、存续协作实践上有很强的参照性,应当予以重点关注和学习。通过一种权宜性的在地协作方式,日本形成了一系列整体性的风土建筑价值认知与可操作的存续技术方法,行政方、学者与居民"三位一体"构成可持续化的风土建筑存续结构。其中,具体

京都市町并保存样式设计示范1：　京都市町并保存样式设计示范2：　京都市町并保存样式设计示范3：
格子窗町家（不开店的一般住家）　格子窗町家（临街柜台开店的住家）　格子窗町家（可由土间入店内的住家）

图 2.23　京都样式模型选取示意图
来源：笔者根据渡辺定夫.今井の町並みの图纸改绘

的技术方法包括：以对地方史的重新发现来帮助理解风土建筑的重要价值，通过细致的调查对地域社会中风土建筑保护模式作比选，使用建筑史谱系化的风土建筑研究成果指导具体的设计操作；建立国家补助金制度补偿风土建筑的修整开支；建立住民共同参与并主导保护原则的制定；协助组建住民的遗产照管体系重新构筑社群结构；赋予居民及一般市民直接、间接享受历史环境舒适氛围的权利；引导公共资本进行保护地区的基础设施建设；带动振兴观光、地方产业；整体性的保护风土建筑的物质实存与原有生活方式；以及建立全国性的保护组织以保证信息互通。这些有前瞻性的价值认知与细腻的技术方法为风土建筑的整体性保护提供了当下化的有益启示，也为如何因地制宜地学习西方风土建筑理论的长期积淀提供了重要的范本。

# 本 章 小 结

西方对于启蒙辩证法有深刻的感知，同时对于技术的高速发展，从工业革命开始，就没有抱有过一种深信不疑的乐观预期。整个西方的精神根基在于犹太-基督教信仰，引导出一种个人主义、理性主义、能动主义的特征，共同构成了延续至今的精神习惯。这些西方的思想成就不是排他性的，为人类进程所共享，作为精神框架的西方也远远不止于欧洲。西方本身经历了民族主义的剧烈冲突，产生了对于文化多样性（culture pluralism）的渴望，认识到仅仅一种文化，会引发暴力，而西方正是通过痛楚学会如何交流差异。也正因为对于差异的承认，从而导出了对于他者的包容，风土建筑以及这一术语包含的关于人的命题就是这样被纳入西方的思考框架里。在这一语境下所积淀下来的风土建筑理论的发展，伴随着这样一种整体性的文化反思的进程，至今也还没有终结，并且隶属于西方庞大的思想遗产的一部分，具有深刻的启发价值。

19 世纪以前，风土建筑停留在一种相对于文雅生活来说不入流的刻板印象上，遑论具有审美、艺术价值了。直到 18 世纪下半叶兴起的浪漫主义运动中,风土建筑面对自然的谦恭态度恰好与浪漫主义思潮同情"普通人",崇尚自然情感和个体化经验的追求相契合,作为一个特殊的承载某种自由精神的对象连带化的被浪漫主义者所推崇。

同时,18—19 世纪之交的政治时局动荡不安,欧洲各民族出于一种反对拿破仑帝国意图遍及全球的态势,纷纷尝试从本民族中汲取提升自身的活力,提升民族"凝聚性"的文化内容。伴随着这种爱国情感,在各国积极地研究起本民族自己的历史和风俗、自己的神话和民间传说,在德国、法国等地促进农民诗歌和农民故事的产生,出现对农民语言的崇拜。此即为风土建筑能够作为本土文化的内容获得国家认同的最初原因。

以英语词源的王室与乡绅结盟背景为参照,可以从西方政治格局的二元结构上获得西方社会风土建筑对立于风雅建筑的整体基础。从历史上看,英文的 country (国家)一词本是"乡间、乡村"的意思。country 衍生出与现代"民族国家"的词义,指国家不单单以首都和王室为象征,也与地方的绅士阶层相关。这种反映在语言上的思维特征,意味着国家是包含了各地风土特征的社会共同体,并进一步建构为文化共同体,这是 country 这个词给出的一道验证。仔细来看,来自英国和欧陆若干代表性人物及学说共同倡导出一种景观审美的价值取向,是现代风土观涉及文化景观的观点缘起。浪漫主义文学的发展使得各个国家的作家受到民族精神的鼓舞,发展出研究地方文化的热情。在此时代背景下,浪漫主义在英伦的独特分支——英国的自然主义对风土建筑的价值建构起到了最初的影响。自然主义诗人华兹华斯重视地域性语言,认为长期的乡间经验和正常健康的情感产生出来的地方性语言,是更鲜活更接近真理本身的。将风土建筑视作"美丽之物""自然之物",并将风土建筑入诗,赞颂风土建筑是许多代的普通大众积极适应自然环境的诸多限制,因风、雨、阳光等气候、地形地貌和社会价值观等条件,用诚实的态度和情感,为满足建成环境最基本要求而形成的作品,相对于上流建筑能直观地展示出建筑的内在魅力,展现人与自然、社会环境之间的和谐关系。进而,华兹华斯在关于湖区的记录中第一次揭示了风土建筑保护与工业化进程之间的冲突。第一次提出将风土建筑看作"国家财产"进行抢救,第一次作为精英层面向国家层面提出了应当重视本国风土建筑遗产的卓见。

18 世纪中期的英国,希腊罗马文化权威被挑战,本土风味的"如画游"逐渐兴起,文化的重新自我定义在这一过程逐渐形成,在民族诉求压力下,英国本土景色在诗人、艺术家心中的价值逐渐变得重要。在艺术和建筑中兴起"如画"风格,废墟粗糙的肌理,农舍自然化的结构,唤起了艺术家"如画"的美学倾向。同时,风土建筑作为乡村中的隐居地,以及舶来古罗马文化提供的这一文学意象,为风土建筑作为审美意象的唤醒提供了新的文化基础。在"如画"的复杂运动中,包括审美价值、怀旧价值、慕古价值、政治价值及道德价值在内的风土建筑的概念内涵与价值认知被逐渐发现和延伸。"如画"传统作为一种典范为风土建筑在建筑设计、人类学,以及保护领域中的思想奠定了很深的基础,这种源于如画美的价值认知惯性直到今天依然发挥着持续的、巨大的作用,故而"如画"及相关的思想积淀引发的价值认知转变是风土建筑理论由来中最为重要的思想构成部分。

拉斯金一方面从道德角度提出新的如画美,另一方面认为在对于建筑的更高层次的追求上,在需要精神更为深刻或者崇高的阶段里,英国本土的国民精神从来就不能与欧洲大陆的民族相匹敌。故而拉斯金通过比较风土建筑的差异竭力挖掘自身文化的特点,最终将英格兰的风土建筑抬升到一个前所未有的高度,风土建筑成为民族灵魂安放之地。这是 19 世纪一项由拉斯金完成的、极为重要的风土建筑价值综合。

概括起来,18—19 世纪已经发展出了或者说涵盖了大部分现代意义上对于风土建筑的价值认知:不论是审美的、怀旧的、慕古的,还是政治的、道德的。这些基底性的思想基本决定了今后的理论发展和实践深度。

另外,从风土观与新古典主义的关系上,理论家开始以建筑学角度入手分析风土成分对于古典建筑的启发作用,法国古典建筑的倡导者、学院派理论家德昆西从语言学角度最先提出风土建筑对立于风雅建筑的范畴,试图以一种包容的态度将风土建筑的语言规则纳入学院派的思想语汇中。而作为较早受西方风土观影响的国家——日本对于风土建筑的价值认知和延续的探索在 20 世纪早期就开始衍生,特别对于英伦的风土观和后来发展出的管控手段、技术方法有过大量借鉴,在吸收 UNESCO 文化景观的理论基础上,在 20 世纪 70 年代就形成了相当成熟、并且适应于本国特点的存续和发展路径。此外,身处在东亚的日本,其风土建筑以木构体系为主,与我国的风土遗产体系情况接近,是西式风土观在东亚建造体系中投射下的缩影,其方法论特别值得借鉴,故本章最后部分以一种参照的视角对日本风土建筑的存续思路作了平行梳理,以供及时的对照。

值得注意的是,18 世纪晚期浪漫主义运动由赫尔德引发的相对主义论(relativism)撼动了单一的历史论和文化论,而基于洛克的感觉哲学衍生的如画思潮进一步在拉斯金的引导下推出一种联想美学理论,视觉形象被认为是能够重现所处地域和时代的性质,在调动感情的基础上,倡导视觉艺术以形式力量传递历史信息和公共价值观,呈现一种民族和道德方面的价值倾向,并体现为对异域风格(非古典、非西方),原始风格(单纯而天然的早期建筑),民族风格(融入各民族特性为文化多样性提供支撑的本土建筑,比如哥特建筑)的偏好。这些观念的转变对于现代意义下西方的风土建筑这一话语的形成有着直接的影响。随着英伦的哥特建筑复兴和工艺美术运动的演绎,形成一种既有艺术偏好又有慕古性质的双重思想遗产,伴随道德内涵,为19世纪晚期以艾莎姆(Norman Morrison Isham)、亨利·查普曼·默瑟(Henry Chapman Mercer,1856—1930)等为代表的第一批美国风土建筑研究者继承[1]。美国学者从英国如画美学和工艺美术运动继承的思想,包括强调本土建筑,而非教堂形式,均衡看待17世纪的新英格兰风土建筑(引发"殖民地复兴"建筑)和哥特建筑,并相信中世纪手工艺传统的优越性植根于前工业化的劳动系统。英伦如画美学的发展带来的影响也不限于本土,尼古拉斯·佩夫斯纳的英伦风土普查中所褒扬的"如画式乡村"(picturesque village)以及舒适性[2]价值进一步奠定了如画的现代转译,舒适性这一在英国20世纪初转化为城乡管控制度化成果的英式概念,在20世纪70年代被日本加以吸收,转化到与风土建成遗产保护密切相关的"景观法"[3]修订中。而在英国本土更早期的广泛影响源于19世纪30年代出现了以如画原则设计起来的郊区伯恩茅斯(Bournemouth),经过唐宁(Andrew Jackson Downing,1815—

---

① 德尔·厄普顿.在学院派之外:美国乡土建筑研究百年,1890—1990[J].赵雯雯,罗德胤,译.建筑师.2009 (4):85-94.

② amenity这一英国概念在本国城镇规划的发展中形成,并未被明确定义,也因为英国行政区域广阔,所以下放这一概念的裁定权给各郡,而在美国20世纪30年代到50年代的规划学中,多数按照判例积累来考定这个概念。1980年以来,这个概念相关指向的环境问题开始处于建筑学和规划学的中心。最初,英式的 amenity指的是卫生、便利。1909年英国《住房与城镇规划法》(The Housing and Town Planning Act)首次将其作为法律用语,指出希望城镇规划导出一种包含在卫生状态中的、具有舒适性和便利性的整体性目标。英国城市规划的教科书之一,J. B.柯林沃斯(J. B. Cullingworth)的《英国城市村镇规划》(Town and Country Planning in Britain)指出:amenity是一种比起定义来更容易认识的东西,即使没有被明确定义,市民对此概念也有一种共通感,可以用来推动相关规划战略。参见J. B. Cullingworth, N. Nadin. Town and Country Planning in Britain[M] 11th ed. London:Routledge, 1994. W.霍福德(W. Holford)指出:建成环境保存语境中的amenity,并不仅仅是一种特质,而是对应环境总体价值的综合性评价范畴。请参见W. Holford. Preserving Amenity[M]. London:Central Electricity Generating Board, 1959. 西村幸夫指出:舶来概念 amenity经日本学者学习和思考后,被认为是一种令人心旷神怡的美好环境(pleasant circumstance),同时不丢失特征(features),保留益处(advantages),日本学者进一步发展了amenity,认为这个概念指一种建筑的设计美,包含了历史性的、舒适而亲切的风景,以及满足某一状态下的效用。总而言之,amenity是一种自然而然的东西(比如,住所、温度、光、干净的空气、家庭设施的便利等),一种理所当然的东西出现在理所当然的地方(the right thing in the right place),应避免对舒适性的损害(injurious to the interests of amenity)。正是由于J. B.柯林沃斯的英文教材《英国的城市和村镇规划》(1970版)于20世纪70年代在日本被译介,日本人从这个时期开始接受和发展了amenity的概念,融入了景观法的制定中。参见カリングワース,J. B.英国の都市農村計画[M].(久保田誠三監訳).都市計画協会,1972. 西村幸夫.風景論ノート:景観法·町並み·再生[M]. 東京:鹿島出版会,2012:134-135.

③ 《景观法》为日本第一部景观专项的综合法律,其最大突破是实现了国土交通省、农林水产省与环境省三部门的整体协作,与随之颁布的《景观法实施后相关法律整备的法律》《城市绿地保全法》合称为"景观绿三法",形成了以其为主轴,包含上位指导性法律、相关法律及具体事项法律的法律体系,涵盖如《城市规划法》《建筑基准法》《文化财保护法》《户外广告法》《农业振兴地域整备的相关法律》等数十项法律法规。

1852)的诠释,奥姆斯特德(Frederick Law Olmsted,1822—1903)进一步阐发为"如画式郊区"(picturesque suburb)在美国流行①。英国这种坚信能从传统村庄和乡村小屋里寻找到与自然对话的生活方式的价值传统,如此自然地携带着 19 世纪早期的风土建筑学术体系与设计思想一同传到了美国。在英伦基于如画所兴起的风土观介入了建成环境的现代进程,由深刻的反思化为行动,对建筑学和规划学产生了深远影响,至今也未终结。

总的来说,回望 18—19 世纪,是西方现代意义上的风土观的准备阶段,也指向了西方现代风土建筑研究的学术体系框架的逻辑基础和理论缘起。在这个时期里包含了深刻的思想变革和观念转折,在风土理想逐渐完善的同时,一个在之后两个世纪萦绕未去的声音是,对乡村败落风景中的风土建筑进行纯粹的审美或形式主义的欣赏与人道主义的同情之间,两者是否注定无法调和?尽管拉斯金提出新的如画美,但"旧"如画美阶段从未真正结束,并且持续在风土建筑的现代价值认知以及存续方式上显现,这也是这个时代里最先发现的一项风土理想里包含的道德困境。

---

① 如画式郊区的出现是因为城市回过头来欣赏它自己那自然的初始时期,同时也是对过去曾经拥有美德的一种眷恋。参见 Spiro Kostof. The City Shaped: Urban Patterns and Meanings Through History[M]. London: Thames & Hudson Ltd.,1991:64,[美]斯皮罗·科斯托夫.城市的形成——历史进程中的城市模式和城市意义[M].单皓,译.北京:中国建筑工业出版社,2017:64.

# 第三章　西方现代风土建筑的理论体系

## 第一节　风土建筑与现代性

### 一、现代冲击下的传统建筑

从那位英伦桂冠诗人华兹华斯开始,通过对湖区风土建筑的动人记录,将风土交与自然主义视作当代诗的活力来源,意味着华兹华斯已经拉开了风土观念场的新帷幕,站立于前现代边缘的风土,从来没被提升到如此重要的位置过,不仅入诗,甚至入史。即便如此,进入现代,风土的命运依然是某种交困与挣扎式的现代观念自反性的载体,它本质上是写在现代边缘的,正因为处于边缘的位置成为现代进程中"所思之物"的符号①。在启蒙现代性和工业革命对传统风土建筑带来的冲击下,工艺美术运动、新艺术运动的兴起是以风土抵抗现代的一个重要现象,深具代表性。以尼古拉斯·佩夫斯纳的记录现代主义兴起、发展的重要文本《现代设计的先驱者》作为了解这一历史时期的重要入口,可以典型的反映风土传统在现代冲击下从激烈的对抗如何走向某种暂时的平衡。

1929 年,佩夫斯纳在格廷根大学(the University of Göttingen)的英文部担任讲师(Privatdozent),每周一次讲授英国建筑,每个学期讲授一个不同的历史时期,1930 年起开始专注于英国艺术史的研究。1933 年,德国纳粹以种族为借口撤销了佩夫斯纳在格廷根大学的教职,为了避难,佩夫斯纳在 1933 年前往英国定居,在伯明翰大学(University of Birmingham)获得一个研究性职位。1937 年,他受到伯明翰另一项研究计划邀请研究英国工业艺术,著写了《英国工业艺术的调查》②(*An Enquiry*

---

① "创制的符号"是我们不得不采用的权宜之计,洛克的《人类理解论》(1742)写道:"由于构成一个人思想的那些观念的画面既不能被另一个人直接看到,也不能储存在记忆以外别的地方,而记忆并不是一个特别可靠的储藏库,因此我们需要拥有观念的符号,从而能够相互交流思想,也可以把它们记录下来供我们自己使用。"参见 Jean Starobinski. Jean-Jacques Rousseau, La Transparence Et L'Obatacle[M]. Paris:Editions Gallimard,1971:170.
② Nikolaus Pevsner. An Enquiry into Industrial Art in England[M]. Cambridge:Cambridge University Press,1937.

*into Industrial Art in England*）介绍包豪斯（Bauhaus）的设计哲学。这一研究逐渐决定了他今后专注于 18 世纪晚期与 19 世纪的建筑研究方向。

1936 年，佩夫斯纳出版了重要著作《现代设计的先驱者》，该书一直再版（1937 年、1949 年、1957 年、1960 年、1964 年）并且被翻译成 6 种语言，使他声名鹊起。该书观察到时代的剧烈变革，以一种国际语境探讨了正在兴起的现代主义建筑的家族渊源，对于风土建筑现代理论而言，这本书提供了一种极为重要的思考方法。佩夫斯纳在书中将现代建筑的世系与英国的风土传统相联系，并追溯到了英国工业美术运动的兴起。这种诠释改变了公众对于现代运动气质和风格来源的认知，风土传统不再仅仅是作为受到现代冲击的传统建筑——一个传达"对抗"的对象，而是包含了重要的转化为现代设计资源的生命力和广阔的资源。因此这样的历史文本，不仅仅属于历史研究，更是一种对于现代运动的宣传，意图在英国建立现代运动，也意图引导人们重新认识已有的建筑传统，对于今天的研究者而言持续提供着启发。佩夫斯纳在此书中透露出作为一名坚定的社会主义者（socialist）的倾向，他力图建立在顺应社会条件下，以社会性的目的追寻建筑的共通感，这其实也是他之后最为关键的一种建筑评价标准。也正是在这样一种出发点下，现代运动的世系变得广泛而包容，从包豪斯和凡·德·维尔德（Henry van de Velde，1863—1957）追溯到了莫里斯、拉斯金、普金、拉斐尔前派（Pre-Raphaelite），在佩夫斯纳看来，格罗皮乌斯的集体主义和社会建筑基于一种理想的社会观。现代主义的根源——从莫里斯排斥机器，维多利亚时代的工程师对于社会压迫无所察觉，到格罗皮乌斯兼容并蓄了机械化和社会责任，艺术最终被作为一种社会性的内容。拉斯金的精神门徒莫里斯被佩夫斯纳看作是 20 世纪的预言家和现代运动之父，而格罗皮乌斯是拉斯金、莫里斯、凡·德·维尔德，以及德意志制造联盟的追随者。

极具有说服力的是，在本书中，佩夫斯纳使用了在德国学到的历史分析方法，将现代主义风格的酝酿与其所处时期的文化背景、社会条件、地理情况等一系列关联域进行联系，正因为 1760—1830 年间的英国率先发起了工业革命并处于世界领先地位，技术改良大大加速，与 13—14 世纪相比，一个新世纪来临了，工业发展形势迅猛，从而催发现代运动（the Modern Movement）。佩夫斯纳指出，实用艺术从中世纪向现代状态的过渡大约就发生在 18 世纪末这一时期，而背后真正的原因还有 16 世纪的基督教改革给人们带来心理上的深刻变化，这些变化在 17 世纪积蓄了改革的力量，进而在 18 世纪开始起主导作用：理性主义、归纳法哲学和实验科学开始成为欧洲理性时代活动中具有决定性作用的领域，即使当时的宗教复兴也含有理性主义要素，人们对世俗工作与日常生活的伦理品质有了新的清晰理解。

如果我们继续将《现代设计的先驱者》与佩夫斯纳与 1950 年左右的写作进行比

较，或可发现，工艺美术运动的精神导师拉斯金及其门徒莫里斯的思想作为书写对象，对于佩夫斯纳本人也起到了很大的影响，甚至与其后来的研究"转向"遗产保护领域也有诸多联系，是这个时代智识阶层集体性反思的一个缩影。譬如说，佩夫斯纳在20世纪50年代前后为何转而通过英国的如画来寻找英国性，是否与《现代设计的先驱者》的写作有关？又譬如，在《现代设计的先驱者》中，佩夫斯纳频繁地援引莫里斯、拉斯金以及英国自然主义者的文本，我们会看到柯勒律治（Samuel Taylor Coleridge），雪莱（Percy Bysshe Shelley），济慈（John Keats）这些浪漫主义者的名字，这之后引出了关于究竟何为启蒙现代性的深刻反省。或许暗示着《现代设计的先驱者》时期的佩夫斯纳不但没有忽略英国建筑非理性的浪漫主义成分对于现代运动包含的修正性作用，甚至可以说已经在自觉不自觉地联系文学语境进行深入观察了。正如他在《现代设计的先驱》中这样写道，"十九世纪初期处于乔治王时代（Georgian Era），这个时代见证了一场艺术运动的产生——浪漫主义，由雪莱、布莱克（William Blake）等诗人和艺术家发起"。他引用雪莱"诗人是不被世界承认的立法者"；济慈"哦，甜美的想象力，让它自由吧，一切都被实用性毁掉了"等，以说明艺术的社会条件已经变化，拉斯金和莫里斯则已经认识到这一点。随后引出也正是自然主义思潮、拉斯金等人思想的接引性引出了莫里斯的美学思考与现代实践。

　　此外，还要注意到《现代设计的先驱者》作为一个包含许多思想线索的历史文本，特别关注的是时代变革中艺术家的策略。工艺美术运动在佩夫斯纳看来，与其说是在过去与技术发展之间的一种选择，毋宁说是一种英式折中态度和产物。《现代设计的先驱者》作为佩夫斯纳的早期著作，对他后来进行英国风土建筑的大型普查有其先导性的基础作用，也折射了风土建筑传统作为史学家关注对象的巨大变化。他重点研究的对象除了前述拉斯金、莫里斯等人，比如维奥莱·勒—杜克（Eugène Emmanuel Viollet-le-Duc，1814—1897）的影响也可在后来的《英格兰建筑》的编纂结构上得到某种"呼应"。[①]

　　最后，《现代设计的先驱》启发性之处还在于通过历史学的视角，反映工艺美术运动的出发点是出于文化学者对于风土传统消亡的担忧，指出了风土建筑的发展道路。《现代设计的先驱》一再例证了风土建筑与现代建筑结合的可能性。佩夫斯纳曾以霍夫曼完成于1903—1904年的普克斯道夫疗养院为例，这座建筑是平屋顶的，窗户没有线脚，雨篷方方正正，具有国际性，使人不敢相信是第一次世界大战前的作品；但在窗格的节奏感、建筑边缘、围绕窗户的细长条饰中能找到其地域特色。佩夫斯纳的写作已经明显

---

① Alan Gowans. The Buildings of England by Nikolaus Pevsner[J]//Journal of the Society of Architectural Historians，Vol. 15，1956(2):29.

提示了两大现代建筑的品质,一是对科学技术、社会科学和理性规划的信仰,一是对机械速度和轰鸣的浪漫信念。但是像霍夫曼这样的例子存在于该书中,其未尽之意又似乎是,在现代主义建筑经济、普适、纯粹形式的包围之中,历史、民族、地域这些关键词看起来都"失魅"了,但是人类永恒的欲望则一直存在,那就是人们依然想逃离现实,借助建筑拥有"神话时间",进入"神话世界",融入另一种时间的律动之中。

可以说,我们重读此书来切入理解现代冲击下的传统建筑,要把握的不仅仅是几个关键现代建筑引领人物的考察,新思考应当是围绕着英国对于文化转换的价值认知方式展开的。彼时作者希望在此书中证明现代运动的动力本质是英国的,而德国、法国进化后的形式是具有亲缘性的。正是这样一种驱动之下,佩夫斯纳成为一个现代主义教义的传教者(proselytiser),1941 年起他为《建筑评论》(*Architectural Review*)担任编辑和写作,在战争临近结束时成为杂志的主编,继续进行更为艰巨的研究。今日观之,彼时的佩夫斯纳更接近于一种单枪匹马的探索,他一再的要把过去和现在特别是 18 世纪和 19 世纪的成就加以联系,并且他很"坚定"的认为当下具有更多的必要性和活力,而这其实是这位伟大的历史学家为今天的风土命题留下的重要启发。从这一始终积极地朝向未来的立场上来看,很难说他的这本早期著作其影响究竟该如何定义,但是其史学贡献巨大,精神魅力不绝。而这本书的写作,本身便是反映启蒙现代性和工业革命对传统风土建筑冲击之下,西方的学者曾经如何看待、应对这一冲击,并且已经提出过极具有创造力的诠释、解答方式。

## 二、风土抵抗与现代焦虑

"Im Anfang war die Kraft"。

"天荒有力。"歌德在《浮士德》开端这样写道,倘若有谁想要真正的"说话",去将这句诗用建筑的语言表达出来,谁就将直面歌德所思:"但我旋即得到警告,难道我不与力同在?"[①]

在一个具有感觉的存在于第一次统觉中,发现自己处于一片刺激因素汹涌的海

---

① 西方观念场对风土建筑开始带有现代文化转换目的的研究,区别于在风土价值认知上的逐步推进,是主要在另一种以现代设计为导向的语境中多线开展的。首先可以追溯到的是对建筑关联域的研究,对民间文化的兴趣可追溯到文艺复兴至启蒙运动之间,背后包含西方文化转换历来的持续性需要。"天荒有力"(Im Anfang war die Kraft)出自歌德 1808 年写就的代表作《浮士德》(Faust):"但我旋即得到警告,难道我不与力同在?"浮士德与魔鬼打赌:如果在哪一个瞬间,浮士德对自己所拥有的已感到心满意足时,他将成为魔鬼的仆役,永远丧失灵魂。浮士德于是成为现代焦虑中决定论与自由意志的争斗里,思考存在这一命题的文化进程中最为典型的文学意象。在《浮士德》开篇中,浮士德在书斋中打开《新约·约翰福音》古本尝试进行翻译,以"天荒有力"阐释自己对万有之本源的见解。当他在思考中接近这个本源时,不觉间惊动了化身为犬的魔鬼梅菲斯特,它正代表这个本源的反面,这时它开始在火炉前面向浮士德现出原形。参见 Johann Wolfgang Von Goethe. Faust[M]. Deutscher Taschenbuch Verl,1997:32.

洋之中，如同我们期待的，在不可预见的"命运"中，面对"天荒有力"，最后有一天，这个人终于认识到某些东西，他与力同在。那个人是很多人，是歌德，是温克尔曼，是勒·柯布西耶，是陶特，是鲁道夫斯基……也是"你""我"。他们寻找"柠檬树开花之地"，而柠檬树则喜希腊。

歌德在游历地中海沿岸地区及意大利乡村之后，称其为"柠檬树开花之地"，他写信给他的友人洪堡（Wilhelm von Humboldt）说道："太阳下，意大利乡村如此宁静，我只能用赞美来治愈我的重疾。"①于是，跟随着歌德的脚步，18 世纪起，大批的法国、德国的年轻人去往这片圣地游学，这一大范围活动在历史上被称为"Grand Tour"（壮游）②。歌德是一个极早注意到乡村的情感性并以文学来表达这一价值的人，但其实对于地中海风土的兴趣可以追溯到更早，文艺复兴时期的人文主义者，比如阿尔伯蒂（Leon Battista Alberti）将古罗马建筑作为其思想实践的来源，古罗马的凯旋门、浴场、斗兽场到处留有他的足迹。启蒙运动时期，温克尔曼提出："我们得以变得崇高的唯一途径就是模仿，向古代模仿。"③地中海那头的希腊是他抵抗平庸世界的图景所在。

而勒·柯布西耶向往希腊的缘由，恐怕首先是早期出于对地中海风土环境的兴趣。柯布西耶一生中多次来到了地中海地区。在拉绍德封（La Chaux-de-Fond）工艺美术学校求学期间，20 岁的柯布西耶前往意大利南部旅行，在 24 岁时进行"东方之旅"（Voyage d'Orient）来到罗马和庞贝，以及雅典卫城等地，在旅途中他使用了几乎是人类学调查的方式，他的 Cupido 80 相机耗去了四百幅胶卷，他观察风土民居所处的气候，周围的景观、光线的变化等要素，甚至描绘环境中的工艺品，这次视觉积累带给柯布西耶终身的影响，在《柯布西耶与地中海》（Le Corbusier et la méditerranée）中，他甚至干脆认为自己就是一名地中海人④。1933 年，在 CIAM 的第四次会议上，柯布西耶乘坐 Patris Ⅱ 游船再次从马赛前往希腊。而这次游览，他与持续关注风土建筑的西班牙现代主义者塞特（Josep Lluís Sert）邂逅了。或许这一极少见于传记的体验多少铸就了其后半生借风土之神韵对现代建筑自由意志的潇洒挥写，譬如朗香教堂的形式直接受益于圣托里尼（Santorini）风土建筑，马赛公寓则受斯基洛斯（Island of Skyros）风土建筑的启发。

①　Lejeune Jean-Françsois，Sabatino Michelangelo. Modern Architecture and the Mediterranean：Vernacular Dialogues and Contested Identities. London：Routledge，2010：xvii.

②　在欧洲文化里，随着 18 世纪对"古希腊品味"的再发现，同时哲学思潮对人主体性的凸显，兴起一种被称为"壮游"（Grand Tour）以"拥抱在场性"的文化学习路径——即亲身感受的主体探寻行为，以大范围的旅行来帮助完成个人的文化和视觉积累，力求在某些提倡"理性"的建筑理论里施展启发性的力量。

③　［德］温克尔曼.论古代艺术［M］.邵大箴，译.北京：中国人民大学出版社，1989：43－44.

④　Le Corbusier，Danièle Pauly. Le Corbusier et la méditerranée［M］. Parenthèses：Musées de Marseille，1987.

　　我们可以借助法国年鉴学派代表人物布罗代尔（Fernand Braudel）在《菲利普二世时期的地中海世界》中精彩的描述理解地中海：

　　　　什么是地中海？它是一个时期里的数以千计的事物。不仅是一个地形而是无数的地形。不是一片海，而是一系列的海。不是一种文明，而是建立在彼此的积累上的许多文明。在地中海旅行，就是来到了黎巴嫩的罗马帝国，撒丁岛的史前时期，西西里岛的古希腊城市，西班牙的阿拉伯文明，南斯拉夫的土耳其伊斯兰文化。这意味着深深地回到几个世纪之前的世界，从马耳他的巨石构筑物到古埃及的金字塔。这是去见到极古的事物，那些至今存活，且与极摩登的东西亲密接触的：在威尼斯边上错误的静止着的，集聚着梅斯特雷的大量工业制品；在渔民的船边，这些船还是尤利西斯式的，拖船损坏着海床，还有那些巨轮。这同时也是把自己沉浸在海岛上与世隔绝的古迹中，或者惊叹在极其古老的城市面前又有年轻的事物，它们迎接所有的文化和有益处的东西像风一样向它们吹来，几个世纪以来，看守着并吞噬了这片海。[①]

　　几个世纪以来，地中海地区是特权的发源地，这里商业贸易发达，满是冲突争斗，文化传播繁盛。上古文明在其沿岸地区萌芽，诞生了古埃及文化，克里特-迈锡尼文化，腓尼基文化，以及古希腊文化。它的海域上孕育了最初的帝国，迦太基帝国，古罗马帝国，拜占庭帝国，以及伊斯兰帝国。毋庸讳言，地中海地区是一个提供经典风土灵感与联想之处所，是包含文化、语言以及种族的多元图景。

　　处于地中海的希腊是现代主义建筑师们曾共同寻求灵感之地，当他们试图去接近民族建筑精神等领域时，仅仅采用研究古典建筑路径的"正攻"，将很难驰骋于该领域。为了对希腊建筑所传达的自然与文化世界观其深奥之处有所了解，不仅需要方法，而且更需要一种共感洞察力，这一洞察力所形成的气质，就科学和艺术境界的分野或许是模糊不清的，或称之为两种心理状态"阈"的状态，为了构筑提供设计资源的创造性解读，除了依靠逻辑推论之外，慎重运用"直观"或许是必要的。在希腊建筑广大范畴中风土建筑这一讲求最直接的联系——一方是人类，一方是自然，本身就已具有科学与艺术，自然与诗意合一的范式。而这也是西方在经历了接连的文化转换，从文艺复兴到启蒙运动，继而浪漫主义思潮的浸染之后，风土建筑成为建筑师们寻求新的答案时逐渐发现的新"缪斯"的缘起。

　　从古希腊的哲学家至中世纪的炼金术士，这一名单上有一长串的学者认为自然实质是火、土、气、水四大要素互相组合作用的结果。火元素，代表阳光和火山等，土

---

① ［法］费尔南·布罗代尔.菲利普二世时期的地中海世界［M］.唐家龙，曾培耿，吴模信，译.北京：商务印书馆，2013.

元素则指向大地与土壤,气则囊括风与人类必需的氧气,水包含大海和雨水等,这类讨论中有时也包含第五种鲜为人知的元素以太(ether)。希腊人认为自然存有某种灵性,这四种基本元素结合在一起,成为催生生命的重要基础。进而,希腊哲学家譬如亚里士多德将这些复杂的元素赋形为五个柏拉图立体(Platonic solids),每一种柏拉图立体都只能由一种多边形砌成,几何形体的凝练还包含着当时的古希腊人对于季节,对于自然基本元素的直接感受(图 3.1)。于是,火由正四面体(tetrahedron)代表,土是正六面体(cube),气为正八面体(octahedron),水为正十二面体(dodecahedron),以太则是正二十面体(icosahedron)。

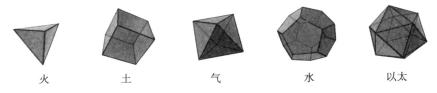

火　　　　　土　　　　　气　　　　　水　　　　　以太

图 3.1　柏拉图立体(Platonic solids)　来源:Willi Weber,Simons Yannas

借用古希腊哲学自然元素层面的讨论也并非风土命题的关键,而是这些元素之间的关系恰好构成借鉴,作为"阈"的系统,建筑师们能够观察希腊那些与自然最为紧密关联的建筑。以希腊圣托里尼岛屿上的风土聚落为例,它们恰好在不同尺度上提供了大量的佐证,表明了建筑与四种自然元素所代表的或凶险或温和的建筑环境之间的联系(图 3.2)。

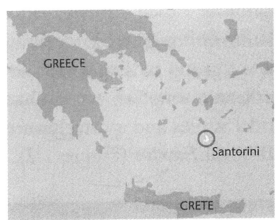

图 3.2　希腊圣托里尼　来源:Willi Weber,Simons Yannas

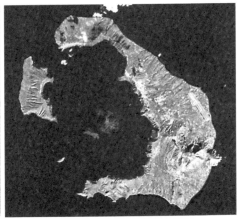

图 3.3　圣托里尼火山口卫片,中部暗色小岛为 1950 年火山喷发形成来源:Willi Weber,Simons Yannas

　　圣托里尼岛形成的海湾实际上处于一系列火山口之中,在距离克里特岛以北90千米处,3 500年前的一次火山喷发形成了这片群岛(图3.3)。火山造就文明也毁灭文明,灿烂的米诺斯文明由于海啸与火山熔岩毁于一旦,使人猜测这片海湾恐怕出现了《出埃及记》中描述的自然现象。曾有学者认为,圣托里尼岛或为亚特兰蒂斯,按照柏拉图的描述,这座城因为突发性的自然灾害消失,最近的考古挖掘显示的结果是,曾经有一座3 500年前的村落长眠于火山灰下,保存完好,被认作是圣托里尼文化失落的象征①(图3.4,图3.5)。

图3.4　公元1700年前的阿科罗蒂利壁画
来源:Willi Weber,Simons Yannas

图3.5　阿科罗蒂利考古挖掘现场　来源:自摄

　　时至今日,圣托里尼经常刮起大风的不毛之地上仍有明显的火山爆发后的痕迹。在巨大的陨石坑中,是深达300米的红黑色断崖峭壁,表面覆盖着浅色的火山灰和柏油,坑外则是光滑的山丘和深色的沙滩。卡尔德拉中部的硫黄色海面下400米深处,火山活动依旧活跃。人们普遍以为希腊群岛是温暖之地,不错,此地日照时间长兼降水稀少,海域广大使得夏天有着极高的湿度,然而来自北方的风在冬季非常强劲,火山地质使得植被难以覆盖,凉爽的气候也常常因强风恶化(图3.6,图3.7)。

图3.6　能承受强风的螺旋形葡萄藤　来源:自摄　图3.7　圣托里尼树木倾斜的枝干指向强风的方向　来源:自摄

① 　Willi Weber,Simons Yannas. Lessons from Vernacular Architecture. London:Routledge,2014:1-7.

出于对海盗袭击的恐惧，在圣托里尼的古老聚居地往往位于远离海岸的悬崖峭壁之上，使得海盗在海上难以发现它们（图3.8）。正是由于符合以上安全防御考虑的土地匮乏，加之需要考虑火山、地震、强风和日晒，以及建筑材料稀缺，种种不利或许反向促成古代社会公共意识萌发的基础。今日岛上所形成的高密度，狭窄房屋的建筑布局形式，每方平米的居住密度达1人。再观其建筑，它们往往具有坚实的体积，厚重的砖墙，极小的建筑开窗。灰白色的灰泥覆盖了建筑的每一处角落，这一元素反复使用，令人体会到统一的社群性力量，这是风土建筑所特有的气质。出于节省材料和空间的极简主义式偏好，人体工程学的模度设计随处可见，令人想起柯布西耶的模度体系，低矮的门、狭窄而陡峭的楼梯、微型的室内和室外空间，使人仿佛置身于紧凑设计的船舱之中。而木材对于火山地带的圣托里尼而言，实属奢侈之物，只可用作造船。在屋顶、门楣、墙体等建筑部位绝少见这种材料。幸好火山灰形成的一种称为塞壤土（Theran）的替代性建筑材料，由于其性能与水泥相似，易于获得且坚固实用，便被人们广泛用作灰浆（图3.9）。既然使用灰浆而不使用木材，建筑结构的起拱便成为很自然的选择（图3.10，图3.11）。圣托里尼也就自然成为为数不多的欧洲穴居之地。这些洞穴内部顶部覆盖着火山灰岩，往往有两三个房间，立面狭窄，土壤具有的储热性能使得建筑保持较好的热环境。大量的同语汇建筑富集，所在的坡面构成陡峭的垂直式城市格局，这一座房屋的顶部是上一层房屋的阳台或者公共街道。自然地催生了"三维"产权系统，居民需要在上下建筑、通道与排污上通力合作才能实现共生。建筑材料仍然需要通过驴来运送，而这一局限又再次催生了某些奇异的立面和室内效果（图3.12，图3.13）。于此，在圣托里尼，是大自然而不是人类自己，才是建筑设计的真正主人。气候、地震、火山、材料稀缺、地形地貌、交通不便成为主宰设计的最重要参数。这种来自场地和自然条件的"挤压"被强加在建造者身上，而这些建造者本身便是建筑的使用者，忍耐自然的贫瘠是岛民最痛苦的经验，长此以往，一代代建造的经验累积沉淀，形成当地固有的最为经济的建造习俗，这些习俗覆盖了从平面布局到建筑装饰方方面面，鲜少有实验性的先锋尝试。19世纪末，岛上个别的富有船长曾经采纳过当时欧洲甫新流行的新古典建筑元素的做法，然而这也并未形成该地域建筑的主流。正如美国的萨丕尔（Sapir-Whorf）语言决定论者所认为的，语言决定思维[①]。无声的建筑语言则反映着当地人的思维与感情，尤其当社群性力量以建筑群——往往是以朴素的风土建筑的形式展现时，其压

---

① 语言决定论也称为萨丕尔-沃夫假说（Sapir-Whorf），或者语言相对论（linguistic relativity），由语言学家、人类学家萨丕尔（Edward Sapir）及沃夫（Benjamin Whorf）提出：人类的思维受到其使用语言的影响，不同语言中所包含的文化概念和分类会影响该语言使用者对于现实世界的认知，语言不通则产生思考方式、行为方式的不同，不同语系看待世界的方式就不一样，也就呈现了各种语言间彼此间的相对性。

倒性的气势正在进行一种真正的"道说",如同人类于大地上书写的无言之诗,天荒有力,而我与力同在,力与我所属的人类同在。

古希腊诗人索洛莫斯(Dionysios Solomos)说道,首先学会人们使用的语言,如果你足够强大,就可以创造。希腊建筑师季米特里斯·皮吉奥尼斯(Dimitris Pikionis,1887—1968)从建筑学的角度为此诗句这样注解道,人们给予诗人这些语言时,如同给与建筑师形式这一可以塑形的语言,我们真的需要体会这份礼物的意义。[①]

图 3.8　圣托里尼的风土聚落选址于悬崖峭壁躲避海盗袭击,峭壁下有小型的码头

图 3.9　地域性材料塞壤土(Theran)制成的灰浆可以建造坚固的结构

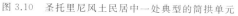

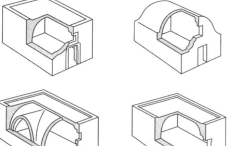

图 3.10　圣托里尼风土民居中一处典型的筒拱单元

图 3.11　圣托里尼风土民居中筒拱、十字交叉拱的变化形式

---

① Lejeune Jean-François, Sabatino Michelangelo. Modern Architecture and the Mediterranean: Vernacular Dialogues and Contested Identities[M]. London: Routledge, 2010:116.

 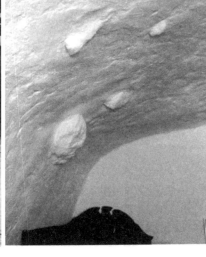

图 3.12　圣托里尼唯一的物　　　　图 3.13　圣托里尼的民居天花上保留
品与材料运输方式　　　　　　　　的灰泥残余材料

图 3.8—图 3.13　来源：Willi Weber，Simons Yannas

这位 20 世纪 50 年代活跃在雅典的本土建筑师皮吉奥尼斯对于建筑形式与自然景观的关系的精彩诠释众所周知，1989 年，伦敦 AA 建筑联盟学院（Architectural Association School of Architecture）举办的皮吉奥尼斯作品展览会上，《建构文化研究》的作者弗兰普顿（Kenneth Frampton）形容皮吉奥尼斯的实践"几乎是生态学的坚持"，他写道：

> 皮吉奥尼斯的重要性来自他对地形的敏感，正是这种对于文化和自然近乎生态学的坚持，使得皮吉奥尼斯的工作成为一个关键性的分水岭，否定我们对独立技术与美学对象的习惯性迷恋，否定我们对自然的破坏性态度。[①]

皮吉奥尼斯所致力的，是试图将希腊的风景（topìo）与地方（tòpos）结合起来，在他眼中，希腊风土建筑自身已是一种存在了数千年的语言，可以适应种种特定气候与景观，只有当一个人真正开始正确理解这些不同的组成部分，人们就可以用它们来构建一个新的、现代的建筑词汇表，这些词将再次成为希腊本土的、新的自然和风土形式（图 3.14）。

---

[①]　Kenneth Frampton. For Dimitris Pikionis[M]//Dimitris Pikionis：Architect 1887—1968，A Sentimental Topography. London：Architectural Association，1989.

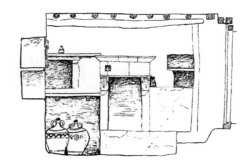

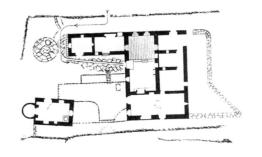

图3.14　季米特里斯（Dimitris Pikionis）设计的位于埃伊纳岛（Aegina）的洛达奇斯（The Rodakis House），注意立面图稿中的壁龛与雕塑设计　来源：Modern Architecture and the Mediterranean：Vernacular Dialogues and Contested Identities，Routledge

我想再次提请读者注意风土的含义去体会最初的本质。从希腊的语源学上来讲，希腊语里比较接近 vernacular architecture 意思的词语是 Laikì architektonikì，词根 Laòs 为接近于拉丁文的 verna，意为人民的。因此，在希腊语中，风土的建筑，不同于古典建筑，是由人民建造，也就是这些建筑是由那些很少受教育，同时也就更少受到学院体系桎梏的人们建造的，它们是"没有建筑师的建筑"，传达着面对"自然之恶"的诗意，正如古希腊诗人索洛莫斯和皮吉奥尼斯所说，提供着崭新的诗人的语言，以及鲜活的建筑语言的可育性。

离开风土的希腊，我们身处的环境也正是一个"风土"的中国。在今日的后工业时代，研究和保护风土建筑的价值究竟在何处？赖特的洞见振聋发聩："风土的建筑应需而生，因地而建，那里的人们最清楚'此地人'的感受而获得'宜居'（gemütlich）。"[1]于此，风土建筑的本质在其无以复刻地赋予人们对所居之处的归属感，也在于它是孕育于自然之中的取之不竭的设计资源。这一理想贴近海德格尔在《人，诗意的栖居》中着力还原栖居与建造的本质，即天地神人四相合一的生存理想："诗意地栖居意味着：置身于诸神的当前之中，受到物之本质切近的震颤。在其根基上诗意地存在——这同时表示：此在作为被创建（被建基）的此在，绝不是劳绩，而是一种馈赠。"[2]马拉美的十四行诗正可以向这归属感再添加一番新的韵脚：

> 只有泡沫，纯洁的诗行
> 刚刚触及酒杯的杯沿；
> 　　远方有一群海妖

---

① Robert Twombly. Frank Lloyd Wright：Essential Text[M]. New York：W. W. Norton & Company，2009：116. R Stephen Sennott. Encyclopedia of Twentieth Century Architecture（Vol. Ⅲ）[M]. New York：Taylor & Francis，2004：1402.

② [德]海德格尔.海德格尔存在哲学[M].孙周兴，等译.北京：九州出版社，2004：235.

变化无端。

让我们驶入，我无与伦比的

朋友——我已经在船尾

你在木船的船首，船首宕开

航迹和波涛。

心醉神迷使我

无从察觉船的摇晃

屹立船上致意

向孤独、顽石、星辰

也许一切无从改变

微亮的忧愁之帆依旧向我们驶来。

——马拉美《致礼》[①]

　　极为强调本国建筑师"向风土建筑学习"的拉斯金，其文字被看作如画之物欣赏，精美语句之后的深意总被忽略，对于圣托里尼那些希腊小岛上童话般纯白民居的欣赏，止步于纯洁与天真的如画式的欣赏似乎也再自然不过，风土建筑看似简单的外显内里则饱经风霜。自然之母，或许喜怒无常，有始无终，曾经如何许诺和给予她的人类儿孙所有的恩惠，在强风劲雨之日又要教你目睹她又如何一寸寸将这些恩惠尽数剥去。于是如画之物便不仅仅是如画之物，风土中的建筑，不仅仅是传达收获时的幸福，而是浸透于害怕被自然剥夺遮蔽之所的恐惧。或许这便是风土这一源自大自然的规训与惩戒的建筑形态向从不防备痛苦的孩童——人类所要传达的深刻教益，这样的风尚绝非善良，却充满某种诗意。

---

① 引自马拉美（Stéphane Mallarmé）十四行诗《致礼》（Salut）：
Rien，cette écume，vierge vers
À ne désigner que la coupe；
Telle loin se noie une troupe
De sirènes mainte à l'envers.
Nous naviguons，ô mes divers
Amis，moi déjà sur la poupe
Vous l'avant fastueux qui coupe
Le flot de foudres et d'hivers；
Une ivresse belle m'engage
Sans craindre même son tangage
De porter debout ce salut
Solitude，récif，étoile
À n'importe ce qui valut
Le blanc souci de notre toile.
参见［法］马拉美.马拉美诗全集［M］.葛雷，梁栋，译.杭州：浙江文艺出版社，1997：3.部分词句经笔者改译。

在时间之流中,在这永恒的"滴答"声中,人类是否还将继续以无言的建筑之诗向其自然之母赋予的孤独、顽石、星辰表达敬畏与致礼?

一百多年前,现代运动中的诸多建筑师几乎是不约而同兴起对风土建筑的研究,为吸收其特质进行各类"实验",他们不仅仅是建筑师,也应当被看作思辨的理论家。这也意味着经过早期风土观,18—19 世纪风土建筑研究的思想准备后,另一个崭新阶段的开始,包含着风土抵抗和现代焦虑的 19 世纪末—20 世纪 60 年代西方风土建筑理论的蓬勃阶段,以及蜿蜒至 20 世纪 90 年代的现代学科化时期。

## 第二节　风土建筑的核心理论

### 一、赫尔曼·穆特修斯:风土建筑与客观性

> 一切真实都是变成的。人们总是忘了这一点,只看结果而不看过程,把观念当作一种制成品,没有意识到它并非别的,而只是缓慢的成熟过程,是一系列必然,但可以自行纠正的谬误,一系列片面的,但可以自行补充、扩充的看法。
>
> ——黑格尔[1]

在尼古拉斯·佩夫斯纳的名著《现代设计的先驱者:从威廉·莫里斯到格罗皮乌斯》一书中如此书写两位标题中的人物:莫里斯乃 20 世纪的预言家,现代运动之父;格罗皮乌斯则是拉斯金、莫里斯、范德维尔德(Henry van de Velde,1863—1957),以及德意志制造联盟(Deutscher Werkbund)的追随者[2]。在德国受过完整艺术史训练的佩夫斯纳,运用了黑格尔式的历史哲学逻辑,现代运动颇为复杂的生发流变被化约为某个"历史单元",莫里斯和格罗皮乌斯犹如一对正题和反题,以建立现代建筑新品质为同一个目的,但通过截然相反的路径展开实践。现代建筑以寻求艺术与大众紧密相连为己任,莫里斯手中的钥匙是工匠,而格罗皮乌斯运用机器作为联结的关键。于是,新的建筑品质建立了,一端是对科学技术、社会科学和理性规划的信仰,一端是对机械速度和轰鸣的浪漫信念,这个圆在目标处再次出发,成为一道更为清晰而坚定地驶向纯粹现代主义形式美学的单向路径,历史也证明了自身是一种外在化了的精神。颇有意味的是,《现代设计的先驱者》结论的语气如此肯定,也并不怎么辩证,浸润于现代建筑蓬勃发展时代潮流之中的历史编纂者一时间又不太像是黑格尔的信徒了。

[1] 转引自萨特为纪德写就的纪念文章,参见沈志明,夏玟.萨特文集(文论卷 I)[M].施康强,译.北京:人民文学出版社,2019:351.让—保罗·萨特.活着的纪德[G].吴岳添,译//文艺理论译丛(第 2 辑).北京:中国社会科学院外国文学研究所,1984.
[2] [英]尼古拉斯·佩夫斯纳.现代设计的先驱者[M].北京:中国建筑工业出版社,2004:22.

今天的读者恐怕无意于追究佩夫斯纳到底多大程度上忠于他的导师沃尔夫林（Heinrich Wölfflin,1864—1945）的形式分析法①与平德（Wilhelm Pinder,1878—1947）的艺术地理学方法论②,他们都有着共同的精神导师黑格尔。笔者想提请读者注意的是,佩夫斯纳在早期著作通过对英国工艺美术运动的考察所提示的风土建筑的影响隐匿于现代设计的暗流之中③。自现代运动早期起,风土建筑的理性思维痕迹持续于整个现代进程,感性维度的风土原型则一直不断自殖、刻印、再现于建筑师的现代实践,到今天也未断结。接续佩夫斯纳的问题,莫里斯对于现代设计起到早期的结构性作用,那么是否可以找到在风土建筑最初的现代价值认知上对等的人物及思想谱系呢？其中,德意志制造联盟重要成员之一穆特修斯曾以客观性（Sachlichkeit）较早确立了现代运动对于风土建筑价值阐释的理性向度,并保留了客观性中风土建筑的英国来源。这一出色概念在早期现代运动中具有引领作用,此后结合社会新语境的变化呈现建筑观念的修正。因此,我们需将客观性的各个历史演变形态做出考察,并与最初的风土线索作比照,以进一步结合风土引出对现代性的完整理解,整合为完整的风土建筑现代价值认知方式。

**客观性中风土建筑的英国来源**

从19世纪末开始,客观性在现代建筑史中被多次讨论与演绎,变得越来越重要,这个概念看似与其主要提倡者穆特修斯的"机器风格"（Maschinenstil）相连,但实际这一概念的最初提出和逐步深化与对风土建筑的反思和提取密不可分,穆特修斯对此的发现和演绎,其灵感正是鉴于他个人对英国风土建筑的长时段考察。

首先,我们来看一下这一术语的定义。"Sachlichkeit"的解释一般为"实事求是的精神",意味着注重实际,注重客观性。穆特修斯称赞英国风土建筑和工艺品具有这种"实事求是的精神",他在探讨新的"机器风格"时,展现的是对于严肃淳朴合乎科学原理"实事求是的精神"的学习。提倡学习英国的民间住宅,学习它们按照使用要求来选择形

---

① [德]海因里希·沃尔夫林.文艺复兴与巴洛克[M].沈莹,译.上海：上海人民出版社,2007.

② Wilhelm Pinder. Das Problem der Generation in der Kunstgeschichte Europas[M]. Berlin：Frankfurter Verlagsanstalt,Nachdruck Köln,1949.

③ 作为对风土建筑与现代运动之间紧密联系的重要解析,在《现代设计的先驱者》中佩夫斯纳曾经肯定过英国乡村的风土建筑对英国工艺美术运动以及随后的现代运动作出的贡献,但他认为风土建筑的影响总体而言是有限的。"风土建筑帮助扫清19世纪历史主义复兴风格引起的美学混乱,并且因此为现代功能主义奠定了基础……""现代主义中风土的角色是转瞬即逝的,风土随着更高程度的现代主义的发展,停止了其重大的作用。"佩夫斯纳的结论似乎忽视了将风土建筑的纯粹形式引向严谨的现代主义抽象这一过程中,建筑师们具有的持续向风土建筑学习的内在动力。即使其下一阶段的写作更多的集中于如画与英国性的关系,暂时不再继续追查这一历史线索,佩夫斯纳的观察仍然具有启发性。参见 Maiken Umbach and Bernd Hüppauf（eds.）. Vernacular Modernism：Heimat,Globalization,and the Built Environment[M]. Stanford,CA：Stanford University Press,2005：13.

式,浸润于这一精神,建筑物和制造产品将表现出"来自适用性和简练性的干净的雅致"①。受其影响,其他文化领域的众多人物也展开对"实事求是的精神"的追求。②

实际上,在 1890 年间,对于"客观性"价值的高评价在德国已经是一种"定论"。在德国,建筑理论的主导性学派倡导现实主义与客观性,这一现象的形成最早从森佩尔开始,由包括霍夫曼、瓦格纳(Otto Wagner,1841—1918)、施特赖特尔(Richard Streitter,1864—1912)等人推动。最先提出客观性这一概念的并不是穆特修斯,而是作家施特赖特尔,1896 年他在《慕尼黑笔记》(*Aus München*)中定义了"现实主义"这个概念,引出了"Sachlichkeit":

> 建筑中的现实主义是在建造一座建筑物时最大限度地考虑到现实的条件,考虑到最完美的实现功能、舒适与健康的要求——一句话,Sachlichkeit(客观性)。但这还不是全部。正如诗歌的现实主义要考虑到角色与他们所处环境的关系,建筑的现实主义也要将发展一座建筑物的性格看作是艺术真实性,而建筑不仅基于它的用途,而且基于它的环境、本地建筑材料、景观与该地区的历史特征。③

施特赖特尔将现实主义的界定指向了客观性,这个德语词汇一般而言对应的英文是 Objectivity(客观性)。但在这里,德文的"Sachlichkeit"指的是使用最为简单的手段完美的实现目标。即若有这个时代,比其他时代更易于接受建筑与实用艺术中的艺术真实、简洁,以及客观性的基本原理——即以最简单的手段完美实现目的——那么这个时代就是"我们"的时代。当代西方建筑史家马尔格雷夫(Harry Francis Mallgrave)对此术语论证说,在德国建筑理论中,"Sachlichkeit"这一术语在接下来的几年中可以替代"现实主义"(Realism)一词,两者含义完全一样。④ 建筑学背景的穆特修斯遵循施特赖特尔的思路,进一步以建筑学的视角将常识和实用性归入在"Sachlichkeit"概念之下。

1896 年,35 岁的穆特修斯自德国前往伦敦研究英格兰装饰艺术和住宅,这段研究经历延续到 1903 年,有 8 年之久(图 3.15)。1904 年开始,穆特修斯通过对英国风土建筑长时间的观察,出版了《英国住宅》(*Das englische Haus*),该书将 1860—

---

① Hermann Muthesius. Kunst und Maschine[J]. Dekorative Kunst,1901—2(ix):141.
② 佩夫斯纳的著作并未过多论述英国风土建筑的考察经历对穆特修斯提出客观性理念的影响,参见 Nikolaus Pevsner. Pioneers of Modern Design:From William Morris to Walter Gropius[M]. London:Penguin Books,1975. 关于穆特修斯的英文研究较少,除了佩夫斯纳的英文名篇,还有班纳姆的《第一机械时代的理论和设计》(London,1960),以及 Julius Posener. From Schinkel to the Bauhaus[M]. London:Architectural Association Publications,1972.
③ [美]H. F. 马尔格雷夫. 现代建筑理论的历史,1673—1968[M]. 陈平,译. 北京:北京大学出版社,2017:309.
④ 这一观点发表于 H. F. 马尔格雷夫的《从现实主义到客观性:1890 年代建筑现代性论争》,收入《奥托·瓦格纳》一书。参见 H. F. 马尔格雷夫. 现代建筑理论的历史,1673—1968[M]. 陈平,译. 北京:北京大学出版社,2017:309.

1900 年间的英国风土住宅做了研究、分类、标注(图 3.16)。在该书"风雅建筑与风土建筑"一节中,穆特修斯以一种"当下化""具体化"的思辨视角"识别"出了过往不为人注意的风土建筑对立于风雅建筑的优点。

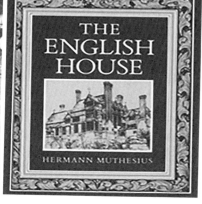

图 3.15 穆特修斯在伦敦(The Priory,Hammersmith,London,1896) 来源:Architectural Association Publications

图 3.16 穆特修斯《英国住宅》英文版 来源:Architectural Association Publications

现在我们跨出的一步在很多方面尤为重要。当我们思考传统建筑的时候,我们常常忘记了风雅建筑(fine architecture)——自文艺复兴起由专业的建筑师实践之外还有大量不由建筑师建造的民间建筑。这类建筑以一种隐名的方式将工匠的技艺一代代延续,代表着当地的传统。当地工匠较少受到时下风格的影响,并且他们的设计更多地受到业主的经济能力或者生活习俗上的约束。不过即使如此,文艺复兴的风雅建筑风格依然会渗透到这类建筑里,并且原本的豪华感被他们简括约取。直到 18 世纪文艺复兴式线脚和经典的柱子檐部才完全代替不愿消散的哥特记忆,并被每一个英国工匠熟知。情况一直延续到 19 世纪,但是这种对于形式的熟悉由于行会的停止中断了实践,工匠头被开发者代替。结果是,一方面经过专业训练的建筑师数量增长,另一方面中产阶级的数量也在扩大,建筑师被任命设计小型的建筑,建筑师开始熟悉这一设计,还带来了想要在小型建筑物上实现纪念性效果的雄心,这造成了上个世纪建筑师的本质性失败。今天的小型建筑物的特征来源于行会的工匠头,他们现在消失了,一起消失的还有稳固的传统,他们被代之以专业建筑师,也更多是被开发者自己代替。①

---

① Hermann Muthesius. The English House[M]. Janet Seligman(trans.). New York:Rizzoli,1987:15.

随后,穆特修斯进一步概括了风土建筑包含的现代基因,并对当前的设计转换做了如下建议:

> 在英格兰,这种(对风土建筑的)发现早就发生于19世纪60年代,而且可以说这一发现直接主导了住宅建筑的辉煌发展。在英国,风土建筑也曾是被漠视的,就像曾经的意大利风格占主要地位时,哥特风格是被轻视的状况一样。然而这类建筑与生俱来的艺术魅力现在被重新认识到了,并且它的内质使其成为小型的现代房屋的原型。它们具有所有我们一直追寻和渴望的东西:简洁的风格,耐久的结构,采用自然的形式而不是古代的建筑形式,既理性又实际的设计,适宜的房间形状,和谐的颜色搭配,这些都是长久以来基于本土条件有机发展出来的。[①]

《英国住宅》犹如播下思辨的种子,风土建筑被认为是现代设计的学习对象,代表新的自由建筑(free architecture),或者指向房屋(building)的设计思维,更进一步地看,显示穆特修斯将房屋(building)从建筑(Architecture,大写的A)中解除束缚的雄心。该书列举了大量实例,提出对于菲利普·韦伯(Philip Webb),诺曼·肖(Norman Shaw),以及沃伊齐(Charles. F. A Voysey)等许多善于展现风土思维痕迹的建筑师来说,住宅的平面布置比立面具有更为重要的意义,他们更现实的关心内部使用流线,房间的不同形状和特质,每一处房间在整座住宅中的独特位置,以及每处房间与外部景观的独立关系等(图3.17)。这一代建筑师自己并没有去溯源中世纪以及都铎时期的风土建筑与现代设计思想萌芽的关系,是来自国外的穆特修斯从"客观性"的思维角度"发现"了英国建筑。[②]

---

① Hermann Muthesius. The English House[M]. Janet Seligman(trans.). New York:Rizzoli,1987:15.穆特修斯的《英国住宅》德文版出版于1904—1905年间,分为两卷,参见 Hermann Muthesius. Das englische Haus:Entwicklung, Bedingungen, Anlage, Aufbau, Einrichtung und Innenraum[M]. Berlin:E. Wasmuth,1904—1905. 75年后这本书第一次在英国出版,长时间的延搁并不意味着穆特修斯的研究主题——1860—1900年间的英国住宅已经被英国的研究者熟悉。实际上,穆特修斯研究的这一时段的住宅是一直未被足够重视的对象。这种忽视以一种历史性的原因来看,理查德·莱塞拜(Richard Lethaby)在1915年就已经指出:"……1900年左右,德国政府任命一位建筑专家作为大使前往伦敦,赫尔曼·穆特修斯,本要成为一名历史学家——他以德语研究了英国的自由建筑。所有的建筑师,只要是建造完成作品的,都被穆特修斯研究、分类、标注而且我得说,被理解了。然后,就在我们的英国建筑将要变为真实的时候,或者说越来越近真实的时候,出现了一种退缩的反应,从所有这些风格图录里,旧风格又主导实践了。"参见 Julius Posener 撰写的英文版《英国住宅》前言,引自 Hermann Muthesius. The English House. Janet Seligman(trans.). New York:Rizzoli,1987:ix.

② 穆特修斯十分喜爱英国中产阶级的生活习俗,赞赏英国城镇和乡村生活的结合。他认为周末的乡村生活是理想的休憩方式,且具有经济效益。他把这种方式与欧洲大陆习惯在剧院和赛马会的度假方式比较,指出英国的生活方式有更宽广的视野。认为英国乡村建筑比起城镇建筑更有价值,因其包含着理想的生活图景,且就建筑学而言,也是前者更有价值些。穆特修斯在这本书宣扬的功能或者有机原则,在20世纪20年代被雨果·哈林(Hugo Häring)和汉斯·夏隆(Hans Scharoun)等人继承,他们也不称自己的实践是建筑(Architecture,大写的A)而是新的房屋建造方式(Das neue Bauen)。参见 Hermann Muthesius. The English House. Janet Seligman(trans.). New York:Rizzoli,1987:ix.

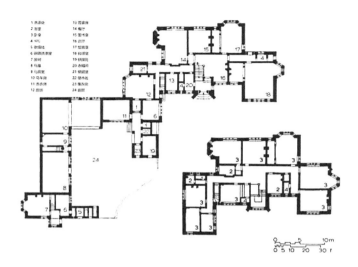

图 3.17　穆特修斯《英国住宅》使用的平面实例之一：埃德加·伍德（Edgar Wood）设计的爱德格顿住宅（House at Edgerton, nr Huddersfield, Yorkshire）　来源：Architectural Association Publications

　　虽然认同英国建筑师的住宅设计方式，但是针对莫里斯等人致力于抵抗机械工业化生产的恶俗和对应的装饰设计潮流，试图复活拥有如同中世纪时代一般良好趣味的精致手工艺，穆特修斯却不以为然。具有思辨力的穆特修斯充分调动了对英国风土建筑的研究积累，观察到风土建筑的价值在于其组织结构上的理性思维方式，从而在新观念建构上另辟蹊径。

　　1902 年，在《风格建筑和房屋建造术》（*Stilarchitektur und Baukunst*）一文中，穆特修斯推出了自己的思考。他提出，19 世纪的大多数德语写作中采用的是德语词 Baukunst（建造）而不是源于希腊语和拉丁语的 Architektur（建筑）。因为前者是更为实在的德语"建造"，而后者是具有"风格"的高级艺术（换句话说，是强加的、外来的、折中的）。Baukunst（建造）意味着建筑物应当是以一种不装腔作势的、现实的或者客观的方式建造。通过对于砖的历史的回顾，穆特修斯提出，希腊式和哥特式是两种"正宗"的风格，文艺复兴风格则是"人为培育的""优秀艺术的苍白映像"。这种风格很"糟糕"，因为文艺复兴风格作为一种为精英群体服务的艺术，取代了"民风"的哥特式艺术，离开了大众这一滋生 Baukunst（建造）的土壤。18 世纪早期，市民曾试图革新，但是 18 世纪中叶新古典主义兴起，引起的混乱导致了浪漫主义，浪漫主义又导致了哥特复兴运动。哥特风格的推崇者，如维奥莱·勒—杜克和莫里斯，具有"构造感受力"以及"工艺性、合理性与真诚性"，应当受到推崇，另一方面，辅以机器的手工艺传统衰落了。新艺术运动（Art Nouveau）这类保存装饰和制造工艺的保守转换对英国的现代设计发展的影响力十分有限,因此需要以一种正如其德国同辈和先驱辛克尔的方式,从风土建筑上发展德国的客观性概念,达成一种迥异于英国的建筑发展,用以引导一场新的德国运动——将前工业时代的风土建筑的特性诠释为符合工业时代建筑大量生产的社会性要求。因此,现在的客观性需转化为一种新的理论支撑,作为新的概念和装饰艺术的对立面,客观性以无装饰、单纯明快且实用的倾向为目标,提倡对事物合目的性和合规律性的整合与平衡。

总之,这是一套适应于 20 世纪而制定的诸多新的纲领,建筑现在位于一个新时期的门槛之上,不管是对各种风格的利用还是将现代植物纹样与树苗母题贴到古老肌体之上,所有"高级"建筑的生产都失败了,因此现在与艺术的生产创造都应提倡"客观性":

> 在这里我们注意到了一种严谨的,可以说是科学的客观性(Sachlichkeit);对于一切肤浅装饰形式的戒除;一种严格遵循作品应满足之目的的设计。①

刚开始,穆特修斯所提倡的客观性并没有提倡纯工业化设计,在关于客观性设计的看法上,穆特修斯表现出了一种"游移性"。一方面如施特赖特尔称之为构造"客观性",另一方面是更具大众特点的、平实的,但满足情感需求的、日常生活中的建造艺术。如果就穆特修斯 1902 年对客观性和施特赖特尔 1896 年关于现实主义以及由此引出的客观性的定义进行对照,我们可以看到两者有某种一致和接续性。穆特修斯将在英国体会到的风土民居的现实态度与良好趣味注入到了客观性的理解中,使得客观性一开始的"游移性"与风土建筑的"环境-文化"的双重性有着某种呼应,或者说,其理论内质可贵的具有拓宽建筑师对风土建筑完整价值认知的双重性。

### 结合社会新语境下的客观性演化

1907 年,慕尼黑建立了德意志制造联盟,意图将艺术家和工业家联合起来。从英国回到德国的穆特修斯在 1908 年选入委员会,该职务延续到 1914 年。在 1911 年德意志制造联盟的年会上,穆特修斯发表了一场著名的演讲。这篇演讲以《我们置身何处》(Wo stehen wir)为题发表在次年的联盟年鉴(Werkbund Almanach)中。同时也被立即刊登在 1911 年的《建筑评论》(Architektonische Rundschau)上,题为"建筑形式的意义"(Die Bedeutung des architektonischen Formgefühls)。穆特修斯此时认为机器生产的产品只能是未加装饰的实用形式(Sachform),以此作为一种机器完美生产的特殊形式。

在这个时期,"Sachform"这一在 19 世纪 90 年代开始经常出现在穆特修斯的论

---

① Hermann Muthesius. Stilarchitektur und Baukunst:Wandlungen der Architektur im XIX. Johrhundert und ihr heutiger Stand punkt,Mülhn-ruhr,Germany:Schimmelpfeng,1902. H. F.马尔格雷夫.现代建筑理论的历史,1673—1968[M].陈平,译.北京:北京大学出版社,2017:308.

述中的词，与他所定义的口号客观性显示了直接关联。这个词的词根不仅包含
"Sache"（物象），或者"thing"（物），还要理解的是，作为形容词的"实事求是的"
（sachlich）指一个物体（object）的呈现，这和"物象"（Sache）很接近，也和朴素性
（Simplicity）有一定的重叠，Sache 和 Sachform 在词法中都存在。随后，在穆特修斯
为大规模生产进行辩护时，他的 Sachform 说法变成了"Grundform"，带有"本质"和
"原型"的形式意味。

　　穆特修斯同文化领域的联系不只客观性。在 Sachlichkeit 和实用形式
（Sachform）之外，他还使用"Grundform"和"Typisierung"等术语，这并非他自己的
臆造，而是接续沃尔夫林和森佩尔的理论，这些术语实质所构筑的学术共同体，使得
他们的学术观点具有延续性。甚至可以推测穆特修斯正是依靠这些哲学术语，使他
的观点在当代的讨论中变得愈发重要。①

　　但是德意志制造联盟本身就是由和手工业作品相关联的人士聚集而成的，而并
非是支持用机械制造建筑或者是工艺品，向着工业化生产方向前进的组织，所以，停
留在个别文化范畴的讨论是 1914 年大会为止的德国所能到达的极限。穆特修斯此
后接受机器的先锋态度遭到德意志制造联盟成员的质疑，穆特修斯则按照自己在英
国的风土建筑体验和客观性推行他的工作。他的构造美学观不仅源自工业，也源自
更早的 19 世纪工艺美术运动以及其他改革运动，后续其接受机器的态度不如说是因
为其哲学态度本身就包含对于"务实"态度的偏好。因此在这个基础上他提出建筑
的中心任务是创造"无装饰的实用形式"，机器为其奠定基础。在同盟为德国工艺厂
（German Werkstätten）赫勒劳花园城
（Hellerau）中，穆特修斯设计的带花园
的联排别墅，却奇异地反映了英国风土
建筑视觉经验对他的影响，建筑包含灰
泥三角墙与红瓦顶、油漆窗户与百叶窗
以及白色木栅栏，山墙高耸，简洁的细
部和自然的形式透出某种纯朴感
（图 3.18）。穆特修斯为其理性维度十分
出色的客观性纲领所找的形式语言，却
表现为将英格兰的山墙形式与德国本
土的规划结合起来，呈现出一种单纯明

图 3.18　穆特修斯的赫勒劳花园联排别墅（1910）
来源：Harry Francis Mallgrave

---

①　Alina Payne. From Ornament to Object：Genealogies of Architectural Modernism［M］. New Haven and London：Yale University Press，2012.

快又十分优雅的乡土文化性。

如果把这种形式上十分矛盾的乡土文化性与穆特修斯的早期文本做比较,可以推进理解穆特修斯对于地方手工艺理想式微的反思,让我们再次回到《英国住宅》里,在"风土建筑作为现代小型房屋的原型"一节中穆特修斯写道:

> 这得归功于英格兰——但也不能被过誉——逃离困局并且在这个岛屿上发展出新的建筑。这种"逃脱"归因于建筑师再次发现了传统工匠的价值:他们把风雅建筑的建议放到一边,开始像老工匠那样单纯而理性地设计建造。今天看来这种想法很好理解,但是在那个时候是如此遥远,以至于这种回归还得催生一场艺术革命。为了达成这种目标,两方面的认知形成了:第一,过去的建筑实践是错误的;第二,行会工匠的传统房屋比起以风雅建筑的简化原则设计均质的新建筑来说,更为高贵和诚实。简而言之,风土建筑的美长期以来是被建筑师忽视的,现在被重现发现了。回到德国我们会看到出现了一种总体性的复兴,意识到那些小型的——比如农民房屋或者小型城镇房屋的美,其实这也是新发生的现象。就是在最近我们才开始发现,一处乡村街道或者城镇的建筑群具有魅力,它们刚开始被研究并且影响当下的建筑,而目前的建筑学还依然处于被宏大风格主导的阶段里。建筑师刚刚开始意识到他们在小型建筑上实现纪念性风格是一种失败的经验。

英国工艺美术运动下的建筑与家居对于穆特修斯而言,证明了优良的工艺和设计是工业化生产的基础,但是穆特修斯仍然反对保守的艺术家和工艺者集团,最终选择了批量生产,将"客观性"进一步现实化。但即使如此,在更为严苛的评判下,理论维度上非常出色的穆特修斯的客观性并未真正发展出强有力的、更具有辨识度的形式语言。1910 年左右,德国兴起新古典主义运动(Beidermeier Revival),提倡将古典灵感作为建筑实践的出发点,围绕客观性形成了对立运动。穆特修斯则进一步发展出工业美学式的"定型"(Typisierung),认为建筑以及德意志制造联盟整个创造性的活动,就是致力于发展出各种定型,只有这样,建筑才能再次获得它在和谐文化中曾拥有过的普遍意义。1914 年 7 月德意志制造联盟大会召开,穆特修斯在就"定型"的黑格尔式时代精神目的论展开与格罗皮乌斯、凡·德·维尔德等人的争论,因为获得德国商业部出于定型化生产有利于国家贸易考虑下的支持而"获胜",但是就在同月爆发了第一次世界大战,关于客观性进一步形式语言的探索也因战争宣告休止。一言以贯之,穆特修斯是现代主义能够迅猛发展、最终获胜的重要媒介人物,而他最为重要的理论工具便是客观性,而这一概念的成熟来自他最初对英国风土建筑的"发现"。

### 客观性的演变结果与最初风土线索的比照

伴随着第一次世界大战战败带来的政治危机和经济混乱,1923 年的魏玛共和国正处于政治、经济等社会发展的拐点。新客观性(Neue Sachlichkeit)兴起，部分继承了战前的客观性，进一步追求工业美学的发展，德国也将学习对象从战前的英国转变为战后的美国，崇尚更为高度发展的工业文明，这背后的原因是以第一次世界大战为界，世界上工业最发达的国家从英国变成了美国。新客观性的主张者们认为纽约或芝加哥代表未来，柏林代表现在，而巴黎代表过去。他们对世界潮流的新动向进行了考虑，比如观察了电影、产业组织、工厂、仓库等的"芝加哥化"，以纽约的摩天大楼为开端、无装饰的办公楼被作为"适应商业欲求的机器"等。而格罗皮乌斯等人主张的功能主义、柯布西耶的城市规划理论，以及魏森霍夫实验住宅区(Weissenhof)则被视作新客观性的序幕。与辛克尔和穆特修斯的时期相比，从手工艺指向的前期到工业指向的包豪斯自身的变化上看，就能理解从建筑界开始的艺术运动为何和社会动向的连接总是如此之紧密，这些现代建筑活动家们提倡"从个别文化的客观性走向作为普遍文明的客观性"。①

客观性与新客观性的对比之下有着哲学立场的区别，后者其实几乎完全属于20世纪20年代。新客观性倡导的艺术现实性已经不同于客观性，新客观性特别强调的是"不动情"的极端理性态度。"正是对于对象的真实再现，构成了对非再现性艺术的对抗，即在屈从于现代文明的思想和精神条件之下以'冷静之眼'来操作，其目标就是要故意培养不动情的状态。"②这种新客观性跟20世纪初，客观性从风土建筑中吸取的对于性格和文化氛围的关照相比，形成了一种完全不同的感知。回头看时，"客观性"这个词在诞生之初，身上本就还有两个哲学引申：存在"纯-客观性"的提法，多多少少堪比功能主义的提法；还有一种是"伪-客观性"，指向一种自我强加的历史决定论背后的客观状态，即艺术吸纳于一种黑格尔式的历史哲学，这种艺术态度似乎不食人间烟火，试图用神智论的绝对主义去追求"真"。在20世纪初年，伪-客观性的发展意味着把建筑弄成机器般的抽象标志化，不可避免地会导向机器风格，因而这种伪-客观性不再具有1900年时穆特修斯等人初步提出客观性时倡导的意思。伪-客观性对于美与需要、形式与功能、艺术与生活并未统一，而是把前者当成了后

---

① 参见铃木一.近代建筑の展开とその社会-新即物主义とバウハウスにおける思想の展开プロセス[M].日本建筑学会论文集第336号,1984.在日本将Sachlichkeit翻译为"即物"，日语对"即物"这个词的翻译除了客观的[そくぶつてき]就事论事的意思之外，还翻译成即事的[そくじてき]，在中国台湾除了沿用客观的也会将其翻译成"切事的"。1925年在Mannheim美术馆举办Neue Sachlichkeit展览会。20世纪30年代"新客观性"被引入日本诗坛，也延伸到了绘画，建筑等领域的广义的探讨，到了60年代由笠诗社透过日文翻译引入中国台湾，欲透过客观性的表现冷静的描写事物的本质。昭和初期的村野四郎创办了"新客观性文学"，在日本村野四郎最早接受新客观主义这个德国艺术流派，其实验性诗集《体操诗集》完成于1939年。

② "The aim is the deliberate cultivation of the unsentimental."参见 Julius Meier-Graefe. A Modern Milieu [M]. edited，translated，and with an Epilogue by Markus Breitscmid and Harry Francis Mallgrave. Blacksburg：Virginia Tech Architecture Publications，2007：50－66.

者,这一态度与 20 世纪 20 年代所谓的"新客观性"具有共同点:"伪-客观性的新艺术以及 10 年之后跟进的新客观性,看上去都是建筑生产的贫瘠和简化,艺术和建筑的世界进入到一个穷人政治的阶段。"①

那么"纯-客观性"是什么呢,迈耶-格拉夫(Julius Meier-Grafe)提出此概念中关键的特征在于"**良好的格调和健康的常识感**",这一定义形成了对于延续风土建筑早期客观性价值最为重要的贡献,也可以说是穆特修斯最初从英国风土建筑的研究中所吸收到的关于地域性格和风土氛围所指引的那个"客观性"(图 3.19)。迈耶-格拉夫撰文评论的是阿尔弗雷德·沃尔特·海梅尔(Alfred Walter Heymel)位于慕尼黑的公寓的室内设计,这篇文章从历史学的角度看至为重要,针对公寓设计新近发现的"简洁感",迈耶-格拉夫写道,"在各处都存在着良好格调和健康常识感的原则。这是持久的印象,具有重要的文化意义。这里,我们看到,并不需要无限深刻的艺术或是不惜一切代价的现代主义才能创造出一种适宜的环境,就像我们运动的领军艺术家们想要我们相信的那样。这些人,无一例外,都能从简朴的设计中学到很多东西,特别是最佳的现代原则——人们无须太艺术,也能变成艺术家"②(图 3.20)。

图 3.19  穆特修斯《英国住宅》拍摄的炉边空间,乔治·瓦尔顿(George Walton)设计的邓布兰住宅内(House at Dunblane, Scotland) 来源:Architectural Association Publications

图 3.20  阿尔弗雷德·沃尔特·海梅尔在慕尼黑的寓所室内  来源:Julius Meier-Grafe

迈耶-格拉夫在这里用了"可以居住"的说法,暗示着只有真正的现代生活才可以

---

① Julius Meier-Graefe. A Modern Milieu[M]. edited, translated, and with an Epilogue by Markus Breitscmid and Harry Francis Mallgrave. Blacksburg:Virginia Tech Architecture Publications,2007:50-66.
② Ibid.

取得真实生活的氛围、情绪和品格。建筑的客观性艺术里最需要的是散淡
(Lassiliche)，即带有漠然意思的随性，就如尼采的说法："一件艺术作品，作为健康的
表达，只能来自创作者使用了四分之三气力的时候。另一方面，如果创造者使出超
出能力边界的气力的话，艺术作品将会吓到观者，因为它的紧张引起焦虑。所有的
好东西都有着某种对于自身的不在意，就像牛在草地上那样的散淡。"①

尼采所言的"牛在草地上"的散淡感，对应于建筑，即呈现神采奕奕之感，华丽或
者简朴，不管其建造逻辑如何，总是有着直线语言、简单的体块、安静的表面。当迈
耶-格拉夫描述寓所的布置时，例如扶手椅的设计，人们的确有种尼采所言的"牛在草
地上"的散淡感。"肯定，在那里，我们不会体会到贝伦斯(Peter Behrens)达姆斯塔德
(Darmstadt)自宅里的那种紧张，那种总是把一切置放到空间的抽象和绝对深处去
的紧张"，迈耶-格拉夫以此有力地反驳了继穆特修斯之后，贝伦斯的抽象古典化所陷
入的机械性，实际上也告诉了我们什么是客观性中最初的"纯-客观性"，而这一对应
于风土建筑的价值，是由穆特修斯开启的风土建筑在早期现代运动中极为有力的现
代阐释和关键价值。

让我们将经历再次反思后的纯-客观
性与穆特修斯最初的《英国住宅》比照，无
论是文本还是图像，都多少显示了比如炉
边(ingle-nook)这一风土建筑的重要母题
在穆特修斯最初对于风土建筑的观察与今
日对客观性反思之间并未中断的联系，这
一打通概念自我演进的向度或许便是风土
建筑带给人的适宜感受——舒适性
(图 3.21)。在《英国住宅》"风土住宅的特
征"一节中穆特修斯写道：

图 3.21　穆特修斯《英国住宅》拍摄的一处风
土住宅舒适的窗台设计　来源：Architectural
Association Publications

　　在伦敦周边，这一运动开始兴起，
这些建筑大部分都是单纯的砖砌房
屋，这一建造工艺来自荷兰，红色的挂瓦屋面，铅条或者木框架的窗户，窗带本
身很小也很低，或者从墙面成间的延伸出来，窗框常漆上白色，有高耸的烟囱
垛，非常醒目犹如高塔。半木构半敷泥的住宅也很常见(图 3.22)，挂瓦的三角
屋顶则是典型，使得整个顶层常处于屋顶挂瓦层内(图 3.23)。内部十分简洁，

①　Julius Meier-Graefe. A Modern Milieu[M]. edited，translated，and with an Epilogue by Markus Breitscmid
　　and Harry Francis Mallgrave. Blacksburg：Virginia Tech Architecture Publications，2007：50 - 66.

往往有非常舒适的火炉,从外部看突出于建筑的外墙面(图3.24)。这形成了特别的炉边空间,长边布置着火炉。其他两边则有两扇小窗户直接引入光线照到

图3.22 穆特修斯《英国住宅》拍摄的一处风土住宅(Hollingbourne,Kent)

图3.23 穆特修斯《英国住宅》一处挂瓦风土住宅(Tenterden,Kent)

图3.24 穆特修斯《英国住宅》一处风土住宅突出于外墙的火炉和烟囱(Tillington,Sussex)

图3.22—图3.24 来源:Architectural Association Publications

火炉边的座椅上。炉边(ingle-nook)成为英格兰风土住宅最为首要的母题,并且持续了好几十年。这些英国下层人士和劳动者的普通住宅并非没有价值,相反,它们对英国的艺术带来了很深的影响,这种情形在其他国家也是如此。我们德国的风土住宅或许还更有想象力,甚至更有诗意和美好的氛围,如果我们能够真正重视它们的话,这些日常建筑上的复兴可以带来奇迹。①

西方建筑师自 19 世纪初起持续的研究风土建筑,形成了对立于现代运动主流的暗流涌动的状态②。现代建筑的新美学建构中一端是对几何与逻辑范畴中抽象组织原则的崇拜;一端则是视觉上追求纷繁复杂的愉悦感,即一种更为持久的对于不可化约的(irreducible)、不安分的灵感的追求。风土建筑仿佛是一个具有特殊疗效的万灵药,解决了建筑师群体在文化转换时期建筑立场上的二律背反,这也是风土建筑所具有的"环境-文化"的两分本质带来的结果。一方面,风土建筑的价值指向理性向度,包括因应环境,注重功能,紧密联系实际需要,满足舒适感需要,遵守当地建造传统和材料等朴素的理性主义立场;另一方面,风土建筑的价值指向感性向度,包括复杂的仪式要素,反映文化传统,顺应历史积淀,展现了当地人浸润于图腾心理,敬畏营造禁忌和神秘节庆风俗等永恒的情感化需要。在正要步入现代的文化转换时期,这种二律背反的消解方式本质上是一种深刻的价值阐释和自发的择取、修正过程,但是这种可贵的"双重性"因为社会语境的激烈转换,在现代运动早期转瞬即逝了。经历了几十年的发展,这两种背反的价值向度又再度结合于风土建筑,通过鲁道夫斯基在 1964 年的"没有建筑师的建筑"展览凸显为现代建筑进程的重要转折时刻,在新工业时代里修正和竖立起了对风土建筑全新的价值认知,这一风土"伏笔"的长久埋置,作为主流建筑史叙述下的一脉暗流,逐渐壮大和拓宽,导向对完整现代性的诠释③。而风土与现代之间宏大观念从片面走向修正与扩充的那一历史性运作,与客观性这个细微的概念本身经历的源起风土,"二战"前现实化,以及"二战"后回归的那一历程之间的确有某种呼应的关系。

　　如前所述,佩夫斯纳在《现代设计的先驱者》一书中的研究特别能代表几乎整个

①　Hermann Muthesius. The English House[M]. Janet Seligman(trans.). New York:Rizzoli, 1987:16 - 17.

②　H·R·希契柯克和菲利普·约翰逊的著作《国际式》(The International Style)对于柯布西耶建筑作品中包含的风土成分有所忽略,多少显示了以佩夫斯纳为代表的建筑史编纂者对建筑史学构建线索的主流见解。参见 Henry-Russell Hitchcock, Philip Johnson. The International Style [M]. New York:W. W. Norton, 1995:133.

③　建筑学产生过更为针对性的反思和补充,乌巴翰(Maiken Umbach)和休鲍福(Bernd Huppauf)在《风土现代主义:家园,全球化,以及建成环境》里指出,"当时的学者甚至潜在的想要逆转欧洲南部和北部之间的这股自文艺复兴就开始萌芽到 20 世纪形成的繁盛的交流状态。"参见 Maiken Umbach and Bernd Hüppauf (eds.). Vernacular Modernism:Heimat, Globalization, and the Built Environment[M]. Stanford, CA: Stanford University Press,2005:14.

现代建筑的历史学著作中,风土建筑被视为一种主流历史进程的旁系末流的见解。客观性这一概念的起源和发展中,风土建筑恰恰就是作为一个特别重要的灵感来源,风土建筑本身的"环境-文化"的两分性正好契合了现代主义完整性的内容,但如我们所见,佩夫斯纳在格罗皮乌斯和莫里斯之间所建立起的那条联系,其实也并非风土建筑,或许因为对于传统究竟能被现代主义者吸取多少养分这样一个过于庞大的话题,佩夫斯纳试图规避风土建筑这一包容性过于强的对象,转而通过新艺术运动这一具有时间性的特定局部运动——几乎同样是现代与传统之间两难性的合成物(换句话说,折中物)来构建一种合乎逻辑的历史解释以回应社会性诉求。

从今天来看,风土建筑的客观性应当包含着两层重要的意义,首先是回到建筑的基本要素的思考。其次是对于何谓真、何谓美的思辨。客观性所包含的"物的呈现"意味着,穆特修斯并非进行单纯的观念演练,而是提示一种"向风土建筑学习""回到原初"的设计态度,一种逐渐靠近事物本质的过程,直面现实的限制和条件,力求简素,在有限的条件中实现最大程度的功用与美观,并且不抛弃风土民居中的舒适性,这也是一种极为质朴和真诚的设计哲学,同时也可以被看作是一条看起来是"新"的,其实回到"原初"的设计道路,它的产生便是穆特修斯最初通过长时段考察英国风土建筑形成的那一发现,以及随之产生的学习和创造愿望。穆特修斯的客观性与风土建筑似乎可以达成一种现代的共识,那就是:它不是矫饰,也绝无伪装,它也并不为艺术而艺术,最后,它仅为存在而行动,这便是真正纯净而严谨的客观性。在这种思考中,并非一般意义上的保持客观,也不是希望创作出跟某个风土建筑长得一模一样的现代建筑来体现客观性,而是对建筑一系列限制条件的自身是否能够唤起主体性的思考,如果这些条件的自主性是存在的,那么在"还原"的过程中,世界一切存在的合规律性和合目的性会因为反省和思考逐渐呈现,艺术的本真也会得以自然产生。这也意味着从客观性上,结合风土对现代性的完整理解,可以进一步整合进风土建筑现代价值认知的理论体系中去。

## 二、勒·柯布西耶:三个风土原型命题

> 佩兰,我跟你说,我们这些文明中心的开化人,其实都是野蛮人。握你的手。
> ——夏尔-爱德华·让纳雷[①](1911)

勒·柯布西耶(Le Corbusier,1887—1965)作为现代运动的重要先驱之一,其先锋的建筑思想与极富创造力的建筑作品一直是学界的热点话题。在对柯布西耶大

---

① 夏尔-爱德华·让纳雷(Charles-Edouard Jeanneret)是柯布西耶的本名,引自柯布西耶1911年致信拉绍德封"艺术画室"友人雕塑家莱昂·佩兰(Leon Perrin),参见勒·柯布西耶.东方游记[M].管筱明,译.北京:北京联合出版公司,2018.

量的研究中,柯布西耶的风土命题是一个较为冷僻的角度,这位建筑大师与风土建筑的关系究竟如何? 后者对其思想和创作的影响在何处? 凡此种种依然是萦绕在我们脑海中的问题。专门就此话题展开的研究中,有许多具有深刻洞察力的成果,例如阿尔道夫·麦克斯·冯特(Adolf Max Vogt)等人的专著《勒·柯布西耶,高贵的野蛮人:现代主义的考古学》(*Le Corbusier，the Noble Savage: toward an Archaeology of Modernism*)①,弗兰切斯科·帕萨迪(Francesco Passanti)的《风土、现代主义与勒·柯布西耶》(*The Vernacular，Modernism，and Le Corbusier*)②,贝纳迪多·格拉瓦纽罗(Benedetto Gravagnuolo)《从辛克尔到勒·柯布西耶——现代建筑中的地中海神话》(*From Schinkel to Le Corbusier: The Myth of the Mediterranean in Modern Architecture*)③等,分别从风土原型(prototype)④、仪式空间、风土与现代等方面探讨了风土建筑和柯布西耶建筑思想的关系,大大拓宽了对于这一问题的理解,但也同时带来了更进一步的疑问:

首先,如果风土建筑与柯布西耶之间或隐或现的联系正处于不断被证明的历史性过程之中,那么在这一系列问题域中,柯布西耶对于风土建筑的价值挖掘最初是如何发生和发展的? 其次,如果上述线索本身就是需要被辨识和证明的,那么柯布西耶自隐晦向明朗的形式选择是否与其文化立场的拐点相符合? 他又是如何从新的文化立场出发创造新的形式语言? 最后,他对风土建筑价值的思考作为现代运动中坚人物的早期反思,今日重温其认知与践行该采用何种"批判性"的角度?

因此,接下来的专篇也将基于以上发问展开。我们将从柯布西耶青年时期对风土建筑认知积累的几个重要阶段开始,尝试对其日后复杂的文化立场取几缕根系作切片式分析,寻找其现代主义建筑实践中风土因子的最初来源,并将结合已有研究对其风土建筑的多种转译方式进行再阅读,在此基础上,综合其价值认知的发展和风土建筑原型

---

① Adolf Max Vogt. Le Corbusier，the Noble Savage：toward an Archaeology of Modernism[M]. Radka Donnell，trans. Massachusetts：The MIT Press，1998.

② Francesco Passanti. The Vernacular，Modernism，and Le Corbusier[J]. Journal of the Society of Architectural Historians，1997(4)，Vol. 56：438−451.

③ Benedetto Gravagnuolo. From Schinkel to Le Corbusier：The Myth of the Mediterranean in Modern Architecture[M]//Jean-Francois Lejeune，Michelangelo Sabatino. Modern Architecture and The Mediterranean：Vernacular Dialogues and Contested Identities. Routledge，2010.

④ 中文的"原型"一词在英文语境的 Archetype 与 Prototype 中存在更细微的差别。Archetype 一词源于古希腊语,Archetype 词根(Archein)意思是"起源的或者古老的",词根(Typos)则指"式样、模型或者类型",组合起来意为"最初的式样",心理学家荣格曾在讨论心理学时使用过 Archetype 的概念,指的是在人类进化过程中的以神话角色出现的基本人类形象,这种"原型"可以唤起人类深层次的感觉。Prototype 来源于希腊语 Prototupos,Proto-表示"原始的或最初的",tupos 指的是模型或者印记,指的是人类对世界进行范畴化的认知建立参照。Archetype 侧重于构成集体无意识的内容,侧重于文化心理,指向原始意象。Prototype 侧重于认知过程和创造心理方面的原型。

的适应性转化方式做初步分类,以引出柯布西耶对于风土建筑认知和转化的经验中,对现代进程曾有过的重要启示和修正。虽然对于希望多少消除解读柯布西耶复杂性的读者而言,这恐怕适得其反。但在今天,在一个风土价值的确立和特质转化变得无比紧迫和重要的国度里,不断寻找新的角度重温柯布西耶的相关认知和践行,有助于更好地理解柯布西耶完整的现代性思想,同时获得在工业时代吸收风土建筑设计资源的启示,而重溯柯布西耶的风土命题还能带来有别于传统柯布西耶话题研究的收获。

**风土中的行走**

柯布西耶对风土建筑的研究最初源于其青年时期在大量风土环境中的行走。可分为三个阶段:第一阶段,早年在拉绍德封(La Chaux-de-Fond)工艺美术学校求学期间前往意大利旅行。第二阶段,1911 年的"东方之旅"(Voyage d'Orient,中欧及巴尔干之旅,历时五个月)[①],分为文化(Culture)、民俗(Folk-lore)、工业(Industrie)的考察,包含了对大量风土建筑及传统街道长时间的视觉积累[②](图 3.25)。第三阶段,1933 年柯布西耶重游地中海,搭乘游轮从马赛到希腊旅行,青年时期的视觉记忆触发文化立场的结构性转变。

图 3.25　柯布西耶 1911 年 6 月拍摄的塞尔维亚风土建筑　来源:Le Corbusier Secret Photographer,Lars Müller Publishers,2013

柯布西耶对风土建筑最早的视觉积累可追溯至早年在拉绍德封工艺美术学校的求学经历,作为一名学习雕镂技术的学生,他曾前往意大利南部旅行,这是该校传统考察项目之一,目的是让学生感受自然环境中材料的肌理与颜色。1907 年,这位还未改名为"勒·柯布西耶"的 20 岁青年——夏尔-爱德华·让纳雷第一次前往意大利,随身带的枕边书籍是法文版的拉斯金著作《佛罗伦萨的早晨》(Les matins en Florence)以及希波吕忒·泰纳(Hippolyte Taine)的《意大利之旅》(Voyage d'Italie)[③]。年轻的让纳雷给他的老师查尔斯·拉普拉特涅(Charles L'Eplattenier)写信道:"现

---

①　1911 年 5 月,柯布西耶与朋友奥古斯特·克利普斯坦因(Auguste Klipstein)从德累斯顿出发,目的地是君士坦丁堡。至 10 月,游历了波西米亚、塞尔维亚、罗马尼亚、保加利亚、土耳其和希腊诸国,以及意大利。1965 年柯布西耶出版《东方之旅》(Le Voyage d'Orient)收录这一早年旅行经历中的所见所闻和速写,记录了柯布西耶成为建筑和画家的关键岁月。

②　柯布西耶在欧洲简图上将自己旅行中的视觉积累进行分类以 C F I 三个字母标记:C 为文化(Culture);F 为民俗(Folklore);I 为工业(Industrie),参见 Le Corbusier. L'Art décoratif d'Aujourd'hui[M]. Paris:Editions Crest,1925:210 – 211.

③　Le Corbusier. IL viaggio in Toscana(1907)[M]. Venezia:Cataloghi Marsilio, 1987.

在开始,我只与古代人交谈,古代人会回应那些知道如何向他们提问的人。"①这次意大利之旅,柯布西耶游历了意大利北部托斯卡纳地区,取道锡耶纳、博洛尼亚、帕多瓦,来到威尼斯。在意大利,柯布西耶获得了近距离观察古典建筑的机会,在自然环境中对光线下材料的颗粒与色泽有了直接的感受。也是这次意大利之旅,年轻的柯布西耶从拉斯金传授的从古典的浪漫教诲中出发,古与今的关系逐渐成为他个人思考的主题。

　　青年时期的意大利之旅提供给柯布西耶对于古典的初步观察,之后是柯布西耶更具有决定性的一段时期,长达 5 个月的"东方之旅",这场旅行包含对文化、民俗、工业各方面成果的考察,但最值得注意的部分是柯布西耶对风土民居长时间的大量学习和积累。24 岁的柯布西耶在 1911 年 5 月自德累斯顿出发,在巴尔干,土耳其和希腊的游历结束之后,同年 10 月到达那不勒斯,继续前往罗马、庞贝、佛罗伦萨等处。

　　在"东方之旅"中柯布西耶观察了大量典型的当地建筑,使用的是文化采风式的调查方式,从今天的角度看,可以认为柯布西耶的学习方式很"人类学",因为他不仅仅记录当地建筑和街道,还观察建筑所处的气候和地理情况,周围的景观、光线的变化等要素,甚至描绘风土环境中的当地工艺品,因此一切的建筑关联域都是他的兴趣所在。在匈牙利,他以速写记录围绕庭院的平面布局。在保加利亚的大特尔诺沃(Veliko Tarnovo),他记录了一座风土建筑中的窗户如何展开②。在罗马尼亚等地,他发现当地建筑在完工之后定期以明快的白色进行粉刷,这使得他十分惊讶。他这么记录:"只要血液年青,精神健康,正常的感觉就会肯定人生的各种权利。"③相比而言,纯粹记录建筑反而不是其兴趣最大所在,在巴尔干时他的速写量相比于他在庞贝记录建筑的数量相比(整个东方之旅共有整整 6 本速写和文字)略少,辅以大量的照片。他的 Cupido 80 相机在风土之旅中耗去了数百幅胶卷(图 3.26),除了照片,还有绘画、文字,笔记本上的一切显示了年轻的让纳雷广泛的兴趣,在村庄里看到的一只花瓶,人们的衣服、脸、身体等(图 3.27)。他所寻找的场所(Locus)是一种泛文化指向的世界,一种朝向他处的,同时自我依然在不断运作着的一系列思维运动。比如柯布西耶在塞尔维亚的照片记录了风土建筑、村庄中的街道及本地人。在匈牙利、保加利亚拍摄的照片则有女人、孩童和动物(图 3.28,图 3.29)。这些记录显示他正在认真体会居住文化和建造文化的关系。在他记录于巴尔干和土耳其沿线的笔

①　Charles-Edouard Jeanneret. Letter à L'Eplattenier. Vienna:Fons Le Corbusier of the Library of La Chaux-de-Fonds,1908. Translated by Benedetto Gravagnuolo.

②　"每幢房子都有一间正房;一眼宽度超过高度的大窗户,装着隔成小方格的玻璃,朝花园打开。并且,由于此城独特的地理位置,每眼窗户都可以看到一角陡峭的山峰和一线混黄的急流。房间不大,窗户占了一面墙,而且总是附带一个露台,悬垂在秘密匝匝的屋群之上。"参见勒·柯布西耶.东方游记[M].管筱明,译.北京:北京联合出版公司,2018."大特尔诺沃"一节。

③　Ivan Zaknic(ed.). Journey to the East[M]. Cambridge:The MIT Press,2007.

图 3.26　柯布西耶在"东方之旅"中使用的 Cupido 80 照相机　来源：Le Corbusier Secret Photographer，Lars Müller Publishers，2013

图 3.27　1911 年 6 月柯布西耶拍摄的塞尔维亚村庄小河边的男人和牲畜　来源：Le Corbusier Secret Photographer，Lars Müller Publishers，2013

图 3.28　1911 年 6 月柯布西耶拍摄的匈牙利包姚（Baja）的三名当地妇女　来源：Le Corbusier Secret Photographer，Lars Müller Publishers，2013

图 3.29　1911 年 6 月柯布西耶拍摄的保加利亚的一处乡村市场　来源：Le Corbusier Secret Photographer，Lars Müller Publishers，2013

记和照片中，他内心真正的感情，是有关于人民以及人民与那些来自他们之手的建成物（包含器物）的关联。在这一关联性的追寻之中，那种对于某种特定的建筑学的问题显得过于直接和不解决根本问题了。柯布西耶想要保留这种在风土民居中的深刻的"关联性"（Relation）①，将这种"问题意识"注入对于工业时代建筑的思考和实

———————————

① 拉斯金认为伟大艺术的三个标准在于真实、美、联系，拉斯金强调建筑的产生在于"联系"（Relation，或称为"关联性"），其思想在多大程度上给予柯布西耶以滋养，柯布西耶又如何在阅读拉斯金的基础上发展出自己？此说并无考证，但青年柯布西耶毕竟曾经是拉斯金著作的读者，或可借由下文的对照加以并置和思考。在《现代画家》第 1 卷中拉斯金将其对于艺术的认识归为 5 点，并围绕这一概念不断发展其美学体系："我认为愉悦的来源，或者说美好事物的来源，或者说来自艺术作品的要素可以归结为以下 5 点：
Ⅰ关于力量的思想——对于人精神或者身体上力量的观察，其观念在作品中体现。
Ⅱ关于模仿的思想——这一观察使得某一物模拟着另一物。
Ⅲ关于真实的思想——信奉关于事实性的陈述并使得这一观察在作品中显示。
Ⅳ关于美的思想——对于美的观察，不管是作品本身的展现，还是它将引发相类似的效果。
Ⅴ关于联系（Relation）的思想——作品展现出来的对于事物之间的智性联系，或者它引发或者相类似的效果。"（第 3 卷 93 页），参见 Edward Tyas Cook，Alexander Wedderburn. The Works of John Ruskin（Volume 3）[M]. London：George Allen，1903—1912：93.

践之中。因此,这注定将是完全对立于学院派的对于人类文化遗产的整体性的"再阅读",同时也实为一名"问题青年"叛逆之途的开始。

与此同时,柯布西耶目睹风土文化的消亡感到痛心,在巴尔干之旅中,他记录到当地人使用陶器的传统逐渐消失,人们更喜欢使用金属器皿,因为更不易损坏。他评论道:"人们不再为诗意的梦所停留。"在意大利,在他旅途的终点,他哀叹:"已经没有原初之物了。"但他最终的抉择是,面对工业化带来的破坏,不应在前现代文化的实物中寻找答案,因为它们比我们自己还要脆弱。[①]

柯布西耶在 1911 年 10 月结束了"东方之旅",1925 年,他在巴黎发表了一篇名为《自白》(Confession)的文章,表述了青年时期的旅行对他产生的意义:"今日装饰艺术中,考察古代遗迹的碎片对认知有决定性作用。"[②]但实际上,柯布西耶的研究并不是考古学式的兴趣,寻求将装饰特征在文献学中还原或对应,而是出于建筑学思考进行开放性的"重读"(re-reading),广泛地寻找历史与风土的经验为解答今天的设计问题服务,他几乎向一切事物学习。在他极为丰富的学习对象中,风土民居的建造细节也被看作历史资源的一部分被加以记录和揣摩。至此需进一步辨识的是对于柯布西耶而言,东方之旅的风土建筑的大量视觉积累带来的崭新创造。

首先,柯布西耶在旅行中学会了将古典建筑与风土建筑之间似乎存有的清晰边界打破。意大利与希腊给予他的教益也不止于古典,还有许多风土民居的灵光一现,大多数时候,这些速写并没有如他在欧洲简图上将自己旅行中的视觉积累进行的分类那样明确,文化、民俗、工业三个主题各为其主,这些速写的思想素材也是混合在一起的。以他在庞贝的速写为例,柯布以快速的笔触不失深刻的描绘了意大利民居的组合和构成,民居的藤架细节,位于高耸平台上的庞贝朱庇特神庙的石柱廊,拉塔里山脉轮廓下的柱子间距的节奏等(图 3.30,图 3.31)。在这些画作里,在古典传统的比例之外,柯布西耶敏感地注意到了许多延伸性范畴,包括景观、光线、气候这些自然要素,他的兴趣逐渐向具有"环境 - 文化"这一双重本质的风土建筑衍生。柯布西耶后期的画作将实际观察到的颜色和他想象的颜色融合在一起,显示出并非来自古典绘画传统,而恰恰来自风土建筑的抒情性感染力(图 3.32)。

---

① Ivan Zaknic(ed.). Journey to the East[M]. Cambridge:The MIT Press,2007.

② Le Corbusier. Confession[M]//Le Corbusier. The Decorative Art of Today. Cambridge:The MIT Press,1987:206 - 207.法文版参见 Le Corbusier. L'Art décoratif d'Aujourd'hui[M]. Paris:Editions Crest,1925:210 - 211.

图 3.30 柯布西耶在 1911 年"东方之旅"中记录的庞贝民居 Casa del Noce
来源：2009 Artists Rights Society（ARS），New York/ADAGP，Paris/FLC

图 3.31 柯布西耶在 1911 年的"东方之旅"中记录的庞贝重建的公共广场 来源：2009 Artists Rights Society（ARS），New York/ADAGP，Paris/FLC

图 3.32 柯布西耶 1955 年 2 月在马丁崖岬（Cap-Martin）海边完成的一幅对荷马史诗题材《伊利亚特》（Iliad）绘画的蜡笔改绘，表明现代巴黎与古希腊的对话"让我们去吧，让我们躺下品尝爱的美好"（Allons! Couchons-nous et goûtons le plaisir d'amour） 来源：2009 Artists Rights Society（ARS），New York/ADAGP，Paris/FLC

　　其次，柯布西耶在旅行中将风土建筑的特质转化为了一种设计资源。如同当时许多别的建筑师通过"壮游"进行泛地域化的学习一样，柯布西耶向过去学习，在他的旅行之中他为后来的理论和实践找到了形式上的解决方案，在大提尔诺沃所看到的窗户是他后来萨伏伊别墅水平长窗的来源，成为柯布西耶现代建筑作品的某种标志性特征。匈牙利风土民居中的庭院，他称之为"夏房"（summer rooms）即是萨伏伊别墅内向露台的基型。<sup>①</sup> 在柯布西耶青年时期的作品上,风土建筑的那段视觉积累一直以各种方式显示对柯布西耶的影响,我们可以从 29 岁的他离开家乡拉绍德封前最后一件作品施沃普住宅(Villa Shwob)与意大利文艺复兴时期住宅的关系开始阅读,到 1920—1930 年间的萨伏伊别墅(Villa Savoye)、斯坦因住宅(Villa Stein)中观察出来自地方建筑的白色体量,印证风土与现代的谱系关系,同时也会发现曼德洛夫人住宅(Villa de Mandrot)这一与萨伏伊别墅同期完成的设计如何接纳地方风土材料,而后来转化为混凝土拱这一原型出现于他在 1950 年的作品亚沃尔住宅(Maison Jaoul)之中。柯布西耶职业生涯后期的朗香教堂的形式受益于希腊圣托里尼(Santorini)的风土建筑,马赛公寓的屋顶花园雕塑般的建筑意象则受到希腊斯基洛斯岛屿(Island of Skyros)风土民居的启发。

最后,柯布西耶在旅行中内化了风土建筑带给他的滋养,这种无形的教益中包含文化与环境两个维度。要对风土建筑与场所的联系产生深刻的认识,并不源于古典建筑的理论框架之内,也不源于学院派的建筑练习,更多是通过亲身体会直接感受民居所包含的与风土环境丰富而深刻的关联性。在这场旅行中,因为柯布西耶亲身经历且长时段地在风土环境中行走,他学习到了真正触及风土民居"舒适性"的秘密所在,在此后的建筑实践中理解并转化风土建筑所具有的舒适感和特质,包括材料、尺度,以及更广阔的与此地人的所有深刻关联与传达方式。柯布西耶在旅行中显示出的并不纯粹是对建筑学的兴趣,也不纯粹是对一个人的故乡与文化传统的兴趣,他的兴趣还在于生成于风土环境中的建成物与工艺品,以及这种关联究竟产生于何种传统,以及面对工业化时代的挑战,分辨出哪些是"可变"的结构,哪些是"不变"的结构。而这种调查的真正起因在于柯布西耶对当时"现代"概念的怀疑,如何对待历史与当下,传统与现代的问题。在意大利之旅的开始阶段,陪伴他的曾是拉斯金的著作,最后他却从忧郁情绪中走了出来,迫切而明确地反对倒退的怀旧和模仿<sup>②</sup>。既不赞成抛弃历史的完全革新,也不赞成纯粹的复刻历史,这种文化立场的形成或许正是基于早年求学和旅行经历的视觉积累和思考,从那时起,古典与风土在他现代作品中的对应关系一直在延续,在危机时期的转折则成为现代运动至今一个未完成的主题。

---

① "那些院子,你可以把它们想象成一个个房间,夏日的房间,因为每座房屋都是等距离地靠在围墙上,只有连拱廊后面的正墙上开了窗户。这样一来,每座房屋就有了自己的院子,里面的私生活,就和艾玛修道院(La Chartreuse d'Ema)那些神父的花园一样舒适、隐秘。"参见勒·柯布西耶.东方游记[M].管筱明,译.北京:北京联合出版公司,2018."致拉绍德封'艺术画室'友人"一节。

② 1911 年柯布西耶曾在庞贝的笔记中提出现代进展中的丑陋(ugly progress)问题源于艺术品位的消退(Le Corbusier, note dated from Pompeii on October 8,1911)参见勒·柯布西耶.东方游记[M].管筱明,译.北京:北京联合出版公司,2018.

柯布西耶对于历史的这种"重读"态度是反学院派的，在分析其原型转化的策略之前，一个需要思考的相关问题是，他的这种与众不同的价值认知如何具体化，又如何构成他基础性的现代主义原则（甚至被误解），柯布西耶文化立场的转变发生在哪个拐点上？

### 危机下的风土价值认知变化

柯布西耶对于风土建筑的认知上形成真正结构性转变大约在 20 世纪 30 年代到来，一方面是前述风土建筑的早期视觉积累的影响，一方面是柯布西耶个人身上乃至世界上发生的一些事件促成的，正是这些事件把柯布西耶的处境推向危机，造成其文化立场的变化。相较于其他对风土建成环境感兴趣的现代主义者，柯布西耶因为其现代运动的旗手位置，其复杂的立场转换对以英—德为中心的现代运动提出了很大的挑战。

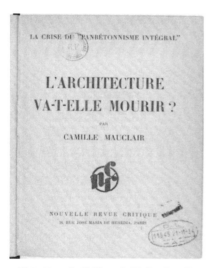

图 3.33 卡米耶·莫可莱（Camille Mauclair）1934 年出版的《建筑要死了吗？论"全面的泛混凝土主义"的危机》（*La Crise du "panbétonnisme integral". L'Architecture va-t-elle mourir?*）
来源：维基百科

在 20 世纪 30 年代，西方处于文化转换的语境中，种种互为争辩的思潮在建筑领域兴起，在德国产生的怀乡风格（Heimatstil）正是对立于法国的新理性主义（neo-Regionalism）产生，英国的工艺美术运动则与 20 年代基于机器美学的国际式风格（international style）持续有尖锐冲突。柯布西耶个人对于风土建筑的认知上可以称得上"转向"的时期，正值 30 年代欧洲发生经济大萧条，随之兴起对工业资本主义的批判，德国右翼势力兴起，国家社会主义情绪高涨，种种社会变化使国际现代建筑协会（Congrès Internationaux d'Architecture Moderne，CIAM）现代主义者的观点变得模棱两可。1927 年，柯布西耶的日内瓦国际联盟总部设计方案也被否决，并遭受到费加罗报（Le Figaro）专栏作家卡米耶·莫可莱（Camille Mauclair）1934 年出版的《建筑要死了吗？论"全面的泛混凝土主义"的危机》（*La Crise du "panbétonnisme integral". L'Architecture va-t-elle mourir?*）攻击，这使得柯布西耶们的处境到了一个危险的地步（图 3.33）。

柯布西耶的合作者何塞普·路易·塞特（Josép Lluis Sert）作为长期关注西班牙风土建筑的研究者，其关于风土和现代性关系的提示使风土建筑在现代运动中的结构性作用和重要地位十分清晰，这为柯布西耶的思想转变起到了某种佐证：

每个国家都会有其永恒的建筑,我们将之归于风土建筑,其范畴并不像在建筑院校里面被阐释的那样,仅仅是一种地域文化,而是一种来自按照经济收入将其划分为底层人士的风土性表现。……住宅是居住的机器(machine-à-habiter)所谓的纯净功能主义已经死亡。……德国式思维的建筑师和理论家,其功能主义的实践将毫无意义演绎到了极致。①

1935 年,柯布西耶刊登在《光辉城市》(*Radiant City*)里写给阿尔及尔(Algiers)市长的信里将 20 世纪 30 年代的国际政治语境做了这样的概括,此时,他早年所累积的对于风土建筑"环境-文化"双重本质的"内化"已经开始演变成一种新的先锋态度:

世界经济在衰退;这是由于那些为所欲为的有害力量引导的结果。新的力量,以及重新形成中的力量,这些重要的单元都要加入这个世界,重新组织成一个不再为所欲为和危险的状态。所有力量的来源都是来自地中海风土环境,他们的创造是在此地应运而生。种族、方言,以及可以追溯到一千年前的文化——真正的形成一个整体。我在以下这些前哨阵地显示了这些新的组合,我把它们用大写字母的开头表示:它们就是巴黎,巴塞罗那,罗马以及阿尔及尔。②

1933 年,国际现代建筑协会(CIAM)的第四次会议在一艘游轮上举行,德国代表几乎全体缺席,柯布西耶在会议期间乘坐帕特丽斯 2 号(Patris Ⅱ)游船再次从马赛到希腊旅行,这趟路线被命名为"万能之海"(mare nostrum),7 月 29 日启航,拉兹洛·莫霍利-纳吉(Laszlo Moholy-Nagy)也在其中。

CIAM 的成员基诺·波里尼(Gino Pollini)这样回忆这次特殊的会议:

这次会议在甲板上召开。窗帘拉起,气氛是由微风,充足的阳光和平静的海面构成的。格罗皮乌斯,布劳耶③等德国代表几乎都缺席了……8 月 1 日下午,我们来到雅典,接下来的一天我们参观了雅典。我们到了卫城——第一次看到卫城真万分激动——柯布西耶回忆起多年前他在卫城度过的 21 天时光,伴随着记忆,他的谈话围绕着空气、声音以及光……胜利女神神庙,帕提农神庙,这些均是遵循规则之作而不是任意的想象……苏尼翁海峡、德尔菲、埃皮达普,

---

① Benedetto Gravagnuolo. From Schinkel to Le Corbusier:The Myth of the Mediterranean in Modern Architecture[M]//Jean-Francois Lejeune, Michelangelo Sabatino. Modern Architecture and the Mediterranean:Vernacular Dialogues And Contested Identities. Routledge,2010.

② Benedetto Gravagnuolo. From Schinkel to Le Corbusier:The Myth of the Mediterranean in Modern Architecture[M]//Jean-Francois Lejeune, Michelangelo Sabatino. Modern Architecture and The Mediterranean:Vernacular Dialogues And Contested Identities. Routledge,2010.

③ 马塞尔·布劳耶(Marcel Breuer,1902—1981),匈牙利裔现代主义建筑师,波里尼在此处可能把他误看作是德国人。

接下来我们到的地方无疑是在进一步确证……即使是岛屿之上，建筑也是由确定的规则来主导，即便不那么明显，但是由类型以及其它来自气候的要素下，建筑在场地的联系中完成其落址和建造。当地人在物资匮乏和不可缺少的理性之间达到平衡，足足显示了这种思考建造的方式，在他们的意识中有着对于古老传统的炙热情感，这一点在我们（CIAM）身上则不得体现。现存在着一种与这个时代普遍弥散的限制性的不可调和。①

　　这一直接源于 CIAM 成员的记录，可以窥见风土建筑久远和不可撼动的吸引力在现代主义危机到来之时显示其真正价值，即使是 CIAM 这样推行现代功能城市理念的强硬组织也开始受到浸染，所谓的**"普遍弥散的限制性"**似乎也可以消弭于古老的风土建成环境之中了。这种思考可以认为是由柯布西耶鼓舞带动的，这次会议最重要的成果之一是他作为主要拟定者主导通过了《雅典宪章》（*Charte d'Athènes*）。②

　　1947 年，柯布西耶在《四条路》（*The Four Routes*）中将青年时期旅行时对意大利、土耳其、希腊、西班牙、阿尔及利亚等地风土民居的视觉积累和价值认知作了归纳，意识到每一栋建筑，都是由"人们顺应基本原理"产生"一个快乐、宁静的中心……建立在基础性事实的坚固岩石之上。"这些建筑**"是非常具有生命力的；智慧的；经济的；构筑性的；艰苦的；健康的；它们是亲切优雅的；建筑学上而言，它们是友好的邻居"**。一言以贯之，它们自豪地组成了"建筑的内在"。③

　　另外，柯布西耶在身故之前留下的笔记也可一窥风土建筑在柯布西耶事业中对他一生的作用和影响。在记于 1965 年 7 月的笔记中，柯布西耶如此总结自己一生中最为难忘的时刻，依然是青年时期的那段风土中的行走和视觉积累经历④：

　　　　在那些岁月中，我是一个无处不往的人。我穿行于各大洲旅行。然而，我只对一处有着深深的眷恋：地中海。我是地中海人，这一感受极为强烈……地中海乃是形与光的皇后，那些光与空间……我的再度创造，我的根系，它们大约都深深植根在大海之中，而我从未停止过眷恋……大海运动着，那无穷无尽的

① Benedetto Gravagnuolo. From Schinkel to Le Corbusier: The Myth of the Mediterranean in Modern Architecture [ M ]//Jean-Francois Lejeune, Michelangelo Sabatino. Modern Architecture and The Mediterranean: Vernacular Dialogues And Contested Identities. Routledge, 2010.
② 1933 年 8 月国际现代建筑协会（CIAM）在雅典通过《雅典宪章》（*Charte d'Athènes*），主张理性的城市规划和建筑设计，交通要道和住宅区分离，提出保存历史建筑等问题，历史街区（Historic Quarters）一词最初是在该宪章中被提出的。第二次世界大战后，欧洲各国重建城市时的规划多以《雅典宪章》为范本，并延续其对历史古迹的保护思想。
③ Le Corbusier. The Four Routes[M]. London: Dobson, 1947.
④ 这份自传性的笔记记录时间距离柯布西耶溺海马丁崖岬（Cap-Martin）只有几天。

地平线。[1]

打开柯布西耶全集宛若打开浩瀚的百科全书。他青年时期的经历非常复杂，对其思想的最终形成又是先决性的，但结果是，柯布西耶与历史的关联，特别是风土建筑之音在其思想中或明或暗，并不那么被重视和提及。并非柯布西耶吝于记录，而是这些证据往往被纯净现代主义角度的解读如烟雾一样遮盖了，对于他"不断发展的"思想方式的绝对性的怀疑也不曾发生过，那张"面具"如同阿波罗式的精密秩序和酒神式的混沌情感的并置（换句话说，两面神[2]），以对于工业文明的信心应对古代文明崩溃的忧郁之情，这一切汇聚在柯布西耶太阳般的光辉之后，却少有人真正关心这一双面性的神话来源：人们若是认为可以毫无危机的背弃传统与过去走向未来，那就如同相信女妖塞壬（Siren）在海上的歌声——一种终将归于虚妄的企望。

**风土原型与适应性转化**

伴随着 20 世纪 30 年代经济与政治的风暴，现代主义的危机暂时消解，但这场文化转换并未就此结束，旧潮流被新的暗流替代——追求原始性（primitivism）以及风土性（vernacularism）。在第二次世界大战后，勾画战后现代主义的一个重要势头，并促进建筑师群体对于风土建筑的结构性作用的认识以 1964 年为标志性年份。伯纳德·鲁道夫斯基在纽约现代艺术展览馆的展览以及著作《没有建筑师的建筑》强调风土建筑的经验，同时预示了现代主义在考虑文脉和文化的同时使用工业化手段建造住宅，其目标是避免乏味的重复，对现代主义进程的反思范围逐渐扩大。现代主义充满历史复杂性的接续进程中，柯布西耶的早期建筑实践被认定是 20 年代先锋式的、大步向前的实验。

针对这种片面性的定论，1947 年，柯林·罗（Colin Rowe）在他著名的文章《理想别墅的数学》[3]（*The Mathematics of the Ideal Villa*）中对柯布西耶 20 世纪 20 年代的别墅作品进行分析，这篇文章完全消除了存在于古典与现代主义之间的对立。可以说首先破除了将柯布西耶的住宅仅仅看作是一种先锋式建筑实验的观点。

---

[1]　Le Corbusier，Danièle Pauly. Le Corbusier et la méditerranée[M]. Parenthèses：Musées de Marseille，1987：7.

[2]　雅奴斯（Janus）为罗马神话中的时间之神、两面神。白天，雅努斯打开天门，让阳光普照，夜晚，关上天门，他有两张面孔，一张对着过去，一张对着未来。对柯布西耶文本的庸俗化解读倾向于将他理解为与过去相脱离的激进派，实质上柯布并不是纯激进革新的思考者。换句话说，柯布西耶有两张"面孔"，一张看向"历史"，一张望向"创造"。参见 Benedetto Gravagnuolo. From Schinkel to Le Corbusier：The Myth of the Mediterranean in Modern Architecture［M］//Jean-François Lejeune，Michelangelo Sabatino. Modern Architecture and The Mediterranean：Vernacular Dialogues And Contested Identities. Routledge，2010.

[3]　Colin Rowe. The Mathematics of the Ideal Villa[M]//Colin Rowe. The Mathematics of the Ideal Villa and Other Essays. Cambridge：The MIT Press，1987.

1997 年,弗兰切斯科·帕萨迪题为《风土、现代主义与勒·柯布西耶》[①]的文章发表于建筑历史学家协会会刊(*The Journal of the Society of Architectural Historians*),文章对柯布西耶在新精神(L'Esprit Nouveau)中表现的"平行性"进行深入解读,这种"平行性"体现在既有对以农舍为标志的维也纳分离派的热衷,也有对机器的崇拜。

正如贝纳迪多·格拉瓦纽罗(Benedetto Gravagnuolo)总结的,柯布西耶似乎确实有着宛如时间之神雅奴斯(Janus)的两面性,他好像有两张面孔,一张看向过去,一张看向未来。或者说在其内心常常引发阿波罗精神与酒神(Dionysus)之决,一场包含现代与历史之复杂交战。柯布西耶在 1955 年改绘《伊里亚特》(*Iliad*)的水彩画中(图 3.36),最为明显地揭示了他内心隐秘的两极,对和谐的追求,以及对宁静的厌恶,这种张力存在于秩序与混乱、几何体与迷宫、古典主义与先锋派等对立的概念之中。这些画作有助于我们理解柯布西耶的两面性,而这一两面性其实也是将柯布西耶的若干文化根系切片后呈现的最大特征,甚至是其主要的魅力来源。

其中,柯布西耶的作品常以不同程度的诠释"新建筑五点"(Les Cinq points de l'architecture moderne)而为人所重视,已有研究也出现了涉及柯布西耶那段风土中的视觉积累如何影响他的创作,如何将风土原型吸收到新建筑之中。柯布西耶对风土原型的转化大致上分为两种方式。第一种,遵循"现代主义五点"的原型转化。比如 1920 年间的萨伏伊别墅、斯坦因住宅,风土建筑作为一种学习对象,其白色几何形体量可以证明风土与现代的谱系关系。第二种,游离"新建筑五点"的原型适应。比如萨伏伊别墅同期完成的曼德洛夫人住宅接纳地方风土材料,朗香教堂的有机形式借鉴希腊的风土建筑,马赛公寓则与希腊岛屿的民居有关。整体而言,柯布西耶在吸取风土建筑的养料,借用原型时,基本上都会使其具有适应性,即结合功能需要和场地条件进行有选择的迁移。

接下来,我们将以柯布西耶的建筑设计作品为切入点,从他 1916 年在瑞士家乡拉绍德封的最后一件作品施沃普住宅,到 1920 年间的萨伏伊别墅,以及曼德洛夫人住宅这一与萨伏伊别墅同期完成的设计为例子,在摄影、文字和画作之外,进一步辨识柯布西耶通过秘密的努力传递的风土价值认知,以及在具体设计应用中,按照视觉积累类型的基本框架,进行"原型"的适应性转化,并体现为平移、变种、再生等组合方式。

**1. 施沃普住宅:"原型"平移**

1916 年,柯布西耶在家乡拉绍德封完成了平顶的施沃普住宅(图 3.34,图 3.35),

---

①   Francesco Passanti. The Vernacular, Modernism, and Le Corbusier [J]. Journal of the Society of Architectural Historians,1997(4),Vol. 56:438 – 451.

厚重的屋顶压住圆柱形建筑体块,引导视线沿着大地和庭院方向运动。建筑临街一侧围合了一处口字形墙面(screen),这栋建筑首先可以理解为在萨伏伊别墅出现前的一种探寻,二维的组合在一定程度上也在预言着未来三维的空间组合。但更显而易见的是怀乡和古老意匠,通过一种泛地域的"原型"平移的操作,使观者产生"陌生感",使观者对于意大利风土环境中文艺复兴时期住宅的记忆被唤醒。

图 3.34　拉绍德封施沃普住宅所处的瑞士山城风　　　图 3.35　拉绍德封施沃普住宅外观　来源:自摄
土环境　来源:自摄

　　关于这栋住宅与文艺复兴意大利住宅的关系,柯林・罗在《理想别墅的数学及其他文章》(*The Mathematics of the Ideal Villa and Other Essays*)一书中的另一篇重要文章《手法主义与现代建筑》(*Mannerism and Modern Architecture*)中写道:

　　　　文艺复兴早期的敞廊和府邸立面,窗洞和镶板的交替出现并不罕见。到16 世纪,这种交替越发频繁,以至镶板和窗洞的地位几乎同等重要。镶板可以表现为空白面,或是一系列匾额,或作为绘画的边框。然而,无论作何种特定用途,成熟的镶板布局系统与同样成熟的开窗系统的交替看起来总会引发立面的复杂性和双重母题。这种特性一定为伯拉孟特之后的一代建筑师提供了极大的愉悦。比如,在塞利奥的著作中,镶板的滥用几乎到了令人尴尬的地步。有时,镶板被用在典型的交替变化之中,或者在另一些情况下,占据整个墙面。它们还会以细长的形式与整排的窗子形成交叉关系,或者作为凯旋门或威尼斯府邸的顶部母题。塞利奥也许是把镶板用作立面趣味中心的始作俑者。一些例子中,他在经过简化却意味深长的趣味中心两侧布置窗户的组合;不过可能只有两个案例将镶板明确作为立面的中心形象,就像拉绍德封别墅(施沃普住宅)那样。尽管此类比较常常有些片面和夸大其词,但是维琴察的帕拉第奥府邸和费德里戈•祖凯利的佛罗伦萨宅邸确实品质独特,足以作为对16世纪同一母题的注解。它们分别建于1572年和1578年,都是极具个人特点和上佳品质的小型住宅建筑。我们乐于将它们视为一种类型的代表,一种16世纪末艺术家住宅的范式。……帕拉第奥对常规的颠覆是在古典主义体系的框架中进行的,看似尊重古典主义的外貌;但是为了强烈的视觉冲击,勒•柯布西耶的建筑就不能那样因循守旧。两者都手法精炼,对复杂的二元对立直言不讳。[①]

上述两个16世纪的案例都是晚期手法主义的典型,恰到好处地记录了人们称之为普遍焦虑的东西。在艺术领域,它一方面保持着正确的古典主义外表,另一方面又不得不试图打破古典主义内在的一致性。

16世纪的手法主义是一种无法回避的心智状态,而不仅仅是一种破除陈规的渴望,它蓄意颠覆伯拉孟特确立的文艺复兴盛期的经典规范,将那种一旦事物达到完美就要将其付之一炬的人类欲望表达得淋漓尽致。[②]

文艺复兴意大利住宅立面上的镶板,是为了营造古典秩序和韵律感的典型手法主义处理,也是一种标志性的、不可再缩减的文艺复兴建筑要素。文艺复兴时期的建筑师,在宅邸立面上,使用镶板与开窗的交替达到双重母题的效果,从而引发立面的复杂性,这种复杂性也构成了人们对于文艺复兴时期建筑的印象。手法主义大师塞利奥(Sebastiano Serlio)作为镶板的创始者,其兴趣在于立面趣味中心两侧布置窗户的组合。随后帕拉第奥(Andrea Palladio)的应用遵循古典主义体系的框架,故他更试图在视觉上形成强烈冲击(图3.36,图3.37)。但是柯布西耶的施沃普住宅仿佛刻意突破前人,因为在立面上我们只看到一块"镶板",处于视觉中心,因为种种原因,最终留白。这种所期待的韵律感在刻意的混淆中落空,产生新的二元对立,其目的仿佛就是为了形成反差,形成一种新的双重意义,而这立面又是含混的。

无疑,如果拉绍德封别墅(施沃普住宅)的分析表明现代建筑可能含有类似手法主义的要素的话,那么为现代建筑寻找某种对应的参照框架、某种它能够在其中占据相似位置的谱系就变得十分关键。纷乱,而非视觉的直接快感,这是这个时期的柯布西耶所认定的现代建筑的愉悦元素之所在。

---

① 参见 Colin Rowe. Mannerism and Modern Architecture[M]//The Mathematics of the Ideal Villa and Other Essays. Massachusetts:The MIT Press, 1987.柯林•罗称拉绍德封施沃普住宅口字形墙面为"镶板",可能忽略了柯布西耶原本在该口字形墙面贴马赛克画的设计意图。

② Colin Rowe. Mannerism and Modern Architecture[M]//Colin Rowe. The Mathematics of the Ideal Villa and Other Essays[M]. Cambridge:The MIT Press,1987.

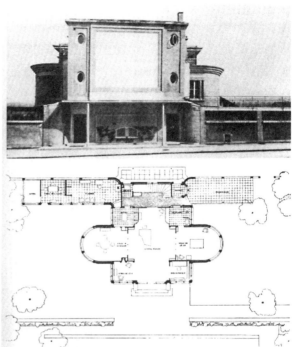

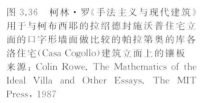

图 3.36　柯林·罗《手法主义与现代建筑》用于与柯布西耶的拉绍德封施沃普住宅立面的口字形墙面做比较的帕拉第奥的库各洛住宅（Casa Cogollo）建筑立面上的镶板　来源：Colin Rowe. The Mathematics of the Ideal Villa and Other Essays. The MIT Press，1987

图 3.37　柯布西耶的拉绍德封施沃普住宅立面上的口字形墙面及建筑平面　来源：Colin Rowe. The Mathematics of the Ideal Villa and Other Essays. The MIT Press，1987

　　柯布西耶在这一案例中具有说服力的证明是，现代建筑和手法主义的关系是存在的，但他随后发现真正能够与 16 世纪手法主义相提并论的并不是立面组织而是现代建筑的空间布局，因此施沃普住宅是这一尝试的开端。16 世纪的建筑师颠覆了古典体系隐含的结构功能的自然逻辑，本身还是在古典体系之内，但是现代建筑师并不是直接使用手法主义的操作方法或者是参照任何古典体系，所以不能就操作方法来看柯布西耶对于历史作为设计资源与现代建筑的关系。另外，在后现代主义的语境中，这种新手法主义更多是在操作层面上表现出来，比如文丘里的母亲住宅，以显示"矛盾性"与"复杂性"，在现代主义理论框架内绝对寻找不到这种直接对应。

　　施沃普住宅的部分设计灵感可能来源于柯布西耶 1907 年那次对意大利托斯卡纳地区文艺复兴住宅的视觉积累，但柯布西耶似乎并非想真正借用历史元素完成手法主义的操作,而是有意无意地平移了非本地的风土原型,扩大现代建筑与历史传统的关联域,自二维的跃跃欲试逐渐牵扯出更多的三维操作,因此对于柯布西耶自身的建筑生涯而言,这一大胆尝试可以看作是开启了风土建筑原型平移的首例,柯布西耶使用的是其青年时代泛地域化视觉积累之后的整体转换思路,并无针对此地人的需求,也就是并未按照住宅所处的瑞士山城这一场所的特殊性作适应性调适。

但是,这一操作对象虽然其原型来自意大利托斯卡纳地区的文艺复兴宅邸,并非严格意义上的风土民居,也不是本地的风土建制,却成功唤醒了观者对于整个意大利历史性风土环境的记忆,一个更为广义的"过去"。一言以蔽之,这个例子更接近于一种间接的原型平移方式,出现了一种"陌生性"(strangeness)的艺术效果,主要是以二维的组合在一定程度上实验和预演未来三维的空间组合作为新的原型转换方式。

**2. 萨沃伊别墅:"原型"变种**

1920 年—1960 年这段时间中,风土建筑究竟在柯布西耶的作品中扮演什么样的角色?1928 年柯布西耶在巴黎郊外的普瓦西(Poissy)设计完成的萨伏伊别墅,其外观看起来似乎更像是一艘船只而不是风土建筑,这座具有先锋意义的建筑是否也与风土建筑有关系?

在萨伏伊别墅中,柯布西耶将整个结构抬升,脱离了大地,由柱子(pilotis)支撑。这一获得结构自由的支撑带来下面的两点,即自由立面和自由平面,建筑师不再因为承重墙的存在而受到立面的限制,一个自由展开的平面则意味着同样因为结构的解放获得划分空间上的自由。在萨伏伊的二层平面,有着水平长窗,形成一种全景式的视野,向周围景观打开,在这第四点之后则是屋顶的花园。一座坡道将底层与屋顶贯通,建筑漫游就此开始。白色管状的扶手暗示来自远洋客轮上的工业美学[①]。

关于萨伏伊别墅与风土建筑的关系,在《勒·柯布西耶,高贵的野蛮人:走向一种现代主义的考古学》[②](*Le Corbusier, the Noble Savage: toward an Archaeology of Modernism*)中,阿道夫·马克斯·沃格特(Adolf Max Vogt)根据柯布西耶的个人经历和认知发展历程,结合考古学资料推断"湖居"和土耳其等地底层架空的风土民居原型对柯布西耶萨伏伊别墅中"底层架空"思想的影响。1890 年瑞士拉绍德封新修订的基础教育课程纲要中,瑞士新石器时代遗址"湖居"被列入该纲要,出生于

---

① 柯布西耶正是通过萨伏伊别墅引出了"新建筑五点"(Les Cinq points de l'architecture moderne),即:底层架空,自由立面,自由平面,水平长窗,屋顶花园,并在他的《新精神》杂志(L'Esprit Nouveau)和《走向新建筑》(Vers une architecture)中得到清晰表述。

② Adolf Max Vogt. Le Corbusier, the Noble Savage: toward an Archaeology of Modernism[M]. Radka Donnell, trans. Massachusetts: The MIT Press, 1998.

1887年的柯布西耶在几年后将会在小学课堂上接触这些内容,因此,作者认为柯布西耶很可能首先从小学课堂上接触到"湖居"架空的建筑类型,并留下印象。接下来,沃格特进一步观察了柯布西耶的萨沃伊别墅与土耳其风土民居的联系,通过对1740年瑞士画家简·艾蒂安·利奥塔尔(Jean-Etienne Liotard)①所绘的土耳其民居的比照,引出了萨沃伊别墅与土耳其风土民居相似性的来源。再进一步的,阿道夫·马克斯·沃格特根据考古学研究者库米尔库内奥卢(Kümürcüoglu)的报告中关于托斯亚(Tosya)附近的奥塔里卡(Ortalica)村子中伯来齐住宅(Ismailoglu Mehmet Börekci)中农民自给自足生活的图像和文字记录,证明柯布西耶在"东方之旅"中见到的土耳其风土民居对于萨伏伊别墅思想的影响(图3.38,图3.39)。米尔库内奥卢的报告中写道,土耳其伯来齐住宅"地面层与上面一层是完全脱开的,上面一层是生活层,下面一层则是储藏或者牲畜棚",根据图像比对来看,萨沃伊别墅与这一民居的对照惊人相似,这是否就意味着城市里过着富裕生活的市民能与贫困简朴的农民对比? 当然,这种竖向分布的民居不仅在土耳其安纳托利亚地区,在南巴尔干以及热带和亚热带地区也可以看到,太平洋岛屿上也存在。米尔库内奥卢记录的伯来齐住宅提供的原型主要是自给自足的农民在一处长久定居的住宅原型,而沃格特认为柯布西耶将原型作了个人化诠释。尽管考古学视角的资料挖掘也并不意味着柯布西耶一定熟悉这种原始住宅形态,但这一研究提供了一面镜子,诠释两者确实存有的呼应关系②。在沃格特看来,原型是通过柯布西耶的个人观察和体验被进行定义和传承的,其延续性寓于不同个体对于原型理解的差异之中,而不是像新古典主义学者洛吉耶、德昆西那样认为原型是回归到历史原初寻找的,不具有个体差异性③。

---

① 简·艾蒂安·利奥塔尔(Jean-Etienne Liotard,1702—1789),瑞士画家,艺术鉴赏家,以粉彩画和土耳其之行的作品闻名。

② 刘涤宇.书评《勒·柯布西耶,高贵的野蛮人:走向一种现代主义的考古学》[J].世界建筑.2016(2).

③ 1755年,洛吉耶(Marc-Antoine Laugier)在《建筑论文集》(Essai surl' architecture)中提出的原型概念更多指向一个特定形式的原始茅屋,以及其中建筑元素的理性构成。他描绘了四棵树为立柱,并位于一个方形的四角,枝桠成为梁,水平从柱子间穿过;树枝斜撑构成屋顶,成为稳定的三角形。洛吉耶将这一原始茅屋看作所有建筑形式的起源,其回归历史原初寻找建筑形式语汇意义的思考影响了包括德昆西、森佩尔、迪朗(J.N.L. Durand)、罗西等人。德昆西提出一种原型的新思考,即原型的源头是一类事物所共有的一个普遍的形式、结构或者特征。森佩尔在《建筑四要素》(Die vier Elemente der Baukunst)中澄清了古典建筑是白色的历史误解——不管是古希腊神庙,还是古罗马教堂,实际都是满布彩绘的;将建筑解构为四个要素:火炉、屋顶、墙体和台基,在建筑四要素的"墙体"要素基础上,进一步形成"穿衣服"的建筑装饰理论。迪朗则在《古代与现代各类建筑汇编》(Recueil et parallele des edifices de tout genre)按原型视角将建筑以平面、立面和剖面的方式进行分类,寻找构成秩序。罗西拒绝将城市发展按照历史阶段的概念切分,他提出城市本身就是一个建筑体,城市的永恒性、普遍性和集体特征才是原型的体现,他将原型定义为城市中那些不可再削减的建筑要素的存在。

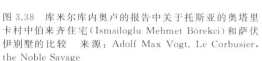

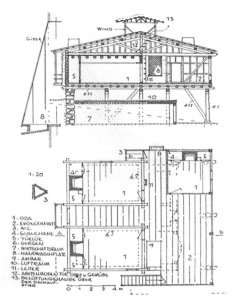

图 3.38　库米尔库内奥卢的报告中关于托斯亚的奥塔里卡村中伯来齐住宅（Ismailoglu Mehmet Börekci）和萨伏伊别墅的比较　来源：Adolf Max Vogt. Le Corbusier, the Noble Savage

图 3.39　伯来齐住宅（Ismailoglu Mehmet Börekci）的剖面和平面　来源：Adolf Max Vogt. Le Corbusier, the Noble Savage

　　弗兰切斯科·帕萨迪则提出萨伏伊别墅底层入口与风土民居中仪式空间的关系，并对柯布西耶采取这一操作方式的历史成因做出解释。萨伏伊别墅中底层入口的玻璃墙、坡道，以及洗手盆形成了入口的"纪念性"场景，这种"原型"迁移自一种古老风土环境中教堂、清真寺或者寺庙等信仰场所前的仪式空间，其灵感也来自"东方之旅"中柯布西耶对于风土民居和民俗的视觉积累。①

　　帕萨迪指出柯布西耶的萨伏伊别墅在入口的这种诗意化处理带来的一个问题是，艺术是如何被达到的？到底由于形式的关系还是意义的关系？一处坡道，一个洗手盆如何能够制造出纪念性场景？此处先把这个问题悬置，先考察这些元素是如何承接场景，引人探问的。

　　在萨伏伊别墅中，底层架空是为工业时代的交通方式考虑做出的设计处理。来客乘坐现代化交通工具——汽车来到别墅，下车后进入底层架空层，接着进入住宅的大厅。在这里，柯布西耶放置了三个主要的元素，玻璃墙、坡道以及洗手盆。玻璃

---

① Francesco Passanti. The Vernacular, Modernism, and Le Corbusier [J]. Journal of the Society of Architectural Historians，1997(4)，Vol. 56:438-451.

墙的使用方式来自工厂。坡道亦是一种工业时代元素。最后,洗手盆也是一种工业制品。这些显而易见的工业时代元素,它们汇聚在一起,形成入口的"纪念性"。坡道在室内,但似乎又不像在室内,它蜿蜒向上,近似于一个吸引人前往的历史街道。实际上,历史上的坡道一直是给骑马或行轿之人用于攀行,这种建筑元素往往可以在古老纪念物里找到(图 3.40)。洗手盆的位置在这"途中",仿佛用于进入仪式性入口前的"净礼",而"净礼"场景在人们的经验里本是常常出现在一座教堂、一座清真寺、一座伊斯坦布尔民居或者一座寺庙前(图 3.41)。玻璃墙、坡道以及洗手盆,这些线索显示了 1928 年的社会中的"日常性",这些元素在工厂,在浴室,在客轮上无处不在(图 3.42—图3.44)。它们是被柯布西耶有意地布置在仪式场景中,由这些当时社会的日常元素定义了一个崭新的场所。通过将风土建筑环境中的仪式空间植入现代建筑,并同时转换仪式空间的构成要素。

接下来,帕萨迪就柯布西耶之所以在萨伏伊别墅中强调这些来自工厂的要素作出思想来源的探讨。他认为柯布西耶受到客观主义、阿道尔夫·路斯,以及好友兼导师威廉·利特(William Ritter)的影响,思想谱系可以溯源到卢梭。

在前文我们已经追溯过客观性(Sachlichkeit)的最初内涵与分化情形,客观主义也倡导真实性(factualness),

图 3.40 柯布西耶于 1911 年"东方之旅"绘制的伊斯坦布尔的埃于普街道 来源:勒·柯布西耶. 东方游记[M]. 管筱明,译. 北京:北京联合出版公司, 2018

图 3.41 柯布西耶于 1911 年"东方之旅"绘制的卡赞勒克(Kasanlik)当地风土民居中一处带有喷泉的庭院 来源: Le Corbusier Le Grande[M]. Phaidon,2008

图 3.42 萨伏伊别墅中的玻璃墙 来源:自摄

图 3.43　萨伏伊别墅中的坡道　　　　　　　　图 3.44　萨伏伊别墅中的洗手盆
来源:自摄　　　　　　　　　　　　　　　　　来源:自摄

是在 20 世纪的德语国家继续发展出的重要思潮。该思潮在德国之外的主要领导者,一为维也纳的阿道夫·路斯,一为法国人威廉·利特。路斯认为再为城市中的中产阶级发明新风格毫无意义,在现代城市生活中已经存在着新的风格,这种风格存在于普通的物品之中。这类日常用品是建筑师从未研究过的领域,比如服饰、鞋等。帕萨迪认为柯布西耶吸收了路斯的这一思想,并在两个阶段中加以体会:一个是在 1913 年之后,东方之旅结束之后;另一个是在 20 世纪 20 年代,他将这种美学推及至工业产品之中。

利特是讲法语的瑞士籍作家、艺术批评家以及画家,居住在慕尼黑。第一次世界大战之前,他对于柯布西耶个人来说是一位联系紧密的导师和挚友。利特的观点是,身份和特征是无法建构和被意愿驱动的,而是来自历史和地方(场所)。在利特眼中,美国人、城市化了的犹太人,以及德国人均是在文化上被连根拔起了的民族。他的艺术批评往往是从一位艺术家的民族性、文化背景上展开,并且讨论艺术家在怎样的条件下工作。在瑞士关于身份(identity)的争论中,他的立场倾向于种族决定文化特性。值得一提的是,利特另一个重要的兴趣就是对于斯拉夫风土民居的研究。

　　柯布西耶如何得益于卢梭关于自然的思想呢？帕萨迪并未在文中展开。我们可以把握的脉络是，卢梭从"善性"的角度重新建构人与自然之间的关系。他推崇同情心是人类具有的"唯一的自然美德"，且包含对动物的感情，倡导"回归自然"，意图是建立一种对比于现实社会的理想状态，唤回道德，恢复本性①。或许，帕萨迪引出卢梭，是为了一些"未尽之意"，确实对于柯布西耶而言，更为基础性的、典范式的，或者不论是已经消亡的古代还是延续至今的风土，它们都与追寻"自然的""原初的"的那个起点相关联。

　　因此，通过重读文本与作品对照，我们再来看看柯布西耶的"东方之旅"，其伊始，是带着卢梭、利特、路斯等人思想影响下开始的探问之旅，当他沉浸在巴尔干当地的风土环境之中时，是按照利特关于形式的观点那样，更多的是在考察吸收的过程而不是进行选择。比如，他意识到陶器的把手并非是有意选择和设计出来的，其形式"遵循的是蔓延几个世纪的传统"吸收形成的。就这一角度而言，帕萨迪提醒我们，"东方之旅"对于柯布西耶还有着另外两个维度的效果。一方面，这是他第一次亲身体验到文化的有机形成过程，并信服了利特的观点，即建筑形式并不是被选择的而是因应的。另一方面，"东方之旅"被认为是柯布西耶的一次具有决定意义的经验，在对风土民居及其环境逐渐呈现的变化做了充分考察之后，他意识到工业文明来临这一事实的不可逆转性。②

　　简而言之，在巴尔干、土耳其沿线的风土民居中学到的经验使得柯布西耶学会吸收，同时也消化了利特关于形式受到社会整体关联域的影响，以及从路斯处吸收到"实事求是"、客观主义的思想。比较重要的一点是，柯布西耶所接受的利特关于文化形式是因应的这一观点，正好与他个人的视觉经验结合，逐渐将他引向一种更为持续的整体性思考：一方面是在古老的风土传统之中发现，另一方面也根植于工业文明之中的西方的大都市化现状。因而，在工业化这一世界性潮流即将席卷而来时，青年柯布西耶已经做好了完备的视觉素材与思想积累。他最终的答案则是，现代文化最好的传达来自曾经的"无名之辈"，即工程师——那些从来没有刻意要发明一种新美学的人，1914年的德意志制造联盟在科隆已经引发这场讨论③，对于将自己视作艺术家的建筑师来说，这个观念的推出意味着"挑战"和"应战"。

---

① [法]罗曼·罗兰.卢梭的生平和著作[M].王子野，译.上海：三联书店，1996：41.
② "我们不得不逃避这股一直侵入偏远山乡、破坏那里传统的'欧洲化'浪潮。在那些平静的地方，民间艺术虽然还没有失传，但已经黯然失色，离完全消失的一天也不太远了。"参见勒·柯布西耶.东方游记[M].管筱明，译.北京：北京联合出版公司，2018."致拉绍德封'艺术画室'友人"一节.
③ 1914年7月，德意志制造联盟大会召开，穆特修斯在就"定型"（Typisierung）的黑格尔式时代精神目的论展开与格罗皮乌斯、凡·德·维尔德等人的争论，因为获得德国商业部出于定型化生产有利于国家贸易考虑下的支持而"获胜"。

我们还可以看到,不论是沃格特的考证,还是帕萨迪的分析,实际上都指向了柯布西耶的萨伏伊别墅与风土建筑的具体关系。萨伏伊的底层将整个结构抬升,脱离了大地,由柱子支撑获得架空。这一获得结构支撑上的自由被称作"底层架空",为随之而来的"自由立面"和"自由平面"埋下伏笔,如果如沃格特所说这一原型来自瑞士"湖居"或者土耳其风土民居的形式,那其经历的转换则是面向新工业时代的诸多要求而展开的,这一形式上原型的辨识度高低似乎决定于这种转换程度的要求。当这种原型本身适应性越强时,辨识度就越高,而当原型适应性不足时,柯布西耶则会对其进行转换,以更好地传达意义,而此时原型显得越发抽象,辨识难度也就更大,在萨伏伊别墅中,体现为风土民居的仪式空间的转换的程度比"湖居"的原型意象的转换要剧烈得多,在这里,仪式空间——"净礼"的原型已经被抽掉形式的相似性,而完全由要素组织原则完成一种结构性的相似,元素则被转换为工业时代的产品。此时,艺术与诗意是由这一场景的意义达到,而不是靠场景中元素或者形式的纯粹模仿达成。

**3. 曼德洛夫人住宅:"原型"再生**

在萨伏伊别墅完工后 3 年左右,1931 年,柯布西耶在法国的地中海沿岸地区土伦附近建成了他的另一个住宅作品——曼德洛夫人住宅(Villa de Mandrot),该建筑采用毛石砖墙这一粗糙而朴素的地方材料,同时不避讳尝试诠释现代建筑的清晰逻辑和美感,该建筑的完成是对于柯布西耶过去所有研究的颠覆,或者说另一个预示性拐点,起始于 20 世纪 30 年代对建筑新材料的风土性表达实际上一直持续,在1955—1956 年,柯布西耶将混凝土拱顶结构用于位于巴黎的亚沃尔住宅(Maison Jaoul)的设计之中。[①]

曼德洛夫人住宅位于一处小岬角上,俯瞰土伦的田野[②](图 3.45,图 3.46)。这栋别墅以当地石材砌筑而成的墙承托楼板,由当地承包商完成建造。曼德洛夫人住宅采用的普通砖石,极清晰地划分了支撑楼板的承重墙,在空透之处安装玻璃扩展视野。建筑根据景观进行布局,田野位于连绵起伏的山峦之中,宛如一幅壮美的风景画。临景观一侧的房间用墙围住,仅留下一扇门,人打开门可看到美丽的景色如爆炸一般呈现,精神不由为之一震。与将萨伏伊别墅以水平长窗向四周的景观开放的处理不同,曼德洛夫人住宅具有内向的景致,建筑向前伸出一座"空

---

① 柯布西耶设计的采用混凝土拱顶结构,或者粗糙地方材料的小住宅类设计还有 1922 年设计的艺术家画室、1935 年设计的周末别墅(Weekend House)、1950 年设计的费特住宅(Fueter House)等。其中最著名的是亚沃尔住宅(Masion Jaoul)。

② [瑞士]W.博奥席耶.勒·柯布西耶全集第 2 卷 1929—1934 年[M].牛燕芳,程超,译.北京:中国建筑工业出版社:2005.

中花园"作为一个基台。但是曼德洛夫人住宅的形体则依然是清晰的几何形体，屋顶也采用平顶。

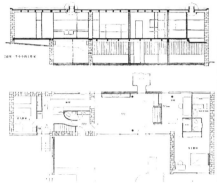

图 3.45　曼德洛夫人住宅的剖面和平面
来源：W.博奥席耶.勒·柯布西耶全集第
2 卷 1929—1934 年［M］.牛燕芳，程超，译.
中国建筑工业出版社：2005

图 3.46　曼德洛夫人住宅外观　来源：Jean-Francois
Lejeune, Michelangelo Sabatino, Modern Architecture and
The Mediterranean：Vernacular Dialogues And Contested
Identities. London：Routledge，2010

　　这个设计对那些想将柯布西耶完整的现代性思想减损到简略的"新建筑五点"的人提出了激烈而富挑战性的批评。这栋别墅并没有像三年前完成的萨伏伊别墅那样底层架空，也没有按照"新建筑五点"那样有屋顶花园，建筑的氛围显得非常沉静，引人入胜，建筑室内墙面依然使用毛石，配有舒适感很强的家具。建筑由毛石垒成基础深深地锚固在大地上，这似乎就是一种提醒，在有机的现代性中自然与风土完全能够扮演自己的角色。萨伏伊别墅的光滑墙面和带型长窗被代之以曼德洛夫人住宅原始的粗糙肌理，着重的是地方材料的使用，柯布西耶借此传达的是一种深植根于普罗旺斯这一场域，并与此地人相关的场所精神（genius loci）。如果萨伏伊别墅宛如一位充满着革新意味的摩登绅士，那么曼德洛夫人住宅则犹如退隐而谦虚的农夫，它在自然之中悠然自得。

　　为何在萨伏伊别墅设计完成的同期，产生了一个不符合"新建筑五点"的曼德洛夫人住宅？让我们再次回到1911年的"东方之旅"，来到布达佩斯的柯布西耶在《致拉绍德封"艺术画室"友人》中曾这样写道："农民的艺术是审美感觉的一个惊人创造。如果艺术要把自己提到科学之上，恰恰是因为与科学相反，艺术激起肉感，唤起身体深处的共鸣。它把合理的部分给予肉体——人的动物性，然后，在这个容易增加快感的健康的基础上，树立起最高贵的梁柱。这种民间艺术像一种持久的热乎乎的抚摸，包裹整个大地。它用同样的鲜花来覆盖地面，消弭或模糊了不同种族、风土和地理的区别。这是一种漂亮动物的生存快乐之体现,而且是一种丝毫没受到压抑的快乐。其形式是外露的,充满了活力;其外形总是综合了各种自然景色,或者,就在旁边,在同一个物体上,呈现几何学的美景;基本本能与更为抽象的思辨那敏感的本能惊人地结合在一起……从某种观点来看,民间艺术漂浮在最高的文明之上。它成了某种规范,某种尺度,其基准是人类的祖先——如果你愿意,也就是野蛮人……佩兰,我跟你说,我们这些文明中心的开化人,其实都是野蛮人。握你的手。"[1]柯布西耶展示的正是这样一种思考维度,一个现代主义者可以既是一个对现代机器美学的精确性与客观性的信奉者,同时又是对郊外那些无名建筑的褒扬者。因此,实际上柯布西耶终生都在向历史学习,向风土建筑学习,观察着农民的居住状态,总是寻求当下境况的解决之道,其思想也宛如一枚硬币的两面,或许这便是萨伏伊别墅与曼德洛夫人住宅看似南辕北辙的设计会出自同一人之手的原因。

进一步而言,与拉绍德封的施沃普住宅中有意使用非本地的建筑素材不同,也与萨伏伊别墅中将原型进行程度不一的变种不同,曼德洛夫人住宅中的风土性似乎又抽离于抽象的结构组织原则的讨论。这一住宅以更为身体性的方式,原始肌理,以及锚固于大地的姿态显现与此地人的直接关联,并以此地人的身体感受——舒适性为判断基准。或许是在这一作品中,而不是施沃普住宅或者萨伏伊别墅,才真正反映出柯布西耶深刻受益于利特的思想以及"东方之旅"观察风土民居的经历,一种对于风土传统的"逃离"与"复归"。在这里,柯布西耶从一个具体地域的基本建筑——风土民居型制的要素出发,对建筑所处的自然与历史等环境关联域给出了直接的回应,并出于善意为当地石匠提供重要的工作机会。换句话说,风土建筑不只是传统的某座"民居"或"乡民"的住宅,应当界定为日常生活领域的人类聚居环境和生存状况的总和。风土建筑真正的意义是本土的、日常性的、"生活世界"[2](Lebenswelt)的,应当不仅仅是人类"此地"的"生活世界"这一居住的整体领域,也应当包含聚落空间组织环境的丰富关联域,以及历史中层层叠加的社群结构关系。只有在这样一种回归日常性的、带有共通感的、丰富的"生活世界"中,"再生"后的原型才是具有真正生命力的,其创造才是宜居的人类栖居之所。

在这些几乎横跨柯布西耶一生的回溯之中,我们还可以发现的是风土建筑因素在柯布西耶设计中的展开是循环反复的,这是因为柯布西耶复杂的文化立场与思维

---

① 勒·柯布西耶.东方游记[M].管筱明,译.北京:北京联合出版公司,2018.参见"致拉绍德封'艺术画室'友人"一节。

② "生活世界"(Lebenswelt)是德国现象学创始人胡塞尔(Edmund Husserl)首先提出的概念,后被引入哲学以外的教育学、社会学、文化学等众多领域,呼吁回到与人的现实息息相关的生活来探讨问题。胡塞尔提出的"生活世界"原有两层含义:一是作为经验实在的客观生活世界,一是作为纯粹先验现象的主观生活世界。这一思想影响了海德格尔、伽达默尔、哈贝马斯等一众哲学家的研究。

方式决定。或许在意大利之旅和"东方之旅"后,尽管柯布西耶为风土建筑的抒情性和宜居性所感动,但其研究重点在于首先突破学院派陈腐的对称,揣摩和谐原则,理解真正的希腊精神(esprit grec),即通过数学的严谨和数的法则进行控制,并将源于黄金分割的和谐形式发展为人体模度。因此柯布西耶早期探索出将历史作为一种设计资源的实验,开始于将建筑和谐原则与数学联系,建筑更高层次的宁静(higher serenity)是从黄金分割得到的。[①] 因此建筑处理上首先考虑几何组成的关系,而不是某个特定的形状。从他在20世纪20年代的作品如斯坦因住宅可以看到这种控制的极致。以此开启几何谱系的复杂性,将现代建筑对于纯净形式和经典美学的强调达到至高点。

在另一个维度,对于早期的柯布西耶而言,地方建筑本就是理性主义思想的来源,从精神领会古典传统,而不是从形式上模仿,这已迥异于巴洛克化的直接形式借用。历史如何转译?应对方式陆续在各个经受现代主义洗礼的国家里出现,对历史资源移植之转化之,取决于历史进程中那一主体的文化惯性和思维结构,单个人物的抉择有时就是那个群体意愿的某种缩影。进一步而言,风土建筑的"宜居感"也影响着柯布西耶,在此后的建筑实践中虽然并不总是出现对于舒适性的最大重视,但依然有许多证据表明其理解并转化风土建筑所具有的情感维度和生活性,包括材料、尺度、日常生活方式等关联域。一言以贯之,风土建筑在"环境-文化"的两分维度上,其深刻关联与传达方式存在于柯布西耶的思想与实践之中,即便寻找显豁风土因子的"解读者"总会被柯布西耶带入某种"模糊""晦暗",这只能归之于其文化立场与审美偏好的抉择常处于摇摆,却也因此使柯布西耶收获了对后人磁铁般的恒久吸引力。

追随着柯布西耶脚步,许多现代主义建筑师继续对风土建筑进行思考,比如里贝拉(Adalberto Libera)和库尔齐奥·马拉帕尔特(Curzio Malaparte)于1938—1942年完成库尔齐奥自宅,这座建筑位于意大利西南部坎帕尼亚(Campania)大区的那不勒斯的卡普里岛上。此外,在H.R.希契柯克(Henry-Russell Hitchcock,1903—1987)和菲利普·约翰逊(Philip Johnson,1906—2005)的著作《国际式》(The International Style)中,虽然收录了勒·柯布西耶1931年的作品——曼德洛夫人住宅这样的作品,在书中对此作品的批评是"与石材结合,独立的支撑柱结构,非承重墙型材是抹灰或者玻璃材质,错误放置的木质纱窗框架损害了(立面的)开窗"[②],他

---

① 法国文化圈内瓦莱里的思想起到了很大的整体引领作用。1894年瓦莱里的《达·芬奇的作画方法介绍》指出达·芬奇对数学的狂热使他服从于"极其困难的诗歌游戏"里诗韵的非理性原则。在瓦莱里最重要的诗歌作品《海滨墓园》中,瓦莱里指出"艺术是一种既有音乐性又有数学性的语言"。

② 参见 Henry-Russell Hitchcock, Philip Johnson. The International Style [M]. New York: W. W. Norton, 1995:133. 这本著作最早的版本为1922年,英文标题为 The International Style: Architecture Since 1922.

们对于柯布西耶建筑作品中包含的风土成分有所忽略。他们的兴趣并不真的在于去认识到现代主义中地域与民族的更迭，也因为这种文化转换的立场不能够加强他们引领的关于现代建筑是由国际式构成的这一观点。可能他们没能够认识到的还在于风土建成环境这一人类共有的遗产可以帮助现代主义获得一种共同的民族精神，而不是继续放弃民族的、地域化的建筑个性走向危机。

而那位 20 岁的夏尔-爱德华·让纳雷在 1911 年 10 月 10 日于那不勒斯这样写道：

> 我们的进步为什么这样丑陋？血液纯洁的民族为什么总是急切地把我们最差的东西学走？我们真的热爱艺术？继续这种热爱是不是干巴巴的理论？难道人们不会再创造和谐？圣所还存在着，但疑惑永不停止。在那里面，我们置身过去，对今日之事一无所知；在那里面，悲剧紧挨着狂喜，在那里面，因为感受到完全的孤立，我们里里外外都受到震动……正是在卫城，在帕提农的台阶上，在大海的另一边我们看到昔日的现实。[1]
>
> 我都 20 岁了，可我无法回答……[2]

柯布西耶写下这段话后，将近一个世纪又过去了，我们向风土建筑学习的历史也已经不短了，在柯布西耶灯塔般的指引下，今天的风土建筑研究者和建筑师们或许也可以追随其脚步对风土命题进行属于我们这一代人的崭新阐释。而颇为巧合的是，柯布西耶个人身上似乎浓缩了整个现代主义建筑师群体向风土建筑学习的三种类型，那座拉绍德封的施沃普住宅中，青年柯布西耶为了唤起风土的记忆，不啻借用"在别处"的原型；而巴黎郊外的松树林中静静矗立的萨伏伊别墅通身洋溢着来自风土视觉积累的理性光辉；作为一种对人类栖居本质的仰望，土伦的旷野上最终产生了那一座隐秘的书写着《浮士德》中"天荒有力"之句的曼德洛夫人住宅。

### 三、布鲁诺·陶特：风土现代的世界法则

> 如果我们认定东西方并不对立、本为一体的信念越强烈，那么我们本性中探索陌生之物的动力也就越强烈。在此种力量的不断扩张下，世界性的忧郁将就此沉没，走向其墓穴，归于长眠。

——布鲁诺·陶特[3]（1936）

---

[1] ［法］勒·柯布西耶.东方游记［M］.管筱明，译.北京：北京联合出版公司，2018.请参见"致在西方"一节。

[2] ［法］勒·柯布西耶.东方游记［M］.管筱明，译.北京：北京联合出版公司，2018.请参见"致在西方"一节，这一句为 1965 年 7 月 17 日勒·柯布西耶重读于南热塞与科利街 24 号。

[3] Bruno Taut. Japans Kunst Mit europäischen Augen gesehen［M］//Nachlaß Taut. Baukunst Sammlung（Mappe 1. Nr 14. BTS 323）. Berlin：Akademie der Künste：24.

对于风土建筑的现代转换这一命题而言，布鲁诺·陶特（Bruno Julius Florian Taut，1880—1938）是现代运动时期非常重要的人物，学界对此的代表性研究有伊斯拉·阿克詹（Esra Akcan）的文章，伊斯拉将陶特的思想总结为"走向一种世界性的建筑准则"，并认为陶特受到思想先驱康德的影响。[①] 在研究完大量亚洲建筑，尤其是日本的风土建筑之后，陶特顿悟所有理性的人最后会采用相近的原则，激烈的倡议西方向东方学习，现代向风土学习。如果只将陶特看作一位先锋派人物显然是片面的，而只将陶特看作是一位从现代运动"撤离"的建筑师也同样是片面的了，它们与陶特后期被归于德国思想传统影响下形成的"世界"视角之间似乎还存在某些断裂。那么今天的问题便是陶特如何经历了从表现主义的激进建筑师走向一位人类学式的风土研究者，如何将泛地域性的风土建筑与农民生活视作一种广义的共同遗产进行研究，进而如何从不可分割的历史整体上选取思考切口进行了应用转换。

为了完成这一目标，需不仅对陶特的发问对象——风土建筑提问，同时也要把陶特这位发问者一起放入我们的问题中，换言之，陶特的思想与讨论的意义应当被放置到他所处的时代与历史中去把握，那么或可发现，陶特离开德国之后的事业总体而言并不受地域变化而割裂，具有内在的一贯性。因而我们将聚焦于陶特在德国、日本、土耳其等地的历史时段中与风土建筑相关的理论与作品，分析其对风土建筑的价值认知的变化原因和实践路径的相应改变，以获得风土建筑现代转换命题的镜鉴。

### 表现主义时期的东方线索

1903年，结束了在柯尼斯堡建筑职业学校的学习后，23岁的青年陶特迁居柏林，受雇于布鲁诺·默林（Bruno Möhring）事务所，接触了新艺术运动，同时开始学习钢材与砌体合成结构的现代建筑新技术。1904—1908年，陶特为特奥多尔·费舍尔（Theodor Fischer）工作，曾在柏林技术大学（Königlich Technische Hochschule Charlottenburg）学习城市规划、艺术史、建筑施工等。1909年，陶特与弗朗茨·霍夫曼（Franz Hoffmann）共同创立陶特与霍夫曼（Taut & Hoffmann）事务所。1912年陶特被任命为田园城市协会（Deutsche Gartenstadtgesell-schaft）主任建筑师，成为田园城市运动的倡导者。在柏林期间，陶特接触到了乔仑圈（Chorin Circle）的艺术

---

① Esra Akcan. Toward a Cosmopolitan Ethics in Architecture：Bruno Taut's Translations out of Germany[J]. New German Critique，No. 99，Modernism after Postmodernity. 2006(Fall)：7 - 39. Esra Akcan. Bruno Taut's Translations Out of Germany：Toward a Cosmopolitan Ethics in Architecture[M]//Lejeune Jean-Fransçois，Sabatino Michelangelo. Modern Architecture and the Mediterranean：Vernacular Dialogues and Contested Identities. London：Routledge，2010.

家,特别是通过表现主义的刊物《狂飙》(*Sturm*)认识了诗人保尔·谢尔巴特(Paul Scheerbart),在这种先锋艺术圈的浸润下,到了1913—1914年期间,陶特产生新的建筑构想。1914年6月,陶特参加德意志制造联盟科隆展(Werkbund Exhibition),争取到了美属德国一家玻璃制品企业的资助,设计了著名的玻璃展馆(Glass Pavillion),凭借这一带有伊斯兰风土线索的作品引发广泛关注。这一设计显然并非一种纯技术出发的创作动机,陶特寻找玻璃这一新材料的表达潜力是为一种文化转换的动机服务,而当转换的程度极为剧烈的时候,引发了全新的建筑革命性。玻璃展馆融合了银色玻璃、彩色玻璃、马赛克以及彩色灯光,热情宣扬玻璃作为光的媒介在建筑上激发宗教般的崇高感。按照陶特的发掘,玻璃不仅仅是一种新工业材料,而是具有神圣的、精神意味的质感,并包含浪漫的隐喻,总而言之,艺术可以与新材料结合被发展为新的宗教。

1910年,德国兴起拜德米尔复兴运动(Beidermeier Revival,也译作新古典主义运动),实际是提倡将古典灵感作为建筑实践的出发点,借用古典风格的装饰元素获得传统复兴,围绕穆特修斯提出的客观性形成了对立运动。陶特的早期立场受到穆特修斯提出的客观性的影响,却不排斥新建筑来源的古典框架。战争结束时,陶特、格罗皮乌斯成了社会主义者,到了20世纪20年代,陶特已经转向新客观性。

1919年2月,魏玛共和国成立,实质是一个由社会主义执政党组成的立宪政权。1919年—1920年间,在一种相对稳定的政治时局中,陶特发起玻璃链(Die Gläserne Kette)成员间的通信,受到来自陶特的感召力,表现主义十分活跃,成员包括了格罗皮乌斯、夏隆(Hans Scharoun)等十余人,并主导了此后一段时期的德国建筑学走向。这一包含文化理想的组织推行以强烈的表现手段来创造形式的伦理概念,极力将建筑拉回到情感的和艺术的轨道里,倡导自由运用色彩与热情的形式,重新培育新的文化。[①]

1919年,陶特著写了《太阳自东方升起:真实的理念》(*Ex Oriente Lux: Die Wirklichkeit Einer Idee*),这一表现主义文本充满来自东方的线索。陶特眼中,东方是没落西方的救星,与此相应,"西方的终结"在20世纪20年代的欧洲观念场中极为风行。文艺复兴被认为仅仅是一种短暂的阿波罗精神浮现,更晦暗的浮士德精神被

---

① 这段时期里,陶特更像是一位将社会性需求放到第一位的现实主义建筑师,1921—1924年,陶特是马格德堡的规划设计师,1927年与马丁·瓦格纳合作进行了著名的布里茨(Britz)马蹄形住宅项目,陶特还完成了柏林-策论多夫(Berlin-Zehlendorf)与萨尔维斯伯格(Salvisberg)的低成本住宅规划方案。

再次提了出来。[①] 对于这种世界性的忧郁病症,陶特发出的抗议带有尼采式的反叛精神,即渴望以现代精神重建文化——表现为某种创造性的摧毁过程,以获得新鲜的生命力,他写下了在当时也是极为激进的倡议:

> 杀死欧罗巴,杀了他、杀了他、彻底杀死他,唱起圣歌! ……从 4 世纪到 16 世纪,伟大的人类文化遍布世界每一方寸之上,印度、锡兰、柬埔寨、阿曼、暹罗……它们有丰富和成熟的形式,有关于建筑塑性艺术的难以置信的融合力! ……你们这些欧罗巴人,谦卑才是你们应有的姿态! 只有谦卑能使你们复原,带来在爱之上的建筑。 存有对高贵世界精神的爱,方能使你们免于危险与痛苦,你们将因此敬畏她,培育她,关心她——文化![②]

第一次世界大战形成的竞争氛围以及一系列政治事件都让陶特极为失望,此时他的宣言试图赋予建筑学以神圣性,带有乌托邦理想,可能也正是为了这一目标,陶特将自己的视线转向遥远的东方。宁静与和谐的理想模型显然在战争中的欧洲不复存在。对于年轻的德国现代建筑而言,回望奥斯曼帝国、印度、中国等处的古老建筑意味着追寻永恒、真实、异域、未被污染的前现代信仰,它们是"非历史的",因为它们将永远如此。

除了《太阳自东方升起:真实的理念》,1919 年,陶特还出版了一本与历史城市紧密相关的建筑理论《城市之冠》(*Die Stadtkrone*)[③]。 该书以保尔·谢尔巴特的诗歌《新的

---

① 从斯宾格勒(Oswald Spengler)的《西方的没落》(The Decline of the West,1918)一书所获得成功来看,存在一种强烈的悲观主义,相信西方文化处于其自然历史循环的末期,工业化与经济利益造成了这一精神危机,该书提出西方现代性的浮士德精神并非诞生于 1917 年,而是诞生于 10 世纪,与精神再发现和罗马式建筑相伴随。 在文艺复兴虚假的阿波罗式倒退之后,它在 17、18 世纪的巴洛克和洛可可时代呈现出成熟的色彩,19 世纪经历了西方境况不佳的冬天,浮士德精神的没落文化(缺乏一切创造性)带着它的实证主义幻想,沉迷于不成熟的"文明"之中,技术与工业化的过度乐观主义已经使得德国人的道德感陷入危机。 参见[美]H. F.马尔格雷夫.现代建筑理论的历史 1673—1968[M].陈平,译.北京:北京大学出版社,2017:349—352. Oswald Spengler Matei. The Decline of the West[M]. Oxford: Oxford University Press, 1991. [德]奥斯瓦尔德·斯宾格勒.西方的没落[M].吴琼,译.上海:三联书店,2006. Calinescu. Five Faces of Modernity: Modernism, Avant-Garde, Decadence, Kitsch, Postmodernism[M]. Durham: Duke University Press, 1987.

② Bruno Taut. Ex Oriente Lux: Die Wirklichkeit Einer Idee[M]. Berlin: Gebr. Mann Verlag, 2007:81 – 82.

③ 陶特的《城市之冠》成稿早于《包豪斯宣言》(Bauhaus Manifesto),深刻影响了"艺术公社"(Arbeitsrat für Kunst)的另一位创始人格罗皮乌斯,为宣言的起稿提供了重要参考。 同年,陶特还出版了《阿尔卑斯建筑》(Alpine Architecktur)。《城市之冠》一书是陶特的思想转折点,与关注现代材料、形式美学相比,陶特此后越来越重视社会和精神层面对于建筑的影响。 过往的研究普遍指向陶特的转变源自政治语境和社会思潮的刺激:第一次世界大战的影响,霍华德(Ebenezer Howard)领导的英国田园城市运动的影响,诗人保尔·谢尔巴特的影响,19 世纪哥特复兴运动的影响等。 参见 Esra Akcan. Toward a Cosmopolitan Ethics in Architecture: Bruno Taut's Translations out of Germany[J]. New German Critique, No. 99, Modernism after Postmodernity, 2006(Fall):7 – 39.英译本 Matthew Mindrup, Ulrike Altenmüller-Lewis. The City Crown by Bruno Taut[M]. London: Routledge, 2015.中译本[德]布鲁诺·陶特.城市之冠[M].杨涛,译.武汉:华中科技大学出版社,2019. 肯尼斯·弗兰姆普敦认为阿尔瓦·阿尔托(Alvar Aalto)与汉斯·夏隆可能都从陶特的 1919 年的《城市之冠》中获得某种启迪(夏隆本就是"玻璃链"的成员),参见[美]肯尼斯·弗兰姆普敦.建构文化研究[M].王骏阳,译.北京:中国建筑工业出版社,2007:254 – 255.

图 3.47　《城市之冠》中国的庙台子　来源：
Matthew Mindrup, Ulrike Altenmüller-Lewis. The
City Crown by Bruno Taut

图 3.48　伊斯兰建筑 Jabalieh Rock Dome，Kerman
建于 13 世纪的伊朗　来源：Manfred Speidel. Bruno
Taut From Alpine Architecture to Katsura Villa

生命》为开篇，列举 40 个世界各地历史
城市的照片说明"城市之冠"的现象，包
括土耳其埃迪尔内（Edirne，曾为奥斯
曼帝国首都），塞利米耶清真寺
（Selimiye Camii，建于 1569—1574 年，
现为世界文化遗产），雅典卫城，埃及开
罗，中国的庙台子（即陕西汉中秦岭紫
柏山张良庙，现为全国重点文物保护单
位，图 3.47）等。与欧洲城市嘈杂的现
状迥异，陶特认为这些历史环境实现了
"有机的整体和谐"。他指出中国的城
市显示了田园城市的原则，具有普适
性，并提出"我们没有坚定的立足点"，
"我们必须为（城市）这个躯体另寻一个
头"，城市之冠的设立不仅有益于健康
的精神生活，而且对于城市的合理建设
也至关重要。该书还附有一个以新的
城市之冠为中心的"田园城市"方
案——一个包含建筑、社会、精神等多
重理想的综合性方案。

　　陶特的态度显然区别于一般意义上
东方主义者的"凝视"，陶特既不宣称东
方优于西方，也不企图操控东方这一
"他者"。然而，这里依然存有一种潜在
的东方主义情结，将东方视作力量来解
决周期性的西方危机其实是东方主义
最为基本的特质，也可以认为这种态度
具有某些积极之处。换言之，向东方学
习意味着陶特们将东方在意识中有意
拉远，重新以一种遥望的方式，将东方
作为治疗西方现代病症的灵药。每当
"西方进程"被深刻反省和痛苦怀疑的
时候，这种态度便立刻出现。同时陶特

们也乐于将东方始终看成是异域风情的、恒
定不变的、和谐完美的梦想之地，这片乌托
邦不会被所谓的文明、进步、现代性以及对
于历史的认知所困扰（图 3.48—图 3.50）。

　　1928 年，陶特写作出版了《新住宅，女性
作为创造者》①（Die Neue Wohnung，Die
Frau als Schöpfenh）。陶特对于东方建筑的
兴趣开始转向数量巨大的风土建筑，在此书
中他使用了大量土耳其奥斯曼时代风土建
筑的遗存实例，将风土建筑建构为一种特殊
的意指，直接对应于理想现代建筑的特征组
构。例如，日本建筑不设置固定隔断墙的开
敞空间，可以移动的障子与叠，能自由改变
和划分空间的布局，而在外部与环境连接的
部分，障子可以在各个程度上控制景观与视
野的连续性。这些风土建筑中的现代基因
使得陶特大受鼓舞，他因而推出现代住宅应
当学习风土建筑空间上的灵活性，并将此作
为现代住宅的首要原则。陶特喜爱奥斯曼
时代的风土建筑与墙体一体化设计的壁橱
（Wandschränke），并迁移到了厨房、浴室等
储存空间的处理上——极简的方盒子嵌入
墙内，易于开启闭合，以此保证起居空间的
松弛和释放。可以说，陶特对于风土建筑
的现代转换问题在抵达日本之前就得到过
第一个层次上的展开——从对东方建筑的
遥远凝视到近距离的观察风土建筑。一方
面以泛地域的东方原型呈现在表现主义时
期的玻璃展馆上（图 3.51），另一方面显露
在住宅室内空间与家具的一体化设计上。

图 3.49　1916 年陶特参加伊斯坦布尔友谊宫
竞赛方案显示出对东方建筑的兴趣　来源：
ODTU Mimarlik Fakültesi Dergisi 1，no.2

图 3.50　《城市之冠》历史城市之一埃及开罗
Cairo Citadel　来源：Matthew Mindrup，Ulrike
Altenmüller-Lewis. The City Crown by Bruno Taut

图 3.51　陶特 1914 年的作品玻璃展馆外观　来
源：Manfred Speidel. Bruno Taut From Alpine
Architecture to Katsura Villa

---

①　Bruno Taut. Die Neue Wohnung，Die Frau als Schöpfenh［M］. Leipzig：Verlag Klinkhardt & Biermann，
　　1928.

　　1933 年,这一年不平静。

　　1 月 30 日,以希特勒为领袖的纳粹党开始控制德国政权。7 月 29 日,国际现代建筑协会组织 CIAM 的第四次会议在一艘游轮上举行,帕特里斯号(Patris Ⅱ)离开马赛驶向希腊,德国代表几乎全体缺席了会议,现代运动旗手柯布西耶重游于地中海之上,22 年前青年时期的风土记忆触动了大师,催生起下一阶段文化立场的结构性转变。这一年维也纳建筑圈的引领人物阿道夫·路斯离世,路斯关于风土建筑的诤言不绝于耳际:农夫的建筑值得学习,但该学习的地方并非一定是形式,而是面对功能要求的直接反应。[①] 也是这一年,纳粹德国统治下的犹太人尼古拉斯·佩夫斯纳前往英国避难,此后写作了 46 卷的《英格兰建筑》完成对英国风土建筑的档案实录,他的名字自此成为对英国建筑史最深刻批判性评价的代名词。同样在路上的还有鲁道夫斯基,30 岁出头的他完成了对于希腊岛屿风土建筑的实地研究,这篇博士论文被命名为《南部基克拉迪群岛混凝土构筑物的原初类型》(*Eine primitive Betonbauweise auf den südlichen Kykladen*),揭示风土建筑形态的缓慢沉淀(sedimentation)过程,他还发现风土建筑构筑的原型仍然可见而且是活的,不断地重新建造使得居民意识上非抽象的新概念源源不断产生。再至现代语境的理论文本中回看,1933 年还有一个关键性的意味,即作为欧洲现代主义的最末年份划分,似乎多少指向普适"外衣"下地方性美学价值的某种"终结"(Decline)。[②]

　　如果马尔格雷夫对欧洲现代主义的时段划分与陶特离开德国的年份并非某种巧合,那么陶特 1993 年的"出走"似乎具有某种象征意味。[③] 在德国时,陶特曾经激烈反对过怀乡主义(Heimatstil),这一派试图怀旧的朝向未来,以德国农民房屋的建筑形式复兴传统价值,而自 1933 年后,来到日本的陶特长期浸润于当地风土建筑的考察,进而尝试将其作为现代建筑身后的引导者。[④]

### 风土中的记录

　　应日本国际建筑协会(日本インターナショナル建築会)邀请,53 岁的陶特于

---

① Adolf Loos. Spoken in the Void: Collected Essays,1897—1900[M]. Cambridge: The MIT Press, 1982.
② [美]H. F.马尔格雷夫.现代建筑理论的历史 1673—1968[M].陈平,译.北京:北京大学出版社,2017:349.
　　[德]奥斯瓦尔德·斯宾格勒.西方的没落[M].吴琼,译.上海:三联书店,2006.
③ 流亡在外的 5 年里,陶特并不满足于迁移他在德国的建造经验。在全新的场所与文脉里,他的设计思想发生新的转换,以至于他的同行把陶特人生的最后阶段解读为发生了"剧烈的变化"。1936 年 9 月 30 日,身在土耳其的马丁·瓦格纳(Martin Wagner)给在日本的陶特发去一封电报,建议陶特立刻前往土耳其。1936 年 10 月 10 日陶特抵达土耳其,但陶特之后在土耳其的事业方向却使得他的德国同行不解和意外。1937 年 8 月 29 日在给格罗皮乌斯的信件中,瓦格纳抱怨陶特从现代主义的立场"退却"了:"看起来每个人都老了,陶特陷在文艺复兴的原则里,他找不出通往新世界的道路! 我可真是失望……作为先锋派这是耻辱。"参见 Martin Wagner. Letter to Walter Gropius,29 August,1937.
④ 井上章一.つくられた桂離宮神話[M].東京:講談社,1997. Manfred Speidel. Bruno Taut From Alpine Architecture to Katsura Villa[M]. Tokyo: Minoru Mitsumoto, 2007.

1933年5月3日抵达日本,开始调查日本的风土建筑与居住文化,足迹遍及京都、大阪、奈良、东京、叶山、仙台、秋田与上多贺等地[①]。与过去在德国的经历不同,在日本的他极少有实际建造的机会[②],他把大量的时间花在了研究和写作上,出版了数册关于日本风土建筑的图书。也是从对日本风土建筑专门性的实地研究开始,此后结合了在土耳其的经历,陶特逐渐发展出一种新的建筑哲学。

1937年,陶特发表自己在日本完成的研究《日本的房屋与人们》(*Das japanische Haus und sein Leben*),内容基本是陶特在日本一年间的记录,包含大量速写和实景照片,对日本当地农民的日常生活、服装工艺、劳作规律、起居习俗、街道建筑、器物摆设的描绘。这本书充满了从细节着眼的质询。陶特感兴趣的不仅仅是建筑本身,也大量观察建筑中的人如何展开日常生活,并分析这些既往生活与现代社会之间的适应性问题(图3.52—图3.54)。

图3.52 陶特居住在日本风土建筑中,位于群马县高崎市少林山达摩寺洗心亭(1934—1936) 来源:Taut Archiv,Akademie der Künste,Berlin

图3.53 陶特拍摄的日本宫城县刈田郡斋川村照片(1937) 来源:Bruno Taut. Das japanische Haus und sein Leben

"我未能明白日本人何以宣称他们的房子是他们的城堡……这些房子即使有屋顶和结构,不过就是些帐篷。"[③]这些语句出现在《日本的房屋与人们》一书的开头,通过有意重复东方主义式的口吻,这位建筑师意在批判欧洲人过往对于日本的误解,他真正的意图在接下来的部分中显露:"那么究竟是什么依然构成今天日本的形

① 篠田英雄.日本——タウトの日記 1933年[M].東京:岩波書店,1975:i-ix.
② 陶特在日本的实践机会不多,1933年10月完成奈良生驹山规划,停留于方案,1935年设计的山崎住宅方案未被采纳,在日本最终建成的两处住宅为1936年4月竣工的大仓邸,以及同年9月竣工的热海日向别邸。唯一现存的建筑作品是日向邸(扩建部分)。陶特本人1934年8月起一直居住在群马县高崎市少林山达摩寺洗心亭,至1936年11月离开日本,前后出版了4本研究日本建筑文化的著作。参见 Manfred Speidel. Bruno Taut From Alpine Architecture to Katsura Villa[M]. Tokyo:Minoru Mitsumoto,2007:114-115.
③ Bruno Taut. Das japanische Haus und sein Leben(Houses and People of Japan)[M]. Berlin:Gebr. Mann Verlag,1997:21.

图 3.54　陶特绘制的日本宫城县刈田郡斋川村速写（1937）　来源：Bruno Taut. Das japanische Haus und sein Leben

象——除却鉴赏家的角度——并留存于西方人的脑海中呢？正是这个古怪岛国上的古怪岛民，以一种与西方普遍习俗迥异的方式，向今日的艺术呈现出一种优雅的东西，它是模棱两可的、细致的、反日常的、怪异的，总之它异想天开……而西方人看到的仅仅是受局限的片段，一直将日本看成一个提供刺激感的异邦。"[1]"我真正想要表达的意思是，日本建筑应对当地气候显示出卓越的调适能力，风土建筑与本土习俗和日常休憩如此和谐……为何除了在日本以外没有一处地方让人发现连廊是如此的适应于现代建筑呢？在日本，高大的山墙是一种必要的应对手段，大幅开口的窗洞能够免于日晒雨淋，让一切东西暴露在白天的暑气之中，露台和阳台不过是西方对它的模仿而已！"[2]

这本书开启了现代建筑思考上真正的丰富性，建筑被观察出是一种被制度化、习俗化的日常艺术，这与过往认为建筑应当纯粹受数学控制大为不同。陶特的讨论里一直试图比较工匠与建筑师两者思维的区别，最终要引发的话题也一直在衡量"建筑学的专业化"程度的问题，即"建筑学"与"风土建筑"之间暗含的张力（在鲁道夫斯基那里，野性思维的建筑产物被建构为"没有建筑师的建筑"）。陶特一点也不意味着工匠与建筑师之间的工作有等级高下，或者说风土与现代有优劣之分，他的兴趣集中于汲取风土建筑的现代要素改善建筑的标准化体系，比如日本的叠式布局被认为实现了前工业时代的标准化建造。在另一个层面上，陶特再次返回到类型化模式如何回应历史的问题，这次他挖掘了另一个来自风土建筑的组构来源——气候，提出在风土建筑的形式生成中气候具有"铸就力"，能够使得建筑具有性格（character），这个结论一样来自对日本风土建筑的观察。

就今天重读陶特的关切点来看，另一条重要的启示来自陶特对于风土的定义。

---

[1]　Bruno Taut. Das japanische Haus und sein Leben(Houses and People of Japan)[M]. Berlin: Gebr. Mann Verlag，1997:175.

[2]　Bruno Taut. Das japanische Haus und sein Leben(Houses and People of Japan)[M]. Berlin: Gebr. Mann Verlag，1997:262.

农舍(Bauernhaus)对于陶特而言被发展为一种包含普适性法则、具有"世界"视角的建筑,在"日本乡村"一节中,陶特认为日本风土建筑不仅是民族的也是"世界"的:"气候特别是日本的夏季铸就了风土建筑……论及如何使身体处于平衡之中,谁也不如日本风土建筑做得好……现代建筑需使用昂贵的电气设施才能获得与这种环境等价的效果,而人工的通风方式只可短时间的使用,无法真正长久。""任何一位深入研究日本乡村的人,不该被那些看起来异域风情般的奇异现象震惊。而是该注意比如叠和障子,他倒是该好好感受世界上所有种类的农舍都与日本的农舍都有着某些共通感……日本的农舍是如此的一种谜样之物。在与机器之间或平和或激烈的对立中,它们的成就显得如此引人瞩目,它们是这样一种从泥土中生长出来的文化现象,当然它们是民族产物,但是即便同一种日本文化之下依然产生了如此多丰富的形式和细节,我进而认为它是一种世界性的现象。"①

为了说明农舍是一种"世界性的现象",在《日本的房屋与人们》一书中,陶特收集了数量众多的日本乡村图片,以一种令人难忘的方式与奥地利、德国、意大利、塞尔维亚,以及瑞士的乡村景象并置(图 3.55),这些来自不同地域的乡村图像出现惊人的一致性,陶特凭借这种敏锐的观察力得出一个重要的结论,世界上所有理性的人都会采用相近的原则。这种直观的并置也成功地抓住了读者的注意力,使得风土建筑从泛地域化的对照角度获得了新的审视。当然,陶特并未断言这些令人震惊的相似性立刻就能被解释,但他也没有从他的"世界"视角退却,他提出日本农民的生活包含现代建筑寻找的"通用原则"(universality),并称这种相似性已被他捕捉到的证据深刻的证明:"日本的农民,虽然并不向世界以语言的方式'诉说',但他们通过房子'诉说'。他们属于日本这一国族,但是他们好像长着一张'世界'的舌头,有着普遍化的传达力量……农民的世界视角的头脑展示了天然秉有的社会性,消融了情感,包含着隐忍,不仅如此,那里还存在一种普遍的精神,联结起各式各样的变化,最终导出一种共同的美学态度。""日本民居的生机勃勃感自然的产生于乡间每日的生活与劳作之中,不管气候或者农作物的种类如何变化,这世上所有农民在本质上都是相似的……世界上所有的风土建筑都曾有过日本今天依然保留的火塘……日本农民在火塘中央,将一只水壶悬吊在栋木之上,一家子围在火塘边取暖,烤着湿漉漉的衣服,火塘乃一个家庭空间真正的中心。"②(图 3.56—图 3.58)

---

① Bruno Taut. Das japanische Haus und sein Leben(Houses and People of Japan)[M]. Berlin: Gebr. Mann Verlag,1997:72.
② Bruno Taut. Das japanische Haus und sein Leben(Houses and People of Japan)[M]. Berlin: Gebr. Mann Verlag,1997:112-113,116-117.

| | |
|---|---|
| Abb. 176 links: Japan<br>日本 | Rechts: Deutschland, Schwarzwald<br>德国，黑林山 |
| Abb. 177 links: Japan<br>日本 | Rechts: Deutschland, Baltische Kuste<br>德国，波罗的海边 |
| Abb. 177 links: Japan, Shirakawa<br>日本，白川乡 | Rechts: Osterreich<br>奥地利 |

Abb. 179 links: Japan
日本 — Rechts: Der Balkan (Serbien)
巴尔干（塞尔维亚）

Abb. 180 links: Japan
日本 — Rechts: Schweiz
瑞士

Abb. 181 links: Japan
日本 — Rechts: Italien
奥地利

图 3.55 陶特泛地域性的对照世界各地村落以显示"相似性"

图 3.56 陶特拍摄的日本白川乡风土建筑内火塘边的一家照片

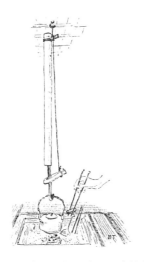

图 3.57　陶特绘制日本风土建筑中
火塘上方悬吊于栋木的水壶

图 3.58　陶特绘制的日本起居室与户外关系的速写

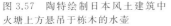

图 3.55—图 3.58　来源：Bruno Taut. Das japanische Haus und sein Leben

　　这些论断的可信性足可推敲,但是思考这些风土建筑本身的历史性演进与地理经纬的更迭无关宏旨,问题在于陶特研究的时候如何得到了启发。陶特的用词"世界性"意味着关键性的建筑学决断。在同一时期,民族国家里谈论的风土建筑复兴,比如对于德国农夫住宅的关注,本质上陡变为纳粹的政治化工具了。类似的危险还可以被识别出来,在包括土耳其这样的国家在内,风土建筑的复兴与沙文主义之间的关系越发明显。陶特的切口即便是来自同一对象——风土建筑,但是他的态度是进行一种风土建筑价值挖掘的"正向推动",他试图纠正的是任何建筑的原则(包括由风土建筑推导出的)都不能够封闭于民族主义,而应当以一种打开的态度指向未来。[①] 风土建筑因为被看作关心"普通人"生活的理念承载物,早在 19 世纪末就开始得到浪漫主义者的青睐,而到了陶特的时代,正因为政治时局和文化转换的激烈挤压,他从一个看起来已被反复讨论的旧题材上找到切口,获取了当下化的观念革新意义。

　　如何调和风土与现代二元对立式的困局呢？在"风土建筑"这一切口上,陶特继

---

① 陶特清醒意识到民族主义式的应对文化危机十分危险,包括在他自己的国家德国也是如此,《建筑讲演集》从各个维度展开对民族主义的质疑和批驳,认为不论这种民族主义以现代的伪形还是历史的外衣表达,本质并无不同:"不论建筑师被迫以现代表达来创造民族建筑,比如在意大利法西斯统治下的做法,又或者直接使用历史风格……这两种方式都是灾难。"参见日译本,落合桃子.タウト建築論講義[M].東京:鹿島出版会,2015:334.

续挖掘了气候这一抓手。1938年出版的《建筑讲演集》(*Mimari Bilgisi*)基于这样一种特别的努力展开,即定义建筑的普遍原则应当包含对于地理、文化差别的考虑。以"希腊神庙"为例子,加上"哥特教堂""土耳其清真寺""日本民居",陶特试图重新整合一套新的建筑原则,诸如技艺,结构,功能,比例,而这些抽象的原则必须继续增加对于地理条件差别的考虑,这一新的元素就是气候,这些组构元素应当共同引导出一种特定气候下的建筑。[①] 对于陶特而言,建筑所有的外部形态来自对气候的功能化应对。自然人种造成的身体尺度的差别也需要被一同视为一种影响要素加以强调。换言之,气候对于陶特来说又不仅仅作为功能要素,而是被某种程度地放大了作用,气候是"一种特定性,一种调性(tenality),一种使得建筑呈现出音乐般色彩的"原因。于是,气候对于建筑来说具有了形而上学般的意义。建筑师信奉气候的作用,可以挽救建筑突破无性格的重围。但是,重视气候也不意味着直接套用现成的地域形式或者历史样式,就这一点,陶特彻底破解了他的现代建筑"普适性"的定义:"应对气候的建筑形式、光线、场所的空气越是恰当,那么它们便是普适的。"[②]

按照陶特的思维特质来理解,可以在世界范围内使用的普适性准则来自大地本身,自然中已经包含普适性。而气候在另一个角度上,不仅仅是自然的事实性要素,或者说显现了大地本身,在另一个层面上又指向如何发现场所的"独一无二",故而气候对于陶特来说,是一种基底性的建筑要素,从此点出发可以推动"去欧洲中心论"的新的普适建筑学。

**"日本房子"**

与理论相应的实践操作上,陶特既批评将住宅现代化等同于抄袭西方现代建筑,也反对平庸的模仿传统建筑,第三条实践道路为从两者身上汲取出气候原则进行分类设计,典型的作品便是陶特位于土耳其伊斯坦布尔的自宅(Prtaköy,Istanbul,1938)。与他1925年在德国的作品(Haus K)有相似之处,伊斯坦布尔的自宅也使用了将服务空间与起居空间分离的设计手段,保证室内空间的完整形态,同时使得建筑对外开口最大化。但这一作品又大大不同于陶特过去的作品,位于悬崖上的新自宅外形如同树林中高悬的灯塔,眺望着整片博斯普鲁斯海峡。从建筑的后部进入八角形的起居空间,立刻可以发现天花板非常高,室内高度被故意放大了,窗户非常规的处于几种不同的高度。窄小的木楼梯躲避于房间一角,通往书房——小小的八角形房间看起来更像是塔尖,并保留斜顶。书房四周环绕窗户,形成一个望海者身处于塔中的意象,暗示人类集体遭遇的现代境况(图3.59—图3.60)。

---

① 落合桃子.タウト建築論講義[M].東京:鹿島出版会,2015:4-5,24,162.
② 建筑的气候属性可以铸就一种"普适的"建筑,而并非欧洲专有的建筑思维方式,这样一来,一种去欧洲中心论式的普适性便可以产生。落合桃子.タウト建築論講義[M].東京:鹿島出版会,2015:92.

图 3.59　陶特伊斯坦布尔住宅外观与内部照片　来源：Esra Akcan

这栋建筑被当地人亲切地称之为"日本房子"，数层屋檐如同土耳其人印象中的日本宝塔。陶特并不忌讳显露这一建筑的东方来源，但是，也没有放弃这种形式的他性（otherness）。多层屋檐使得建筑乍一看确实如同宝塔，但是进一步看，却可以辨认出建筑提示着伊斯坦布尔的风土线索。比如处于两种不同高度的窗户在中间位置设计了屋檐，起到遮阳篷的作用，这在当地的风土建筑上其实十分常见。于是在这种既要提示泛地域的风土原型，又要适应特定的本土气候要求，同时还要保留建筑现代感的斡旋下，伊斯坦布尔的自宅最终产生了一种奇妙的疏离感，或者说陌生化效果（estranging，foreignizing effect），使得建筑具有足够强烈的性格，与周边的建筑既和谐又区别开来，并隐隐提示地理气候形成建筑的"性格"，且包含了历史文化上的复杂性和矛盾性。

为何一位光鲜、激进、前卫的艺术先锋式人物转而倡导一种植根于风土建筑这类并非摩登、靓丽之物的建筑实践？或许对于陶特而言，这并不意味着他突然返回到一种怀旧的保守主义态度，而是因为在实验德式现代主义时他发现：前者终将受限于地理范围的内在矛盾。问题于是转而变为：现代主义的普适性真的可靠吗？而陶特在日本与土耳其的思想练习毋宁说是他对自己青年时代思考的再次衍生、阐发、演绎，又或者是新的"沙盘推演"。

身为建筑师，陶特的视角能够不仅仅从建筑本体出发，极为难能可贵。陶特将"日本""土耳其"等地的风土建筑视

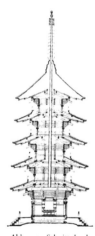

Abb. 412　Schnitt durch eine Pagode

图 3.60　典型的日本宝塔剖面示意（1937）　来源：Bruno Taut, Das japanische Haus und sein Leben

作一种广义的人类遗产,将它们作为共同的历史整体进行研究。智者再不能慰藉,慰藉者再不能知,面对这种现代困局,陶特的思想使得现代建筑的观念场变得丰富和有活力,他试图引导出的不啻是现代建筑思想进一步引发的文化实践,其基底是将理性和经验合一的开明的理性主义,或者靠近于一种再度反思后的现代精神。20世纪的建筑学此后被建构为一种更为丰富的、复杂的、多样化的、多维度的建筑学,也已经大大超出后现代主义者所愿意承认的。

今天,在不断加速的现代进程中,世界继续呈现出与其文化传统的断根。如尤尔根·哈贝马斯所言,欧洲作为现代进程的始作俑者,在某种有利的条件下,表现为一个"**创造性的摧毁过程**"①,在其他国家则不幸地展现为既往生活方式的解体,并且在几代人中都呈现为不育的现代性。陶特的"世界"视角及建筑实验依托对象是承载着前工业社会记忆的风土建筑,通过曲折"返回"风土建筑的观照方式,他似乎在努力点起一盏灯,将一种新的现代建筑建立起来,甚至近乎为现代建筑重新获得神话般固定的结构而行进着,这背后的哲学态度的确如伊斯拉·阿克詹所分析的——近乎康德的理想。不管是客观性还是新客观性,德国的学术传统,还是对东方建筑的神往,身在风土建筑环境中的长期观察和揣摩,共同将陶特引导到一种新的现代建筑精神上,在理性的基础上通过德行的知识来完成智性进化,最终实现超越国别、种族、宗教和社会阶级的普遍的人类情谊。陶特对气候极端重视,意味着以特定的认知环境外显要素来抽取和化约为对风土的整体记忆,并有意识地保留心灵的不可知性实现对地域构法的文化转换,这种双重的文化转换是极为复杂和艰巨的事业,陶特短暂的一生未竟其业。而相较于通常讨论中的批判性地域主义实践,陶特在20世纪30年代就已经构建的思想体系不同之处还在于,他的思想路径更多的带有道德自律与开明文化立场,这种文化调适方式,本质上即以泛地域化的方式靠近"他者",努力调和对传统生活方式剧烈"断根化"之恐惧的反应。而今天的现实不断发出的警示是,当抱有此种态度已经无效的心态时,"举目乱世"②,人们已经要求返回到排他性的前现代信仰态度里。

伽达默尔在其著名的诠释学文本《真理与方法》③中提出,任何翻译本质上都是解释,文本在一开始就带有作者的谋划(Project)。在任何情况下,一项诠释必须要跨越双方的诠释学前理解(Vorverständnis)差异,无论文化差异是大是小,时空距离是长是短,语义差别是多是少。反过来说,所有的解释也都是翻译。从伽达默尔的论证可以看出,一个封闭的意义世界中的理念无法和其他世界通约,它是有矛盾的。

---

① [德]尤尔根·哈贝马斯.分裂的西方[M].郁喆隽,译.上海:上海译文出版社,2019:14.
② 同上:90.
③ [德]汉斯-格奥尔格·伽达默尔.真理与方法[M].洪汉鼎,译.北京:商务印书馆,2010:390-413.

激进的诠释即文化转换,要么是对于自身合理化的补偿,要么就是一种皈依,即听命于一种陌生世界图景的合理性。陶特对"欧洲中心论"下现代主义的怀疑以及以此为立足点建立的风土适应性模型,本质即试图丰富和修正他所皈依的现代性,或者说他依然希望现代主义教义继续对东方有效并获得新的发展。到了半个多世纪之后,这种态度被代之以新的视角。20世纪末,保罗·奥利弗将风土建筑本身独立出来作为研究主体,将其看作一个重要的学科研究门类,并认为风土建筑被长期忽略的状况显示了对于建筑学的一种有失偏颇的解释,需通过对这一数量巨大的建筑从定义开始进行建筑学"变革",这种深刻的观念转变与学科反思已经既不同于柯布西耶,也不同于鲁道夫斯基,更不同于陶特。过往的现代建筑师对于风土的"热恋"乃至于建构为"缪斯""迷思"等,其出发点无一例外都希望从风土建筑中获取灵感,认定其支持功能主义美学或者有助于回归建筑的感性体验层面,风土建筑诸多先例对于他们来说支撑了小至人体模度大至巨构建筑的形式特性和美学范式。而在今天,作为一种风土现代转换的具体参与者,不管是建筑师还是建筑史家,还需意识到自身视角的单边性。换言之,在接受"说话者"和"听话者"的对话过程中,如果没有一种根本对称性的建构,在这种彼此的视角接受活动中,便无法合作产生一种共同的视域。而只有在这样的视域中,双方才能建立起不分主客体的共同解释,而不仅仅是种族中心意义上对于风土建筑进行文化纳入式抑或转化式的肤浅解释。笔者就此认为,这也是重读包括拉斯金、穆特修斯、柯布西耶、鲁道夫斯基、佩夫斯纳,以及陶特在内等一众风土者在过往的观念与行动时得到的另一项重要思想启示。

## 四、卡洛·斯卡帕:再读反思型怀旧

### 从历史之内获得历史之外的创生

大卫·洛文塔尔(David Lowenthal)在《过去即他国》(*The Past is a Foreign Country*)中指出,我们对待过去的态度无非以下几种,其一怀旧,其二遗忘,其三修复,其四重演,其五沙文主义,其六悔恨,这六种回应方式或被正确使用或被滥用。[1]

在前述篇章中已经逐渐铺开的风土建筑理论主脉和支流中,从为了更好存续大量性城乡风土建筑遗产而求取观照这一目的出发,需要回到我们自身面对的问题调整研究对象的择取。怀望过去,在30年的城镇化对乡土中国的风土遗存带来的不可避免的大量破坏面前,我们对待历史的态度也开始经历着剧烈的变化,吐故纳新的现实需求已成为无法回避的挑战,我们已经认识到需要抢救的已不仅是包括历史建筑在内的全体风土遗存,更是如何在保护之外,延续历史,使历史更作为一种设计资

---

① David Lowenthal. The Past is a Foreign Country[M]. New York: Cambridge University Press, 2015.

源回应当下的语境。因此我们今天面对的是传统的延续、转化的问题,是如何在历史累加的古层中寻找到本土的创生方式,重建风土个性与民族身份的问题。即建筑师究竟如何在历史之内获得历史之外的创生?

在启蒙现代性的基础上进一步发展而来的西方历史保护理论与实践,作为一面镜子,反映的是对待历史的理念流变及至理论框架的完善这一历史性进程——从单一的"扬古抑新"式封存传统发展到更为开放的"与古为新"再现传统。由西方对待历史的变化可以获得有益的经验,但仍不能跳过必经的步骤,因为我们同样无法脱离对新与旧二元对立的先验式限定,而这又必然使得我们将某种程度地重复西方的思辨道路,换言之,刻舟求剑的尴尬便在于我们总记得自己处于自身的传统这艘船上,却忘记了我们还处在流动的水域之上——不歇地驶向未来的时间之流。人类未来的建筑将不单是像勒—杜克们那样复原某一种历史的风格,也不会是文丘里们那样将历史作为一种拼贴的元素使用,而会是"掷身于宇宙"的同时,把握住历史的一抹珍贵的古色(patina),将之聚焦并巧妙扩大,并让这抹古色伴随我们前行。

带着这样的疑问,我们怎样将历史作为一种创生的资源,得到不仅修补过去,同时朝向未来的延续方式?特立独行的意大利建筑大师卡洛·斯卡帕(Carlo Scarpa,1906—1978),以其高超的提炼历史元素的设计手法以及深富洞见的历史态度为我们书写了令人振奋的答案。过往对他的研究,往往会限于建筑本体的形式分析。若从转化风土建筑资源的策略角度观察,他更是一个兼具书写历史与描绘未来的思想者与预见者。

在斯卡帕为期 55 年的设计生涯中,完成了 238 项设计,其中,直接与历史建筑修复改造类相关的项目有 29 项,在这些项目中既有已经纳入严格修复要求的历史建筑,也有并非保护对象的一般性风土遗存作为灵活的改造对象。该类型的实践始于1935—1937 年之间的弗斯卡里大学的历史建筑改造,能比较典型地反映其设计思想的有中期的一些项目:1954 年的阿巴特里斯宫改造;1955—1957 年的卡诺瓦石膏像陈列馆改扩建;1957—1958 年的维罗纳古堡博物馆改造;1957—1958 年的威尼斯圣马可广场奥利维蒂商店改造;1961—1963 年的斯坦帕里亚基金会更新,以及晚期的若干作品:1971 年的布雷西亚城堡博物馆改造;1972 年的威尼斯建筑学院的入口改造等。[①]

从更广阔的转换风土建筑特质的角度上看可以获取的重要经验在于,斯卡帕在历史环境中进行改造的具体策略是折射其史观的,呈现着一种设计全过程中历史意识的"在场"(An-wesen),更大的造诣在于新旧并存的处理中显示出的突破与创造,

---

①   Dal Co Francesco, Mazzariol Giuseppe. Carlo Scarpa The Complete Works[M]. Milano: Electa Editrice, 1984:98 – 149.

灌注了深厚的历史积淀和人文主义态度。但他本人并未将其思想以理论的方式做过系统的归纳与总结,对他的赞誉更多来自被其作品折服的业主,从学理角度该如何深入地体察他的设计思想,提炼出他的设计方法?回顾他本人留下来的作品及草图,以及一些他的致辞、讲演、访谈和书信,他如何对待历史的思想脉络重新显得清晰可见了,我们可以尝试从古锈存真、古式并置和古韵重谱三个层面,诠释斯卡帕作品中所展现的批判性修复观和新旧对峙的艺术张力。

更为重要的是,伴随着中国向现代转型过程中错综复杂的态势,建筑师对待历史的态度显得非常重要,特别是在建设类型从"增量"向"存量"转化过程中,大量城乡风土建筑遗存都成为建筑师设计介入的对象,不属于保护名录的风土建筑究竟该如何处置?怎么达到历史环境中建筑连贯性的要求?对于建筑师而言,无论基地是否是纳入保护名录的历史街区,历史意识都应当是全设计过程"在场"。建筑的翻新、改造设计必须是在尊重城乡地理文化脉络、深入学习此地同时段同类型建筑形成的"谱系""样式"等知识上进行,尊重场所的地方性,尊重生活传统,不应省略必要的温习历史的功课直接进入追求戏剧化效果的创作,更不能将破坏历史街区和传统乡村的肌理和空间的连贯性视为建筑师的"个性""创新"之举。现阶段关于风土建筑的处置方式和态度上需进入更为审慎的反思期,在当下回归传统的呼声中,中国的建筑师亟需提振历史意识,在历史累加的古层中寻找到新旧交融的创生方式,在全球化语境中重建风土个性与民族身份,在历史之内获得历史之外的创生。正因为这一迫切的问题,鉴于斯卡帕常有成功转化风土资源为设计亮点的优秀案例,成功地以崭新的角度指明反思型怀旧(Reflective nostalgia)的史观,其设计策略与中国语境下的建筑师实践同道近途,可供当代建筑师参考借鉴。

**怀旧类型学与风土实践**

如今,我们处在无处不怀旧(Nostalgia)的世界中,怀旧俨然是人类的宿命。机械化时代使我们可以轻松地获得比真品更为完美的仿制品,物与我们的关系似乎变近了,因而历史与我们的关系也已然是一种看似亲密的连接,尽管此物非彼物。事实上,这样的连接并不可靠,1975 年,比尔・沃恩(Bill Vaughn)这样写道,"除非你万分确定你已经回不到过去,否则怀旧就是危险的"[①]。怀旧这一动作一旦发生便伴随着一个事实获得确认,这就是我们再也无法回到过去。

斯维特兰娜・博伊姆(Svetlana Boym)在《怀旧的未来》(*The Future of Nostalgia*)中索性指出,人类的未来将是怀旧的未来。

在 17 世纪,怀旧曾经被认为是一种可以医治的疾病,瑞士医生认为,鸦片、水蛭

---

① David Lowenthal. The Past is a Foreign Country[M]. New York: Cambridge University Press, 2015:39.

以及到阿尔卑斯山的远足可以治愈这种疾病。但是到了21世纪,人类的进步没有医治好怀旧情感,反而使之趋于多发。全球化激发出对于地方性事物的更强烈的依恋。与我们迷恋于网络空间和虚拟地球村现状对应的,是不亚于此的全球流行病般的怀旧。怀旧从一种可医治的疾病转化成为一种无法医治的状况——从思乡病(maladie du pays)到世纪病(mal du siècle)。这是对于某种具有集体记忆的共同体的渴求,在一个被分割成片的世界里对于延续性的向往。

博伊姆进一步指出,治疗怀旧存在着类型学。可以阐明怀旧诱惑和操纵人们的某些机制,区分出两种怀旧:第一,**修复型怀旧**(Restorative nostalgia)。强调返乡,尝试超历史地重建失去的家园。第二,**反思型怀旧**(Reflective nostalgia)。自视并非怀旧,而是真实与传统,关注人类怀想和归属的模糊含义,不避讳现代性的种种矛盾。修复型怀旧要维护的是绝对的真实,而反思型的怀旧则对它提出疑问。①

斯卡帕对待历史的方式,借助怀旧的类型学来阐释,为对立于“修复型怀旧”的“反思型怀旧”。所谓的反思型怀旧并不追随某一个单一的主题,而是探索包容着许多地域和想象不同时空的各种方法;喜爱的是细节,却不是表征。较修复型怀旧而言,反思型怀旧能够提出某种伦理的和创造性的挑战,并对传统和当下发问,是一种指向未来的怀旧,而不只是午夜愁绪泉涌的借口。从这两种不同的怀旧,我们可以区分民族记忆和社会记忆:修复型怀旧以民族身份的单一议题为基础,反思型怀旧追求其标志性,但是并不限定个体记忆的集体框架组成来源。简言之,回不去的方是故乡。这就意味着反思型怀旧以积极与反思的态度对待失去。即使怀旧这一动作一旦发生确实伴随着再也无法回到过去这一事实获得确认,但也就意味着我们只能带着历史的记忆飞入未来。因此,建筑师选择反思型怀旧意味着对于人类失落家园的正面救赎,也意味着艺术家对于社会具有道德义务与伦理使命。

那么在斯卡帕的建筑设计实践中,这样的反思型怀旧如何展现其深厚的人文意味呢? 以下三方面可以显示出斯卡帕的思考:第一,古锈存真。将“古层”与痕迹叠加,即保留并揭示历史建筑在过去的各种叠印的历史信息,保留古色(patina)。第二,古式并置。运用间离(Verfremdungs)的艺术手法进行角色重谱,使用“陌生化”(defamiliarization)的批判性表达提高观者对历史对象的理解力。第三,古韵新谱。即综合运用各种艺术手法进行历史情境和现代场景的并置,即包容古典主义、文艺复兴、巴洛克等传统作为形成历史情境的方法,回归至现代注重调动身体感官体验的层面,以此方法谱写新的灵光(aura)。在斯卡帕的设计作品中,有时这三者兼具,有时则更为凸显在某一点上。

---

① Svetlana Boym. The Future of Nostalgia[M]. New York: Basic Books, 2002:7-8.

**1. 古锈存真**

尼古拉斯·佩夫斯纳在《过去的未来》(*The Future of the Past*)一书中写道:"且不说斯科特对哥特教堂的修改是那样的精美和富于创造力,若要将维多利亚时代对教堂的美化再复原到其以前的样子,就是重复了那个时代的错误。如果这样,我们的后代也会像我们清算维多利亚学派那样清算我们。"①对于历史,我们不能自负地以纠错者自居,否则我们就是在重复历史的错误。历史的痕迹是叠加变化的,历史建筑经历时光留下种种痕迹,构成承载各种历史信息的"古层",无论这些痕迹是否出于历史时期社会群体或个体更好的选择,我们都不能去人为改变。克制的谨守这一不可逾越的原则,反映在了斯卡帕的早期的作品特别是历史建筑的修复与改造的设计实践中。

1954年,49岁的斯卡帕在西西里的巴勒莫完成了为期一年的阿巴特里斯宫(Museum installation of Palazzo Abatellis)的修复工作。这座建筑为文艺复兴初期的建筑,建于1490—1495年,1539年时曾经过加建,在南侧增加了一个哥特-加泰罗尼亚风格的小教堂。第二次世界大战期间,建筑遭到严重破坏。第二次世界大战后,宫殿的走廊和门廊经过重建②。500年间,建筑除了有记载的增建重建之外,还经历过诸如地震及人为破坏。这些在漫长历史中或者人为或者自然的痕迹形成了阿巴特利斯宫颇具沧桑感的"古层"(图3.61)。

图3.61　阿巴特利斯宫修复前　来源:panoramio

斯卡帕在修复的过程中,对历史真实信息与干扰信息作了细致的鉴别。庭院中的立面铁艺花阳台、庭院中的喷泉及室内的仿古顶棚均为近期加建,尽管这种较近期的历史信息也可以说是建筑痕迹的一部分,但是对于理解历史作品的视觉逻辑造成极大困扰。而保留"古层"的目的是指向古色(patina)的聚焦和放大的,因此历史信息是需要删减取舍,并非所有痕迹都是必须保留的。斯卡帕选择了对铁艺花阳台、庭院中的喷泉及室内的仿古顶棚作局部的拆除。对于保留下来的建筑"古层"主体,进行了细致的修复(图3.62):①保留外墙面的瘢痕。外墙面在清洗、粉刷后,保留了斑驳的历史痕迹——这是斯卡帕所珍视的古色

---

①　Jane Fawcett, eds. The Future of the Past: Attitudes to Conservation 1147—1974[M]. London: Thames and Hudson Ltd, 1976:8.

②　Sergio Los. Carlo Scarpa: an Architectural Guide[M]. San Giovanni Lupatoto: Arsenale Editrice, 2007: 38-41.

图 3.62 阿巴特利斯宫修复后 来源：skyscrapercity

(patina)，尽管这些细微处不仔细观察不会引起注意；②完整保留立面的阿拉伯连拱窗；③使用可拆卸的维护窗体[①]。窗户需适应作为博物馆使用这一新的功能需要，同时新的窗体根据需要可以拆卸，是可逆的。因此，新的金属窗框被放置在了窗洞内侧，与连拱窗脱离，形成了清晰的对比。

在担任阿巴特里斯宫设计工作期间，斯卡帕早期的史观已形成：不违背真实的历史信息；保留优先于修复；提倡局部修复优先于整体重建；以是否影响对历史建筑初建原貌的认识为标准，对某一历史时期的局部加建的建筑构件进行保留或拆除。而在时隔 3 年后的历史层系更为复杂的维罗纳古堡博物馆修复工作中，他继续修正和发展了这一在古层中保留历史痕迹叠加的立场，即不再坚持局部拆除历史各时期形成的"伪饰"，而是作为历史叠印的痕迹予以完整保留，代之以暗示历史层系的强烈倾向。

斯卡帕在 1957 年展开对维罗纳古堡博物馆（Museo di castelvecchio）的改造工作，共持续了 8 年，至 1964 年完成。古堡始建于 1354 年，维罗纳城主斯卡里基瑞大公二世（Cangrande Ⅱ della Scala，1332—1359）同时修筑了保护城堡的城壕，在阿迪济（Adigi）河上建桥连接城堡与对岸，临河建三层高的居住区（Reggia）。1797 年，拿破仑占领维罗纳时期，法军在城堡北部和东部加建了两层高的营房，平面呈 L 形。1825 年，道路自内庭院直接连接斯卡里基瑞大公时期建造的桥，自此东部营房与西部居住区一分为二，同时，桥不再为古堡独用。1882 年，由于阿迪济洪水泛滥，营房受损，部分拆除。1923 年，建筑师弗拉迪（Arnaldo Forlati）对古堡进行了一次大的修复。拿破仑时期的北营房立面的方窗被改造为哥特风格，并改建立面为对称式布局，北营房前的军营操场被改造为意大利风格的花园。用壁炉和烟囱掩盖了 14 世纪留下的沿河城堞上的枪眼。室内装饰风格则模仿 16、17 世纪的历史风格。1962 年，在斯卡帕的修复工作期间，出土了 14 世纪斯卡里基瑞大公时期的城壕遗迹（图3.63—图 3.65）。

斯卡帕经过对大量文献的检索，在做了场地清理和遗迹考证后判定：弗拉迪在1923 年的改造是违背历史原初风貌的"伪饰"，拿破仑时期加建的营房和城堞在当时也是对古堡的破坏，营房的加建缩小了庭院空间，营房与城堞截断了庭院与阿迪济

---

① 李雱.卡罗·斯卡帕[M].北京:中国建筑工业出版社,2012.

图 3.63　维罗纳古堡始建于 1354 年的城墙遗迹　来源：Robert McCarter. Carlo Scarpa ［M］. New York：Phaidon Press，2013

图 3.64　维罗纳古堡 14 世纪的斯卡里基瑞大公像　来源：Sergio Los. Scarpa 1906—1978：Un Poète de L'architecture［M］. Berlin：Taschen，2009

河的关系，也隐瞒了历史原初风貌。这次的修复工作中，对于历史的判断，斯卡帕显得更为审慎。他认识到古堡是历史的层层累积，各个年代层次的建筑遗存均各有其价值，对时间和人类的活动造成的破坏需加以修复，但是干预将尽可能少。因此弗拉迪的哥特立面的构图和材料得以保留，外墙经过仔细的清洗与粉刷，保留了 1923 年弗拉迪改造的原貌。更进一步，为了暗示古堡复杂叠印的历史层级，斯卡帕在墙面选择性地保留了一些部位，露出拿破仑时期营房砖砌墙面的构造（图 3.66）。

这种清晰的层级关系，在二楼的屋架修复上得到了更集中的体现。斯卡帕选择对原屋架进行修复，新加的结构构件与原结构体系进行清晰的区分。斯卡帕加建了新的工字梁和铜皮屋面，保留原有拿破仑时期遗留的屋脊木梁和瓦屋面，为了揭示层系，屋面不采用通常掩盖内部构造的做法，而是暴露新加的与原有的结构和材料，层层缩进与剥离，新与旧的关系，如建筑剖面图般一目了然（图 3.67，图 3.68）。对于 1962 年修复中出土的城壕遗迹，则在原址上完整保留并加以维护。

斯卡帕的特立独行之处在于他的做法迥异于同僚的做法。在同时代的意大利，历史建筑的修复乐于披上仿古的表皮。普鲁金在《建筑与历史环境》中写道，建筑师

图 3.65 维罗纳古堡博物馆改造后斯卡里基瑞大公像摆放位置 来源：Sergio Los. Scarpa 1906—1978：Un Poète de L'architecture ［M］. Berlin：Taschen，2009

图 3.66 维罗纳古堡博物馆墙面露出拿破仑时期营房砖砌墙面构造的部位

图 3.67 维罗纳古堡博物馆的屋脊木梁和瓦屋面与斯卡里基瑞大公像的位置

图 3.68 维罗纳古堡博物馆的屋面新建工字梁和铜皮屋面及原有拿破仑时期遗留的屋脊木梁和瓦屋面

图 3.66—图 3.68 来源：Sergio Los. Scarpa 1906-1978：Un Poète de L'architecture. Taschen

们以修复某建筑为由,进行哥特式和罗马式建筑设计的练习,他们甚至在没有古建筑的地方漫无目的地修建塔楼和尖顶,这在那个时代是常有的,甚至可以说是太普遍的事情。① 斯卡帕的态度不同于以往的温和,做出了针锋相对的回应:"如我所说,我总是与威尼斯的规划条例以及那些对这些条例解释的官员们有矛盾。他们要求你模仿古代建筑的窗户,却忘了这些窗户是在不同时期、另一种生活条件下建造的,学习的是用另外的材料和另一种技术建造的'窗户'。不管如何,这些愚昧的模仿看上去是低俗的。"② 斯卡帕身处在战后重建的时代,意大利盛行将历史建筑修复到"原初状态",按照博伊姆的怀旧类型学,可归之于"修复型怀旧",当意大利保护界人士意识到"作为战争破坏的后果,人们面对被破坏或摧毁的古迹时,在一种可以理解但不值得赞许的感伤主义支配下,被迫重拾复建于重建的做法,放弃了意大利修复实践引以为傲的审慎与反复斟酌(remore)"时也是在近20年后了。在一种整体保护理论尚在完善期间的过程中,斯卡帕对待历史的超前态度必然是孤独的,他对意大利保护界的批评虽然偏激,但也反映了他个人的深刻思考:他选择的道路指向的是"反思型怀旧",批判性地修补过去的同时,朝向怀旧的未来。

在近20年后,意大利保护界在1972年正式通过的《意大利修复宪章》(*Carta Italian Del Restauro*)③印证了斯卡帕的思考。宪章提出的几条核心标准可概括为,坚持对古迹历史真实性的严格尊重,这是一个早在维奥莱·勒—杜克构筑其著名理论之前就已经出现在考古学家和历史学家表述里的观念,避免在风格统一或"回到最早期形式"的名义下,只选择"原初"部分而移除其他后加部分;反对以牺牲周边环境为代价把古迹孤立起来的做法(往往以投机性活动为目的);呼吁使用古代建筑物和构筑物,在必要时采用现代手段和材料对其进行加固;已有的加建部分应具有"可辨识性"这一原则,并且还需有面向一切干预的"可逆性"原则,针对新方法、新材料的"相容性"原则,以及"最小干预"原则。其中值得注意的首要问题是,不管是整修一件独立的艺术品还是一整片历史环境,"新"东西对于现有作品的影响必须尽可能地小。④

19世纪中期起,西方关于历史保护的激烈争论围绕"真实性"(authenticity)这一核心问题展开⑤。拉斯金主张反干预(anti-intervention)的保护立场,《建筑七灯》第六篇章"记忆之灯"(The Lamp of Memory)提出,在历史建筑的价值呈现中"岁月的

---

① 普鲁金.建筑与历史环境[M].韩林飞,译.北京:社会科学文献出版社,2011.
② Robert McCarter. Carlo Scarpa[M]. New York: Phaidon Press, 2013:275.
③ 《意大利修复宪章》(Carta Italian Del Restauro)也被称为《1972修复宪章》(Carta del Restauro 1972),为意大利教育部在1972年4月6日117号通告中通过,这份宪章有一个简短的报告,后面附有《文物防护与修复指南》《建筑修复实施指南》《绘画与雕塑修复实施指南》《历史中心维护指南》,切萨雷·布兰迪(Cesare Brandi)与古列尔莫·德奥萨特(Guglielmo De Angelis d'Ossat)共同起草了该宪章。
④ Ministero Della Pubblica Istruzione. Carta Italian del restauro 1972[R/OL]. [2019-06-13][http://www.sbappsae-pi.beniculturali.it]
⑤ 卢永毅.历史保护与原真性的困惑[J].同济大学学报(社会科学版).2006,17(5):24-29.

古色"(patina of age)是最重要和最真实的①。对立于拉斯金的立场,维奥莱·勒—杜克主张干预的(intervention)的态度,在《法国建筑论辞典》(*Dictionaire Raisonné de l'Architecture Française*)里提出:"修复这一术语及其修复这事本身是现代的产物。对于一座建筑的修复并不意味着去保存它、修补它或重建它,而是要将其重新复原到一种完整的状态(a condition of completeness),而这种状态有可能从未在过去任何已有的时刻存在过。"②无论是"反干预"还是"干预"都源于对完型状态的不同角度的诠释,前者重于历史建筑其独一无二的本体的完整性——历史完整性,后者则始终将历史遗存看成一件艺术品,认为对历史风格的完整演绎,继承其结构精神,追求艺术完整性才是最好的延续方式。拉斯金对于历史的态度本质上是理想主义式的、无为而治的;维奥莱·勒—杜克则是激进的、野心勃勃的。说到底,这两样态度都源于以温情脉脉的态度对待历史建筑这一西方文化固有的传统,而这种癖好与其说是对于历史的尊重与现实的深刻思考,不如说是更代表了西方学界固有的文化自信心,更进一步地反映了强势文化保持主流话语权的扩张需要。

随着西方保护理论的发展,对于保护对象的价值判定逐渐清晰。李格尔(Alois Riegl)在其名篇《纪念物的现代崇拜:特征与起源》(*Modern Cult of Monument: Its Character and Origin*)中,提出纪念物必须以意向的(intentional)和非意向的(unintentional)做出区分,即一种是建造初始便为了纪念和永恒的目的,另一种则是并无此目的但是随着时光流逝积淀了新的历史价值。他将建筑遗产的价值概括为两大部分四个方面:第一,"往昔的价值"(memorial value):由承载纪念性的"历史价值"(historical value)、随岁月积淀的"岁月价值"(age value)和意向获得的"纪念价值"(intentional memorial value)组成;第二,"当代价值"(present-day value):由"使用价值"(use-value)、"艺术价值"(art-value)、"新生价值"(newness-value),以及"艺术关联价值"(relative art-value)组成。在第一个范畴里,李格尔对于纪念物的价值判定阐释厘清了衡量保准,那些开始只为当时的实用需要与理想方式而建,之后又拥有了更多精神意义的建筑被划入非意向的纪念物(unintentional monument)。不管是意向的纪念物还是非意向的纪念物,它们都有可能随着历史的进程积淀新的价值,即一种事物演进的价值(evolutional value),也就是岁月价值(age value)。③

意大利卡米洛·波依托(Camillo Boito,1835—1914)提出,一旦决定一座历史建

---

① John Ruskin. The Seven Lamps of Architecture[M]. New York:Dover Publications,1989:176 - 198.

② "To restore an edifice means neither to maintain it, nor to repair it, nor to rebuild it; it means to re-establish it in a finished state, which may in fact never have actually existed at any given time."参见 Eugène Emmanuel Viollot-le-Duc."Restauration"[M]//Dictionaire Raisonné de l' Architecture Française du Ⅺe au XVIe siècle(1854-1868) vol. Ⅷ. Paris,1866:14 - 34.

③ Alois Riegl. The Modern Cult of Monuments:Its Character and Its Origin[C]//Opposition 25. New Jersey:Princeton University Press,1982:21 - 50.

筑干预性修复的必要部位和干预的可能程度，就应该把这个修复原则合法化，并且要在修复结果中呈现出来，即人们从修复完成的历史建筑上应该一眼就能在材质和色彩上辨别出非原真的修复痕迹，并还要对当时整个干预性修复活动的过程和状况作照片和文字的档案记录。这一"综合修复学说"（complex conception of restoration）如我们所期待的那样完成了修复策略的切分：对于古代古典建筑中的纪念物应采用"考古学的修复"（an archaeological restoration），保存所有的痕迹；对于中世纪哥特建筑的纪念物应采用"景象的修复"（a picturesque restoration），关注结构的整体完整；以及对于古典主义和巴洛克时代的纪念物则采用"建筑的修复"（architectural restoration），即保存恢复其建筑艺术的完整状态。[①]

在 1972 年颁布的《意大利修复宪章》，最终引发了对于保护古色的进一步思考。在修复宪章第 6 条第 22 页中，可见到这样的阐述："最大限度地去除'艺术作品历尽时光'而留下的痕迹的做法会导致诸如环境或场景的变化，或在保护对象的表面施加激进的保护手段以至于抹掉了古色（patina），这些古色不仅保护着作品，还展现着它的往昔。除非这些时光的痕迹是对原初历史价值有所损毁或不相一致的变更；或者是为达成其原初风格而实行的伪造。"换言之，当历史建筑表面的岁月印痕——patina，即锈斑，疤痕等具有显示年代的价值和保护历史建筑本身的作用时，应当在修复时予以保留，在去留之前对其保留价值应做理性的分析，并不宜一概而论。

在这些深具影响力的理论成果中，古色的延续接近我们今天的理想；波依托的"建筑的修复"则提示了我们可以审慎采取的方法。我们看到，斯卡帕在介入"修复"时的历史态度和已经在践行的改造"原则"被 20 世纪 70 年代的意大利保护界更为审慎的学理化了，最终形成 1972 年的《意大利修复宪章》，而这时，斯卡帕已经是年近七旬的老人了。

### 2. 古式并置

布莱希特（Bertolt Brecht，1898—1956）在《陌生化与中国戏剧》（*Verfremdung und Chinesische Theater*）通过对中国戏曲的研究后认为，中国古典戏剧中存在着"对事件的处理描绘为陌生的"这一"间离方法"，能够产生"陌生化效果"[②]，例如戏曲舞

---

① Françoise Choay. The Invention of the Historic Monuments: Its Character and Origin[M]. Translated by Lauren M. O'Connell. Cambridge: Cambridge University Press, 2001.

② "陌生化"（defamiliarization）原本出自著名的文学理论，1914 年由俄国形式主义评论家什克洛夫斯基（Viktor Shklovsky）提出，指在内容与形式上违反人们习见的常情、常理、常事，同时在艺术上超越常境，艺术避免衰老、退化的办法就是不断地追求"陌生化"。陌生化的基本构成原则是表面互不相关而内里存在联系的诸种因素的对立和冲突，正是这种对立和冲突造成了"陌生化"的表象，给人以感官的刺激或情感的震动。间离效果（Verfremdungs effekt）是德国戏剧革新家布莱希特专门创造的一个术语，"Verfremdung"在德语中具有间离、疏离、陌生化、异化等多重含义。即指演员将角色表现为陌生的；以及观众以一种保持距离（疏离）和惊异（陌生）的态度看待演员的表演或者说剧中人。布莱希特在 1936 年初次阐述间离效果时袭用了黑格尔的"异化"（Entfremdung）一词，但异化这个词到了马克思乃至卢卡奇那里就有了完全不同的意义，因而布莱希特使用新词"间离"以避免引起误解。参见［德］贝托尔特·布莱希特.陌生化与中国戏剧［M］.张黎，丁扬恩，译.北京：北京师范大学出版社，2015.

台上的武将背上扎的"靠旗"、净角的各种脸谱、穷人乞丐角色穿的"富贵衣"、开门的虚拟手势、嘴里叼着一绺发辫、颤抖着身体表示愤怒、手执着一把长不过膝的小木桨表示行舟等象征性手法。他进一步指出古典的"间离方法"可以提高人们的理解力。

布莱希特归纳的间离法不仅适用于戏剧,也适用于其他艺术门类,比如绘画。当塞尚(Cézanne)过分强调一个器皿的凹形时,一幅绘画就被"间离"了。达达主义和超现实主义使用更极端的方式达到间离的效果,它们原本的主题便从间离中隐去了。斯卡帕可能是第一位使用这一项在中国戏剧中发现的艺术手段于建筑设计领域中的革新者。斯卡帕此方面的尝试开始于 1952 年威尼斯克罗博物馆(Museo Correr)与 1953 年的西西里大区美术馆(Galleria Regionale di Sicilia)的设计中,在 1955 年的卡诺瓦石膏像陈列馆(Gypspthèque de Canova)、1956—1964 年完成的维罗纳古堡博物馆(Museo di Castelvecchio),以及斯坦帕利亚基金会博物馆(Fondazione Querini-Stampalia)中有集中体现,在后期 1966 年的威尼斯建筑学院入口(entrance for the IUAV)改造中则有了进一步发展。

1955 年,斯卡帕展开为期 3 年的帕桑罗卡诺瓦石膏陈列馆的保护与更新工作。原馆始建于 1831 年,为新古典主义式建筑,作为陈放 18 世纪雕塑家卡诺瓦(Antonio Canova,1755—1822)的作品使用,由弗朗西斯科·拉查内(Francesco Lazzari)设计。平面为长方形巴西利卡形式,由三个相等的展室组成,尽端是半圆形的龛室,每间格子拱顶中央有天窗作为光源。这座私人所有的历史建筑历时百余年风雨,在这次更新项目中,并未作为一座不可拆除的文物被予以重视。斯卡帕在考证了陈列馆的档案文献之后,选择完整保留该建筑,在该建筑一侧的狭长地带做尺度较小的局部的加建——并严格控制新加展室的高度、面积、体量。在这个展览馆的设计中,卡诺瓦古典题材的石膏像作为重要的历史元素(historic element)成为贯穿设计始终的重要线索。

在 1831 年的陈列馆中,三个展室完全相同(图 3.69),每个展室都是由中央的参观通道和沿建筑两侧布置的石膏像组成,观者只能观看雕像的正面部分。斯卡帕试图突破传统的观者—历史陈列品的关系,更进一步,调动诸如空间切分、材料并置、光影导入等建筑元素

图 3.69　帕桑诺卡诺瓦石膏陈列馆老馆内部

围猎石膏这一传统雕塑媒材的限制,或者用福柯(Michel Foucault)的话来说:"对古典再现的重新再现"①。这种革新式的展示方式在两处十分明显:在入口展厅后的方形展厅里,东侧外墙设计一对内凹天窗,底部以环形薄板支撑,中央为透明玻璃。西侧一对天窗的玻璃与墙面平,在两侧墙面和顶棚的交界处为三片相同大小的方形玻璃,玻璃之间直接接触,顶角为三角扁铁。光线自这四个天窗投下,投射到墙面上,斯卡帕将教皇克莱门三世的速写模型置于墙面悬挑而出的铁质托架上,教皇的视线与观者的角度构成向下俯视的关系,同时雕像在墙面上勾勒出轮廓分明的投影。因而观者首先被展厅从天窗投射到墙面的光线所吸引,继而不由自主抬头仰视这座雕像,注意到教皇正高高在上,威严而不可一世地向众生俯瞰,观者被雕像对空间全局的统摄所震撼,于是驻足凝视,继而陷入对历史的沉思(图 3.70,图 3.71)。显然,这是一种为了加深人们对历史对象的理解能力所运用的间离方法。

图 3.70　斯卡帕加建的帕桑诺卡诺瓦石膏陈列馆新馆

图 3.71　帕桑诺卡诺瓦石膏陈列馆内的内凹天窗与教皇克莱门三世的速写模型

图 3.69—图 3.71　来源：Sergio Los. Scarpa 1906-1978：Un Poète de L'architecture. Taschen

---

① Sergio Los. Carlo Scarpa：an Architectural Guide[M]. San Giovanni Lupatoto：Arsenale Editrice，2007：46-49.

图 3.72　威尼斯建筑学院位于托伦提尼修道院的新校舍入口一角　来源：自摄

图 3.73　威尼斯建筑学院的 16 世纪大门遗骸（旱季）　来源：自摄

图 3.74　威尼斯建筑学院的 16 世纪大门遗骸（雨季）　来源：自摄

在完成卡诺瓦石膏陈列馆的工作后，在随后的保护实践中，斯卡帕由历史展品的布置方式作为思考的源起，进一步扩展这种间离地处置历史遗存的方式。在 1966 年，威尼斯建筑学院自圣特莱维索（San Trovaso）迁至托伦提尼修道院（Tolentini，图 3.72），斯卡帕参与校舍入口改建。在修道院的改建过程中出土了一座 16 世纪的大门遗骸——一扇伊斯特里亚大理石拱门（Pietra d'Istria），门扇不知去向，只余门框。人们提议，使用这扇门供进出学校的师生使用，"合乎情理"地使用门本身的象征意义作为保留方式。斯卡帕摒弃了这种惯常的做法，而选择了"间离"地处置这扇门框——作为新的水池使用。门框横置于入口，在其中设计曲折迂回的线脚，层层塌陷，犹如历史之"古层"，同时恰好符合叠水跌落之势。旱季残骸显现，雨季残骸被水淹没，季节不同，残骸的底部时隐时现（图 3.73，图 3.74），造成遗迹旷古幽奥之感，犹如一位年跻耆艾之人在讲解着历史现场，这一经特殊的处理后的残骸，成功地引发了观者不由自主地驻足和凝思。

相较于卡诺瓦石膏陈列馆，斯卡帕在这里使用了一项新的技巧，即"历史化"。他必须把建筑的故旧元素（historical element）当作历史元素（historic element）来进行"角色重谱"：采用历史学家对待过去事物和举止行为的距离感，来对待一般性建筑的故旧元素。在古迹遍地的意大利，一座 16 世纪的大门遗骸并不是一项值得特别注意的考古发现，但经由斯卡帕的间离式处理，人们对这座原本普通的大门感到十分的陌生，并随之激起感情，驻足停留间，伴随不同程度的对历史的反思、对传统的发问等效果，从而历史遗存完成对观者的教化与身份归属这一伦理功能，最终达成反思型怀旧的目的。

布莱希特曾言，研究"陌生化效果"是为了变革社会，在各种艺术效果里，一种新的戏剧为了完成它的社会批判作用和它对社会改造的历史记录任务,"陌生化效果"将是必要的。

对于延续一座建筑的生命进程而言,"陌生化效果"能够颠覆家喻户晓的、理所当然的和从来不受怀疑的历史建成物的常态,加深甚至完全改变人们对历史对象的理解能力,这种张力往往对峙于新与旧之间。① 斯卡帕将这种方法移植到历史建筑保护的成功经验,证明了这种技巧的作用,同时证明了在保护这门科学中,并不排斥建筑师创造力的跨领域增长。

### 3. 古韵新谱

在完成了诸多成功的设计委托后,斯卡帕逐渐确立了对待历史的原则,其策略可以归纳为:第一,"古层"与痕迹叠加,即保留并揭示历史建筑在过去的各种叠印的历史信息,延续古色。第二,间离与角色重谱,即迁移古典戏剧的间离手法至设计实践中,提高观者对历史对象的理解力,聚焦古色。更进一步,斯卡帕在前二者的基础上,继续扩大古色,即将古典主义、文艺复兴、巴洛克等传统精神,具化为相应的空间感受与艺术表现,将其并置并回归至观者的直觉体验,将历史建筑视作历史情境的容器与舞台,完成将古色推向极致的最终目的。

在1961—1963年的威尼斯斯坦帕里亚基金会更新项目中,集中体现了斯卡帕以上三点设计思想。基金会原为威尼斯奎瑞尼家族的府邸,始建于1513—1523年间。1869年,府邸主人乔万尼·奎瑞尼·斯坦帕里亚伯爵去世前将府邸赠给威尼斯政府,威尼斯政府便将其作为收藏艺术品的展览馆使用。1959年,基金会正式委托斯卡帕更新该建筑。

基金会的平面呈L形,共二层,沿河立面有一个水路入口(图3.75)。主展厅现状有新近加建的新古典主义风格的过度装饰,难以辨认原初风格。建筑主体长期遭受洪水损害,每到冬季,海水灌入建筑,结构体被逐渐侵蚀,长期缺乏必要的维护,内庭院废弃不用。在这个复杂的修复项目中,第一个问题是要修复和保留建筑主体,对局部进行拆除,并适当加建;第二个问题是需增加面向广场的疏散口;第三个问题是解决潮水侵害结构体的问题。

关于第一个问题,斯卡帕的方案是完整保留建筑的立面,保留主体结构和构造做法。对墙面进行仔细的清洗和粉刷,原封不动地保留16世纪的门窗,以及建筑前厅原有的建成结构——粗糙表面的混凝土墙面。设计

图3.75　威尼斯斯坦帕里亚基金会沿河立面的水路入口
来源:自摄

---

① ［美］肯尼斯·弗兰姆普敦.建构文化研究[M].王骏阳,译.北京:中国建筑工业出版社,2007:339.

中使用一系列构造措施增加通风和防潮效果,例如在砖墙前方的白色灰墙板使用钢构件悬吊,固定在顶棚上,使墙体之间留有空隙通风,墙体不受湿气侵蚀;墙板与地面留有距离,防止潮气上涨浸湿墙板;用金属支架连接的墙板也与砖墙留有通风的距离。局部拆除的部分仅限于主展厅已损坏的木制顶棚。加建的部分包括对室内柱子的维护体,疏通洪水的沟渠,主展厅的新墙板和地面铺装,水路入口的金属格栅门。[①]

关于第二个问题,斯卡帕的方案是在新的疏散入口处新建钢木桥梁。但是新建的桥梁将突破立面门窗的保存,造成立面中的一扇窗扩大,以方便改造成门。这一申请遭到威尼斯规划部门的反对,认为其破坏了历史建筑的窗户原貌。这一问题最终还是以新建筑物需要增加疏散口为由得到解决。新建桥梁完成于建筑整体修复完成之后,即 1963 年得以完工。

关于第三个问题,斯卡帕的方案是疏导,即构想底层建筑物是一个复杂的容器,由一道路牙石将平面分为相对标高较低的水渠和相对标高较高的地面,以控制洪水的最高水位。水渠容纳、引导洪水进入建筑内部,按预定的方向流动,设计的水线高度代表潮汐的最高水位,而地面则可以继续正常使用(图 3.76,图 3.77)。

图 3.76　威尼斯斯坦帕里亚基金会疏导洪水的沟渠(无水期)　来源:自摄　　图 3.77　威尼斯斯坦帕里亚基金会疏导洪水的沟渠(洪水期)　来源:自摄

斯卡帕在威尼斯的这次的改造工作,延续了他在 1954—1958 年位于西西里岛,帕桑诺,以及维罗纳的建筑设计实践中逐渐形成的思想,在延续古色的基础上,进一

---

①　Querini Stampalia Foundation. Carlo Scarpa at the Querini Stampalia Foundation Ricordi[R]. Venice,2009.

步聚焦，直至将古色放大和推向极致，达成历史情境并置。

一方面，回溯平面形式的分析可得到斯卡帕与古典精神的相连。基金会的平面设计具有整体的逻辑和清晰的组织结构。基地被分为一个中心区域，右翼是公共空间，左翼是服务区。其组织描述了一种正统的平面格局（第四个缺失的方形补形到入口系统处）和一个九方格（缺失的第八个和第九个方形补形到花园凸出的位置）。还有一个成对出现的方形图解在入口、展厅及花园处存在[①]（图3.78）。

另一方面，在潮水引入建筑后，斯卡帕埋置了一道线索——只有在冬季洪水期才会形成平日见不到的景象，这个伏笔埋置在16世纪的历史建筑遗存——敞厅的两根柱子上，借此形成了迥异于古典精神的巴洛克式的历史情境。

海因里希·沃尔夫林（Heinrich Wölfflin）曾在《文艺复兴与巴洛克》（*Renaissance and Baroque*）中将巴洛克风格转变的特征归结为若干点：Ⅰ.涂绘风

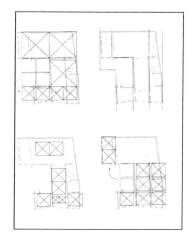

图3.78　迈克尔·凯德韦尔（Michael Cadwell）的图解分析，显示威尼斯斯坦帕里亚基金会平面的古典秩序　来源：Michael Cadwell. Strange Details[M]. Cambridge：The Mit Press，2007

格（paintly），建筑不依据其自身的特征，而是努力追求其他艺术形式的效果，它就是："涂绘的"。Ⅱ.庄严风格（maniera grande），尺寸的增加和更为简约和更加统一的构图。Ⅲ.厚重（massiveness）艺术迈向巨大的体积，以给人留下深刻的印象并征服观者。Ⅳ.运动（movement），视觉推动，表达建筑内部的定向运动。这些特征均作为文艺复兴风格的对应物。[②]

当冬日的潮水进入建筑内部，建筑保留的历史遗存，一对柱子形成的一角成为了巴洛克式艺术绽放的神龛（图3.79，图3.80）。斯卡帕设计的台阶在离柱子不远处戛然而止，使观者无法到达柱子的近处，冬日的潮水增加了观察柱子的障碍，一切变得不确定起来，借由水的隔绝，空间中弥漫着充分的隔绝感，"庄严感"意外产生了，细部不再以明晰的轮廓抢夺注意力，规则分解了，一切在水中摇曳，变得虚空，难以确定。我们产生了新的感受，那变化无常的光影与幻觉一般的运动感，是模糊的、没有边界的，而这正是巴洛克式的，是涂绘（paintly）的，是解构的。一对浸没在水中的

① 　Cadwell Michael. Strange Details[M]. Cambridge：The Mit Press，2007.

② 　Heinrich Wölfflin. Renaissance and Baroque[M]. Translated by Kathrin Simon. Ithaca，New York：Cornell University Press，1984. 海因里希·沃尔夫林.文艺复兴与巴洛克[M].沈莹，译.上海：上海人民出版社，2007.

柱子,不仅是作为一个历史遗存的片段,此时更成为历史情境的重要投射物。斯卡帕此时已不满足于保留一段古色,他将这段古色极出色地放大,使之生辉。

图3.79 威尼斯斯坦帕里亚基金会敞厅保留下来的柱子(无水期) 来源:自摄

图3.80 威尼斯斯坦帕里亚基金会敞厅保留下来的柱子(洪水期) 来源:自摄

　　历史情境的多重并置,使得斯坦帕里亚基金会不再是单纯的历史建筑更新项目,而是一个人文主义式的艺术作品。斯卡帕同巴洛克建筑师们曾经做过的一样,喜好追求戏剧性的艺术效果,而对于艺术风格的多重趣味,往往表现在古典的美学形式、逻辑结构与巴洛克式的空间效果的共存中。因而只注意到斯卡帕建筑中某一项单纯的美学意味会导致丧失对他在建筑中所具有的对于历史风格的多维诠释,以及伴随而来的开放的艺术表现形式的把握。

### 尾声

深沉的祖先,控空的头骨,

铁铲层层重负之下,你们

成为泥土,不辨我们足音。

真正大饕,不可除的蛀虫

并不贪食卧碑下的你们;

它靠活者而活，它纠缠我。

——瓦莱里《海滨墓园》19 节①

活者畏惧死亡，隐匿在身体中的恐惧使人类同样害怕承载着往昔的建筑也会消逝，终成"蛀虫的大饕"。但事实是，即便我们试图挽回，每一座建筑自诞生起便与人类自己一样迎向时间的凛冽刀锋，无时无刻地走向死亡。

斯卡帕传递着的正是这样一种力量：面对残酷时间考验的力量，以对历史资源的批判性"重读"展现"反思型怀旧"的历史态度。通过把他的设计策略分门别类，按图索骥，以叙事、片段、间离、陌生化等方式，可以捕捉到他设计中的蛛丝马迹。

但是就现场的体验回过来看，概念先行的分析是不足的，在斯卡帕的建筑中，到处弥漫着深重的历史感，这些思考隐藏在他的那些美丽绝伦的细部里，构成一种"具体的真实"，历史总是"在场"。在与历史的对话里，观者似乎借此暂时逃离了凡俗的重压，来到了另一种生命的律动中。

一切变得安静，也似乎只有来自历史的梵呗若隐若现，自 18 世纪启蒙思潮以来，西方回到希腊，回到原初的呼声已经多次响起，建筑致力于追求的阿波罗般的沉静（apollonian serenity）②不再是简洁欧几里德形体的专属，隐秘的"秩序"（order），"规则"（rules）和"数"（number）的古典回归甚至"反转"是斯卡帕对于传统的最高献礼。这是他乡愁的表征，也是他返回故乡的方式。

阅读马可·弗拉斯卡里（Marco Frascari）笔下的一份珍贵记录，我们还可以进一步感受到斯卡帕持续终生的"历史意识"，弗拉斯卡里写道，斯卡帕常在晚间点起灯，在黑暗中检视在白天十分"缄默"的细部。③

---

① 引自瓦莱里（Paul Valéry）《海滨墓园》（Le Cimetière Marin）19 节：
Pères profonds, têtes inhabitées,
Qui sous le poids de tant de pelletées,
Etes la terre et confondez nos pas,
Le vrai rongeur, le wer irréfutable
N'est point pour vous qui dormez sous la table,
Il vit de vie, il ne me quitte pas!
参见 Paul Valéry. Le Cimetière Marin[M]. Edinburgh：Edinburgh University Press，1971：18-19.
② Lejeune Jean-François，Sabatino Michelangelo. Modern Architecture and the Mediterranean：Vernacular Dialogues and Contested Identities[M]. London：Routledge，2010：17.
③ 马可·弗拉斯卡里（Marco Frascari）的《讲述故事的细部》（The Tell-the-tale Detail）一文收录于《建筑理论新议程：1965—1995》（Theorizing A New Agenda For Architecture：An Anthology Of Architetural Theory 1965-1995）一书"建构的表达"一节中，弗氏指出："斯卡帕的细部是在场地上设计与工艺的互相配合的结果，是建筑建造过程中持续的对于细部的'知觉的体会'。斯卡帕在夜晚打着手电去建筑场地，以控制细部的实现与表达。相比于这种特别的方式，在普通的日光下，的确很难对细部有集中的观察……另一个威尼托建筑师皮拉内西，也对他前往的建筑有类似的观察方法，这体现在他关于罗马古迹的蚀刻版画中。为了表达'片段的呈现方式'，即为了观察细部，皮拉内西当时使用的是一根蜡烛。"参见 Marco Frascari. The Tell-the-tale Detail[M]//Theorizing A New Agenda For Architecture（An Anthology Of Architetural Theory 1965—1995）. Kate Nesbitt. New Jersey：Princeton Architectural Press，1996：507.

一樘金属的格栅门,一个木制的门把手,一组临水的台阶,一道环绕墙体的混凝土水沟,一圈墙身的锯齿形线脚,或者是一幅白橙绿黑马赛克拼成的地面……它们有的是故旧的遗存,有的则是崭新的发明。在夜晚,它们突然都变得"喧闹"起来,好像抢着在斯卡帕面前诉说着自己在白天的奇遇:它们有的一整天在工匠的打磨中度过,有的得到了访客的触摸与称赞,有的目睹了恋人的拥吻,也有的却被顽皮的孩子磕坏了。斯卡帕用灯一一照亮它们,凝神,聚焦,逐个审视,在草图上记录着、勾画着、修改着,因为到了白天,它们将重新融入喧嚣,无法深入把握。历史似乎总是通过斯卡帕的建筑"照亮"我们,使得我们重新"发现"不为人注意的过往,而斯卡帕却在夜晚通过照亮他的细部来不断咀嚼历史的"在场",并实现历史意识的"在场",每天晚上去工地查看成为这位建筑师的日常。

当斯卡帕做完这一切后,夜大概已经深了。他将举着灯离开工地,重新走入黑暗。斯卡帕已经走入历史的深夜。如何在今日的风土设计实践中融入历史的"在场"意识?今天的建筑师恐怕依旧要前行。

## 五、伯纳德·鲁道夫斯基:走向"没有建筑师的建筑"

> 庞贝那些被毁的住宅和庭院与古典秩序的神玄体系毫无共同之处。
>
> ——伯纳德·鲁道夫斯基[①](1978)

### 1964 年:一个关键年份

1964 年 11 月的深秋,一位维也纳裔建筑师在纽约现代艺术博物馆(MoMA,Museum of Modern Art)举办了一场名为"没有建筑师的建筑"(Architecture Without Architects)的展览(图 3.81,图 3.82)。风筝和游牧者的帐篷、白蚁窝和鸽舍、公墓和崖居等,丰富的风土建筑通过巨幅照片被自由地并置在一起,给参观者带来了强烈的视觉冲击,使得那些寻找着科学方法的冷静理性之人目瞪口呆。展览中呈现的材料如此丰富,而这位建筑师则坚信他在讨论着建筑最为根本的问题,材料的并置和比较正是为了激发参观者的想象。作为一处世界性建筑潮流的始发地,恰恰是在同一个地方,MoMA 曾经在 32 年前进行过著名的"国际式"展览(International Style:Architecture since 1922),这一回的"没有建筑师的建筑"展览再次大获成功,接下来的 12 个年头连续在 84 个国家和城市进行主题巡回展览,"没

---

① 1978 年,鲁道夫斯基在这篇未发表的题为《如何在旅行中不止于作为游客》(How to Travel without Being a Tourist)的文章中提出这一观点。意味着提请旅行者注意,风土建筑(vernacular architecture)具有迥异于风雅建筑(polite architecture)的生成方式。参见 Guarneri Bocco Andrea. Bernard Rudofsky and the Sublimation of the Vernacular[M]//Lejeune Jean-François, Sabatino Michelangelo. Modern Architecture and the Mediterranean: Vernacular Dialogues and Contested Identities. London: Routledge, 2010.

有建筑师的建筑"成了 MoMA 建筑和设计部门为期最长的展览项目。其同名著作被翻译成了 7 种语言,在之后的 20 年中仅在美国一地就售出了超过 10 万册。自此,1964 年成为一个标志性的年份,随之而来的大量相关讨论,也使策展人的名字——伯纳德·鲁道夫斯基(Bernard Rudofsky,1905—1988)被载入建筑史册。

图 3.81　MoMA"没有建筑师的建筑"展览入口,拍摄于 1964 年　来源:MoMA 官方网站

图 3.82　MoMA"没有建筑师的建筑"展览现场,拍摄于 1964 年　来源:MoMA 官方网站

或许鲁道夫斯基本人也未预估到这次展览对于现代运动的颠覆性意义,恐怕更不会预料到这一展览对风土建筑的研究进程同样产生了深远影响。现代主义建筑师群体对风土建筑的价值认知因为他发生了某种集体性的转变,这次展览的效果与以往诸多建筑师以个人化的探索呈现零散的研究兴趣大大不同,作为一种深刻的文化转换,风土的可育性被挖掘和展现,风土建筑本身也作为解救现代主义语汇趋同的某种解药登上历史舞台。

长期以来,对鲁道夫斯基这一人物的理解,主要围绕这场展览和其同名著作展开。特别是在他的展览获得意料外的成功之后,他在《没有建筑师的建筑》中宣扬的某种弦外之音,会被很自然地与两年后出版的罗伯特·文丘里的《建筑的复杂性与矛盾性》[1]一书相联系,这两位人物常被一起看作是反现代主义的英雄,作为对现代主义建筑残存的文化基础发起最后一击的人在建筑史上被共同铭记。但真实的鲁道夫斯基在"成功"之前一直是一个主流建筑史之外的"边缘性"人物,在他获得成功之前,他究竟为何要研究风土建筑? 其崭新的价值认知源于何处? 对于鲁道夫斯基

---

[1]　Robert Venturi. Complexity and Contradiction in Architecture[M]. New York:The Museum of Modern Art,1966.

而言,并非是想要把"没有建筑师的建筑"作为当代建筑艺术中新的崇拜对象,那次展览也确实并没有某种颠覆现代主义建筑的预定意图。实际上,他所致力于寻求的乃是对于深刻锚固于风土建成环境之中那种健康生活的模仿以及农民式建筑语言的清晰表达,而这表象之下的人性关怀则是更多集中在他一生追求让居民享有健康生活、重视社群自建造的理念,或者更宽泛地说,出于庇护那些所有想要激烈的逃离现代主义后期趋同的建筑形式回到"宜居"(gemütlich)原初状态的人。就他个人而言,这场展览确实多多少少的,也有意识的,是其一贯理论和实践探索的积淀,同时为他整体的学说做了一种总结性的展示。因此,鲁道夫斯基对风土建筑研究的价值和贡献应当是要放在当时西方社会发生的对文化转换进行探讨的语境之中,而不是继续再将 1964 年仅仅看作是一个为后现代应运而生的成熟时机。

就这个角度思考,对鲁道夫斯基相关研究历程及其价值认知转变的回顾就显得十分必要了,笔者想要提请读者注意的是鲁道夫斯基的展览对于整个一代建筑师的影响,以及如何注意到将风土建筑作为一种"活的"原型为创造建筑的新鲜语言服务,以及在他的其他思想中所表达的极力逃避现代建筑形式主义的倾向。另外,还可以通过观察得到的是鲁道夫斯基并非一位具体理论的实施者,他的出发点在于面对现代主义均一化形式风行之下,人们如何在建成环境中再次在心理上获得愉悦,获得自然、健康的生活,以及建造舒适的人居环境等命题。

接下来,我们将具体回溯鲁道夫斯基在青年时代受到的维也纳学术圈的影响、其独特住宅理论的逐步生长,以及建筑实践中的种种探索,引出其持久追寻心理愉悦与健康生活的最初出发点,阐释其风土建筑价值认知转变的原因与过程,并最终选择以建筑师的角度竖立起风土建筑在工业时代的崭新价值。

**维也纳建筑圈对鲁道夫斯基的影响**

1922 年,18 岁的鲁道夫斯基进入维也纳工学院(Technische Hochschule of Vienna)求学,接受系统的现代主义教育,学习使用技术的视角以及结构的原则进行现代建筑的创造,9 年之后于该校获得建筑学博士学位。长时段的建筑学专业学习使鲁道夫斯基具备了熟练使用现代建筑语汇和新技术的能力。他曾于 1928 年—1929 年间在柏林的奥托·鲁道夫·萨尔维斯伯格事务所(Otto Rudolf Salvisberg)展开其最初的职业生涯,在接下来的两年则和维也纳的 T&J 事务所(Theiss & Jaksch Architects)有过合作。

在青年鲁道夫斯基求学的同期,革新者瓦格纳和路斯已经将新建筑(Neues Bauen)引入维也纳,为当地的现代建筑理论和实践奠定了最初的基础。但是在维也纳经历的文化转换过程中,路斯并非意图为维也纳创造一种"替代性"的文化,以此全盘接替原来的文化传统,而是将维也纳的文化结构敞开,在此基础上引入积极的新元素。很难断定路斯的思想方式对鲁道夫斯基有过直接的影响,但是从鲁道夫斯基在其著作《在图像之窗后》(*Behind the Picture Window*)中的论述"复杂从未成为一种美德"①,略可看出路斯对他的隐约影响;他的另一篇《关于日本的介绍》(*Introduzione al Giappone*)中出现的观点"记住:艺术意味着省略"②则似乎更明显的得益于路斯。

诚如克劳迪奥·马格里斯(Claudio Magris)所指出的:"维也纳是这样一处地方,关于宇宙万物和所有价值结构被整体性地持怀疑主义的态度。"③鲁道夫斯基也具有维也纳学术圈所共有的怀疑主义态度,因此尽管他熟习现代主义的建筑语汇,但他从一开始恐怕就并非是一位真正推崇现代主义新教义之人。

鲁道夫斯基也得益于当时一众具有批判精神的文化学者,可能不限于赫伊津哈④(Johan Huizinga)、芒福德(Lewis Mumford)、莫里斯等人,他曾去往柏林,支持生活改革运动⑤(Lebensreform),也同情在本国起"警醒"作用的作家卡尔·克劳斯⑥(Karl Kraus)。

维也纳在现代运动中呈现出令人深思的现象是:在第一次世界大战之后,维也纳虽然充满了崭新的现代建筑,却避开了更为激进的先锋派(avant-garde)的影响,相对于欧洲其他建筑圈而言,历史主义与新建筑之间风格的挣扎激烈程度略轻。20世纪30年代早期,维亚纳建筑圈产生了一种新的视角,建筑师开始重视"居家物品",热衷于建筑之外的设计。即使在一栋"现代"建筑中,人们也意欲通过一系列的生活性装饰以及日常用品陈设,传达追求生活品质的民族传统,这也可以看作是对后来"没有建筑师的建筑"式价值的最初肯定。在维也纳的建筑师群体中,约瑟夫·弗兰克(Josef Frank)作为唯一一位见证了 1927 年斯图加特威森霍夫住宅展(Weissenhofsiedlung,Stuttgart)的奥地利建筑师,也是维也纳建筑师群体中不多的

---

① Bernard Rudofsky. Behind the Picture Window[M]. New York:Oxford University Press,1955.
② Bernard Rudofsky. Introduzione al Giappone[J]. Domus,1956,6(319):45-49. 1958—1960 年间鲁道夫斯基在日本生活,在东京早稻田大学担任研究型教授(Research Professor)。
③ Magris. Danube:A Journey through the Landscape,History,and Culture of Central Europe[M]. New York:Farrar Straus Giroux,1989.
④ 赫伊津哈(Johan Huizinga,1872—1945),荷兰语言学家,文化史家,艺术史家。著有《中世纪的衰弱》一书。提出"均衡论""游戏论",认为文化可以视作物质和精神力量之间的均衡之物,均衡被破坏时社会危机就会来临。文化还具有某些游戏成分等特征,如果游戏成分衰退,则会危及社会。
⑤ 生活改革运动(Lebensreform),19 世纪末在德国、瑞士、奥地利等地开始的各种改革运动的总称,其影响延伸到 20 世纪初。该运动对工业化和城市化持批判态度,其座右铭是"回归自然"。强调在食物、服饰和住宅方面,注重锻炼以保持身体健康,积极宣传乡村生活的道德优越性。这一运动并无核心组织,对这一运动应当被视为进步的、现代的还是倒退的存有争论,其改革的想法曾被德国左翼团体采纳至社区组织原则中。
⑥ 卡尔·克劳斯(Karl Kraus,1874—1936),奥地利著名作家,记者。创作出宏大的诗剧《人类的末日》,鞭笞战争使人类文明最本质的形式——语言逐渐被毁灭。

带着鲜明现代运动（Modern Movement）标记的建筑师。但即便"摩登"如约瑟夫，在维也纳现代运动的文本构建中，依然与他周围的维亚纳建筑师所普遍重视的一样，强调的是建筑在心理学层面上的情感价值以及居住物什的重要性。一言以贯之，在维也纳的建筑圈建构出了"别样的现代"（other modern），或者称之为"维也纳现代主义"（Vienna modernism），其实质是基于伦理立场并以固有的批判精神，通过现代建筑实践满足人们对于居住环境的多种需求，同时突破现代运动逐渐产生的教条主义倾向。这股态势在一个重要维度上发展了国际现代建筑学会（CIAM）所主导的现代主义精神，但这一重要思想并未被普及到更大的范围。

1923 年，在大学期间的第一年年末，19 岁的鲁道夫斯基前往德国旅行，至魏玛参观了包豪斯（Das Staatliche Bauhaus）的展览，并继续往北到达瑞典，对阿斯普隆德（Erik Gunnar Asplund）、莱韦伦茨（Siguard Lewerentz）等古典现代主义者（modern-classicist）产生过兴趣，此后每个夏季都在路上花去 3 个月。1925 年，他前往保加利亚和土耳其，游览伊斯坦布尔，小亚细亚地区，以及黑海。在 1926 年、1927 年以及 1931 年他多次游历意大利，1929 年他回到黑海，并再次造访伊斯坦布尔，前往希腊，足迹遍及雅典和基克拉迪群岛（Cycladic Islands）。最后一站的希腊对青年鲁道夫斯基产生了决定性的影响，他决定旅居于兹并以基克拉迪群岛的风土建筑为其博士论文的研究对象①。在论文《南部基克拉迪群岛混凝土构筑物的原初类型》（*Eine primitive Betonbauweise auf den südlichen Kykladen，nebst dem Versuche einer Datierung der-selben*）的开端，鲁道夫斯基坦陈了圣托里尼岛（Santorini）天工与人工合一的地景（landscape）带给他的震撼："斯米纳（Smirne）附近的岛屿充满想象力的关联性和自然意象攫住了我"②。在对圣托里尼风土建筑的筒形拱作了篇幅为两章的分析之外，论文主体内容为鲁道夫斯基从实地岛屿生活中搜集得来的大量人类学证据，细致程度涵盖岛屿居民日常饮食在内的生活记录，并以此探讨地理景观、岛屿历史、建筑形式、居民生活方式、社会习俗之间的复杂关系，揭示风土建筑形态的缓慢沉淀（sedi-mentation）过程，风土建筑的组构特征被类比为岛屿自身地理上所具有的某种"性格"（character），即岛民以柔性火山岩组构筒形拱的综合选择平行于岛屿经历火山爆发后的地质层累，天工决定人工，并因此形成震撼性的地景。由此，维特鲁威（Marcus Vitruvius Pollio）的建筑基本原则和劳吉耶的

---

① 博士论文发表次年，鲁道夫斯基搬去意大利，先住在卡普里岛（Capri），后移居那不勒斯和普罗奇达岛（Procida）。这段时期中他曾离开意大利，在纽约居住了 9 个月，之后回到维也纳，又搬至那不勒斯居住，于 1938 年前往布宜诺斯艾利斯和里约。在建筑主题的展览之外，他曾研究鞋类设计，在 1946—1965 年间其鞋类品牌 Bernardo Sandals 的原型和工艺来自传统的意大利卡普里凉鞋。

② Bernard Rudofsky. Eine primitive Betonbauweise auf den südlichen Kykladen，nebst dem Versuche einer Datierung der-selben[D]. Wien：Technische Hochschule，1931.

原始棚屋都不再能使鲁道夫斯基信服,他对建筑的起源形成了自己的判断:建筑并非产生于某个原初的建筑模型,而是深刻根植于自然本身并因此蓬勃生长[①](图3.83,图3.84)。

　　在思想角度的启发之外,鲁道夫斯基在设计角度上亦从博士论文的研究中受益。在数年之后的作品奥罗之家(Casa Oro,Naples,1935—1937)中,他迁移了类似的研究路径,参考那不勒斯的科里切拉(Corricella)渔村中风土建筑的形态和组构,在设计中灌注了对地形构造与地质成分的重视。他根据场地位置与大海的关系,在设计中加入民居中的露台元素,为了与天然的地质"墙体"保持关联,建筑低标高处的房间几乎完全是从凝灰岩里"挖"出来的(图3.85,图3.86)。

图3.83　鲁道夫斯基绘于1929年的圣托里尼岛伊亚(Oia)小镇上的风土建筑
来源:Research Library, The Getty Research Institute, Los Angeles

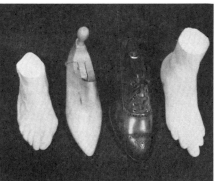

图3.84　鲁道夫斯基在1946—1965年间设计的Bernardo Sandals鞋类系列
来源:MoMA官方网站

图3.85　奥罗之家(Casa Oro),鲁道夫斯基拍摄于1937年　来源:Research Library, The Getty Research Institute, Los Angeles

　　鲁道夫斯基所涉足之处,是欧洲人文传统的所在,从18世纪晚期以来,特别是自赫库兰尼姆和庞贝的发现之后,前往意大利等地区的"壮游"就被囊括在艺术教育之中,考察对象从最为著名的纪念建筑到那些小城镇小乡村中的"无名的"建筑,旅行者的好奇心不断扩展。歌德是第一位从有助于理解古典的角度,提出"日常"建筑具有不可或缺的重要性之人。在19世纪初,华兹华斯的散文和诗歌中的美学品质,拉斯金和莫里斯挖掘的道德价值,使人们对于风土建筑的兴趣日益浓

_____

① Ugo Rossi. The Discovery of the Site: Bernard Rudofsky. Mediterranean Architectures[M]//Eleonora Mantese. House and Site: Rudofsky Lewerentz Zanuso Sert Rainer. Firenze: Firenze University Press, 2014.

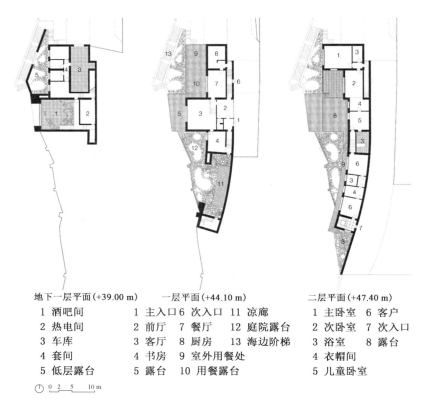

地下一层平面(+39.00 m)　一层平面(+44.10 m)　二层平面(+47.40 m)

| 地下一层 | 一层 | | | 二层 | |
|---|---|---|---|---|---|
| 1 酒吧间 | 1 主入口 | 6 次入口 | 11 凉廊 | 1 主卧室 | 6 客户 |
| 2 热电间 | 2 前厅 | 7 餐厅 | 12 庭院露台 | 2 次卧室 | 7 次入口 |
| 3 车库 | 3 客厅 | 8 厨房 | 13 海边阶梯 | 3 浴室 | 8 露台 |
| 4 套间 | 4 书房 | 9 室外用餐处 | | 4 衣帽间 | |
| 5 低层露台 | 5 露台 | 10 用餐露台 | | 5 儿童卧室 | |

0 2　5　10 m

图 3.86　奥罗之家(Casa Oro)不同标高层平面　来源：笔者根据 Research Library，The Getty Research Institute，Los Angeles 图纸改绘

厚,这时期也有辛克尔不可或缺的风土研究与设计实践。这两种价值大约在 19 世纪晚期起引起更多建筑师的注意,1896 年,建筑师霍夫曼在意大利旅行时注意到坎帕尼亚(Campania)的风土建筑并进行研究,他的考察既出于一种纯粹的视觉喜爱,被乡村本身亲切又宁静的内在所吸引,也基于一种情感角度出发的伦理考虑,对风土建筑进行某种转译。森佩尔对风土建筑的研究基于更深层次的建筑理论,他认为对于乡村住宅,特别是在那些异域的、衰退中的地区比如意大利南部的解读是可进行的也是具有价值的,其原因在于,这些建筑作为一种代代相传的产物,长期以来没有经历多大变化,故而是包含建筑原初概念之物[1]。更进一步,风土构

---

[1] Joseph Rykwert，On Adam's House in Paradise：The Idea of the Primitive Hut in Architecture History，New York，MoMA，1972. ［美］约瑟夫·里克沃特.亚当之家——建筑史中关于原始棚屋的思考［M］.李保，译.北京：中国建筑工业出版社,2006.

筑物显示了一种在需要（常被看作是基本的）和设计结果（常被看作是自觉的、天生的）之间直接的联系，与学院派建筑固定的风格语汇与形式化的组合原则形成一种明显的对照。

赖特于 1910 年出版作品集（*Wasmuth Portfolio*），认为对传统建筑的观察是任何建筑艺术学习过程的一部分。传统之于经典的联系可以比附与民间传说与文学、流行乐与古典音乐的关系。[①] 也就是说，赖特打破了"没有建筑师的建筑"与专业建筑师设计的建筑物之间的边界，风土建筑的基本原则以及"正确"的形式是现代空间组合原则的合理化工具。

在后继现代主义建筑师中，风土建筑的美学品质和伦理性成为一个获取灵感的突破口，他们纷纷寻找这一建筑的内涵与他们各自道路的相近之处。柯布西耶研究地中海风土建筑，作为现代建筑的来源；20 世纪 30 年代，那不勒斯海岸的风土建筑则引起意大利理性主义建筑师重视，以此作为一种调停工具，现代主义崭新风格和法西斯政体独裁性语汇之间的对立性被某种程度地化解。同时期，西班牙加泰罗尼亚的现代主义者诸如塞特（Josép Lluis Sert）发现了本土"日常建筑"的某种"作用"，在国际新浪潮之下为西班牙的现代运动获得地方话语权。

对于鲁道夫斯基而言，从求学时期第一次发现希腊的民居起，其绵延一生对风土建筑不断的学习和观察，经历了从感性体验、理性思考到综合提炼的转变，并持续灌注于建筑思考与设计实践之中，这段青年时期的经历对其后续建筑生涯的作用无疑是基础性和决定性的。鲁道夫斯基曾解释其青年时期所见所想的作用："我在圣托里尼岛上整整度过了一个季度，我有着充足的时间去思考岛上的民居，它们如同我们星球上最古老建筑的活档案，与阿马尔菲海岸（Amalfi）的建筑风格相类似，非常完美……史前构筑遗迹的墙壁是由同样不规则的石块建造的，这些石块至今仍在民居里继续使用。尽管屋顶已经在浮岩的重压下坍塌，仍然可以辨认的是每一栋房屋都曾有一座独立的拱顶结构……在史前遗迹和今天的民居之间有着令人惊叹的相似性，这一点恐怕连考古学家也无法相信"[②]。

浸润在长时段的现代主义的探索中，浸润在维也纳建筑圈怀疑主义的氛围里，鲁道夫斯基对于启蒙至浪漫主义运动，欧洲整个文化转换中的思潮与文本显然是十分熟悉的，但是他的游历和观察还反映其更为特殊和个人化的出发点。或许因为奥匈帝国第一次世界大战后的消亡给他留下深刻的印记，他不再固定地对某个世界产生归属感，不再过早扎根于某处。他对歌德式地寻求神话的起源不感兴

---

① 　Frank Lloyd Wright. Ausgeführte Bauten und Entwürfen von Frank Lloyd Wright[M]. Berlin：Wasmuth，1910.

② 　Bernard Rudofsky. Origine dell'abitazione[J]. Domus，1938,3(123)：16 - 19.

趣,对华兹华斯式的从诗学角度获取当代创生不感兴趣,对森佩尔式地考察处于主流地位的经典建筑也不感兴趣,对于拉斯金式地从国家层面使"无名"建筑获得重视尤其不感兴趣。可以说,这些在当时使得现代知识分子大为兴奋的诸多主题均非他所致力需求的道路,他的目光所系乃牢牢固于人如何"宜居"这一终极问题上,本质上是在基于其人类学式的以及建筑学上的兴趣驱动下进行的实地考察,泛地域地寻找新的生活方式(Lebensweise)。而且这种发现是需要通过身体来验证的,即通过旅行感受各种建成环境,并收集图像、故事、器物和习俗,体会这一系列物质实存所构成的氛围、场景,以及承载人的活动的场所对人的生活和精神状态带来的深刻影响,这包括一系列的物质与生活性的文化:服饰、饮食,以及居住方式,共同构筑成了一种不可分割的整体。早年广泛的游历和对风土建筑长期的、浸润式的观察就这样逐渐养成了鲁道夫斯基特殊的视角,在从博士论文引发的对风土建筑地理维度的关注之外,其观察最终延伸到了文化角度。他终于发现了关于住宅本质的存在性经验并不是来自学院派的理论,而是来自每一天的家庭生活,他确定了他的目标是将这种生活方式用于他的建筑革新,并通过具体的实践应用其哲学[①]。

更进一步,这是一场由鲁道夫斯基接续维也纳建筑圈的思维特质,引领从如何才是"真正的生活"这一问题出发的关于居住问题的思想运动[②]。在接下来的几年,他撰写了大量的理论和方法的文章[③],主题均为"旅行的艺术"。这些文章抨击工业化生产的产品缺乏情感、创造性和新鲜感。在他的著作和后来的教学中,鲁道夫斯基鼓励大众通过旅行观察建筑、享受建筑带来的愉悦来真正发展一种"对于建筑的健康品位"。

### "露天房间"与居住理论的发展

现代住宅是许多建筑师共同关注的问题。奥地利建筑师诺伊特拉(Richard Neutra)对现代建筑忽视人类日常居住中复杂的需要忧心忡忡,"没有人为他们设计容纳其活动、有利于他们创造的物质环境,没有人能够满足他们的愿望,照顾他们,

---

① Bernard Rudofsky. Problema[J]. Domus,1937,2(122):XXXIV.
② 鲁道夫斯基之前的欧洲建筑师已经对人们居住生活的品质和日常性的构成予以强调,如莫里斯,保罗·舒尔茨·瑙姆堡(Paul Schultze-Naumburg),路斯,鲁道夫·施泰纳(Rudolf Steiner),陶特等。
③ 鲁道夫斯基基于风土建筑考察形成的较为重要的著述除了《没有建筑师的建筑》Bernard Rudofsky. Architecture without Architects:A Short Introduction to Non-pedigreed Architecture[M]. New York:Museum of Modern Art,1964;还有《伟大的建造者》Bernard Rudofsky. The Prodigious Builders:Notes Toward a Natural History of Architecture with Special Regard to those Species that are Traditionally Neglected or Down-right Ignord[M]. New York-London:Harcourt Brace Jovanovich,1977;《为了人的街道》Bernard Rudofsky. Streets for People:A Primer for Americans,Garden City[M]. New York:Doubleday,1969 等。

给他们带来益处"①。约瑟夫·弗兰克（Josef Frank）认为，一座住宅应当"让居住者因其存在感到愉悦，住宅的每一处都应该如此"。如果住宅的建造中未考虑人们的感受，那么"必然导致极端"，与真实生活相对立，从而产生"食人的建筑"（cannibal architecture），这也是我们现在所处的状况②。艾斯·麦考伊（Esther McCoy）认为风格派（De Stijl）和包豪斯风格的作品反映了某一人群的精神状态："该人群经历了第一次世界大战，穿着制服，住在防空洞里，被迫追求最高的效率，食物匮乏，他们没有余地去思考愉悦，魅力和温情这些主题。"③

在《走向新建筑》中，柯布西耶提出："我们应当被怜悯，因为我们住在毫无尊严的住宅中，损害着我们的健康和精神面貌。"④他提供了一系列操作性方法，但是其深刻的批判被简化为一句著名的口号"住宅是居住的机器"（machine-à-habiter）。柯布西耶所倡导的居住形式不仅仅是一种基础性的物质需要，但其住宅实践和著述却最终被误解为引领某种去材料化的，过度智性的，诗意的居住形式。

在现代批判者所践行的这一漫长的道路上，例如吉迪翁（Siegfried Giedion）的研究，也曾深入居住生活各项具体的琐细之处。不同的是，吉迪翁关注住宅服务系统的不断完善对居民日常生活的影响、对建筑自身进化的影响⑤。鲁道夫斯基则认为，人们在房子里的活动并不是精确的、机械的，因此他强调存在物的材料品质，或称之为"生活的质量"⑥。对于鲁道夫斯基来说，对建筑的感知并非来自视觉而是生活其中的乐趣，当代建筑最严重的问题是关于住宅的概念出现了偏差："住宅从过去直到现在都被看作一件没有生气的事，好像是可以与它所有者的生活相分离的。"⑦和同胞以及先驱者路斯一样，鲁道夫斯基对一座建筑被如何居住和使用怀有兴趣。里克沃特（Joseph Rykwert）曾经这样解读："路斯是位建筑师，他被生活中即刻的质量迷住，在此之间，人们布置房间，通过气味，质地，以及每一种感知上的质量构成环境。"⑧这种所谓的"质量"与"奢侈"无关，也与消费主义文化无关，鲁道夫斯基所着迷的也正是这种"生活的质量"。1944—1945 年，鲁道夫斯基在 MoMA 举行题为"服饰

---

① Esther McCoy. Masters of World Architecture Series：Richard Neutra by Esther McCoy[M]. New York：George Braziller，1960.

② Josef Frank. Architect and Designer：An Alternative Vision of the Modern Home[M]. New Haven：Yale University Press，1996.

③ Esther McCoy. Masters of World Architecture Series：Richard Neutra by Esther McCoy[M]. New York：George Braziller，1960.

④ Le Corbusier. Toward an Architecture[M]. Los Angeles：Getty Research Institute，2007.

⑤ Siegfried Giedion. Mechanization Takes Command[M]. New York：Oxford University Press，1948.

⑥ Bernard Rudofsky. Behind the Picture Window[M]. New York：Oxford University Press，1955.

⑦ Bernard Rudofsky. Are Clothes Modern? An Essay on Contemporary Apparel[M]. Chicago：P. Theobald，1947.

⑧ Joseph Rykwert. Introduction to Adolf Loos，Ins Leere Gesprochen[M]. Wien-München：Herold，1960.

是现代的吗"(Are Clothes Modern?)的展览,崇尚成为"一小部分精神未受污染,头脑没受损伤的人"①,这种精英阶层对于自我修养的要求显示这位建筑师伊壁鸠鲁式②(Epicurean)的贵族化选择,其哲学在生活领域的实践包含着秩序和规则的道德选择③。

　　1936 年,意大利工程师安米里奥·安里科·维斯马拉(Emilio Enrico Vismara)位于卡普里岛的自宅(Villa Vismara,Capri)建成,柯布西耶受邀考察了该建筑。尽管这座建筑的乡土性与大师的个人风格距离遥远,这位当时已经声名显赫的建筑师非常喜爱这座建筑。柯布西耶在 1937 年 10 月的 Domus 杂志上绘图与撰文,称赞该建筑是:"一座岩石的延续,一丛岛屿的分枝,一种植物般的现象,如建筑地衣(architectural lichen)从卡普里岛的土地中生长出来。"这一建筑的胜利在于成为"凝视自然的工具"④。柯布西耶对于风土建筑的深刻领悟揭示了其"住宅是居住的机器"概念中常被忽略的内涵:居住意味着一项基于艺术与自然的交汇而进行沉思与创造的美学活动。1937—1938 年间,鲁道夫斯基与吉奥·庞蒂(Giovanni Ponti)合作在米兰开业,同时担任 Domus 杂志的编辑,柯布西耶在 Domus 上发表文章时间其实正值鲁道夫斯基担任杂志编辑期间。鲁道夫斯基在次年同样刊登在 Domus 的文章中显示了与大师理念的关联性:地中海并不是一个神话般的存在,而是一处真正产生建筑的场所⑤。鲁道夫斯基的坎帕内拉住宅(Villa Campanella,Positano,1937,未建成)、奥罗之家(Casa Oro,Naples,1935—1937)进一步显示其"建筑作为场所产物"的观点,印证了柯布西耶所赞誉的,卡普里的建筑仿佛是自岩石上"长出"⑥(图 3.87)。

① Bernard Rudofsky. Are Clothes Modern? An Essay on Contemporary Apparel[M]. Chicago:P. Theobald,1947.
② 古希腊唯物主义者和无神论哲学家伊壁鸠鲁(Epicurus,公元前 341—公元前 270 年)创立伊壁鸠鲁学派。其学说广泛传播于希腊—罗马世界,作为最有影响的哲学学派之一延续了 4 个世纪。伊壁鸠鲁学派宣扬人死魂灭,同时提倡寻求快乐和幸福。但他们所主张的快乐并非肉欲物质享受之乐,而是排除情感困扰后的心灵宁静之乐。提倡生活简朴而又节制,目的是抵制奢侈生活对一个人身心的侵袭。
③ 鲁道夫斯基与吉奥·庞蒂(Gio Ponti)在 1934 年相识,并成为合作者(合作者还有 Pietro Belluschi,Serger Chermayeff)。庞蒂认为地中海地区的风土建筑教导了鲁道夫斯基,鲁道夫斯基则教导了他,鲁道夫斯基的思想特征可参考庞蒂的总结。庞蒂认为:"现代主义是一种贵族化的选择;意味着采取一种精确的简洁性,并结合最富有教养的人的需要;是一种生活,思考,求知和判断的态度。风格……精确而言,就是纪律。住宅要反映追求生活,思考,求知和判断的态度。"参见 Giovanni Ponti. Falsi e giusti concetti nella casa[J]. Domus,1938,3(123):1.
④ Le Corbusier. Il"Vero"sola ragione dell'architettura[J]. Domus.1937,10(118):1-8.
⑤ Bernard Rudofsky. Origine dell'abitazione[J]. Domus,1938,3(123):16-19.
⑥ Ugo Rossi. The Discovery of the Site:Bernard Rudofsky. Mediterranean Architectures[M]//Eleonora Mantese. House and Site:Rudofsky Lewerentz Zanuso Sert Rainer. Firenze:Firenze University Press,2014.

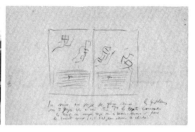

图 3.87 维斯马拉自宅（Villa Vismara）实景及柯布西耶速写（1936 年）
来源：实景：Domus，1937，118（10）；手绘：www.galileumautografi.com

　　鲁道夫斯基未显示出对于形式实验的极大兴趣，完成的项目不多，这也是其居住理论的一种反映：一栋建筑的个性绝不仅仅由原始的形式决定，而是由围绕其居住者的不断变化的日常生活构成。建筑作为一种中立的容纳体，为人们的活动提供场所，也使得他们因之充满活力。对于鲁道夫斯基而言，当居住者不那么将他们的精力全部放置于建筑，减少对于形式的过度热情，消减对视觉效果的专注，他们就能够更好地将注意力放在真正的生活上（图 3.88，图 3.89）。

图 3.88 奥罗之家（Casa Oro）客厅设计图设想的日常生活场景，绘于 1936 年 来源：Research Library，The Getty Research Institute，Los Angeles

图 3.89 奥罗之家（Casa Oro）凉廊中的日常生活，拍摄于 1936 年 来源：Research Library，The Getty Research Institute，Los Angeles

　　鲁道夫斯基对"建筑师"这一角色的淡化也来自日本建筑的启发，即提倡一种像日本建筑那样的简朴、单纯的建筑，学习居住者简朴的生活方式，追寻一种**有尊严的，缄默的，被智慧控制着的天真性（naïveté）**，其用意则是对居住者修道士般的道德要求，这与柯布西耶强调在住宅中显现智性的思考，以及含混的诗意的出发点——

给灵魂以滋养之所并无二致,所不同的是柯布西耶的住宅以精英建筑师的眼光去芜存菁,保留抽象的仪式空间,以去材料化的方式去世俗化,仅给思想的鬼魂提供飘荡之处。而鲁道夫斯基则选择在另一极消解建筑师历来的傲慢,留取丰富的材料的质感,留住人的体温,满怀希望地把创造的非凡任务推向了生活在烟火气息中的凡人。

鲁道夫斯基的设计作品有着共同的特征,他将在维也纳工学院造型学习期间领会到的现代主义语汇和原则,诸如简洁的形体、光滑平整的墙面、正交的组合原则做了"修正",其中引人注意的是保留墙体的物质材料性,并表达场地地质组构与建筑材料的"平行"关系。为了让居住者不会处于过度的阳光照射和湿气扩散之中,白色墙体有时候成为倾斜的屋顶。建筑形体保留纯粹性,墙虽偏好白色粉刷,但是依靠白天一直在变化的光线的颜色以及植物的影子映照,一堵白墙变得多姿多彩和富于装饰,加之手工涂绘的陶器等,非常好地适应了场地,同时带来丰富的景观效果。庭院、藤架、浴盆、床、橱柜,或者简单的墙,构成鲁道夫斯基住宅中各个适宜的细部,创造出许多小小的、安静的角落,这种亲密的氛围勾勒出真正的"没有建筑师的建筑",并导向一种居住在此处的生活和随之而来的家庭活动的丰富。鲁道夫斯基实践的方向尽管与现代运动具有明显的联系,但是这些细腻的设计更多源于他在风土建筑中的实地考察。

鲁道夫斯基向风土建筑学习的成果最为典型地体现在关于"房间"的纯粹化认识上,并作为其居住思想的核心得到发展。他认为建筑空间最为关键的感知品质在于墙体的围合,对于人们的生活而言,闭合不仅给予一种实在的维度,更是决定了亲密特质的产生。推而广之,有着墙体围绕但是没有屋顶的空间,如果依然拥有这种亲密特质,也应当被认为是一种"房间",诸如在庞贝和日本民居中的庭院,也应被看作是安宁而自在的"露天房间"(outdoor room)。

对于鲁道夫斯基来说,对于建筑师的最为重要的要求就是必须去观察和认识。"露天房间"这一理念的形成开始引领他与高大的玻璃墙面斗争,虽然鲁道夫斯基曾经承认它们具有"无法言喻的美"[1],但这种所谓的代表国际式风格建筑的要素被过度放大了。许多现代主义建筑大师在他们的单体住宅实践中能够突破玻璃的限制,但是在更大规模的居住区项目里以及更复杂家庭结构的住宅里,大量运用玻璃墙面显得与日常生活十分矛盾[2]。

---

[1] Bernard Rudofsky. Behind the Picture Window[M]. New York: Oxford University Press, 1955.

[2] 诺伊特拉写道:"我无法想象会真的有人满足于(玻璃的)隔离,满足于完全修道院般的宁静,愿意关上开着的门,满足于周围的景物只需要看到局部,满足于只从窗户框住的部分看出去。"参见 Manfred Sack. Richard Neutra[M]. Zürich-London: Verlag für Architektur, 1992.

为了推动"露天房间"的理念,1937年起,鲁道夫斯基在 *Domus* 发表了一系列关于"露天房间"的主题著述①。鲁道夫斯基的设计图这样描绘"露天房间":一处庭院,四周是高高的墙,但是这个庭院却布置得像个室内的起居室,甚至有一架钢琴(图3.90,图3.91)。对于他来说,"露天房间具有显而易见的、价值极高的、非材料化的优点","天堂(Paradise)这个波斯词语意味着一个令人愉悦的庭院,四周被墙围合"②。作为鲁道夫斯基居住思想的核心,"露天房间"是促使"没有建筑师的建筑"等一系列展览和写作的最初动因③,其目的是将建筑从理论的框架里解脱出来,再次由人的直觉主导,最终将建筑建立在人们真实的日常生活基础之上。

图 3.90　1946 年 5 月的 *Interiors* 杂志封面使用鲁道夫斯基绘制的"露天房间"　来源:Interiors,1946(5)

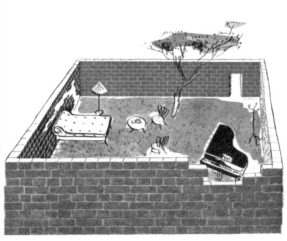

图 3.91　鲁道夫斯基 1937 年绘制于 *Domus* 的"露天房间"插图　来源:Domus,1938(3)

---

① 鲁道夫斯基在 Domus 杂志发表了两篇关于"露天房间"的文章,参见 Bernard Rudofsky. Problema[J]. Domus,1937,2(122):ⅩⅩⅩⅣ. 以及 Bernard Rudofsky. Variazioni[J]. Domus,1938,4(124):14. 在后文中鲁道夫斯基引用了 Guido Harber 关于住宅庭院的例子,参见 Guido Harber. Der Wohngarten:Seine Raum-und Bauelemente[M]. München:Callwey,1933。十余年后鲁道夫斯基关于"露天房间"发表了另一篇文章《建筑之粮》,参见 Bernard Rudofsky. The Bread of Architecture[J]. Arts and Architecture,1952,10(69):27-29,45.

② Bernard Rudofsky. Der wohltemperierte Wohnhof[J]. Umriss.1986,1(10):5-20.

③ 鲁道夫斯基曾借用不同的民居要素对"露天房间"这一理念进行诠释,包括普罗奇达岛住宅中的中庭(atrium),巴西住宅中的庭院(patio)等。

　　法国哲学家加斯东·巴什拉（Gaston Bachelard）《空间的诗学》（*Poetics of Space*）[①]一书中指出："一座住宅，就其亲切感来说，成为其个性的最佳表达，这样一处空间可以揭示'存在'的充实；它增加了身体性的感知。"鲁道夫斯基认识到正因为建筑对于人们如此重要，因此不能仅依靠建筑师自身来推进这一改革，为了让公众能够运用这一理念并且进行研究，他决定出版这些长期的思考。

　　"露天房间"的理念最为纯粹地体现在其自宅设计之中，1935 年，鲁道夫斯基与音乐家妻子贝塔（Berta Doctor）在普罗奇达岛（Procida）计划建造自宅，这一设计并未建成，但设计图发表于 1938 年的 *Domus* 并作为封面[②]。场地位于普罗奇达岛屿的高处，在东南侧有着海景（图 3.92，图 3.93）。这片场地被花园的围墙包围，这也是其场地的边界所在。在场地中央是主体建筑，围绕一处中心天井布置并与周围的花园连接，有一侧打开。在南边则有一栋小型建筑，几乎就在悬崖之上，作为躺卧餐厅[③]（triclinium）的功能使用。主体建筑平面为正方形，由长度 16 米的方形体量构成，围绕一处 8 米见方的中心庭院，所有的房间用环状的方式相连，主体建筑为平屋顶，只有一部楼梯，几乎没有窗户，大部分是移门，也没有走廊，家具极少，主卧室里也几乎没有家具，整个地面都由床垫占据，从中心悬挂下来一顶蚊帐，浴室里空空荡荡，地面中间凿有一个浴缸。设计师仿佛要以这种反常布置的方式严肃地回应住宅的功能问题（图 3.94，图 3.95）。

图 3.92　鲁道夫斯基拍摄的普罗奇达岛屿临海风土建筑群　来源：Domus，1938（3）

图 3.93　鲁道夫斯基拍摄的普罗奇达岛屿居民来源：Domus，1938（3）

---

①　Gaston Bachelard. Poetics of Space[M]. New York：Orion Press，1964.

②　鲁道夫斯基这幅体现"露天房间"的概念设计图在 1938 年 3 月被 Domus 杂志作为封面，并刊登了鲁道夫斯基介绍普罗奇达自宅设计的文章，参见 Bernard Rudofsky. Non ci vuole un nuovo modo di costruire, ci vuole un nuovo modo di vivere[J]. Domus.1938,3(123)：6 - 15. 标题意为"我们不需要一种新的建筑，我们需要一种新的生活方式"，1946 年 5 月 Interiors 杂志再次以此图为封面。

③　Triclinio（英：triclinium），罗马建筑中的餐厅。包含三张宴会沙发（klinē）。每只沙发的尺寸都可以容纳一个人斜倚在靠垫用餐，仆人站立侍奉左右。

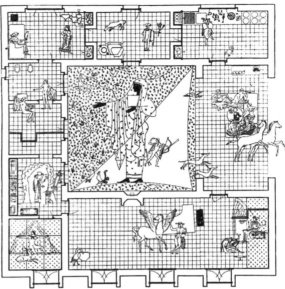

图 3.94 鲁道夫斯基以普罗奇达自宅为例阐释天真性(naïveté) 来源：Domus，1938(3)

图 3.95 鲁道夫斯基的普罗奇达自宅平面示意图 来源：Domus，1938(3)

这一设计在 1938 年发表于 *Domus* 之前，就已经引起了意大利建筑圈的注意，被评论为展现了"一种精神性的处置，使得人们理解作为心灵和精神自发的产物——建筑的道德性所在"；当鲁道夫斯基"不能够将文雅转换为自发性的时候，就将其转变为诗意"；建筑最为精彩的一面在于"灰泥的白墙面上丰富的树荫创造出一种永远在变化的丰富多彩"[①]。

意大利风土建筑以坚固的墙体、弯曲的拱回应结构和气候，兼具传统和诗意，构成鲜明的辨识度，同时不乏舒适度。鲁道夫斯基在设计中对意大利风土建筑的某种转译是为了创造健康又充满活力的生活：有时一处自地面凿出来的浴缸甚至出现在房间里，而不是浴室；与建筑一体化建造的床的摆放位置经过深思熟虑；石头砌筑的楼梯上覆盖着施以艺术化涂绘的陶瓷瓷砖；私密的花园和露台均能看到天穹；无处不在地向内院打开的窗和眺望远景之处；以及入口处的衣橱里有他为来客设计的衣服，这一居住者服饰需要与建筑体验一体的概念则来自日本。

位于那不勒斯的奥罗之家(Casa Oro，Naples，1935—1937)虽然顺利建成，但是

---

① Attilio Podestà. Una casa a Procida dell'architetto Bernard Rudofsky[J]. Casabella.1937,10(117).

鲁道夫斯基革命性的生活方式理念并未很彻底地被展现。这一建筑场地非常狭窄，垂直地朝向大海，建筑几乎只与大海取得联系，宽广地展现着地平线并且接纳白天一整天的日照。设计在 1935 年初期完成，由于意大利和埃塞俄比亚的战争推迟了施工，鲁道夫斯基在美国居住了 9 个月之后，回到意大利，自 1936 年下半年继续完成建造，项目由其合作者路易吉·孔森扎（Luigi Cosenza）负责实施，1937 年建筑完工。这栋建筑由白色立方形体组合而成，凝灰岩构成其墙体。住宅带有一系列的花园和露台，有的被隐藏了，有的则有着完整的视角。沿着基地的曲度，根据汇集到一点的两个坡地形成建筑的体量，屋顶的侧面和逐渐升高的街道平行，展现街道全景，建筑向西面延伸出三层，向东侧则有两层，这些微小的变化不仔细观察是很难发现的。建筑整体富有趣味地布置并适应着不同标高的变化，体现了鲁道夫斯基倡导的尊重自然限制因素的原则。在最低标高的起居室外，从一个大窗户穿过之后，房间从凝灰岩的墙体中打开，维耶特里城（Vietri）陶瓷地砖上是由鲁道夫斯基绘制的包括卡普里和普罗奇达的整个海湾地图，动人的笔触展现着他的天真（naïveté）风格，设计抽象而纯净。鲁道夫斯基在一种经过改良了的浪漫主义理想中实现了自己的暗喻性，建筑充满了无忧无虑的幻想和诗意的内在品质。通过显现地中海风土民居的特征，鲁道夫斯基确认了风土建成环境的价值。但是，"建筑的含混性还是被下意识的现代性的刻板感所压倒"[1]。

鲁道夫斯基的坎帕内拉住宅（Villa Campanella，Positano，1937，未建成）位于海边，这一未完成的设计没有任何"夸耀的中产阶级住宅"的征兆，而是一栋"诚实的构筑物，为了纯粹的逃离都市生活后的愉悦建造……没有令人争议的思想也没有乌托邦"。[2] 这栋建筑位于凸出的岩石之上，由两个体块组成：一个体块为白色粉刷，另一个体块的材料则主要使用石灰岩。有的房间完全由墙面闭合，有屋顶和一扇可以关上的门；而有些房间的围合则是不完整的，比如入口、楼下壁炉的区域，以及在二楼设计的"露天房间"。主要空间的设计规则是凭借一些感知上的要素来主导的。譬如为了给无花果树和木兰腾出生长空间，建筑的平屋顶倾斜了。房间就像是柱廊（portico），在提供遮蔽之外，目的是为了提供望向大海的视野。这些细节都反映了鲁道夫斯基对于良好生活方式的关注。无论是对于材料（火山熔岩形成的石灰石，维耶特里城的陶瓷地砖）还是基本舒适感的营造（小而宜人的壁炉，露天的沐浴池），其考虑均是如此（图 3.96）。

① Guarneri Bocco Andrea. Bernard Rudofsky and the Sublimation of the Vernacular[M]//Lejeune Jean-François，Sabatino Michelangelo. Modern Architecture and the Mediterranean：Vernacular Dialogues and Contested Identities. London：Routledge，2010.
② Bernard Rudofsky. Una villa per Positano e per altri lidi[J]. Domus.1937,1(109)：12 – 13.

1938年，鲁道夫斯基和庞蒂一起在卡普里岛北海岸设计了圣米凯勒酒店（Hotel San Michele），该建筑未建成。这一方案将酒店设计的如同一处自然村落，公共服务作为村镇中心环绕一个广场，每一个客房都像是独立的民居，有着独立的小厨房，并设计了迥异的装饰，使用了不同的材料（图3.97）。

图3.96 坎帕内拉住宅（Villa Campanella）设计模型中鲁道夫斯基以蒙太奇方式表达地质组构与建筑材料的平行关系
来源：Domus，1938(3)

图3.97 鲁道夫斯基和庞蒂1938年设计的圣米凯勒酒店（Hotel San Michele）设计图
来源：Archivio Gio Ponti，CSAC，Parma

1938年12月，鲁道夫斯基避乱离开意大利前往拉美，搬到巴西圣保罗并在德裔移民西奥多·翰伯格（Theodor Heuberger）创办的艺术展览馆工作。在1939年到1940年间，鲁道夫斯基为移民到巴西的欧洲人设计住宅，比较成功的是位于圣保罗的两个作品[①]，还有三项设计则未建成。

在他1939年—1941年完成的弗朗提尼住宅（Frontini and Arnstein Houses）里，整个建筑围绕着庭院，富有节奏感的拱廊令人愉快，面向精致庭院的每一间房间都有着自己的室外景致，四季花朵的颜色，以及树木的选择，都是为了吸引当地的蝴蝶和蜂鸟（图3.98）。鲁道夫斯基认为当代的文化过于重视外部那层衣饰，建筑仅仅是为其所有者提供一层壳，不该冒失地引人注意，因此他在设计中甚至避免给予建筑

---

[①] 鲁道夫斯基在巴西的建成作品一处是位于米纳斯吉拉斯（Minais Gerais）的霍莱斯坦因之家（Casa Hollenstein），另两处为位于圣保罗的弗朗提尼住宅（Casa Frontini）和安斯坦住宅（Casa Arnstein）。

一个真正的立面[①]。

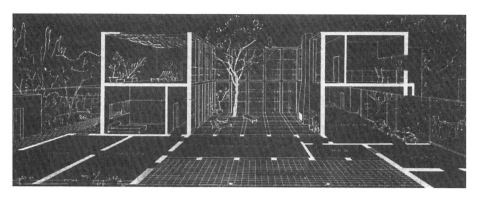

图 3.98　鲁道夫斯基绘制的弗朗提尼住宅（Frontini House）剖轴测，巴西圣保罗，1939—1941
来源：The Bernard Rudofsky Estate，Vienna

　　圣保罗的作品在评论界受到了热情的称赞。比如菲利普·古德温（Philip L. Goodwin）写道，它们是"具有教育和富有经验的人们生活的地方，由一位非常了解他们也了解自己工作的人设计"，"在美国还没有这么协调和成功的现代住房和庭院的例子……在巴西的 3 年建筑实践中，鲁道夫斯基造了一些住宅，可以说是美洲最好的作品"。[②] 而萨克维尔·西特韦尔（Sacheverell Sitwell）写道："鲁道夫斯基的设计非常有灵感地使用热带花卉和叶子以及它们在墙上形成的阴影。树木的形态具有一种令人心醉的丰富性，与建筑冷静的克制力和宁静形成鲜明反差。"[③]

　　鲁道夫斯基在建筑生涯中实现设计的机会是很有限的，他在 1930—1940 年间一直保持着同一种建构形态的方式。尽管鲁道夫斯基认为建筑是生活的容器，但并不赞成建筑的形态就应该是有机的，他并不是一位住宅有机形态美学的支持者，在他看来，有机的不是建筑而是生活，因而其建筑作品依然是简洁清晰的笛卡尔式几何体。

　　总体而言，鲁道夫斯基关于家庭环境的革新性观点没有得到很大效果，甚至在他自己的住宅中也没完全实现。尽管他不断传达他的观点"我们不需要一种新的建筑，我们需要一种新的生活方式"，他的"露天房间"的思想在当时显得过于激进，对于他在意大利不多的客户是如此，对于他在巴西或者美国的客户更是如此。虽然他的设计重视私密性氛围，精妙调动了当地气候和自然植被的组合。但是在巴西的鲁

---

① Bernard Rudofsky. Notes on Patio[J]. New Pencil Points 24,1943,6(6):44.
② Bernard Rudofsky. Three Patio Houses[J]. New Pencil Points 24,1943,6(6):48－65.
③ Sacheverell Sitwell. The Brazilian Style[J]. Architectural Review,1944,3(95).

道夫斯基也只是部分地实践了自己的理论,"露天房间"无法真正实现,许多住宅中的露天房间最后都是封闭的。

**走向"没有建筑师的建筑"**

17世纪末18世纪初的启蒙运动曾提供了理性主义在西方传统的一般假设,由三个命题的特殊文本建立起了理性主义的思想基础,我们可以将其转换成三种形式:第一,所有的真问题都能得到解答,真理是能够被掌握的;第二,所有答案都是可知的,世上存在一些可供学习和传授的技巧来寻找这些答案;第三,所有答案必须是兼容性的,存在一个被所有严肃问题的正确答案描述出来的乌托邦。理性既然可以适用于物理和化学领域,没有理由不把它们应用于政治、伦理、美学这些更加复杂的领域。这一类比的认知基于的假定是:关于这些领域的答案就像在搜寻埋在什么地方的宝藏,唯一的困难是如何找到通向宝藏的路径。

施莱格尔兄弟(Friedrich und August Wilhelm Schlegel)则针对启蒙理性的命题,"反向"思考提出:人类有一种可怕的不可满足的欲望,总想遨游于无限,一种狂热的渴望,总想摆脱个体狭窄的束缚①。鲁道夫斯基身上则混合性地带有启蒙意识与浪漫主义思想,一方面鲁道夫斯基意识到了施莱格尔所说的人类追求不断自我更新的自由意志与心灵愿望,但一方面他却是经过长时段现代主义教育——启蒙理性产物的建筑师。他是一位想要影响公共生活的知识分子,一位秘密的尚古主义者。他游历各地,搜索各种风土建筑的形式和被遗忘的生活形式,对土生土长,幽僻之境的东西兴趣盎然,希望所有的事物,特别是包括人在内能按照自己的本性得到最丰富全面的发展。他厌恶标准化模式,希望保留和转译地方特色和精巧的文化形式,以此抵挡邪恶城市化带来的千篇一律的侵袭。

赫尔德曾经在《论语言的起源》(*Treatise on the Origin of Language*)中提出,"民族精神"这种概念并不表示任何民族比其他民族更具优越性;相反,所有文化均为平等并具有其各自的价值。原因在于我们不可能既当东方人又当西方人,既当北方人又当南方人,因为希腊人与印度人的理想完全相悖,我们不可能同时达到所有时空的理想极致。多样性和差异性是客观事实,这么一来,启蒙理性主张的人类"如何生活"只有一个终极答案也就毫无意义了。每一群体都应该为自己与生俱来的东西奋斗,或者说,为了他们的传统而奋斗。如果赫尔德是对的,永恒的哲学就是错

---

① 施莱格尔兄弟曾在《断片》中宣扬耶拿派浪漫主义,人类的精神支配一切,诗(艺术)也不例外。耶拿派称诗代表诗人无限自由的"自我",世界就在其中,该诗论充满神秘色彩。故而施氏在《诗的对话》中感慨:"近代没有神话了……如今已是我们努力创造神话的时候了。"人类持久的欲望通过诗(艺术)传递,诗人或艺术家不过是人类精神的器官,通过作品展示人类的完整个性。参见伍蠡甫.西方文论选(下卷)[M].上海:上海译文出版社,1979.

的。在他之后的 170 年,人们一直争论不休,不仅在行动上也在理论上,不仅在民族革命战争之中也在信念和实践的暴力冲突之中,不仅在艺术方面也在思想方面①。在建筑艺术领域,现代运动以及后现代的兴起,风土建筑作为修正和抵抗现代主义整齐划一的趋同,是另一种从未停歇的启蒙理性与浪漫思潮之争,这也便是为何鲁道夫斯基的一生几乎也是西方思想激烈变革并未完成的另一幅写照。

直到 1940 年,鲁道夫斯基依然坚信居住生活的现代革新可以由建筑师自己完成。建筑师是更好生活的提倡者,但实际上他在 1930 年间为 *Domus* 写的文章抨击的正是建筑师将自己的选择强加于居住者身上的做法,只是还没有质疑这种建筑实践的基础。到了 1950 年前后,他对于现代性的伦理原则还能否修正现代主义的建筑实践这一点彻底动摇了,此时距离那场颠覆性的"没有建筑师的建筑"展览还有时日,但这一时期鲁道夫斯基论述的语调已经完全变化。在这一时期的著述中,一为《在图像之窗后》(*Behind the Picture Window*),一为《服饰是现代的吗?》(*Are Clothes Modern?*),他开始明确提出针对现代主义建筑实践的另一种选择和出路。他也开始逐渐意识到他正在进行一种孤独的战斗,或者从一开始就是如此,他的目标开始变化,而他的攻击也变得更为犀利。面对场所和建筑的日益标准化和平庸化,他在《为了人的街道》(*Streets for People*)的最后一章中指出,面对如今公共和私人空间的糟糕质量,建筑师即使不是这一后果的直接起因至少也是同谋。在《在图像之窗后》中,他希望这一代人都能够为人行道的权利和人性化的城市做抗争,并提出为专业实践树立伦理准则的构想:建筑师已经接受了、吸收了,以及最终回应了开发者的兴趣,却忘记了什么才是建筑师自身的热情所向——那就是居住者更好的生活,"住宅作为一样居住的机器,那就应当以一种比起人来更加可靠的,更加可预计的运行方式……假定在未来我们能够过人的生活,那么人们的住宅将会是居住的乐器,而不是机器。"②

在鲁道夫斯基学术生涯的后半期,他决定改为建立一种更为直接的与公众的联系方式,即通过展览和写作为他们的物质生活提供更有效的建议。他很清楚地意识到,"在一种漫长的历史进程后生活的现实是已经被削减到一种基本的功能需要……公众已经满足于消费符号,但是同时彻底丧失了'居住的行动力'"。尽管如此,他继续期待着居住者的意识和行为能够提供解答:"我很少做建筑师的听众,我甚至觉得他们是一类没有希望的群体,对人性有威胁性。我情愿跟外行讨论,因为

---

① [德]J.G.赫尔德.论语言的起源[M].姚小平,译.北京:商务印书馆,1999:13.

② Bernard Rudofsky. Behind the Picture Window[M]. New York:Oxford University Press,1955.

从那里可以得到建筑学新的灵感来源。"①鲁道夫斯基与伊万(Ivan Illich)的激进观点是类似的,伊万认为建筑设计专业剥夺了使用者的意识和能力,将权力给予那些自我参照的技术统治群体。那些遍布世界的专业建筑师,自认为可以决定他人的快乐,实际上,"当前的技术倾向以及现代主义建筑师所认定的所有这一切,都距离成为一位真正的建筑师无比遥远"。②

自 20 世纪 30 年代起,鲁道夫斯基就一直在持续着对于风土建筑的思考。在1931 年,他曾展出过自己拍摄的圣托里尼风土建筑③。在举行了"没有建筑师的建筑"展览之后,《伟大的建造者》(*The Prodigious Builders*)一书在 1977 年出版,对于鲁道夫斯基来说,风土建筑代表的是建筑历史的原初阶段,建筑构筑的原型仍然可见而且是活的,通过不断地重新建造使得非抽象意识上的新概念产生,因此不能够以一种学院的标准去评判其价值。鲁道夫斯基指出,"风土建筑的意义远远大于风格;它是一种良好行为方式的汇集,而在都市世界中没有类似的东西","这是一种未被意识到的天赋的结果……完全脱离规划者的歇斯底里"④。一言以贯之,风土建筑的价值在于具有人类解决实际问题的"共通感",向风土建筑学习能够让人们从狭隘的形式语言和商业建筑世界中获得解放,风土建筑是工业时代中向建筑学提供丰富灵感的重要来源,同时它在技术方面的丰富经验也值得借鉴。

至此,鲁道夫斯基从建筑师的角度竖立了风土建筑崭新的价值认知方式:风土建筑并非由少数精英和建筑师发明,而是一门由没有经过专业训练的建造者们,根据共同的文化传统和群体经验,自发积累而成的设计哲学与实践知识,可待发掘为已经陷于混乱城市重围中之人类创造的源泉。

耐人寻味的是,鲁道夫斯基将一生的大量精力都放在对住宅建筑的研究上,"没有建筑师的建筑"展览所使用的图片则大部分是这些建筑外部的面貌,并未涉及建筑内部和人们活动的情况,在《没有建筑师的建筑》一书中对于风土建筑的解读停留在一种几乎完全是自形式出发的、遗迹式美学的视角。鲁道夫斯基基于形式和功能的欣赏,未显示他对于象征的价值,文化语境,图腾的心理文化基础,以及其他种种人类学要素真正产生过兴趣。这场展览在关键性的开启作用之外,缺少对于风土建

---

① Bernard Rudofsky. Back to Kindergarten, unpublished lecture in Copenhagen, April 8, 1975, p. 1 of manuscript.
② Ivan Illich. Disabling Professions[M]. London-Salem: M. Boyars, 1977.
③ 该展览展出于 Deutsche Bauaustellung Berlin 的奥地利部分,同年,鲁道夫斯基展出过 26 幅圣托里尼风土建筑的水彩画,展览地点位于 Wiener Künstlerhaus。
④ Bernard Rudofsky. The Prodigious Builders: Notes Toward a Natural History of Architecture with Special Regard to those Species that are Traditionally Neglected or Down-right Ignord[M]. New York-London: Harcourt Brace Jovanovich, 1977.

筑的历史和文化语境的深入讨论,特别是对于《世界风土建筑百科全书》的编纂者保罗·奥利弗这样注重人类学要素的建筑史研究者而言,鲁道夫斯基对于风土建筑概念上的推动在方法论上是不足的,这种解读也可归因于鲁道夫斯基"理想主义"式的出发点。但是他最为成功之处在于把许多启蒙思想家,诸如作家、旅行者、画家等在原初艺术中的直观展示方式引入建筑展览中,使得参观者(包括大众和专业建筑师)发现风土建筑原初的、震撼性的美。正是由于民族志学家和艺术家对于这种原初美的兴趣不断增长,建筑学领域逐渐被各种学科的交汇拓宽了。

更进一步的,当代关于历史文化差异的意识正在不断增强,定义风土建筑,或者说定义出"原始的""乡土的"建筑的分类并且进行深入研究,反映的是建筑学和规划学的进步。《没有建筑师的建筑》也指出过往建筑史学的偏颇之处:"从时间的角度而言,对建筑的演进的研究,只是涉及后期的发展。前5 000年的历史被忽略,于是编年史家给我们展示的是一个所谓'正统'(formal)建筑的华丽场景。历史学家以这种武断的方式来介绍建筑艺术并非在于古代留存的建筑遗迹稀缺,而是来源于学术理念上的偏颇。"①

主流建筑史受到社会偏见的影响,建筑作品选集往往通篇记录为特权阶层修建的房屋,不提平头百姓的房屋,强调所谓的"高尚的建筑"(noble architeture)与"建筑的高贵性"(architectural nobility),古代建筑的遗迹和废墟被当作建筑师唯一效仿的优秀典范。"没有建筑师的建筑"展览正是通过介绍鲜为人知的"非正统的建筑"(non-pedigreed)②,建筑不再仅被视作是专业人士独有、仅由正统建筑师创作之物,建筑历史也不再被看作是一群主要人物的形式历史。诸如阿莫斯·拉普卜特等人则在这一相对于主流建筑史的论述中将"空间"(建筑物与城市)与"文化"的相互关系继续加以研究和发展,"风土建筑"这一话题的建构也预示着现代建筑史学新的"转向"。

通过将鲁道夫斯基对风土建筑价值认知转变过程置于西方社会发生的文化转换这一语境中的"重读",可得出如下结论:

首先,鲁道夫斯基同时代多数现代主义建筑师所支持的"国际式"是在认为人们对于物质和精神的需要永恒不变这一启蒙理性及其哲学前提下声称其正当性的,鲁道夫斯基本人深刻的矛盾性并不是一种个人的现象,而是西方整体经过启蒙理性与

---

① Bernard Rudofsky. Architecture Without Architects: A Short Introduction to Non-Pedigreed Architecture [M]. New York: New York: Doubleday, 1964.

② 据不同的语境,"没有建筑师的建筑"(architecture without architects)常被称为"非正统建筑"(non-pedigreed),"风土建筑"(vernacular),"无名建筑"(anonymous),"自生建筑"(spontaneous),"本土建筑"(indigenous),"乡村建筑"(rural)等。参见 Bernard Rudofsky. Architecture Without Architects: A Short Introduction to Non-Pedigreed Architecture[M]. New York: New York: Doubleday, 1964.

浪漫主义思潮洗礼之后在建筑革新中的必然问题①。

　　其次,鲁道夫斯基起初信奉启蒙—实证主义思想,但却逐渐转向建筑"环境-文化"维度的辩证立场,即意识到了施莱格尔兄弟所说的人类持久的欲望将一直持续,其反思和批判均出于对于文化多样性的消失导致建筑学的贫乏的担忧。思想接近于克劳德·列维—斯特劳斯在人类学领域的观点②,身为建筑师的鲁道夫斯基和作为人类学家的列维—斯特劳斯都在追求同一个目标——揭示这个世界的文化上的富有与多样,"去走一条更漫长的道路",以能够回到原初之地并且再次发现"人类"。在本质上,都在通过建立独特的理论,通过对于多样的文化经验之对照与分析,努力将泛地域的文化元素加入原有的文化结构中,使得那些西方世界以外的准则、经验能够被汲取,进而得以呈现,以此推动西方文明世界的更新。

　　最后,鲁道夫斯基和柯布西耶对于风土建筑价值的认知可以被进一步比较。柯布西耶受益于意大利、希腊、西班牙、阿尔及利亚等风土环境中的民居,意识到每一栋建筑,都是由"人们顺应基本原理"产生"一个快乐、宁静的中心……建立在基础性事实的坚固岩石之上"。这些建筑"是非常具有生命力的、智慧的、经济的、构筑性的、艰苦的、健康的,它们是亲切优雅的;建筑学上而言,它们是友好的邻居"。一言以贯之,它们自豪地组成了"建筑的内在"③。实际上,鲁道夫斯基尽管通过1964年的展览④反对柯布西耶,他对柯布西耶依然保持赞赏之情,因为在建筑情感性与整体性的维度上两者是能取得某些一致的。鲁道夫斯基曾对柯布西耶如此评论:"(他是)现代建筑的先知和旗手,他的准则长期未被挑战。(建筑师)不能在画板之外抛开狭隘的思维,以及孤陋寡闻、懒得冒险的习惯,他们最大的目标就是世界上的建筑都该一模一样,并称之为'国际式'。他们醉心于机械化、材料的耗费,他们认为一个国家该依靠太阳能、风能和水利的开发,这是令人绝望的无知……在一个夏季,好奇指引我去魏玛,那里曾举行包豪斯的首次展览。这推翻了我原来的预判,因为我看到在魏玛和德骚(Dessau),有着所有青年人革新的热情和魅力。对照而言,柯布西耶早期的写作和作品对我来说是启发性的。他论证时拉丁式的优雅,他天然的复杂性,使得他同时代的德国同行们的长篇大论显得那么沉闷。此外,他是一名雕塑家、

<hr>

① 格罗皮乌斯曾把建筑师"化约"现代人对于生活的需求之原因解释为"由于旅游和世界贸易的影响对于生活的要求正在趋同。"参见 Nikolaus Pevsner. Pioneers of the Modern Movement from William Morris to Walter Gropius[M]. London: Faber & Faber, 1936.
② Claude Lévi-Strauss. The View from Afar[M]. New York: Basic Books, 1985.
③ Le Corbusier. The Four Routes[M]. London: Dobson, 1947.
④ 除了1964年的展览,鲁道夫斯基在1980年进行过一场名为"现在我让自己躺下用餐"(Now I Lay Me Down to Eat)的展览,以及1987年的"斯巴达/锡巴里斯"(Sparta/Sybaris)的展览,这两场展览都由同名的小册子出版。

一名画家,他极为赞赏希腊岛屿上那些自然形成的住宅,以及北非的城镇。"①

可以说,鲁道夫斯基既非一名坚定的现代主义者,也非一名坚定的反现代主义者②,或许在他的整个职业生涯和思想历程中,他都处于现代主义和反现代主义之间的摇摆位置,致力于从风土建筑中提取"可育性"对现代主义进行某种"修正",扩充建筑师对于风土建筑的价值认知,又或许他本就在这两种框框之外。而他,也正因其思想所呈现的深刻的矛盾性被当代建筑史编纂者不断书写和理解,并清晰地铭记。

## 六、尼古拉斯·佩夫斯纳:英伦风土建筑价值再考

### 现代建筑史学中的风土线索

面对传统建筑走向现代建筑的文化转换要求,建筑师该如何应对? 虽然这是一百多年前的时代命题,今天的读者打开尼古拉斯·佩夫斯纳(Nicolaus Pevsner,1902—1983)完成于 1936 年的现代建筑史名著《现代设计的先驱者:从威廉·莫里斯到格罗皮乌斯》(*Pioneers of the modern movement from William Morris to Walter Gropius*)一书,可能会对这种抉择并不觉得陌生。透过佩夫斯纳的写作,读者可以体会到巨大的时代变革下呼之欲出的风暴。作为该书重要的书写对象,拉斯金和莫里斯是工艺美术运动的提倡者,也是田园城市运动的精神之父。这两个内在精神紧密联系的运动中,如同组成一种催化剂,与风土建筑的价值紧密关联的许多新的认知,在 20 世纪前几十年时间里通过这些文化巨擘逐渐传播开来。由华兹华斯所倡导的风土建筑在文学语境中的价值,拉斯金将其逐渐提升为作为民族精神的"映射物",作为国家灵魂的安放之地,从价值认知的逐渐深化、研究本身的学理化上看,作为一种"接续",佩夫斯纳在其学术生涯的后半期进一步发展了关于风土建筑价值认知的思维路径,其主编的 46 卷本的《英格兰建筑》(*The Buildings of England*,1951—1974)及在书中宣扬的价值认知成为英国保护规划不可或缺的参考文本,舒适性(amenity)这一概念则被英国的保护制度吸收,同时是英国城乡规划中的关键性概念,在现代规划管理中占据重要地位,是政府部门最为关注的指标之一,在一个极为有效的实际层面主导着英国风土建筑的存续,这部《英格兰建筑》作为英国全体风土建筑的保护名目的重要档案,也是构成现代意义上的风土建筑价值的认知基础。

就佩夫斯纳个体来看,作为一位早期有着巴洛克建筑和手法主义研究背景的艺术史家,一位现代建筑史和思想谱系的书写者,为什么在其后期要研究传统建筑——且是英国的全体风土建筑,并进行长时段、大规模的谱系追踪和建筑档案实

---

① Bernard Rudofsky, unpublished lecture at the Walker Art Center, Minneapolis, 1981[EB/OL]. [https://mafiadoc.com/carra-blanc-carra-noir_59ccd9b61723ddd32083ee2e.html] [2018-10-05]
② Andrea Bocco Guaeneri. Bernard Rudofsky: A Humane Designer[M]. New York: Springer, 2003.

录呢？从作为艺术史学者的佩夫斯纳，到作为现代建筑史编纂者的佩夫斯纳，以至于作为对风土建筑的研究形成基础性贡献的佩夫斯纳，三者是否有"跳跃"？为了追溯现代建筑与传统建筑如何被逐渐作为一个研究整体，并随之产生现代意义上的保护和特质传承，有必要近距离地考察佩夫斯纳如何形成了最初转变，以此了解彼时文化转换时期的潮流变更和社会需要如何凝聚于个体上，引发观念的"刺激"，进而通过学理化思维和科学研究，完善建筑学研究的视野和方法，实际牵动了从现代建筑融合传统建筑研究的结构性变化，最终形成不可忽略的贡献。

### 佩夫斯纳的师承关系与理论溯源

1921 年，19 岁的佩夫斯纳在慕尼黑大学（Universität München）师从艺术史家海因里希·沃尔夫林（Heinrich Wölfflin）学习文艺复兴和巴洛克艺术。

沃尔夫林研究艺术史的方法别具一格，他将巴洛克风格转变的特征归结为四点：Ⅰ.涂绘风格（paintly）、Ⅱ.庄严风格（maniera grande）、Ⅲ.厚重（massiveness）、Ⅳ.运动（movement）。[①] 正是这些特征作为文艺复兴风格继续发展的对应物，风格的"分化"对应了文艺复兴到巴洛克的演进。沃尔夫林的"科学的"形式主义方法影响了佩夫斯纳研究艺术史的方法，其移情（Einfühlung）的分析模式主要来自沃尔夫林。佩夫斯纳的运用方式若概括而言，即主张每一种艺术形式都有着一种核心关注点，建筑作为艺术的一种门类首先涉及空间感、节奏感，规定着空间中的运动路径，在佩夫斯纳 1943 年出版的《欧洲建筑纲要》[②]（*An Outline of European Architecture*）中可以体会出这种思维方式的影响，该书的开端先是区分各种艺术门类的基本特征，继而将"移情"运用到对整个欧洲建筑历程的描述上，欧洲建筑艺术的核心关注点包含"向东的驱使""向上的驱使"，绘画和建筑被看作是这个时代世界观和感知方式的浓缩和结晶。

佩夫斯纳的另一位老师艺术史学者平德（Wilhelm Pinder，1878—1947）也是沃尔夫林"科学的"形式分析方法的追随者。平德是佩夫斯纳 1924 年就读莱比锡大学（Universität Leipzig）时的老师，平德本人在 1928 年曾写作《欧洲艺术史的发生问题》[③]（*Das Problem der Generation in der Kunstgeschichte Europas*）。对于佩夫斯纳而言，平德对他也产生了很大的影响：首先，平德接续了沃尔夫林对佩夫斯纳的影响，又将佩夫斯纳从沃尔夫林那里从风格形态学的立场转变为观念史（Geistesgeschichte）立场，进一步地引向一种黑格尔式的观点，艺术风格的承继都决

---

① 海因里希·沃尔夫林.文艺复兴与巴洛克[M].沈莹,译.上海:上海人民出版社,2007.
② Nikolaus Pevsner. An Outline of European Architecture[M]. Salt Lake City: Gibbs Smith, 2009.
③ Wilhelm Pinder. Das Problem der Generation in der Kunstgeschichte Europas[M]. Berlin: Frankfurter Verlagsanstalt, Nachdruck Köln, 1949.

定于特定时代最为本质的世界观。佩夫斯纳在《欧洲建筑纲要》中写道："大教堂属于中世纪,而交响乐属于19世纪。"其次,平德影响佩夫斯纳逐渐成为一名大众化的作家,平德极力提倡艺术史(Kunstgeschichte)并非大学和博物馆专属,应当普及至整个社会,并刺激公众不断产生新的民族和社会觉悟。佩夫斯纳也接续了这种写作出发点,这集中显示在他后来46卷本的《英格兰建筑》系列丛书的写作中。[①] 第三,平德认为不是经济和社会力量,而是观念的、集体的精神先于艺术事件发生并促成形式变化。与平德一样,佩夫斯纳也试图把艺术家个人身上的艺术现象重新整合到一种超出个体的、整体的社会秩序和时代精神之上,强调历史细节对应整体文化氛围。沃尔夫林是以一种线性的、历史的线索来分析风格的变化,平德、佩夫斯纳则进一步探索某种特定风格与其所处时期的文化背景、社会条件、地理情况等一系列关联域。[②]

在平德的指导下,佩夫斯纳在莱比锡大学的研究专注于17世纪莱比锡商人的巴洛克住宅,1924—1928年完成博士论文《莱比锡巴洛克——莱比锡巴洛克时期的建筑艺术》[③](*Leipziger Barock: Die Baukunst der Barockzeit in Leipzig*)。佩夫斯纳认为,莱比锡巴洛克是永恒的"萨克森精神"[④]的表现,特定地域产生的艺术总是会受当地地形和气候的影响,与当地人的精神气质甚至面相都有紧密关联。使用从平德那里学来的艺术地理学方式,佩夫斯纳接续了从地理切入对大到一个国家,小至某个聚落的艺术研究方式,并认为通过该方式最终能够发现某地艺术中的基本的、恒定的特征。除了博士论文,佩夫斯纳的其他研究也显示了他熟谙艺术史方法,1928年,佩夫斯纳发表了关于意大利绘画的研究《从文艺复兴末期到走出洛可可的意大利绘画》[⑤](*Die italienische Malerei vom Ende der Renaissance bis zum ausgehenden Rokoko*)。佩夫斯纳青年时期的研究得到了老师平德的认可,作为艺术史家(Kunsthistoriker)的身份已经逐渐确立,1933年5月,平德写信评论:"从尼古拉斯·佩夫斯纳开始学习至今,我认识他已经10年了,他在莱比锡大学学习期间,对我

---

① 《英格兰建筑》在1951—1974年间出版,由企鹅出版社(Penguin Books)的社长艾伦·莱恩(Allen Lane)为佩夫斯纳提供资助,多达46卷,850万字。他们还合作了《鹈鹕艺术史》(Pelican History of Art,46卷),其共同理想致力于把"高级文化"带给更为广泛的读者群,但并不意味着按照"沉默的下层"的口味来"通俗化"稀释"高级文化",而是打破第二次世界大战前封闭的读者圈,为普通大众提供高质量的学问,46卷本的《英格兰建筑》和《鹈鹕艺术史》就这一维度而言都是充满了民主意愿的百科全书式著作。

② Iain Boyd Whyte. Nikolaus Pevsner:Art History,Nation,and Exile[J]. RIHA Journal. 2013,10(75).

③ Nikolaus Pevsner. Leipziger Barock[M]. Leipzig:Erscheinungsdatum,1990.

④ 萨克森(Saxon)人是古代日耳曼人的部落分支,原居北欧日德兰半岛、丹麦诸岛和德国西北沿海一带,一部分于5—6世纪移居英国。

⑤ Nikolaus Pevsner. Die italienische Malerei vom Ende der Renaissance bis zum ausgehenden Rokoko[M]. Potsdam:Athenaion,1928.

们的学科(艺术史)表现出纯粹而强烈的渴望。"①

但是不管是佩夫斯纳,还是他著名的老师沃尔夫林和平德,作为学术思想接近的一脉,其艺术史的形式研究法都在某种维度上成为黑格尔绝对精神的回声②。佩夫斯纳在著作中直接使用黑格尔式的术语"时代精神"(Zeitgeist),"时代精神"指称所有艺术形式和文化表达的动力似乎存在于一种文明的控制中心。作为客观独立存在的某种宇宙精神,绝对精神是先于自然界和人类社会的内在本质和核心,万物只是它的外在表现,以其活生生的、积极能动的力量推进其自我的运动。于是乎,历史是由黑格尔式的超人的"动力""图式""法则"推动;所有的历史经验都能够被某种普遍的、必然的心灵或精神进行各式各样的演绎,而历史学家的任务就是去发现在风格形成时所有这些力量的来源。③

从《现代设计的先驱者》发表后,佩夫斯纳度过了他的"田园诗"般的时期,1942年他出版了《欧洲建筑纲要》,这本书也如同《现代设计的先驱者》一样不断再版,至少被翻译成了10种语言。《欧洲建筑纲要》总体上较为扼要轻快,省略了希腊和罗马建筑对于欧洲建筑发展贡献的讨论。④

在第二次世界大战期间和战后,佩夫斯纳参与编辑《建筑评论》(*Architectural Review*),该期刊实际上是一个讨论英国如画(picturesque)的顶级论坛,如画的讨论本身靠近英国本土艺术非理性的方面,同时顺应着一种浪漫民族主义和文化内省氛围。在这种"传统"下,佩夫斯纳出现了一项转折,这种转折可能也并非是突然发生的,但他本人不再那么热衷于现代主义了,如画和英国性(Englishness)成为其研究的关键词。20世纪40年代,佩夫斯纳在《建筑评论》讨论起Sharawadgi,该词为18世纪词汇,描述风景中不经意的、不对称的优美。佩夫斯纳在理查德·佩恩·奈特(Richard Payne Knight)、尤维达尔·普赖斯(Uvedale Price)等人提倡的Sharawadgi的基础上,崇尚英国本土化的创造,激发作者对艺术地理学的沉思冥想,英国园林的不规则性于是很快便和英国的民主、政治自由以及趣味和宗教的独立联系在一起,这也促进《建筑评论》成为英国现代城镇规划新观念的论坛。如画美学植

---

① Wilhelm Pinder. Cover letter31.05.1933[A]. Ms SPSL Archive 191/1 -/2. Bodleian Library.原文为:Herr Privatdozent Dr. Nikolaus Pevsner ist mir seit mehr als zehn Jahren bekannt, von seiner frühesten Studienzeit an. Schon während seines Studiums an der Universität Leipzig bewies er einen ungewöhnlich reinen und starken Eifer für die Fragen unserer Wissenschaft.

② Emilie Oléron Evans. Transposing the Zeitgeist? Nikolaus Pevsner between Kunstgeschichte and Art History[J]. Journal of Art Historiography,2014,11(11).

③ David Watkin. Morality and Architecture:The Development of a Theme in Architectural History and Theory from the Gothic Revival to the Modern Movement[M]. Oxford:Clarendon Press,1977.

④ Robin Middleton. Sir Nikolaus Pevsner,1902 - 1983[J]. The Burlington Magazine(Vol. 126),1984,4 (973):234 - 237.

根于从 18 世纪一直到第二次世界大战后的英国个性,在"今日"的英国风景园林之中,一位观者信步走来,建筑随意错落,目中深景成排,这样一番景象成了"理想"的英国现代城镇意象,这种美学的逐渐伸展下,被构思为现代城市设计的基础。正是由于佩夫斯纳的循循善诱和自身的权威性,现代英国的战后重建,尤其是它的新城镇和乡村规划,是建立在 18 世纪如画园林的价值建构之上的,而且它被公认为英国民族性格中至关重要的一个方面。

佩夫斯纳的探索不止于此,在 1955 年的里斯讲座中(Reith Lectures),佩夫斯纳试图正式定义英国性,1956 年他出版《英国艺术的英国性》①(*The Englishness of English Art*),在此书中,佩夫斯纳针对英国艺术一直以来都避免被系统化的情况以其艺术地理学的角度提出问题,即尝试将这个国家的民族性做一种扩展,追寻英国现存的民族特性,并且将英国性看作是综合的、开放的,以及流动的。佩夫斯纳试图在"民族性格"(national character)与"时代精神"(spirit of the age)之间进行平衡,尽管这两者在文化史与文化本质之间经常是一个难以分辨的问题,自身存有明显的模棱两可——将种族作为一个变化因素,以避免轻易掉进世界主义。他指出"非专业人士也构成英国的特征,并非都是专业人士。这一点有很多证据可以证明",并认为气候对于解释英国艺术的"温和""模糊"这些要素的作用。英国性与如画的呼应之处体现在《英国艺术的英国性》最后一章的标题"如画的英格兰",末尾佩夫斯纳引用圣保罗大教堂区的规划,在这个规划里错落有致地布置了办公街区,运用了英国如画式的设计,完全是"英国的"。承接对于如画的"当代"角度的操作性转化之后,"英国性"的概念更进一步的提供了一种绝好的"解释"。换言之,18 世纪的规划和现代主义的形式之间达成一种典型的英国式折中,佩夫斯纳则为这一规划思想找到了历史的正当性,以英国艺术的叙事结构把英国性的永恒特点带到了 20 世纪的中心。

那么,除了找到与现代规划的关联,究竟何为神秘的英国性?对于佩夫斯纳来说,英国艺术史的进程似乎就像一种辩证法的跷跷板,一头是应对现实的生硬和常识化,另一头是任性和浪漫的想象。通过把这些矛盾称为"极性",可以把英国艺术的任何方面都称作是英国的。但是,佩夫斯纳的后黑格尔模式的目的和本质并不是要逃离类别,而是要提炼分析以找到某种综合体,最后能够把英国理性的命题和非理性的反命题整合为一个更高层次的结合物。对于佩夫斯纳的老师平德和他研究

---

① 《英国艺术的英国性》酝酿的时间很长,佩夫斯纳对于英国艺术特定时期的兴趣可能成形于 1934 年在伯林顿宫举办的一次关于英国艺术的大型展览,他为这个展览写过一则评论,文章名为"英国艺术的英国性"。参见 Nikolaus Pevsner. The Englishness of English Art: An Expanded and Annotated Version of the Reith Lectures Broadcast in October And November 1955 (Penguin Art & Architecture S.) [M]. London: Penguin Books, 1993.

的德国艺术来说,这个最终生成的观念是表现与抽象,对于佩夫斯纳和他研究的英国艺术来说则是另一种分离的概念,是对物质和感官的英国式怀疑。然而这样的综合体并没能顺利地形成真正的解答,佩夫斯纳未能找到一个核心而不变的原则来统领一国艺术的所有表现形式,这就可以解释《英国艺术的英国性》为何没有真正的核心。在这本书"疲弱"的前言中,佩夫斯纳承认他的研究"并不像 15 年前我所坚信的那么系统","几乎所有时期的英国艺术都在逃离这个体系"。佩夫斯纳仍坚持在书中沿用他在 20 世纪 20 年代的德国确立的解释体系,也即寻找艺术的社会学与地理学角度,但此时已不足以应付英国艺术的怪样百出。不论是社会学还是地理学的解释,两者都被他所描述的"所有民族中最为折中、最具适应性、最实用的"英国艺术所推翻。但是,认识到一个理论的弱点是一回事,抛弃这个理论则是另一回事了。

　　每个学者大概都会在尝试概括民族特性的时候,特别是要概括一个国家或者民族所有建成物的时候感到尴尬,因为事物总是有着两面,在看到部分真实之后,又会有很多的例外以及复杂的反例。这其实揭示了一种现象,基于典型的心理特质和艺术偏好,每个国家总希望能够遴选出有其特定个性的、连贯的民族特征物,但是在一个尽力通过国家交流消除民族文化障碍的时代里,可能在写实艺术或者建筑领域里去谈民族个性的重要性是件相当值得怀疑的事。当佩夫斯纳以《英国艺术的英国性》标题来研究时,也就预示着一开始就会遭遇一种不被理解的勉强。佩夫斯纳一再强调艺术产生的地理位置有着关键的作用,艺术地理学即艺术史,问题是如果佩夫斯纳仅强调"温和,理性,以及保守主义"是英国艺术的主要特点或许没有人会那么反对他,但佩夫斯纳看到的实际情况是对此原则的背离比比皆是,正是纷乱的艺术现象使得佩夫斯纳提出"想象力、幻想、非理性"作为英国性,但是即使这种提法是指向英国艺术的次要因素,其立论依然引人怀疑。

　　尽管如此,《英国艺术的英国性》和 1955 年的里斯讲座,依然是佩夫斯纳在学术转折期,在艺术地理学方面最为纯粹的理论操演,也反映了他所处的英国正在适应新的、后帝国的身份。或者说,他的转变犹如一个映像,折射了在第二次世界大战两头的那些年份里英国经历着一场民族的自我分析和定义崩溃的过程。

　　抛却这些"失败"之处,佩夫斯纳的另一项贡献是卓有成效的,他通过《英国艺术的英国性》赞扬英国艺术中独有的创造性,教育英国人了解他们自己的遗产,并为英国艺术在欧洲民族的大家庭中找到了自身的位置。如佩夫斯纳的学生班纳姆(Peter Reyner Banham, 1922—1988)所云,"如果说拉斯金是在威尼斯呼吁改革不列颠,那么佩夫斯纳就是在大陆呼吁赞扬不列颠"[①]。在第二次世界大战后英国民族主义愿

---

① 　Tim Benton. Reassessing Nikolaus Pevsner[J]. Journal of Design History, 2006, 19(4): 357 – 360.

意接受的气候中,佩夫斯纳用平德的艺术地理学在纷繁复杂的英国艺术背后找到一般的解释结构,这也与他特殊的避难移民经历相恰。

如果我们再将佩夫斯纳这一阶段的"转变"与前一时期进行比较可以发现,佩夫斯纳本阶段的如画美学和之前包豪斯式的理性主义的结合呈现出一种深刻的学理上的矛盾,正如班纳姆所质疑过的,佩夫斯纳用如画来定义现代主义的原则背叛了现代运动[①]。如果直接面对学生的这一质疑,可能会迫使佩夫斯纳修改整个客观性作为该世纪真正风格的观念,这个时段的不一致是佩夫斯纳在 20 世纪 50 年代和 20 世纪 60 年代不断扩张的研究兴趣的副产品,要解决是几乎不可能的,因为英国艺术的多样性和真实情形已经破坏他在战前德国所获得的必然性的知识结构。

20 世纪 60 年代初,佩夫斯纳似乎不再纠结于此,其创造力的灌注挪到别处,脱离了战争年代的英国在新政府领导之下寻找一种新的后殖民身份,佩夫斯纳似乎非常明白自己的道路是明确的。他所强调的 20 世纪 30 年代功能建筑的社会价值,"谦恭的祝福,服务的信念,以及明确的中立"现在转为大规模与持续呼吁公共教育的口号,这是他给这个提供他避难之处的国家带来的美学贡献,我们将会看到这些行动集中体现在接下来的《鹈鹕艺术史》(*Pelican History of Art*,46 卷)和《英格兰建筑》的写作中。

但是总体而言,佩夫斯纳个人从情感和学识上都对 20 世纪 30 年代的现代主义有很深的依恋。佩夫斯纳坚持理性的社会进步论,坚守时代精神论,而不是真实的历史,他声称社会从早期现代主义以来并无甚变化,格罗皮乌斯的建筑仍然代表了整个世纪的风格,执拗地拒绝认识西方工业社会在第二次世界大战后的根本性变化。他的学生班纳姆则与老师不同,将这些变化视为从"第一机械时代"向"第二机械时代"的文化转变,个人作为主要的生产者转变为富裕消费者构成的资本主义。大约历史背景的制约,是任何历史学家都难以跳出的宿命,在 1978 年撰写的一篇研究佩夫斯纳的论文中,班纳姆就对身为设计史家的职责与风险做过清醒的总结:"事实上,实用而有说服力的综合概括能力,是对伟大的历史学家的检验方式之一,这也是历史学家的声誉如此脆弱的原因之一,因为任何概括都会由于情况的不断变化而被削弱其确信度与实用性。"

虽然佩夫斯纳不屈不挠,但是他将如画作为理解英国建筑的关键这一最终目标无法完成,对于英国建筑研究的主要贡献或许也就并不在于哲学维度。2000 年,提姆·摩尔(Timothy Mowl)在《风格上的冷战》(*Stylistic Cold Wars*)一书中指出,佩夫斯纳与约翰·贝杰曼(John Betjeman,1906—1984)在第二次世界大战后关于建

---

① Mary Banham. A Critic Writes: Essays by Reyner Banham[M]. Berkeley and Los Angeles: University of California Press, 1999.

筑、风景、英国性上的争论,使得佩夫斯纳占据着一种饱受争议的位置,佩夫斯纳作为来自德国的外国人,没有英国社会的成长背景,对于英国建成环境施加了过多的"外来"(alien)影响,似乎将引导英国接受现代主义作为自己的责任 。

　　不管获得这样的评论是否公允,其实佩夫斯纳所开启的与英国性关联的地形学本身的内容就足够值得研究,并且客观上引领了大众关注和热爱自身文化的发展。在今天的读者看来,或许早就不用担心预设英国性究竟为何物,也不需要担心佩夫斯纳的非英国血统问题,我们将更容易理解的是 20 世纪 50 年代的英国总体而言处于一个充满社会和经济压力、矛盾的时期,处于重新种族化并进行英国民族身份建构的时期,因此,作为一位公共知识分子的佩夫斯纳,就像过往的拉斯金、莫里斯一样,对于英国而言其角色更接近于作为一位应对社会问题的学者,作为一位能够将人性和美学结合的人,他将英国艺术风格赋予最高的秩序感,把艺术史的客观原则施加于英国艺术的方方面面,并为英国艺术在欧洲文化史中找到适当的位置。更可贵的地方在于,这位史学家将自己看作是艺术史的仆人,认为自己有义务向公众讲授艺术史的知识,几乎是独自开启了又一项艰巨的文化事业。说到底,观念史的基础方法最终在佩夫斯纳笔下从原本学术性的理解扩展为劝说公众的理论工具。而佩夫斯纳着迷于如画的阶段,看似与他的现代主义立场相对立,但其目的是开拓公众的眼界,引导大众关注平凡之物和日常生活,重新评价无名氏和工人阶级的建筑作品,褒扬英国本土文化的方方面面,这个阶段的循环往复的思考将与后来展开的巨卷《英格兰建筑》的研究密不可分。

### 佩夫斯纳对风土建筑实录的方法

　　在第二次世界大战后的 1944 年一直到 1955 年,佩夫斯纳在伯克贝克学院(Birkbeck College)艺术史教席执教,在余下的学术生涯中,佩夫斯纳完成了两项主要的工作,一项是参与《鹈鹕艺术史》的工作,另一项是 46 卷本的《英格兰建筑》的写作和编撰(图 3.99)。20 世纪 50 年代可以说是佩夫斯纳更为重要的一段写作时期,他开始研究场所(place)与建筑、地形学(topography)的关系,集中反映于《英格兰建筑》最早的几卷写作中。

　　《英格兰建筑》包含全面的英国建筑目录,其实质是一项英国全体风土建筑遗产的调查,佩夫斯纳一村又一村,一幢又一幢地调研,不停地写,这套丛书的绝大部分写作由他独立完成,这套书也占据了佩夫斯纳

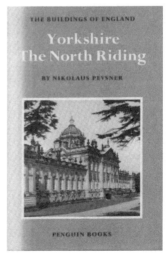

图 3.99　佩夫斯纳《英格兰建筑》封面　来源：The Buildings of England,Penguin Books

217

的全部身心①。第 1 卷《康沃尔郡》（*Cornwall*）的写作完成于 1945 年，出版于 1951 年，1970 年佩夫斯纳最后探访的是斯塔福德郡（Staffordshire），作为《英格兰建筑》的第 46 卷《斯塔福德郡》（*Staffordshire*）在 1974 年出版。1983 年，久病不愈之后，佩夫斯纳去世了。

这套里程碑式的建筑百科全书问世之后，佩夫斯纳由原先的艺术史家角色转为英国建筑遗产的守护者②，在英国他的名字已经等同于这套《英格兰建筑》丛书的别称。作为佩夫斯纳后半生的第二项任务，其视角极为高明，但同时极为累人。头几卷因为既缺乏当地 19 世纪到 20 世纪明晰的历史资料和档案，更没有全面的建筑记录，佩夫斯纳的助手只能从大量的历史记录片段和旅游指南中梳理出建筑要目。一到夏天，佩夫斯纳都会带着助手的要目出发，由他的妻子驾车③，亲自拍照和记录，见证每一处以拿到第一手资料，晚上佩夫斯纳会迅速对白天搜集到的资料进行整理，及时勘误信息和归目，日夜不息（图 3.100，图 3.101）。

图 3.100　佩夫斯纳拍摄的约克郡北区缪克村（Muker）景观，1966 年　来源：The Buildings of England，Penguin Books

图 3.101　佩夫斯纳拍摄的约克郡北区亚姆镇（Yarm）街道，1966 年　来源：The Buildings of England，Penguin Books

承接佩夫斯纳个人的学术脉络，《英格兰建筑》可被看作是他早期形式分析法的新范本。作为一种集成性的记录，佩夫斯纳曾经尝试寻找的"英国性"以另一种纪实

---

① 1962 年之前，佩夫斯纳是《英格兰建筑》丛书的唯一作者，独立完成了其中 35 卷的写作。在丛书另外的 11 卷中，有 7 卷是佩夫斯纳与合作者共同编写的，还有 4 卷则是由佩夫斯纳之外的其他作者写成。

② 通过几十年的努力，佩夫斯纳成功地改变了人们对于英格兰建筑的总体认知，他以详实的描述和细致精确的用语记录维多利亚时期（Victorian）建筑和爱德华时期（Edwardian）建筑，使得这一时期建筑的研究出现了转折，关于英格兰 19 世纪建筑的研究比其他时期的研究资料更丰富。1963 年，佩夫斯纳被选为维多利亚协会（Victorian Society）的会长，倡导公众拯救维多利亚建筑，并试图说服公众适应这一类建筑独特的英国品质。1969 年，因其对英格兰艺术史的贡献，佩夫斯纳被加冕为爵士。

③ 这套书的实际工作方式一般是先由研究助手搜集图片和资料为建筑编目，佩夫斯纳则按照要目亲临考察，考察的早期都由他的妻子萝拉（Lola Pevsner）驾车，故而第 1 卷《康沃尔郡》的首页写着"献给为我开车的萝拉"。

的方式显现。《英格兰建筑》每一卷几乎都以英国的文化行政区划"郡"(county)来编辑,组合在一起展示了英格兰风土建筑变化多样,形形色色而又各不相同的真实情形,这种按照客观的"谱系"来梳理的"实录"研究,使得佩夫斯纳从前一阶段的研究窘况中解脱出来,以德国艺术地理学范式来探讨英国性的"不足为信"现在转为"言之有据"。更为重要的是,《英格兰建筑》显示了佩夫斯纳作为集大成者,把源于经验的德国理论模型和对英国各地历史和地理的长期持续的研究兴趣以更实际、普适的传达方式结合起来。

### 1. 描述与解释的科学区分

首先,《英格兰建筑》将客观描述与主观解释进行了科学区分。在客观描述中,个人喜好不影响其中立的立场[①]。在完成客观描述之后,佩夫斯纳进行评论时,语调转变为带有创见的直截回应。佩夫斯纳认为科学的观察与文学的沉浸应当予以区分,观察与描述是一回事,解释则是另一回事,需将两种写作模式,即中立的描述和生动的个人观点两者仔细区分开来,如同食物与美酒,但被规定了得分别品尝。这种描述方式反映了德国式思维的特征,多少获益于博士论文研究经历。

佩夫斯纳的写作还具有一种图像般的质量,这使得他笔下的研究对象能够立体起来、令人身临其境,审慎的幽默感与带有传播技巧的行文风格有助于公众快速掌握建筑知识。比如他以"恐怖程度令人愉悦的哥特复兴"来形容皇家海军医院的小教堂(Chapel of the Royal Naval Hospital, Plymouth);"愚笨的丑陋"来形容伦敦帕丁顿的圣马克地区(St. Mark's, Paddington);贝斯纳尔格林区的公寓(Bethnal-Green tenement)是"糟糕的大杂院区";用明暗对比法来形容哈罗镇(public buildings of Harrow)"可怕的半维多利亚式特征,一种友好的、自信的忧郁";以"主要作用是作为灾难"形容埃克塞特(St. Mary Major, Exeter),这些生动的语言仿佛让读者就站在这些建筑之前。[②]

当论及达勒姆修道院遗迹(Finchale Priory, Durham)[③]的时候,佩夫斯纳记录道"据说这里有着许多粗鲁的民间传说",某个座位"如果被坐上去并且进行了仪式活动,据说会夺取女性的生育能力……显然现在也无从观察印证","自从修道士们不

---

①　佩夫斯纳在对中世纪教堂的实证分析为主导的英国传统中找到了某种语言典范,以他推崇的英国作家威廉·惠威尔(William Whewell, 1794—1866)和罗伯特·威利斯(Robert Willis, 1800—1875)为例,佩夫斯纳赞扬他们在"精确的描述,清晰的思维和对一般性理论的涉猎"方面领先于同代人。参见 Tim Benton. Reassessing Nikolaus Pevsner[J]. Journal of Design History, 2006, 19(4): 357 – 360.

②　Nikolaus Pevsner. Yorkshire: The North Riding//The Buildings of England[M]. London: Penguin Books, 1966.

③　达勒姆修道院遗迹(Finchale Priory, Durham)现登录为英国遗产(English Heritage)。

再出现之后,这个传说也随之失效"。①严格而言,这样的坊间传说不太具有美学价值或者参考性,会降低一部学术作品的严肃度,但是佩夫斯纳还是要适当地运用这种手段,控制在一种适宜的范围,就好像给历史的直白无趣加上了一点"盐味",以更好地扩展读者面,吸引大众的兴趣。

总体上看,佩夫斯纳在《英格兰建筑》中的写作风格打破了过往被专业化语言所限制的实践,允许本是"局外人"的大众进入佩夫斯纳去神秘化的建筑世界,将覆盖英国全域的建筑遗产记录以一种有效的方式"推"向英国大众,无形增强了英国公众的建筑遗产保护理念,更进一步推进英国整体文化资源的整合和运用。

**2. 风土普查与研究范式**

相较于佩夫斯纳常见的旁征博引式论述之外,更为重要的是《英格兰建筑》这一著作展现了严密的组织结构,主要包含风土建筑遗产档案实录研究的分类方法与研究范式。每一卷以行政郡命名,开篇是关于该郡的地理、考古以及建筑历史的综述。正文以系统的目录来独立论述,提供每一栋建筑的建造年代、风格和外观信息,实录全国建筑面貌。在正文后面附有地名词典,囊括值得注意的建筑,并附有建筑词汇表。《英格兰建筑》以一种科学、细致的建筑学角度,清晰、有效的分类方式进行编纂,在推进风土建筑研究的学科化上,具有方法论意义。

以《英格兰建筑》其中一卷《约克郡北区》(Yorkshire:The North Riding)的内容为例,从该卷的结构上看,除了正文主体之外,包含前言(Foreword),引言(Introduction),以及正文之后的建筑术语表(Glossary,建筑各部件附详细图示),附录(Index,分为图名、艺术家名、地名速查),补录(Appenda)。

在扉页,佩夫斯纳首先提供了一张标识了地名的清晰地图,标记该卷涉及的所有村庄和建筑的明确位置(图 3.102)。在常规的前言(Foreword)之后,引言(Introduction)分为地理、史前考古、建筑特点三部分,形成综述。这一部分的写作,尤其是地方建筑总体特点部分一般都由佩夫斯纳执笔,包含他对该地区风土建筑关键性特征的评价,也是篇幅比重最大的。在《约克郡北区》引言中,佩夫斯纳对约克郡村庄的整体"舒适性"(amenity)氛围给出肯定,他这么写道:"事实上,除了修道院和城堡,(约克郡)北部的建筑性格是由小镇和许许多多村庄构成的。其丰富的变化无法穷尽,但是类型基本能够被辨认和记住。首先,建筑的材料决定了小镇和村庄的外貌,比如东区基本都是砂岩,色调从浅黄到棕色。西区则是暗色的粗砂岩,中部是砖为主……整个地区的乡村性格好像是特意为如画(picturesque)做解释(也可能

---

① Nikolaus Pevsner. Yorkshire:The North Riding//The Buildings of England[M]. London:Penguin Books,1966.

是偶然），很少有树木，多为建筑前的草坪。"①

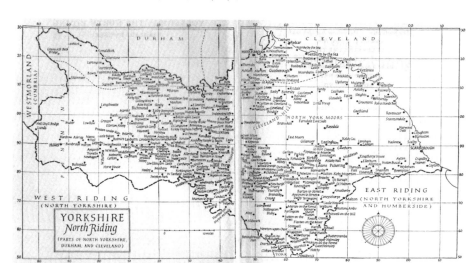

图 3.102　佩夫斯纳绘制的约克郡北区地图，1966 年
来源：The Buildings of England，Penguin Books

　　结束引言部分，佩夫斯纳在主体部分按照字母顺序将本卷所讨论的郡（county）进行次一级的地理分类，村镇的每一处地名对立一个专篇，每一个地名下扩展成更多的专篇，如同一个大房间里有许多独立的小房间，单元套叠单元，逐级分立。具有代表性和价值的建筑被一一列出，并附上客观描述和适当评论。在正文部分，佩夫斯纳没有提供进一步的建筑测绘图，只提供部分实景照片和总览性的文字概括。部分建筑图可在正文后的建筑术语表里找到，也不记录布局信息，只有该地区建筑做法的一般性概括图示，这是佩夫斯纳最终采取的研究深度。但是没有平面信息并不代表没有概括出该地区风土建筑的"谱系化"特征，这一部分的内容佩夫斯纳采用了另一种方式进行"浓缩""转化"，融入独立的"建筑术语表"的编纂中。

　　在建筑术语表中，佩夫斯纳沿用正文中字母顺序的分类法，将该地区内所有风土建筑涉及的建造部件予以扼要解释，对相近地域、相近时期风土建筑的共同特征，以清晰的图解进行说明（以单线制图，去掉多余标注，多采用透视画法，附简明的文字标示）。

①　Nikolaus Pevsner. Yorkshire：The North Riding//The Buildings of England[M]. London：Penguin Books，1966.

比如在建筑术语表的忍冬草（Anthemion）条目下提供了约克郡北部地区用于墙壁顶部沿边的装饰雕刻带（饰带）的经典纹样，即一簇四射状的忍冬草和棕叶纹样，并附简图（Anthemion and Palmette Frieze）；在拱（ARCH）条目下，约克郡北区风土建筑中拱的种类全部以简图标出，包括上心拱等，以最为关键的识别特征圆心数目为要点，附以简明的图示。力求使读者能够更为高效、直接地把握该地区建筑的关键特征。佩夫斯纳对凯旋门等建筑母题以寥寥数语说明："凯旋门是罗马帝国的纪念物，其立面为后来许多的古典组合方式提供母题（图 3.103）。"在门窗框缘板作用的楣枋（ARCHITRAVE）条目下，将这一建筑元素概括为："楣枋：（1）形式化的门楣，是檐部最低的构成要素（参见柱式条目）（2）门窗带有线脚的框缘板（严格意义上借用了楣枋的轮廓）。侧耳楣枋（Lugged Architrave）顶部被拉长成两个侧耳（lugs）。肩式楣枋（Shouldered）指的是框架垂直和水平方向上均升起形成'肩膀'。"在黏合（BOND）条目下，涉及约克郡当地重要的砌筑工艺。"黏合：在砖砌工作中，砖块的长面和短面会以不同的组合方式砌筑。最为常见的是两种"。在柱头（CAPITAL）条目下，涉及古典柱式在风土建筑上的变体，本来这是一个极为复杂的学术问题，佩夫斯纳则对之作了精要的概括。"柱头：柱子或半露方柱的冠部；经典柱头见柱式条目。体块 Block／圆齿 Scalloped／水叶 Waterleaf／卷叶 Crocket／钟形 Bell／硬叶 Stiff-leaf"（图 3.104）。

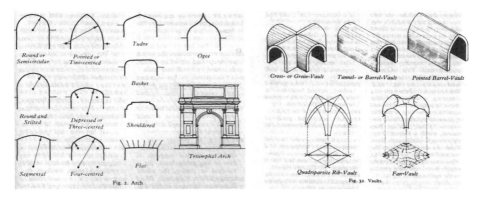

图 3.103　佩夫斯纳绘制的约克郡北区拱的种类，1966 年
来源：The Buildings of England, Penguin Books

在约克郡北区，风土建筑比较显著的特征还有山墙，山花，屋顶等等，这些重要的风土建筑要素也都是通过上述的"建筑术语表"进行清晰的展示、说明。比如山墙（GABLE）条目这样概括。"山墙：（1）通常为双坡顶屋顶端部的三角形墙体部分；荷兰山墙是 1580—1680 年的主要特征物，廓形山墙（Shaped Gable）是 1620—1680 的

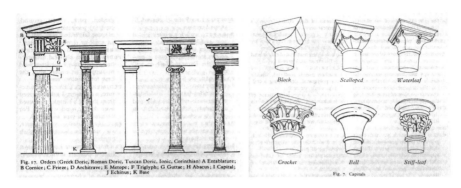

图 3.104　佩夫斯纳绘制的经典柱式与约克郡北区地方柱式,1966 年
来源：The Buildings of England，Penguin Books

特征物"(图 3.105)。对于山花(PEDIMENT)条目,佩夫斯纳指出风土建筑里出现古典山花的"变种"。"山花:在古典建筑里,山花的形式来自神庙,也被用于门廊、窗户等"。在屋顶(ROOFS)条目下配有该地区风土建筑现存屋顶形式的简图,以及屋架建造方式。除了建筑单体,也包含小镇景观(townscape)、乡村景观(villagescape)的考察,比如在书中曾提到 8 次库克斯沃德(Coxwold),佩夫斯纳写道,这座村庄的街道缓缓升高,保持着整洁。教堂处于村庄最高处,有着广阔的视野,而教堂本身从远处看也是一处如画(picturesque)的景致①。这种关注点与他在《建筑评论》时期的研究相应。

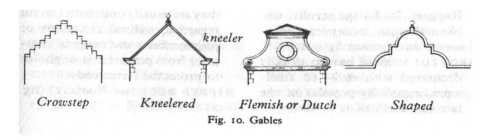

图 3.105　佩夫斯纳绘制的约克郡山墙的种类,1966 年
来源：The Buildings of England，Penguin Books

　　从学术深度上而言,可能有些研究者会感到《英格兰建筑》似乎止步于一系列建筑指南,涵盖了英格兰自中世纪以来延伸至 20 世纪的"广义的"建筑目录。我们需要注意的是,曾经在启蒙时期的大百科全书有过让人似曾相识的目标,就是概括、传播

---

① 　Nikolaus Pevsner. Yorkshire：The North Riding//The Buildings of England[M]. London：Penguin Books，1966：22,31,36,37,39,48,127,466.

以及培育知识。在这一计划下,这一系列丛书的本质是吸引住更多的读者,让读者能够不仅仅意识到事实性的知识,还要真正产生兴趣。对于《英格兰建筑》而言,意味着不仅仅是让读者知道什么是好的建筑,而且还要能够激发读者兴趣,使得大众渴望观察、留存、保护它们,这种编纂角度对于现代风土建筑遗产保护理念的传播有着借鉴意义。就这个维度上看,《英格兰建筑》在三个方面已经达到了这一目标,同时具有风土档案实录研究所重视的科学分类方法和作为研究范式的借鉴价值。

### 3. 地域身份与文化辨识度

客观而言,《英格兰建筑》的写作也并非没有弱点。佩夫斯纳已经注意到在乡村里、小镇上,在广大的乡土地区,教堂和农舍是起到主导作用的建筑类型,他的评价已经不是按照建筑所属的社会阶层来区别建筑影响力的大小,而是不考虑建筑的社会等级与联系,直接搜集具有价值的建筑,与当时惯常的视角已经很不一样。将农舍这一建筑类型以专业角度记录,这是具有学科远见的,也对风土建筑的价值认识构成实质性推动。但是,《英格兰建筑》是一部按照郡这一行政区划来研究的建筑档案,虽然以综述形式说明了每个郡的地理情况、建筑材料、史前历史、建筑历史,但似乎不能强调出特定郡的地域身份、文化辨识度。其地理角度的切分是历史性的、现代功能式的、单元化研究,《英格兰建筑》的写作还不能够让人感觉真正"身处在一个地方"(sense of place),以及体会到风土建成环境的氛围。

此外,就一般读者的阅读经验来看,佩夫斯纳这种穷尽几乎所有英国建筑的努力本质上是有一种潜在威胁的,换言之,即便 46 卷《英格兰建筑》出版的风格保持一贯性,一直用统一格式的介绍,照片和地名索引,总会展示着一种说教姿态,也过度关联于作者个人的品位。佩夫斯纳非常直接的评论诸如:"这座城镇(乡村)显然对于拜访者而言不具有吸引力";安斯利教堂(All Saints,Annesley)"如果这些建筑不是被人忽视的话,教堂和大厅就能形成了一种美妙的组合。现在的建筑并没有形成如画的废墟,不过就是无人关心。为何诺丁汉的博物馆不好好珍惜这些为数不多的好东西呢";卢鲁兰德之家(Lululaund,1886)[①]"这座建筑应当不惜一切代价予以保留,这是由 19 世纪晚期美国建筑师建造的在英国的唯一作品"[②]。这种由佩夫斯纳

---

① 卢鲁兰德之家(Lululaund)由亨利·哈柏森·理查森(Henry Hobson Richardson)为英德艺术家休伯特·冯·赫尔科默爵士(Sir Hubert von Herkomer)设计,在两座锥形高塔之间有长而宽的拱券联结。

② 佩夫斯纳对于一些建筑的谴责无可避免带有个人色彩,似乎是较为轻率的,比如关于阿尔伯特纪念碑(Albert Monument),他认为"这是一个维多利亚盛期的思想和风格,富有、坚固、有点浮夸,也有点庸俗,却有着满满的自信和信念"。又或者,佩夫斯纳对诺曼·肖的作品(Norman Shaw mansion at Flete)置评"大而无当","对于我们来说他的安妮女王风格或者荷兰 17 世纪风格更令人愉快,然而潮流变化了",诸如此类。参见 Alan Gowans. The Buildings of England by Nikolaus Pevsner[J]//Journal of the Society of Architectural Historians,Vol. 15,1956(2):29.

决定的"趣味"主导性强,带有一种"不利"因素,因为这可能会使得那些被佩夫斯纳轻视、遗漏的建筑无法获得当地官员的认可而获得保护。

此外,将《现代设计的先驱者》和《英格兰建筑》进行比较,还有一项非常具有矛盾意味的现象,佩夫斯纳在《现代设计的先驱者》一书中曾持反维多利亚建筑的立场。在过去,佩夫斯纳认为"好"的 19 世纪建筑运用现代材料满足其社会使命,而"坏"的 19 世纪建筑是装模作样地模仿过去。比如柯布西耶、高迪、圣埃利亚(Antonio Sant'Elia)都是"不负责任"的"为了艺术而艺术"的个人主义者,格罗皮乌斯才真正显示了现代"理性"。可是如今如何肯定维多利亚时期的折衷主义和装饰的价值?维多利亚建筑的砖砌做法在《现代设计的先驱者》中从来就不是与现代性联系的。由于长期与英国艺术的丰富性和非理性打交道,佩夫斯纳似乎已经有了从其德国时代的包豪斯现代主义退却的资格。他的立场逐渐变化,直到接续了英国如画的精神,肯定建筑引导"想象力"的价值,重新开启建筑的性格(character)问题。他称赞巴特菲尔德(William Butterfield)为"调皮的"维多利亚建筑师,作品具有"可爱而又充满想象"的品质,援引埃德蒙・伯克(Edmund Burke)关于崇高(the sublime)和美(the beautiful)的理论以区分乔治王时代的"如画"和维多利亚时代的"崇高",并表示"钦佩",指出维多利亚建筑启发了伦敦现代住宅对于砖的使用。[①] 为了让各个时期的英国建筑保存下来,佩夫斯纳显得善于把握民意,进一步向公众打出了他的王牌"民族精神",这也得益自长期浸润于对英国艺术彰显民族性问题的思考,无论这个词过去是用"如画""英国性"还是今天转为"英格兰建筑",这张牌诉诸的是应对特定时代的怀旧情绪和民族自豪感的匮乏,在后帝国时代的英格兰寻求崭新的认同。佩夫斯纳这位文化领袖最终引出,维多利亚建筑作为英国最强盛时代的产物,代表着那个时代民族的自信"精神",以此获得了公众对于维多利亚建筑遗产的喜爱与珍视。

从顺应文化转换时期萌发的风土建筑的保护意识来看,佩夫斯纳编撰这部书的目的是为了将乡村作为传统身份(traditional identity),抵抗现代理性主义的侵袭。这与佩夫斯纳对于英国文化的非理性因素的欣赏也几乎一致,同时也顺应了英国社会对自然地区和生态感受的强调。《英格兰建筑》最终还是有了一种使命感、一种精神,佩夫斯纳并不是以一位悲观主义者的姿态沉浸在诗与美的小天地里进行沉思,在他的书中,英格兰的未来并不是那么灰暗的,就真正该采取的保护实践的立场来看,尤其值得尊敬。

一言贯之,佩夫斯纳以一部《英格兰建筑》拓展了建筑史学过往的视野,挑战了既有的"高级文化"趣味,揭示了以前隐藏未知的大量公众财富和遗产资源,将建筑史的书写

---

① Peter Draper. Reassessing Nikolaus Pevsner. London:Routledge,2004.编译:鲍尔・克罗斯里."矛盾的巨人":艺术史家佩夫斯纳的生平与学术[J].周博,张馥玫(译).世界美术.2014,1(1).

涵盖了一村村中一栋栋无名的建筑,向读者展现了整个英国风土建筑体系,是战后英国的一项极为重要的文化民主创举,也是风土建筑纳入遗产保护对象的开端①。

作为艺术史大师、现代设计的评论者、现代主义的预言者、维多利亚建筑的守护者、伟大的建筑百科全书的作者,可佩夫斯纳却说:"我评价自己为一个永远在犯错误的人。"②谦虚地邀请读者给予批评和指正,佩夫斯纳的"错误"更大的意义在于具有一种启发人的丰富力量,是一种成熟的"错误",从佩夫斯纳的研究经历和学术转变作为切入点,可以阐明作为追溯和理解现代建筑与传统建筑如何逐渐被视为整体,并随之产生现代意义上的整体性保护和基质传承这一话题研究的先导。

## 七、阿莫斯·拉普卜特:"宅形"何以为"文化"

### 人类学视野的汇入

1964 年 11 月鲁道夫斯基在纽约现代艺术博物馆"没有建筑师的建筑"展览,与其同名著作构成令人瞩目的事件,风土建筑得到建筑师群体的文化认同正式登上历史舞台(图 3.106)。风土建筑地位的"转折"并不限于建筑学领域,过往人类学家对于风土建筑的研究也随着公众学习热情的激增被重新得到重视,人类学的视野与方法被进一步汇入到对于风土建筑的研究中,对风土建筑的学科化起关键作用。从 20 世纪 60 年代起,一直到 1997 年象征着学科化完成标志的《世界风土建筑百科全书》问世,可以说这个阶段中,风土建筑研究一直是处在视野与方法上的不断探索,逐渐建立学科框架的时段。有相关研究认为,风土建筑的研究需包含"共时性"(Synchronic)和"历时性"(Diachronic),这一共识的达成是伴随"化石"到"羊皮纸"的研究比喻发展而成的。③

对于风土建筑的现代理论体系而言,1969 年是一个颇具意义的年份,阿莫斯·拉普卜特出版了《宅形与文化》④(House Form and Culture)(图 3.107),书中指出住屋是社会制度和文化的产物,住屋形式与社会关系的抽象控制机制是相连的,其视角极其广博,进一步将人类学前沿的空间关系和进化论进行了"联系",探讨范围包括气候、地理、技术、材料、经济、文化、社会组织等。这部著作突破以往传统意识的局限,质疑了建筑史研究架构的偏见,以前无法处理(或不处理)的大部分的"普通建筑物"(conventional buildings)因此得到关注,风土建筑作为一种文化形式(cultural form)、文化建成物(artefact),其在社会过程中的象征意义、在社会变迁中意义的转

① Robin Middleton. Sir Nikolaus Pevsner,1902 – 1983[J]. The Burlington Magazine(Vol. 126),1984,4(973):234 – 237.
② Tim Benton. Reassessing Nikolaus Pevsner[J]. Journal of Design History,2006,19(4):357 – 360.
③ 潘曦.化石的比喻:进化论与 20 世纪中后期的乡土建筑研究[J].世界建筑,2018(2):102 – 105.
④ Amos Rapoport. House Form and Culture[M]. London:Prentice Hall,1969.[美]阿摩斯·拉普卜特.宅形与文化[M].常青,等译.北京:中国建筑工业出版社,2007.

图 3.106 鲁道夫斯基"没有建筑师的建筑" 来源：Bernard Rudofsky. Architecture without Architects：A Short Introduction to Non-pedigreed Architecture[M]. New York：Museum of Modern Art，1964

化，以及与在社会关系权力运作中的力量被加以重视和研究。

　　在《宅形与文化》中开启的这项话题也成为新的探索方向，即如何解释这些多样的房屋形式产生的原因，以及探明是什么决定了房屋的结构形式。这本书调查了物质与社会等包括气候、生态条件、可获得的材料、技术知识、当地经济形式所起的作用等因素，这些因素对建筑形式的影响是限制性的，而非决定性的。它们对形式的生成起到提示的作用，但并不最终决定形式。材料确实会限制建筑以什么形状设计最为经济，但木结构的房屋常常是方形的，泥制小屋常常是圆柱或圆锥形，这类现象不是偶然的。如此一来，物质与经济因素与形式生产而言便没有一种刻板的转译了。形式决定于一个社会的群体感知，决定于在这个社会中其"基础需求"（basic need）是什么。比如在一个特定的社会中人们对于舒适的标准，对于私密性的需求等。这些出自主观的因素解释了为何相似的客观条件下会出现完全不同的建筑解答方式。拉普卜特以厄瓜多尔的奥纳（Ona）人为例，在寒冷多风暴的火地岛（Tierra del Fuego）上，他们居住在树枝搭成的半圆形屋顶的小屋中，屋子的一半

图 3.107 阿莫斯·拉普卜特《宅形与文化》1969 年英文版封面 来源：Amos Rapoport. House Form and Culture. Prentice Hall

露在室外,这些屋子与他们的礼仪场所相比是很简陋的,但居住者却对此很满意。形成惊人对照的是,在他们北边的因纽特人(Inuit)的冰屋(iglu)却意图传达极端气候与材料限制下的简洁形式。

　　那么,拉普卜特提出的物质和技术条件有限的影响力将把我们引向对社会文化因素的影响力分析——建成形式与行为方式有着密切的联系,在行为方式之下隐藏的是文化价值观与世界观。从这类角度切入形成的研究早就存在,以 19 世纪的美国人类学家路易斯•亨利•摩根为代表,在他的著作《美国土著居民的房屋与家庭生活》中,在对住屋形式有所影响的因素中,摩根识别出那些决定着印第安部落"长屋"(long houses)形式的因素——使用与习俗。北美易洛魁人的母系社会有着从母居习俗,摩根将他们的组织描绘成由几个家庭组成"外系亲缘"(gentile kin)的直线型组群。他们实行着一种公有制社会,成员遵守着社会规范,譬如对陌生外来者一律无条件地好客,而这类习俗的实行其实已在单个基本家庭的能力之外,是基于多个家庭才能发生。而饮食上的习俗,加上靠南部一些的区域还有防御的考虑,这些因素均预先决定了"长屋"的形式。[①]

　　摩根的研究完成于 1881 年,当时并未获得很大反响,在 1965 年再版时,则被重新认为极有价值,摩根通过研究美国原住民印第安人,最终引出其住居形式应当被理解为习俗、生活方式与社会组织结构在物质空间上的表现形式。换句话说,原始的风土建筑如同"活化石",从中可以观察到原初的时候,人类怎么处理社会关系和家庭关系,原始人的思维方式可能比现代人更有智慧,当时的社会更有凝聚力,人们更有归属感和幸福感。深受摩根影响的马克思曾经以"化石"进行比喻,说明人类学维度的重要,他论述道:"对于调查现存的社会经济形式来说,过去劳动过程的工具遗存就像化石对于现存物种的确定一样重要。"[②]在这一维度上,人类学对于风土建筑研究的价值显示其不可代替性,一方面补充了风土建筑研究的关联域内容,一方面夯实了风土建筑的价值基础。风土建筑(社会组构遗迹及其生活哲学)作为现代文明更新的学习对象,需要不停地回到原点,再次"发现"人类,完成人类文明的崭新"进化",而这也似乎是一条越来越返回到人文主义理想的道路。

　　这些前瞻性研究使下一波新的研究者得以认识到存在大量影响建筑形式的因素。在一个特定的社会中,或许其中某一个因素会逐渐占主导地位。然而最重要的是,人类学家发现了这些因素隐藏在现行的社会文化模式下,并且互相作用。正籍于此,关于文化历史的这类关联域(context)问题开始获得重视:**每种文化都建立在**

---

① Lewis Henry Morgan. Houses and House-Life of the American Aborigines[M]. Washington: Government Printing Office,1881.

② Jon Elster. An Introduction to Karl Marx[M]. Cambridge: Cambridge University Press,1986:78.

前辈留下的积累之上；每种影响建筑形式的因素都是来自社会深层结构的传递结果。

### 关联性视角及其影响

拉普卜特的著作引起极为广泛的关注，主要关注的是非欧洲的建筑，这种独特的人类学研究方法被应用到北美普通景观的研究中，其支持的立场靠近于文化至上论（决定论），也就是社会性传播的概念下，建筑对环境、经济、技术做出反应。其历史坐标在于对风土建筑的研究出现了新的结构性转变。[①] 风土建筑被作为"化石"看待的类比，主导了上一时期的解读方式，而从拉普卜特起，风土建筑开始具有了一种新的认知维度，风土建筑依然是一种活着的文化证据，依然不断处于人类认识自身的历史性过程中，宅形与文化之间具有深刻的、依然在形成中的关联（Relation），这实际上呼应的正是百年前拉斯金通过《建筑的诗意》提出的"向风土建筑学习"其"关联性"的论点。这就引发了对于建筑这一类物质实存研究的资料扩张的解释，民族志（Ethnography）资料的加入意味着一种新的支撑，有助于解读过去历史中曾经存在的、相似物质环境条件下的社会。这种解读是有类比目的的，可以更好地审视当代社会的物质实践和文化意义。这种在预设人类心理一致性下研究物质文化的外在表达，与历史比较语言学研究者收集世界各地语言进行分类、寻找语言演变的普遍规律的路径其实是类似的。与施莱歇尔（August Achleicher）进化论式的语言谱系类似，20世纪《弗莱彻建筑史》[②]中曾出现了建筑如生物般生长、进化的谱系树（图3.108）。结构主义的代表，索绪尔（Ferdinand de Saussure）的结构主义方法被共同的吸取到分析语言和社会文化的研究中[③]，也包含对作为"活化石"的风土建筑的研究

① 德尔·厄普顿.在学院派之外：美国乡土建筑研究百年，1890—1990[J].赵雯雯，罗德胤，译.建筑师，2009（4）：85 - 94.
② ［英］丹·克鲁克香克.弗莱彻建筑史（原书第20版）[M].郑时龄，支文军，卢永毅，等译.北京：知识产权出版社，2011.
③ 索绪尔研究语言现象，将言语活动分成"语言"（langue）和"言语"（parole）两部分。语言是言语活动中的社会部分，它不受个人意志的支配，是社会成员共有的，是一种社会心理现象。言语是言语活动中受个人意志支配的部分，它带有个人发音、用词、造句的特点。但是不管个人的特点如何不同，同一社群中的个体之间都可以互通，这是因为有语言的统一作用。索绪尔进而指出，语言有内部要素和外部要素，因此语言研究又可以分为内部语言学和外部语言学。内部语言学研究语言本身的结构系统，外部语言学研究语言与民族、文化、地理、历史等方面的关系。索绪尔指出，研究语言学，首先是研究语言的系统（结构），语言是一种符号系统，符号由"能指"（Signifier）和"所指"（Signified）两部分组成。能指是声音的心理印迹，或音响形象；所指就是概念。并补充以下两点：①语言始终是社会成员每人每时都在使用的系统，说话者只是现成的接受者，因此具有很大的持续性。②语言符号所代表的事物和符号本身的形式，可以随时间的推移而有所改变，因此语言是不断变化和发展的。在此基础上，索绪尔创造了"共时"（Synchronic）和"历时"（Diachronic）这两个术语，分别说明两种不同的语言的研究。在共时研究中，因为语言单位的价值取决于它所在系统中的地位而不是它的历史，此时语言学家必须排除历史，才能把语言的系统描写清楚。作为结构主义的创始人，索绪尔的理论在西方已经超出语言学的范围而影响到人类学、社会学等邻近学科，直接导致这些学科中的结构主义兴起。参见［瑞士］费尔迪南·德·索绪尔.普通语言学教程[M].高名凯，译.北京：商务印书馆，1980.该书法文版初版年份为1916年，由他的两个学生巴利（Ch. Bally）和薛施霭（Albert Sechehaye）整理出版。

中。比如在 1976 年，人类学家亨利·格拉西（Henry Glassie）在《弗吉尼亚中部的民居：历史建成物的结构分析》（*Folk Housing in Middle Virginia: A Structural Analysis of Historic Artifacts*）中对美国弗吉尼亚的民居择取样本进行解读，再将其以语言化的方法进行分类寻找谱系演变规律和建造语汇本身的组织原则，以此进一步解释人类的内在认知结构对于物质建成环境的影响。[1] 按照克洛德·列维—斯特劳斯的"家宅"社会（société à maison）理论，即理解"家宅"是一个"道德主体"，不仅作为一种物质表达实体承载人类认知方式，本身又将参与对新的认知的建构中，家宅在整个生命周期都与社群在相互交织之中。因此，家宅是一个既包含物质又包含非物质内容的产业概念，按照某个或者真实或者假想中的脉络依靠家庭关系传递下去。[2]

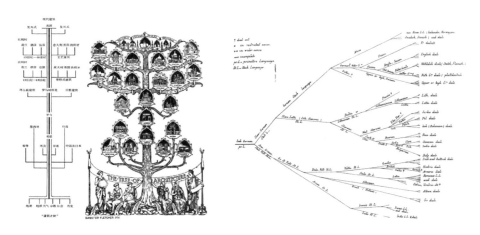

图 3.108 《弗莱彻建筑史》的建筑谱系图与施莱歇尔的语言谱系图　来源：李允鉌.华夏意匠[M].天津：天津大学出版社，2005；Konrad Koerner ed. Linguistics and Evolutionary Theory：Three Essays. Amsterdam：John Benjamins Publishing Company，1983：1－72

　　延续拉普卜特的研究视角，布兰顿（Richard E. Blanton）以家庭为视角的（household-based）研究使用了来自民族志学和建筑学的资料，1996 年，他在《住屋与家庭的比较研究》（*Houses and Households*，*A Comparative Study*）一书中建立了一套乡村家宅遗存的比较信息库，以此来导向一种新的家宅比较研究法。在家宅和

①　Henry Glassie. Folk Housing in Middle Virginia：A Structural Analysis of Historic Artifacts［M］. University Tennessee Press，1976.
②　Claude Lévi-Strauss. The Ways of the Masks［M］. Translated by Sylvia Modelski. London：Jonathan Cape，1983：163－174；[法]克洛德·列维—斯特劳斯.面具之道[M].张祖建，译.北京：中国人民大学出版社，2008：150－155.

社群样本的选取上,信息来源覆盖了中国及附近地区、亚洲南部、亚洲西南部、中部美洲。社群样本来自 26 项关于乡村社群的民族志学研究,以 324 座真实的家宅为样本。布兰顿将这些多样的家宅传统置于一种包括社群尺度、地域尺度,以及泛地域尺度的互相作用上形成的广阔社会文脉中考察,最终提出社会和文化要素影响了包括规模、布局、空间复杂度、空间使用、象征物的细节(房屋的物质特征在何种程度上反映其宇宙观),以及外部装饰等等在内的关于家宅的各类决策。①

以上将风土建筑看作"活化石"主导类比的研究,其背后有着深刻的学科支撑。19 世纪晚期,曾经遭到文化传播学批评的达尔文进化论在 20 世纪 50 年代左右再次兴盛,摩根被尊为文化人类学之父。修正后的文化进化论按照唯物论为哲学基础,认为人类的心理因为具有普遍性,故而不同文化具有类似的发展规律,差别在于阶段不同,物质现象就是文化发展的关键证明,因而主要提倡文化发展和社会环境密不可分,不同的环境会造就不同的文化,但是环境相似时,文化就会沿着相似路径发展。所有建筑形式都源于一种人类共同的思想,继而展示了某种共同理念的不同发展阶段,来应对共同的需求。

"化石"比喻在结构主义、进化论、马克思主义的理论支撑下,显示出研究的系统性特征,但是按照这种人类心理普遍一致性的解释模式,缺乏对于个体解读多样性的认同。因此在这一学科框架中,被逐渐引入新的维度,过去对案例的静态的、共识性研究被加入个人行动性的视角,转向历时性解释,契合一种从"化石"转换为"羊皮纸"的视角切换,即风土建筑从静止的"化石"变为一张由人类在历史中不断书写的"羊皮纸"(palimpsest),必然性与偶然性被以一种更为开放的方式来认知,结构与行动的二元结构被逐渐"调和",对于物质实存的解读也变得更为动态和多样化。②

上述方法与视角的补充对于原本处于建筑学本体视角内的研究者来说意味着本学科外的大宗新知识的汇入。过往传统建筑史研究忽略了建筑成因的多种结构性作用,仅仅考察建筑物与设计者的关联。风土建筑不管是被称为自发的(spontaneous)、匿名的(anonymous)、本土的(indigenous)、原始的(primitive),更为本质性的是多与人们的物质和社会需求相关,这在过去的研究中是被忽略的。所以,在这个时期,最为明显的动向,就是在建筑学内部,一支探讨"空间"(建筑物、城市、乡村)与"文化"间相互关系的研究以拉普卜特为代表逐渐形成和壮大。

接续拉普卜特对与风土建筑的重要贡献,1997 年,保罗·奥利弗编辑出版计3 卷、2 000 余页的《世界风土建筑百科全书》,如拉普卜特 2006 年在《21 世纪风土建

---

① Richard E. Blanton. Houses and Households,A Comparative Study[M]. New York:Springer Science + Business Media,1994.
② 潘曦.化石的比喻:进化论与 20 世纪中后期的乡土建筑研究[J].世界建筑,2018(2):102 – 105.

筑理论、教育和实践》一书中总结的,《世界风土建筑百科全书》的问世预示着对于风土建筑研究的历程由"自然史"阶段迈向"问题史"阶段①。2003 年,保罗·奥利弗在他另一本关于风土建筑的著作《住居:世界风土民居》(*Dwellings: The Vernacular House Worldwide*)一书中断定:对于风土建筑的研究,建筑学与人类学结合将是最合适的方法,多样化的建筑成因借由人类学知识和视野的汇入形成了风土建筑研究的新主流②。

## 八、保罗·奥利弗:现代风土学科化之变

> 风土建筑具有一种舒适性和温馨感,抚摸斧头的凿痕,感受柱子、墙壁、梁架上各种材料的触感让人心生安慰。然而这些手工匠艺已不存,那些使用简单工具凝聚汗水的诚实劳动消失了。

——保罗·奥利弗③(1984)

### 《世界风土建筑百科全书》的形成背景

在英国,风土建筑的价值认知准备在 19 世纪中叶完成,学术研究在 20 世纪中叶成型④。但是英国的贡献在于不仅对本国的风土建筑深入研究,还形成了世界风土建筑综合性的全景式建筑学研究。更进一步的看,继阿莫斯·拉普卜特之后,作为《世界风土建筑百科全书》的主编保罗·奥利弗(Paul Oliver,1927—2017)加深了现

---

① Amos Rapoport. Vernacular Design as a Model System[M]//Lindsay Asquith, Marcel Vellinga. Vernacular Architecture in the Twenty-First Century: Theory, Education and Practice. London and New York: Taylor & Francis, 2006.

② Paul Oliver. Dwellings: The Vernacular House Worldwide[M]. London and New York: Phaidon Press, 2003.

③ Paul Oliver. Round the Houses[M]//A. Papadakis, eds. British Architecture. London: Architectural Design, 1984.

④ 风土建筑在英国被当做独立的学术研究对象源于 19 世纪末。艾迪(S. O. Addy)的《英国住宅的演变》(The Evolution of the English House)于 1898 年出版,因诺森特(C. F. Innocent)的《英国建造技术的发展》(The Development of English Building Construction)于 1916 年出版。此前,关于中世纪民居的综合研究是1851 年—1859 年 J. T. 帕克(J. T. Parker)和 T.H.特纳(T. H. Turner)合著的四卷本《英格兰居住建筑集》(Some Account of Domestic Architecture in England)。1940 年起,风土建筑的学术研究日趋密集。皮特(Lorwerth Peate)于 1940 出版《威尔士住宅》(The Welsh House: A Study in Folk Culture),西里尔·福克斯(Cyril Fox)和拉格伦勋爵(Lord Raglan)的《蒙茅斯郡的房子》(Monmouthshire Houses: A Study of Building Techniques and Smaller House-plans in the Fifteenth to Seventeenth Centuries)(1951—1954),为风土研究建立了考古学框架。霍斯金斯(W. G. Hoskins)于 1953 年发表《英格兰乡村的重建,1570—1640》(The Rebuilding of Rural England,1570—1640),着重揭示风土建筑研究和地方史研究的密切关系。曼彻斯特大学科丁利(Cordingley),布伦斯基尔(R. W. Brunskill)主持的相关教学实践逐渐使得该学科真正获得学界认可。布伦斯基尔(R. W. Brunskill)于 1970 年出版的《风土建筑图解手册》(Vernacular Architecture: An Illustrated Handbook)建立了简明的现场调研方法,为风土建筑研究树立了标准起点。1975 年埃里克·默瑟(Eric Mercer)里程碑式的《英格兰风土建筑》(English Vernacular Houses: A Study of Traditional Farmhouses and Cottages),使得风土建筑研究进一步在英国飞速发展。

代建筑史学研究的整体性转向。

1997年，《世界风土建筑百科全书》3卷本（*Encyclopedia of Vernacular Architecture of the World*，下文称 EVAW，图 3.109）在英国问世[①]。按照拉普卜特的观点来看，任何领域的研究都会有两个阶段，一种是"自然史"，即对研究对象进行基础性的收集、整理、识别、分类工作；一种是"问题史"，即以问题为中心的导向性诠释理论。在 EVAW 一书中，编纂者间或提及风土研究的概念与理论，但拉普卜特认为这一研究处于"自然史"的研究阶段，主要形成的是两部分的成果，一是对世界各地的风土建筑作描述、记录，二是识别风土建筑的多样性进行分类。他认为，这套书的编纂预示着风土研究的第一步已经确立，即已经完成了"自然史"阶段的研究工作，风土建筑研究至此可以进入"问题史"的阶段了。作为类比，

图 3.109　保罗·奥利弗《世界风土建筑百科全书》1997 年出版　来源：Cambridge University Press

环境行为学（Environment-Behaviour Studies，简称 EBS）的研究来自"问题史"的视野，但因为缺乏"自然史"的视野和积累，不成熟地过早借用其他学科的研究路径和过多数据，妨碍综合的研究形成，导致其发展受阻。而 EVAW 的编纂则为风土建筑学这一学科奠定了基础，其积累有助于寻找理论问题，也有助于收集新的信息。他进一步指出，目前应当借鉴 EBS，即将风土建筑的设计视作"模型系统"进入"问题史"的研究阶段。[②]

那么该书的价值是否也如拉普卜特所说主要在于此，即完成这一学科的"自然史"式的研究任务？EVAW 有 3 卷，第 1 卷是"理论与原则"，第 2、3 是"文化与栖居地"。首页的风土世界图示将 20 世纪现存的风土建筑从"环境-文化"的角度作了 7 个分区，显示了风土建筑在世界范围内地理上的分布情况，使人想到拉普卜特在《宅形与文化》中对建筑两分本质的阐述。EVAW 对风土建筑（vernacular architecture）的定义如下：

---

① 保罗·奥利弗曾任教于牛津布鲁克斯大学建筑学院风土研究中心（Centre for Vernacular Studies）。编纂这套书的想法在 20 世纪 80 年代中期开始萌发，并在 1988 年由布莱克威尔出版社（BlackWell）正式委托奥利弗编纂。奥利弗担任编辑，在来自 80 多个国家的 780 名撰稿人的帮助下，形成了 2 500 页 170 万字——原计划字数的三倍多——超过 1 700 张照片、1 000 幅线描图、80 幅地图，3 卷书重 8.4 公斤。

② Amos Rapoport. Vernacular Design as a Model System［M］//Vernacular Architecture in the Twenty-First Century: Theory，Education and Practice，Edited by Lindsay Asquith and Marcel Vellinga. Taylor & Francis Group，2006.

    风土建筑包含住宅以及人民的所有其他建筑,与周遭文脉,与可获得的资源相关联,通常是其所有者或者社群建造的,并且使用传统的技艺。所有的风土建筑的形式均是为了满足某种特定的需要,与源于文化的价值,经济,生活方式等相适应。

进一步,保罗·奥利弗在 EVAW 中如此解释背后的价值认知:

    更重要的是,智慧、技艺、对人类需求的满足的可持续性都体现在风土传统中,而这对未来的人最为重要。更进一步而言,也有关于传统特征识别性,建筑遗产的实存保护等问题。因此,我认为对风土传统的研究和保护,以及延续它们的必要能力对于 21 世纪的成千上万的建筑而言是基础性的。到那时,仅印度次大陆一地就有 10 亿人,95% 将居住在风土建筑中。集合住宅鲜有真正成功,浪费了技艺,知识和动力;下个世纪世界住宅需求的解决之道恐怕很大部分在于风土建筑的支撑、加固和完备的利用。[①]

由这位编纂者在 EVAW 的导言中对风土建筑的定义和观念演变所做的追述,我们可以一瞥其鲁道夫斯基式的追问——对住宅问题的关切[②]。人们长期居住的住宅并非建筑师群体建造,而是自发建造的风土建筑,这一类型拥有应对不断的生活变化和环境变迁的适应力,这一价值追述必然决定这套丛书不会使用地理分野视角,而是泛地域化地追求建筑学难题的答案。因此其编撰视角既非考古学出发也非人类学兴趣,是为了应对居住问题从风土建筑中寻求答案的"建筑师"命题,但在寻求转化和应用风土建筑的途径之外,其视野又不限于此。

首先,奥利弗认为风土建筑被长期忽略的状况显示了对于建筑学的一种不全面的理解,需要通过对这一数量巨大的建筑从定义开始进行建筑学"变革"。Architecture 一词源自拉丁文 architectura,沿用至今,建筑被认为是关于房屋的一门艺术或一门科学,这词起源于希腊文的 arkhitekton,是由 archos(统治的,主导的)、tekton(手艺人,建造者)组合而成,组合成"arkhitekton"强调的是主导的建造者,以及他的设计和建筑物。在传统的历史与百科书中"建筑"一词多被指涉纪念性的,有名的,意味着权力与财富的——宫殿、庙宇、教堂、政府所在地、机场、歌剧院等。这些建筑由伟大的建造者和继承者、专业的设计师完成,专业分化出的领域负责识别

---

①   Paul Oliver. Encyclopedia of Vernacular Architecture of the World[M]. London:Cambridge University Press,1997,viii.

②   关于奥利弗与鲁道夫斯基的相似之处,相关研究者认为,奥利弗是我们这个时代的巴尼斯特·弗莱彻爵士(Sir Banister Fletcher),人们可能会认为奥利弗与鲁道夫斯基很相像,我们熟知的鲁道夫斯基是 1964 年在纽约的现代美术馆展览"没有建筑师的建筑"的策展人,也是 1977 年的《伟大建造者》的作者。实际上,他们只见过一次,却并不投机。奥利弗发现鲁道夫斯基更多的将风土建筑作为"美丽的对象"。参见 Charles Knevitt. Vernacular Man[J]. The Architects' Journal,1998,1(22). Retrieved 15 August 2017.

和解决设计和施工的问题。实际上,风土建筑真正构成了人们建成环境的大部分,是由所有人或者具有聚集资源力的社群或者地方工匠建造。

此前,西方的百科全书一贯重视上流社会的纪念性建筑,代表着对专业建筑师的重视,而风土建筑这一数量巨大的建筑却被忽视了。奥利弗意欲编纂的则是第一本关于风土建筑的百科全书;关注的是 20 世纪尚在使用中的风土建筑;它将基本以"环境-文化"为划分的依据,而这是风土建筑的双重性质决定的。

那么,如何定义这些数量巨大的建筑类型呢? 实际上这一对象本身——关于风土建筑的定义至今仍然存在着各种争议,各种用词之间的辨析亟待解决。奥利弗指出,正因为西方一直强调对专业设计师建筑作品的重视,所以对于这一对象的用词也反映了这种偏颇。直到 20 世纪 80 年代,原始建筑(primitive)一词的长期使用反映了学界注重其原始与教化的区别,未意识到风土建筑"环境-文化"的双重性质。遮蔽物(shelter)强调建造的原始动机是获取遮蔽,对于各种各样的建筑,它的内涵就不再充分。本土建筑(indigenous architecture)一词,则不能囊括那些并非由本地居民,而是由移民和殖民者建造的建筑。无名建筑(anonymous architecture)一词本身就反映了观察者带有对留名建筑师的偏见。自发建筑(spontaneous architecture)暗示了这类建筑都是被无意识、无动机地建造的。在美国,平民建筑(folk architecture)的使用很普遍,则过于暗示了阶级划分,"农民""乡村"这些词的含义都过于狭隘。传统建筑(traditional architecture)一词则不能区分出大量的纪念性和专业建筑师设计的建筑,尽管 EVAW 收录的建筑确实均包含于传统建筑之中。

因此,奥利弗采用 vernacular 一词来对这一类型的建筑进行定义,即风土建筑。语言学上采用这个术语描述对立于那种有别于官方用语的语言、语法和句法的"方言",这个词扩展的意义可恰当描述对立于正统建筑(formal architecture)的那种建筑风格,即指那些普遍的民间建筑。在 1839 年时,这个词首次在英国使用①,作为独立术语则开始于 1858 年②,断断续续并没推广,到 20 世纪 50 年代开始才得到较为普及的使用。有时候,vernacular 这个词指向种族的,有时指向地方化的,它既涵盖了这类建筑有时源于农民,有时又关联于宗教,有其多样性的内涵,如同语言一样,包含着一种方言上的差异,有时候还会在与世隔绝的社群里找到它。因此,使用这个词可以较合适地显示风土建筑"环境-文化"的双重本质,同时较少造成误解。

接下来,奥利弗结合多学科的发展历程说明风土建筑的两分特性。对这一点奥

① R. W. Brunskill. Traditional Buildings of Britain: An Introduction to Vernacular Architecture[M]. London: Victor Gollancz Ltd in Association with Peter Crawley, 1986:15.
② Paul Oliver. Shelter and Society: New Studies in Vernacular Architecture[M]. London: Barrie & Jenkins, 1969: 10 - 11.

利弗可以说是进行了强调,不仅在 EVAW 的综述部分予以强调,其编目设置呼应了对这一特质的重视。如前所述,在 19 世纪中叶完成的风土建筑的价值认知准备主要是在艺术、文学上敏锐的观察者诸如华兹华斯、拉斯金等思想巨擘驱动之下带动建筑学由经典建筑向风土建筑转向的,主要策源地是英国。但在另一个层面,在 19 世纪末之前,关于风土建筑这一主题的文字大部分出现在旅行者冒险家的记录里,即使有时候收录进科学探察也是隶属于个人化动机下的记录。奥利弗指出,关于风土建筑的研究内容更为普遍地出现在非建筑学的,也非任何专业人士的记录中,这些有关原始形态土著建筑传统的记录信息丰富,也与观察者的知识背景、兴趣与观点相关,必然带有个人气质。而之后民族志学(ethnographic research,也称为人种志学)、考古学和人类学的发展接续了这种兴趣,民族志学在考古学和进化论带动的发展下,以更多系统性的研究将建筑纳入物质文化的记录之中,特别是突出它们往往代表着"原始的"人和社会的"未开化"状态,这一类研究持续了数十年。但是这种兴趣也并不是来自建筑学内部的,这种外部学科的兴趣转化为专业性研究,并各自在深度和广度上有了发展。

更重要的是,伴随着西方殖民力量的扩张,助推了这类研究。对于西方殖民者来说,理解殖民地的"土著"文化被视作进行有效行政管理的必要辅助。尽管这类研究背后的终极诉求是资源掠夺,地区专员、文职人员和殖民政府的官员留下了许多关于当地建筑的记录,甚至包含很有价值的建筑细节。另外,传教士的记录形成新的补充,他们的记录里包含当地的建筑传统,尽管其目的是出于传教和感化异教徒,但客观上也对这一类研究作出了贡献。

回到建筑学自身的反思和发展,早期关于风土建筑这一话题的研究在 19 世纪初逐渐形成于欧洲。接续华兹华斯、拉斯金的思想基础,19 世纪的工艺美术运动的流行进一步促进这些研究,在北欧、德国和欧洲中部国家,现代建筑师的许多实践在 19 世纪 20 世纪之交受此价值认知转变的影响。在 1964 年的鲁道夫斯基"没有建筑师的建筑"展览中,风土建筑对现代建筑的教益被以一种跨文化的视角含蓄地表达,其展览地位于纽约现代艺术展览馆(MoMA),这个展览汇集的内容与展览的地点本身就在宣示公众对风土建筑这一主题的认知有所突破。

同时,这些研究动向的重要原因也在于,从 20 世纪起,因乡村传统逐渐消亡,关于风土建筑的研究逐渐浸染于乡愁。通过对风土建筑研究历程的回顾,奥利弗认识到一种总体性的境况:建筑学方面对风土建筑的研究在 20 世纪前半叶有时也有历史学角度的注解,但极少有社会语境角度的调查支撑,反之,艺术史和建筑史学者主要将其作为一种美学风格分类,现代主义建筑师则希望从风土建筑中获取灵感,因为认定其支持功能主义美学,风土建筑诸多先例支撑了小至人体模度大至巨构建筑的形式特性。鉴于此境况,因此有必要将这些多视角的研究进行汇总。

　　另外,风土建筑的数量在世界范围内急速减少。即使是远至亚马孙流域或新几内亚,这些已是世界边缘地的风土建筑也不能幸免于破坏。土地和矿产资源面临着被掠取的压力,工业材料替代传统材料,传统形式的住宅被排斥。无情的现代化进程吸引了不计其数的人从乡村涌向城市——第三世界的城市,造成急速的城镇化和乡村毁弃。对于当地的政治家和公众来说,风土建筑甚至意味着对立于现代思想的倒退。

　　20世纪30年代起,风土建筑渐渐作为露天博物馆的展品使用,挽救了大量濒危的风土建筑,成功地引起了公众的关注。但总体而言,博物馆都是侧重展出特殊的、保存完好的建筑实例,这并不利于对那些大量的、不引人注意的普通风土建筑的守护。至20世纪60—70年代,公众意识到保护风土环境的重要性,所以催生了更大的变化。1975年是欧洲建筑遗产年(European Architectural Heritage Year),欧洲文物古迹委员会(the Council of Europe Committee on Monuments and Sites)承认建筑遗产不仅仅只包含纪念物,还包含"老城和特色乡村等自然与人造环境中的次要建筑或建筑群",这成为一项标志性的进步。1976年,国际古迹遗址理事会(International Council on Monuments and Sites,ICOMOS)设立总部位于保加利亚的国际风土建筑委员会(Comité International d'Architecture Vernaculaire)。这些都是很重要的发展,但到底风土建筑的定义包含哪些内容在委员会内部依然争论不断。许多国家开始意识到需建立专门讨论这些问题的论坛,自1960年起,风土建筑研究群体在英国定时召开会议[①]。

　　在出于对风土建筑的"环境-文化"两分本质造成的多学科研究视野的成果进行汇总之外,EVAW的编纂带有一种"艺术史"的需求,希望此书既是一个积极的设计资源,也是一个主要的记录和参考来源,对建筑学的发展产生影响。另一方面则是应对第三世界住房需求激增。虽然动机与出发点不一,共同点都在于近期世界范围内风土建筑极速破坏下抢救性记录的需要。这就大大有别于拉普卜特所认为的仅仅是"自然史"视角的编纂,EVAW本身的编纂已经带有"问题史"的视野。这种选择是源于奥利弗对整个建筑学的两种焦虑:建筑学对整个社会的漠视,以及对明星建

---

① 很快,出现了如美国"风土建筑团体"(the Vernacular Architecture Group),法国"风土建筑研究中心"(Centre d'Etudes et de Recherches sur l'Architecture Vernaculaire),德国"房屋研究者论坛"(the Abeitskreis for Hausforschung),斯堪的纳维亚"建筑发展研究北欧论坛"(the Nordisk Forum für Utvecklingstudier vid Arkiteksklorna),其中一些论坛已经出版了独立的期刊以建立学术信息交流方式。20—80年代还有一些重要的会议在交叉学科视角上有所促进,比如美国两年举办一次的会议(the Built Form and Culture Research Conference, the Symposia of the International Association for the Study of Traditional Environments)。

筑的过度重视,这一漠视会使建筑师群体在社会上的声誉和地位受到损害。

值得注意的是,风土建筑的定义仍然存在的争议带来了周期性的问题。从风土建筑的转化利用过程中,原本那些属于风雅建筑(polite)的更为"规制化"的设计,根据文脉和环境所需要的应变措施,其主要建造者的技艺的发展,又都会涉及风土建筑的边界,这也证明了在风土建筑和上流建筑之间划一道清晰的边界是不可能的。某些学者认为更棘手的恐怕是一方面上流建筑向风土建筑逐渐渗透精致化的设计细部和特征,一方面上流建筑自身也被风土化(vernacularization),上流建筑与风土建筑之间区分的原则往往取决于作者自身的背景,也部分取决于其是否热衷于将这个问题作为争论的焦点。

在这套里程碑式的著作出版后 20 年,奥利弗与世长辞,其追随者则形成了以人类学的方式研究风土建筑问题的覆盖网。对于世界范围内的风土建筑研究者而言,以传统的方式研究风土建筑的历史已经不短了。即使对于风土建筑的更为国际化和多学科化的关注急速增长,但是相关学科的出版物获取性不足,某些方面的研究存在缺漏,同时某些方面则依旧是重复性的研究,这套重要的 EVAW 的意义对于我国的研究者而言却依然陌生。更进一步,拉普卜特所说的以问题为导向的研究,以"问题史"的视野把握住未来研究的"主流",恐怕也是让每一位风土建筑研究者困惑的一项可称之为并非关乎风土研究的对象本身,而是以风土研究自身为对象,或者说是探究研究中的视野与方法的"元风土"问题。今天的研究者如何真正完成"自然史"的研究,迈向"问题史"的研究? 或许这也是奥利弗在这 3 卷本的 EVAW 中为后续研究者留下的问题。

### 《世界风土建筑百科全书》的学科架构述论

《世界风土建筑百科全书》这套百科全书体系最初的架构是如何开始的? 对于今天的风土研究者而言,基于建筑学专业内的理论基础和方法体系之外,进一步全景式地了解风土建筑学科在西方学术体系中涵盖的大量新视野和新方法是有一定价值的。此外,我们也可以进一步了解一下这套书的编纂者如何在一种纷繁的态势中把握新的建筑学动态,提出开放的风土理论架构。

到 1997 年,已经是年近七旬的奥利弗面对历经 10 年即将付梓的《世界风土建筑百科全书》数千页的书稿,回想起 10 年前接受英国布莱克威尔出版社(BlackWell)编辑委托时的自己,开始反复问自己两个问题:"你是如何开始对风土建筑产生兴趣的?""是什么驱使你花 10 年的时间来编写 1 部关于世界风土建筑的百科全书呢?"①当然这些问题未必有确定的答案,但对风土建筑的兴趣的确源于奥利弗幼年

---

① Charles Knevitt. Vernacular Man[J]. The Architects' Journal.1998,1(22). Retrieved 15 August 2017.

的乡村生活经历。奥利弗的父亲诺曼·奥利弗（W. Norman Oliver）是一位建筑师，当父亲把家搬到多塞特郡布里德珀特（Bridport）附近的一个叫辛蒙兹布里（Symondsbury）的村庄时，珍贵的生活体验唤醒了少年奥利弗心底对于风土建筑的喜爱，并持续了一生。奥利弗如此写道："此地有积极和富有活力的文化生活，农民们喜爱唱各种丰富多彩的歌曲和民谣。这个小村庄还拥有一支乡村乐队，时有传统的哑剧表演。我犹记得漂亮农舍门前的台阶上，农民们聚集在一起织着渔网唱着古老歌谣的场景。我切身意识到乡村里的这些建筑如此紧密地联系着居民的日常生活。"①

　　1964 年，37 岁的奥利弗结束了在伦敦 AA 建筑联盟学院（Architectural Association School of Architecture）为期 3 年的工作后，接受邀请前往非洲任教，并在阿桑特村（Asante）进行风土建筑调查。这段珍贵的田野经历使得奥利弗深刻体察到了风土建筑的日常使用方式，应对炎热潮湿气候的建造智慧，适应有限环境资源的材料选择，以及风土建筑多样化的价值。在参与加纳北部住宅的建造项目中，他进一步注意到了建筑师忽视风土建筑带来的恶果。位于加纳北部的基地居住着古尔尼西（Gurunsi）和塔伦西（Tallensi）部落，当地人有着丰富的风土建造传统，其建筑的形式美来自当地陶土的建造逻辑，同时建筑包含丰富的文化意义。但是现代建筑师为当地人设计的新住房却无视当地的建造传统，对传统的生活方式完全缺乏考虑。于是，曾经居住在富有深刻风土传统环境中的人被安置在一排排崭新的住房里，让奥利弗想起战时的预制房屋（pre-fab），在《世界风土建筑百科全书》的前言中，奥利弗回忆起这段经历，对建筑师在设计上对人的漠然态度"大感震惊"。②

　　1964 年的奥利弗正在非洲，而这一年，鲁道夫斯基在纽约现代艺术展览馆举办的展览"没有建筑师的建筑"和他的同名著作在建筑师之间开始广泛流传。虽然风土建筑籍鲁道夫斯基之力引起广大专业建筑师和公众的注意。但是奥利弗却敏锐地认识到，鲁道夫斯基对风土建筑的价值认知是不够完整的，与鲁道夫斯基的立场不同的是，奥利弗强烈地反对将风土建筑仅仅作为艺术对象——"美丽之物"看待："这场展览及其掀起的对风土建筑的关注，不过是精英建筑师貌似亲切其实依旧自命不凡的态度，实质上他们依旧极度缺乏对特定文化中的建造者以及居住者的深刻了解。"③同时，他决定开始写作，从《掩体与社会》④（Shelter and Society）到《世界各

①　Charles Knevitt. Vernacular Man[J]. The Architects' Journal.1998,1(22). Retrieved 15 August 2017.

②　Paul Oliver. Encyclopedia of Vernacular Architecture of the World. London：Cambridge University Press，1997，vii.

③　Paul Oliver. Encyclopedia of Vernacular Architecture of the World. London：Cambridge University Press，1997，viii.

④　Paul Oliver. Shelter and Society[M]. London：Barrie & Jenkins，1969.

地住屋》①（*Dwellings: The House Across the World*），均是他出于自己的认识和立场所做的阐述。

在结束非洲的工作后，奥利弗回国前往牛津布鲁克斯大学国际风土建筑研究部进行城镇和乡村的保护工作以及住宅设计，接下来的足迹继续带有某种"世界视野"。他曾通过法国项目（Patrimoine Historique et Artistique de la France）对法国的城镇和乡村的保护提供建议；在英国委员会的支持下再次前往东非，印度进行研究和教学；并曾前往土耳其、巴尔干、中美洲和墨西哥的海外发展委员会工作。这些世界各地的项目针对各种自然灾害，比如地震和洪水下风土建筑的脆弱性、应对某些特定社会文化机制，以及纠正灾后建造中不适应文化需求的住宅设计等内容展开。在如此众多的文化类型中，奥利弗积累着经验，同时开始明显地觉察到风土建筑研究基础的匮乏，搜遍文献库亦难觅一本对 20 世纪世界范围内风土建筑的全览性研究。在工作之外，奥利弗开始粗略地构思起这套书的框架了，在完成《世界各地住屋》的写作之后，奥利弗决定从教席处提前退休，倾余生之力研究风土建筑。莱克威尔出版社的编辑阿兰·希普顿（Alyn Shipton）造访奥利弗，谈及有意编撰一套世界风土建筑百科全书，双方一拍即合，一项长达 10 年的世界风土建筑全览编著工作伊始。

对于奥利弗而言，编纂此书最大的问题不是主题不定，也不是找不到合作者，而是这本百科全书的性质带来的。奥利弗意欲突破以往建筑百科全书的体例，重新构思出一部百科全书的形式。首先需要考虑在使用时条目更容易查阅，百科全书最常见的体例是字典式编撰，但是这种按照英文字母 A—Z 的首字母顺序进行条目排列的方式不能反映对于风土建筑研究来说很重要的理论逻辑结构。而且按照首字母顺序展开的说明中使用实例进行说明时，很难避免严重的遗漏或者大范围的重复。

于是奥利弗摒弃了字典式的编撰，将《世界风土建筑百科全书》第 1 卷命名为"理论与原则"，第 2、3 卷则是"文化与栖居地"，一个立即凸显的问题便是在文化语境中的建筑环境和建造传统也可能会被重复的描述。奥利弗的分辨方法是，在第 1 卷中进行集中讨论，在接下来的第 2、3 卷中依次举出实例。在第 2、3 卷中，按照地理-文化分野而不是按照国别分野来进行论述。

在实际编目中，依然不可避免的是，这种分类总需要定义某一文化的规模与边界，不管这一边界是国域上的还是地理上的边界，人工的还是自然的，这么做的目的是以免被纷繁复杂的建筑信息淹没。在奥利弗看来，将各种建筑类型归入文化区域，而这些区域隶属于各大洲域，可能会比较适用于以文化特征描述，不像过去那样

---

① Paul Oliver. Dwellings: The House Across the World[M]. Texas: University of Texas Press, 1987.

以国别的方式泾渭分明。

在确定了编目的逻辑之后，接下来的考验便是怎样恰如其分地对历往的风土建筑研究进行择取和评价？这是一个浩瀚的"学术史"工程，似乎无从下手。如何在历时性的建筑百科书之中融入共时性内容？或许，奥利弗通过前期的学术积淀已有关于风土建筑的批判性"史观"，强调根据当代的问题进行回应，这些回应的基础则是学科构架体系。

首先，奥利弗在第1卷开宗明义，他客观地陈述道："对风土建筑的研究没有单一的方法，作为一门尚未被定义为学科的对象，既受到缺乏协调的方法的影响，同时又受益于各种研究方向所带来的角度的多样性。"①

诚然，这本关于风土建筑的百科全书如果只局限于从一个角度进行研究是不完整的，比如只从建筑学本身来撰写，就会丧失这一研究对象的特殊性，此后的研究也会受到很多的局限。在奥利弗看来，有些学术研究并非只为学术研究，而是有对公共生活进行"干预"的目的；并且可能会出于教育后来者的意图，要么是在建筑方面指出某些基础原则，要么是探索一个特定的特征，比如如何进行气候调适；还可能出于建筑实践的专业需要，探讨如何将当代设计与地域传统联系起来，或者是寻求使用当地的技艺以满足当地的需要，解决低成本住房的问题；又或者只是简单地将记录风土建筑传统作为个人建筑求知的一部分；等等。任何领域的研究人员可能存在各种各样的动机，都有个人兴趣，这就会影响他个人的研究方向，以及支持理论的论据。

针对这种情况，奥利弗总结了一些旨在说明研究目标和方法论性质的一般性论述。这些方法并不是要浓缩有关学科的概要，而是要展示这些学科是如何对风土研究产生影响、使得研究者产生兴趣，或者风土建筑的研究到底如何得益于这些学科。奥利弗将这些方法大体上分为三大类。第一类是学科类的，并由知识体系支撑，比如考古学方法；第二类则是跨学科的、概念性的，例如空间性的方法；第三类是方法论，譬如记录和文档化。此外，无论是马克思主义、宗教还是女权主义，这些意识形态方法可能构成"第四种"。

这样一来，奥利弗总结的方法即构成风土建筑基本的研究对象和学科框架，在书中提及的风土建筑研究方法有：美学的方法、人类学的方法、考古学的方法、建筑学的方法、行为学的方法、认识论的方法、遗产保护者的方法、发展式的方法、传播论的方法、生态学的方法、民族志学的方法、进化论的方法、民俗学的方法、地理学的方

---

① Paul Oliver. Encyclopedia of Vernacular Architecture of the World[M]. London：Cambridge University Press，1997，vii.

法、历史学的方法、博物馆学的方法、现象学的方法、记录和文档化的方法、空间的方法，以及结构主义的方法。

奥利弗认为，最早的风土建筑研究方法是美学的方法，这也是他首先引出的研究方法。美学方法是一种产生于文化内部的、与质量和价值的观念有关的方法。人类学的方法则认为，建成物是作为文化的产物，因此揭示的是风土建筑作为居住的依托，与家庭、社会结构之间的关系。作为传统研究方法之一，考古学的方法关注早期的风土建筑遗存，使用人种考古学技术，将现存建筑与文献记录比较，获知早期的生活方式。建筑学的方法关注技术进展和空间组织原则，将建筑学专业化的分析引入风土建筑的研究中，进一步而言，这种成果的积累也可能有助于未来的建筑设计。行为学的方法强调行为模式的重要性，它与建成物及其个人和社群所处的环境相关，反映了个人在风土建筑及其环境中如何建立心理认知和对周围环境的理解。认识论的方法引入主客体(Etic/Emic)这一对互为补充的概念，强调的是客观和主观的不同角度造成解读世界的巨大区别。

风土建筑的研究应用与研究方法是有着紧密联系的，因此，奥利弗划分出遗产保护者的方法与发展式的方法。前者着眼于保护古老风土建筑的现存结构；后者着眼于风土建筑的存续与未来，挖掘风土建筑的潜力用以满足世界性的住房问题。传播论的方法在于重新思考风土建筑变化的过程，以及诸多形式和细节在相邻民族之间的分布情况，以得出建筑的传播并非隔绝于文化及其环境。生态学的方法注重栖居地(Habitats)的概念，将风土建筑看作自然和人工环境构成的整体系统中的一部分。民族志学的方法基于各种条件下和季节里的大量田野工作，对社会以及所建立的作用结构做科学描述。进化论的方法是研究在技术约束下，长时段里风土建筑形式的发展过程。民俗学的方法则将风土建筑看作是一种可类比于民间人工产物的对象，对等于工艺、技能、习俗和信仰。

此外，地理学的方法不仅仅集中于风土建造传统，而是以一种"广角镜"，在单个地域到整片大陆的范围内思考环境、地志、经济带中的定居和建造模式，这种研究是一种大范围的共时性研究。历史学的方法则是从建造角度对风土建筑对象进行历时性研究，主要借助历史文献与田野考察进行。博物馆学的方法关注历史与遗产的交叉，尽管居住体验已经很难重现，这类研究将风土建筑视作遗产，探讨原地保存或重新安置的保护方式，并且融汇其他研究成果进行展示和文化教育。现象学的方法则是一个典型的哲学角度，试图在风土建筑物外部或者内部等一切具有影响之处确定空间的经验化本质。

记录和文档化的方法可以减少风土建筑的信息丢失。空间的方法关注风土建筑空间和体量上的组织和清晰性。结构主义的方法努力揭示风土建筑表象之下，功能和意义形成的深层"结构",在他们看来研究的对象是"结构",其中一个方面的变化可能影响其它方面也随之发生变化,最终牵动"结构"的变动,因此需在此中寻求定义一套恒定的规则系统,使其不再暗藏在风土传统的进化和纷繁变化之下。

奥利弗所归纳的 20 种风土建筑研究方法中,并未穷尽所有相关的学科、理论,但是作为解释风土建筑研究的观察角度以及分辨各类研究隶属于或受益于哪些方法,这种学理化的归纳具有很高的理论价值,是一种开创性的总结工作。虽然某些方法和概念是重叠的,有些则并不明朗,需要进一步总结和学习,而某些预设的问题意识则又将直接指引研究方向,同时,有些回顾则反映出一种研究惯性带来的持续影响甚至"偏见",因此这套百科全书包含了一个多元、开放的风土建筑话题的探讨空间,这也留待今天的风土建筑研究者进一步借鉴和思考。

接续上文已经完成的风土"总目"架构,接下来,奥利弗组织《世界风土建筑百科全书》的编者们按照理论框架中 20 种确立完成的风土建筑研究理论,对每一种理论和方法进行了梳理,阐明该理论和相关风土建筑研究的发展情况,指出该方法特点和不足。这些对过往研究的详细总结和细致剖析为下一阶段的风土建筑的科学研究提供了必不可少的基础。特别是出现了相当多的与风土建筑以往研究中的实证性部分可起到互为补充之用的理论解释和研究模型。在这 20 种方法中,笔者选取较有借鉴价值的部分进行详细解析和评述。

**1. 美学的方法:建筑师的回应式研究**

《世界风土建筑百科全书》"美学的(Aesthetic)方法"指出了在由"美学诉求"驱动的对风土建筑的研究中,采用一种"回应式"(responsive)的立场进行研究的往往是建筑师群体,对他们来说,"在过去一个半世纪中,风土建筑代表的是一种'发现',也是一类范畴——一种必要的概念的创造——由建筑学的思考者最初对于过度装饰或低劣装饰的厌倦,含混的功能,空洞的象征,错误的材料,虚假造作的表达,粗暴的回应环境,社会性缺乏等种种建筑学问题的焦虑生发。出于对传统消亡的痛苦,这些思考者才转而研究这一过去被学术编年史一贯忽视的领域。他们建立'回应式'的研究体系,研究风土美学,将其构筑为现代运动的必要特征。"[1]

美学的方法主导的风土建筑研究有两类成果,一类是"民族志学"的,研究目的出于理解传统建筑的建筑者与使用者反映出其文化倡导的美学。该类研究是为了创造一种看待建筑实践和经验的更为全面的视角,平衡出于实用角度的解读,既要考虑建筑的遮蔽功能,又要考虑社会作用而成的象征性。研究特点是,风土建筑与

---

[1]　Paul Oliver. Encyclopedia of Vernacular Architecture of the World[M]. London: Cambridge University Press, 1997, 3 - 5.

物质文化形式一同用于呈现某一特定时期、在某一特定地点的特定人群的特征。另外一类则是"回应式"的,研究者主要为建筑师,研究目的是为了遴选出被长期忽视的建筑对象,将之纳入学术研究领域,拓宽建筑审美的范畴。这类研究常被混合,但还是可以从受这一美学理论影响的建筑论述中被区别出来。

我们恐怕要问风土建筑中美学维度的研究方法为何被最早应用?《世界风土建筑百科全书》指出,美学是交流中几乎最有效的方面,这一维度是直观的,能够使情感愉悦,使感觉处于兴奋。当然所有交流同时都会诉诸理性与情感,例如在演讲时,交流包含了理性、逻辑化的内容。但同时,演讲者传达的语言从美学角度而言是非常复杂的,因为语言被扩展了,包括句式的重复与平行,节奏、音律与语调的变化、词语的选择和比喻等。同理,从美学角度而言,很难按实用主义方式把建筑简单切分成遮蔽功能及社会文化功能。一座建筑扮演的角色和实际的功能,它的设计和建造,它的外观和空间,每一部分均有美学潜在要素。

图 3.110　保罗·奥利弗《世界风土建筑百科全书》土耳其安纳托利亚(Anatolia)西部地区一座风土建筑内部丰富的装饰　来源:Cambridge University Press

在建筑的建造和设计中,人们会感受到不快或愉悦,这是一种依赖于身体的反应。这种反应是建立在人人都有的内在能力上,是一种天生的辨别力:辨别何谓愉悦之物,何谓反之。在人成长的过程中,这样能力也在发展,人们在社会经验中逐渐将这一能力导向一种普遍的、深植于心的态度,这并不是一种能言说的东西。这些复杂性共同作用着,使文化以一种普遍的形式得以传承,因此正是所属文化的差异程度决定了人们互相之间有无认同感。

美学表达的意愿似乎在装饰上最为显著。装饰可能覆盖了某座风土建筑的立面,成为艺术表达的舞台。但也可能出现形式与装饰的分离,比如爱尔兰和土耳其的风土建筑,外表看起来十分朴素,显然是理性与实用性的作用结果,内部装饰则在色彩、肌理、形式上都异常丰富,包括装饰画、陶瓷等(图 3.110)。

美学表达也会微妙地在风土建筑的形式与技术上显示。以日本茶室为例,其美学表达不仅限于室内壁龛内的卷轴和花瓶的摆放,还包括房间的尺度、高度、开口大小、地板、墙面以及与之相符的茶道仪式中的用具。

正如弗朗兹·博阿斯(Franz Boas)在《原始艺术》(Primitive Art)一书中强调的,对于美学的发展而言,技术的推动作用必不可少,日本或英国的木构建筑的精致节点便是如此。风土建筑最为常见的雕塑般的外形与精妙的空间布局相结合的现象,会使得研究者认为形式源于功能,但事实上,功能相同的建筑未必有着相似的形式,美学传统的差异使得建筑出现各种形式:倾向于朴实无华还是富于装饰、选择对称还是不对称的形式、使建筑形式连贯或不连贯、倾向于隐藏还是暴露当地材料等。

进一步的,"回应式"研究还可更详细地按观察者对建造者意图的态度进而划分为三种角度:"解读"(interpretation)、"保护"(conservation)、"使用"(consumption)。

"解读"角度的研究指的是在进行民族志学研究时,通过对建筑的形式分析,提炼和系统化,揭示出设计过程中的"变"与"不变"。这个时候观察者自身的价值观应被排除,如实反映建造者的意图。"保护"角度的研究中,出于自身的价值体系,建造者的意图会被保留,有时候与观察者的意图混合在一起,研究目的是为了遴选保护和记录的对象。"使用"角度的研究中,建筑被作为美学对象,已被完美地纳入观察者的价值体系,建造者的意图不再需要被研究。

建筑师群体所采用的"回应式"研究,特别是在出于"使用"这一角度进行研究时,趋向于把风土建筑想象成是一种或"原始"或"民间"或"流行"或"无名"的文化复合物,在近代西方,风土建筑被视作主流建筑专业实践对立面的一种"对象",或者说这些研究者进行了一种新的"建构",其中,风土建造者通常都被形容为更单纯,更少刻意的,更为自然的理想群体。于此,建构出一种"对立",或者与"他者"的距离,即:"我们的"是个人化的、科学的、进步的和现代的,"他们的"则是社群的、精神的、和谐的、克制的、与生态进行调适的,固定的,不合潮流的。**至此,风土建筑成为一类特立独行精神的标志,被纳入对现行西方价值的再确立或再批判的争论之中**。

因此,在"回应式"视角驱动下的研究出现泛地域化的研究也就不足为怪了。这类研究是为了在泛地域化的形式策略中找到本土问题的解决方式,或曰提升自身文化下的实践能力。既然风土建造者可能会借用都市流行的形式,譬如一名瑞典或者美国农民会在前廊加上一个新古典主义的门廊。那么相应的,都市建筑师也可能在乡村找到他们想要的答案。以一系列建筑师的足迹为例,出于躲避本土建筑专业模式的局限,麦金托什(Charles Rennie Mackintosh)研究苏格兰的风土建筑,柯布西耶进行"东方之旅",从巴尔干与土耳其的风土建筑中学习。他们均是"回应式"的研究者,泛地域化地努力寻找新的综合方法(Syntheses),将风土元素融入现代主义建筑的创造中。还有比如菲利普·韦伯为莫里斯设计的位于英国肯特郡的红屋(Red House),与日本京都陶艺家川井宽次郎家的并置可作为例证(图3.111)。在古老的英国谷仓、日本农宅、意大利小城、希腊乡村之中,这一类型的研究者到处寻求灵感,他们发现的价值隶属于风土美学,而这些研究成为现代主义运动一项必要的元素。

于此,这一由格拉西(Henry Glassie)完成的《世界风土建筑百科全书》"美学的方法"分析篇章,非常犀利地指出了建筑师群体在建构"风土建筑"这一对象时,其出

图3.111　保罗·奥利弗《世界风土建筑百科全书》京都的风土建筑，陶艺家川井宽次郎（Kawaii Kanjiro）家内院　来源：Cambridge University Press

发点实际上是出于该群体的现代立场和共同的价值观，风土建筑作为一种"理想形式"的寄托，成为现代主义建筑学习和"想象"的对象，以补足现代主义美学中的某种"遗漏"和不足，因此不能误解为他们真的对建造者的传统本身感兴趣。这一观点与前述奥利弗曾强烈地反对精英建筑师将风土建筑作为艺术对象看待时"貌似亲切其实依旧自命不凡的态度，实质上他们依旧极度缺乏对特定文化中的建造者以及居住者的深刻了解"的观点，在同一本百科全书中是逻辑自洽的。

**2. 人类学的方法：深描式研究**

赖马尔·舍福尔德（Reimar Schefold）撰写的"人类学的（Anthropological）方法"一章中[1]，详细梳理了风土建筑研究历程中，人类学发展的影响，列举了代表性的研究，指明这类研究无论出自建筑师还是人类学家，其深度都远远超出了对建筑象征物的社会文化背景式的介绍。

20世纪60年代之前，对风土建筑的研究兴趣集中在对住宅的传统形式及装饰的记录和分类，以及建造类型在各历史时期的传播与重建上。这段时期的人类学研究著作中，关于住宅和生活习俗的记述颇丰，但风土建筑并未在人类学中被当作专门的研究对象。功能论（Functionalism）在20世纪前半叶为人类学田野调查的主导理论，相较于物质实体而言更多关注社会结构。到1960年之后人类学转向新的关注点——理解风土建筑本身，该转变与鲁道夫斯基的贡献有关。他于1964年的著作中指出"没有建筑师的建筑"其"人文性"（humaneness）在于风土建筑以有机的方式融入自然环境。出于一种人类学式的兴趣，许多相关的人类学研究开始来自建筑师，他们的研究目的不再是描述和分类，而是如何在其本土语境下理解这些形式。

人类学研究中所追溯出的另一项对建筑形式有影响的文化要素是象征的观念。这类见解最初来自德国结构主义的先驱，并深刻的被法国社会学家爱米尔·涂尔干（Emile Durkheim）和马瑟·牟斯（Marcel Mauss）1903年发表的社会理论影响[2]。该

①　Paul Oliver. Encyclopedia of Vernacular Architecture of the World[M]. London：Cambridge University Press，1997：6 - 8.

②　Durkheim，Emile and Marcel Mauss. De quelques formes primitives de classification：contribution a l'etude des representations collectives[J]. Annee sociologique，1903(Ⅵ)：1 - 72.

研究群体认为,社会是一切象征分级形成的来源。人的智力具有分级能力,社会与象征的分级则有着形式上的关联,象征分级是由社会的形式决定的,人的一系列分级概念,比如关于时空的观念、等级、数字、阶层等均是社会的产物。

对这类研究者来说,一个现有的建筑形式是否源于某种文化观念,或者这一形式是否为技术推动都不是关注的核心,最重要的是形式被赋予的意义。一栋风土建筑可被看作是传统社会中人类最重要的一项立体创作:人们创造出自然空间中的人工空间,在宇宙中划分出一片有边界的区域,因此这一过程可看作是对世界的观念化过程。比如在东南亚,立在木桩上的建筑被视作对三重宇宙的象征性表达,如同一个微缩的三重宇宙,竖向上的三层,天界、人界和地界对应的就是建筑的屋顶层、屋身层和架空层。在这些象征性角度的分析中,社会观与宇宙观互相交织,密不可分。

这些研究者认为,在一座房屋的建造过程中,社会与宇宙存有的正确顺序的观念有着非常重要的作用,决定房屋的建造的细节和关键的位置。其代表研究是 1930 年间马塞尔·格里奥列(Marcel Griaule)和他的学生热尔梅娜·迪代尔朗(Germaine Dieterlen)完成的对非洲马里中部山区的多贡人(Dogon)住宅的研究。他们推演出一套复杂的宇宙观如何先是由一套深奥的拟人(Anthropomorphical)[①]系统表达,随后再在建筑群的布置和建筑形式上体现。(图 3.112)

这一方法本身也受到一定的质疑。不过结构人类学仍保留着这种"整体论"的观点作为其理论基础,也就是说分级(或者说秩序)在整体上受到来自文化的多种层面的影响。克拉克·坎宁安(Clark E. Cunningham)对印尼帝汶岛的阿托尼(Atoni)住宅的研究表明[②],空间的布置,形式的细节,住宅的用途,社会的、政治的和宇宙的观念都是以整体系统化的方式互相关联作用的,在前文字时期,家是这种分级的集合,是表达观念的所

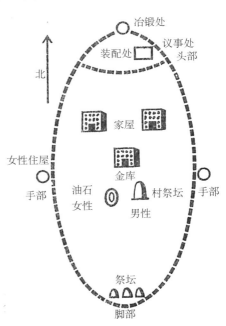

图 3.112 保罗·奥利弗《世界风土建筑百科全书》非洲马里中部多贡人(Dogon)风土聚落的理想平面与拟人(Anthropomorphism)系统
来源:Cambridge University Press

---

① Anthropomorphical 指动物神灵等被赋予人形,并被认为具有人的特性的拟人学说。
② Clark E. Cunningham. Order in the Atoni House[M]. Leiden:Bijdragen tot de Taal-Land,1964:34-68.

在。皮埃尔·布迪厄(Pierre Bourdieu)基于对阿尔及利亚柏柏人(Berber)社会的观察形成的著名研究[①]所强调的是在象征现象中传达出的关于男女关系的观念。男性与外部世界相连,被形容为一种开化的,明亮的,多产的象征,而女性则形成对立的矛盾面,是晦暗的象征,代表内部空间,处于需要受孕和光照的位置。柏柏人住宅门的位置有特殊的意义,主门必须位于东侧,以纳入真正的光线进入入口,也就是象征男性这一盏"来自外界的灯"发出光芒。布迪厄如此评价道,这是远古以来两性在长期日常生活的无声对抗中逐渐形成的特征。

自20世纪70年代末期起,"家宅"(maisons)这一概念在人类学领域被赋予了新的意义。结构人类学家克洛德·列维—斯特劳斯认为"家宅"在社会中起到重要的组织作用,即便其本身的组织不是充分的建立在血缘基础上,"家宅"也集聚了利益一致的人群。他在研究了中世纪欧洲的家庭和北美太平洋沿岸的夸扣特尔人(Kwakiutl)的家庭以后,认为以世系和联姻关系为基础的研究范式已经无法解释这些社会,转而提出了"家宅社会"(société à maison)。"家宅"由实体的建筑(群)代表,被看作是基本的一项文化分支,是一种"精神和物质遗产,其中包括尊严,出身、亲属、名号和象征、地位、权力和财富",[②]"因此,从家庭到国家,从社会现实的所有方面来看,家宅是一种建制方面的创造"[③]。一个"道德人"(moral man)带有如姓名,祖先,头衔,礼仪和祖传物等特征,拥有一个包括物资性与非物资性的财富或名誉构成的领域;在联姻与收养上,广泛使用"拟亲属关系"(Fictive kinship),所有财富或名誉领域(包括头衔、特权与财富)的传承是男女两可的。"家宅"社会是一种处于转变中的、混合的社会形态,介于亲属基础(kin based)与阶序基础(class based)的形态之间,同时可见于复杂社会与无文字社会之中。[④] 这些推断似乎与特定的建筑形式无关,但值得注意的是,家宅社会中的"家宅"常有高超的设计和丰富的装饰。

最后,《世界风土建筑百科全书》"人类学的方法"篇章提出,建筑师和人类学家的两种专业研究手段可互相学习。建筑师需要认识到他们的设计是一种概括(generalization),是基于文化选择的、与本土有关联的特征展现。如果想把对西方世界的风土建筑所做的记录转化到更广泛的天地,需要适当的调适(或者说interpretation,解读并转化)过程。人类学者有责任预防那些仓促的规划设计,利用自身对于当地语境的了解和熟悉,指出形式和功能以及意义的内在联系,阐明看起

① Pierre Bourdieu. The Berber House or the World Reversed[J]. Centre de Sociologie de la Culture et de l'Éducation (Volume 9),1970(2):151-170.
② [法]克洛德·列维-斯特劳斯.面具之道[M].张祖建,译.北京:中国人民大学出版社,2008:144.
③ 同上:154.
④ Claude Lévi-Strauss. Anthropology and Myth:Lectures,1951-1982[M]. R. Willis, trans. Oxford:Basil Blackwell,1987.

来相似的形式是在不同的社会中产生,有其不同的意义,同时相近的意义可能会有多种表现形式。换句话说,来自人类学的研究动机的更新正是出现在对"族群特性"(ethnicity)缔造中,虽然"没有建筑师的建筑"里没有建筑师,但并不是没有建造者,要关心建造者的动机变化和在相应语境下的调整,如此或可迎来风土建筑的复兴。

通过回顾和展望,除了建筑师之外,人类学家们也开始发现风土建筑是一个有前景的学科,互相之间多有借鉴。发展中国家的建筑师越来越多地意识到传统手工艺和建筑遗产的价值,在进行记录的同时也较多关注其技术,功能与美学价值。或者说,建筑师开始尝试以人类学式的方法进行风土建筑研究的这种趋向在 20 世纪 60 年代之后变得逐渐明显,在建筑学内部来说,也构成了一种建筑史学的转向。原本,人类学家对待风土建筑的态度基本是将其视作可以阅读的"文本",通过研究这一文本发展"阅读"能力,因此《世界风土建筑百科全书》对人类学家提出的某种期待显示了在编纂者眼中以往人类学家对于风土建筑的某种"伦理性"贡献的不足。

**3. 考古学的方法:家宅映射文化变迁**

《世界风土建筑百科全书》中"考古学的(Archaeological)方法"重点揭示风土建筑如何逐渐被纳入考古学的研究视野。

在聚落考古的历史上,单体的公共建筑譬如庙宇以及宫殿,是被置于社群研究的语境之中,家宅则被视作人类组织中最小的一个社会和经济单元来处理。家宅作为一个社会单元规模是最小的,但是容纳了许多合作功能,揭示了社会和文化的变迁。现代考古学中,风土建筑的研究被归入聚落考古学,包含对史前聚落模式的研究,聚焦于居住的本质和住宅的分布情况,以及不同尺度空间的结构。

回溯欧美聚落考古学的发展可见,最早的史前聚落模式研究大致在 19 世纪晚期至 20 世纪早期产生,并结合了景观地理学等成果。其中,欧洲学者的研究主要是为了建立标识在地图上的考古学遗迹和环境特征之间的关系。值得注意的是,在美国出现的聚落考古学研究与欧洲学者的出发点不同,比如 19 世纪晚期密德利夫 (Victor Mindeleff) 对普韦布洛(Pueblo)印第安人的研究[①],是随着美国考古人类学中以自身定义的特殊性出现的,这种传统聚落考古学与居住建筑形式和社会组织场地分布相关联,很大一部分是由人类学的发展主导。20 世纪 50 年代中期美国考古学家对聚落模式的研究扩大,主要研究方式可概括为:空间信息用以提供社会学的推断,空间尺度则从单体扩展到整片区域。到 60 年代,经济因素影响也开始影响欧洲的传统史前

---

① Victor Mindeleff. A Study of Pueblo Architecture: Tusayan and Cibola: Eighth Annual Report of the Bureau of Ethnology to the Secretary of the Smithsonian Institution, 1886 - 1887 [M]. Washington: Government Printing Office, 1891.

聚落研究,同时"新地理学"的计量方式获得发展,欧美的研究道路在此交汇。

现代考古学所迈向的交叉学科道路包括认知学、地理学、社会学和生态学等方向,最重要的还是结合了跨文化的人类学研究,比如"种族文化考古学"(ethnoarchaeology)领域的出现,意味着考古学在人类行为与其物质文化之间的联系中完成了自身的民族志研究,考古学与人类学结合到一起了,当然这种深入的研究方式也为史前风土建筑的解读提供启发。

在建筑学领域主导的风土建筑研究中展开的考古学视野的调查,其首要目的与聚落考古学的出发点不同,展开一系列建筑风格变化的研究目的是断代,挖掘和记录遗存的详细程度也主要是服务于复原精确度的要求。对于史前风土建筑这一含有丰富社会文化信息的载体,考古学本身倾注的重视度与日俱增,作为用以解读的一种辅助对象,考古学家们开始对风土建筑有了新的看法,除了受到基于民族志研究比对后的考古学解读的影响,还受到认识人类学、建筑学、社会学、行为学的影响。这些史前聚落的考古学解读也受益于在地理和经济中发展出来的人类行为的空间形式化规律,可以说这些理论和交叉学科的视角引入在事实上逐渐形成了"空间考古学"理论。

对于风土建筑研究而言,考古学家的解读无法直接反映出人类空间行为,但考古学的方式,可以在时间纵深上历时地研究风土建筑反映出的文化变迁。考古学研究可以说明一栋家宅的存续,村庄的规划,聚落形式,或者揭示那些改变社会组织结构和相应的建成环境的巨大变化。在这一维度上,考古学对于风土建筑的交叉学科视角有很大益处,对部分建筑学领域的学者出于共时性的研究视角也能有极大的启发。

**4. 遗产保护者的方法:保护的语境与价值认知发展**

在风土建筑的研究中,非常重要的一部分成果由遗产保护者的工作构成,其研究驱动力也不同于前述研究群体。《世界风土建筑百科全书》对"遗产保护者(Conservationist)的方法"进行了专篇总结。

首先,需对建筑学中的"保存"(Preservation)、"修复"(Restoration)、"保护"(Conservation)的三个概念进行辨析。雷纳德·卢考克(Ronald Lewcock)认为,建筑学中的"保护"意味着三点:第一,对建筑及其周边环境免于损坏的保护。第二,尽量使用原材料和技术进行维护。第三,在满足第一项条件下继续使用。如今,"保存"一词之所以在许多国家牵涉到建筑实践时,仿佛成了一个消极的词,是因其包含以上的前两项内涵,但没有将第三项"继续使用"的考虑囊括其中,也就是说"保存"的结果往往是停止建筑的使用,将建筑作为一个特殊的对象清空和不再利用,甚至使用不合适的材料进行维护以使建筑"看起来"更真实,而一系列环境作用例如风化很快会暴露这些不当干预造成的后果。与此同时,"保存"其实也可以成为带有"修复"内涵的词语被更为不当地使用,因为修复一栋建筑往往意味着去掉历史过程中的添加物，而使其恢复到某一历史阶段的样貌，以显得更为"完整""真实"或者"美观"，它必然带有某种推测性的重建和破坏，建筑的"真实性"（authenticity）在这个过程中受到损害。特别是，"修复"一词现在已经被意指对建筑的外观品质进行大量的改变，将岁月的痕迹去除，将其恢复到过去某一时间的原初状态。岁月的古色（patina）是风土建筑最美之处，对它的破坏往往令人悲叹。更糟的是，修复通常会与"风格纯净"（stylistic purity）相联系，对建筑某些元素的去除出现不一定遵从历史层累的做法，建筑在更早期形成的元素也会因为被判定为并非这些风格的组成而被去除。明知修复的不准确却依然如此做的名义也就是所谓的理想的"真实性"。此外"更新"一词意指出于建筑再使用目的进行的维修，但并不包含对原材料和肌理的尊重，只有"保护"包含了避免损害性变化这一内涵。但值得注意的是，这些词语被专业的艺术品修复者使用时的情况，不同于这些词语在建筑领域的使用①。

　　以上辨析提及保存、修复、保护概念的本义和演变，迈克尔·曼瑟（Michael Manser）的观点可以补充卢考克的历时性辨析。曼瑟提出"保护（Conservation）作为一个相对新的概念"②，在逐渐融入有着法制色彩与政治特征的国家规划体系之中，但应用于建筑环境的"保护"则有着相对较长的历史。彼得·拉克汉姆（Peter J. Larkham）提出过，不管从个体行动还是从法规两方面来看，保护确实已经有很长的历史。"保存"和"保护"的混淆在于，"保存"（Preservation）是一个较为古老的概念，意思是不需要经过重大变化保留下来。"保护"（Conservation）是一个 20 世纪的用语，意思是需要适当变化，但必须清楚这种变化的目的是为了保持其主要的价值要素。直到最近，"遗产"（Heritage）这个词汇成为一种对过往事物价值认知、评判、选择、阐释（甚至利用）的过程。③

　　《世界风土建筑百科全书》提倡对于可识别性和最小干预，需要具体情况具体分析。若先不考虑保护对象是否继续使用的问题，在实际修复中更具争议的是新旧材料的可识别性问题，这一观点争议主要在于，对于普通大众而言，建筑的价值首先是

① 最早在现代意义上对保护中的修复原则进行澄清的人，是 19 世纪初的几十年里意大利鉴赏家和在意大利工作的法国建筑师。他们在一系列罗马的废墟和考古遗址、提图斯凯旋门的重建中采用原材料，做到在近距离能够被学者辨认，同时保留远观时的整体感与视觉效果。随着对意大利风土建筑的研究兴趣增加，特别是对托斯卡纳区的别墅研究，这些逐渐形成的保护原则也被运用到风土建筑上。参见 Paul Oliver. Encyclopedia of Vernacular Architecture of the World[M]. London：Cambridge University Press，1997：26 – 28.

② Louis Hellman，Charles Knevitt. Perspective：An Anthology of 1001 Architectural Quotations[M]. London：Humanities Press，1987.

③ Peter J. Larkham. Conservation and Heritage：Concepts and Application for the Built Heritage[M]// Cullingworth Barry（Editor）. British Planning：50 years of Urban and Regional Policy. London：Athlone，1999.

美观,历史建筑的保存对他们的首要意义就在于通过实地考察增长历史知识,他们并不会关注新旧材料的区分这一点。对于建筑师和建筑鉴赏家而言,他们更倾向于不要反映区别性的修复,或者至少在一定观察距离外看不出新旧材料的区分。考古学家与科学家则倾向于最大程度地区分,包括一砖一瓦的区别。摄影等记录技术的发达对于遗产保护者来说,减少了这种视觉可识别性的必要,因为这种区分带来的问题在于使建筑减色,损坏了美学完整度,使得建筑外观呈现一种令人担忧的"病态"。表面看,这些疑问提出的是修复中材料可识别性的问题,但本质上毋宁说是一个缠绕一个多世纪的争论。

至19世纪中叶,修复思想首先在古典浪漫主义运动中获得支持,此时哥特复兴式建筑大行其道,策源地主要是法国与英国,以维奥莱·勒—杜克和乔治·吉尔伯特·斯科特的修复思想为代表。他们定义的修复师乃"艺术家兼再造者"(artist-recreator),将修复师看成与建筑原设计者一样。修复,在他们眼中,承担着一项责任,即将建筑作品从后来的妨害和自身的不足中解放出来。目标就是使它真正获得形式的解放。他们发动了一项运动引进"改善"(improvements)这一理念,改善的对象不仅包括宏伟的纪念碑建筑,也包括许多古老的风土建筑,之所以包含风土建筑,可能因为风土建筑缺乏图档资料,尤其难回到过去的状态中,许多证据在历史过程中都已丢失了。

这种极端的道路必然引发不同意见。1839年由剑桥大学的学生发起,在英国成立了卡姆登协会(Camden Society)以保护中世纪教堂,这是较早保护历史建筑的公共组织。1877年,由拉斯金与其追随者莫里斯发起成立古建筑保护协会(SPAB),发起对修复的质疑,在他们看来修复意味着建筑遭到完全的破坏,伴随这种破坏则是对所破坏之物的错误描述。这一运动逐渐伴随着一种越来越强大的信念,建筑的美在于与手工匠艺(craftsmanship)的联系。这一价值认知的结果便是1875年前后在英国兴起的工艺美术运动,这一运动由拉斯金和莫里斯引导,核心在于关注手工艺的恢复。莫里斯的理由是在手作劳动中个人得到的满足感是工业生产无法替代的,以及手工匠艺在活化和恢复传统中的重要角色。

在19世纪末的二十余年,以修复对建筑进行某种更审慎、合理的"艺术化的再创造"由李格尔和卡弥洛·博伊托(Camillo Boito,1836—1914)领导。到1932年,意大利的乔万诺尼(G. Giovannoni)赋予"修复"现代意义上的认识。20世纪起,随着一系列保护领域的国际性会议召开,诸如马德里会议(1904),雅典会议(1933),威尼斯会议(1964)等,保护工作者试图针对保护实践中的再创造和更新利用之间达到一种调和,形成恰当的原则和技术,其制定的原则和宪章被各国政府和国际组织广泛应用。这些会议的成果之一就是1965年在巴黎成立的国际古迹遗址理事会(ICOMOS),关注保护所有的建筑类型,也包括风土建筑,并在ICOMOS中设立传统与风土建筑保护的分理事会。与这些进展并行的是对单栋建筑扩展到整个城乡环境的保护策略，1972 年的联合国遗产公约名单大约包含 100 个自然遗产和 300 个人工遗产，其生态保护理念中已经包含风土建筑保护的目标。

但就遗产保护者总体的工作情况而言，风土建筑保护自身的进展十分缓慢。普遍的看，这个现象来自范围有限的保护理念，保护对象基本还是限于要么具有国家层面的价值，要么具有特殊艺术风格价值或者承载历史事件和人物事迹的风土建筑。以英国为例，1895 年建立的英国国家信托（National Trust）至 1992 年受捐赠计200 栋农舍和风土建筑，大部分并不对公众开放，该信托相关风土建筑的书籍也是到近期才开始出版。至于从乡村历史环境风貌角度对风土建筑群及其所属自然保护区进行整体性保护和适度干预则是英国战后重建的规划内容之一，也就不属于《世界风土建筑百科全书》"遗产保护者的方法"指向的主要以单体为介入方式的保护。

**5. 传播论的方法：文化延续与文化逃离的二元命题**

"传播论（Diffusionist）的方法"也是重要的风土理论内容之一，文化学中的"传播"这一术语主要运用在文化特征、发明与知识的传播中。传播论这个词语在狭义上的定义也会变化，有时专门被定义为在个体或群体之间发生的，而且由移民到达一地或沿途的传播物，确实传递到其他个体和群体的过程才会被称作传播。然而，许多研究者并不在这么严格的意义上使用这个词，在空间上发生的传播，无论是否有个体和群体之间的确实传递，都被视为传播论的内容。

高登茨·多米尼希（Gaudenz Domenig）指出，在风土建筑研究的领域，传播论是非常重要的解释理论，运用于对某种文化现象形成原因的推测，比如解释一种罕见的地方风格，不同地域和种族具有极高相似度的建筑结构等。传播论的角度，特别是文化人类学中的传播论，相对而言是极少系统地被运用到风土建筑的研究中的。[①]

总的来看，这些研究反映出在传播论研究中，风土建筑属于一种边缘例证，但是也构成了一种比较特殊的研究出发点，有很多有价值的发现。那么文化人类学中的传播论如何被更广泛地应用于风土建筑研究呢？如何确立两个不同地理区域具有相近或相同的文化特征平行的文化现象，并使用传播论的解读方式建立相应的标准呢？

毫无疑问，在文化的历史上，传播起着重大的作用，但是过去发生的文化传播过程多数并未留下清晰的痕迹，甚至没有痕迹。如果只关心详实的记录和仍能观察到的传播现象，就会忽略起到科学调查补充作用的历史性材料。有鉴于此，19 世纪末期研究传播论的角度开始尝试从现有民族志材料增加解读角度——传播的路径。

---

① Paul Oliver. Encyclopedia of Vernacular Architecture of the World[M]. London：Cambridge University Press，1997：28－30.

在这个维度上看,风土建筑的传播论似乎也在讨论建筑进化的问题。

　　传播论的方法最先是在德语区普及,由弗里德里希·拉采尔(Friedrich Ratzel)发起,1882年,他发表《人类地理学》(*Anthropogeography*),寻求在文化传播的版图上地理的划分,区分"文化基因上的循环联系"(verwandtschaftskreise),这一角度由他的学生,德国民族志学研究者利奥·费罗贝尼乌斯①(Leo Viktor Frobenius)和地理学家费里兹·格雷布纳(Fritz Graebner)继承,被称为"文化历史学派"。②拉采尔注意到,相似特征的传播模式并不总是显示出连续性,但在空间相隔的区域间却是连续的。这一观察将毗邻区域的传播论引向更广阔的维度,但也更容易被诟病为"极端传播论""超级传播论"。奥地利民族志学家罗伯特·冯·海内-盖尔登(Robert von Heine-Geldern)则认为研究关键不在于区分是一种极端的还是适度的传播论,而是在于这种传播论的解释是合理的抑或是不合理的,不赞成因为某一传播论扩大化的地理视角就排斥这一观点③。另外美国人类学家弗朗兹·博厄斯④(Franz Boas)也使用传播论的一些观点,其研究比较严格地遵守着将传播论应用于相毗邻区域的原则,文化中的要素有着多种多样的来源,而不是只有一个单一的共同起源,因此较少被置喙。今天的问题依然是很难去决定在何种程度上判断一种传播论的可信度,学者对其价值也是存有不同看法。⑤

　　为了确定在两个不同地理区域具有相近或相同的文化特征这种平行文化现象的原因,使用传播论的解读方式需建立相应的实践标准。一为形式,一为数量。形式这一标准用于定义特征的相似度,不能是一种过于笼统的特点,并且这个特点并不是材料和功能形成的。数量指的是基于互相依存的文化特征的形式标准,其推断出的互相关系的可能性伴随不同特征的数量是增长的。在应用这些标准时,不同文化特征的传播模式在版图上会出现粗略的一致,甚至某一区域重合。这种区域的一

① 利奥·费罗贝尼乌斯(Leo Viktor Frobenius)为德国民族志学先驱之一,受弗里德里希·拉采尔(Friedrich Ratzel)影响,1894年在《非洲建筑类型》(Afrikanische Bautypen)提出文化圈(Kulturkreis)和文化传播论。
② 文化历史学派(culture-historical schools of ethnology)也称文化圈学派。1904年,在柏林人类学、民族志学、史前学学会会议上,格雷布纳(Fritz Graebner)和安克曼(Bernhard Ankenmann)分别发表《大洋洲的文化圈和文化层》和《非洲的文化圈和文化层》,由此文化圈的研究作为一种学术被正式确立。格雷布纳1911年出版的《民族学方法论》(Methode der Ethnologie)一书提出研究文化相似性与序列的两个标准:其一,形态的标准(the Criterion of Form),其二,数量的标准。对"文化圈"做了从理论到方法的系统论述,其历史观点由奥地利民族志学家W.施密特(Wilhelm Schmidt)和W·科佩斯(Wilhelm Koppers)等人作了进一步发展,瑞士民族志学家蒙唐东(George Alexis Montandon)作了系统梳理。参见 Fritz Graebner. Methode der Ethnologie[M]. Heidelberg:Winter,1911.
③ Karl Jettmar, Robert von Heine-Geldern. Paideuma[J]. Mitteilungen zur Kulturkunde,1969(15):8-11.
④ 博厄斯的主要著作有《原始人的心理》(1911)、《原始艺术》(1927)、《人类学与现代生活》(1928—1938)、《普通人类学》(合著,1938)、《种族、语言和文化》(1940)等。
⑤ Paul Oliver. Encyclopedia of Vernacular Architecture of the World[M]. London:Cambridge University Press,1997:28-30.

系列文化因应特征被称为文化圈(Kulturkreis)①。

　　1894年,费罗贝尼乌斯曾经完成过一项典型的传播论角度的非洲风土建筑研究《非洲建筑类型》(*Afrikanische Bautypen*),区分了东南亚以及大洋洲三个不同区域的建筑类型,借用文化圈的概念,称该片区域的一系列建筑类型为"建筑圈"(Baukreise),假设移民群会带着习惯的建筑形式开始迁移,迁移过程中变化的状况以及新的聚居地要求原有建筑进行调适和改进,在某些大型地理区域,某区房屋类型往往来自另一区域,这些诸多不同区域的建筑,最终都源于一个共同的风土建筑原型。

　　费罗贝尼乌斯建立的基本模型被美国的民族志学者延用于之后的风土建筑研究中。1965年,地理学背景出身的弗雷德•尼芬(Fred Bowerman Kniffen)的研究《民族建筑传播论的关键》②(*Folk Housing: Key to Diffusion*)分辨出北美大西洋海岸的三个"源头地区",重构了最初由西方移民者带来的欧洲居民的建筑形式的传播路径。关于新英格兰这一源头地区,书中区分了四种形成于1700—1850年间的住宅类型,最初的形式经过传播扩散延续至今,这些形式也包含最晚近的主导形式,其传播远至密歇根地区最西侧(图3.113)。

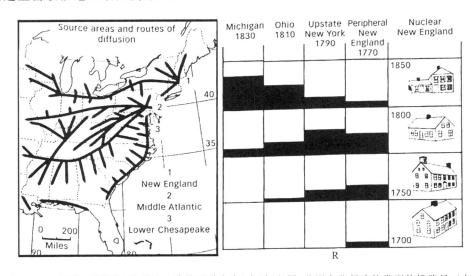

图3.113　保罗•奥利弗《世界风土建筑百科全书》内页(左图)美国东北部建筑类型传播路径;(右图)新英格兰风土建筑在美国的分布与传播统计　来源:Cambridge University Press

---

① 这一概念首先由前述拉采尔的学生利奥•费罗贝尼乌斯提出,文章《非洲西部的文化圈》Der westafrikanische Kulturkreis 在1897至1898年间发表于Petermanns Geographische Mitteilungen 43/44。

② Fred Bowerman Kniffen. Folk Housing:Key to Diffusion[J]. Annals of the Association of American Geographers,1965,4(55):549－577.

风土建筑的传播论角度的研究中,其建筑特征的传播和变化是最为重要的考察点,对象是否出现惊人的相似是很重要的问题,另一个传播论研究者较关注的问题是解释建筑类型为何以及如何在传播之后经历变化。建筑特征经常会跟随传播路径变化,使得这类研究具有某种共同点,就是最初的入手点一般是确立经由移民和商人传递的建筑形式与文化特征之间的关系。

结合《世界风土建筑百科全书》的"传播论的方法"一章的理论架构[1],笔者认为该理论综览所得启示还包括几个方面:首先,传播论研究方法一般考虑到住宅往往是民族个性的体现,似乎人群总是主动地参与传播和延续原有建筑形式,因之引出的问题是,主动选择保留建筑的形式与否对于一个移民群体所具有的意义是什么。这就意味着迁徙可能也是出于逃离一种旧有的民族传统的需要,这种民族传统本身处于自我延续的新进程之中,迁徙意味着可以将之置于身后,意味着在新的聚居地改进先前的房屋类型,或许更意味着主动缔造新的民族个性的过程。从这个切口入手,传播论的研究视野或许还能得到另一种维度上的丰富。

**6. 生态学的方法:确立风土建筑环境的非中立属性**

在风土建筑研究中,所谓的生态学的(Ecological)方法,指的是使用"人文生态学"(human ecology)中的整体性角度,将人类的活动、产物、规范和各种协调因素都视作是地球表面这一生物圈范围里的解读对象。这一框架包含三种逻辑关系要素,第一是"生物逻辑",即所有生物有机体包括动植物在内的规律;第二是"生态逻辑",即包含有机组成物的大气、水、土壤和日照的规律;第三是"人类逻辑",即包含文化、社会和个体要素例如社会习俗、仪式和价值观在内的规律。[2]

Ecology 这个词来自希腊古老的词语 oekologie,由 oikos 和 logos 组合而成,意思是"栖居的科学"。在 1873 年由德国动物学家海克尔(Ernst Haeckel)首次使用,用于指生物体和其周围环境的联系。其中,"人文生态学"关注人类及其所有的习俗和活动。每种习俗都会使用到与生态相关的自然资源,人文生态学角度的一项实体研究对象即为土地以及聚居其上所需的物质资料,包括用于建造风土建筑的构筑材料等。

这类研究中具有代表性的是罗伯特·奈汀(Robert McC. Netting)在 1981 年完成的研究[3]。瑞士山村特伯尔位于菲斯普山谷、罗纳河南部,海拔 1 500 米,是一处古

---

[1]  Paul Oliver. Encyclopedia of Vernacular Architecture of the World[M]. London:Cambridge University Press,1997:28-30.

[2]  Ibid.:31.

[3]  Robert McC. Netting. Balancing on an Alp:Ecological Change and Continuity in a Swiss Mountain Community[M]. Cambridge:Cambridge University Press,1981.

老的聚居地所在,建有大量木结构房屋以及覆盖着石板瓦的谷仓。它的周围是干草场、牧草场、菜园,坡地上建有葡萄园,后部区域是冷杉林和松树林。奈汀意欲揭示的是,这些美丽的聚居地并非是自然的风景,而是作为聚居地的自然资源被世世代代利用形成"生态复合物"。奈汀将村庄看作一个小的生态系统,其基础是小规模的自给经济,这个系统反映的是当地资源的变化和人口的扩张、集约化和限制等作用问题。例如,木材这一自然资源对村民而言不仅是建筑材料和燃料来源,也是保存泥土、防止雪崩和保护分水岭的重要依靠。木材在房屋建造以及取暖和烹制食物时被精确使用,均是为了保有木材储量,减少损失的风险。村庄中三分之二的建筑是住宅,而三分之一是仓储用的建筑,这种数量分布也反映了依靠自给经济的居民重视储粮的程度。

斯蒂芬·博伊登(Stephen Boyden)的观点流传甚广。他认为,生物圈与人类社会的关系可以分为四个生态学上的阶段。第一个阶段是"狩猎采集阶段",这是最漫长的阶段;下一阶段是"农耕阶段",定居的习惯在这个阶段建立;接下来是"都市徙居阶段",大约是 200 代人以前开始;最后是"高能耗阶段"即大约 8 代人之前开始,此阶段对所有资源进行利用的习惯被大量普及。博伊登对这些阶段的概括涵盖了对食物的利用,人类居住地的建造,能源使用,废物循环等[1]。博伊登的理论或许能用以观察建筑材料在这几个生态学阶段中的变化。在一个更宏观的角度上来看,7 000 年前定居刚成为人类的习惯时,建筑一般是由太阳烘干的土坯、天然纤维和石材建造。随着殖民主义和工业化的发展,可用于大量建造的材料例如钢材、水泥和玻璃逐渐地代替了传统建造材料。同时,运输的发达使得进出口建筑材料,传播建造技术都变得便捷。本土文化中传统的建造工艺逐渐消亡,建成环境的布局和结构的变化对材料和能源的消耗因而产生了极大的生态学影响。

生态学的方法也可以用来说明风土建筑的布局、结构和日常用途如何与居民的生活方式、宇宙观、仪式活动,以及家庭与社群的组织结构产生联系。已有大量证据表明,许多古老的城镇和建筑均与宇宙观有关,借用人造环境可以反映宇宙的秩序。总体上看,在宇宙论和创世神话中有两个主要的版本:一种是神人同形论(或者是跟某种环境中的元素类似)。另一种是认为宇宙的方位有着不同的价值诠释,这六个方向是:东南西北上下。以斯坦沃特(R. J. Stewart)的研究为例,他认为爱尔兰和印度虽然是截然不同的国家,但在印欧文明中东南西北四个方向均被转译为实际意义的区域,也在建造的房屋中体现:采用好的方向才可以得到神灵的保佑。[2]

① Stephen Boyden. Western Civilization in Biological Perspective[M]. Oxford：Oxford University Press，1987.
② R. J. Stewart. The Elements of Creation Myth[M]. Elenment Books，1989.

风土建筑和聚落反映了本土匠艺,也反映了此地人或是有意识或是无意识的生活观。但是,这种密切关联有的时候很难被外部观察者体会,也无从解读。生态学的角度提供了一种解答角度,即通过建立概念框架,将自然科学譬如生物学,化学,地理,与人文学科譬如人类学、人口学、经济学等结合,将发散性的学科结合于综合性的风土建筑研究中。因此,生态学截然不同于建筑师和社会学者的观点,风土建筑所处的环境并不是一种中立的背景,而是复杂、多维、动态的"生态复合物""文化复合物",因此对风土建筑的研究既要涵盖其物质材料组成,也要研究布局,组构逻辑等非物质材料部分,并从中解读出社会习俗,仪式和价值观。

### 7. 进化论的方法:建造起源的甄别和派生

在建筑学的语境中,进化论的(Evolutionary)方法被作为一种重要的研究手段,在某一历史向度上对量多丰富的建造类型进行研究,常常可以在地理维度上得出联系,其中风土建筑作为一种"人造物",研究关注点包括关于原初的建造者其建造起源的甄别和随之展开的派生性过程。按照《世界风土建筑百科全书中》对这一理论的界定,风土建筑的进化论方法分为经典进化论、启蒙时期的进化论、浪漫主义的进化论、实证主义的进化论和人类学的进化论。[1]

对单个或一组对象的起源进行甄别的研究方式都属于进化论的范畴。evolution一词源于拉丁语 evolutio-onis,evolvere 的意思是"展开纸莎草用于阅读"。包含的意义对立于"革命"一词,指的是一项持续的缓缓发展的过程,其过程不受打搅。这一概念适用于各种"进化主义",实际上是随着达尔文(Charles Robert Darwin,1809—1882)的理论产生后形成——达尔文进化论的思想在许多学科研究中生根,包括人类学、哲学、语言学、社会学,这些学科自身也成为构成现代文化体系的关键部分。

建筑进化论思想在西方很早就存在。维特鲁威的《建筑十书》中除了讲述多立克柱式的来源之外,认为庙宇的原型是枝干搭成的棚屋。这种理想化的希腊式假定构成了文艺复兴一系列著述的基础。显然这种起源更为关注的是从图像上去考虑构筑的原型,而不是以人类学的方式考察,因为在当时显然没有具备人类学这种强调文化敏感性的研究基础。

从 18 世纪中期开始,启蒙运动思想的传播引发了经典建筑起源考察上的转向。洛吉耶在《建筑论文集》[2]中认为,建筑体现的真实与美是建筑纯净性的最重要因素。原始棚屋成为建筑的理想范式,四根树干支撑顶棚的棚屋所体现的真实与美这一内在特质,不仅体现在神庙上,也是建筑本身具有的理性体现,这也随之成为后来延续

---

① Paul Oliver. Encyclopedia of Vernacular Architecture of the World[M]. London:Cambridge University Press,1997:36 - 39.

② Marc-Antoine Laugier. Essai sur l'architecture[M]. Paris:Duchesne,1753.

一个多世纪的现代运动的重要原则之一。进一步的,钱伯斯 1759 年的著作《民用建筑论文》①,对原始棚屋进一步加以哲学化的描述,历时性地描述了多里克柱式的源起及一系列演变(图 3.114)。

从 19 世纪早期开始,进化论的研究产生新的转向。在浪漫主义的影响下,建筑的争论中心从建筑的原型与起源转向对拿破仑时代之后建筑文化发展的追溯,因此相对于对经典建筑的兴趣,很多国家开始转向对自发生长的传统建筑的研究,即呈现为风土景观的"次要建筑"(minor building)。

紧接着,1859 年在英国发生了两件事,一件是理论界的成果,达尔文发表进化论《物种起源》(*On the Origin of Species by Means of Natural Selection*,*or the Preservation of Favoured Races in the Struggle for Life*),另一事

图 3.114　保罗·奥利弗《世界风土建筑百科全书》钱伯斯 1759 年对原始棚屋(the Primitive Hut)的早期演化
来源:Cambridge University Press

件则是菲利普·韦伯完成的红屋,被认为是第一座真正的现代建筑。进化论的革新观点影响了两个著名的建筑学引领人物,森佩尔和维奥莱—杜克。

1860 年,森佩尔在其《技术与建构艺术或实用美学的风格》②一书基于实证主义的态度,通过比较各个时代和国家的建筑,形成了建筑派生过程的解释。他将加勒比海的原始茅屋作为参照,发展了四种主要的建筑起源:编织、砌筑、木工,以及石造。他对材料的追溯方式并不是将其作为客观存在的四要素,而是作为建筑的"形

---

① William Chambers. A Treatise on the Decorative Part of Civil Architecture[M]. London:J. Haberkorn,1759.

② 森佩尔出版于 1860 年的《技术与建构艺术或实用美学的风格》(Der Stil in den technischen und tectonischen Künsten,oder praktische Äesthetik)英文版书名为 Style in the Technical and Tectonic Arts;or,Practical Aesthetics,由 Harry Mallgrave 与 Michael Robinson 翻译出版,德文版实际只出版了两卷。屋顶、墙体、火炉、台基这四个要素,作为"彩饰法"的延续,承接了森佩尔理论的观点"材料和制作是连接内在愿望与客观世界之间的桥梁",与遮蔽、围合、聚集、抬升四个动机相连,使得建筑存在于大地之上,也与编织、砌筑、木工,以及石造制作方式相关联。在这个框架中,重要的不是作为客观存在的四要素,而是建筑的"形式源头"得以和"制作工艺"以及人的"根本动机"相互观照。从该论述中,结构是被剔除在基本要素之外的。森佩尔研究墙体的围合属性以及用作制作墙体的编制工艺后认为,作为墙体这类要素,本项目的是空间的围合与建造物质性的消隐。而随着时代变化,无论作为编制的墙体的视觉特征怎样转化到砖、马赛克中,其源于动机的形式特征和象征意义都是不变的。四个要素作为掩盖结构的装饰虽然不是一种现象上的真实,却是源于远古就有的人类动机的历史真实。将空间置于结构之上,承认饰面之于建筑的正当性,掩盖结构,却不进行伪装,更不进行错误的再现,这是一种内在真实性的揭示,却非物质性的真实。这一观点显然与倾向于将最重要的部分置于结构和技术的维奥莱·勒—杜克大为不同。

式源头","制作工艺"呈现出形式象征和装饰要素的关联。

民族志学的基础性贡献引发建筑进化论朝向人类学角度发展。19 世纪晚期开始,关于物质文化的研究开始系统发展,按照人类学运用的方式,研究不仅注重居住形式本身,还注重其内部和外部的关联域,即家庭与社会的种种复杂关系。这一思想也是路易斯·亨利·摩根提倡的,在《美国土著居民的房屋与家庭生活》中,摩根曾采用一种社会进化论的视角系统检视了大时间向度内的居住秩序演进。研究得出三个进化阶段:蒙昧、野蛮与文明阶段。这些阶段进一步依据技术发明分为更细的阶段,例如在蒙昧时代的发明火、弓、陶器,在野蛮时代的家畜豢养、农业与炼铁术,以及在文明时代拼音文字与书写的发展。摩根的研究把房屋建筑的发展与社会的发展相联系,进一步而言,揭示了亲属关系作为社会的基本构件,建筑空间与血亲关系有着物质对应和空间投射。

到 20 世纪 30 年代,以进化论方法研究风土建筑上较有代表性的是蒙唐东(George Alexis Montandon)的研究,通过物质实存资料中的居住形式所反映的社会组构和经济活动来划分进化程度,蒙唐东得出以下 12 个深奥的"基础圈":(1) 原始圈(Primitive cycle,树枝遮蔽和圆/穹顶状遮蔽物);(2) 回旋镖圈(Boomerang cycle,圆/穹顶状遮蔽物);(3) 图腾圈(Totem cycle,圆柱形—圆锥形棚屋);(4) 双层级圈(Dual Class cycle,方形棚屋双侧坡屋顶);(5) 弓圈(Bow cycle 平台上的方形棚屋);(6) 苏丹—波利尼西亚圈(Sudanese-Polynesian 石基座上的方形棚屋);(7) 北极与田园圈(Arctico and pastoral cycle,土中御寒建筑,圆锥形帐篷,黑色沙漠帐篷);(8) 墨西哥—安第斯圈(Mexican-Andes cycle,家宅,城镇以及纪念物);(9—12) 印度,古中国,伊斯兰和地中海圈(Indian, ancient Chinese, Islamic and Mediterranean cycles,家宅,城镇以及纪念物)。[①]

20 世纪 50 年代起,克洛德·列维—斯特劳斯的批评开始影响进化论的流行。他认为进化论具有一种忽视文化多样性的倾向,任何民族的文化均以欧洲中心论的角度进行刻板解读。对于列维—斯特劳斯而言,任何一个人类社会因其不可复制的历史环境个别性而无法进行复制性的研究。他因此采用索绪尔式的术语寻找共时分析和历时分析的联系,也可以更宏观地说,研究历史和"结构"的关系。

从另外一条线索来看,进化论与现代运动的关系较为密切。现代主义运动本是在不同的国家中,自对本土传统建筑的兴趣而先后萌发的革新。但由于一种颇为教条的理性主义的流行,产生了非常激烈的与传统建筑起源相决裂的现象,这暗示着两战期间的现代主义者一种彻底地摆脱旧有图像经验的渴望。因此,寻找新的表达

① George Alexis Montandon. L'Ologenèse culturelle, traité d'ethnologie[M]. Paris: Payot, 1934.

系统使得风土建筑如同语言上的某种"新-原始物"。[①]

**8. 博物馆学的方法：风土建筑的馆藏式保护**

博物馆学的(Museological)方法对于风土建筑的研究而言，主要贡献在于提出露天博物馆和生态博物馆的概念，作为一种保护和展示风土建筑的选择。目前鉴于大量的风土建筑实存有着抢救性保护的需要，很有必要对这种研究方式进行研究。露天博物馆的概念是 100 多年前斯堪的纳维亚半岛国家里产生的，而生态博物馆则是在 20 世纪 70 年代的法国产生。[②]

在 1867 年的巴黎世博会上，一座瑞典农舍的复原和一座挪威的楼阁小屋作为国家出口物参加展览。同时，瑞典人还展示了 1∶1 的瑞典民俗生活模型。

1891 年，亚瑟·哈兹里乌斯(Artur Hazelius)在斯德哥尔摩建立世界上第一座露天博物馆——斯堪森露天博物馆(Skansen open-air museum)，这是一所完全在户外的民俗博物馆。这种新的博物馆形式有两个目的，一是在园区展示完整的传统建筑，二是再造建筑内部的民俗生活陈设。

从 19 世纪的末期开始，地域传统和风俗开始在这些由国家设置的露天博物馆里陆续展出。这些博物馆临近首都，从全国各地收集建筑。建立者一般是具有很强民族感的学者，有着"教育"公众的意识，具有对风土建筑如画本质的鉴赏力。露天博物馆的概念先是很快传到挪威，1912 年在阿纳姆(Arnhem)建造了挪威的国家露天博物馆(Open Air Museum in Arnhem)。1936 年，罗马尼亚在布加勒斯特建造了第一座国家露天博物馆(Muzeul Satului)，被认为是欧洲最好的露天博物馆之一。美国第一座露天博物馆威廉斯堡殖民地博物馆(Living history museum of colonial Williamsburg)在 1926 年建成。第二次世界大战后，露天博物馆的概念也传到了欧美之外的地区，日本、印度尼西亚、印度和一些非洲国家均开始建造露天博物馆。欧洲露天博物馆的展示较为强调风土建筑的地域差异，美国露天博物馆的展示注重展示各历史时期中风土建筑的变化，而在日本则强调传达民族特色和风土建筑的进化线索。

进一步而言，法国博物馆学家乔治·亨利·里维埃(Georges Henri Riviere)将露天博物馆的概念发展为在原址建造生态博物馆，更强调对原地的自然和社会环境的整体性保护，这就不限于仅仅把建筑搬到现场，更为重视原地保护而不是移建，例如法国的勒蓬德蒙特韦尔(Le Pont-de-Montvert)的洛泽尔山(Mont-Lozere)生态博

---

[①] 值得注意的是在意大利出现过现代主义者和传统派在纳粹治下"调和"，意大利理性主义的代表朱赛普·帕加诺(Giuseppe Pagano)曾策划过关于意大利乡村建筑的专题并在 1936 年举办相应的展览，Main entry and adjoining pavilion, Exhibition of Rural Architecture (with Guarniero Daniel), Exhibition of Building Materials (with Guido Frette), 6th Milan Triennale, 1936.

[②] Paul Oliver. Encyclopedia of Vernacular Architecture of the World[M]. London：Cambridge University Press，1997：49 - 52.

物馆有许多农舍,访客可以顺着特殊的动线连续参观。

露天博物馆的发源不能仅仅由博物馆学的发展来解释,其出现代表的是风土建筑价值认知和保护的发展。一方面随着西方国家对民间文化的兴趣增长,逐渐意识到需要保护乡村失落的传统,另一方面风土建筑被认为是表达了民族最高精神,露天博物馆因表达国家身份和民族特点的需要应运而生。露天博物馆诞生一百多年后,很多国家接受了这一概念,但是也产生了新的质疑声。博物馆中所展示的风土建筑类型多样,涵盖农民、牧羊人、渔民和手工艺者的房屋,但是博物馆中的建筑在异地重建之后处于一个过于干净和完美的环境,就这一点看就已经违背了某种真实性(authenticity)。因此,风土建筑展示中很重要的一项考虑将是关于材料真实性和视觉真实性的矛盾如何解决。

尽管《世界风土建筑百科全书》一书的诞生对于拉普卜特这样渴望就建筑实际问题导向有所突破的学者而言,处于风土建筑这一学科由"自然史"向"问题史"过渡的阶段。但客观地看,作为第一部关于全世界范围的风土建筑百科全书,它其实超出通常以条目索引进行分类的百科全书所包含的内容,包含了"问题史"的视野。编者基于风土建筑的"环境-文化"这一双重本质,成功建立了与之相符的风土建筑理论框架。不管是对于建筑师还是人类学者来说,过去这两个领域的研究者,因为缺乏对平行学科的认识,其相关研究也受到阻碍。这套书首先呈现的重要价值就是面向这两类主要的风土建筑研究群体作了一种"打开"的工作:"打通"多学科之间的边界,将各个学科的方法和理论汇集到风土建筑这一学科之内,为后续的风土建筑的研究和应用奠定坚实的基础。

## 第三节　风土建筑与地域主义

### 一、地域主义的批判性视野

在现代建筑运动高潮之后,风土建筑因为其有助于应对现代主义建筑失去地方特征这一病症,得到了诺伯舒兹(Christian Norberg-Schulz,1926—2000)的重视,并在其"场所精神"(Genius Loci)的理论建构中有所反映。[①] 保留风土建筑中缓变的、恒常的(constant)与土地、文化的亲缘关系被作为人类栖居的诗意本质,被赋予了更深刻的哲学意义。

1981 年,亚历山大·楚尼斯(Alexander Tzonis,1937—)提出"批判性地域主义"

---

① ［挪］诺伯舒兹.场所精神:迈向建筑现象学［M］.施植明,译.武汉:华中科技大学出版社,2010.

(Critical Regionalism)，提倡以反衬的手法塑造新的地域特色建筑。现代主义应当抵制普世趋同，但也不能复制风土原型，而要以批判性的方式向风土建筑学习。①

"批判"的概念可以追溯到康德的"批判"思想（《纯粹理性批判》《实践理性批判》《判断力批判》）和法兰克福学派的批判性思维。在这种哲学传统影响下，开创了西方哲学离开先验接受给定的真理，对自身的认知范畴进行不间断的反思和自我批判。正是在这一接续性的西方文化更新的自觉探索下，楚尼斯在地域主义前加上"批判性"构成"批判性地域主义"这一复合概念，而在他之前，美国建筑理论和批评家刘易斯·芒福德（Lewis Mumford，1895—1990）是第一位系统地在这个意义上对地域主义进行过重新思考的建筑理论家。

《批判性地域主义》一书的序言中，楚尼斯认为"批判性地域主义"是用来描述当代地域主义的理论和实践的，以便将其与传统的、狭隘的地域主义相区别。在20世纪70年代，芒福德认为现代建筑运动的核心是地域主义的，只不过它被教条的国际风格所劫持。其实更早的在1924年，芒福德就十分有远见地在《树枝与石头：美国建筑与文化研究》（*Sticks and Stones: A Study of American Architecture and Civilization*）中提出，将美国的建筑"有益的往昔"转译为新英格兰清教主义传统，即乡村的"世俗完美性"，在那里"花园城的基本元素就是社区的共有土地以及社区本身的共有权与管理权"。按照这种标准来看，美国的一切发展都不合格。② 应当将地域主义从商业和沙文主义的弊端中"脱离"出来，地域主义是基于特定的地理环境、人文环境并采用适宜当地的技术经济法则所设计的能体现本土地域建筑价值的建筑形式。③ 芒福德第一次在地域主义中发现了相对性的概念，这样，地域主义就被看作是一种对全球化世界的交流与沟通，而不是采取一种拒绝的态度。换句话说，芒福德的地域主义成为一种在地方与全球之间不断交流和沟通的过程。这是他重要的原创性贡献，也是他开启的对地域主义传统定义的批判性再思考。

弗兰普顿（Kenneth Frampton）的《建构文化研究》④一书进一步提出"走向批判性地域主义"，竭力主张建筑学观照场所特征和地域构法，以此抵抗流行时尚和风格俗套。斯蒂文·莫尔（Steven A. Moore）则提出"再生的地域主义"（Regenerative Regionalsim），提倡营造独特的地方社会场景（social settings）；吸收地方的匠作传统；介入文化和技术整合的过程；增加风土知识和生态条件的作用；倡导普适的日常生活技术；使得批判性

① ［荷］亚历山大·楚尼斯，勒费夫尔.批判性地域主义——全球化世界中的建筑及其特性［M］.王丙辰，译.北京：中国建筑工业出版社，2007.
② ［美］H. F. 马尔格雷夫.现代建筑理论的历史，1673—1968［M］. 陈平，译.北京：北京大学出版社，2017：440－446.
③ ［美］唐纳德·米勒.刘易斯·芒福德读本［M］.宋俊岭，译.上海：上海三联书店，2016.
④ ［美］肯尼斯·弗兰姆普敦.建构文化研究［M］.王骏阳，译.北京：中国建筑工业出版社，2007.

实践常态化的技术干预;培养价值共识以提升地方凝聚力;通过公众参与程度和实践水平的不断提高,促进场所再生等等。[①] 进一步扩展了批判性地域主义的外延,对建筑师提出了承担社会使命的要求。总的来说,作为地方风土特征现代演绎的"批判性地域主义",给建筑本土化留下了一系列具有挑战性的深刻命题。

## 二、走向重建有反省性的建筑学:风土现代的三种实践方向

> 不,我们可以希冀所有这样的回归总能达成,如果我们将瘫痪转为天真,那就有希望;但是我不知道我们如何再次回归童年,寻回我们失去的生活。[②]
>
> ——约翰·拉斯金(1849)

风土建筑的重要关联域——通过文本与口承流传的民间神话和寓言,作为神话-诗学的变形物引发了19—20世纪许多探寻文化原点之人的重视,马西摩·伯坦佩里(Massimo Bontempelli,1878—1960)以典型的马基雅维利(Machiavelli)式的神秘主义总结了对于风土的兴趣根本性地源于西方对于文化转换的整体性需要:

> 很有必要发明。古希腊人发明了美丽的神话和寓言,人们使用了好几个世纪。基督教又发明了别的神话。今天我们站在第三个人类文明时代的开端。所以我们必须学习发明新神话和新寓言的艺术。[③]

伯坦佩里认为使用地中海民间文化中的神话是一种"诡计",其用意事实上是纵观历史地将过去的表述用到现今。这暗示了优雅的"消费"那些永恒的事物,这些东西超越了四季变换,超越了终年的昼夜变迁,其永恒的形式超越了自身,又表明了自身。几乎就像是每个时代都会贯穿某个独特的主题,艺术需要被这样衡量:它是对于和谐的持续追寻。换言之,艺术与神话一样,是对于单纯以及和谐的追求,同时又是对经典的象征性表达。

历经时光沉淀的古老风土建筑遗存对于现代建筑而言,重新意味着一种能够被转化为新型艺术语言的可能来源。于是,风土建筑的价值认知首先超越其物质性的证明,这一在价值论断上跨出的第一步,或许是西方世界能够逐渐认识风土建筑"环境-文化"双重本质并加以实践的总体性开端。

19世纪初开始,风土建筑已经开始成为古典浪漫主义建筑师如辛克尔灵感的来源,对他而言,风土建筑有着另一种田园诗式的意义,超越了温克尔曼提倡的古典风格和经典范式。此后,工艺美术运动与维也纳分离派建筑师意识到,为了反对学院

---

① Vincent B. Canizaro. Architectural Regionalism: Collected Writings on Place, Identity, Modernity, and Tradition[M]. Princeton Architectural Press, 2007:441-442.
② John Ruskin. The Seven Lamps of Architecture[M]. New York: Dover Publications, 1989:151.
③ Massimo Bontempelli. Realismo Magico[M]. Benedetto Gravagnuolo (trans). Milano, 1928:900.

派形式、希腊-罗马式建筑,以及传统的历史主义形式,需要另外支持和建立一种植根于本土的、更为具体化的、批判性的理性主义。在这种自觉的文化探寻中,乡村和郊外的建筑具有简洁的形式,其建筑的比例与表达方式与当地的材料及特定场所有机结合,截然对立于学院派建筑的规制化思维。这时,风土建筑成为启发建筑师的一种途径,一个提供联想的工具,超越了模仿一项崇高的经典形式。但是这是建筑师们零星的、个人化的兴趣,还没有真正形成一种更广泛的潮流。

　　1964 年,鲁道夫斯基以亚洲、非洲地区的风土聚落考察为基础,在纽约作了"没有建筑师的建筑"的展览并出版同名著作,引发一场西方主流建筑学内的强烈震动。在此前。所有被冠之以"非正统"(non pedigreed)以及与此相连的 indigenous(本土的)、primitive(原生的)、abnormal(土著的)、folk(民间的)、popular(平民的)、rural(乡间的)、ethnic(民族的)、racial(种族的)等带有前工业时代特征的、由没有受过正规设计训练的工匠以当地材料和工艺建造的类型,即所谓的"bricolage","就地取材""因材施用"的自主、自为、自洽的建筑,通过鲁道夫斯基的"宣言"被当作一种重要的类别,得到建筑师及建筑史学家群体的集体认同而登上历史舞台,自"入诗"之后,具有了"入史"的资格。

**问题的提出:何谓风土现代**

　　"风土现代"(vernacular modern)这一概念来自 21 世纪伊始,西方建筑史学写作中对风土(vernacular)与现代(modern)的复合[①]。重申这一概念,是试图承接寻找"风土"作为"另一种现代"(the other modern)的巨大影响力。阿兰·柯尔孔(Alan Colquhoun)曾经指出,一个复合的概念往往诞生于相反的概念,比如"风土古典主义"(vernacular classicism)这个词语,由风土和古典主义构成,后来的风土反对早先的古典主义,结果是这两个相反的概念最后结合到一起去了,形成风土古典主义了。[②] 实际上,复合概念"风土现代"也恰好符合这个规律。如克洛德·列维—施特劳斯戏谑的,惯常的哲学批判便是既不完全同意第一种态度,也不完全同意第二种态度,最后采取一种结合前二者某些部分的第三种态度[③]。时至今日,"风土现代"不仅是一种复合的提法,因为厌倦符号化与标签化谈论的现代建筑师,早就无意于使用"风土"解构"现代",也无意于通过"风土"建构"现代",而是将"风土"作为某种重返"现代"的道路,以更开明的理性与经验合一的态度修正现代性。换言之,在建筑学中心灵的引入看似在抵抗无处不在的科学主义,但某种意义上反倒更说明了关注现代和风土的人是彻底的现代主

---

① Lejeune Jean-François, Sabatino Michelangelo. Modern Architecture and the Mediterranean: Vernacular Dialogues and Contested Identities[M]. London: Routledge, 2010.

② Alan Colquhoun. Modernity and the Classical Tradition: Architectural Essays 1980 – 1987[M]. Cambridge: The MIT Press, 1989:21.

③ [法]克洛德·列维—斯特劳斯.忧郁的热带[M].王志明,译.北京:中国人民大学出版社,2009:59 – 60.

义者了。任何一位反思启蒙理性的人，依然是启蒙时代留下的主体性、能动性与反省性这一思想遗产的接受者。就此观之，风土是一种彻头彻尾的现代主义。

柯尔孔曾提出另一项妙论，现代主义并不代表建筑演进的必然方向，后现代主义，不过是带着历史伪装的现代主义，二者是同一块钱币的两面，都受到了资本的滋养，服务于当代的文化消费。① 细思之，风土在西方语境中所受的追捧不也因为内里受到资本滋养吗？从柯氏"两面论"的角度看，我们将在此提出的问题是，是否可以策略性地放大风土作为"钱币"的此面映照出人类理性的自我修正历程？今日的"风土"是否可以被置于与"现代"对话的角色，而不是对立的位置？风土作为一种起到修正作用的现代观念，是否可以导向对现代性更为完整的理解，以及引导出朝向重建有反省性的建筑学？

**从"怀旧"到"反省"：风土现代的三种实践方向**

如果说风土现代的话语建构了反省性的视阈，那么建筑学领域的技术性实践也隶属于这一幅整体性的文化图景——其观念渗透了历史性，显现出一种与工业社会的文化转换问题相应的、从"怀旧"到"反省"的建筑学共振。相较于在人类学、美学等学科中起到的交汇作用，风土建筑在建筑学的实践领域产生的影响最为持续和重大。建筑师受到的影响来自建立在直观感性体验（主要是视觉）上的美学敏感。风土建筑带有"环境-文化"的双重性，是一个具有含混与清晰两分本质的对象，这种双重性会决定建筑师关注的角度、方法的选择、信息的解读、成果的显现都不同，最终产生多种方式加以批判性吸收和设计转化。1997 年，保罗·奥利弗的《世界风土建筑百科全书》将建筑师研究风土建筑的方式定义为"建筑学的方法"，可见建筑师群体对于风土建筑的现代学科进程起到重要作用。进一步观察可看到，现代建筑师以风土建筑的特质转化作为主要目标的实践可分为三种历史类型：

**（1）在回应人类象征性本质的需求下，产生图像性的、如画式的方式，以唤起风土记忆的怀旧建筑；**

**（2）以启蒙开启的理性排除心灵干扰，保持客观和独立思考，产生被气候、材料或者功能决定的理性建筑；**

**（3）由体验性的、情感化的、精神性的诸多诉求，综合包含丰富的生活场景与自由氛围的诗意建筑。**

第一种属于记忆范畴，第二种属于理性范畴，第三种则属于感知范畴。按照建筑呈现的最终效果进行的分类，未必是令人满意的结果，但是，如果这一分类可以有助于

① Alan Colquhoun. Modernity and the Classical Tradition：Architectural Essays 1980－1987[M]. Cambridge：The MIT Press，1989：17.

开启对建筑师作品的学习,并且进一步将建筑师也看作是发问者一起加以研究,那么这种浅显的分类就有了超出其本身的、作为提出问题的价值。我们知道,浸润于不同风土建造传统中的建筑师们对风土建筑完全会有各自的价值认知,基于个体思维差异与情感倾向判断,本不存在较为"全态"的分类和真正"完整"的定义,因而笔者将反向进行,将以上较为冗长抽象的描述进一步简括为三种实践,考察其背后的史观:

**(1)如画式再造;**

**(2)客观性再构;**

**(3)场所感再生。**

借助分类法,可以基本厘清现代运动时期建筑师群体(现代建筑师将被理解为特定时期的历史群体)对风土建筑的研究方式,观察各分支的发展,把握其对应思想,并将研究结果用于修正这一理论模型,整体呈现从"怀旧"到"反省"的历史演变脉络。在关注建筑师的设计之外,递进至对其观念演变的研究,连番的考察后将导向风土建筑的再生方式,并重新回到上文提出的问题完成结论。

**1.如画式再造**

"如画式再造"实践的建筑师有一种共同的特征,他们常常会带有类似于民俗学家和遗产保护者的动机,以一种近似于扬古抑今的历史立场将风土建筑作为疏解文化危机的出口,风土建筑常被看作是地方原型加以"挽救""保护"。其动机与怀旧情绪普遍的伴随浪漫主义的内省思潮产生于19世纪,工业社会的文化危机被归咎于对历史失去敬畏,既往生活方式的解体使得拉斯金及其门徒处于深重地对传统断根的恐惧之中。对于将如画(picturesque)景致作为精神依托的人们而言,地方原型本不随时间变化,凝固于过往之中,历史自身具有某种恒定不变的古典结构,他们不相信地方原型本身也是浸透了历史性的产物。另一方面,作为象征意味的原型根植于本土,表达了某种地方特性,传达出创造原型的人们其性格与精神,这与针对启蒙的纯粹理性而产生的浪漫主义思潮紧密关联,对个体价值和原初生机勃勃的性格文化之崇拜极为蓬勃,因此也常常与民族主义兴起有千丝万缕的联系。地方原型看起来熟悉而陌生,纯粹而健康,与那些不适于当地需求、条件和特点的舶来风格建筑,或者均质的工业化建筑产品都有剧烈的反差。因此建筑师致力于发现源于本土的纯粹形式,消除外界长期影响下给本土建筑形式带来的杂糅元素,试图使创造焕发生命力。而实际上,今天的很多建筑实践提出的传统复兴依然活在这个故事的续集里,建筑设计目标即恢复纯粹形式与基于本地原型的再创造,甚至鼓励创造性误读,即使这种复兴只是短命的、瞬时的昙花一现。

其中,倾向于对风土建筑作如画式转译的群体逐渐构成复兴派。相较于复兴派,新古典主义基于古典建筑的再创造被诟病泥古而失去独创性。复兴派平行发展出新风土建筑,其基础来自积淀日久的风土建筑学术研究,由此概括出象征性意象,再用这类意象捕捉住过往的痕迹。在这些风土建筑意象的要素中,如画式的原型唤起不仅仅指再现建筑外部形态特征,也指吸收一栋风土建筑多方面的原型要素,经由严格的分类提炼加以认识,包括对建筑平面的组构,立面的普遍特征,装饰的丰富细节以及开洞的古怪形状等要素的转化。通过传统材料以及建造方式唤起原型的记忆则是一种广泛的表达方式,其目的就是为了赋予建造的"真实性"。比如,在老的材料和方法不能获得或者极度昂贵,新材料能够极好的模仿老材料的情况下,新的技术和材料才会被勉强使用,而这些新技术新材料的应用似乎羞于示人,有被隐藏的倾向,这也根本性的区别于将要述及的第二种实践路径。特别需要注意的是,历史上的这一建筑创作方式确实曾服务于某些社会构建下的文化目标,特别在 19 世纪至 20 世纪的欧洲,民族国家的意识形态扩展,族群特点的确立与否是其最为关心的话题,那么民族文化表达的各个维度,包括风土建筑,都被作为寻找民族身份的表达方式甚至被滥用。对这类对风土的如画式再造中,怀旧的兴趣服务于某种政治意图的施展。在第二次世界大战前期的保守意识形态浪潮里,德国借助此类再造以表达传统价值的回归以反对社会主义的传播。但综合地看,地方风土建筑类型学的建立其实质就是基于一种坚信风土建筑反映的是某一群体的性格和精神的观点下展开的。

因此,这类实践本质上由种种要素共同定义出了一种"媒介式建筑",即在建筑师进行再创造时,借助学术档案识别出的建筑细节被吸收,转化为建筑的象征性要素,最终为新建筑赋予一种历史真实性。这种方式本质上依然出自对过去的"模仿",效果良莠可见,判断成功与否的标准可能就在于这种标志性的再造可以多大程度的唤起原型。

以 19 世纪的数个欧洲国家为例,风土建筑的如画式再造在总体上特别体现在地方哥特风格的复兴和风行,模仿地方风土特征,研究本土的哥特式住宅建筑原型,在设计实践中吸取不对称组合原则,乡村对材料的非标准化运用等。在这一道路上行进的早期建筑师多多少少都赞同或参与过工艺美术运动(Arts and Crafts Movement),包括菲利普·韦布(Philip Webb),埃德温·鲁琴斯(Edwin Lutyens)和沃伊齐(Charles. F. A Voysey)等,这种实践也表达了当时建筑师对于前工业环境消失的怀旧和依恋,对于单纯浪漫过往的一声叹息(图 3.115,图 3.116)。至 20 世纪 40 年代,这一精神的继承者埃及建筑师法赛(Hassan Fathy)完成了大胆的设计革新,通过回归当地材料和传统形式,以及建造技术的方式,为现代主义运动创造了一种替代性的美学——"阿拉伯风格",其新古尔纳村的版筑结构建筑与居住社区设计,使建筑师、工匠和使用者三方的合作得以实现。希腊的建筑师季米特里斯·皮吉奥尼斯(Dimitris Pikionis)与土耳其建筑师撒达特·哈克·叶路地母(Sedat

Hakki Eldem)的实践具有突破性,在寻找国家建筑语汇时选择了对风土建筑进行新的如画式转译。皮吉奥尼斯排斥使用新古典主义建筑的虚假风格来表达希腊本土特征,原因就在于这一风格是基于19世纪德国对希腊古典建筑的转译,是舶来的(图3.117)。叶路地母则忧虑于安卡拉的现代主义立方体建筑的风行,这些形体在20世纪二三十年代被采用作为土耳其首都的摩登样式,缺少装饰和衔接,完全毁灭了奥斯曼帝国风土建造传统中的敏感性(图3.118)。

图3.115 韦布设计的红屋外观(Red House,1859) 来源:Victoria & Albert Museum

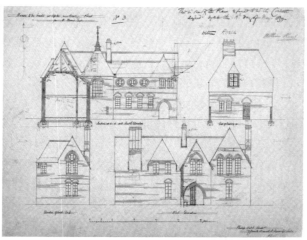

图3.116 韦布设计的红屋南北立面与细部图纸(Red House,1859) 来源:Gibbs Smith

图3.117 皮吉奥尼斯设计的希腊德尔菲中心透视图(Delphi Centre,1934) 来源:Benaki Museum, Athens

图3.118 叶路地母绘制的伊斯坦布尔"帝国宫"的细部(Hünkar Kasri, Yenicami,1927) 来源:Courtesy of the Aga Khan Trust for Culture, Geneva

另一方面,怀旧情绪与观光化的蔓延又有加强这一方向实践的趋势甚至出现规制化的后果。可以观察到 20 世纪七八十年代急速观光化的地区,譬如希腊卡普里岛、印尼巴厘岛等地,风土建筑的如画形式被规范化为建造通则。当地行政体力图保存和复刻地方特色,政府颁布的建造规范大部分立足于原封不动保留风土建筑的如画式观感,包含对材料的明确限制,对外部特征诸如屋顶、窗户、阳台和外部装饰的固化。这些建造规范与其说是一种自发延续建造传统的现象,倒不如说是基于官方对本土特征的选择形成,甚至可以发现,这些风土建筑向外来者传达的地方特征反而逐渐不为当地居民所熟悉,越来越像一种威廉·莫里斯表达过的回不去的乌有乡意象①。在 20 世纪的最后几十年中,世界上很多地方包括英国、日本等地,逐渐都深化了上述偏向保守的实践方式,表达了地域传统对于国际式建筑颇为极端的抵抗,而这些实践的思想根源基本上都可归因于 150 多年前拉斯金颠覆性的建筑思想革命。

## 2. 客观性再构

"客观性再构"实践方向的逐渐明朗化与现代运动的兴起几乎交叠,如果说"如画式再造"的史观近似于扬古抑今,那么客观性再构的方式则带有借古谏今的意味。其兴起可以追溯到 20 世纪早期,西方建筑各种历史风格复兴主导下的时段。现代建筑师针对时代弊病,试图从风格化的固化传统中获取自由。对于他们而言,现代主义的光荣价值与自由信仰不能被狭隘的思想裹挟,风土建筑提供了永恒的建筑内涵,成为一个能够散发现代主义理性光辉并替代历史风格的选择。早期的现代主义理论强调建筑设计的理性和客观部分,坚信风土建筑如实传达着人们对于建造方式和地方材料、自然气候和地形场所条件,以及人群活动规律的朴素思考和理性回应。风土建筑强化的也正是现代主义的思想信条:美学与功能俱备——这也是衡量建筑学成功的新标准。

进一步的,风土建筑在美学上的成功还被认为是对于本土材料、气候条件,以及使用需求的直接回应(排除心灵)带来的。风土建筑体现了材料与技术上严谨的实用主义,适应气候的功能主义,对多变的活动与场所的调适性。风土建筑雕塑般的外形让人难忘,但被归咎于是使用者进行平面和剖面的适应性布置后的结果。风土建筑的完美来自一种长期调适的结果,以及面对严苛限制的理性反应,完全客观的源于人们的需求而不是个人的傲慢。

那么,风土建筑如何为建筑师提供灵感? 经过建筑师现代主义思想原则过滤后的风土建筑才能为建筑师提供一种风格化的灵感。择选后的风土建筑其风格特征在形式上呈现为体量和空间的原初形态,平屋顶、去掉外部装饰、体块重复、内外一

---

① [英]威廉·莫里斯.乌有乡消息[M].黄嘉德,译.北京:商务印书馆,1981.

片白色等。风土建筑丰富的表面装饰此时被建筑师刻意忽略，这是因为装饰与对建筑应持实用主义的思想立场相违背。

在 1913 年，这类实践背后观念的始作俑者——阿道夫·路斯写道，农夫的建筑值得学习，但该学习的地方并非一定是形式，而是面对功能要求的直接反应[①]。这一观点被赖特接受，他进一步将风土建筑描述为，在实际需求的应对中成熟起来的风土建筑，赋予在此地生活的人无可比拟的安居感[②]。赖特的言下之意也即比之"自我的"学院派建筑将历史风格作为生成建筑的手段，风土建筑不知高超了多少。

现代设计的先驱勒·柯布西耶与格罗皮乌斯均曾转向风土建筑寻找灵感，一度有很多追随者效仿。柯布西耶认为风土建筑已经达到某种完善，在满足人们的需要和与环境的和谐上便是如此。他显然剥除了风土建筑的装饰元素作为价值认知对象，而将不使用装饰这一点赋予伦理价值"水刷墙面是极度道德的"[③]。柯布西耶的作品可以很好地说明现代主义者的思想路径如何通向风土建筑。其速写本充满了对风土建筑的描绘，清晰的基本形状和空间，材料的简洁和方法的纯粹，典型的例子是朗香教堂，其刷白的墙面形式直接受益于希腊圣托里尼岛锡拉（Thira）那些朴素而无装饰的风土建筑（图 3.119），马赛公寓则受希腊斯基罗斯岛（Island of Skiros）的风土建筑，对剖面的影响尤为明显。地中海地区的风土建筑不对称、重复、简洁，以及使用基本形的要素均是其得以被现代建筑设计原则接纳的原因。格罗皮乌斯被视作"机器美学"的先锋，1919 年，他在包豪斯期间的柏林索莫菲德住宅（Sommerfeld House，1920—1921）设计中试验过风土建筑的形式和材料（图 3.120）。之后，当他在马萨诸塞建造自宅（Gropius House，1937—1938）时，使用了乡土材料诸如砖石外墙和挡墙板。

图 3.119　柯布西耶的朗香教堂与希腊基克拉迪群岛（Cycladic island）风土建筑对比
来源：Cambridge University Press

① Adolf Loos. Spoken in the Void：Collected Essays，1897－1900[M]. Cambridge：The MIT Press，1982.
② Robert Twombly. Frank Lloyd Wright：Essential Text[M]. New York：W. W. Norton & Company，2009：116.
③ Maurice Besset. QUI ETAIT LE CORBUSIER？[M]. Editions Skira：1968.

图 3.120　格罗皮乌斯设计的索莫菲德住宅（Sommerfeld House,1920—1921）
来源：PHAIDON

　　1933 年,德国建筑师陶特至日本居住长达三年,泛地域的寻找世界范围内风土建筑的资源,并转化为现代设计灵感。在研究完大量亚洲建筑,尤其是中国和日本的风土建筑之后,陶特顿悟"所有理性的人最后会采用相近的原则",激烈的倡议西方向东方学习,现代向风土学习。在第一次世界大战前,由陶特、门德尔松等人构成"有机的"、中世纪式的表现主义倾向,在对立于穆特修斯的趋势下,最终催生了魏玛包豪斯学校的诞生。但穆特修斯用以领导德意志制造联盟的客观性(sachlichkeit)建筑纲领本身却也包含来自英国风土民居的线索。无论是前者褒扬内含的功能组织原则上的客观性,还是后者倾向于在结构和美学形式上的有机,看似绝然不同的切入路径依然是出于理性主义的立场,并在同一个对象——风土建筑上交汇。

　　在阿尔瓦·阿尔托和路易斯·康的速写本中也可找到对风土建筑的研究,尤其是针对地中海风土建筑雕塑般可塑性的褒扬(图 3.121)。建筑师们几乎是集体性地展现了朴素的建筑美学偏好。阿尔托在设计中对建筑形式的雕塑般运用可以追溯到他对地中海风土建筑的熟习(图 3.122)。康在萨克生物研究所(Salk Institute)与布林茅尔学院学生宿舍(College Dormitory at Bryn Mawr)的设计中,均强调建筑的体量感,同时提供良好的视野。另外,阿尔托与康都对风土建筑在材料上的表面质感以及在外墙面上呈现的肌理进行了探索,理性的现代主义设计中开始被注入了风土建筑的感性元素。希腊建筑师阿里斯·康斯坦丁尼蒂斯(Aris Konstantinidis)提供了另一种现代主义的理性立场与当地风土的感性相融合的方式,作品常把当地的石材与精密划分的混凝土框架结合,在现代主义的限定中发展出活力感,同时兼具风土气韵。

图 3.121　康绘制的意大利波　　　图 3.122　阿尔托设计的山奈特塞罗市政厅外部（Säynätsalo Town
西塔诺镇的速写（Positano，　　Hall，1949—1952）　来源：PHAIDON
1929）　来源：私人藏品

### 3. 场所感再生

新的方向在前两种实践逐渐成熟后最终出现，代表人物为伯纳德·鲁道夫斯基，相较于前两种行动指南，这一实践近似于将风土建筑作为寓古抚今的工具。风土建筑在起初被用于支撑建筑设计的理性主义道路，不久又被用于批判同一道路，诟病之处主要在于新问题的出现——20 世纪 50 至 60 年代期间现代主义建筑的广泛应用造成了一种建筑环境的单调无味。鲁道夫斯基便是一名较早支持这一观点的人，1964 年，他在纽约 MoMA 举办了题为"没有建筑师的建筑"的展览，这一展览将世界各地的风土建筑作为描绘对象，以摄影的方式传达，并有同名的出版物问世，使建筑界大为震动。对于鲁道夫斯基而言，研究风土建筑的目的是"丰富工业化国家里的建筑，帮助它们脱离困境"[①]。其角度显然超出了对风土建筑的如画式转译，也超出了出于实用的或者美学角度考虑的研究，当然更超出了在风土建筑中寻求实现启蒙理性的考虑。鲁道夫斯基寻求的是区分和传达出地方风土建筑的内在品质，这是一种情感维度的实践，指向安居感（gemütlich）。这诸多的品质中包括人性的维度，广阔的视角以及观看的丰富性，鼓励社会性交往的增加，现代建筑应当同过去的风土建筑那样，极力提供许多具有亲密感的小空间，供小群人聚集或相遇。以往建筑师关注的是不同地区何以出现相似的建筑形式，并假定是由于相近的气候条件下

① Bernard Rudofsky. Architecture Without Architects：A Short Introduction to Non-Pedigreed Architecture [M]. New York：Doubleday，1964.

引起统一的理性反应,视图将这些地理条件不一的建筑生成一整套现代主义建筑原则进行普适化应用。然而,这些原则将现代主义语汇限于非常有限的形式,譬如平屋顶、矩形几何体、原色,更常见的是纯白的室内与室外,以及统一的材质。自鲁道夫斯基起,风土建筑的经验化本质被重新纳入现代建筑的形式原则中去了。建筑师开始想创作一种生机勃勃的建筑,一种能打动人的建筑,一种让人享有亲密感的建筑。坚信在建筑设计中纳入风土建筑的形式、材料、色彩的设计原则能够扩展现代建筑的语汇,提升居住的品质,使得居住者有在家一般的(zu-hause)场所感。但是亲密感氛围的营造,是不是不模仿风土建筑也能做到? 或许只需将或熟悉或陌生的元素精心安排,舒适感与惊奇感调度适当就可以了。对于鲁道夫斯基们来说似乎距离主要目标还很遥远,这一维度的实践最终目标还要求从诗化的感知角度进行关于栖居的阐释(图 3.123,图 3.124)。对于建筑师而言,在出版物之外,风土建筑现场获得的直观感受变得如此必要,建筑师开始需要通过大量的个人经验来获得新的设计思路。

图 3.123　鲁道夫斯基在摩洛哥拍摄的彩色照片强调氛围(拍摄时间不明)　来源:Research Library,The Getty Research Institute

图 3.124　鲁道夫斯基年间设计的尼沃住宅,建筑院墙一角营造"亲密感"(Amagansett,N.Y.,1949—1950)来源:Research Library,The Getty Research Institute

　　以路易斯·巴拉甘(Louis Barragan)为例,建筑师拥有新鲜的现代主义语汇,色彩的运用极为壮丽(图 3.125)。这种运用受益于其熟谙处于缤纷热带的墨西哥多彩的风土艺术。他对风土建筑材料的运用诸如裸露的木椽,并不反映他对大庄园的消极怀旧,而是在新的语境下通过结合空间安排转译在风土建筑中的体验。查尔斯·摩尔(Charles Moore),罗伯特·文丘里和克里斯托佛·亚历山大(Christopher Alexander)探索了丰富的风土语汇,研究了距今更遥远的风土社会,譬如地中海、亚洲和拉丁美洲,以及美国那些并不引人注意的郊区建筑和工业建筑。其写作提倡重回远古或晚近风土建筑的经验化本质,结合当今的需求提供一种与周围环境的深度连接。查尔斯·柯里亚(Charles Correa)在印度孟买设计完成的住宅,反映的也正是设计者试图唤起印度传统景观的感受(图 3.126)。

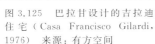

图 3.125 巴拉甘设计的吉拉迪住宅(Casa Francisco Gilardi, 1976) 来源:有方空间

图 3.126 柯里亚设计的孟买贝拉布尔低收入者住宅(Belapur Housing,1983—1986) 来源:Thames and Hudson

　　在这三类实践方向上,建筑师的关注点及转换方法受到思想立场和信条的主宰,取决于对风土建筑的本质与学院派建筑的关系持何种态度,但不论将风土建筑看作是一种如画式想象的来源,或是一种理性设计的典范,还是风土性场所体验的源泉,建筑师对风土建筑研究的贡献都是巨大的。然而,建筑师倾向于使用图像方法而非文字来表达风土建筑。透视图、等比例的平面、剖面、立面以及轴测图,也使用模型,这些方式使得建筑师所关注的风土建筑品质大多是以非语言的方式传递出来。

　　在关注风土建筑的图像化分析外,建筑师也会观察和记录一栋建筑和使用者在实体上的联系,不管这种影响是自然形成还是人为造成的。与社会学者以及民俗学家的视角不同,建筑师会将建筑放在一个更广阔的实体语境中考察。这在风土建筑研究的定义中有所反映。建筑师经常讨论的是建筑实际所处的实体语境,譬如某一确定的建筑或者聚落,而社会学者和民俗学家会将风土建筑纳入一个更为抽象的框架下,使用的术语常为政治"地域"、文化"族群"。此外,建筑师对建造方式极为熟悉,会将建造过程作为一种尺度去记录和评价风土建筑,材料与技术的经济性、耐久性和效率常被作为考察对象,以实现各式各样的建筑设计目标。由于本身受到的专业训练,建筑师给风土建筑研究带来了一种特殊的能力,能够理解和评价一座建筑所融合的复杂组成关系,关系带来的结果,以及如何运用这些特点。例如,建筑立面开口的比例和大小,平面与剖面上空间的大小关系,朝阳的角度,根据建筑特征估计出此处光线的明亮程度,在一年中声与风进入建筑内部的幅度,最后破译出一栋风土建筑是否有充足的采光、安静度,以及适应气候所达到的舒适度。建筑师能够使用综合的方式评价一栋建筑的品质,以及在功能和形式之间建立联系的能力是这一群体带给风土建筑研究的最大贡献。

### 回到问题:朝向重建有反省性的建筑学

回到现代风土建筑理论重构上看,如画在风土的历史图景中显得颇为重要,作为 19 世纪浪漫主义思潮的组成部分,其倡导的经验主义审美强调"非理性"——更高层次的理性,挑战了启蒙运动和理性主义的美学观念。从启蒙到浪漫主义,如画作为现代进程中重大的反省性力量,到今天其影响也未终结。此中,风土建筑的现代定义紧随着现代进程的兴趣点在不断变化,提供了一种反省活动得以发生的切口。

在前工业时期,风土建筑是相对于高风建筑(High Style)对立存在的。学者的研究出自进化论的观点,将风土建筑看作一种"天真意识""纯粹识见"①,考察原初的建筑语汇如何"进化"为高级的古典建筑语汇。这些学者多为学院派背景,针对我们所关心的人类进入现代进程尤其是面临工业化冲击之下所树立的一种全新的风土观而言,所起作用甚微,因此,其实践并非构成笔者所指向的风土现代的反省框架。

另一方面,对西方现代风土理论的追溯后发现,最初针对工业社会文化危 机的价值重构虽然距今已经近 200 年,但对于风土建筑现代语境下的两大学术关注点——现代设计语境中的风土建筑理论与现代遗产保护中的风土建筑理论,都有着持续影响。尽管这两部分的理论及实践内容看起来分属于不同学科,但是都共同享有现代进程中养成的精神遗产——启蒙辩证思维以及之后的如画思潮,作为反省性的精神习惯影响了这两大理论体系的发展,提示着今天的学习者如何思考重建有反省性的建筑学。

如画经由拉斯金、佩夫斯纳的理论发展,其强大文化引力不仅仅限于英伦岛屿,作为起到反省功能的有力话语在设计和保护领域都有着直接的推动。1964 年鲁道夫斯基以直观的方式向世人展示风土建筑原初的压倒性的美,使得学界通过这一切口,再次步入一种深刻的反省性建筑学讨论之中。1969 年,仿佛是同一切口的另一位建筑学推手与鲁氏不谋而合,阿莫斯·拉普卜特的《宅形与文化》一书问世后引发强烈反响,接续 5 年前鲁氏令人难忘的展览,以审慎的学理化方式向世人雄辩的提出突破过往主流建筑学的刻板印象,风土建筑作为思考建筑空间与文化、社会、地域关

---

① [德]黑格尔.精神现象学(下卷)[M].贺麟,王玖兴,译.北京:商务印书馆,2019:80-92.

系的对象，能提供极强的反省能量。这种不息的能量不仅仅体现在理论上，也体现在实践上。这一历史链条上的人物都在作为现代进程的积极反省者，把风土建筑作为切口，探索出建筑学真正的核心话语不是"一种"建筑——不管是学院派建筑还是国际式，而是向一切学习的态度，突破现代建筑语汇的趋同与人类真实体验的匮乏，不断地以诗意进行新的创造。

如画倡导的是对于风土建筑诗意的崇拜，经过拉斯金将其比附为人类心灵与品格的映射物，具有了反省性的理论力量。佩夫斯纳通过大量的风土建筑实录调研，将如画引入了对于乡村环境的价值认知之中，并发展了这种有机而整体的视角，即舒适性（amenity）价值，这是建构性的理论力量。从佩夫斯纳开始，风土建筑的现代理论出现了明显的分流壮大，一端是沿着现代设计的构想，进一步延伸为如上文已经述及的"如画式再造"，这种设计实践将来自民间的风土原型作为一种媒介物，希望通过这一媒介再现前工业时代生活的记忆，以解决既往生活方式解体带来的痛苦。实际上，"如画式再造"的实践方式是现代进程中最早出现的回应式思考，与另外两种实践"客观性再构""场所感再生"有直接的亲缘关系。后两者同样也是基于前者对于一去不复返的过往所苦之感的另外两种技术性实践，其实质即进一步发展出新的"献祭"方式说服自己"传统并未消亡"，毕竟"客观性再构"的实践汲取了风土建筑"更高级的理性"——有机组合方式，而"场所感再生"的实践在现代主义的建筑外壳里试图引入风土建筑里自由自在的生活。然而，问题是风土的过往是否真如"天真"的现代建筑师们所梦想的那样必然导出风土的未来？而同时人类却依然处在现代进程的单向度上一去不返？

佩夫斯纳充满热情的现代建筑史名篇《现代设计的先驱者——从威廉·莫里斯到格罗皮乌斯》指出，工匠与机器都将成为大众与艺术链接的关键，工匠与机器将共同引领大众走向现代主义。这一"预言"经过近百年的历史洗刷，最终前一种引领者成为如今的亟待保护者，被纳入"如画式保护"的对象。而佩夫斯纳用以挽救自己学术窘境的晚期著作《英格兰建筑》所倡导的舒适性价值却意外地成为英国村镇规划的关键概念，也是现代语境下保护风土建成遗产的主要引据，现代语境中勃兴的风土建筑的"如画式保护""如画乡村"正是基于这一价值认知展开。学者的"预言"信软？败软？风土建筑作为一个切口究竟能被演绎到何种深度甚至也与个体所处的时代、民族、国家，以及个体对于自身条件的内化与外化程度休戚相关。

同样为传统消亡所苦的日本承认现代人的历史想象力与脆弱的风土建筑——特别是木构建筑之间天然的矛盾，不再将这种期待放在缺乏与自然调和力的现代设计上，而是牢牢抓住英伦舶来的舒适性概念，进行了景观法的制度化行动，这种看似积极的保护态度里含有历史性的悲剧意识。长野县妻笼宿的村民顽强的以江户时代的不便方式生活,仅仅只想将这些历史与如画式的生活场景完整的留给下一代①。

最早出现的"如画式再造"与"如画式保护"一同构成了现代风土建筑理论的实践主脉,本质是针对现代进程中风土建筑大量消亡以及现代性自身带来的反省需求而产生的回应方式:一方面是人类试图调和现代进程中"去魅"的问题,一方面是人类发现自己依然不断地为一去不复返的过去所苦。② 风土建筑自身的定义始终是作为对立于现代工业体系的那一类带有前工业建造传统、生活方式以及"热乎乎姿态"的建筑。在那个时期,人类是伊甸园中的处子,他们的巢天真而温暖。当他们不再敬神后,乐园之门也永远闭上了。如画运动中,艺术家画笔下频频闪现的废墟,指向的正是——世界也不过是象征失落的人间伊甸园。

只是,今天的建筑学却依然需要相信可以凭借理性的反省力量与对过往的炙热情感继续前行。

# 本 章 小 结

1709 年,意大利的工人在"死城"挖井时,发现了古时的剧场,进一步挖掘后,又出土了更多的大理石构件,赫库兰尼姆就这样被发现了,接着是 39 年后的庞贝。到了 1763 年,被任命为罗马文物总监的温克尔曼有了近距离考察庞贝的机会,次年,他的《论古代艺术》发表,"高贵的单纯,静穆的伟大"引发了整个欧洲的考古热。

1786 年 9 月 3 日凌晨,37 岁的歌德化名"菲利普·缪勒,德国画家",偷偷地从卡尔斯巴德(魏玛公国)溜出来,提起背包行囊,独自钻进一辆邮车,向南方的意大利扬长而去。此次"出逃",历时 1 年零 9 个月,遂有了著名的洋洋 40 万言的《意大利游记》。在这一以意大利和希腊为中心地区的"壮游"(Grand Tour)里,歌德所说"柠檬树开花之地"中的无名建筑被逐渐赋予了新的想象,成为不断扩大的兴趣之一,按照歌德的见解,乡村可以治愈某种前现代的精神危机。

19 世纪初,一位英伦绅士——桂冠诗人华兹华斯通过他的诗和描绘湖区的日记为风土建筑"正名"。他精神上的门徒,仅 18 岁的拉斯金以一部《建筑的诗意》将风土建筑与国家灵魂等量齐观。在下一代的门徒莫里斯那里,风土建筑传达人类劳动愉悦的手工艺特质被更具道德化地提升了,这一精神以 19 世纪的工艺美术运动进行传播,触发了现代运动的开始。

"壮游"络绎不绝的文化大军中,开始有建筑师注意到风土建筑作为设计资源的

---

① 潘玥.对日本妻笼宿保存与再生计划的思考[J].建筑遗产,2017(2):8-23.
② 常青.对建筑遗产基本问题的认知[J].建筑遗产,2016(1):44-61.

一面。首先是辛克尔的尝试，22 岁的那一次在阿马尔菲海岸风土建筑的视觉积累，在 20 年后被嫁接到他夏洛滕堡宫花园新亭的设计中，这一设计的年份尚早，是 1822 年。这个世纪末，另一位敏感的维也纳建筑师霍夫曼则将坎帕尼亚的风土建筑作为他别墅设计中暗自模仿的对象。

在辛克尔的好友森佩尔看来，风土建筑的价值在于包含建筑原初概念，提示了来自基本需要与设计结果的对应关系，学院派建筑固定的风格语汇与形式化的组合原则在风土建筑的对照下，逐渐显示出不足。于是农夫的风格被（分离派自己）认为就是分离派的，因为他们对学院理论一无所知，风土建筑的伦理性被维也纳的革新者转化为一把刺向学院派的"匕首"。

结束了 19 世纪零星的探索，20 世纪现代主义对于风土建筑的学习显得逐渐"热烈"。1904 年，穆特修斯将风土建筑的价值概括为客观性（Sachlichkeit）并作为新哲学引入现代运动，穆特修斯并非进行单纯的观念演练，而是提示一种"向风土建筑学习""回到原初"的设计态度，直面现实的限制和机械化生产条件，力求简素，在有限的条件中实现最大程度的功用与美观，使得艺术为社会性目的和机械化生产服务。

在 1909 年的《论建筑》中，为了对抗失去意义的伪饰，维也纳的新建筑引领人路斯赞扬风土建筑的建造具有天然的合目的性与真实性。农舍的简素被路斯提升为一项有力的思想武器，鞭笞当时建筑设计潮流中折中主义与装饰的泛滥。

几乎同期，赖特在 1910 年将风土建筑与现代创作比附于民间歌谣与文学的关系，正如华兹华斯早就做过的那样，只不过诗人追求现代诗歌语言的创新，建筑师则从为设计服务的角度提倡学习民居。此时现代主义还处于"田园诗"般的阶段，危机还未发生，风土建筑这位"老师"也还未到被建筑师集体认同的时候。

在后继的现代主义建筑师中，风土建筑的美学品质和伦理性成为一个获取灵感的突破口，他们纷纷寻找这一建筑的内涵与他们各自道路的相近之处。1933 年，帕特丽斯 2 号游船上，被卡米耶·莫可莱的批评推至危机的柯布西耶站在甲板上，地中海的风再次照拂大师的脸庞，他回想"东方之旅"中所看到的巴尔干民居——或许只是一张他拍摄的塞尔维亚村庄小河边男人的笑脸，于是国际现代建筑协会（CIAM）的这一第四次会议以他拟定的《雅典宪章》作为"转折"，体现现代主义"反思"自身的力量。20 世纪 30 年代前后，欧洲进入经济大萧条，随之兴起对工业资本主义的批判，德国右翼势力兴起，国家社会主义情绪高涨，风土建筑引起过意大利理性主义建筑师兴趣，作为一种调停工具，现代主义的崭新风格和法西斯政体独裁性语汇之间的对立性被某种程度地化解。同时期，西班牙加泰罗尼亚的现代主义者塞特发现了"日常建筑"的某种"效用"，在国际新浪潮之下为西班牙的现代运动获得地方话语权。

1933 年,德国建筑师陶特前往日本居住长达 3 年许,泛地域地寻找世界范围内风土建筑的资源,并转化为现代设计灵感。在研究完大量亚洲建筑,尤其是中国和日本的风土建筑之后,陶特顿悟"所有理性的人最后会采用相近的原则",倡议西方向东方学习,现代向风土学习。相对于发现风土建筑客观性价值的穆特修斯而言,无论是褒扬内含的功能组织原则上的"有机",还是倾向于在结构和美学形式上的"有机",两条思辨路径均在风土建筑上"交汇"。

风土建筑是没有经典柱式的,不遵循学院派规制的,其回应的乃一个地方活着的建造传统,而不是模仿隔离于现代生活的遥远古代。其实也就是在这一关键区别上,现代运动中一对对深刻的矛盾形成了:本土的包容性命题中有关于永恒超验的形式与民族、本土的清晰性,理性主义的与扎根本土的,从已有习得的文化标示符号中获得自由还是全然无视它,追求抽象还是保留历史的灵光……这是风土建筑暗藏于现代运动中的"话锋"。

50 年代活跃在雅典的建筑师皮吉奥尼斯试图将希腊的风景与地方结合起来,希腊风土建筑自身已是一种存在了数千年的语言,可以适应种种特定气候与景观,只有当一个人真正开始正确理解这些不同的组成部分,人们就可以用它们来构建一个新的、现代的建筑词汇表,这些词汇将再次成为希腊本土的新的自然和风土形式,这一学习风土建筑的出发点依然与赖特相近。

在欧洲第二次世界大战后经济萧条的时代背景下,斯卡帕的个人建筑实践始终与历史同行,并在不佳的历史境遇下,怀着对历史根源的流失与离散的不安,特立独行,以开放而多元化的建筑语言系统具体的呈现了风土怀旧意识和批判性历史态度。

当 53 岁的斯卡帕开始着手做阿巴特利斯宫的适应性改造时,10 年后,标志性的年份 1964 年来临。这一年,63 岁的鲁道夫斯基以"没有建筑师的建筑"颠覆了大众特别是建筑师对于风土建筑的偏见。实际上,1929 年,这位来到希腊岛屿的维也纳青年很早就开始了关于当地风土建筑的博士论文写作,当柯布西耶 1937 年在 Domus 上称赞卡普里的风土建筑是"凝视自然的工具""建筑地衣,植物般的现象""自岩石上长出"时,鲁道夫斯基已经是 Domus 的重要写作者和编辑,持续宣传"向风土建筑学习"。谁也不会想到 27 年后会有一场展览,曾经的问题青年走向"没有建筑师的建筑",提出"建筑不是居住的机器,而是居住的乐器"。

同时,在 20 世纪三四十年代的有影响力的建筑论著里,风土建筑与现代建筑关系的线索虽然存在,实际上处于"边缘"位置。由那位桂冠诗人华兹华斯所发现的风土建筑具有文学价值开始,拉斯金将其逐渐提升为作为民族精神的"映射物",在一个岛屿国家上以更为审慎的方式完成文化更新。移民到英国后的佩夫斯纳接续了这一项工作,完成了对于现代保护而言更重要的风土普查著作——46 卷本的《英格兰建筑》,不论是理论维度的《现代设计的先驱者》还是档案实录式的巨作《英格兰建筑》,佩夫斯纳的写作有助于构成现代意义上的风土建筑价值认知的整个基础,也进一步勾画了西方整体性保护风土建筑遗产的图景。

拉普卜特以《宅形与文化》一书进一步将人类学前沿的空间关系和进化论进行了"联系",质疑了建筑史研究架构的偏见,以前无法处理(或不处理)的大部分的"普通建筑物"(conventional buildings)因此得到关注,风土建筑作为一种文化形式(cultural form)、文化建成物(artefact),其在社会过程中的象征意义、在社会变迁中意义的转化,以及与在社会关系权力运作中的力量被加以重视和研究,关于风土建筑的探讨范围被"打开"了,包括气候、地理、技术、材料、经济、文化、社会组织等等。继拉普卜特之后作为《世界风土建筑百科全书》的主编保罗·奥利弗完成了风土建筑的学科化,进一步加深了现代建筑史学研究的整体性转向。

在现代性进程之中,批判性地域主义话语兴起,这种主张对建筑师提出了承担社会使命的要求,总的来说,作为地方风土特征现代演绎的"风土现代"探索的历史,给现代建筑的本土化留下了一系列具有挑战性的深刻命题。

在现代建筑的新美学建构中,一端是对几何与逻辑范畴中抽象组织原则的崇拜,一端则是视觉上追求纷繁复杂的愉悦感——一种更为持久的对于"不可化约的"(irreducible)不安分的灵感的追求。风土建筑如同"万灵药",解决了建筑师群体在文化转换时期建筑立场上的二律背反,这也决定了个体建筑师向风土建筑"学习"时切入的不同角度。风土建筑具有的环境-文化的双重本质带来许多启发:一方面,风土建筑包含因应环境,注重功能,紧密联系实际需要,遵守当地建造传统和材料的理性主义立场;另一方面,风土建筑包含复杂的文化要素,反映文化传统,顺应历史积淀的情感化需要。在文化转换时期,这种建筑立场上二律背反的"此消彼长"是一种深刻的价值择取过程,在建筑师群体上,这两者一道结合于具有两分性本质的风土建筑,并在新工业时代竖立起对风土建筑的价值认知,这一"伏笔"的埋置,作为主流建筑史叙述下的边缘位置出发的支流,逐渐壮大和拓宽,导向关于何谓完整现代性的诠释。

下　篇

# 第四章　西方现代风土建筑理论的实践意义

## 第一节　风土建筑的保护与传承

以 1997 年《世界风土建筑百科全书》的完成为标志,风土建筑研究的学科化形成。在本书上篇最后一章,我们从风土建筑与地域主义这一理论话语的历史关系入手,以风土现代的三种实践方向作为理论凝缩物,初步析出了风土延续的价值论和风土在地建构的不同路径。而伴随着现代学科化的综合度不断加强,风土建筑"环境-文化"的双重本质被越来越深入的发现并进入多学科交织的运作中,由此出发,风土这一并非仅仅是建筑学的现代文化命题对世界性的走向产生着持久的影响。值得注意的是,与《世界风土建筑百科全书》的出版几乎同期凸现的是风土建成遗产被视为整体进行保护这一国际共识。为了进一步以"问题意识"使得风土建筑保护与传承的理论内核趋于完整,下篇将以现代遗产保护话语的介入为主线,首先梳理国际保护语境下风土建成遗产的理论,剖析遗产话语中"文化地景"概念下的风土内涵,在此基础上结合过往风土建筑的存续实践与理论并行研究和比照,并将展开数个案例追踪。

### 一、墨西哥宪章的理论与实践价值

对于建筑学研究者而言,过往的建筑史对象偏重官式建筑,注重从建筑学本身来撰写,这么做会慢慢丧失研究对象与地域环境的丰富关联,研究也会受到局限。进一步的看,当前遗产保护工作者面对着一项紧迫的问题,量大面广的风土建筑在城镇化和工业化的摧枯拉朽下,正以极快的速度改换原貌、趋于消失,历史环境的重要底色正被逐渐"刮除"(scrape),借助文保身份幸存的官式建筑点状分布在缺乏历史连贯性的新环境之中,形成文脉的断裂、意义的模糊。现代建筑历史的学术建构并非只为研究本身,总是会出于教育后来者的意图,有对公共生活进行"介入"的目的,那便是:将处于地域传统中的风土建筑与官式建筑视作整体人类财富进行历史价值的认知;将由历史积淀形成的整体城乡空间以体验者切身的角度出发引导保护观念的普及;将建筑学知识进一步借助阿莫斯·拉普卜特、保罗·奥利弗等重要研究者的共识，以人类学等有益的学科力量汇入建筑学，在田野考察与访谈中进一步搜集新的资料，不仅对包含挖掘资料、考古报告的各类文献进行研究，还注重对现存遗构的调查、分析、实证、复原，此外，紧密结合人们日常生活的民俗学、神话学等民族志资料、社会史记录，构成第三条风土建筑的研究线索，获得"三重论证"，最终使得后来者认识到风土建筑及其城乡历史空间的"整体性"保护、"连贯性"再生的紧迫性、必要性，这已是国内外许多建筑史研究者（包括建筑教学者、遗产保护者）逐渐产生共识并通力合作的重要课题。

在保罗·奥利弗出版于 1997 年的《世界风土建筑百科全书》问世 2 年后，国际古迹遗址理事会（ICOMOS）第十二届全体大会于 1999 年 10 月在墨西哥通过的《风土建成遗产宪章》引出了关于风土建筑及其所处历史环境的整体性概念——"风土建成遗产"（the Built Vernacular Heritage），宪章指出："风土建筑是社群为自己建造房屋的一种传统和自然方式，是一个社群的文化和与其所处地域关系的基本表现。"①"风土建成遗产的保护必须在认识变化和发展的必然性和认识尊重社群已建立的文化身份的必要性时，借由多学科的专门知识来实行。""为了与可接受的生活水平相协调而适应化和再利用风土建成物时，应该尊重其结构、特色和形式的完整性。在风土形式不间断的连续使用的地方，存在于社群中的道德准则可以作为干预的手段。""随着时间流逝而发生的一些变化，应作为风土建筑的重要方面得到人们的欣赏和理解。风土建成物干预工作的目标，并不是把一幢建筑的所有部分修复得像同一时期的产物。"宪章显示出对风土建筑整体性存续问题的重视，抢救风土遗存实物的必要性和紧迫性也在 20 世纪 60—90 年代风土建筑研究的学科化阶段，即风土建筑研究学术架构成熟同期成为国际共识。作为对这一宪章的补充及更新，2017 年 12 月在印度德里召开的国际古迹遗址理事会第十九届全体大会通过了《木质建成遗产保护准则》（*Principles for the Conservation of Wooden Built Heritage*）再次强调社群（community）对于这一遗产类型延续和发展的重要性："认识到木质建成遗产保护中社群参与的相关性，保护与社会、环境变化的关系，及其对可持续发展的作用。"②准则提示了风土建筑延续中作为重要类型之一的木质遗产在保护上的难点。在城市化过程中，遗产照管的当地化、社群化是一种指向保护多样

---

① "The built vernacular heritage is important; it is the fundamental expression of the culture of a community, of its relationship with its territory and, at the same time, the expression of the world's cultural diversity. Vernacular building is the traditional and natural way by which communities house themselves." 参见 ICOMOS. Charter on the Built Vernacular Heritage(1999)Ratified by the ICOMOS 12th General Assembly [C]. Mexico, 1999.

② ICOMOS. Principles for the Conservation of Wooden Built Heritage. Final draft for distribution to the ICOMOS membership in view of submission to the 19th ICOMOS General Assembly[C]. Delhi: 2017.

化的体系构建,带来积极因素的同时也有大量需要优化的空间。国外涵盖城乡的风土实验中的目标无论是保护单体还是提振地域,其转化经验与推进方法都是值得我国新一代遗产保护者和乡村振兴建设者思考和验证的重要课题。

值得注意的是,1999 年的《风土建成遗产宪章》不仅采用了"vernacular architecture"的术语,也采用了建成遗产的概念。国内多将该宪章名称翻译为《乡土建筑遗产宪章》,需进一步理解到其中的关键词"vernacular architecture"的内容,不仅包含乡土建筑,也包含具有地域特色的本土建筑、社群建筑,以及虽然在城市之内,但是大量没有建筑师设计的建筑。此外,地方的文化和土地的特质——场所精神(genius loci)本无法由单栋风土建筑来展现,故而风土与建成遗产这一术语包含的整体意指与该关键词可能较为吻合。将"Built Vernacular Heritage"按照风土建成遗产进行理解和把握,是在中文语境以用词的精确对应强调关注风土建筑的文化和环境特性,有利于在保护语境下把握住风土建筑的内涵。

## 二、UNESCO 世界遗产文化地景概念下的风土内涵

1962 年联合国教科文组织(UNESCO,United Nations Educational,Scientific and Cultural Organization)通过的《关于保护地景和场所的风貌与特性的建议》(*Recommendation Concerning the Safeguarding of Beauty and Character of Landscapes and Sites*)[1]指出,对人类而言,地景和场所(Landscapes and Sites)的风貌与特征代表了一种有力的物质、道德和精神的再生影响,保护不应只限于自然地景和古迹,而应扩展到那些全部或者部分由人工形成的地景和场所。可以注意到的是,UNESCO 在文件中采用的"地景和场所",国内多将该文件的关键名称翻译为"景观和遗址"[2]。

那么,在 UNESCO 世界遗产文化地景概念下,如何从把握风土内涵的角度辨析出对 Landscape 的理解问题呢? 常青先生曾经指出:

> 中西两种文化的思维和表达方式不同造成中文"景观"与英语 scape 的细微区分,中文广泛使用"景观"这一术语,英语里很少不加限定地单独使用 scape 这个词。前者习惯直观类比,后者注重逻辑清晰。中文"景观"一词使用频度很高,含义和范畴也很大,可以包括一切天工和人工、有形和无形的物象和意象,因而很难在概念表意和语境区分上进行界定。比照中英文来看,第一,广义的"景观"或可对应英语 scape 一词,可涵盖所有客观存在的景色(scenery)和主观

---

① UNESCO. Recommendation Concerning the Safeguarding of Beauty and Character of Landscapes and Sites [R/OL]. 1962.[2019－06－18].[https://www.icomos.org/publications/93towns7a.pdf.]

② 国家文物局法制处.国际保护文化遗产法律文件选编[C].北京:紫禁城出版社,1993.

感受的景象(view),泛指所有的人工景物(artifacts),可以说无所不包;第二,狭义的"景观",对应以 scape 为词根,再加上前缀限定词的一系列景观词汇,如 landscape(地景或风景)、seascape(海景)、cityscape(城景),时下国际研究热点之一的"历史城市地景"(Historic Urban Landscape)也属于这一范畴,可以说均有所限。①

地景和场所作为人类不可缺少的,对于人类健康、道德、精神均有很大影响的一种整体性的关联,被视作给予人们美好文化生活的必要之物,由于世界遗产的保护导向正在具有整体建构并且重视社群保留原有的文化、空间的风貌特征,将 Landscapes and Sites 理解为"地景和场所"更呼应其关注"环境-文化"的双重内涵,理解由人工形成的地景和场所内涵中的风土成分。20 世纪 60 年代,UNESCO 关于"地景和场所"的相关视角进入日本,对日本风土建筑保护的整体性视角有过很深刻的影响。

1992 年《世界遗产公约》(*Operational Guidelines for the Implementation of the World Heritage Convention*)正式认定文化地景(Cultural Landscape)为文化遗产的一类,并被列为保护对象。按照 UNESCO 的定义:文化地景是一种文化遗产,它们呈现了自然与人类结合的成果……阐明了人类社会与居地如何受到自然环境的限制与/或机会以及社会、经济与文化力量相继而来之影响,无论这些影响是外在的或内在的。在这个定义之下,进一步将文化地景分为三种类型:

(1)人类刻意设计创造的地景(landscape designed and created intentionally by man),包括了各种为了美学或宗教理由而营建的庭园与公园。

(2)有机演变的地景(organically evolved landscape),这是由于社会、经济、行政或宗教因素所造成的地景,而其形貌与其所处的自然环境相呼应。

(3)关联性的文化地景(associative cultural landscape),与宗教、艺术或文化有重要关联的自然元素。②

接续这种整体性保护的视角,进一步的,2011 年 11 月,UNESCO 通过的《关于历史城市地景的建议》③(*Recommendation on the Historic Urban Landscape*),将历

① 常青.常青谈营造与造景[J].中国园林,2020,36(2):41-44.
② UNESCO. Operational Guidelines for the Implementation of the World Heritage Convention[R/OL]. 1992. [2019-01-12]. [https://whc.unesco.org/archive/opguide12-en.pdf].
③ 建议指出,需要将城市遗产保护战略更好地整合到可持续发展的更大目标之内,以支持旨在维护和提升环境质量的公共和私人行动。在更广阔的城市背景范围下,以景观方法去识别、保护和管理历史地区,充分考虑其物质形态、空间组织关系、自然环境特征以及社会、文化和经济价值等方面之间的相互关系。参见 UNESCO. Recommendation on the Historic Urban Landscape[R/OL]. 2011.[2017-06-18]. [http://whc.unesco.org/en/activities/638].

史城市地景（Historic Urban Landscape，HUL）方法，作为一种保护和管理城市遗产的创新方式。为了支持自然遗产和文化遗产保护，需要将历史城区的保护、管理和规划策略整合到地方发展进程与城市规划之中，例如在建设当代建筑和基础设施时，运用整体化的地景方法（landscape approach）有助于维护城市的特征，这一文件同样也是在倡导保护文化地景（Cultural Landscape）概念下的城区风土内涵。

## 第二节　风土建筑与乡村景观的永续

在建筑遗产的保护问题中，比起已被列入保护名录之内的文物建筑而言，如何恰当应对大量处于保护名录之外的城乡聚落中的风土建筑遗产的"存"与"废"是我国城乡演进过程中的核心问题之一。

本节将聚焦日本的两个代表性的乡村遗产存续案例——奈良今井町与长野妻笼宿，考察从 20 世纪 50—60 年代起，日本乡村中风土聚落整体性保护与活化经历的多个阶段，对地域社会及地方史整理、保护理念、政策制定、社群参与、整饬技术等重点进行回顾和梳理。在此基础上，考察两处乡村遗产在社群力不均的情况下，日本学者会同行政方协作提振社群结构，并将建筑学的谱系式研究与管控制度结合，审慎的应用于保护与活化的过程。

联合国可持续发展原则中曾经着重指出在城乡可持续发展中"平等"这一原则所蕴含的文化权利，即支持社群①（community）全体公民对有形遗产（tangible heritage）与无形遗产（intangible heritage）的所有感。在譬如今井町、妻笼宿的保护中，社群自发保护意识呈现出不同的水平，其遗产保护政策评价，长期居住的居民参与度，社群构建遗产自我教育体系等方面的内容相当具有参考价值。进一步的，结合 2017 年国际古迹遗址理事会（ICOMOS）第十九届全体大会通过的《木质建成遗产保护准则》的学习，在新的文化政治语境下，我们可以对日本风土建筑保护案例作出新的思考：探讨学习风土建筑延续和发展方式的条件、问题与适应性，对如何推进实践与保护原则之间的修正作出反思，最终对我国正在进行的当代传统乡村中风土建筑遗产的保护性活化和干预策略提供积极、审慎的建议。

---

① 社会学与地理学领域所指的社群（community），广义而言是指在某些边界线、地区或领域内发生作用的一切社会关系。它可以指实际的地理区域，或是在某区域内发生的社会关系，或指存在于较抽象的、思想上的关系。而社群的广泛含义可被解释为地区性的社区，用来表示一个有相互关系的网络。社群可以是一种特殊的社会关系，包含社群精神（community spirit）或社群情感（community feeling）。

### 一、日本今井町的保存与活化计划

日本自明治维新之后,即奉行"全盘西化"思想,忠实蹈行新一轮拿来主义[①]。至20世纪60年代,不过百年功夫,日本成为亚洲西化程度最高的国家。然而,拿来主义免不了将宁馨儿和隐疾一并取来——自柯布西耶提出"住宅是居住的机器",住宅作为工业产品在日本到处泛滥,日本国民亦渐生"故乡失落感"[②]。随着现代主义危机真正到来,后现代主义兴起,日本学者开始就本国的现代化进程进行反思。京都大学教授西川幸治在《日本都市史研究》[③]提出"保存修景计划",提倡以传统街区作为文物保护单位,将原来的环境印象保存下来传给后世,例如20世纪70年代日本爱知县五箇山的传统民居"合掌造"[④]的保存,对于风土建筑标本保存和修复的投入已等同于文物的标准。

日本奈良县橿原市的今井町是一处在日本中世末建设的町并型风土聚落,在旧城壕之内的区域,计存有700多栋风土建筑,基本保留着初建时的聚落格局,对于日本风土建筑遗产而言重要程度相当于"法隆寺"。1975年时,日本修改了《文化财保护法》,增设了新的"传统的建造物群保存地区"制度,但是今井町在1993年才被正式选为日本"国之重要传统的建造物群保存地区",费时之久原因引人深思。昭和三十年(1955年)左右在日本兴起的全国性民家普查已经包含对今井町的调查,1956年则对今井町作了民家及其环境的调查评价。今井町当时被作为日本历史性町并风土聚落的典型,但是此后经过了37年才最终进入国家级保护名录,在制度层面的认定迟于日本长野县南木曾町妻笼宿村20年。今井町"胶着"而漫长的保护历程中,多种多样的社会原因延滞了保护的推进,相较于妻笼宿自下而上的保护驱动力而言,在今井町的地域社会中,"向心力"与"离心力"的权宜历程十分复杂,其保护与发展的矛盾状况也接近于我国面临的普遍现实。因此,回顾和思考今井町案例的保护过程,可以截取出重要的风土建筑价值认知、存续经验,以及应对保护实践中蜂拥的复杂性与矛盾性的方法。窥一斑而知全豹,今井町案例还可供于观察日本风土建筑价值认知及其整体性保护的主要方法和动向,对于同样面临风土建筑存续与发展挑战

---

① 日本接受中国文化的传播,承受中国文化的影响之处,日本学者西鸠定生概括为四大领域:汉字,儒家思想,律令制国家,佛教,为已得到日本学界认同的"中国元素"。
② 浅川滋男.住まいの民族建築学——江南漢族と華南少数民族の住居論[M].東京:建築思潮研究所,1994.
③ 西川幸治.日本都市史研究[M].東京:日本放送出版协会,1972.
④ 合掌造(gassyoudukuri),日本民居样式的一种,因采用联排的成对大叉手作为屋顶结构构架而得名。白川乡五箇山合掌造村落群(Historic Villages of Shirakawa-go and Gokayama)于1995年入选《世界文化遗产名录》。

的当下此地,有重要的借鉴意义。①

### 地域社会中的"胶着"保护

#### 1. 伊藤郑尔的发现

1954 年 4 月 1 日,晨起多云渐渐下起小雨,东京大学关野克研究室的助手伊藤郑尔因结核病切除了一部分肺部,这一天距离他重返大学职位不久。经过奈良,伊藤郑尔来到上品寺村附近,欲探访古老的日本民居所在。在日本全国进行民家调查前,几乎还没有发现过早于江户时期的民居实例,伊藤郑尔边寻找边向路人询问周边是否有古老的民居和村镇,期待有新的发现。路上偶遇两名主妇,得知附近的今井町或有 800 年历史的木构町家实物,称为"八座"(八つ栋)。伊藤郑尔将信将疑,他所知晓的今井町聚落源于对京都大学相关研究的阅读,今井町作为"寺内町"的聚落类型,为室町时代末期至战国时代,以净土真宗寺院为中心建成的环壕聚落②。一般而言,有 400 年历史的日本民居就算得上古老,作为日本古建筑史的研究者,伊藤郑尔迫切需要亲自查证③(图 4.1,图 4.2)。

图 4.1　1998 年修复后的今井町街道　来源:渡边定夫.今井の町並み[M].京都:同朋舎,1994

图 4.2　拍摄于 2018 年的"传统的建造物群保存地区"今井町街道　来源:自摄

　　伊藤郑尔即刻前往今西家,果然如路人所言,巨大的古老民居出现在他面前,几乎朽坏。建筑的东侧为客厅,西侧为素土地面房间。为了证实今西家建筑的年代,

---

① 在涉及日本相关文件、制度、法律用语时,选择使用"保存"这一日语原文,以中文语境讨论的时候,则使用"保护"这一现代用语。"保存"是使事物、性质、意义、作风等继续存在,不受损失或不发生变化,相当于英文的 preservation,在日文语境里对于文化遗产的处置多使用"保存"而不使用"保护",一方面是语言习惯,一方面也传达出日本对文化遗产的保护强调"维持原样"。因此,日语的"保存"的辨析处于中文、英文语境的"保存"(preservation)与"保护"(conservation)的精细差别之中。

② 伊藤ていじ.民家は生きてきた[M].美術出版社:1958–60.

③ 今井町保护的重要引领人物之一渡边定夫在 1956 年作为东京大学学生第一次来到今井町,与他同行的还有关野克、太田博太郎等日本建筑史学者。这次调查以当时作为东京大学的助手伊藤郑尔为中心展开,在 1954 年是伊藤郑尔先行前往今井町踏勘发现了今西家住宅。

伊藤先生登上屋顶查看垂脊上的兽头瓦,摇摇欲坠的老屋上却并未发现可以证明建造时间的瓦铭。他提着探照灯进一步查看梁架中的栋木,却惊喜地发现了文字记录——含有"庆"字的栋札题记,据此断定今西家的建造年代为1650年①。今西家屋主坦陈已经无力负担房屋的维修,面对岌岌可危的老屋,伊藤郑尔暗下决心保护这栋珍贵的建筑。一力奔走下,1957年今西家被认定为日本"重要文化财",并在1961年进行了解体修理,预示着今井町的保护进入日本建筑史研究者的视野②(图4.3,图4.4)。

图4.3 修复前的今井町今西家(1956年) 来源:渡边定夫.今井の町並み[M].京都:同朋舍,1994
图4.4 修复后的今井町今西家 来源:自摄

日本长野县妻笼宿的保护是行政方针对该村落人口减少的"过疏化"问题策动

① 如果栋札题记庆字对应的是年份"庆应",即为日本明治时期之前。若庆字对应的是"庆长"则意味着更为古老的镰仓时期。最后探明的题记证实为"庆安三年",庆安年间为日本江户初期,正值比正雪之乱,此时建造的日本民居建筑因此战国遗风尚存。

② 伊藤先生向时任町长拜托调查今西家的梁架建造者,但无所终,之后,伊藤郑尔提出修订町史的建议,得到了今井町60万日元的资助,在伊藤郑尔初访今井町3年之后,1957年,由中西文山堂出版《今井町史》,这部村镇史的编纂预示着此后今井町全域保护的某个发端。1955年2月"町史委员会"成立。伊藤郑尔代表关野克、太田博太郎对今井町继续进行了调查。1955年,伊藤郑尔曾经试图召集媒体记者对外汇报今井町的调查结果,结果当时一家媒体都没争取到。最终,伊藤郑尔通过日本《读卖新闻》第一次传达了学者对于今井町历史文化价值的高度评价:"今井町具有很高价值,其单栋建筑到町域整体都应当被认定为文化遗产。"这是日本媒体对公众做的首次关于今井町的介绍。1957年12月出版的《日本民家》(全10卷)在第2卷中收录了二川幸夫所拍摄的今井町,今井町的摄影资料首次被公开发布。在1958—1959年,NHK电视台"未来的遗产"栏目对今井町进行了介绍。当时的东京大学并无"古建筑科",实际上主导今井町的调查的是建筑学科建筑史研究室。同时期,日本朝日新闻社在1972年2月14日刊登《必须保护复原的历史性文化城镇》列举了169处日本历史城镇。1976年12月5日在《充满历史气息的文化城镇》中公布200多处日本历史城镇。1978年财政法人环境研究所基于朝日新闻的名单,在此进行调查后发布"环境文化"特集,公布了400余处日本历史城镇。参见西山夘三.历史的町並み事典[M].東京:柏書房株式会社,1981.

学者与社群共同发起的。妻笼宿的社群内部对于恢复地域文化的自信有自觉的重塑动机，因此其保护过程的困难更为集中在与外部的不利条件斡旋。对于今井町而言，保护上的问题并非来自外部的资本挤压和角逐，更大的困难则是来自内部——社群对于地域文化长期的不自信[①]。如何通过一种基于居民文化自信的重建而推动包含有形建筑实存和无形社群组构的整体性保护？这便是保护初始，今井町的保护之路将会大不同于妻笼宿的原因所在。1958 年，最先对今井町风土聚落进行调查的学者关野克、太田博太郎、伊藤郑尔、稻垣荣三、大河直躬、西川幸治六位学者联合写就《关于今井町民家的若干问题》[②]再次总结了今井町作为近代町家发展实存的"活样本"所具有的历史、文化价值。即使学者一再指出今井町的重要历史价值，但是由于此时的今井町处于内部、外部条件均不成熟的境况中，其整体性保护也就无从谈起。

**2. 地方史的再发现**

今井町位于日本奈良盆地南部，东侧有飞鸟川，南侧有畝傍山，处于古代的大和之路，东北至南部是农村聚落集中之处，在日本历史上极为重要。"今井地区"是指日本中世末一向宗寺内町所辖地区，其中，旧今井乡町指由环壕围起的幅员约 2 平方千米的区域。在 1956 年日本的町村合并改革中，今井乡町被并入橿原市内，当时町内人口记录为 2 131 人[③]（图 4.5）。

在文献记载中，"今井"最早在日本南北朝时期（至德三年，1368 年）作为兴福寺一乘院的庄园被记录。彼时越来越多的大名与武士皈依"一向宗"，明应五年（1496 年），一向宗莲如在大坂石山本愿寺布教，从大和地区至吉野发展，本愿寺派遣僧侣今井兵部至此处，开始建立以寺院为中心，以一向宗门徒为主体的自治聚落"寺内町"。天文元年（1532 年）奈良一向宗门徒公开反对兴福寺的支配，包括"今井"在内的南大和逐渐作为新兴一向宗门徒的主要活动之地，大坂石山本愿寺与"今井"交流密切，"今井"逐渐被一向宗门徒控制，以本愿寺一向宗势力为新背景，町内开始发展商业，聚集了包括今西氏、屋崎氏、上四氏等势力较大的家族。至室町时代（永禄年间，1558—1569 年），"今井"作为大米、茶等日用品的商业地获得进一步发展。在

---

① 伊藤郑尔对今井町住民的抱怨素有耳闻："我真是以说起自己出生于今井町为耻"，"出生在今井町这么古老的地方，连嫁人都困难"云云。对此种完全迥异于妻笼宿社群的文化不自信，伊藤郑尔如此评价："从飞弹高山出发往西北深山区就是白川乡了吧。在那儿的人到了东京，高山人说自己是岐阜人，岐阜人说自己是名古屋人，弥漫着妄自菲薄的不自信感，实际是完全不知道自己的价值！"极力倡导地域文化的主体性。参见渡辺定夫.今井の町並み[M].京都：同朋舍，1994.
② 関野克，太田博太郎，等.今井町民家についての若干の問題点（意匠・歴史）[M]//日本建築学会論文報告集第 60 号（昭和 33 年 10 月）.東京：日本建築学会，1958.
③ 今井町地区における景観形成の推進のための調査報告書[G].社団法人奈良県建築士会橿原支部，2005.

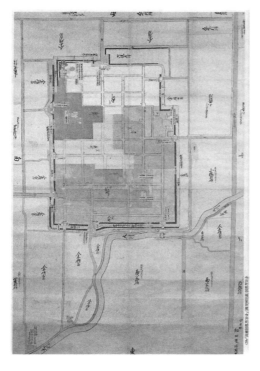

图4.5 细田家所藏今井町绘图 来源：森本育宽.今井町绘图集成[M].中西文山堂(株)；1980

元龟年间(1570年)的战国时代,"今井"门徒支持织田信长,1575年,织田信长与本愿寺合议,给予今井町自治权——赦免今井"万事与大坂同前","今井"于天正八年(1580年)退出石山本愿寺的宗教性控制,获得自治权。今井町的历史文献档案中至今保留了称念寺"今井乡惣中"赦免状,证明其自治的历史与"大坂同前",今井町作为以寺院为中心建立的聚居类型享有町内自治权[①]。在织田信长时代之后,丰臣秀吉对今井的自治权态度上比较温和,延续前述自治方式不变,今井町的商业得以继续发展。至延宝八年(1680年)至宝永元年(1704年)的江户时期,为了支配今井町周边约3万石"樱田御料"的交易,德川幕府在今井地区曾设定"代官所"作为南大和的主要城镇发展经济。

据安土桃山时代的文禄四年(1595年)检地帐记录,当时的今井已经形成东町、西町、南町、北町、新町、乡町共6町,共计522座房屋。按照《今井町史》对历史文献的推定,在16世纪末已形成今井町保留至今天的聚落格局,街道狭窄,两侧排列着町家,周边散落茅草葺屋顶的民房。据17世纪后半期的历史文献细田家藏《今井绘图》记载,当时今井町有东、西、南、北四町,按照风车状布置。江户时代元禄十六年(1703年)《窥书》补充记载了今井町在当时已经有9座町门,夜间东西南北4门可出入,其他5门不可出入。当时的今井町没有旅舍,即使是确认了身份的商人也只被允许留宿一晚,翌日就必须离开,今井町的自卫意识可见一斑。自江户中期起,今井町人口激减,商人阶层逐渐没落,房屋所有者普遍将自有房屋出租。[②] 根据享保年间(1716—1736)町方留书而成的今井町绘图来看,18世纪初期,今井町已经有9座町门,7座宗教建筑,其中2座是神社,5座是寺庙,神社和寺庙毗邻

① 森本育宽,等.今井町近世文書[M].1978,出版社不详。
② 永島福太郎.今井氏及び今井町の發達[M].東京帝國大學史料編纂所,出版时间不详。

建造,反映了神佛合习①的信仰习惯。总体而言,今井町自 16 世纪末起支持织田信长,以脱离一向宗本愿寺的宗教控制换取行政自治,获得"万事与大坂同前"的权利,但是今井町的建筑与街道保留了初建于 15 世纪末作为寺内町的历史格局(图 4.6—图 4.8)。

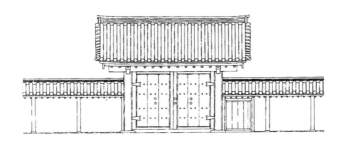

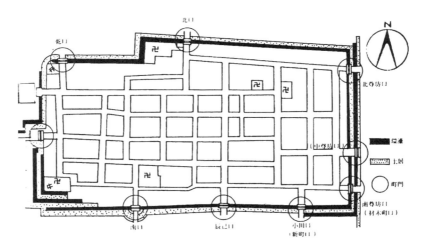

图 4.6　据享保年间(1716—1736)町方留书而成的今井町町门图绘示意,当时今井町内已有 5 座寺庙,2 座神社,9 座町门,环壕聚落基本形成　来源:森本育宽.今井町绘图集成[M].中西文山堂(株):1980

---

① 8 世纪的《日本书纪》中,将天皇由"人"而神化,视作天照大神的后裔,从此神道的存在与天皇统治的正统性密不可分。但这种基础薄弱的原始宗教,待佛教强势进入日本时,受到了极大的冲击。而后,神道教不得不主张将佛教诸神纳入神(Kami)的体系,并在社会上形成了长时期的"神佛合习"传统。这致使民间至今无法严格区分多重身份的神(Kami)与佛,宗教建筑上也如实反映了这种模糊。

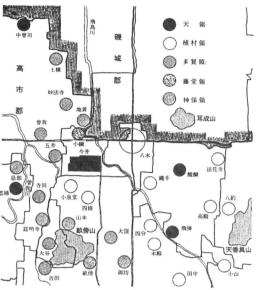

图 4.7　1956 年修复前的今井町环壕　　　　　图 4.8　今井町周边自治体分界示意图
来源：渡辺定夫.今井の町並み　　　　　　　　来源：渡辺定夫.今井の町並み

### 3. 重返今井町

　　今井町的保护现状和地方史的梳理显示了解开该地域保护问题的线索所在，即住民对地域历史的陌生和对文化主体性的无感。在日本经济高速发展的年代，不仅是历史遗迹，日本全国范围内的风土聚落和历史街道都面临着被破坏的威胁。与此同时，日本各地风起云涌的造町运动给今井町"胶着"的保护进程带来曙光。1975 年日本文化遗产保护制度就风土建筑保护问题的重要修正，其震源恰恰来自地方上众多村镇保护的合力推进。1968 年，日本全国各地举行"明治百年纪念事业"纪念活动，江户中期始建的今井町称念寺也进行了纪念活动。这一轮纪念活动中最为突出的是长野县南木曾町妻笼宿的保护复原。但实际上，妻笼宿与奈良井宿类似，是作为联结京都和江户的中山道上一种古老的风土聚落类型——"宿场町"被知晓的，其建筑的历史价值低于奈良井宿，更与今井町的历史价值无法相提并论，但妻笼宿却最先被保护下来并且获得成功。南木曾町政府职员小林俊彦作为妻笼宿保护的主导者之一，企划了保护妻笼宿的最初想法，即恢复日本著名文学家岛崎藤村在书中所描绘的江户时期妻笼宿场的历史场景，保留中世地方自治体的社会形态的"活样本"整体性地传给后世①。更为重要的是,妻笼宿作为风土建筑整体性保护的一种尝试,与欧美基本保留原状,什么都不改变的馆藏式保护方式非常不同,妻笼宿将古老的历史街道做了非常积极的"复原",为了江户旧期的建筑氛围重现,把后世添加之物全部去除了。将在单栋古社寺建筑、古民家上的复原方法扩展到了整个历史街道和风土聚落。住民自发牺牲现代生活的便利,继续整体和活态的保存江户时期的物质环境与日常生活。日本当时城市化乱开发行为下对历史街道破坏极为严重,对保护风土聚落必要性的意识是非常薄弱的,妻笼宿使用全体复原的例子,提示了一种不容置疑的整体性保护风土建筑遗产的态度,也提供了解除威胁的具体操作方式。

欲走上妻笼宿所开辟的风土建筑保护之路,今井町面临着地域社会更为复杂的"向心力"与"离心力"问题。在日本地方自治体中,存在着各种各样的社会组织结构,社群遵从自身利益需要进行的自发性保护行动必须是在特定社会条件下才能生发。昭和时期的町村合并改革在全国范围内推进,在这一改革推动下,今井町、八木町、畝傍町三镇及鸭公、真菅、耳成三村在1956年合并为新的橿原市,对于今井町而言是一种破坏性的社会变动要素。在1968年10月,奈良文化财研究所、奈良女子大学展开共同调查,对今井町住民的保护意愿进行调查。结果得出,与妻笼宿的情况不同,今井町由于多种原因,保护运动缺少本地住民的支持,在今井町无法实现像妻笼宿那样的全体住民齐心协力保护的愿望②。

1970年,新一代的建筑史学家渡边定夫重返今井町③,来自学者的保护意识再次萌发:必须结束今井町保护的"胶着"状态。在这个时期,渡边定夫开始作为重要的推进人物引导今井町保护。从伊藤郑尔1954年来到今井町,至渡边定夫1970年重返今井町,以1970年为界,停滞了16年的今井町保护进程产生了新的推动④。

---

① 日本中世地方自治的社会形态被称为"惣村",这是在江户时代通行经世哲学下形成的小规模的地方自治体,很接近西方社群(community)所具有的社会组织功能。妻笼宿选入"国之重要传统的建造物群保存地区"这一国家级保护区域与否需按照二级申请制度进行,即先通过地方自治体选定再进入国家级选定。如果没有南木曽町就妻笼宿复原制定的地方政策以及日本各个地方一系列住民自发的造町活动,那么"传统的建造物群保存地区"这种重大的保护登录制度改进就无从产生。15年间,妻笼宿宿场200余栋历史建筑得以保存和修复,妻笼宿至今(2018年)还是日本117处"国之重要传统的建筑物群保存地区"中面积最大的一处保护区。修复总耗资5.77亿日元。
② 1974年8月,今井町的研修团曾前往妻笼宿、马笼宿进行学习。1974年,今井、妻笼宿、有松三处各成立了历史町并保护联盟。从1968年的问卷情况看,今井町住民最为担心的是保护会牺牲居住生活的便利,也担心涌来的观光客会影响生活。橿原地方政府的消极反应使得保护变得滞缓,因为保护与地方政府要求的都市化进程相抵牾。参见渡边定夫.今井の町並み[M].京都:同朋舍,1994.
③ 1956年11月渡边定夫曾参与东京大学的今井町调查,他回忆道:"我对今井町最初的印象还是在青年时期,当时,我并不觉得今井町美,只看到非常破败的墙壁与传统的屋面瓦铺砌,房屋结构摇摇欲坠……"参见八甫谷邦明.今井町:甦る自治都市—町並み保护とまちづくり[M].今井町街並保护会/学芸出版社:2006.
④ 对于今井町而言,以1970年为界,来自行政方的支持加快了保护进程。在1972年,今井町共有6栋风土建筑被指定为日本级国家重要文化财。1976年,今井町今西家西侧的旧城壕被复原。渡边定夫与橿原市市长及文化厅课长进行协商,获得第一笔用于今井町修整工程的经费,并促成1977—1981年日本文化厅与建设省协同调查今井町"1977—1978年调查",代表推动了国家层面对于今井町保护的介入。这次调查被称为"历史环境保全街地整备计划调查",并在住民中形成保护组织"今井町保护问题相关综合调查对策协议会",这该组织至1988年改建为"今井町町并保护会"。

1982 年,由渡边定夫提出的今井町保护构想指出,今井町 750 户住宅中,有 88 处被空置(32 栋独立式、56 栋长屋式),因此今井町的历史街道应当针对这一情况相应变化,在行人视线所及之处对今井町传统氛围作修复,其他空间则按照有利于住民生活的改造进行,并再促进各种住民活动进行"润滑",以此作为重要的"活化"方式,努力使今井町重新获得活力。1989 年,渡边定夫提出《今井町传统的建造物群保护预定地区建筑基准法缓和条例的检讨调查报告书》,这份操作性的报告书包含七项保护与活化今井町的具体策略:(1) 变更都市计划道路;(2) 允许租赁经营;(3) 进行停车场规划;(4) 建设公共设施;(5) 铺装道路,雨水管设施;(6) 电线杆后移;(7) 下水道与厕所建设[①]。日本建设省采纳了这一提案,并进行了政策制定,制定《历史地区环境整备街路事业》计划,包括道路铺装和电线地下化等建设内容,并公布了保护条例。如此一来,渡边定夫争取的补助金与道路变更都成功了,这对长期居住的居民的保护积极性有了一定程度的促进。

渡边定夫对于今井町保护的贡献在于解决了都市开发与文化遗产保护之间的对立,争取到了日本国家层面与当地政府的支持,颇为成功地在日本国家层面与地方自治体之间狭窄的空间中进行协调,提出了风土建筑的活化式保护思路。但是今井町保护在推进上的内部困难并未完全解决,根源在于今井町历史上是一处特殊的"上意下达"式的传统自治组织,实行"长老"式的封闭支配,在这种思维定式下参照妻笼宿住民"自下而上"式的保护就显得非常困难。

1978 年 2 月,日本就国家层面收集今井町的住民意愿进行过保护方案征询,依托"今井町保护问题相关综合调查对策协议会"的成立对今井町的住民保护意愿作了统计[②],并在 1982 年 5 月起定期刊行《今井寺内町》收集住民意愿来推进保护策略

---

① 橿原市教育委员会.橿原市今井町伝统的建造物保护地区予定地区における建筑基準法の缓和と条例案の検討调查报告書[G],1992—1993.

② 朝日新闻公布的今井町住民调查问题与结果如下(1979 年 5 月 26—28 日今井町全体 625 户统计结果,46 家非本地住民除外):

(1) 今井町的住宅保留着江户时代的传统住宅建筑样式,住在这里觉得自豪吗?
12%其他　31%不自豪　57%自豪

(2) 是否知道根据文化遗产保护法的修正,由国家选定的历史街区,其住宅外观保护的费用可以从国家获得补助?
2%其他　46%不知道　52%知道

(3) 你赞成今井町历史街区的保护吗?
19%其他　25%反对(12%希望生活优先)　56%赞成

(4) 在今井町居住的问题主要是?
25%下水道设施不备

(5) 是否会协助保护?
86%赞成协助　45%有条件时协助

的制定①。1985年,今井町住民协会与自治委员会召开"地域恳谈会",总结了住民对于今井町保护与开发的三项主要意愿:保持安静的居住型聚落;拒绝成为观光化村镇;紧迫解决下水疏通问题。根据1985年9月《今井寺内町》问卷,住民希望今井町依然作为"安静住宅区"为前提的保护原则最终达成,1988年今井町重组的"今井町町并保护会"主要由今井町住民构成,这一组织正式加入日本全国町并保护联盟,国家层面引导下的保护与开发权宜过程告一段落。这样一来,从1970年渡边定夫重返今井町,到1988年"今井町町并保护会"开始真正发挥作用,又经历了18年,原本住民担心今井町保护后会引发商业化,对现状干预太大,长时间的权宜与"恳谈"之后,这时的今井町居民才真正改变消极态度,响应保护。按照"活化传统建筑物特性,保障现代生活"的活化方式,1989年3月奈良县建筑师协会完成了今井町"保护计划方案"的设计研究,按照保留今井町外观传统样式,内部实现现代生活的原则进行了示范性设计。同年9月橿原市行政方开始根据"传统的建造物群保存地区"制度进一步制定地方条例,这一保护条例4年之后实施,称为《橿原市传统的建造物群保存地区保护条例》,替代了1983年起实施的"今井町町并保护对策补助金"制度。1990年,橿原行政方对今井町内主要街道实施了整修。平成五年(1993年)今井町被选为日本"国之重要的传统的建造物群保存地区"。此时,今井町终于建立了一种以居民的原有生活不受到扰动为原则的保护模式,其准则可概括为结合行政方、学者方的基础调查结果加以审慎实施,同时保护的主体确立为当地居民。今井町在1993年被选为"国之重要传统的建造物群保存地区"获得风土建筑的保护身份,长达近40年的保护与活化的"胶着"之路终于落幕。

### 风土建筑谱系与样式的提取及应用

尽管今井町的保护迟迟未决,但是学者的调查和研究却已经自伊藤郑尔1954年来到今井町之后就开始了,通过详细的调查积累的成果为今井町的保护开展做着准备。如同在妻笼宿的太田博太郎主导的研究性保护一样,今井町的风土建筑"谱系"与"样式"知识提取、整理工作在保护真正开展之前已经完成。

1955年11月,东京大学主导了关于今井町风土聚落的第一次调查,住宅组调研了町内17栋民家,调查结果收录于1957年修订的《今井町史》。调查从学术上肯定了今井町作为历史性区域的价值,初步把握了近代町家这一风土聚落形态的发展过程,并发现从17世纪以来至日本近代各个时期的风土民居形式在今井町均有对应实例,从而得出作为考察近世町家建筑的发展历史,今井町具有极高的历史文化价值

---

① 自1983年起橿原地方政府为今井町特设补助金制度,称为"今井町町并保护对策补助金",这一制度实施了10年。

和学术研究价值。

1968 年 10 月—1971 年 11 月,奈良国立文化财研究所(奈文研)的"建造物研究室"会同奈良女子大学的"家政学部住居学教室"以今井町民家相关的建筑史学、住居学为研究主题,进行了历时 4 年的第二次今井町调查。这次调查对今井町 507 家民家进行了测绘,对町家平面形式的分类、构造形式(因时代而变迁)、待客空间("座敷")的演变过程,以及 2 层因为房间数不敷使用而被屋主改造等情况进行了详细调查,为基于住宅实态进行保护性改善奠定了基础。这次调查得到了太田博太郎与足达富士夫所倡导的谱系化民家类型研究成果①,用以指导建筑翻新设计。今井町民居按照平面布置和外观,在进深方向上称为"段",面宽方向称为"列",按此分类形成的平面有:1 列 2 段型(二间)、1 列 3 段型(三间)、2 列 2 段型(四间)、2 列 3 段型(六间)。在此基础上,再根据是否有"下店"(shimomise)这一商业空间来进一步精细的分类,得出共 8 类形式,并绘制 439 户的平面,统计得出分类结果②。此外,这次调查还包含一项重要内容即"住户访谈"调查,目的在于收集保护和改造的建议③。针对住民采访结果,报告书中提供了改造示例。

日本文化厅与建设省出面在 1977—1978 年对今井町进行了第三次调查,并形成了报告《建设省·文化厅的历史性环境保全市街地整备计划策定调查》④。1979—1980 年文化厅继续划出补助金,支撑对今井町作为大规模风土聚落实例进行文化遗产价值认知以及延续方式的调查,称为《橿原市今井町传统的建造物群保护对策调查》,覆盖的内容主要有今井町的历史、地区建筑肌理、尺度体系、町家聚集区的现状(年代、层数、高度、构造、平面、立面、剖面、复原考察、社寺历史),与规划相关的土地与景观调查以及住民采访,并分为三部分的成果来体现。这一轮的调查代表着日本国家层面借助学者的专业储备对今井町保护策略寻求过程的开始,形成了一系列的保护构想和技术措施⑤

---

① 太田博太郎,大河直躬,吉田靖,等.民家のみかた調べかた[M].东京:第一法规出版社,1970.
② 建设省,文化厅.歴史的環境保全市街地整備計画調査報告書[G],1977—1980.
③ 今井町的住户有 801 户,此次调查在 302 户中开展,受访者共计 792 人,对其中 20 岁以上的 259 户(占受调查总户数的 85.8%)中的 588 人(占受调查人数的 74.2%)进行访谈。
④ 文化厅,国土开发技术研究センター.昭和 52 年度—56 年度今井町调查报告书(歴史的環境保全市街地整備計画)[G].奈良:橿原市教育委员会,1984.
⑤ 第三轮的调查中,现状调查包括:建筑现状把握与相关的分类调查(用途、年代、保护度、层高、构造、持租情况、定居年数等);地区现状总图(屋顶鸟瞰图)1/1 000;现状平面图 1/100;各街道连续立面图(1/100);南北纵断面图 1/100;环壕现状图;现场照片;全体住户调查(用途、住户形式、所有权形式、居住者属性、定居情况、增改建情况);选取案例调查(家庭生活情况/室外生活情况);用地实测图(1/100,包含计算居住密度);市政设施调查。历史调查则包含:历史沿革(文献、年表制作);町区划分、历史名称、水路历史调查(制作环壕复原图、町门复原图);町内宗教建筑现状及历史调查;町家复原调查(制作 1/100 复原平面图、立面图)。保护修景、环境整备计划制定部分则包括:区域内利用方式分类(空间构成型、立面型、复原型、生活型);典型场所生活空间分析;地区社群综合评价图(场地利用);町家保护计划案例研究;町的环境、消防设施等。

（图 4.9—图 4.20）。

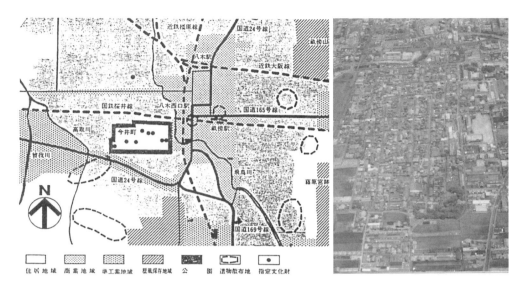

图 4.9　今井町道路交通用地及周边遗产分布示意图
来源:渡辺定夫.今井の町並み

图 4.10　今井町鸟瞰摄影
来源:渡辺定夫.今井の町並み

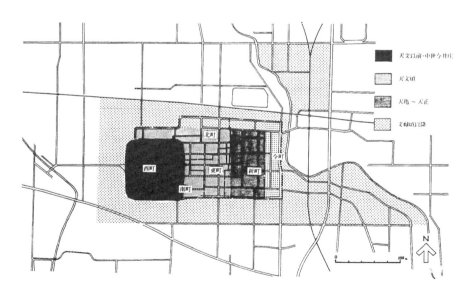

图 4.11　今井町町内用地划分和町名变迁图　来源:渡辺定夫.今井の町並み

以今西家
作为中心，
展示西侧
町门特征

春日社、常
福寺与参拜
道路、大规
模町家与长
屋均紧密环
绕社寺分布

在中部核心区的町家群
与以今西家为中心的町
家群之间的本町、御堂
筋、中町三处以町家为
特征的区域。有大规模
町家分布。

核心区：典型町家（2列6
室）以及典型街区（2列5
家堂门）。称念寺与大规模町
家之间有平面狭长的长屋
特征的区域。有大规模
町家分布。

有环濠痕
迹的地区

街道内町家
户数极多，
大中小型町
家混合区域

大规模町家、长
屋形成的新町、
今井街区

长屋较多
的地区

蓝色带状区域代
表构成地区空间
的主町家建筑。
町家建筑群有各
自的建筑性格，以
不同线型予以区分。

社寺
重要文化遗产建筑物
（文化财建造物）
典型重要建筑物

街道
街道、小路
町门痕迹

"基型"建筑物形
成的空间与典型的
街区

**今井町地区空间构想概念图**

图 4.12 1977—1980 年调查形成的今井町地区空间特征与保护构想分析图 来源：笔者根据渡辺定
夫.今井の町並み改绘

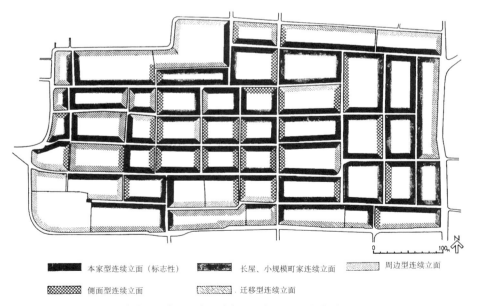

本家型连续立面（标志性）
侧面型连续立面

长屋、小规模町家连续立面
迁移型连续立面

周边型连续立面

图 4.13 今井町町家立面类型分布图 来源：渡辺定夫.今井の町並み

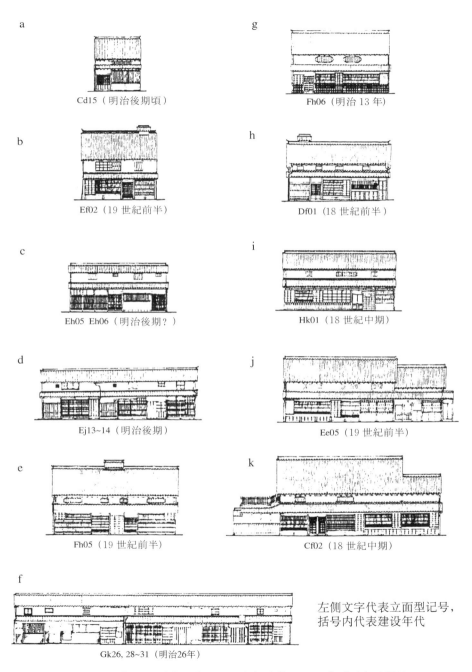

a

Cd15（明治後期頃）

b

Ef02（19 世紀前半）

c

Eh05 Eh06（明治後期？）

d

Ej13~14（明治後期）

e

Fh05（19 世紀前半）

g

Fh06（明治 13 年）

h

Df01（18 世紀前半）

i

Hk01（18 世紀中期）

j

Ee05（19 世紀前半）

k

Cf02（18 世紀中期）

左側文字代表立面型记号，
括号内代表建设年代

f

Gk26, 28~31（明治26年）

图 4.14  今井町町家立面型实例  来源:渡辺定夫.今井の町並み[M].京都:同朋舎,1994

303

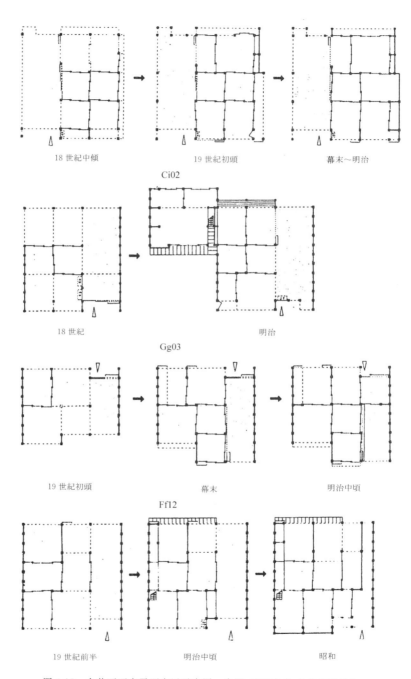

18 世紀中傾      19 世紀初頭      幕末~明治

Ci02

18 世紀      明治

Gg03

19 世紀初頭      幕末      明治中頃

Ff12

19 世紀前半      明治中頃      昭和

图 4.15 今井町町家平面变迁示意图 来源:渡辺定夫.今井の町並み

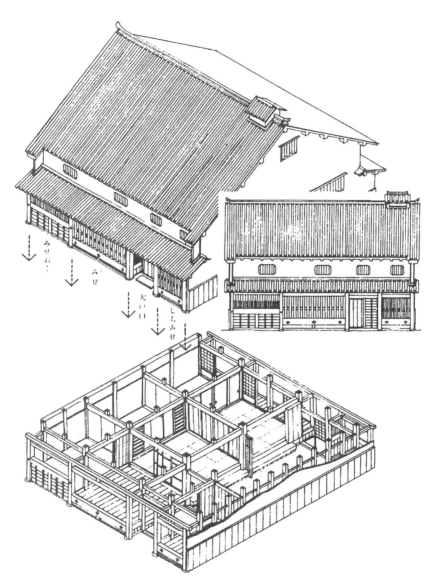

图 4.16 今井町町家轴侧示意图 来源:渡辺定夫.今井の町並み[M].京都:同朋舎,1994

图 4.17　今井町町家的 1 列 2 段型（二间）、1 列 3 段型（三间）、2 列 3 段型（六间）剖轴侧示意
来源：渡辺定夫.今井の町並み［M］.京都：同朋舍,1994

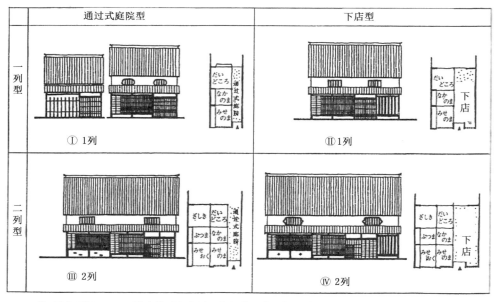

注：下店（Shimomise）即今井町店家用于夜间营业的空间,对外以半开的板门为窗口进行交易。

图 4.18　今井町町家平面与立面对应示例

来源：笔者根据渡辺定夫.今井の町並み的图纸改绘

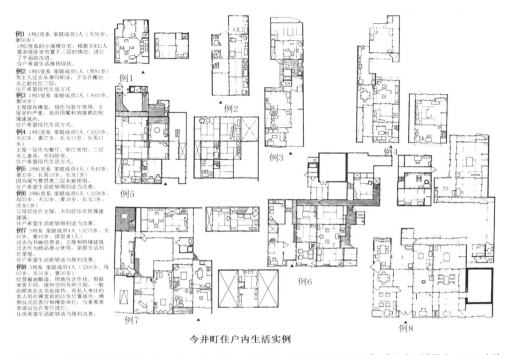

**例1** 1列2室系 家庭成员2人（夫59岁，妻56岁）
1列2室系的小规模住宅，根据夫妇2人要求将卧室布置于二层的情况，进行了平面的改进。
住户希望生活维持现状。

**例2** 1列3室系 家庭成员1人（男81岁）
男主人过去从事印刷业，子女已搬出去之前住在二层。
住户希望现代生活方式。

**例3** 1列3室系 家庭成员2人（夫60岁，妻58岁）
主屋留有佛堂，现作为客厅使用，主屋老朽严重，故将用餐和就寝都在附属建筑内。
住户希望现代生活方式。

**例4** 1列3室系 家庭成员5人（父63岁，夫42岁、妻37岁，长女13岁、长男11岁）
主屋一层作为餐厅、客厅使用。二层有儿童房，夫妇1卧室。
住户希望现代生活方式。

**例5** 2列6室系 家庭成员4人（夫40岁，妻33岁，长男10岁、长女7岁）
因为煤气费昂贵二层未被使用。
住户希望生活能够得到适当改善。

**例6** 2列6室系 家庭成员6人（父258岁，母55岁、妻28岁、长女3岁，次女1岁）
父母居住在附属建筑。夫妇居住在附属建筑。
住户希望生活能够得到适当改善。

**例7** 3列6室系 家庭成员4人（父75岁、夫45岁、妻40岁、借宿者1人）
过去作为商品展示使用，现家庭生活划在里面。
住户希望生活能够适当得到改善。

**例8** 3列6室系 家庭成员4人（父66岁、母65岁、夫31岁、妻30岁）
经营酱油酿造、用地包含作坊。根据来客不同，接待空间有所区别，一般的顾客在玄关与妇女接待。有私人来过的客人则在佛堂前的分发位置接待。佛教仪式在客厅和佛堂举行，与重要来客谈话也在客厅进行。
住房希望生活能够适当得到改善。

**今井町住户内生活实例**

图 4.19　今井町町家住户内生活实例　来源：笔者根据渡辺定夫.今井の町並み［M］.京都：同朋舍，1994.改绘

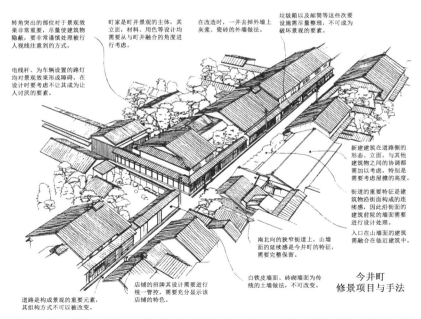

转角突出的部位对于景观效果非常重要，尽量使建筑物隐蔽，要非常谨慎处理被行人视线注意到的方式。

町家是町并景观的主体，其立面、材料、用色等设计均需要从与町并融合的角度进行考虑。

在改造时，一并去掉外墙上灰浆、瓷砖的外墙做法。

垃圾箱以及邮筒等这些次要设施需尽量整理，不可成为破坏景观的要素。

电线杆、为车辆设置的路灯均对景观效果形成障碍，在设计时要考虑不让其成为让人讨厌的要素。

新建建筑在道路侧的形态、立面、与其他建筑物之间的协调都需加以考虑，特别是需要考虑屋檐的高度。

街道的重要特征是建筑物沿街面构成的连续感，因此沿街面的建筑前院的墙面需要进行设计处理。

入口在山墙面的建筑需融合在临近建筑中。

南北向的狭窄街道上，山墙面的延续感是今井町的特征，需要完整保留。

白铁皮墙面、砖砌墙面为传统的土墙做法，不可改变。

店铺的招牌其设计需要进行统一管控，需要充分显示该店铺的特色。

道路是构成景观的重要元素，其组构方式不可以被改变。

**今井町
修景项目与手法**

图 4.20　今井町修景项目与手法　来源：笔者根据渡辺定夫.今井の町並み［M］.京都：同朋舍，1994.改绘

307

### 保护与活化的协调方式和技术管控

1983 年橿原市为今井町特设的"今井町町并保护对策补助金"对修理、修复、复原等工程规定了补助基准和补助限额,一直实施至 1993 年今井町《传统的建造物群保存地区保护条例》出台[①](表 4.1,图 4.21)。基于保持外观的传统样式,内部根据每一户住民的实际情况和不同要求进行适度改造,保证住民可以自由使用,在生活上得到最大程度的便利。在 1993 年今井町保护区范围最终划定之后,保护和活化计划包含五项新的内容:

(1) 确定基本的地域保护内容:保护地区的历史沿革,自然、历史特性,以及传统的建造物群保存地区所包含的内容。

(2) 对保护区内所有土地形状、自然物等构成的历史环境氛围的物件编号(称为保护计划编号),分类归入主体建筑、附属建筑、仓储、门、墙、社寺等,记录栋数、制作 1/1 000 的保护范围图。

(3) 制定具体复原修理技术措施的基准。

(4) 作为广大住民的共有遗产,策划保护经费来源,提供减税优待,以及对茅草、木材、石材等较难收集的建筑资源给予协助。

(5) 对保护地区进行环境整顿,包括标识、电线杆、路灯、广告牌等,均作为道路景观的一部分纳入修景计划,营建停车场,开设交流中心、资料馆。[②]

在今井町的保护演进过程中,最终确立了以住民生活为优先考虑的活化保护原则,并制定了详细的技术措施,今井町 220 栋风土建筑得到国家补助进行了修复,保护的成效获得居民肯定。

根据现场调研获取的资料以及书面记录梳理历次保护的技术方法,可以大致把握今井町民家修复的研究深度和修复完成度,根据修复前后的照片比对和工程概况记录的调取,还可以进一步获取今井町大范围内的修复落实到单栋建筑上的实际情况,笔者试以其中一栋山尾家住宅举例说明。

今井町山尾家住宅主屋桁间距 10.98 米,梁间距 12.13 米。屋主屋号为"新堂屋",曾是幕府的家臣和当地的大商家,经营肥料、木材、棉花,并且是为幕府提供宿泊之处,在 16 世纪中期,屋主从樱井新堂村会津屋分家后移居至此。建筑规模较大,包含面对道路的主体建筑(面积 134.2 平方米),西侧的客厅(面积 112.7 平方米),储

---

① 橿原市教育委员会.今井町伝统的建造物群保护地区補助金交付一覧[G].奈良:橿原市教育委员会,2011.

② 佐野熊二,等.橿原市今井町伝建地区における長屋の利用形態と景観の実態[M]//1998 年度第 33 回日本都市計画学会学術研究論文集,1998.

表 4.1　"今井町町并保存对策补助金"民家修复工程概要示例

| | | 1 野间邸 | 2 谷田邸 | 3 中泽邸 | 4 丰田邸 | 5 奥田邸 | 6 牧本邸 | 7 丰田邸 | 8 中泽邸 | 9 友村邸 | 10 上田邸 |
|---|---|---|---|---|---|---|---|---|---|---|---|
| 1 | 申请者 | 野间勉一 | 谷田靖夫 | 中泽鹿次郎 | 丰田宏子 | 奥田秀雄 | 牧本诚也 | 丰田浓部 | 中泽鹿次郎 | 友村忠幸 | 上田昌男 |
| 2 | 申请地 | 今井町 4-1-13 | 今井町 4-9-20 | 今井町 3-2-38 | 今井町 3-7-24 | 今井町 4-11-21 | 今井町 2-8-25 | 今井町 1-6-11 | 今井町 3-2-38 | 今井町 3-8-28 | 今井町 4-4-8 |
| 3 | 补助率 | 40.55% | 49.97% | 40.35% | 47.7% | 47.0% | 39.06% | 41.03% | 50.00% | 41.58% | 40.82% |
| 4 | 设计者 | 好川忠延建筑设计事务所 | 好川忠延建筑设计事务所 | 好川忠延建筑设计事务所 | 井上肇工店 | 井上工业 | | | | | |
| 5 | 施工方 | 建设业野村 | 西冈工务店 | 建设业野村 | 井上肇工店 | 井上工业 | 建设业庄田部信 | 大仙工务店 | 建设业野村 | 大峰静夫 | 井上工业 |
| 6 | 工期 | 1984.5.20— 1984.9.17 | 1984.8.1— 1984.12.1 | 1984.10.8— 1984.12.13 | 1984.12.8— 1985.3.30 | 1985.8.26— 1986.3.30 | 1985.9.19— 1985.10.31 | 1986.5.30— 1986.11.10 | 1986.11.1— 1987.3.2 | 1986.11.30— 1987.3.31 | 1986.12.3— 1986.12.23 |
| 7 | 工程概要 | 主屋面、次屋面瓦面更换;内部粉刷;一层面开口重新设计。 | 下店部分补修;人户门改修;店铺内部改修;下店铺地面装石改修;围端改修。 | 主屋面改修:一层端面、山墙面粉刷;下店铺部位、店铺内部改修;围端墙改修。 | 主屋面瓦面更换;山墙板面更换;内结构补固;围端墙补修。 | 屋檐更换;木结构加固;地基加固;墙面补修。 | 主屋面改修:东侧山墙面水补修;二层端面补修。 | 主屋面改修;入口大户门改修;墙体、围墙改修。 | 主屋面屋檐南侧,内部仓库屋檐南侧材料补修。 | 墙壁改修;围墙改修。 | 围墙改修。 |
| 8 | 备注 | | | | | | 所有者 杉杉德次 | | 继1984年第二次工程 | | |

来源:笔者根据渡边定夫·今井の町并み[M].京都:同朋舍·1994整理

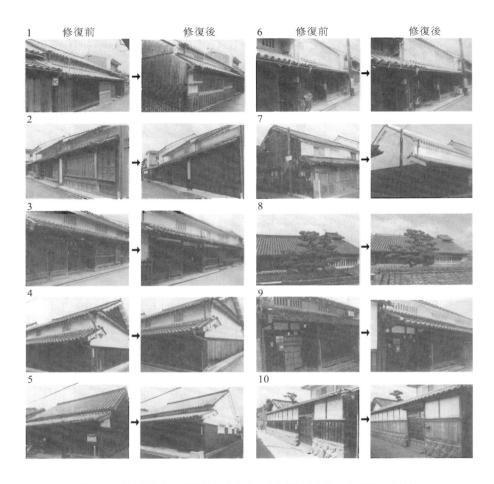

图 4.21  使用"今井町町并保存对策补助金"进行民家修复前后的比照示例
来源:渡辺定夫.今井の町並み[M].京都:同朋舍,1994

藏室(面积 19.1 平方米),隐居所(107.1 平方米)。主屋建造年代根据太田博太郎先生的"民家编年法"平面型制推断为 18 世纪后半期,与东侧的土间组成"2 列 3 段型(六间)"的平面类型。客厅的栋木上写有文政 3 年字样,可推定建筑为 1820 年间建造,装饰十分华丽。主屋东侧的隐居所为"2 列 3 段型(四间)"的平面型制,联结东面的储藏室。整体建筑保护情况较好,对于今井町北尊坊的町并景观是非常重要的构成要素。1985 年 3 月 15 日山尾家住宅被指定为奈良县文化财,屋主自发设立民家资料展示馆,对外开放参观(图 4.22—图 4.24)。

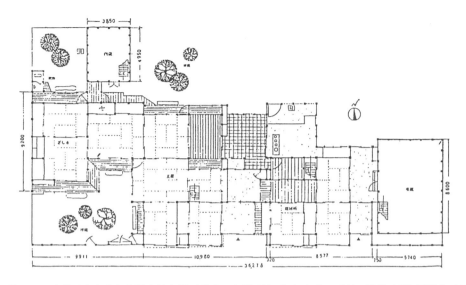

图 4.22　今井町奈良县文化财山尾家平面示意　来源：渡辺定夫.今井の町並み[M].京都：同朋舍，1994

图 4.23　今井町奈良县文化财山尾家室内
来源：自摄

图 4.24　今井町奈良县文化财山尾家改建后，住户
自发设立民家资料展示馆　来源：自摄

　　今井町经历了漫长的保护过程，通过一种权宜性协作方式形成了一系列重要的风土建筑保护与活化的价值认知与技术方法，行政方、学者与当地住民组成了"三位一体"的风土建筑保护模式。其中，具体的技术方法包括：以对地方史的重新发现来帮助理解风土建筑的重要价值，通过细致的调查对地域社会中风土建筑保护模式作比选，使用建筑史学者谱系化的风土建筑研究成果指导保护管控措施；建立国家补助金制度补偿风土建筑的修整开支；建立住民共同参与并主导保护原则的制定；协助组建住民的遗产照管体系以重新构筑社群结构；赋予住民及一般市民直接、间接

享受历史环境舒适氛围的权利;引导公共资本进行保护地区的基础设施建设;带动振兴观光、地方产业;整体性的保护风土建筑的物质实存与原有生活方式;以及建立全国性的保护组织以保证信息互通。这些有前瞻性的价值认知与细腻的技术方法为风土建筑的整体性保护提供了以下有益的启示。

**第一,传统木造建筑物的自殖和维持方式**

大片的风土建筑以整体性的方式得以保护下来的地区,实际上多处在日本人口稀疏的地区,是都市开放的遗漏之地,正因为被遗漏,故而保护情况较好。这类地区的建筑物以木造为主,按照木结构易遭火灾、虫害影响的材料特性,其存续势必不断经历维修、翻新、复原等状态,对于居住在里面的人而言,适应生活需要向现代化改善也是无可厚非的。风土建筑保护时,出于保障住民的生活权,需允许外观一定程度的"变化"和建筑内部在不影响地区总体历史氛围的前提下更新,但这种管控变化的程度究竟怎么裁定需要以学者为导向制定详细的技术管控措施。实际上,保证地区现有性格和外观不被改变,同时生活在其中的住民依然享有生活便利性之间是存有一定矛盾的,今井町保护与活化的矛盾在经过利益相关者长时间的协调之后,最终基于日本建筑史学者完成的科学、翔实、可靠的前期学术调查实施。换言之,在风土建筑的保护与活化中,需协调利益相关者的关系,因为木造建筑物需要比其他类型的风土建筑更为频繁的日常维护,获取住民的支持是木造建筑物存续的关键,但更重要的是,保护专业人士和学者在明晰学术调查的目的后有的放矢地进入前期调查的阶段,其研究结果需要切实的在保护中作为主导原则进行细化管控。在这些方面,不管是英国的"杰出自然美景区"制度(AONB)的技术管控还是日本的民家科学研究法,都会成为我国风土建筑保护中特别是在木造建筑保护过程中值得借鉴的技术方法。

**第二,风土建筑的观光化课题**

此外,长期胶着的今井町保护历史中,住民对于观光化的抵制现象,引出最大的一项困惑也在于:对于风土建筑这一范围数量巨大的遗产类型的活化是否就等同于观光化?[①] 一座历史性的观光地,在历史上一直作为观光功能有其相应资源,但是一些地区被作为现代保护语境中的选定对象之前,在历史上并非作为实现观光目的而使用,也没有作为观光地的各类资源进行支撑,一旦作为观光的功能决策完成之后,其自身历史和传统的延续就会受到地域角色剧烈改变带来的影响[②]。虽然这种观光业的发展对该地区的就业很有好处,但是毫无疑问会对居民原本平静的生活带来不

---

① 根田克彦.伝統的建造物群保護地区におけるイベント型観光の可能性:橿原市今井町の事例[J].奈良教育大学紀要,第 59 巻第 1 号(人文・社会),2010.
② 橿原市教育委員会.橿原市今井町伝統的建造物群保護地区見直し調査報告書[G].2009.

同程度的滋扰和侵害,或会造成聚落空聚、居民流失的后果,慢慢丧失了理想风土的特质[①]。如何在活化和观光化之间寻求一个更为健康、可持续的发展方式是至今都还没解决的难题。今井町住户最后让步于保护的最大原因也在于获得了一项行政方层面的承诺,即保持该地区原有安静的居住氛围,不进行刻意的观光开发。虽然这是一种行政方的让步,但也正是这一矛盾的疏解,保证了该地区能够留存原有的社会格局与生活形态,"土味"没有被"洋味"代替,抵抗住了风土建筑保护与观光开发中常见的"士绅化"(gentrification)菌丝,避免了商业冲击下风土的失真、失质、失魅,称得上是颇具文化远见的行政决策。

**第三,聚落形态中的社会组织结构影响**

今井町历史上以寺内町的"长老"式自治为主的社群结构,随着现代化、工业化、城市化的冲击,这种社群组构虽然留有思维惯性,但在事实层面上早已崩塌[②],在这种现实情况下即使对建筑本体进行很好的保护,依然不能彻底阻断人口"过疏化"的进一步蔓延。这种风土建筑保护过程中面临的尴尬并非今井町独有,除了长野县的妻笼宿,日本荻市堀内地区也是另一个典型案例。堀内地区保留着武士家族土地划分结构为基础形成的风土聚落形态,虽然被选为"传统的建造物群保存地区",但是由于日本的"核家族化""少子化"的趋势,即使全区划入保护范围也很难保留其社会结构,加之不断增加的地价带来的利益诱惑,税费带来的压力[③],荻市传统的故旧城乡格局未能维持。

今井町保护与住民生活的调和之间的真正困难也在于,即使是曾作为江户时代金融业繁荣的象征自发保留了许多传统居俗活动,今井町历史上一直缺乏一种如同妻笼宿的庶民"合力"经验,也未形成真正的"文化共同体",同时又残留排外的自我保护意识,外部人士的干预较难渗入。今井町的社会组构崩塌后住民遗留的保守态度转变为历史保护的阻力,这也是今井町相较于住民自发谋求地方发展的妻笼宿而言,其整体性保护更难推进的原因(图 4.25,图 4.26)。

---

① 城乡中的风土建筑的特质应具有以下四重特征:第一,风土建筑相对于经典建筑而言是"异邦"的建筑;第二,风土建筑常常处于相对故旧的状态,保有"古色";第三,风土建筑多数由聚集在群落里的人们集体建造,是"社群"性产物;第四,风土建筑的建造者大部分是很少受到学院式专业训练的普通"劳动"者。
② 足达富士夫.今井町住民の保护意识[G]//日本建筑学会近畿支部研究报告书,1969.
③ 也有日本学者指出,实际上,木造建筑维护费用昂贵,掌握传统建造技术的人快速减少,这些费用的来源依靠于行政体、企业以及个人。日本的税制优惠是针对 1992 年创设的地价税设置,免除了对传统建筑群保护地区的个别税项。在地价昂贵的保护地区,屋主需要支付的"相续税"依然是牵制保护的一个实际问题。参见增井正哉.历史的町並みにみる都市住宅の课题:今井町传统的建造物群保护地区の见直し调查とその後[M]//都市住宅学 87 号,2014.

图 4.25 今井町的民俗活动"地车祭" 来源:渡辺定夫.今井の町並み [M].京都:同朋舎,1994

图 4.26 今井町修复后的町家内景之一 来源:渡辺定夫.今井の町並み[M].京都:同朋舎,1994

### 二、日本妻笼宿的保存与再生计划

在对日本奈良今井町的研究基础上,本节比照研究日本著名乡村遗产整体性保存案例——妻笼宿,考察其从 20 世纪 60 年代起所经历的 3 个演进阶段,对"宿场"历史、保护理念、政策制定、公众参与,以及复原技术等重点内容进行回顾与梳理。在此基础上,探究妻笼宿保护在原始文档不足的情况下,如何利用日本幕府末年留下的《宿绘图》,释读"宿场"建筑的传承谱系,并将之用于科学复原的工作,从而稳步推进保存与再生计划的全过程。

作为木曾十一宿[①]之一的妻笼宿(图 4.27,图 4.28),其保存计划始于 60 年代,历时 15 年将凋敝山村改造为承载日本人乡愁的原乡化境,自然景观与风土民俗并存,妻笼宿也因之"再生"。观妻笼宿之保存,虽开始时间早于白川乡"合掌造"的保存,

---

① 17 世纪初,德川家康统一日本,着手修整道路,以江户(东京)为起点规划了五条道路,并在各道路上设置让旅人歇脚和运送货物的驿站,这一宿场制度长达 270 年。其中以连接江户和京都的"东海道(tokaido)"及"中山道(nakasendo)"为最主要干线。中山道上共设有 69 座驿站,木曾路是中山道在中部山区的一段路,妻笼宿为木曾十一宿场之一,而马笼则是木曾十一宿最南的宿场。1968 年以来南木曾全町持续推动保存运动,使木曾路沿道沿道的街市得以复原。沿木曾路由南至北分布着马笼宿(magome)、妻笼宿(tsumago)、野尻宿(nojiri)、三留野宿(midono)、须原宿(suhara)、上松宿(agematsu)、福岛宿(fukushima)、宫之原宿(miyanokoshi)和薮原宿(yabuhara)共 11 座宿场,称为木曾十一宿。其中以妻笼宿至马笼之间保存最完整,沿途 80 多家江户时期的旅舍一排相连。

倒更显示了日本人的拿来主义。只不过并非如明治期时直接套用西方的理论范式，而是将老祖宗千百年沉淀下来的成果巧妙利用，不厌其烦提纯为科学的谱系为历史修复所用。江户宿场历史的醇厚之味本难挽回，却经此淬火，被富集在妻笼宿小小的街道之上，赋于历史的勇气竟深刻地放大了历史的魅力。凋敝的妻笼宿得以提振，江户风俗画卷再次重现①（图 4.29），无形价值依托于有形价值共振，反显示了拿来主义进化后的智慧。以至于今日文物保护的鼻祖意大利人也不禁对日本的保护智慧投以青睐："对于像意大利这样一个将保护对象所包含的信息视为要连同它的物质表达一起保存下来的国家来说，各国当前对无形价值的关注并不令人感到惊讶。**日本恰恰也被认为是这样的国家之一，在非常类似西方国家的一种保护哲学中，推行着将各种有形与无形价值整合起来的保护政策。**"②中国也为有着最久远历史之一的国家，享有极丰富的文化遗产资源，但是尚需与各国围坐在当今世界一副叫作"民族个性（identity）"的牌局中，角逐于现代化全面洗刷民族地域特色的浪潮里，赛一赛究竟谁为戴着镣铐舞蹈之能者。将丰富的建筑遗产资源化作历史城乡演进的推动力，彰显全球化挑战下的民族地域之特色，或曰不把一手好牌打坏，他者的智慧确实不无启迪。

图 4.27　日本妻笼宿寺下地区上嵯峨屋附近来源：自摄

图 4.28　日本妻笼宿寺下地区街道，下部石路为中山旧道　来源：自摄

---

① 妻笼宿每年 11 月 23 日举行称为"文化文政风俗绘卷之行列"的盛大民俗活动，浩浩荡荡行进的主队被称作"中山道 180 人"，队伍里有樵夫、马夫、武士、百姓、旅人、百姓，他们装扮的衣服都从妻笼宿当地老人家处借来。一天的行进结束后，大家在寺庙的钟声里走向回家的路。这一活动每年吸引大约一万名观光客。参见藤原義則.南木曽町妻籠宿伝統的建造物群保存地区——妻籠宿の文化文政風俗絵巻之行列[J].文化庁月報，2011(4).

② 引自 2005 年切萨雷·布兰迪《修复理论》ICCROM 总干事尼古拉斯·斯坦利-普赖斯撰写的英文版序言。参见[意]布兰迪.修复理论[M].陆地，编译.上海：同济大学出版社，2016.

图 4.29　妻笼宿每年 11 月举行的"文化文政风俗绘卷之行列"嫁女队伍行走在中山道上　来源:自摄

**起:初次造访**

1967 年 8 月,56 岁的日本建筑历史学家,时任东京大学教授的太田博太郎先生第一次造访位于长野县木曽郡南木曽町的妻笼宿地区,迎接他的是一幅历经沧桑的村落凋敝景象。随处可见民家住户新加的玻璃窗与乙烷气烟囱,附着在摇摇欲坠的老屋上,与环境格格不入,全无美感可言,妻笼宿的现状完全无法与 150 年前江户时代的繁华宿场产生任何联想。

太田先生此行是为妻笼宿一处江户时代的胁本阵[①]——林氏旧宅而来,作为长野县文化财专门委员,此行目的是判断这幢林宅是否具有被指定为"县宝"(长野县级别文化遗产)的资格。完成了对单栋建筑的调查之后,妻笼宿整体不佳的保存状态,使这位历史学家如鲠在喉,思绪万千。

以何理由来保存这片古老的村落?古老的街区上成排的江户时期民家景观既称不上文物古迹,也非独妻笼宿所有,长野县的乡原、奈良井、本山三地均可见。若仅为"保存"而"保存",耗时费力,世人万难赞同,必得要挖掘出妻笼宿的独特价值才能说服各方。即使成功跨越这一步,随之而来的保存方式该如何抉择?若选择"冻结"式处理,这样的"保存"如同对待标本,恐不适合妻笼宿丰富无形的历史氛围之留存,任由江户宿场盛景消失殆尽未免可惜。若设想将妻笼宿作为文化遗产进行整体保存何如?非复原一处民家,而是基于现存建筑特色的全体保存,植入现代化的设

---

① 　胁本阵(wakihonjin),宿场中本阵(honjin)以外的预备设施,幕府统治时期,在参勤交代时,本阵如果住不下,相对下级的武士就住在胁本阵里。胁本阵平时也提供给一般过路人住宿。参见后文"本阵"注。

施和新的动线,再现历史上的宿场景观,这将是一种以保存为基础而振兴妻笼宿的新方式吗?[①]

然而,这样的设想若果真实现,就意味着需大规模地整体保护这一聚落。而严酷的现实是,在日本这样私产得以完备保护之地,保存单栋建筑尚难获得户主支持和同意,要保护数十、数百乃至数千的全体聚落的建筑物,无异于痴人说梦,如何能够实现? 太田先生心怀种种顾虑回到胁本阵林宅中,在"恳谈会"上,小林俊彦先生[②]的一番话触动了太田先生的心:"现今已到最为关键之时。学者若不向世人传递町并保存之重要,妻笼宿的保存无望矣。"

长野县南木曾町妻笼宿自 1967 年起,历时 15 年,经三次保存计划才得以完成的过程,终于因学者欲以保护的决心下定而蓄势待发。

**承:"旧柴禾"之辩**

明治以来,妻笼宿的宿站制度被废止,国道与铁路均需迂回才能通达此地,这种交通不便形成了妻笼宿的静谧。另一方面,这种静谧使乡村的振兴机会显得更为渺茫。

妻笼宿村周围有着山清水秀的景观,然而山林属于国家,河流的水利开发权则属于电力公司。作为药物研究的储备地,耕地也受到限制,制药业也非支柱产业。年轻人陆续离开妻笼宿,前往名古屋、大阪、东京,妻笼宿人口渐渐稀少,只剩下摇摇欲坠的老屋,被讥笑为"如果京都奈良的文化财是一等品,妻笼宿只能算五等品,老屋的木头只能扔进火炉当旧柴禾使用"。[③] 然而"旧柴禾"也有其价值。妻笼宿在 1976 年被认定为"国之重要传统的建造物群保存地区"。以妻笼宿聚落为中心,以中山道沿线包括自然景观在内的 1 245 公顷区域均得以保存。这意味着平民百姓生活的地方被选为重要程度相当于京都奈良的文化财。在叹服志士之强力铸就的同时,保护这片"旧柴禾"的价值究竟何在? 只有详细考察对于此地最重要的宿场制度的来龙去脉,方可开释太田先生等一众保护志士是否"小题大做"以及如何"借题发挥"等诸多疑问。

据《续日本纪》记载,木曾路[④](旧称吉苏路)初开通于和铜六年(713 年)7 月。当

---

① 太田博太郎,小寺武久.妻笼宿:その保存と再生[M].東京:彰國社,1984.
② 据太田博太郎《妻籠宿保存・再生のあゆみ》所撰前言,小林俊彦先生为妻笼宿当地力行保护事业人士,熟谙妻笼宿建筑保存现状。妻笼宿的主街道两旁排列着江户末期至明治初期的宿场建筑,为古宿场的主要构成部分,保存町并即整体保存宿场的历史街道与沿街风土建筑群。参见太田博太郎,小寺武久.妻籠宿:その保存と再生[M].東京:彰國社,1984:1-3.
③ 藤原義則.南木曽町妻籠宿伝统的建造物群保存地区——妻籠宿の文化文政風俗絵巻之行列[J].文化庁月報,2011(4).
④ 木曽路(kisoji)是"中山道"(或写作"中仙道""仲仙道")的一部分,中山道即日本江户时代五街道之一,从江户(今东京)经内陆前往京都。

时的东山道是一条自日本美浓坂本出发，穿过神坂岭后沿天龙川北上的险峻之道，木曽路作为一部分被开辟使用。到了平安时代中后期①，木曽路逐渐成为主要道路，妻笼宿地区依靠这条道路与外界联系(图 4.30)。在妻笼宿附近出土年代最早的文物为绳文②前期至后期遗物，这片区域从弥生时代开始至中世之间状况究竟如何，鲜有记录。

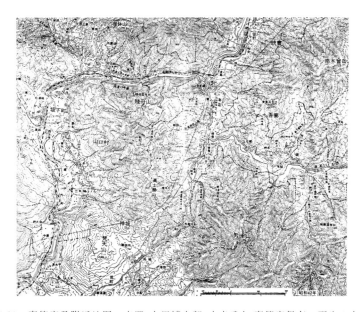

图 4.30　妻笼宿及附近地图　来源：太田博太郎，小寺武久.妻籠宿保存·再生のあゆみ

中世开始，"妻笼宿"一名出现在文献史料的记载中。《信浓史料·八》③记载，永享四年(1432 年)，室町幕府命美浓国守护土岐持益从妻笼宿兵库调用御厩使用的木材。从这一记载可推知木曽是一处木材产地。《信州下向记》④记载，天文二年(1533 年)，京都醍醐寺理性院严助僧正，从坂下来到"妻子"家住宿一晚，"妻子"家即木曽一家人家云云，翌日，经过广濑兰，由"饭田荒路"往饭田出发，从妻笼宿至广濑处，有"送人马"。从这一记载可知妻笼宿氏作为木曽家的属地和据所，可能彼时已形成聚落，配有宿泊、驿马等设施。但是，这处聚落中心的位置可能并不在今天妻笼

---

① 平安时代(794—1192 年)，自桓武天皇奠都平安京始，至镰仓幕府成立止，历时近 400 年。
② 绳文时代，日本石器时代后期，约 1 万年以前至公元 1 世纪前后。
③ 長野県.長野県史·近世資料編·第 6 巻—中信地方[M].長野：長野県史刊行会，1979.
④ 因读音相同，《信州下向记》所记载的"妻子"家即"妻籠"，妻子家为木曽家所属。虽名同，此处提及的"妻子"并非今天的妻笼宿所在。参见長野県.長野県史·近世資料編·第 6 巻—中信地方[M].長野：長野県史刊行会，1979.

宿所在的位置，而是沿着兰川往南，位置应在大岛、田岛处，靠近饭田（伊奈）路的地方。今天的妻笼宿实际是在木曾川与兰川合流的位置上，在一座名为"城山"的山麓上筑就的妻笼宿城，其交通要冲的地位毋庸置疑，攻守木曾谷，妻笼宿均是重要据点。天正十二年（1584 年），时值丰臣秀吉与德川家康交战，秀吉军中木曾义昌的家臣山村良胜以三百骑击溃家康一方饭田、高原、诹访共七千余骑，守住了妻笼宿城。在这次战役中，守城将士岛屿与次右卫门（本阵）①、林六郎左卫门（胁本阵）等人，后来在妻笼宿任主宿役②。《木曾考》又载，木曾氏后来归顺德川家康，离开了木曾谷。长庆五年（1600 年）关原之战中，山村良胜与千村良重二人率德川秀忠的先遣部队平定木曾谷，组建了妻笼宿城的军队。长庆六年（1601 年），木曾作为德川家康的直辖领地，前述山村氏担任"代官"一职，元和元年（1615 年），木曾传于家康之子义直，为尾张藩③，但山村氏的"代官"一职依旧保留。妻笼宿长达 270 余年的宿场制度便始于这一时期。

　　长庆六年（1601 年），代官木村道勇授命林六郎左卫门于胁本阵担任妻笼宿"半分问屋"④一职，管理妻笼宿场事务，岛崎家也同期被任命在本阵担任"问屋"，为建立宿场制度进行准备。在同期发生了一次较大规模的移居，本乡大岛、田岛两处的居民移居至妻笼宿。这次移居逐渐形成了今天所见的妻笼宿街道，但是移居的原因不甚明了。

　　经 40 年的建设，至宽永十九年（1642 年）时，据《妻笼宿觉书一》⑤的记载，妻笼宿村已有 54 间房屋，村民 337 人，街道上成排的房屋有 30 栋。贞享三年（1686 年）的《妻笼宿觉书一》"妻笼宿家数间合书"一节详细记载了妻笼宿村居住者与房屋所有人的职务（役名），建筑物的尺寸，且留下了图样。而在另一处文献《关于宿村大概账》⑥上可见两百年后天保十四年（1843）的妻笼宿：

---

① 本阵（honjin）在日本战国时代以前，主要用来指战场上总大将大本营所在的位置。进入江户时代后，本阵逐渐用来指专供武士、官吏宿泊的场所，通常是指定当地富有人家如商人、名主、村役人（管理村庄事物的人）的宅邸作为本阵，普通老百姓不能留宿在本阵。本阵和胁本阵原来主要为大名和高级武士服务，胁本阵的建筑规模比本阵略小。进入明治时期，随着铁路出现，宿场逐渐凋落，本阵与胁本阵为了维持经营也向平民开放。

② 宿役人即管理妻笼宿场事物之人，引自《長野県史・近世資料編・第 6 卷—中信地方》的《木曾考》。参见長野県.長野県史・近世資料編・第 6 卷—中信地方[M].長野：長野県史刊行会，1979.

③ 尾张藩是日本江户时代的一种制度。在当时拥有 1 万石以上的大名，被称作藩主，该体制到 1871 年废藩置县时被取消。

④ 问屋（to'iya 或 to'iya-yaku），管理宿场的役名。行问屋役之人在本阵或胁本阵设置宿场调配指挥之处，称为人马会所（jimba-kaisho），为旅人召集安排运送旅人和行李货物的人手与马匹。

⑤ 《妻笼宿觉书一》计 2 册，原文献无标题，收录于《長野県史》的《近世資料第 6 卷》，以《妻笼宿书留》为题，《南木曾町志》上以《妻笼宿觉书一、二》为题收录。原书藏于南木曾町教育委员会。

⑥ 長野県.長野県史・近世資料編・第 6 卷—中信地方[M].長野：長野県史刊行会，1979.

宿内町並東西江弐町三拾間

天保十四卯年改

宿内人別四百拾八人

宿内惣家数八拾三軒

　　　内

本陣　凡建坪百四拾四坪半・門構・玄関附　中町壱軒

脇本陣　凡建坪百拾坪半・門構・玄関附下町壱軒

旅籠屋三拾壱軒　内大七軒　中拾軒　小拾四軒

人馬継問屋場弐ヶ所

此宿無高二而田畑少し、田方用水ハ水上山より引取、流末は木曽川江落る

農業之外旅籠屋ハ旅人の休泊を請、又ハ食物を商う茶店、其外往還之稼

有之

此宿男女山稼のみにて仕馴たる手業なし

　　江户后期的妻笼宿,除本阵与胁本阵各一栋外,旅舍共计 31 栋(大型 7 栋,中型 10 栋,小型 14 栋),旅舍数/住屋数(含本阵,胁本阵)比例达 39.8%。耕地较少,人们以经营茶肆旅舍等为主要生计。另外,妻笼宿街道上排列的房屋共有 150 间(2 町 30 间,不含光德寺门前 45 间),住户 418 人(男 216 人,女 202 人),住屋 83 栋,妻笼宿在这本《宿村大概账》上“木曽十一宿”一节中,仅位于三留野宿场之后,这个时期妻笼宿村宿场功能的发达可见一斑。

　　另外一份重要文献是一幅幕府末年的《妻笼宿绘图》[①],是目前发现的唯一一幅关于妻笼宿古宿场的图像资料。在这幅图上,标示了居住者的姓名,建筑物的正面开间与进深间数,并可知标明为旅舍使用的住屋共 14 栋,上町、中町、下町共有住屋 64 栋,光德寺门前有住屋 21 栋,比起贞享三年(1686 年)的《妻笼宿觉书一》“妻笼宿家数间合书”记载的下町、中町、上町共有 38 栋房屋,光德寺门前 12 栋房屋来看,宿场北端,以及寺门前的房屋数目都增加了。

　　宿场最繁荣的一段时期源于参勤交代[②]制度的缓和。文久元年(1861 年),皇女和宫下嫁将军家茂,4 万人马的队伍经中山道前往江户,妻笼宿村为此向邻村借用了人工、灯具、器物等迎接这次前所未有的盛大通行。次年,参勤交代制度松动,大名之妻被允许归国探视,华丽的御女队伍再次浩浩荡荡通过中山道,宿泊需求因此激增。

---

① 《妻笼宿绘图》,也称《宿绘图》,推定为幕府末期作品。现藏于德川林政史研究所。

② 参勤交代,亦称“参觐交代”,江户时代的一种政治制度,按此制度,各藩的大名需轮流前往江户替幕府将军执行政务。

　　进入近代,明治元年(1868 年)2 月 7 日,妻笼宿村大火,下町全体,中町 34 栋房屋尽数烧毁,本阵与胁本阵建筑幸免于难。大火后不久,明治五年(1872 年),宿场制度废止,但中山道的重要性并未受到影响,妻笼宿的旅宿业依然繁荣。据《南木曾町志》[1]记载,1877 年一年中,有不少于 6 700 人在 32 栋旅舍内住宿,超过 1 000 人住宿的旅舍有 3 栋。在昭和(1926—1989 年)初期的经济萧条下,妻笼宿作为宿场的功能基本停止,村内逐渐开设村役场、营林署、警察局、邮电局和学校等,渐渐转变成当地的政治和经济中心(图 4.31)。[2]

图 4.31　妻笼宿全图　来源:太田博太郎,小寺武久.妻籠宿保存・再生のあゆみ

　　自历史沿革观之,妻笼宿场的特殊价值在于:中山道曾作为京都和江户之间归国大名妻子队伍通行的重要驿道,妻笼宿是其最重要的宿泊地之一;中山道宿场两侧成排的房屋构成的街区景观,为自江户时期起至明治前期逐渐形成的古宿场,规模在明治初年达到极胜,妻笼宿的建设规模位居前列;妻笼宿以聚落实体的形式作

① 南木曾町誌编さん委员会.南木曾町誌・通史编[M].南木曾町:南木曾町誌编さん委员会,1982.
② 1882 年,为了把中山道改造为可通行马车的道路,新开了国道 19 号线。因为这条国道的开通,中山道于1894 年由国道下降为里道,疏于修理。1895 年,从新国道到妻笼宿下町处开设新道,沿着兰川朝妻笼宿村单独铺设。由于被国道替代,古老的木曾路旅宿业大受影响,但是木曾路的旧貌却很好的保留了下来。1909 年,由于往返三留野和名古屋的铁路开通,交通与运输中心开始集中于三留野,1911 年中央西线全面开通,1927 年,饭山线开通,铁路的发展和昭和初年的经济凋敝带给妻笼宿后续变化,吾妻村(旧妻笼宿村和旧兰村)在 1933 年被定为"经济更生指定村"进行"更生"运动,但因战争这个运动也就终止了。战后,妻笼宿村以妻笼宿公民馆为中心积极进行文化活动,曾在 1947 年受到日本文部大臣表彰。

为可以补充历史文献记载的实物证据信息,印证了德川幕府长达 270 余年的宿场制度的基本面貌。

从今日日本文化财的判断标准观之,相对于京都和奈良,妻笼宿的老屋被称为"旧柴禾"当然言过其实,但妻笼宿的江户宿站"出身"到底是否是一个值得大作的"小题",恐怕需明了其题外之意才能最终判定。对于认识到这"小题"背后潜力的太田先生而言,首先,恢复妻笼宿这类乡村的魅力必须要通过整体的活态保存来体现。其次,自然景观需被视作保护对象的有机组成部分,这显然意欲突破的是冻结式保存带来的历史断裂以及孤立于自然地景的片段式保存的困境。这种保存方式,表面以社会价值的诉求为导向,内里却严苛地以文物保护般的道德准则进行自我约束。似乎在这种复杂的日本民众心理驱动机制之下,终结了常见的保护过程中政府、专家、民众等多方的内心交战状态,达成了和解。

**转:保存之力乍起**

第二次世界大战后至 1955 年,妻笼宿附近的马笼宿(图 4.32,图 4.33,图 4.34)因岛崎藤村[①]的文学作品而兴起观光热潮,因被诟病"马笼宿已落入俗套","像妻笼宿这样保持下去更好罢"这类声音随之出现[②],引发木曾郡向妻笼宿引流观光客的探讨,妻笼宿的保存之力随之触发。

图 4.32　妻笼宿一晨一晚　来源:自摄

---

① 岛崎藤村(1872—1943),日本近代著名文学家,出生于岐阜县中津川市马笼。著有《破戒》、《春》、《家》等,其作品《黎明前》(夜明け前)中有不少在马笼本阵祖父母隐居所内童年生活的描述。1952 年,在马笼本阵的藤村宅迹建立了由日本建筑师谷口吉郎设计的藤村纪念馆,藤村宅迹为岐阜县指定文化财。
② 澤村明.街並み保存の経済分析手法とその適用——木曽妻籠宿の 40 年を事例に[J].新潟大学経済論集,2009,88(2):19-32.

图 4.33　藤村纪念馆中的本阵迹（现为岐阜县文化财）与谷口吉郎设计的藤村纪念馆一角　来源：自摄

图 4.34　岛崎藤村笔下的马笼宿与藤村纪念馆入口　来源：自摄

　　1961 年，吾妻村、读书村、田立村合并，南木曾町诞生。7 年后，妻笼宿地区人口从 1 757 人减至 1 347 人。为了发展南木曾町，町长片山亮喜[①]制定了《南木曾町主要政策五个年计划》[②]（后文称"五个年计划"），计划共有道路整备计划、教育振兴计划与观光开发计划几个部分，并在 1961 年 8 月成立了南木曾町观光协会，1965 年成立"资料保存会"（即 1968 年成立的"关爱妻笼会"之母体），并进行作为观光准备的调查工作。1967 年 11 月至次年 2 月，南木曾町政府委托太田博太郎对妻笼宿进行了保存调查，在调查报告中，太田先生向长野县提出关于妻笼宿观光开发的重要方

---

① 　片山亮喜，1964 年 5 月就任南木曾町町长。
② 　该计划自 1964 年起执行了 5 年。片山亮喜町长针对国家的"广域行政"，提出"狭域行政"以应对国家经济高速成长期。观光开发计划指出，南木曾町的自然是一大观光资源，对于旧中山道的开发，可设计古道漫游线路、妻笼宿乡土馆、国民宿舍等展开。教育振兴计划强调基于乡土民俗资料的保存和文化财的保护，并公开保存于妻笼宿乡土馆的资料。这一计划是妻笼宿当地初次结合观光与文化财保护的尝试。参见太田博太郎，小寺武久.妻笼宿——その保存と再生[M].東京：彰國社，1984.

针——全体集落保存。对于这种保护方式的重要性与可能性,太田先生指出[①]:

(1)妻笼宿选择以宿场作为保存状态,虽不是最佳也是较优的选择;

(2)当地居民对保护十分热心,住户数量不多,故得到居民全体同意和支持也相对容易;

(3)宿场的规模小,保存费用较少;

(4)施工中的国道256号线将替代妻笼宿作为交通要道的功能,妻笼宿今后没有需扩大路幅的问题;

(5)至宿场的游客还包含对藤村文学感兴趣的人群;

(6)在观光之外不需要考虑关于"过疏化"[②]的对策。

长野县和南木曾町政府后续主导的保存计划实际上都是基于太田先生这次提出的保护理念展开的。长野县于1968年提出的《旧中山道妻笼宿调查报告》,对构成宿内景观的各要素进了具体的评价。区别于仅将妻笼宿视作近代宿场町景观的角度,此报告对自然景观给予了重视。宿内的道路恢复旧路面石砌铺装,对侧沟、水流进行复原,下埋电缆等基础设施,将围墙作为景观要素进行考虑,统一新旧围墙的观感[③]。1968年3月,长野县向町政府提出《妻笼宿保存计划基本构想》报告书(以下简称《构想》),再次重申观光开发不能对妻笼宿的保存计划造成影响,同时,对妻笼宿历史景观的保存将以更多地向公众开放为目的,且保存和观光不能以牺牲长期居住的居民的生活便利为代价。妻笼宿的保存不是完全的历史复原,而是考虑了复原的"传统生活空间再构成"。也就是说,人们感受到的旧街道的氛围主要来自建筑立面,街道立面后的建筑,如果不妨碍历史景观,可大胆筹划创造具有历史感的景观氛围。在"保存整备构想"一节中,《构想》对建筑物进行了保存阶段的划分,其中第(4)类对应了对于一般性的风土建筑的保护立场[④]:

(1)历史的、景观的、具有重要意义的、具有复原可能性的:尽量使其公有化,进行复原保存;

(2)纳入经若干整修维持历史景观的建筑(允许内部变更);

(3)纳入经大幅修复维持历史景观的建筑(允许内部变更);

① 太田先生的调查结果在1967年11月29日曾以《妻笼宿保存计划》为题刊载于《信浓每日新闻》。参见太田博太郎.妻籠宿の保存計画[J].建築と社会,1969(10);太田博太郎,小寺武久.妻籠宿——その保存と再生[M].東京:彰國社,1984:12-13.
② 日本实施"国民收入倍增计划"带来的后果包括通货膨胀、两极分化、大都市人口过密化和农村人口"过疏化"等。
③ 南木曽町.木曽妻籠宿保存計画の再構築のために一妻籠宿見直し調査報告[R].長野:南木曽町,1989:9-22.
④ 太田博太郎,小寺武久.妻籠宿——その保存と再生[M].東京:彰國社,1984:19-20.

　　（4）不显示历史景观，但并未扰乱氛围的，以一定规律维持历史景观的建筑[①]；

　　（5）对历史景观造成明显不和谐的需拆除的建筑。

　　后续问世的三次保存计划以及各类报告书虽对上述《构想》有所改动，但基本以其为基本方针。南木曾町政府则于 1968 年 8 月发表《观光开发的基本构想》，按照太田先生的方针与长野县的《构想》，确立对旧中山道的三留野、妻笼宿、马笼三处聚落进行整体保存。[②] 由此，对于妻笼宿的保护成为观光开发计划中的核心部分。

　　至此，妻笼宿保存计划中最为重要的"全体保存"的构想成形，这一理念并不来自国家层面的推动，而首先是地方自治体——町政府与县政府一方与专家学者在制定观光开发的计划过程中的综合产物，这在日本也从未有过先例。

　　从 1968 年开始，妻笼宿保存和再生计划前后共进行了三次，历经 15 年，至 1983 年结束（图 4.35）。

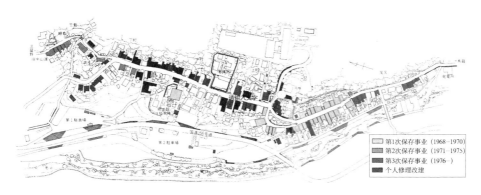

图 4.35　妻笼宿历次保存实施情况　来源：太田博太郎，小寺武久.妻籠宿保存・再生のあゆみ

　　妻笼宿第一次保存计划实施耗资 3 600 万日元，持续了 5 年，于 1968—1970 年实施，以寺下地区为主（图 4.36，图 4.37），被称作"第一次妻笼宿保存事业"。这次保存计划基于太田先生的基础调查而成，共完成 26 栋建筑的整修与复原。其中解体复原 3 栋，大规模修理 12 栋，中等规模修理 6 栋，小规模修理 5 栋。这一次的保存计划成果体现在妻笼宿乡土馆入馆人数的快速增加上。1968 年的入馆人数是 3 500 人，1970 年则达到 93 000 人，增加了近 30 倍。[③]

①　切萨雷・布兰迪《修复理论》指出的"艺术作品的空间性"，这类建筑也可视作一般品质的空间补充和联系重构出来的，其作用在于限定出原有的空间特色。参见［意］布兰迪.修复理论［M］.陆地，编译.上海：同济大学出版社，2016.
②　南木曾町.木曽妻籠宿保存計画の再構築のために─妻籠宿見直し調査報告［R］.長野：南木曾町，1989：15-22.
③　太田博太郎，小寺武久.妻篭宿──その保存と再生［M］.東京：彰國社，1984：23-29.

图 4.36　妻笼宿寺下地区光德寺附近　来源：
自摄

图 4.37　妻笼宿寺下地区修复的建筑"出梁造"细
部　来源：自摄

　　1971 年—1975 年期间，南木曾町政府独立进行了新一次的保存计划，被称作"第二次妻笼宿保存事业"。这次计划的实施范围较第一次扩大，对妻笼宿的恋野、上町、中町、下町、尾又地区共 58 栋建筑进行了保存和修复工作（图 4.38，图 4.39）。同时也对消防设施、宿内道路（石铺）、公共设施进行了改修。[①]　南木曾町基于《妻笼宿守护住民宪章》[②]（简称《住民宪章》），于 1973 年制定了地方性法规《妻笼宿保存条例》。

图 4.38　妻笼宿脇本阵附近中町地区　来源：自摄

图 4.39　妻笼宿脇本阵附近中町
地区修复的建筑"出梁造"细部
来源：自摄

① 太田博太郎，小寺武久.妻籠宿——その保存と再生[M].東京：彰國社，1984：38－47.
② 南木曾町在 1971 年举行妻笼宿住民大会，通过《妻笼宿守护住民宪章》，提出以保存为优先的原则，遵守"不租""不售""不拆"三大规定，排除来自住民以外的外部资金进入。南木曾町在 2 年后制定的《妻笼宿保存条例》提出在妻笼宿的宿场景观区域、乡村景观区域、自然景观区域中进行任何的新建与改建活动都需获得町长的确认和许可才能进行，并针对濒危建筑形成补助金制度。

　　地方自治体保护立法上的活跃，也推动了国家立法的完善。1975 年，日本文化厅对于古老聚落与街区的保护立法进入新一轮修改，并于同年 7 月修正颁布新版《文化财保护法》，追加了新的保护对象——传统的建造物群保存地区，将其纳入文化财保护对象名录，提供国家补助金。以此为契机，1976 年 4 月，南木曽町将 1973 年制定的《妻笼宿保存条例》进行了一次修改，同年 6 月确定新的保存计划，将妻笼宿的保存面积扩大到 1 245 公顷。同年 9 月，妻笼宿入选第一批"国之重要传统的建造物群保存地区"，并完成"第三次妻笼宿保存事业"。这次保存计划将国家补助金首先用于较为重要的消防设施的改造，并对妻笼宿共计 57 栋建筑进行保存和修复。

　　妻笼宿的保存计划此后获得了"日本建筑学会奖""日本设计协会奖"等奖项，并受到社会各界肯定。其中，日本建筑学会公布的评议总结了妻笼宿保护得以成功的原因[①]：

　　　　(1) 在作为地方自治体的事业、当地住民协力的保护、以科学研究为基础的学者三方推动下成功。

　　　　(2) 在保存与观光开放一直以来的对立中，妻笼宿很好地融合了这些矛盾。

　　　　(3) 不仅限于单栋建筑物，而是将聚落周边广大的自然区域作为保存事业的一部分。

　　正如日本建筑学会总结的，妻笼宿保存的成功来自地方自治体的执行力、当地住民被激发的热情，以及学者对科学保护理念的固守。在这三方面的助力外，尚得益于媒体的宣传和国家政策的跟进。而在保护开展的运作机制上，妻笼宿有制衡"利益一边倒"的关键力量。小林俊彦先生深刻道出了不同价值诉求如何平衡的原委："利益组织（观光协会）与保护组织（关爱妻笼会）中，保护组织防止了以经济利益为先导的决定，保护组织所不能完成的调用资金，由观光协会承担。因此，即使是观光化保护，也可以在预想到其结果之前就进行地方组织的搭建，进行较好的平衡。"[②]

　　价值是历史环境更新过程中真正的问题核心。怎样让遗产主体的价值诉求统一于目的与媒介？兰德尔·梅森（Randall Mason）在解读美国保护历程时，指出涉及保护领域与社会的关联性问题时，两种作用力同时存在。[③] "馆藏式的推动力"（curatorial impulse）是向内看的动力，建立在植根于鉴赏家和手工艺式的、保存艺术品方法的基础之上。"城市进程的推动力"（urbanistic impulse）是向外看的动力，试

①　長野県南木曽町商工観光課. 46 年度学会賞受賞業績—妻籠宿保存復元工事の経過概要[J].建築雑誌，1972(8)：831 – 833.

②　小林俊彦.妻籠が保存すべきもの[C]//長野県南木曽町 & 財団法人妻籠を愛する会.妻籠宿保存のあゆみ.長野：長野県，1998：4 – 8.

③　［美］梅森.论以价值为中心的历史保护理论和实践[J].卢永毅，潘玥，陈旋，译.建筑遗产，2016(3)：1 – 18.

图使历史保护实现更广泛的社会目标，致力于同时满足非保护目标的保护实践。在妻笼宿的保护过程中，如其所言，馆藏式的推动力与城市进程的推动力互相作用，在保护诉求和社会利益之间达到平衡。对妻笼宿主要建筑类型所进行的科学考察与复原实践，则在某种意义上是妻笼宿保存计划最终成功的先决条件。

**合：《宿绘图》中来**

中山道上，包括妻笼宿在内的宿场都经历过多次火灾，整个地区在江户中期以前的住屋已难觅完整实物。现存建筑物除了数栋江户后期（文化、文政年间）的不完整残迹外，大多建造于明治初年之后，形态上延续着江户末期的风格。就"木曾十一宿"现存的宿场建筑而言，在平面、构造、外观上具有明显的共同点。该区域宿场建筑的独立谱系特征是否存在？它的典型形式是怎样的？又经过了怎样的演化过程？在妻笼宿的保存计划中，提炼出妻笼宿地区宿场建筑谱系的工作，正是围绕着现场调查和文献考证展开的。

现场调查[①]可知，宿场建筑在平面上按开间规模可以分为两组：5—7 间；2 间半—3 间半。进入一栋宿场建筑，一般首先借由被当作通道使用的土间[②]进入。规模大者在进深方向上布置 2 列 5 室—8 室，规模小者则布置 1 列 3 室—4 室。一座 1 列 4 室的建筑基本会依次布置店铺、厨房、中央大房间和客房（或储藏室）。规模大的建筑一般有两层，厨房上部通高作为"吹拔空间"——通风口使用。这一吹拔空间将一座两层的建筑分为外部两层与内部两层。外部两层对外使用，可经对外使用的楼梯到达设置在店面楼上的客房。内部两层对内使用，设置家庭使用的卧室。在二层的房间中，悬挑出一道 1 尺—1 尺 5 寸的"爬梁"[③]，称为"出梁造"，将二层的顶棚稍微提高一点，以获得更多的使用空间。屋顶的构架使用小屋组构法，山墙柱均直通至梁下，其它关键受力部位的柱子均为通柱。在外观上，这些建筑广泛使用传统板窗[④]（图 4.40）、宽幅门扇[⑤]（图 4.41）、拉门、板葺（石置）屋顶和木制格子门窗[⑥]。

---

① 太田博太郎，小寺武久.妻笼宿——その保存と再生[M].東京：彰國社，1984：160 - 171.
② "土間"（doma）本指不铺地板，素土地面的房间。在日本传统的传统民家或仓库的室内空间里，生活起居的空间被柱子分割为高于地面并铺设地板的床（yuka）以及与地面同高的土間（doma）两个部分，妻笼宿场建筑里的土间多被当做通道使用，常布置在建筑南侧。
③ "登り梁"（noboribari），出梁造中起悬挑作用的梁。
④ "しとみ"（shitomi），日本传统建筑中用来防风雨遮光的板窗。
⑤ 大户（ōdo），日本部分地区的民居中存在的一种特制的大型模板门扇，装设在素土地面房间（土间）的正面入口处，门板宽达一开间，约 6 尺（1.8 米）高，也称"一间户"。
⑥ 格子户（kōshido），自江户末期开始使用的做法，在明治时期已颇为流行，较高等级的旅舍店家根据服务对象不同或者是否处于歇业期，来决定使用不同的格子。

图 4.40 妻笼宿寺下地区建筑的传统板窗 来源：自摄　　图 4.41 妻笼宿寺下地区的宽幅门扇 来源：自摄

　　了解江户时代妻笼宿原貌的文献主要有两部：一为前述《妻笼宿觉书一》，存有贞享三年（1686）时的妻笼宿场与光德寺门前的住屋记录（下文称为《妻笼宿书上》）；一为被推定绘于幕末时期的《宿绘图》（图 4.42，图 4.43），关于住屋屋主的宿场役名（本役、马役、水役）、屋主姓名、建筑开间与进深、各房间的功能与面积、建筑物的间距、道路的宽度、街区的宽度与长度和水路位置等信息在《宿绘图》上均有记录，图面则记有"尾州御领 中山道 妻笼宿 宿图"字样，是一幅重要的复原依据图[①]。

图 4.42 《宿绘图》长卷 来源：太田博太郎，小寺武久.妻籠宿保存・再生のあゆみ

图 4.43 幕府末期宿场复原图 来源：太田博太郎，小寺武久.妻籠宿保存・再生のあゆみ

---

① 《妻笼宿绘图》（Tsumago Shuku-ezu），也称《宿绘图》，推定为幕末时期作品。藏于德川林政史研究所。

　　鉴于《宿绘图》的重要性,南木曾町进行的复原考察中首先对《宿绘图》的年代进行了推定。《宿绘图》的绘制年代不明,如果将其上町东侧部分与文政八年(1825)的《木曾妻笼宿烧失家记录》[①]及明治十八年(1885)的《建物台账》[②]比照,可知其记录的应是 1825 年发生火灾后的情况,由此可以推定该图年代上限为 1825 年(图 4.44,图 4.45,图 4.46)。对照《光德寺过去帐》[③],发现《宿绘图》记载的屋主长兵卫殁于嘉永六年(1853),而此名至江户年间都无重名,故而推定《宿绘图》的完成年代在 1825—1853 年间。

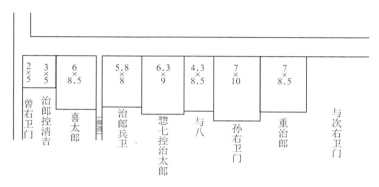

图 4.44　文政八年上町地区住屋情况
来源:太田博太郎,小寺武久.妻籠宿保存・再生のあゆみ

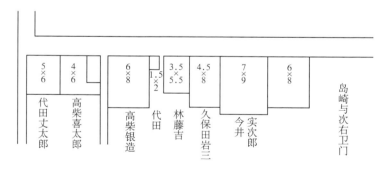

图 4.45　明治十八年《建筑台账》上町地区住屋情况
来源:太田博太郎,小寺武久.妻籠宿保存・再生のあゆみ

---

① 德川林政史研究所藏。
② 南木曾町藏。该书还记录了主建筑与附属建筑的开间、进深、总坪数、屋顶修葺材料、台阶数。
③ 光德寺藏。

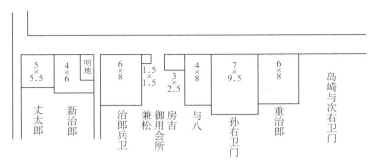

图 4.46　《宿绘图》上町地区住屋情况
来源：太田博太郎，小寺武久.妻籠宿保存・再生のあゆみ

　　基于以上文献，以胁本阵林宅为复原的定位基准点，分别进行复原工作。对照这两版复原图（图 4.47、图 4.48）可得知宿场建筑的变迁情况。位于上町的林宅作为胁本阵使用是在宽永八年（1631 年）之前，根据贞享三年（1686 年）的复原图，经过50 多年的发展，林宅此时已是妻籠宿场的中心所在，处在宿场地势最高处。1686 年全町长度 137 间，与现状对照，下町地区尚未形成。将根据《宿绘图》制作的复原图与之对照，从贞享起到幕府末年的 150 年间妻籠宿变化很大。贞享年间的妻籠宿场，房屋开间都比较大，3 间以下的房屋只有 3 栋。而到了幕末，3 间以下的住屋增加了 36 栋（图 4.49），且各家炉灶独立，一栋建筑中庭院、店铺、厨房、客房等功能齐备。

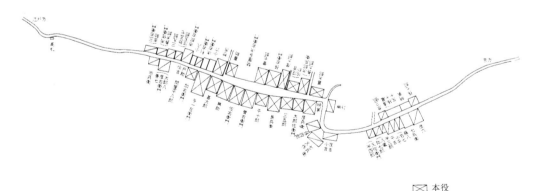

本役
水役及马役
无役

图 4.47　贞享年间（1686）妻笼宿复原图　来源：太田博太郎，小寺武久.妻籠宿保存・再生のあゆみ

图 4.48　幕府末期妻笼宿复原图　来源：太田博太郎，小寺武久.妻籠宿保存・再生のあゆみ

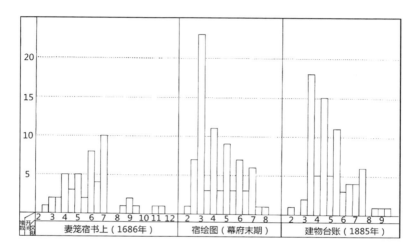

图 4.49　《妻笼宿书上》《宿绘图》《建筑台账》的住屋开间统计
来源：太田博太郎，小寺武久.妻籠宿保存・再生のあゆみ

　　根据《宿绘图》与两版复原图所做的历时性比对，进一步得出了宿场建筑的各种典型平面，得出分类表（图 4.50）。建筑的土间大部分都是纵向贯通建筑，一般布置在建筑南侧，有 3 类布置在建筑中间。根据土间的变化，可以将宿场建筑的典型平面分为 A、B、C、D 四种类型：A 型建筑的土间等宽，多见于小规模的住屋；在进深方向上按照 1 列 2 室—4 室、2 列 3 室进一步分为 A-1 列型和 A-2 列型；B 型的土间在端部宽度放大，这种类型在《宿绘图》中较 A 类普遍，在进深方向上，B 型可以按照 1 列 2 室—3 室、2 列 3 室—4 室、3 列 4 室进一步分为 B-1 列型、B-2 列 3 室型、B-2 列 4 室型和 B-3 列 4 室型；C 型建筑的土间为 L 型，在进深方向上有 2 列 2 室，为 C-2 列型；D 型建筑的土间出现在建筑中央，在进深方向上有 2 列 2 室或 2 列 3 室，为 D-2 列型。此外尚有少量不属于上述典型平面类型、土间形状特殊的建筑，共计

6 栋(图 4.51)。在归纳出平面类型后,复原考察工作又继续对这些类型的分布情况进行统计。A 型与 B 型实际上属于同类,在《宿绘图》中,A 型占住屋总数的 30.0%,B 型占 42.2%。在进深上,1 到 2 列的平面占了大多数:1 列多数出现在 A 型中,建筑开间在 2 间半－3 间,A 型中的 1 列 3 间,即沿着土间依次排列店铺、厨房、卧室(或客厅),是妻笼宿最典型的宿场建筑类型;2 列与 B 型联系紧密,A 型中只有少数实例,也就是说,因为商家需要更大的土间,所以进行宿泊等商业活动的店家更多的使用这种平面。2 列实例中,进深上按 2 列 3 室排列的 B－2 列 3 室型的建筑数量较多,这是幕末妻笼宿场建筑的主要代表,但也可见 4 室型,可视作 3 室型的一种发展型。此外,D 型中,土间设置在建筑中央,厨房与房间布置在土间一侧,客房布置在另一侧,以区分出客人的使用区域和家人的使用区域。D－2 列型中也时常出现土间在中间被截断的情况。总的来看,虽然 D 型只有 4 栋,但是 4 栋住屋中有 3 栋作为旅舍功能使用,显示了这种布局较能适应宿场的功能。在进深上的 3 列型为数较少,且均为 B－3 列 4 室型,分布在宿场中心的位置,开间在 6 到 7 间,店铺进深 2 间,较为宽敞,营业活动的活跃度较高,规模也相对较大。从《宿绘图》得出以上共计 1 列型(A－1 列 3 室型)、2 列型(B－2 列 3 室型及 D－2 列 3 室型)和 3 列型(B－3 列 4 室型)等几种基本形态(图 4.52)。

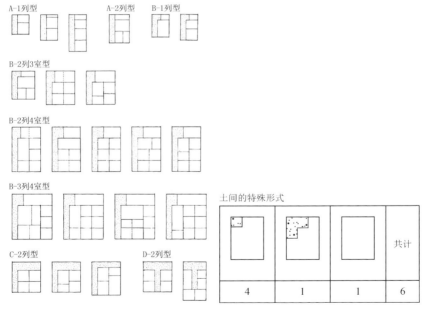

图 4.50　妻笼宿场建筑类型　来源:太田博太郎,小寺武久.妻籠宿保存・再生のあゆみ

图 4.51　妻笼宿场建筑土间的特殊形式
来源:太田博太郎,小寺武久.妻籠宿保存・再生のあゆみ

| 列数·室数 | | 1列 | | | 2列 | | | 3列 | 共计 |
|---|---|---|---|---|---|---|---|---|---|
| 土间形式 | | 2室 | 3室 | 4室 | 2室 | 3室 | 4室 | 4室 | |
| 单侧土间 | A | 3 | 18 | 1 | — | 4 | — | — | 26 |
| 端部放大·单侧土间 | B | 3 | 6 | — | — | 19 | 7 | 7 | 42 |
| L形单侧土间 | C | — | — | — | 4 | 1 | — | — | 5 |
| 中央土间 | D | — | — | — | 2 | 2 | — | — | 4 |
| 共计 | | 6 | 24 | 1 | 6 | 26 | 7 | 7 | 77 |
| | | | 31 | | | 39 | | 7 | |

图 4.52 《妻笼宿书上》《宿绘图》《建筑台账》的住屋开间统计 来源：太田博太郎，小寺武久.妻籠宿保存・再生のあゆみ

图 4.53 嵯峨隆一氏宅所在的寺下地区 来源：太田博太郎，小寺武久.妻籠宿保存・再生のあゆみ

经过以上研究，推断出宿场建筑的平面特征谱系，这至为重要。嵯峨隆一氏宅（上嵯峨屋）的修复便基于此展开。妻笼宿自南往北的街道分为寺下、上町、中町、下町。嵯峨隆一氏宅所在的寺下地区（图 4.53），建筑均为江户末期至明治时代建造，面貌古朴。嵯峨隆一氏宅共 2 层，主体建筑开间为 4 间，进深 5 间（图 4.54，图 4.55，图 4.56），建筑的背面靠山。平面布局为 2 列 5 室型，但规模上接近于 2 列 4 室型。2 层层高很低，未见"出梁造"。

在第一版的复原图中，对上嵯峨屋去除了加建的厨房与两侧的储物柜。屋顶则复原为板葺石置做法（图 4.57，图 4.58，图 4.59）。1968 年 11 月与 1969 年 2 月，对这栋建筑进行了两次解体调查[①]，根据门槛和铺路石的痕迹判定，土间原来位于建筑中央[②]，即符合前述从《宿绘图》等文献平面特征谱系分析结果中的 D-2 列型，印证了在宿场谱系中罕见的中世宿场遗制实例的存在。土间的北侧原为外居室、中央居室、客厅；另一侧则是店铺、厨房。将土间从建筑中间改造到一侧的时间应在江户末期。确定了土间位置后，第一版复原中遗留的中央入口如何复原成原来宽幅门扇的问题也就迎刃而解（图 4.60，图 4.61，图 4.62）。从 1968—1970 年的《妻笼宿第一

---

① 小寺武久，川村力男，佐藤彰，上野邦一.旧中山道妻籠宿の民家について[C]//日本建築学会大会学術講演梗概.日本建築学会，1968：865-866.
② 川村力男，上野邦一.旧中山道妻籠宿嵯峨隆一氏宅の解体復原[C]//日本建築学会東海支部研究報告.日本建築学会，1970：259-262.

图 4.54　嵯峨隆一氏宅复原前平面

图 4.57　嵯峨隆一氏宅第一版复原平面

图 4.60　嵯峨隆一氏宅第二版复原平面

图 4.55　嵯峨隆一氏宅复原前立面

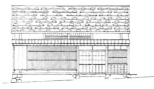

图 4.58　嵯峨隆一氏宅第一版复原立面

图 4.61　嵯峨隆一氏宅第二版复原立面

图 4.56　嵯峨隆一氏宅复原前

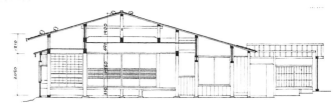

图 4.59　嵯峨隆一氏宅第一版复原剖面

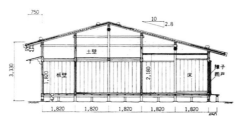

图 4.62　嵯峨隆一氏宅第二版复原剖面

图 4.54—图 4.62　来源：太田博太郎,小寺武久.妻籠宿保存・再生のあゆみ

335

次保存事业工事概要》的记录中可知,以土间的第二版复原为引导,嵯峨隆一氏宅成功地开展了后续一系列修复,诸如去除加建的浴室和厨房、去除床下的土砂、础石归正、柱础替换、小屋组构架修复、屋顶重葺、立面大门与板窗复原等工序,复原后,上嵯峨屋焕发出古朴的江户气息(图4.63)。

　　光阴荏苒,当年妻笼宿保护事业的志士太田先生业已作古,曾经的"痴人说梦"经半个世纪的努力也已实现。20年以来,太田先生的后继者们依旧在反思,他们提出今后保护妻笼宿的方针:基于地域振兴的目标,需继续坚持保存优先的原则,即"不忘初心";遵守《住民宪章》与《妻笼宿保存条例》;尊重地域个性,妻笼宿的自然与历史环境属于全体住民,继续整体和活态的保存物质环境与住民生活[①];坚持住民、行政、学者三位一体的保护模式[②]。从更大的区域范围来说,需在以传统形式保存下来的木曾十一宿里的马笼宿、妻笼宿以及奈良井宿的街道中,赋予木曾谷再生的可能,以此挖掘这一区域的新价值所在[③](图4.64)。

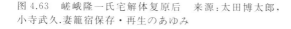

图4.63　嵯峨隆一氏宅解体复原后　来源:太田博太郎,小寺武久.妻籠宿保存・再生のあゆみ

图4.64　江户中山道"木曾十一宿"之马笼宿　来源:自摄

　　今日所见妻笼宿,并非日式体制下单纯的建筑遗产保护案例,而是渗透着社区

---

① 　南木曽町.木曽妻籠宿保存計画の再構築のために—妻籠宿見直し調査報告[R].長野:南木曽町,1989:9－22.
② 　今津芳清,加藤亜紀子,小宮三辰,林金之.木曽路を行く[J].建築と社会,2007,1020(03):44－49.
③ 　遠山高志.妻籠宿—その保存の事例について[J].建築と社会,2007,1020(03):40－41.

营造理念的保护作品:秉持遗产保护要义,摒弃破坏式观光开发,推行保存式再生,以有形建筑之体将无形的文化价值与历史价值公诸于世,从而达到地方振兴,提振住民自信的作用。其保护理念、复原技术、政策制定、公众参与等诸多方面均可圈可点。这已是半世纪之前的日本文保工作者的认识水准。

更重要的是,在原始档案材料不足的情况下,妻笼宿的保护工作者充分利用幕府末年留下的《宿绘图》进行宿场建筑的谱系提取,同时结合现场考察,判定后续复原工作的方向。嵯峨隆一氏宅的复原就是其中一例。与对城乡风土聚落的大拆大建,甚至动辄复制造假的观光开发模式比起来,这种对风土建筑精耕细作式的保护需要超乎寻常的耐心。一快一慢,粗看是效率之别,长远方见高下。

在建筑遗产的保护问题中,比起已被列入保护名录之内的文物建筑而言,乡村聚落中的风土建筑遗产处于保护名录之外,总量又大,以何种理念待之便显得至关重要。如果按照古迹保护的原则,比如意大利保护理论家所推崇的艺术品式处理原则[①],妻笼宿可能就会成为一个标本式的保存对象,失去活力。"妻笼宿第二次保存事业"选择不进行"冻结保存计划",却并未因此导致其保护失控,地方推行的保护工作继续以一种近似文物考古的态度,将宿场建筑这一当地风土建筑类型进行了仔细的研究,提炼出宿场建筑谱系,此即牌面。同时又以十分果断的态度,应用这一学术成果于各单体建筑的实际修复与再生中,表象背后是其活泛的延伸至包括文物保护理念各个领域的拿来主义思想,此即牌底。

对于妻笼宿这样一个采取整体原貌保护的村落而言,除了标本式原样保存的原有建筑,以及根据解体挖掘和历史档案复原的建筑外,不可避免也会有近期新加建筑。根据宿场谱系所依存的地貌特征、空间格局和尺度肌理,还可判断原有建筑和新加建筑是否符合其基质原型、是否贴合宿场的历史氛围,从而判定是进行保留、复原还是拆除。但无论如何,倘若没有严谨扎实的科学研究作为基础,妻笼宿的保护恐怕要么难付诸实施,要么有保存之名无再生之实。

在本来众多令人应接不暇的传统风土建筑的表象背后,使用经过严密考证与科学提炼的宿场类型,甚至是一种距离康德哲学更近的理性保护与积极传承的理念:有鲜明可识别性的纯正江户古宿场建筑特征,被当代人自信地浓缩于妻笼宿深深长长的小巷上,用一把旧钥匙敲着历史厚厚的墙。

---

① 切萨雷·布兰迪提出对待室外性古迹应与对待艺术品的保护一样:拆解古迹,并在其建造地之外重组是绝对非法的。这种非法性更多源于美学要求而非史实性实在,因为,一旦改变了古迹的空间特征(dati[features]),它作为艺术作品的效能也就削弱了;只有当我们无法以任何别的方式拯救古迹时,对它的解体和重组才是合法的,但即使如此,也必须永远且仅仅在那个古迹曾得以实现的历史场所的解体与重组。参见[意]布兰迪.修复理论[M].陆地,编译.上海:同济大学出版社,2016.

### 三、社群主导的风土建筑存续实践的条件、问题和适应性

长野县的妻笼宿保护是因毗邻马笼宿的发展一并触发的，两者同为旧中山道的宿场町，也被并称为"妻笼宿·马笼"。妻笼宿的保护周期达 15 年，在这一周期中，几个关键年份上的转折很值得思考。首先是 1967 年，在这一年，当地政府谋求妻笼宿的观光计划，太田博太郎加入计划制定，成为牵动保护的重要举措。太田先生经过调研后认为，妻笼宿的江户时代幕府末期古宿场遗存具有很高的历史价值和学术价值，应当对其完整保护，以保护来带动观光开发。学者和当地政府，以及民间组织三方在紧密的配合下，进行了第一、第二次保存运动，妻笼宿渐渐出名（图 4.65）。其次是 1975 年，这是一个不仅对于妻笼宿来说至关重要的年份，也是一个对于日本的风土建筑保护而言较为关键的节点，在这一年，日本政府受到妻笼宿等地方体立法的促动，修正全国《文化财保护法》，将如妻笼宿这样的古老聚落和街区追加为国家级文化遗产保护对象，这一类型被称之为——传统的建造物群保存地区。该法律的修正帮助南木曽町将妻笼宿以新的保护身份"国之重要传统的建造物群保存地区"获得国家补助金，进行第三次保存计划。

图 4.65　太田博太郎先生在 1967 年看到的妻笼宿旧貌　来源：太田博太郎，小寺武久.妻籠宿保存·再生のあゆみ

与毗邻的马笼宿相比，妻笼宿的保存与再生计划耗费了大量时间和人力、财力，但是效果是成功的。1986 年以来妻笼宿的观光人数和收入均大于马笼。妻笼宿的观光营业收入也大大超出保护的支出。1968 年妻笼宿有 22 000 名观光客，至 1970 年达 146 000 人。1972 年以后每年达到 50 万—60 万人。现在的妻笼宿已经是日本乡愁的代表，在世界上赫赫有名。NHK 电视台的一档节目《不停走在街道上的旅行》（街道テクテク旅）记录了原短道速滑选手河原郁惠踏破铁鞋欲寻找母亲小时候所见的街道，当她终于找到妻笼宿，将在街道上拍回来的照片递给母亲时，母亲激

动地说道："我有一张一样的老照片，正是在生你之前拍的。"观众大为感动，妻笼宿的美名传遍了天下（图4.66）。

图4.66　江户中山道"木曾十一宿"之妻笼宿的古江户居俗活动——11月23日的"文化文政风俗绘卷"
来源：自摄

　　回顾妻笼宿的保护运动始末，值得注意的是这一过程中伴随着一项社群民主进程催生的遗产自我教育过程，对保护的可持续起了主导作用，最终搭建为社群内部的遗产"照管体制"，这一系统仍然在妻笼宿今天的保护中发挥着作用。这是一种完全由妻笼宿内部自发形成的遗产保护性社群，具有居民的主体意识，形成了"妻笼共同体"，在保护遗产的过程中也完成了现代公民的自我再造。这一遗产"照管体制"的作用机制对于遗产保护和城乡发展具有丰富的参考意义：首先，作为有机的、自下而上的遗产保护体系，能够应对日常各种不利于遗产保护的变化因素。民间社群自发组织引领下社会价值的实现，将是NGO（非政府组织）进一步发展的借鉴，作为保护机制多样化的呈现，存在一种更有潜力的遗产保护运作方式。其次，这种社群参与保护的程度是较深入的，保护动力巨大。因为社群出于自发构建保护系统，保护过程是紧密联系当地社群利益的，保护的落脚点体现着当地人的思维特点，附着了居民很强的感情依赖和传承习惯，从遗产保护的工作者角度来说，便于持续化的遗产保护常态管控。第三，社区居民的积极性在最大程度上得以发挥，有利于倡导更为人性化的保护。在妻笼宿，本地居民不因保护的实施被迁出，而是作为保护的主体，参与遗产保护，参与乡村发展的进程，共享社会发展的成果。第四，社群参与风土建成遗产的保护过程，同时伴随社会文化与经济的转型，形成可持续的发展新动力。联合国可持续发展原则（Number 11 of the United Nations' Sustainable Development Goals）曾着重指出在城乡可持续发展中"平等"这一原则所蕴含的文化权利，即支持社群全体公民对有形遗产与无形遗产的"所有感"。在风土建筑保护中，需要切换主客体视角，以生活在风土建筑中的人为主体，以人本身为目的，关注伴随人这一主体的遗产自我教育和社会性成长。

再次聚焦妻笼宿，考察该地从 20 世纪 60 年代起所经历的保护演进阶段中社群结构的发展，有助于在新的文化政治语境下探讨学习日本风土建筑遗产延续和发展方式的条件，问题与适应性。在以下考察中，首先需要揭示当地的社群和社会其特殊性在何处，这些社群保护能动性的来源为何物？换言之，为何这一保护运动中当地人作为风土建成遗产延续和建设的主体，社群的能动性发挥出了建设性作用？

**社群遗产教育制度的萌芽：居民意识与妻笼共同体的组织内发展**

1960 年间，由于日本政府推行《国土综合开发法》，造成乡村人口"过疏化"的后果。日本实施"国民收入倍增计划"则进一步加剧通货膨胀、两极分化、大都市人口过密和乡村人口"过疏化"问题。在日本尽力推行的高度经济增长政策下，鼓励第二产业，农村的劳动力大量外流到都市，在这种经济效率为主导的短视政策下，自然环境受到很大破坏，各地公害频发，都市集中了过量的人口。在这样一种社会语境下，日本社会各界对此开始反思，重返人在地域生活和传统文化中的主体性的呼声在各地初露端倪，而妻笼宿的地域动向就是这一浪潮最具代表性的缩影。

"妻笼共同体"的形成与地域文化有非常直接的关系，住民意识的思想基础恰恰是从战后妻笼当地文化——日本演剧研究的发展开始的。由这一演剧研究肇始，引导妻笼宿社群在后续保护运动中的两大重要产物得以产生——《住民宪章》和相互扶助原则，并在妻笼宿保护中发挥了决定性的作用。

妻笼的地方体是在一种较为特殊的条件下生成的，有其个性。在 1948 年，妻笼宿公民馆成立演剧研究会。建立妻笼宿公民馆的目的是要培育民主主义社会的新人，战后初期的演剧活动其主体是妻笼宿的年轻人，比较有名的曲目比如《王者与预言者》，将王者（权利阶层）和预言家（庶民）的关系进行了戏剧化的阐释，庶民的智慧得到自身的认同，而"谈话守则"便是在这种背景下产生的，并被认为是民主主义的遗产，"谈话守则"的精神对于后续的妻笼宿保存运动有着非常重要的作用，即意识到每一栋妻笼宿的建筑，并非只是住户个人的问题，是全体居民共同拥有的"遗产"，需经过"谈话""协商"共同处置（图 4.67，图 4.68）。

1 妻籠宿航空写真　　　　2 妻籠宿全図

图 4.67　妻笼宿 1980 年（保存运动后）航空摄影　　图 4.68　妻笼宿演剧研究会的演员　来源：太田博
全图　来源：共同测量社　　　　　　　　　　　　太郎，山根有三.名宝日本の美术第 25 卷民家と町並

　　1955 年，妻笼宿成立制茶工厂，发展农业。但与此同时，妻笼宿町村合并，形成
更极端的过疏化，地域崩坏，政府颁布的《六割农民切拾》，规定林山属于皇家，加重
了妻笼宿农业衰败；1960—1966 年，国道 19 号线开通，当地人口激减，大量外流。妻
笼宿公民馆活动的积极分子，意识到爱乡的重要性，自 1964 年起自发收集乡土资料，
1965 年组构了"妻笼宿场资料保存会"，在结成意趣书中他们指出："在我们妻笼宿，
每家均有继承自祖先，对于日常生活没有用处但却非常宝贵的民俗资料和文化遗产
处于沉睡之中……为了保存这些大量的乡土资料，我们结成这一妻笼宿场资料保存
会。在组织上，作为妻笼宿分馆小组活动的一环，进行组织和运营，以发现、保存、整
理资料为主要目的，将来，设立资料博物馆，为学生和一般游客的观光，宿场研究者
的学术调查提供参考和便利。"①这一资料保存会继续吸纳了公民馆、妇人会、青年会

<hr>

① 南木曽町.木曽妻籠宿保存計画の再構築のために——妻籠宿見直し調査報告[R].長野:南木曽町,1989:
　　9 - 22.

等组织,一直得以延续。在妻笼宿的战后发展中,这也是一个非常重要的组织,在随后的妻笼宿保存运动中起到了很大的作用。这个组织完成的第一件比较大的保护工作,即对于宿场建筑——奥谷脇本阵的保存(图 4.69),经历了这次成功的保护之后,保存会人员得出共识**"活用宿场遗迹,是地方的人们新的生存之道"**,并随后组成第二个重要的遗产保护组织"爱妻笼会",这个组织通过了著名的妻笼宿《住民宪章》,提出"不租""不售""不拆"三大规定(图 4.70),在 15 年的妻笼宿保存运动中,吸纳了妻笼宿全体住户参与全程,形成罕见成功之举。

图 4.69　妻笼宿的典型风土建筑——奥谷脇本阵住宅修复后的典型江户宿场风貌　来源:http://www.tsumago.jp

图 4.70　妻笼宿《住民宪章》(1970)写有"不租""不售""不拆"来源:西村幸夫.風景論ノート—景観法・町並み・再生.鹿島出版会

可以发现,妻笼宿这一地域在经历剧烈变动之后(变动指的是妻笼宿场自日本昭和初期停止其宿场机能)其住民的主体性在危机中经历了再次重塑。第二次世界大战后的妻笼宿首先建立公民馆进行文化活动,这对于战后乡土再建、主体性发现有思想奠基的作用。但是,正如妻笼宿保存运动的报告书中陈述的:"在高度的经济发展政策下,提到所谓的日本人的故乡时,可以解读出近代文明冲击下的人们共同感受到的压抑感。20 世纪 70 年代时,在妻笼宿的运动,实际上给全国范围内的保存运动带来了很大的益处,其真正的价值被充分肯定。这样的运动其连带化效果被得到认识。但是,并不意味着妻笼宿的运动是一种彻底的地域化运动。其本质并不是'地域中心主义',只适用于一个地域。而是从地域出发,推而广之的从全日本历史和社会的维度上进行的一种创造。"①妻笼宿社群自发保护的个案并不意味着它是一

———————————————————
① 南木曽町.木曽妻籠宿保存計画の再構築のために——妻籠宿見直し調査報告[R].長野:南木曽町,1989.

种孤立的地域中心主义,而有着在推动地方传统和文化遗产保护上的普遍意义。

在 1970 年,爱友会成立,继续进行文化推广活动。从妻笼宿公民馆建立,至 20 世纪 70 年代完成保护运动,整个过程中妻笼社群建立乡土资料保存会和爱妻笼会,形成互助原则和《住民宪章》,基本可以视作社群参与妻笼保护运动下,遗产自我教育体系逐步成熟的过程。

**风土建筑遗产存续中妻笼宿社群的推动与地方社会的共同发展**

1961 年,三村(吾妻村、读书村、田立村)合并的南木曾町诞生。因为妻笼宿地区人口不断减少,町长片山亮喜针对国家的"广域行政",提出"狭域行政"以应对国家经济高速成长期。以他为主导制定的开发计划指出,南木曾町的自然是一大观光资源,而旧中山道的开发,可设计古道漫游线路、妻笼宿乡土馆、国民宿舍等进行开发。教育振兴计划强调基于乡土民俗资料的保存和文化财的保护,并公开保存于妻笼宿乡土馆的资料。这一计划是妻笼宿当地初次结合观光与文化财保护的尝试,町长又在 1961 年 8 月成立了南木曾町观光协会,与 1965 年所成立的乡土资料保存会和 1968 年成立的爱妻笼会一同为观光进行调查和准备工作。

乡土资料保存会方面,一直试图继续扩大保存活动的范围,构想着宿场的整体保护,适逢"长野县明治百年行事",住民曾自发拍下妻笼宿的照片进行投选。1968 年,新的住民组织构建后,定下"三不"原则,至 1971 年最终形成了重要的约束条款《住民宪章》。事实上,所谓的"爱妻笼会"是一个全体住民需参加的组织,这种全户加入的实现,对于保存运动的顺利开展确实有很大的影响。

《爱妻笼会会则》第 4 条,写明该会活动内容如下:

(1) 妻笼宿地区的文化遗产(有形、无形、民俗资料、纪念物)的"补完"(补充完形)运动;

(2) 保存宿场;

(3) 保护风致;

(4) 区民的学习活动(讲演会、讲习会、展示会、先进地考察见学等);

(5) 其他必要的获得认可的事业。[①]

"爱妻笼会"实行的是妻笼宿全体住户都需加入的制度,在具体组织上,每四户出一家代表参与,共 60 人,通过全体会议进行对话,从中可以看到"谈话原则"的原型,即通过住民协商确立关于妻笼宿从保存到再生的每一条原则。关于"爱妻笼会"推行妻笼全户加入的原因,《爱妻笼会会则》指出:

(1) 妻笼宿的住民本是江户时期中山道的木曾道部分宿场的旧户,为了使

---

① 南木曾町.木曽妻籠宿保存計画の再構築のために——妻籠宿見直し調査報告[R].長野:南木曾町,1989.

得再生计划有效实施,需要全体住户参与。

　　(2) 街区的特殊形态决定了需要从点到线、面的保护统一,因此需要全体住户参与。[①]

　　巧合的是,妻笼宿共同体所具有的"点—线—面"保护理念与中央文化引领人物的意见方向一致。1967 年 11 月至次年 2 月,因为南木曾町政府委托太田博太郎对妻笼宿进行过保存调查,在调查报告中,太田先生已经向长野县提出关于妻笼宿观光开发的重要方针便是整体保护。

　　从 1968 年开始,妻笼宿保存和再生计划前后共进行了三次,历经 15 年结束。三次保存计划耗资 5.77 亿日元,用于建筑物保护修缮的费用在 1.59 亿日元,单栋耗资 1.59 亿日元/141 栋＝112.7 万日元,按照 70 年代汇率,相当于 33 800 元人民币,考虑 70 年代人民币购买力,大约相当于现在的 450 万,单栋建筑的修缮花费可谓不菲。而 5.77 亿日元的大部分花销则在于基础设施的改进上,包括修路,消防,停车场等,总额 4.18 亿日元,大大超过了花在修缮建筑上的开支。再看其资金来源,国家投入 2.79 亿日元与地方自治体 2.98 亿日元的份额,投入比是对半开的结果。在资金调用上,营利组织(妻笼宿当地营业者组成的观光协会)与非营利的保护组织(于 1965 年成立的资料保存会)之间互相制衡,保护组织防止了以经济利益为先导的决定,调用资金则是保护组织不能完成的,由营利组织进行。因此妻笼宿的观光化,早在其预想到的结果之前由逐渐成熟的遗产自我教育体制推动作了地方组织的"制衡"搭建,进行了利益的平衡。

　　1971 年由"爱妻笼会"举行妻笼宿住民大会,通过了《住民宪章》,提出以保存为优先的原则,遵守"不租""不售""不拆"三大规定,以及保存优先的原则,排除来自住民以外的外部资金进入。值得注意的是其强调的"三不"原则,相对于南木曾町政府《旧中山道妻笼宿保存和调和》(1968 年,2 月文)而言,前两个"不"显示了妻笼共同体更为强调抵抗外部资本和自发抵抗俗化。南木曾町的修正十分及时,顺应民意,基于《住民宪章》,在 2 年后即 1973 年制定的另一部地方性法规《妻笼宿保存条例》提出在妻笼宿的宿场景观区域、乡村景观区域、自然景观区域中进行任何新建与改建活动都需获得町长的确认和许可才能进行,并针对濒危建筑形成补助金制度。

　　这一"自下而上"的保存运动和地方自治体立法活跃,最终推动了国家立法的完善。1975 年,日本文化厅对于古老聚落与街区的保护性立法进入新一轮修改,并于同年 7 月修正颁布新版国家《文化财保护法》,追加了新的保护对象——传统的建造物群保存地区,将其纳入文化遗产保护对象,提供国家补助金。

---

① 太田博太郎,小寺武久.妻篭宿:その保存と再生[M].東京:彰國社,1984.

今天,这一社群自发的遗产教育和照管体制仍然在发挥作用。自 1970 年起,妻笼宿的观光客一直在持续增加。1971 年间达 39 万人,1972 年达 54 万人,自此以后,每年观光客数量均达到 60 万人以上。伴随着观光客的增加,妻笼宿彻底摆脱了贫困,但是也遭遇新的矛盾。随着观光客的增加,需要在利益和理智之间寻求平衡。在 1974 年的时候发生了居民拒绝观光客涌入的情况,原因在于由于观光客的增加,居民每日忙于接待食宿,日常生活上承受越来越大的压力,无暇照顾儿童、老人的问题逐渐严重。为了更好地应对新的问题,"爱妻笼会"在 1977 年组织了妻笼宿冬季大学讲座,并每年举行一次,对妻笼宿保护和观光现状进行定期反省和总结。

**城市化进程中社群参与风土建筑保护的多个面相**

综合对妻笼宿的历史沿革,保护演进,遗产保护政策评价,居民参与度,社群构建遗产自我教育体系的考察,在学习日本风土建成遗产延续和发展的条件、问题与适应性方面,可进行以下探讨:

第一,相对于其他类型的遗产,对于风土建成遗产的延续和发展来说要尤其重视社群参与的问题。中日同属于东亚建筑体系,木质遗产占据风土建筑构造类型的主体,面临的共同问题便是风土建成遗产中以木构建筑最难以进行日常良性保护。由于物质实体表面的材料已经形成了所有者的分野,风土建筑其所有者对应广大的老百姓,且多数情况下依然生活于其中。即使专业人士认为这一类型的遗产需要延续和发展,但是因为其量尤大日常维护状况不佳,单纯依靠国家力量,依靠专业领域自身的力量,都很难获得可持续发展,只能更多依靠居住者才能进行可持续的保护。可以注意到,木曾地区处于长野县山野之中,妻笼宿更是在其深山之中,相互扶助原则下结成共同体的生存方式是妻笼宿独有的。这类共同体,是在特定的时代和体制下,在民众与旧权力阶层对抗的过程中产生的组织,为地方社会根据自身的生存需要产生的自我保护方式。在妻笼宿的演剧和流行的诗歌,譬如《木曾诗集》(解放诗集)中,充满了这种呼吁住民团结的"弱者连带"意识,因此妻笼共同体的自立基础来自地方社会谋求生存的动力,这才是"妻笼宿文化"的内核。战后的妻笼宿第二次受到中央文化的影响(第一次是关口存男和米林富男进行的文化教育活动,第二次是以太田博太郎为中心的妻笼宿保护运动的开展),妻笼宿文化继续发展成了一种感性,内向,与共同体的基础根源联系紧密的思想,而这恰好是遗产教育和照管制度的精神基础。

第二,社群逐渐形成的遗产自我教育体系还有可能带来的一个结果就是,不仅仅是将建成遗产的"壳"保护下来,看不见的非物质文化遗产也有可能一同有机而自然的保护下来,将包括节庆,礼仪,风俗等活态形式的遗产内容涵盖在内,形成整体的、活态的保护。妻笼宿每年 11 月 23 日的民俗活动——文化文政风俗绘卷被完整

图 4.71　1980 年间妻笼宿的文化文政风俗画卷
来源：太田博太郎，山根有三.名宝日本の美术
第 25 卷民家と町並

保留，万人欣赏，居民获得自我认同和文化尊严，这是一种可贵的持守风土建成遗产保护的人性维度，给予保护领域同仁的提示便是，未来努力的方向或是进一步将可见的与不可见的遗产一同紧密结合的存续下来，不仅仅在立法上，还需在社群中体现更健康、可持续的遗产保护方向（图 4.71）。进一步看，妻笼宿的演剧是一种非物质文化遗产的形式，在一种居民自发重塑主体意识的诉求中，在遗产自我教育系统的引领下，对于物质实存的文化遗产保护产生了反向促进的效果，妻笼宿的风土建筑群被完整地保护了下来。这一事实也同时表明，非物质文化遗产与物质文化遗产的充分结合有助于遗产以活态的方式整体保留下来，其指归也正如联合国可持续发展原则所提出的"使得人们真正有拥有此物

的感觉"——共同享有文化的权利。

　　第三，就日本的经验来看，妻笼宿（还包括高山，金泽等地的山村）其保护并非是因为日本的风土建筑保护理念在当时已经成熟，而多由地方体"造町"运动引发。日本"爱乡运动"发生的历史背景，正是为了抵抗户籍政策"壬申户籍"和"町村合并"等政治因素下地方社会的崩坏。伴随战后的日本经济进入高速增长，大量人口涌入大城市，乡村人口逐渐减少（图 4.72）。地方苦恼于"过疏化"的问题，自治体和社群将希望寄托在观光策划上。类似的例子还有日本古川町濑户川的农村改造，该村1968 年起以饲养锦鲤为契机治理污水。经过几年的坚持，河流变干净了，锦鲤图案也成了当地的代言。除了改造自然环境之外，对新建筑改造都以传统风格为首选，并在此基础上复原传统工艺，使用榫卯衔接之外，在出檐、隔栅、斗拱上保存木造工法，斗拱上的"云"装饰作为当地工匠的名片，提振工匠热爱传统工艺的信心。兴建"木匠文化馆"（图 4.73），展示当地木匠的文化。在这些基础上，复兴民俗活动，譬如每年一月举行的三寺参拜等。而以上这些行动并非是官方行为，主要是学者会同居民自发进行。政府的出资行为，以及在这些推动下进行的立法活动，多数是在这些地方与民间的力量主导下开展。

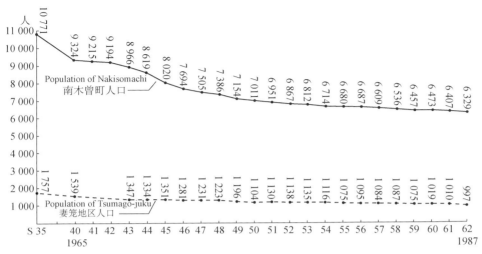

图 4.72　南木曾町与妻笼宿 1965—1987 年间人口变化
来源：木曽妻籠宿保存計画の再構築のために——妻籠宿見直し調査報告

图 4.73　日本古川町濑户川的"木匠文化馆"　来源：周易知拍摄

　　第四，妻笼宿保存进程中所包含的各项综合性影响因素与不断涌现的新问题（观光客遭拒、过疏化无法遏制等）多少与我国风土建筑保护正在经历的困境类似。通过对于妻笼宿保护整个过程的折映，日本在 20 世纪 50 年代兴起的风土建筑保护运动，包括对于历史环境的调查方法，对于文化遗产的价值认识，是伴随着想要振兴本地区的"社区营造"思想，解决农村问题的迫切需要被构筑起来的。保护地方的文化遗产成为地方公共团体制定条例的构成内容。这些运动最后得到的成果是1975 年的日本文化财保护法修正，最终成功导入了"传统的建造物群保存地区"制度。可以说,地方自治体和社群自发的遗产教育制度在保护中自始至终占据着主导地位。但这些较为成功的做法,却并没有遏制日本农村过疏化的总体趋势,最多只是在某种程度上延缓。以妻笼宿为例,20世纪70年代妻笼宿保护成功以来,尽管名声大振,其住户人口仍在持续减少。目前依然面对着人口持续减少的问题。自我教育制度是否只是上一代的文化癖好和传统惯性?年轻人为何不愿意留在乡村?笔者在实地考察妻笼宿时,与毗邻马笼宿的对比中可以发现,马笼宿虽然是一个没有如妻笼宿般严格管控进行完整保护的例子,甚至被专业人士诟病"过俗化",但是生活气息较妻笼宿浓厚,年轻人较多,具有一定的活力,这也在提示我们,风土建成遗产的延续和发展不能完全等同于修文物建筑,其成功与否应该是存有多种分级评价机制的。

第五,对于我国的遗产保护工作者而言,学习日本风土建成遗产存续和发展的方式时,尚要注意需在一种缩小城乡资源差别的情况下讨论。日本乡村过疏化是其实施"国民收入倍增计划"带来的后果,即通货膨胀、两极分化、大都市人口过密化和乡村人口过疏化。但是其城乡资源的差别并不是非常严重。即使到了极为偏僻的长野境内,依然有十分便捷的交通设施,最为明显的是覆盖范围极大的铁路网。在妻笼宿村,有着完备的市政设施,包括警察局、邮电局、学校、公园、医院、干净的公厕。[①] 从这些基础设施已经较为完善的前提下看,在我国尚有大量还未通公路铁路、还在使用旱厕的乡村里谈建筑保护,的确是一个更为艰巨的命题。在这样尚不成熟的条件下学习,对中国乡村补课的力度将十分巨大,这种补课又不仅仅是金钱人力上的大量投入,还有即便投入了,短期也看不到产出的时间成本。这便意味着学习日本风土建筑存续经验的另一个问题将是,即使努力拉近城乡资源差别,我们也可能同发达的日本一样,在未来依然无法遏制中国自身的乡村过疏化,风土建成遗产的存续和发展在未来将依然是一场长期和艰苦的战斗。

## 第三节　风土建筑与人居环境

### 一、风土建筑的现代住宅化实验参考

2014年,英国学者亚当·梅纽吉(Adam Menuge)撰文《英格兰风土建筑研究的

---

① 在妻笼宿的保护再生计划中,日本国铁长野铁道管理局也参与到观光策划的制定中,1966年11月长野铁道管理局张小泉卓雄发表《关于南木曾町的观光开发——寻找自然与浪漫的故乡》,提出观光的形态应当为"文化型""休养型",开发需权衡对风光的保护与观光的需求。国铁部门对于妻笼宿的支持还表现在,在1968年春季观光季期间,特发名古屋至三留野的"木曾路号"列车。在8月时,又将妻笼宿、马笼、田立指定为"周游地","夏山急行列车"在此设站。藉此,全国兴起南木曾路的观光宣传,对妻笼宿的保存计划的推进带来了很大的刺激作用。参见太田博太郎,小寺武久.妻篭宿:その保存と再生[M].東京:彰國社,1984.

历程》回溯了风土建筑研究的缘起与发展脉络①。这是一篇具有当代参照意义的回顾文章,作者提出,风土建筑的研究在英国也是一项近期才完成的建构,风土建筑直至 20 世纪中叶前都不是作为一个值得学术研究的历史对象被看待。在研究进程中,由于伴随着社会和经济流动的巨大变革,要思考在该历程中体制和立法起到的作用,并且以更广泛的视角来看待文化思潮所起到的影响。在社会进程中考量风土建筑这一研究对象是如何由一种默默无闻的状态一跃被提升至国家身份的载体,体现传统文化的珍贵价值。注意在这门学科内部,如何发展了方法论,使其逐渐成熟、独立。关注田野实录、档案调查与科学研究等方法,在对于风土建筑及其关联的物质实体进行辨别、断代、分析和诠释时如何呈现着精密化的趋向。从英国

图 4.74　位于赫特福德郡阿什韦尔(Ashwell, Hertfordshire)的中世纪英国晚期风土建筑,半石半木(抹灰)结构,茅草屋顶,代表了现代观念对住宅的历史愿景　来源:亚当·梅纽吉摄影

的情况来看,研究人员似乎多从历史角度而非人类学角度进行研究,英国的研究情况当然不能代表世界各地风土建筑研究的情况,但是英国业已形成的风土建筑研究的方法论,为不同语境下风土建筑的研究提供了具有学理性的镜鉴和操作性的参考(图 4.74)。

另一篇英国学者詹姆斯·W·P·坎贝尔(James W. P. Campbell)的文章《英国的风土建筑》②从风土建筑的宜居性入手,以住宅为重点,回顾了英国风土建筑的适应性利用与有机延续过程。通过展示英国从公元 1000 年左右的中世纪到 1945 年英国住宅的物质形态变迁(图 4.75),作者指出了风土建筑的住宅化发展方向,引出了21 世纪研究的应用意义。其中,与英国工艺美术运动兴起的时代背景相续,1900 年被作者视为风土建筑时代的终结点,因为此时铁路已经使得全国各地能够使用相同的建筑材料,这种社会性扰动导致地方多样性和传统消亡殆尽。

但是,今天英国的风土建筑却依然大量的保存下来并承载着现代英国人的起居生活,这其中,对风土建筑的现代住宅化实验是非常重要的支撑点。在英国,建筑师

①　[英]亚当·梅纽吉.英格兰风土建筑研究的历程[J].陈曦,译.建筑遗产,2016(3):40 - 53.
②　[英]詹姆斯·W·P·坎贝尔.英国的风土建筑[J].潘一婷,译.建筑遗产,2016(3):54 - 67.

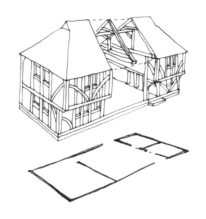

中世纪（1100—1600）
英国风土建筑—住宅"厅屋"

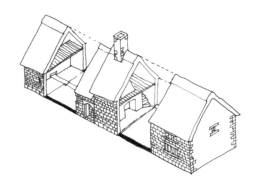

中世纪（1100—1600）
英国风土建筑—住宅"长屋"

乔治时期（1660—1830）
英国风土建筑—联排住宅

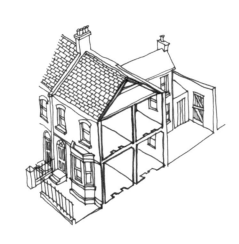

维多利亚时期（1830—1900）
英国风土建筑—典型住宅

图 4.75　英国各历史时期的风土建筑—典型住宅图示　来源:詹姆斯·W·P·坎贝尔绘制

更多参与城市区域的公寓楼设计,大部分住宅开发商选择不用建筑师新设计住宅
(两层居多),他们偏向于对已经尝试、检验过的现有传统设计进行改良。在英国,公
寓仅占住房供应的极小比例,大部分居民都居住在两层楼的房屋里,这些住宅便是
由故旧的风土建筑经历了现代化住宅改造后留存下来的。英国人几乎秉承了几百

年不变的居住方式,他们的住宅里固然经过设备更新和现代化改造,但平面布局并没有显著的变化,保留了风土建筑可供识别出的外部特征。英国风土建筑延续至今的秘密在于,使过去人们建造的风土民居具有容纳新变化的能力,引导其完全适应现代生活。而英国对于风土建筑保持着住宅化实验的方法也告诉我们,今天我们设计的新住宅,应该像风土民居那样可以包容未来的变化。

## 二、风土建筑与杰出自然美景区的整体性保护

中世纪末期的英国仍然是农业国,城市人口仅占总人口的 5%～10%,人口基本构成为农民。第二次世界大战后,英国经历的城镇化过程早于我国,在人口约 5 430万中有 17% 依旧居住于乡村,为约 930 万人,可见城市人口所占比大幅增加。第二次世界大战后英国对乡村保护的具体规划管控方式主要分为三种:划定保护区、列入名录,以及规划开发许可申请制度。其实行的"杰出自然美景区"制度(AONB, Area of Outstanding Natural Beauty)[①]是与风土建筑保护相关的重要制度,该项制度保证了自然地景中风土建筑的完好,满足公众安静享受乡村环境的需要。该项制度最初在 1945 年由约翰·道尔(John Dower)向政府提出,最终体现于 1949 年颁布的《国家公园和乡村进入法》(*National Parks and Access to the Countryside Act*),组合成较完善的制度,实现了城乡一体化背景下对风土建筑及其村落环境的有效控制和保护目标。目前,英国全境有 46 处"杰出自然美景区",笔者将择取其中具有代表性的"杰出自然美景区"科兹沃尔德[②](The Cotswold)保护区作为重要个案,以保护区内著名的村庄拜伯里村(Bibury)与邻近的阿灵顿村(Arlington)为例,探讨风土建筑存续问题中精细化的管控内容以及技术方法。

拜伯里村与阿灵顿村的起源均与当地河流有关,两处定居点沿着科尔恩河(River Coln)蜿蜒,村庄中现存的风土建筑大部分建于 17 世纪。拜伯里村位于塞伦赛斯特(Cirencester)至牛津的路上,撒克逊人在 899 年择址建成教堂后,便在教堂四周聚居,形成较早的聚落。自中世纪起,拜伯里成为磨坊与谷仓的集中地,科尔恩河为谷类磨坊提供动力,磨坊除了加工谷物外,也被用于支持缩绒机运作加工布料。随着科尔恩沿岸羊毛业的发展,阿灵顿村代替拜伯里成为更受定居者青睐的村庄。18 世纪末,谷类磨坊在拜伯里村完全代替了布料加工业。在阿灵顿村,布料加工作

① National Association for AONBs. The AONB Story ( Taken from Outstanding Magazine-Summer 2006 ) [EB/OL]. [2018 - 10 - 01].[http://www.landscapesforlife.org.uk/aonb-story.html].
② 科兹沃尔德地区本身并不具有行政分区的意义,地理界限包含格罗斯特郡(Gloucestershire)、牛津郡(Oxfordshire)、萨默塞特郡(Somerset)、沃里克郡(Warwickshire)、威尔特郡(Wiltshire),以及伍斯特郡(Worcestershire)。

业大约持续到 1913 年。拜伯里村最为基本的地方性格首先是作为一处居住型村落，聚落与原有的自然植被融合在一起。阿灵顿村的风土聚落则更为"谦逊"，在主道路一侧，分布着许多小径，住宅、磨坊、小礼拜堂、小桥、墓地，融入自然，都不引人注意（图 4.76，图 4.77）。

图 4.76 科兹沃尔德保护区地理位置与代表性村落，拜伯里村（Bibury）阿灵顿村（Arlington）的乡村景观 来源：National Trust

图 4.77 拜伯里村保留下来的风土建筑之一，14 世纪的磨坊（Bibury Mill）的外观与内部，现属于英国国家信托 来源：National Trust

拜伯里村在英国性（Englishness）的建构过程中曾被认为是英国美丽乡村的典范。1726 年，诗人亚历山大·蒲柏（Alexander Pope）称科兹沃尔德的乡村拜伯里村"景色宜人"（the pleasing propect of Bibury），1870 年，威廉·莫里斯称科兹沃尔德地区的拜伯里是英国最美的乡村。<sup>①</sup>在 19 世纪末到 20 世纪中期这段时间，作家詹姆斯·约翰·海瑟(James John Hissey)曾通过一系列抒情性和具想象力的文字将科兹沃尔德的地形特征和风景向公众介绍："英国的美丽是有关于可爱、温和、圆润以及平静之感……这是一种将一个人日常的碌碌抛诸身后，忘掉一切，投身于真正的世外桃源的感受。""这是个令人愉悦的古老世界，原初的、如画一般的地区。我想这是处于万象更新的包围之中真正的古老英国所在。"<sup>②</sup>在 1942 年出版的《科兹沃尔德》(*The Cotswold*)一书中，马辛厄姆(H. J. Massingham)使用了一幅由巴特曼(J. Bateman)在 1940 年绘制的《科兹沃尔德收割季节》(*Haytime in the Cotswold*)，画面中，农舍谦虚地隐藏在峡谷之中，背景则是英格兰高地的地貌。这幅画

图 4.78　巴特曼(J. Bateman)在 1940 年绘制的《科兹沃尔德收割季节》(*Haytime in the Cotswold*)　来源：The Cotswold

提示了科兹沃尔德的风土建筑因其所处特殊地貌引发如画的美学效果，引起精英阶层的兴趣，被建构为理想英国的某种范本(图 4.78)。

20 世纪开始该地区对风土建筑开始进行维修和一系列细致的调整。科兹沃尔德地区于 1966 年被划为"杰出自然美景区"，该地区的保护委员会为此制定了详细的规划和建筑设计技术准则<sup>③</sup>。其中，拜伯里村(包括阿灵顿村)保护区范围选定于 1971 年 11 月，保护区边界则在 1990 年、1998 年确定下来<sup>④</sup>。保护委员会认为拜伯

---

① Cotswold District Council. Bibury Conservation Area Statement. Planning Guidance for Owner，Occupiers and Developers[EB /OL].［2018 - 09 - 01］.［http://www.cotswold.gov.uk/media/243631/Conservation-area-Bibury.pdf］.

② James John Hissey. Through Ten English Countries：the Chronicle of a Driving Tour[M]. London：Richard Bentley，1894：viii，197.

③ Cotswold District Council. Cotswold Design Code[EB/OL].［2018 - 10 - 17］［https://www.cotswold.gov.uk/residents/planning-building/cotswold-design-guidance/cotswold-design-code/］；Cotswold Cobservation Board. Landscape Strategy and Guidelines[EB/OL].［2018 - 10 - 17］.［https://www.cotswoldsaonb.org.uk/our-landscape/landscape-strategy-guidelines/］；Cotswold Conservation Board. Facts Sheet On the Cotswold Areas of Outstanding Natural Beauty[EB/OL].［2018 - 10 - 17］.［https://www.cotswoldsaonb.org.uk/planning/cotswolds-aonb-management-plan/］.

④ Cotswold District Council. Bibury Conservation Area Statement. Planning Guidance for Owner，Occupiers and Developers[EB/OL].［2018 - 09 - 01］.［http://www.cotswold.gov.uk/media/243631/Conservation-area-Bibury.pdf］.

里村保护区的历史特征是构成环境氛围的重要支撑,该地区的现有性格与外观应当被保留甚至加强,应当拒绝对任何建筑造成破坏,特别是这种破坏影响保护区的性格与外观时。保护区内有 90 栋以上的建筑被列入保护名录。对于未列入名录的风土建筑,保护委员会做出详细的处置规定。在建筑立面、场地边界、面对公众视野的开放空间上等等,对各种一般性风土建筑的改造进行严密管控。保护区内新建房屋受到各类限制,建造人需履行科兹沃尔德地区保护委员会的规划建筑技术设计准则,包括建筑风格、建筑材料等等,并按照保护委员会制定的申请许可制度申请,建造符合当地建造传统的建筑。

科茨沃尔德地区保护委员会在规划及建筑设计方面,为拜伯里村和阿灵顿村制定了总体设计导则。该导则针对保护地区内风土建筑的改建、扩建和新建,制定了具体干预的管控措施。涉及的内容主要包括。

图 4.79　科兹沃尔德阿灵顿村的风土建筑隐藏在自然景色之中　来源:自摄

### 1. 外观尺度控制

新建建筑或扩建建筑必须反映拜伯里村传统建筑的总体模式(general pattern),特别体现在规模与尺度比例上。可以进行建筑上的创新,但前提是反映出拜伯里地区的建筑传统。建筑需与自然融合在一起,避免建筑外轮廓出现在天际线中。大型新建的建筑物,如谷仓、作坊、筒仓,以及工人住宅,应使用低矮、浅色坡屋顶,深色屋身(典型的灰、黑绿或褐色),以尽可能地使其藏匿在自然环境中(图 4.79)。

### 2. 平面布置

任何新建或者扩建设计,必须以相近于地区其他传统建筑的总体模式,在场地上进行布置。科茨沃尔德地区的乡村街道包含一系列 1 层至 4 层高度不等的建筑物。新建建筑不应破坏邻里轮廓线,不破坏街景的围合性和完整性。新建建筑可适当增加一些趣味性和多样性,但应与周边建筑相协调,不能对邻里建筑造成视觉冲突。作为重要地域特征的老虎窗,外形不能被打断或破坏屋顶的远景效果。该地区的整体建筑特征应在新建建筑中得以体现。

### 3. 风格一致性

新建建筑应符合人体尺度,所有扩建应与原建筑的比例和特征保持一致。避免过大的体量。尺度、空间和开口位置应考虑风格的一致性。下层为店面的建筑在材料和色调上应与上层相一致。

**4. 细节特征**

围墙、栅栏等更新需与周围区域的做法相近,材料与细节上须类似。在使用新技术建造屋顶、梁架,以及石材墙时,应遵循原有比例和尺度,延续传统精神。

**5. 材料与配比**

建筑材料必须与保护区域内建筑上相应位置的做法一致,且保留一种相近的材料配比。在装饰细节上,应加强细节的趣味性、装饰性以及传统工艺的表达。例如门窗、成品模具、尖顶饰、其他雕饰,都应立足于当地的石材和其他本土材料,以重新诠释过去的传统。在选材上,石材的大小色泽也应与当地其他建筑一致。<sup>①</sup>

除了对该地区列入保护名录的建筑建立普遍性导则外,对那些未列入名录但具有明显地方特征,并对整体环境有贡献的风土建筑,在对其改建、扩建和建筑外立面、场地边界或者朝向公众的开敞区域发生变化时一并进行控制。对于保护区内的建筑项目申请者而言,具体哪类开发需要申请,哪类开发不需要申请,政府列出了周详的细节内容,包括了以下十一项管控措施:

(1)任何面向公共道路的扩建;

(2)新窗户和门洞开口的加建;

(3)去除或替换现有的窗户、门;

(4)任何木质物或细木工等装修变化;

(5)着色、覆盖面层的添加;

(6)对原来无油漆的石作上漆;

(7)加装卫星天线;

(8)前廊、停车口、棚架加建;

(9)改变屋顶材料(仅前部屋檐);

(10)屋顶灯光加设(仅前部屋檐);

(11)拆除、改变建筑前部的围栏或栅栏。<sup>②</sup>

除了建立保护区内的总体设计导则和明确划定需进行政府申请的保护区内建筑项目种类,保护委员会制定的规划建筑技术设计准则还包括详细的控制条件对应申请条目中建筑各部位改变的解释,这些部位主要包括烟囱、屋顶、门窗、门廊、车库、屋顶材料、屋顶灯等。比如对建筑开口则规定,若更换整个窗户的固定框架或新

---

① Cotswold District Council. Bibury Conservation Area Statement. Planning Guidance for Owner, Occupiers and Developers[EB/OL].[2018 - 09 - 01].[http://www.cotswold.gov.uk/media/243631/Conservation-area-Bibury.pdf].

② Ibid.

建开口,需要通过建筑规章审批程序,若未按此执行,则会面临高额罚款①。除了对建筑细节进行文字说明外,为了使申请者和建造人员清晰了解如何遵循当地建造传统,保护委员会针对当地风土建筑最重要特征的几处细部,如烟囱、屋顶、老虎窗、门廊等重要部位提供详细的建造细部图。该技术指导不仅对科茨沃尔德地区的细节建造特征以施工图深度的剖面大样图进行说明,还对如何使用新材料进行建造传统建筑样式也进行了说明,其目的就是为了对保护区内牵涉到对一般性的风土建筑的改建(也包括完全的新建)进行精确的干预和管控,以保护该地区的现有性格和外观不被改变②(图 4.80—图 4.83)。

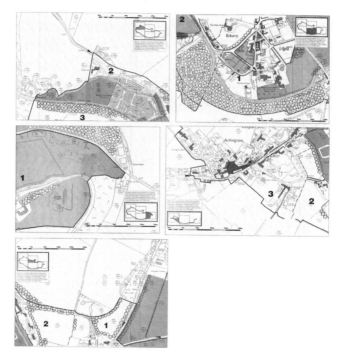

图 4.80　科兹沃尔德保护区拜伯里村的保护范围图　来源：Cotswold District Council. Bibury Conservation Area Statement. Planning Guidance for Owner，Occupiers and Developers

---

① 　Cotswold District Council. Cotswold Design Code[EB/OL].[2018 – 09 – 01].[http://www.cotswold.gov. uk/media/241227/The-Cotswold-Design-Code.pdf];Planning Portal. Common Projects[EB/OL].[2018 – 09 – 01].[https://www.planningportal.co.uk/info/200130/common_projects].

② 　Cotswold District Council. Traditional-Chimneys-Design-Guide， Traditional-Chimneys-Technical-Guide， Traditional-Dormer-Windows-Design-Guide，Traditional-Casement-Windows-Design-Guide[EB/OL].[2018 – 09 – 01].[http://www.cotswold.gov.uk];Cotswold District Council. Cotswold Stone Slate Roofing Technical guidance for owners and occupiers[EB/OL].[2018 – 09 – 01].[http://www.cotswold.gov.uk].

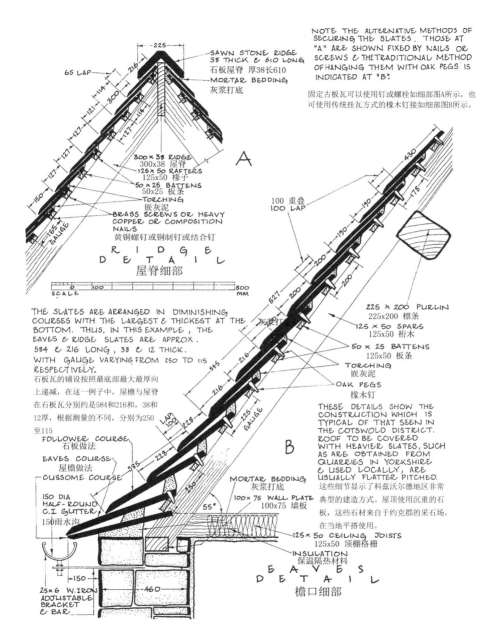

NOTE THE ALTERNATIVE METHODS OF
SECURING THE SLATES. THOSE AT
"A" ARE SHOWN FIXED BY NAILS OR
SCREWS & THE TRADITIONAL METHOD
OF HANGING THEM WITH OAK PEGS IS
INDICATED AT "B".

固定古板瓦可以使用钉或螺栓如细部图A所示，也
可使用传统挂瓦方式的橡木钉接如细部图B所示。

SAWN STONE RIDGE
38 THICK & 610 LONG
石板屋脊 厚38长610
MORTAR BEDDING
灰浆打底

65 LAP

-225-

300 × 38 RIDGE
300x38 屋脊
125 × 50 RAFTERS
125x50 椽子
50 × 25 BATTENS
50x25 板条
TORCHING
嵌灰泥
BRASS SCREWS OR HEAVY
COPPER OR COMPOSITION
NAILS
黄铜螺钉或铜制钉或结合钉

A

R I D G E
D E T A I L
屋脊细部

SCALE 100 500 MM

THE SLATES ARE ARRANGED IN DIMINISHING
COURSES WITH THE LARGEST & THICKEST AT THE
BOTTOM. THUS, IN THIS EXAMPLE, THE
EAVES & RIDGE SLATES ARE APPROX.
584 & 216 LONG, 38 & 12 THICK.
WITH GAUGE VARYING FROM 250 TO 115
RESPECTIVELY.
石板瓦的铺设按照最底部最大最厚向
上递减，在这一例子中，屋檐与屋脊
在石板瓦分别约是584和216和，38和
12厚，根据测量的不同，分别为250
至115

100 重叠
100 LAP

225 × 200 PURLIN
225x200 檩条
125 × 50 SPARS
125x50 桁木
50 × 25 BATTENS
125x50 板条
TORCHING
嵌灰泥
OAK PEGS
橡木钉

FOLLOWER COURSE
石板做法
EAVES COURSE
屋檐做法
CUSSOME COURSE
150 DIA
HALF-ROUND
C.I GUTTER
150雨水沟

B

THESE DETAILS SHOW THE
CONSTRUCTION WHICH IS
TYPICAL OF THAT SEEN IN
THE COTSWOLD DISTRICT.
ROOF TO BE COVERED
WITH HEAVIER SLATES, SUCH
AS ARE OBTAINED FROM
QUARRIES IN YORKSHIRE
& USED LOCALLY, ARE
USUALLY FLATTER PITCHED.
这些细节显示了科兹沃尔德地区非常
典型的建造方式。屋顶使用沉重的石
板，这些石材来自于约克郡的采石场，
在当地平搭使用。

MORTAR BEDDING
灰浆打底
100 × 75 WALL PLATE
100x75 墙板
55°
125 × 50 CEILING JOISTS
125x50 顶棚格栅
INSULATION
保温隔热材料

E A V E S
D E T A I L
檐口细部

25×6 W.IRON
ADJUSTABLE
BRACKET
& BAR
-150
460

图 4.81 科兹沃尔德保护委员会的传统建筑技术指导措施，针对当地风土建筑最重要特征的几处细部，
如烟囱、屋顶、老虎窗、门廊等提供详细的建造细部图之一（屋顶做法与檐口细部大样） 来源：笔者根据
科兹沃尔德保护区设计技术指导图改绘

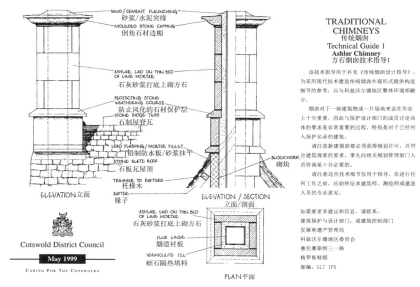

图 4.82 科兹沃尔德保护委员会的传统建筑技术指导措施,针对当地风土建筑最重要特征的几处细部,如烟囱、屋顶、老虎窗、门廊等提供详细的建造细部图之一("方石"烟囱细部大样) 来源:笔者根据科兹沃尔德保护区设计技术指导图改绘

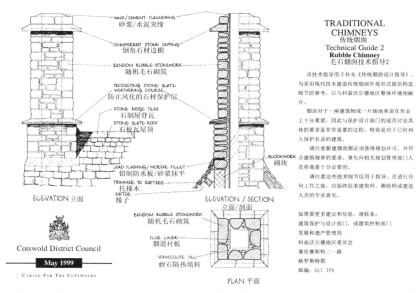

图 4.83 科兹沃尔德保护委员会的传统建筑技术指导措施,针对当地风土建筑最重要特征的几处细部,如烟囱、屋顶、老虎窗、门廊等提供详细的建造细部图之一("毛石"烟囱细部大样) 来源:笔者根据科兹沃尔德保护区设计技术指导图改绘

从科兹沃尔德保护委员会保护区内的水上伯顿村（Bourton-on-the-Water）制定
的总体设计导则中干预和管控措施
来看①,深度与为拜伯里村制定的保
护导则完全一致,但是值得思考的
是,虽然水上伯顿村的现有性格和
外观在建筑层面得到了保护,但开
发的结果却是过度商业化和游客的
大量涌入,其热闹非常的场面已失
控,水上伯顿村的"过俗化"亦多为
英国本国人诟病,究其原因或在于
社会组织结构的变动和脱离管控,
使得包含乡村理想的灵光般特质的
丢失(图 4.84)。

图 4.84　科兹沃尔德保护区内的水上伯顿村(Bourton-on-the-Water)因为过度商业化,失去了安静的村落氛围　来源:自摄

总体而言,科兹沃尔德保护地
区多见保存完好的风土建筑和优美的聚落环境,是严格的保护区房屋建设管控体系
和"杰出自然美景区"保护制度共同干预下的结果,但是这样严密的制度和英国社会
长期沉淀的风土建筑价值认知,并不能保证每一座村镇都能被非常好的保护下来,
旅游和商业化对个别村落原生社群结构的冲击依然非常巨大。

# 本　章　小　结

本章以对现代遗产话语介入风土这一观念走向后的视点,引出对风土建筑的价
值认知与存续实践的案例追踪,以此为基础导出初步的存续分类和理论重构:

(1)风土建筑是一种历史性活动的结果。人是与地方、该地方的社会紧密相连
的,风土建筑使人能够联系亲身生活经验与回忆确认自己所处的位置,因此与个体
的精神相关,影响整个社会的精神安定。

(2)地方风土建筑的存续能够满足反对城乡文化同一化、地方文化单一化趋势
的需要。有助于建立文化主体性和民族身份感。

(3)风土建筑同时作为团结居民与群众,地域全体共有物的象征。

(4)风土建筑能够满足人们对环境舒适性的追求,保存生活环境、创造亲切的风

①　Bourton-on-the-water. Conservation Area Statement: Planning Guidance for Owners, Occupiers and Developers[D]. Cotswold District Council, 2000.

土建筑及文化地景,能够满足现代人丰富城市生活体验的个人欲望。

(5)通过存续风土建筑实存物和周边地景并视为整体进行保护,恢复传统生活场景,可以进一步对地域人群文化自信和社群构构进行重建。

对应风土建筑现代语境中更具综合性的价值认知,以东亚建造体系中的日本在此观念影响下的现代存续实验为参考,可将风土建筑遗产存续方式进行初步分类(表4.2)。

表 4.2　日本风土建筑存续方式的初步分类　来源:自绘

| 类别 | 方式 | 实例 | 年份 |
|---|---|---|---|
| 类型一 | 异地标本式保存 | 大阪府丰中市民家聚落博物馆<br>川崎市日本民家园<br>金泽市的江户村 | 1957 年<br>1967 年 |
| 类型二 | 原址标本式保存 | 白川乡荻町"白川乡合掌造民家园""白川乡·五箇山合掌造村落群"世界遗产 | 1971 年<br>1995 年 |
| 类型三 | 标本保存＋地景特征、聚落肌理、尺度体系保护 | 长野县南木曽町妻笼宿保存与再生计划(三次) | 1968—1970 年 |
| 类型四 | 类型三＋建筑翻新(再生) | | 1971—1975 年 |
| 类型五 | 类型四＋生活形态活化(场景再现) | | 1975 年 |
| 类型六 | 类型五＋聚落社会组织结构作用 | 奈良县橿原市今井町保存与再生计划 | 1983—1993 年 |

其中,类型一的"异地标本式保存"对应西方露天博物馆概念,其实例为1957年的大阪府丰中市日本民家聚落博物馆;1967年的川崎市日本民家园、金泽市的江户村等。"露天博物馆"概念来自西方,主要采用"异地迁建"的保护方式,作为民家聚落博物馆对公众开放。

类型二的"原址标本式保存"以20世纪70年代被保存下来的岐阜县白川乡·五箇山越中合掌造村落为典型。这一保护方式体现为在村落原址上对"合掌造"民居进行就地保留,合掌造村落保护面积达45.6平方千米,共计保护了154户353栋建筑,其中传统建筑为94栋(主屋为56栋)(图4.85)。

从类型一与类型二的存续方式来看,异址保存指的是风土建筑被公有化后迁建他处,或者系所有者捐赠,集中到博物馆里展示。这一保护方式的实质与馆藏式文物保存无异,因不会有人继续生活于其中,故而也不存在社群格局变动给生活着的"此地人"带来的扰动。类型二中的"合掌造"作为世界遗产这一高级别的保护对象被进行整体保护,其借鉴意义更多的在于保护技术的细致和实施层面的一丝不苟

图 4.85　世界遗产白川乡村"合掌造"修复后　来源：自摄

上，也不会面临来自历史和社会以及居住其中的人的挑战。大量的存续挑战出现在
类型三、类型四、类型五，以及类型六这几类风土建筑的存续方式上。

　　类型三的"标本保存＋地景特征、聚落肌理、尺度体系保护"，类型四的"基于类
型三＋建筑翻新（再生）"，以及类型五的"基于类型四＋生活形态活化（场景再现）"
对应长野县南木曾町妻笼宿经历的深度、广度依次递进的三次保护与再生计划。①

　　妻笼宿保护在历史街道这一保护对象上的干预主要在于立面修复、防火、抗震。
在三次保护中，都做到了不断深化保护的深度和广度，将主要街道的立面逐渐恢复
到特定的历史时期——江户末期。大部分建筑都进行了翻新和修复，甚至解体复
原。在保护过程中，地方住民和行政方通过争取选入日本国家级文化遗产的"国之
重要的传统的建造物群保存地区"，将妻笼宿的地景特征、聚落肌理、尺度体系得以
复原和保存。随后，在这些建筑和景观实体的保护完成之后，其江户时期的生活形
态以场景再现的方式被恢复。每年 11 月 23 日的"文化文政风俗绘卷之行列"的大型
民俗活动举行期间吸引大约 1 万名观光客，妻笼宿因此成为日本乡愁的代表。从类
型三向类型五的深化，说明了风土建筑延续与保护的深化是在不断争取有利的条件

────────────

①　该分类方式的形成源于同济大学建筑与城市规划学院常青研究室常青教授指导的相关课题研究讨论。

之下,逐渐趋于完善,达至程度更深的保护。

风土建筑的保护与延续是根据现有的条件不断推进深化的综合性运作:首先,在保护好有形的风土建筑单体的基础上,有可能继续"由点及面"地保留整个风土聚落的尺度和地景特征。也有可能基于科学、严谨的风土建筑研究所获得的"谱系""样式"的知识,提炼出可操作性的干预设计模型供保护设计者选用,进一步形成木构建筑的自殖能力。在有形的建筑实存得到较为完善的保护之后,将有可能更好的延续依附其上的无形文化遗产。物质文化遗产和非物质文化遗产在目前的保护尚处于分离状态,今后可以更好地结合起来,妻笼宿便是这种"双保护""完整保护"的例证。在日常生活场景、节庆仪式被较好的恢复之后,可以继续考虑进行下一层面的延续,即类型六恢复聚落社会组织结构作用。

妻笼宿的保护是否达到类型六所述恢复聚落社会组织结构?毫无疑问,妻笼宿的修复标准达到文物保护级别,保护运动本身又获得住民的积极响应,是一项自下而上的保护运动,从其前后延续的 15 年时间以及它对 1975 年日本文化遗产保护制度的刺激,确乎是项罕见的强自发性保护运动,日本人提及妻笼宿的口气中满是自豪和钦佩,妻笼宿住民社群提出的"三不"保护原则("不租""不售""不拆")的新闻在日本也几乎家喻户晓。毋宁说妻笼宿保护从一开始就是出于自发重建社群组构,提振文化自信心主动进行的。

从这一角度看,符合类型六的案例或许是今井町"胶着"的被动式保护,即包含了前三种保护维度的综合性保护:标本保存＋地景特征、聚落肌理、尺度体系保护＋建筑翻新(再生)＋生活形态活化(场景再现)＋聚落社会组织结构作用。今井町今日所见的例如"格子窗"的江户建筑细节实际上是 1868—1912 年明治时期之后的产物。今井町在修复设计之前进行的若干次调查中,对立面分布进行过研究,由此得到房屋建筑的构成手法,并使用"构成主义"式的建筑设计方式对建筑环境进行范围宽广的分类调查,得到一系列町家谱系"格式"要素,在改建中仍然保持同一性与连续性。即不单单是模仿旧有形式,而是考察加上素材收集、推理、判断的一种"创造性"产物。秉承一种"渐进式保存"和追求现代修复下的长屋。需要提请读者注意的是,这个过程充满着学者方与住民文化自信丧失的"搏斗",最后则演变为一种长期的对该地域文化性格的重塑过程,背后指向对此地人的再造。甚至可以说,今井町的状况非常接近我们今天面临的实际情况,一处排除于文物保护名录的历史残片区域,一处在现代工业和城市化进程中呈现疲态和老态的地区,一处当地人自己都无文化自信急于搬离的地方,我们如何保护好房子也保护好生活在其中的人?这恐怕是遗产保护领域的同仁需加以深思之处。

"这是谁的遗产""谁拥有过去"这些疑问萦绕在我们的脑海中,因为遗产诞生于当地,乃当地人应自己的需要而生之物。比起外来者,即便遗产主要由外部人群消费,如何处置遗产难道不应是当地人更有决定权吗?① 区别于经典的社寺保护实践的一项重大区别是,在日本风土建筑的保护实践中,日本当地社群(多为地方自治体中的住民构成)是否自保护实践中最终受益成为衡量保护成功与否的重要标准,这也是由于风土建成环境中居住着"此地人",不同于作为文物标本的馆藏式保护,而最终是被人类历史存续发展所需要的那一类保护对象。联合国教育、科学及文化组织大会第十九届会议早在 1976 年 11 月 26 日于内罗毕通过了《关于历史地区的保护及其当代作用的建议》曾指出,历史性地区包括乡村②,但是针对风土建筑的价值认知和保护的进程的指导并不充分,日本对于这一遗产类型的研究和保护以自身的反复尝试为探索之路,为寻找开放、多维的风土建筑保护理念作出了非常重要的贡献。

正如萧伊所说,19 世纪西方的历史性纪念物观念已然在日本被作为一种舶来观念加以接受并体现在社寺的保护中,通过其历史关联域的探讨与案例解剖,可以更为清晰地理解日本在对待曾经处于"保护名录"之外的风土建筑遗产的价值认知过程与存续践行方式的心理特征,剥离出这一过程中的独特思维方式以及背后的启示。

另外,英国对风土建保护值得借鉴之处很多。其保护的动力首先来源于其别具一格的价值认知:包括贵族乡绅在内的精英阶层对乡村自然景观营造和保护的旨趣一直有其社会传统性;赞美自然和乡村生活的浪漫主义者进一步通过包含风土建筑在内的英国地方风景建构为民族身份的寄托;英国作为工业革命的产生地,较早开始对工业文明带来的精神危机问题进行反思,保护风土建筑所在的乡村作为善性立法和公共利益优先的体现,较早的通过制度被纳入正当化、合法性的保护框架中。

针对我国风土建筑存续进程的各种问题,以英国经历的风土挑战和身份认知的历程为镜鉴还可以给我们提供若干启示:

第一,英国对于风土建筑"舒适性"价值(Amenity Value)的推崇提示我们,只保护建筑单体不保护文化地景不是一种理想的建成遗产存续方式,需要同时尊重历史的传承、遵循传统村落和自然生态的共生机理,进行整体性的地景保护,在此基础上保留依附于风土建筑物质形态的社群结构和文化居俗,风土建筑的普遍性价值才可

---

① Gregory J. Ashworth, John E. Tunbridge. Heritage, Tourism and Quality-of-Life[M]//M. Uysal et al. (eds.). Handbook of Tourism and Quality-of-Life Research: Enhancing the Lives of Tourists and Residents of Host Communities. Springer Science Business Media, 2012.

② 1976 年内罗毕会议通过的《关于历史地区的保护及其当代作用的建议》指出"历史和建筑(包括本地的)地区"系指包含考古和古生物遗址的任何建筑群、结构和空旷地,它们构成城乡环境中的人类居住地,从考古、建筑、史前史、历史、艺术和社会文化的角度看,其凝聚力和价值已得到认可。在这些性质各异的地区中,可特别划分为以下各类:史前遗址、历史城镇、老城区、老村庄、老村落,以及相似的古迹群。不言而喻,后者通常应予以精心保存,维持不变。

能完整的彰显。

第二，英国对于乡村的成功保护关键在于公众对风土建筑的地域特性和建造传统的尊重，政府管控中对新材料与传统工艺结合具有审慎的择取方式和论证过程，并且有严格的制度化管理系统和操作性技术指导措施进行精密的管控和干预，在此基础上严格保证保护区的现有性格和外观不被破坏。

第三，英国风土建筑的价值认知和保护存续过程获得了包括政府机构、非政府机构、中产阶级、精英阶层、历史学家、文化学者、保护主义者、当地社群等多方面的刺激和推动，最终政府通过法律授权国家信托和乡土英国保护委员会等非政府组织，加上地方保护协会，设置了政府、社会组织和保护志愿者在保护中的行动空间和角色关系，将负责决策咨询服务、资金赠予和基于国家利益从事风土建筑资产的收购、保护和开发工作的关联事务进行了组织性搭建。这也启示我们，以乡村振兴为主导目标的风土建筑存续需要历史学家、考古学者、保护主义者、建筑师、科研组织等知识性力量，这些专家及其组织与政府、当地社群、非政府组织之间交流互动和密切合作是乡村振兴与建成遗产存续真正能够实行的关键机制。

笔者认为可以从以上案例考察再次返回理论探讨，将风土建筑保护的真实性维度分为四对理论范畴，按照理论—实践—理论的推进与修正继续反思如下：

**总体性问题的引出**

"日本风土建筑存续方式的初步分类"按照保护性干预的深度和广度作出了初步分类，但是保护价值认知与实践中是否存在某种"倒转"倾向：人与建筑遗产，谁为保护目的，谁为保护手段？我们是否需要对此进行再思考，重新理解在保护实践中哪些部分是不可"化约"、不可省略的精细保护内容？在此需引出有关保护的总体性问题，即"遗产是谁的""过去属于谁"？

第一，我们将保护的总体性问题分为四对范畴进行探讨："有形的、无形的""社寺的、民家的""真实的、造替的""历史性的、历史中的"。第二，采用"文献佐证＋现场调研"的方式，对比重要保护理论与文献，并调取（今井町、妻笼宿）现场调研与住民采访佐证，在文本／文献与现场之间"往复"，构成每一范畴的考察过程。第三，通过每一次的立论与辨伪，排除谬见，厘清理念，审慎实践。回归保护总体性问题的思考不在于提供现成答案，而在于通过日本的保护经验，理解多元化的现代保护理念自身的历史逻辑。

**范畴一：有形的、无形的**

大卫·洛文塔尔（David Lowenthal）在《过去即他国》[①]（*The Past is a Foreign*

---

① David Lowenthal. The Past is a Foreign Country[M]. New York：Cambridge University Press，2015.

Country)中曾指出:"遗产溯源的是关于部族的金规铁律,每一段过往均为一种绝无仅有的、隐秘的所有物……在对于外围者保持神秘的状态里保有价值。"

这段话揭示了遗产真正的力量在于那些无形之物,我们在这段文字中读到以上关键词:隐秘、隐匿、保持神秘……这就将我们引向一个问题,如果无形之物的力量如此重要,那么仅仅保留遗产本体的"外壳"足够吗? 如果回答是否定的,那么如何调和两种遗产保护的断裂,形成完整的保护状态? 今日的国际保护语境下,如何将有形的与无形的遗产一同保留下来是个极为紧迫的问题,我们需要不仅仅在立法上,还需要基于社群的组织结构特点去探索一种更可持续的遗产保护实践,让人真正有拥有此物的感觉。

有形的遗产、无形的遗产其范畴和外延应当包含但不仅限于以下内容:

有形的遗产(tangible heritage):建筑遗产中以物质形态出现的实体部分,或称为物质文化遗产。

无形的遗产(intangible heritage):建筑遗产中以非物质形态出现的"活态"的"生活世界"(方言、传统工艺、民俗、地方信仰、节庆、仪式、戏剧、传说、口承文学……),或称为非物质文化遗产。

2015年联合国可持续发展目标中明确地指出:

To necessitate recognition of cultural rights-the right to 'sense of belonging' for all citizens as 'tangible' and 'intangible' heritage.(The United Nations Sustainable Development Goal,2015)

全体公民应当同时享有有形的遗产和无形的遗产这一"文化权利"。(联合国可持续发展目标,2015)

目前遗产保护中"有形""无形"之物的保护仍处于断裂。以妻笼宿为证。我们今天所见到的妻笼宿在古地图"中山道分间延绘图(宽政时期)藤原宗三氏模写"上可以找到,但是妻笼宿一直以来并非一处"存在感"很强的历史地区,其实不过是德川家康在1603年统一日本之后建立的无数个宿场中的一个而已。从文献记录看,天皇将女儿嫁给将军进行政治联姻,大名之妻从东京的夫家回到京都的娘家,一年两次必然要经过妻笼宿,迎送队伍有4万人,热闹的情形可以想象[①]。但是妻笼宿所有风光的历史也就仅限于此。明治维新后不久,宿场制度废止,妻笼宿陷入凋敝。这似乎是所有面临政治体制、文化转换问题的国家都会面对的问题,属于旧时代的聚落结构中的人如何在其旧时代的建筑遗存中继续生活,真正适应现代的节奏?

---

① 文久元年(1861年)皇女和宫下嫁将军家茂,4万人马的队伍经中山道前往江户,妻笼宿村为此向邻村借用了人工、灯具、器物等迎接这次前所未有的盛大通行。次年,参勤交代制度松动,大名之妻被允许归国探视,华丽的御女队伍再次浩浩荡荡通过中山道,宿泊需求因此激增。

　　就像是一切文化转换时期中我们都会观察到的那样，文学领域总是超前于其他领域，以其敏感性引领着人们思想的进步。妻笼宿地区的自省意识也首先开始于文学，信州地区诞生了一位对于日本文学史十分重要的现代作家——岛崎藤村，在《破戒》一书中，他这么写道："人人都可以成为太阳，如今最为紧要的是高高挂起心中的太阳，放弃追逐眼前的太阳。"①妻笼宿的山民也不甘于"沦落凋敝"，为了尽快告别旧时代，迈向新生活，成为"日本民主主义社会年轻人"，20多岁的年轻山民开始了一场自我学习，其方式是演出和欣赏日本的能剧，通过不断传唱自编的地方剧目来建立主体意识。20年后，该群体的年轻人成为更有号召力和组织能力的中年人，对日本戏剧的热爱开始转变为保护妻笼宿的动力，形成一系列重要的保护组织，诸如重要的非政府组织NGO"爱妻笼会"，这正是真正主导妻笼宿保护自下而上彻底"翻盘"的主要力量。

　　在这场保护运动已经沉淀了二十余年的今天，甚至可以断定，如果没有当地住民对岛崎藤村的文学、日本能剧等等无形遗产的热爱，没有随之建立的对自身的文化自信，那么后续需要投入大量人力物力财力的15年建筑实体保护本身实在是难以想象之事，更遑论影响日本国家层面的立法为风土建筑这一遗产类型的保护正名。

　　在有形之物被完整保护之后，又反过来带动了无形之物的传递。妻笼宿历时15年的保护运动完成后，2006年起，爱妻笼会每年元月4日，中山道沿线一起燃放狼烟，以此彰显中山道的连接之力，第五年时7个市町19处加入狼烟燃放。原每年11月23日举行的称为"文化文政风俗绘卷之行列"的盛大民俗活动闻名日本。名为藤原义则的2017年妻笼宿"文化文政风俗之绘卷"参与者讲述了这一民俗活动带来的对于文化的享有感："一天的行进结束后，傍晚，路面上点灯了，大家在寺庙传来的钟声里走上回家的路。"当遗产的体验包含了调动人所有感知的时候，这一种遗产体验是完整的，更重要的是，其中包含了可以使得遗产保护得以持续的关键力量，也就是遗产中的人将会一次次地需要体验走上那条"回家的路"而自发的保护这一构成"回家"氛围的建筑群。

　　1993年，冈特·尼契克在其人类学著作《从神道到安藤》中曾经记录过一个有趣的仪式，即每年6月在伊势神宫外的吉田（Miryoden）举行的移栽仪式："整个庆典开始于上宫区，先是要对两团秧苗和祭祀以及农民和渔民们进行净化。然后，这两团秧苗——代表着稻子的精灵——在一种庄严的过程中被运到神田里。行动的焦点是那根竹竿子，它先是被慢慢地降下来，然后，抛向满是水的大田，扎到稀泥里。一

----

① 　岛崎藤村之父大名家臣马笼宿旧本阵故居忠宽书院曾经于1894年发生大火，岛崎藤村回到忠宽书院目睹幕府遗存消失殆尽写下《破戒》。岛崎藤村作品《黎明前》（夜明け前）中有大量关于妻笼宿幕府末期生活场景、马笼本阵祖父母隐居所内童年生活的描述。1952年，马笼本阵的藤村宅迹上建立了藤村纪念馆。

群赤裸着的渔民——这项仪式的参与者既有种稻子的农民，也有附近村子里的渔民——开始在地里挣抢竹竿子，直接地体味一下生养自己的土地的味道。能够获得竿子一截的那位渔民，将把竹竿子骄傲地固定在自己的船中央，作为"船灵"，来保佑来年的捕鱼丰收。这项庆典结束的时候，真实的移栽仪式由一排排穿着节日盛装的女子完成，她们将秧苗插到田里。这时，一段古代的田野音乐奏起，在这些插秧者的前进的过程中，前面有人拉着一个像船一样的木头容器，里面坐着一个小男孩……"①

冈特·尼契克指出的是，当仪式融合了触觉、视觉、听觉等等与身体相关的奇异的体验，这一仪式绵延千百年，崇拜指向的对象虽是朦胧的，这种仪式的清晰性与崇拜对象的朦胧性之间的反差具有深刻的身体性价值。首先，"式年迁宫"中关于"移栽"的仪式显然是属于如德·布罗塞所定义的"拜物教"——一个"朦胧"状态的植物崇拜，但是其仪式过程十分"清晰"。在这里，仪式勾连的是秧苗这个崇拜对象，仪式越清晰，对崇拜过程形成的感受越朦胧。仪式里充满着各种感官体验，空地矗立着的鸟居，农民赤裸身体扎稀泥体会着泥土的味道，妇女着盛装排队插秧，或是古代音乐响起，男孩坐在船头……视觉，触觉，味觉，听觉的调动贯穿着仪式的过程，虽然尼契克显然是作为观察者这一客体并未参与到仪式中，但是他描绘的是仪式执行者这一主体心理感受到的含混与复杂。这些感受既交织着对遥远过去的神灵的敬畏也包含着对当下所处建筑空间的神圣性的深刻认知。这个仪式之所以蔓延几个世纪却依然活着并且保持原始的方式，原因就在于它尽管单纯，但已满足了自然神灵与人类的交流，这项交流包含着视觉，触觉，味觉的身体感知的全面调动，因而仪式并不需要外力，比如一个制度或是一个法律来刻意维持它的存续，它以与身体体验的紧密相关性消除了人与自然神灵的隔阂。

亚里士多德说："在一个永恒的世界上，宗教会一再不断地出现和消失。"今日，宗教情绪依然是构成人类行为的基本要素。严格说来，大多数人并不能从宗教行为中被解放出来，也不能从神学和神话②中被解放出来。即便是那些已经感到并且宣称自己是非宗教徒的现代人仍旧保留着许多经过伪装的神话以及退化了的神圣仪式，新年、男婚女嫁或者乔迁之喜之类的节目虽然被世俗化，但仍然会显示出它们所

---

① Günter Nitschke. From Shinto to Ando：Studies in Architectural Anthropology in Japan[M]. London：Academy Editions · Ernst & Sohn，1993.

② 实际上，只要神话在诉说，它们就是真正的思考。与童话一样一开始就充满着知识，因此它们具有真正的历史深度。人类的精神史并不是解脱神话的过程，不是用理性去消解神话的过程。理性本身只是一种历史的可能性和机会。它既不能理解自己，又不能理解神话的现实性，反倒受神话的包围并永远处于神话的支配之中。神话并不是历史现实的面具，仿佛它能从事物中得出理性，从而使自身成为历史的理性。反之，它倒是揭示了历史的本质力量。参见[英]詹.乔.弗雷泽.金枝[M].汪培基，徐育新，张泽石，译.北京：中国民间文艺出版社，1987.

具有的一种万象更新的仪式结构,这仍然是一种隐藏的宗教行为,与尼契克所考察的日本古神道教仪式的宗教本质并无不同。

摒除纷繁复杂的仪式表象,以及伴随而来的形形色色的仪式空间,不论是在西方还是东方,古代抑或现代,身处神圣的仪式之中或是彷徨在世俗的生活里,孜孜追求"被建造"的居所的人们,其实均是被永恒复归的神话所陶醉的人。人们希望通过一个活着的仪式,一个与之宗教情绪相契合的空间,表达对达成一种如同海德格尔所说的"天地神人"四相合一的状态的渴望。它指向的是"诗意的栖居",也更是一种"神性的栖居"。

从冈特·尼契克描写的动人仪式场景中回到第一个范畴本身,"有形的""无形的"遗产的整体化结合也被证明是基础性的,其原因在于,只有一个细腻得关注到身体感知的仪式,它才是一个活的仪式。那么承载着有关"生活世界"具体感知的场景及其建筑,也必然是活着的建筑,它本身就会被那些无法断绝精神滋养的人感到真正需要并自觉地保护。

这也就是为何在遗产保护中,需更为广义地看待如何让人真正有拥有此物的感觉。一种真正出于人的角度出发的保护将真正顺应普遍人性的需求、重视人道关怀和照料、满足人类精神文化需要。这也是遗产中"有形的""无形的"两部分的完整结合将会显得越来越不可忽视的原因所在。

### 范畴二:社寺的、民家的

回顾妻笼宿和今井町的保护,太田博太郎是一位无法回避的主导人物。作为对日本建筑史的研究产生了巨大影响的人物之一,太田博太郎在遗产保护领域也产生了非常重要的影响。太田博太郎的结构性贡献主要为以下几个方面:一是将民家修复的具体标准提高至与经典的社寺修复等同;二是提出科学的民家研究方式"民家编年法"。这两点形成的实质效果是将社寺与民家之间的研究和保护进行了联结和整合。

1970 年左右,太田博太郎与大河直躬等人在《民家的调查研究方法》一书中将长期的积累化为一套民家研究的科学研究范式称为"民家编年法",概括起来即:迁移考古学中的土器编年,比较制作、材料、样式,以及出土地层为基准进行推定新旧的工作,将历史、地域相近的建筑看作一种"地层"进行判定研究,以此获得复原的依据。[①] 并提出对民家复原执行等同于社寺"文物修复"的标准;保护民家聚落的必要性(以妻笼宿为示范),保护应当由"点"及"面"逐渐覆盖整个聚落全域,获得民家保

---

① 太田博太郎,大河直躬,吉田靖,等.民家のみかた調べかた[M].东京:第一法规出版社,1970.

护方法的实施概要①。

那么，回顾太田博太郎等学者研究带来的问题是：日本学者为何要将民家修复的标准等同于文保体系中的经典社寺？

在日语语境下，社寺(Shaji)指的是神社、寺庙等经典遗产保护对象，对等于中国建筑史中"官式建筑"范畴(Polite Architecture，High-style Architecture)，民家(Minka)指的是庶民建造的房屋，涵盖着建筑遗产中除去经典社寺等保护对象外更大范围的风土民居，对等于中国建筑史中"风土建筑"的范畴(Vernacular Architecture，None-Pedigreed Architecture)。

在日本的经典保护语境里，对社寺的保护很早就开始，在1868年明治维新约30年后，1897年产生了第一部文化遗产保护法《古社寺保存法》，但是对民家的保护到1975年才真正进入国家层面的认可。这一经过了将近80年才完成的"进步"，多半是依靠日本的学者呼吁和各地方住民的"造町"运动刺激下形成的变化。日本学者则在国家层面的保护措施之前，就已经建立并使用了严密、科学的民家研究体系。在太田博太郎对妻笼宿的价值认定中，曾提出妻笼宿作为印证历史的实存性文献，与社寺同等重要。与价值认定相一致的是在随后具体的保护实践中，太田先生主张把文献和考古挖掘作为修复妻笼宿的主要方式。一方面使用幕府末期的《宿绘图》所显示的每间房屋的开间进深，据此恢复街道的尺度。另一方面进行建筑的解体挖掘，结合对整个地区宿场建筑类型谱系的研究，来互证江户时期宿场建筑古老平面的存在，并且据此加以复原。这种修复方式即使用"解体调查＋民家编年法"（将历史、地域相近的建筑看作一种"地层"进行判定研究，比较制作、材料、样式，以及出土地层为基准进行推定新旧的工作）。复原一栋普通的民家建筑耗时耗力，是否真的有此必要？民家与社寺的修复标准等同的必要性究竟在哪里？在太田博太郎等日本建筑史学家看来，日本"社寺""民家"或者说"官式建筑""风土建筑"研究之间呈现互相交流的状态，两者其实并没有真正清晰的边界，社寺与民家对于一个力图缔造"文化主体性"的国家而言将同等珍贵和重要，那么其保护也不该二元对立，因此，文保标准修复的迁移也跨越了这一边界，使得社寺与民家之间真正实现了研究与保护的同一。

**范畴三：真实的、造替的**

弗朗索瓦丝·萧伊在《建筑遗产的寓意》②一书中涉及日本的遗产处置方式一处

---

① 太田博太郎在1969年日本建築学会，建築雑誌Vol.50，特辑"民家谱系与保存计划"指出：①建筑复原、修缮＝民家重要建筑物应当执行与日本文物保护相同标准的方式进行解体复原和修缮；其他建筑物按照保证"外观"的原则（范围为建筑物全部正立面以及建筑进深至1间为止）进行复原和修缮。②建筑外观的型制＝新建、改建时，必须遵守当地传统建造对材料、意匠等方面的型制规定。③地景复原与维护＝建筑物以外的公共空间需被看作地景，区别于建筑物进行复原与维护。
② ［法］弗朗索瓦丝·萧依.建筑遗产的寓意[M].寇庆明，译.北京：清华大学出版社，2013.

为"日本是一个坚持传统的国家,只以活的方式来对待古今艺术,对西方时间概念的吸收表现在对于世界历史的认识、对于博物馆概念的接受、以及作为对过去见证物的纪念性建筑的保护上",另一处是"历史纪念物的保护实践必须具备历史参照系,如果忽略日本人对于自然的情感、神道以及日本式的社会结构,那么越热情越会加大对其误解"。

简言之,日本人独特的保护实践关联独特的保护逻辑,其呈现的非线性的时间观念源于这一民族对自然的情感和古代神话结构,也就是作为农耕民族的日本人崇拜自然神,他们希望那些神圣的东西与大自然本身一样总是保持在新生的状态,这仿佛也因而成为造替的根本原因。造替借重复的更替式建造抵抗了自然时间的阻断,建构了向往保持新生状态的延续方式,在一定程度上的确跳出了西方概念真实性(authenticity)的框框。

究竟何谓真实性(authenticity)?我们可再略微回顾一下这一西方概念的由来,以此理解这一问题将会涉及的保护立场局限。19世纪中叶欧洲保护理论较具有代表性的几种立场为"反干预""干预""综合修复说""岁月的价值"等,而"反干预""干预"则如同一枚硬币的两面,一开始就体现为不可调和的激烈对立面。① 回顾真实性概念的关联性发展带来的问题是,如果真实性(authenticity)这一西方保护概念本身充满困惑,尚在于争论如果一座保护的建筑上叠印了一个关于事件或人物的重要的历史信息却掩盖了建筑原初的样子时该"修旧如旧"还是"修旧如故",即如何在建筑的完整性和历史的完整性之间恰当地选择?那么这个本身还争议不断的舶来概念如何适应其主要保护对象为不同于石造的木造体系国家,而这些国家也将包括我国在内?

19世纪70年代,西方保护理念被审慎地加以辨别后进入日本,也就是说,在对西方真实性概念的理解吸收过程中,日本保护理念基于自身特殊的建造体系,最终确定基于**人们的历史想象力依靠的是这些不多的脆弱木构**这一重要认识上,有选择

---

① 拉斯金的《建筑七灯》之第六篇章"记忆之灯"(lamp of memory)指出在历史建筑的价值呈现中"岁月的古色"(patina of age)是最重要和最真实的东西。1866年,维奥莱·勒-杜克在《法国建筑论辞典》(Dictionaire Raisonnéde l'Architecture Francaise)里指出:"修复这一术语及其修复这事本身是现代的产物。对于一座建筑的修复并不意味着去保存它、修补它或重建它,而是要将其重新复原到一种完整的状态(a condition of completeness),而这种状态有可能从未在过去任何已有的时刻存在过。"卡米洛·波依托(Camillo Boito)指出,一旦决定一座历史建筑干预性修复的必要部位和干预的可能程度,就应该把这个修复原则合法化,并且要在修复结果中呈现出来,即人们从修复完成的历史建筑上应该一眼就能在材质和色彩上辨别出非原真的修复痕迹,并还要对当时整个干预性修复活动的过程和状况有照片和文字的档案记录。阿洛瓦斯·里格尔(Alois Riegl)《纪念物的现代膜拜:特征与起源》(Modern Cult of Monument: Its Character and Origin)提出,那些开始只为当时的实用需要与理想方式而建、之后又拥有了更多精神意义的建筑。不管是意向的纪念物还是非意向的纪念物,它们都有可能随着历史的进程积淀新的价值,即一种事物演进的价值(evolutional value),也就是岁月的价值(age value)。

地应用西方的真实性概念。对于日本而言,木造物的特殊性注定了民家保护也出现原为社寺专有的"造替"式的延续思路,并在解体、修复、修理各个实践层面实施。而在这里,特别重要的一点是,日本的学者首先承认历史想象力与木造建筑之间存有矛盾。如果没有对这一矛盾的预先承认与深刻认识,就不太可能进行真正的"文化主体性"意义下的保护实践。

20 世纪 70 年代,西川幸治首先提出了相关观点,**没有木造建筑,就没有历史想象力,也就无法进行历史体验或者与历史对话,也就不可能以传统的方式与自然继续调和**。他在《都市的思想:保存修景之目标》[①]中如此写道:

为何在舶来文化洗礼之后,日本现在的设计缺乏与这种环境调和的感受?而奈良,京都的山与堂、塔构成的美丽天际线在日本不过是一角。因此地方建筑若不保护,全国的历史景观也会被破坏殆尽,那么也就再无余地给予日本人历史想象力的空间。这种历史想象力建立在对于过去遗构、历史纪念物的细心保存上,没有历史想象力,人们无法与过去对话,无法进行珍贵的历史体验。

西方的石文化与日本的木造文化有巨大的区别,木造建筑常常处于耐用极限,火灾、地震等威胁之下,保存上更困难也更值得注意。而人们的历史想象力依靠的就是这些不多的脆弱木构,在日本,古代寺院、民家、町家,均是木造文化体系之物,日本人正是以这种方式与自然环境调和。

正是基于日本学者这样的认识,京都在 20 世纪 70 年代发起"样式保护"[②],就是基于京都地区民家调查后获得的"样式"知识,为民家的"造替式"保护提供科学依据。妻笼宿地区历史上几次遭遇大火,留存下来的建筑物大多是明治初期之后建造,但形态依然保留着江户末期的风格。信州中山道上其他的宿场与妻笼宿一样也经历过多次火灾,整个地区在江户中期以前的住屋已难觅完整实物,只有数栋文化、文政时期的不完整残迹。其大量的复原和修复是基于历史、地域相近的宿场建筑看作一种"地层"进行判定研究,以此获得复原的依据,可以视为主动迁移了造替式的思路,也就是建立实质上的木造建筑的自殖系统,但是这一切只能在获得了关于民家"谱系""样式"的知识后实现,归功于太田博太郎等学者在 20 世纪 60 年代就示范了如何进行科学的民家研究。

一种看似摈弃"真实性"这一舶来概念,"活泛"的"他人做其嫁衣"的保护立场之

---

① 西川幸治.都市の思想:保存修景への指標[M].东京:日本放送出版協会,1973.
② 1972 年制定的京都市市街地景条例,内容主要是美观地区、大型建筑物管控地区,以及特别保全修景地区三项地区制度。通过对历史街区的调查提取分类,形成典型的传统町家外观分类,并形成外观保护采取的样式。在这些类型中进一步分类出按照建筑外墙封闭程度的大小即"全闭""半闭""全开"三种类型,这三种类型为其原有建筑改建为诸如住宅或者店铺时的样式选择。这种样式保存手法至少解决了两个问题:第一,适应当代不断更新的城市生活要求,第二,为木构建筑易于毁坏的现实问题提供实际对策。

后,是极其严格、科学的民家研究范式和与之相呼应的文保级别的风土建筑修复和保护设计,这是日本风土建筑的研究和存续方式何以变得独树一帜,享有国际文化话语权的重要原因①。

**范畴四:历史性的、历史中的**

伽达默尔在《诠释学:真理与方法》曾经这么定义"诠释学"的本质:

> 一旦文本开始构成意义,读者就会对整个文本做出自己的解读。后者,也就是意义产生的原因。仅仅是在读者在读文本的时候,就对某种意义有所期待。换句话说一旦开始接触局部,读者就会设想出包含这个局部的整体。那么读者为何不能抛开成见,而正确地理解存在呢?因为读者永远无法摆脱对于事物先入为主的概念。
>
> 诠释学首要反对的方法论即历史主义(historicism),即相信自己能够撇开"前见",可以完全摆脱自己的主观,自己对于事物的看法,受自己历史局限的观点,以进入另一个时间或空间的思维模式,可以完全进入另一种思想,这是历史化(historicizing)的目标,但实际上人们无法抛开先入之见。
>
> 人们所能做的,就是认识到自己确实存在于有意识地思考于自己特定的视界之中,自己在面对另一种视界,并且努力在联系两者,来认识另外一种视界。通过某种方式将现在与过去结合起来,这与那结合起来,这种方式被称为视界融合(horizon merger),即效果历史(effective history),换句话说,可以"为我们所用的历史",而不是被档案记录或将我们与过去分开的那种历史。历史主义有些不道德,因为它屈尊于历史,它认为过去只是一个信息仓库,忘记了我们会从过去性(pastness)和他性(otherness)中学到一些东西的可能性。②

伽达默尔在《真理与方法》里告诉我们的是,历史理解中无法抛弃"前见",通过诠释学的角度可以将现在与过去结合起来,形成所谓的"视界融合"。

海德格尔的《存在与时间》则指出这一抉择的困难所在,实际上也是伽达默尔得益于他的这位老师的部分并发展出诠释学的关键之处:

> 当我们要做解读时,当我们看到事物在离我们最近的时候,本身已经包含了解读的结构,并且是通过最原始的方式。很有意思的是很难想象看见某物而不解读它的可能性,近乎不可能,只知道它存在而不知道它是什么是非常难的

---

① 一个重要的事件是1994年的奈良会议和会议形成的《奈良真实性文件》。在这一文件中,一些学者提出了把真实性放到特定文化背景下去评价的文化相对主义观念。会议的承办国日本则用伊势神宫"式年迁宫"传统作为案例支撑了这一观点。《奈良真实性文件》被一些学者认为是文化遗产保护中后现代主义思想的表现。在他们看来,这意味着文化遗产保护从《威尼斯宪章》的现代主义思维进入了一个后现代主义思维的时代。参见吕舟.再谈文化遗产保护的真实性问题[J].世界遗产.2015(4).
② 汉斯-格奥尔格・伽达默尔.真理与方法[M].洪汉鼎,译.北京:商务印书馆.2010.

事情,我从一开始知道某物时就知道它是某物了,我们只能将某物看作某物,这就是解读。我们控制不住地去理解,我们总是已经理解了,这与对错无关,我们总是必要地理解,理解是一种禁锢。只面对事物而不去思考这是什么不是也很好吗,但这意味着对思维来说是一个极其艰难的时刻。

所以,我们总会是带有先入之见的解读者。文本如果放在历史的角度理解,那么这样的理解肯定不是绝对正确的。当我们从历史的角度看待过去,我们以为自己理解,也就是把自己放在历史的条件下,重新构建历史的视角。事实上,我们已经放弃了从过去寻找对于自己来说靠得住的,可以理解的事实。[①] 截然相立于伽达默尔的立场上,赫施则援引康德:

道德行为的基础是人应该以自己本身为目的,而不是他人的工具。这种命令可以转化为人的语言,因为语言是人在社会领域的延伸和表达,还因为如果一个人不能把一个人的语言和他的意图结合起来,我们就无法抓住他语言的灵魂,也就是传达意义。[②]

我们发现,赫施没有提到真相,重要的是"意义",在解读中完全没有"我"的成分,因此"我"能够准确地、客观地理解他人的意思,并通过解读的准确性向他人致敬,但后面却没有真相支撑,"我"并不关心他人说的是不是真实的,这是"我"哲学立场中牺牲的部分。

换言之,人应该以自己本身为目的,拒绝将历史理解本身工具化,但是历史是无法被彻底还原的,求真者反而不得真,恐怕在这场历史理解中唯一的真相是历史理解者精神的在场。因此"我"得到的是自身存在的"意义"。

伽德默尔探讨的则是"真相",因为先入之见不可避免,他愿意承认在解读中总是带有"我"的成分,但这些成分是好的。因为"我"毕竟是留心差异性的。

换言之,伽达默尔承认历史理解的真相是,进行历史理解的人自身就处在历史之中,是一个"历史中的人",也就是说我们需放弃历史性的立场,承认自己的理解不可避免带有"我的部分",并且相信这些部分应该是好的,具有效果的。

简而言之,"历史性的"(historic)指的是一个追求还原"历史真相"进行历史理解的人,得到的是赫施式的"意义",他因此成为一个"历史性"的人。"历史中的"(in history)指的是,例如在塔夫里曾质疑的"操作性批判"中,"柯布西耶们"将历史为自己所用,并未得到历史理解的"意义"。[③] 如同伽达默尔所意识到的,人们无法抛却前见,无法割离历史理解中"我"的部分,这反而正是历史的"真相"。这个"真相"就是

---

① 海德格尔.存在与时间[M].陈嘉映,王庆节,译.北京:生活·读书·新知三联书店,2014.
② Paul H Fry. Theory of Literature[M]. New Haven and London: Yale University Press, 2012.
③ 曼弗雷多·塔夫里.建筑学的理论和历史[M].郑时龄,译.北京:中国建筑工业出版社,2010.

我们都是"历史中"的人,一个人不可能既做希腊人又做英国人,既做唐代人又做清代人。这么看,伽达默尔式的历史理解反而是在求取对个人意义的时候获得了历史的"真相"。

对以上概念进行简括辨析之后,进一步地将引来关于保护立场的"诘问"。历史对象是已经过去的人和历史,但是,建筑遗产中有着活生生的"此地人",如何尊重"此地人"作为"历史中的"的人,如何尊重社群中的道德准则?

当我们带着这样的疑问再思考妻笼宿和今井町包含的问题,才可能讨论某种风土建筑延续定式是否具有普遍性?这样的保护立场将意味着作出何种样的牺牲,并且因为其指向的是哲学立场的不兼容故而牺牲无法避免?今日看,妻笼宿的保护是否"调和失败"?事实是,妻笼宿选择的"馆藏式保护"的确促进地域观光,但隔离现代生活的冻结状态必然使得本地年轻人大量流失。观光客大量涌入的同时,无法避免的是本地人口"过疏化"加剧。自保护完成后,妻笼宿留守居民每年召开反思会,每年的商议结果却丝毫未变,即继续坚持"不忘初心",对"不租""不售""不拆"的"三不"的《住民宪章》不做任何更改,继续整体和活态地保存江户时期的物质环境与住民生活。这些保护妻笼宿的"新"方针如下:

基于地域振兴的目标,需继续坚持保存优先的原则,即不忘初心;

遵守《妻笼宿守护住民宪章》与《妻笼宿保存条例》;

尊重地域个性,妻笼宿的自然与历史环境属于全体住民,继续整体和活态地保存物质环境与住民生活;

坚持住民、行政、学者三位一体的保护模式。

从更大的区域范围来说,需在以传统形式保存下来的木曾十一宿里的马笼宿、妻笼宿以及奈良井宿的街道中,赋予木曾谷再生的可能,以此挖掘这一区域的新价值所在。①

换言之,妻笼宿社群的选择是一个相当具有说服力的例子,而这也同样体现在今井町住民对于保护立场的反向抉择上。国际古迹遗址理事会 ICOMOS 第十二届全体大会于 1999 年 10 月在墨西哥通过的《风土建成遗产宪章》非常明确地指出:

风土建成遗产是重要的;它是一个社群的文化,以及与其所处地域关系的基本表现,同时也是世界文化多样性的表现。

---

① 2017 年 3 月期间笔者在进行妻笼宿住民访谈时,途径一户民宅,住户为一位 70 岁老年男性,仍然在坚持使用旧江户时期的传统火炉沏茶,当被询问是否感觉生活不便时,老人家如此作答:过去更值得珍视,故而生活的便利可以牺牲。另参见南木曽町.木曽妻籠宿保存計画の再構築のために——妻籠宿見直し調査報告[R].長野:南木曽町,1989:9-22.今津芳清,加藤亜紀子,小宮三辰,林金之.木曽路を行く[J].建築と社会,2007,1020(03):44-49.

风土建成遗产的保护必须在认识变化和发展的必然性和认识尊重社群已建立的文化身份的必要性时,由多学科的专门知识来实行。

为了与可接受的生活水平相协调而适应化和再利用乡土建成物时,应该尊重其结构、特色和形式的完整性。在乡土形式不间断地连续使用的地方,存在于社群中的道德准则可以作为干预的手段。

随着时间流逝而发生的一些变化,应作为风土建筑的重要方面得到人们的欣赏和理解。风土建成物干预工作的目标,并不是把一幢建筑的所有部分修复得像同一时期的产物。[①]

作为对这一宪章的补充及更新,2017年12月在印度德里召开的国际古迹遗址理事会第十九届全体大会通过了《木质建成遗产保护准则》再次强调社群对于这一遗产类型延续和发展的重要性:"认识到木质建成遗产保护中社群参与的相关性,保护与社会、环境变化的关系,及其对可持续发展的作用。"[②]

经过四对范畴的讨论,到这里,关于总体性问题的答案似乎逐渐浮现,它将再次重申"准确阐释和表达遗产具有重要意义",在这种美学上,准确与否的仲裁者已经并非全在于学者,确实应当是"此地人"。[③]

在以上基础上,下一章将进一步聚焦广州恩宁路历史街区的改造案例,综合分析和反思业内历史环境保护与发展理念成熟度,并为恩宁路后续二期改造的适度介入和保护性干预给出初步的参考意见。我们将首先对恩宁路历史沿革、保护规划编制历程,永庆坊社区微改造等方面进行回顾和梳理。在此基础上对照一期改造与保护规划文本指出一期改造的不足,分析得出保护规划中显示的恩宁路后续二期改造

---

① "The built vernacular heritage is important; it is the fundamental expression of the culture of a community, of its relationship with its territory and, at the same time, the expression of the world's cultural diversity. The conservation of the built vernacular heritage must be carried out by multidisciplinary expertise while recognising the inevitability of change and development, and the need to respect the community's established cultural identity. Adaptation and reuse of vernacular structures should be carried out in a manner which will respect the integrity of the structure, its character and form while being compatible with acceptable standards of living. Where there is no break in the continuous utilisation of vernacular forms, a code of ethics within the community can serve as a tool of intervention. Changes over time should be appreciated and understood as important aspects of vernacular architecture. Conformity of all parts of a building to a single period, will not normally be the goal of work on vernacular structures." 参见 ICOMOS. Charter on the Built Vernacular Heritage (1999) Ratified by the ICOMOS 12th General Assembly [C]. Mexico, 1999.

② 参见 ICOMOS Principles for the Conservation of Wooden Built Heritage, 2017, 原文为 "Recognize the relevance of community participation in protection of the wooden heritage, its relation with social and environmental transformations, and its role in sustainable development."

③ 在国际古迹遗址保护协会(ICOMOS)2005年的《首尔宣言》中提及,亚洲历史城镇的旅游业管理中"准确阐释和表达遗产具有重要意义"。

难点。随后进一步结合《瓦莱塔原则》及理论关联域中涉及风土建筑群的处置方式和立场,指出已有理论成果对于恩宁路二期改造的启示。最终使用本节的"历史性的"与"历史中的"理论角度对如何看待恩宁路历史街区延续与保护问题进行初步的剖析和思考,指出我国具有协调保护与发展之间矛盾的权宜方式,顺应和激发当地社群中的道德准则是一项真正能够实现风土建筑遗产持续性干预的保护方式。

# 第五章 西方现代风土建筑理论的
## 在地思考与实践

## 第一节 中西风土建筑异同比较的当代意义

在当下的语境里,需从三个方面对中国风土建筑的基础研究进行讨论,把握中西风土建筑异同比较的当代意义。第一,解析风土建筑需作中外语境对比,既要与国际同领域对话,了解西方"vernacular"的概念及其现代演绎,又要延承本土传统价值观和精华,思考中国语境中的风土语义及其现代引申;第二,探讨地域风土建筑之于"环境-文化"的因应特征,将之看作体现传统建筑基质的至关要素;第三,提出以方言和语族为参照进行风土建筑区划,从而系统把握其地域谱系的思路。以上三点的讨论,也是在探索风土建筑的存续与再生途径,并将之纳入"全球在地"(glocalization)的建筑本土化语境。[①]

就 vernacular architecture 在中西语境下的细微辨析,常青先生从把握风土所蕴含的"地方的质感"阐明了中西语境中都共同重视的文化(风)—环境(土)的双重性(doubleness):

> 设计要获得地方的质感,先得嗅出人文和土地的味道,西方称之为场所精神(genius loci),中国传统文化里叫作"风土",这两个字分别隐喻了一个地方的文化的和土地的特质,因此"风土"蕴含着地方质感,与英文"vernacular"很接近,可表达风俗和土地的质感及韵味。日本近代哲学家和辻哲郎著有《风土》一书,他对风土的定义是自然环境气候诸因素加上"景观",这里的"景观"应指审美角度的自然和人文两个方面,是风土所涵盖的词语。但是国内把英语 vernacular 多译为"乡土"而非"风土",差不多已约定俗成了。实际上,"乡土"一词是中国农耕社会故乡、家乡、老家和乡下的意思,至今中国社会还延续着这个传统的语义,而 vernacular 与中文"乡土"的语境存在差异,因为西方并不存在以宗法制为

---

[①] 常青.风土观与建筑本土化:风土建筑谱系研究纲要[J].时代建筑,2013(3):10-15.常青.从风土观看地方传统在城乡改造中的延承——风土建筑谱系研究纲领[M]//李翔宁.当代中国建筑读本.北京:中国建筑工业出版社,2017.

基础的传统乡民社会,其乡村也就不会有类似于中国"乡土"的概念内涵。所以对乡村社会而言,风土可包括乡土,而乡土却不能涵盖风土。而且从乡村发展的前景看,是要于走出农耕语境的乡土、留住文化记忆的乡愁,延续场所精神的风土,再造生态文明的田园。再说自近代以来,乡土并不包括城里的传统聚落,比如北京的胡同,西安、成都、苏州的巷子,上海的弄堂等属于风土范畴,用乡土表述就说不通了。[①]

就此观之,若能透彻理解现代语境下中西风土建筑共同所重的内涵,将有助于我们更好地把握和择取风土建成遗产在面对城市化进程中更为审慎而合理的存续之路。

# 第二节 中国的风土建筑研究

## 一、刘敦桢的民居研究及传承

在我国,对于风土建筑研究的兴趣发端于建筑史学者对传统古建筑的研究考察之中,是以建筑学的兴趣为内部导向形成的研究,以"民居研究"这一传统建筑的研究方向之一继承下来。中国营造学社在 1930 年代的成立某种程度上预示着中国学者对风土建筑研究的开端,抗日战争期间营造学社被迫南迁,经过武汉、长沙、昆明最终到达四川宜宾李庄,社员一路所见大量风土建筑遗存引发了学社内部对风土民居研究的兴趣。1940—1941 年,刘敦桢先生完成了《中国住宅概说》的写作,于1957 年出版,成为我国风土民居研究的重要著作。包括日本学者在内的中西方学者都曾对中国风土建筑进行过各类研究,关于中国风土建筑的研究积淀了丰富的理论成果。

中国营造学社成立后,在梁思成先生的引领下,以现代科学的方式开创了对于中国古典建筑的研究,获得了巨大的成就。

西方的建筑史研究传统中,一向是把古代埃及、古希腊、古罗马以及中世纪和近代欧洲的风雅建筑(high style)作为建筑史研究的主流,日本、中国均受此建筑观影响,对于风土建筑的研究被视作非主流的方向不被重视。在此影响下,对于中国传统风土建筑的研究的发展也处在一定的局限之中。在中国营造学社的研究范围中,对传统建筑的研究多侧重于宫殿、庙坛、陵寝等经典的大型建筑,一开始未真正把面广源深的风土建筑纳入研究重点之中。

---

① 常青.常青谈营造与造景[J].中国园林,2020,36(2):41-44.

　　早在 20 世纪 30 年代,中国建筑史学家龙庆忠教授结合当时考古发掘资料和对河南、陕西、山西等省的窑洞进行了考察调研,发表了《穴居杂考》一文,是中国营造学社最早出现的民居论著[①]。

　　在 40 年代,中国营造学社的有识之士对地方民居和风土聚落产生了浓厚的兴趣,并做了较为深入的研究[②]。刘敦桢先生在 1938—1941 年间与营造学社的社员一起对西南部云南、四川、西康等省、县进行了大量的古建筑、古民居调查,撰写发表了《西南古建筑调查概况》,这是我国古建筑研究中首次把民居建筑作为一种类型提出来。《中国住宅概说》于 1957 年完成,实际研究完成于 1940—1941 年这段时间,也就是在中国营造学社在历史避难时期形成。1941 年,刘致平先生在调查了四川各地传统建筑后,著写《四川住宅建筑》一文,由于抗日战争的原因,成果至 1990 年方得以发表[③]。20 世纪 30—40 年代是我国风土建筑研究的酝酿和萌芽阶段,老一辈建筑史学家为我国民居研究开拓了一个良好的开端。

　　50 年代初,我国酝酿全国范围内大建设的准备和起步阶段,国家重视对建筑人才的培养和聚集,同时开展对中国传统建筑的研究。在上海首先创立了我国首家最大的设计院华东建筑设计公司,并与南京工学院合办"中国建筑研究室",由刘敦桢先生主持,《中国住宅概说》一书便是在此时出版。作为我国第一本系统论述传统民居建筑的重要著作,是早期比较全面地从平面功能分类来论述各地传统民居的著作。该书受到国内外的欢迎和重视,被翻译成多国文字,掀起了对我国风土建筑研究的第一个热潮,对后续的民居研究产生深刻而广泛的影响。

　　中国学者中比较有代表性的研究可参见张仲一 1957 年发表的《徽州明代建筑》[④]。1964 年中国建筑科学研究院建筑历史所王其明经北京科学讨论会发表《浙江民居调查》,全面系统的归纳了浙江地区有代表性的平原、水乡和山区民居的类型、特征和在材料上、构造、空间、外形上等方面的处理手法和经验。

---

① 1930—1945 年间印行的《中国营造学社汇刊》集合了当时研究我国传统建筑的主要成果,在 7 卷 23 期 22 册约 5 600 页的书卷中,与民居相关的有《穴居杂考》《云南一颗印》,梁思成和林徽因《晋汾古建筑预查纪略》也包含山西民居内容。参见龙庆忠.穴居杂考[J].中国营造学社汇刊,1934.5(1).刘致平.云南一颗印[J].中国营造学社汇刊,1944,7(1).梁思成,林徽因.晋汾古建筑预查纪略[J].中国营造学社汇刊,1935.5(3)。

② 费慰梅(Wilma Fairbank)在 1994 年出版的《梁思成与林徽音:探寻中国建筑历史的伙伴》(Liang & Lin: Partners in Exploring China's Architectural Past)一书记录了从北京迁往昆明一路上,营造学社的社员在车马劳顿中,渐渐注意到沿途所见的风土建筑遗存,注意到中国住宅建筑的价值。关于营造学社内部研究兴趣"转变"的发生过程和特殊历史条件的考察,参见 Wilma Fairbank. Liang & Lin: Partners in Exploring China's Architectural Past[M]. Philadelphia: University of Pennsylvania Press,2008.

③ 刘致平《四川住宅建筑》完稿于 20 世纪 40 年代,1990 年作为《中国居住建筑简史》一书的附录出版。参见刘致平.中国居住建筑简史——城市、住宅、园林[M].北京:中国建筑工业出版社,1990.

④ 张仲一.徽州明代建筑[M].北京:建筑工程出版社,1957.

　　此时期的研究特点有二：一是广泛开展测绘调查研究。20世纪60年代前期，对民居调查范围遍布全国大部分省、市和少数民族地区。在汉族地区有：北京的四合院、黄土高原的窑洞、江浙地区的水乡民居、客家地区土楼、南方沿海民居、四川的山地民居等。少数民居地区有：云贵山区民居、新疆干旱炎热地区民居、内蒙古草原民居、青藏高原民居等。这些民居类型极为丰富、组合灵活、外形优美、手法丰富，内外空间设计在因应气候上有着极好的经验。从这一时期形成的研究结果看，主要是从建筑学本体研究的角度出发，将现存的风土民居作测绘实录，从技术、手法上加以归纳分析，重视平面布置和类型、材料做法、内外空间处理、形式特征与构成特点。决定风土民居形成的历史层系、文化观念、社会制度、气候地理，以及居俗信仰这些无形的"环境-文化"影响并未被作为重点考虑。

　　50年代起中国风土建筑研究的萌芽，在60年代的发展，显示了对于风土建筑研究的兴趣植根于风土建筑本身所具有的研究潜力。70年代后期国家恢复对中国传统建筑的研究，随着国门打开，国外业已步入成熟的学科体系下的民居研究者也能够进入中国进行实地研究，中西方研究者产生了大量成果。例如李乾朗《金门民居建筑》(1978)[1]，刘致平《中国居住建筑简史——城市、住宅、园林》(1990)[2]，龙炳颐《中国传统民居建筑》(1991)[3]，吴良镛《北京旧城与菊儿胡同》(1994)[4]，单德启《中国传统民居图说》(1998)[5]，阮仪三《江南古镇》(1998)[6]等，西方学者的研究可参见夏南希（Nancy Shatzman Steinhardt）的《中国传统建筑》(Chinese Traditional Architecture，1984)[7]，那仲良（Ronald G. Knapp）的《中国风土建筑：宅形与文化》(China's Vernacular Architecture：House Form and Culture，1989)[8]等，日本学者的研究可参见河村五朗《战线・民家》(戦線・民家，1943)[9]，浅川滋男《居住的民族建筑学》(住まいの民族建築学，1994)[10]，茂木计一郎，稻次敏郎，片山和俊《探索中国民居的空间》(中国民居の空間を探る，1996)[11]等。

① 李乾朗.金门民居建筑[M].台北：雄狮图书公司，1978.
② 刘致平.中国居住建筑简史——城市、住宅、园林[M].北京：中国建筑工业出版社，1990.
③ 龙炳颐.中国传统民居建筑[M].香港：香港区域市政局，1991.
④ 吴良镛.北京旧城与菊儿胡同[M].北京：中国建筑工业出版社，1994.
⑤ 单德启.中国传统民居图说[M].北京：清华大学出版社，1998.
⑥ 阮仪三.江南古镇[M].上海：上海画报出版社，1998.
⑦ Nancy Shatzman Steinhardt. Chinese Traditional Architecture[M]. China Institute in America：China House Gallery，1984.
⑧ Ronald G. Knapp. China's Vernacular Architecture：House Form and Culture[M]. Hawaii：University of Hawaii Press，1989.
⑨ 河村五朗.戦線・民家[M].東京：相模書房，1943.
⑩ 浅川滋男.住まいの民族建築学：江南漢族と華南少数民族の住居論[M].東京：建築思潮研究所，1994.
⑪ 茂木計一郎，稻次敏郎，片山和俊. 中国民居の空間を探る[M].東京：建築資料研究社，1996.

## 二、风土建筑研究的现代语境

进入 21 世纪,我国民居研究着重探索在理论上有前瞻性,在实践中又切实可行的研究方法和应用途径,西方现代风土建筑理论的积淀为民居研究建构了全新的现代语境,对于我国传统的民居研究而言,新的研究视野和学科方法也具有较高借鉴度与当下化的意义。

乡土建筑这一国内目前普遍使用的术语包含了中西方探讨同一类对象上语境差异的问题,这一差异本质上源于社会惯制的区别。我国宗法制度下的乡民社会传统聚落与西方城乡分离的社会格局有很大不同。"风土"及其相类似的"乡土"看似仅一字之差,却范畴不同。中文的"乡土"一词意味着研究对象出自乡村聚落,与邑居的城市聚落相对应,在我国的农耕时代,二者在民间建筑层面上难分彼此,邑居的城市聚落未必不含括非正统的建筑类别,而古代中国的城市社会结构实际上本就是乡村宗法基型的叠加和拓扑,就此理解,"乡土"用词上的窄化显示其并非西方 vernacular 一词的合适翻译。比照而言,使用"乡"意味着对应农耕聚居单位,使用"风"则侧重不囿于行政区划的城乡聚落整体的文化气息,故"风土"较之"乡土"含义更广[①],对城乡民间建筑这一广大对象而言,它的指涉并非泛化研究对象,而是更为关注与环境条件相适应、在地方传统风俗和技艺中生长出的建筑特质,这个词较为契合"vernacular"的核心概念,即并非强调社会形态造成的城乡差别。换言之,在中文语境中对"风土建筑"相关问题的研究,较为准确地对应于西方现代语境中对"vernacular architecture"的研究,"vernacular architecture"一词也就合乎时宜地指向了中文的"风土建筑"一词的理论建构基础。

同时,通过对中西语境下"vernacular architecture"与我国"民居"的研究历程比照可知,进入现代后,中西方学者均重视"环境-文化"的双重性作为新的理解切入点,以把握该研究对象的特质,这种研究视角及大量学术成果在现实层面其实也早就突破了以往以城乡行政区划来描述该建筑类型的不足,在这个阶段,以描述范围囊括城乡的民间建筑的恰当术语补充和更新来接续新时代条件下的研究,就此来看是十分必要和及时的。笔者认为,使用"风土"(vernacular)意味着借鉴新的研究视野和学科方法,以将中国传统民居研究(乡土建筑研究)整体转换到现代语境中,有益于我国研究领域的学理化、体系化、可持续化。

---

① 常青.从风土观看地方传统在城乡改造中的延承——风土建筑谱系研究纲领[M]//李翔宁.当代中国建筑读本.北京:中国建筑工业出版社,2017.

从宏观上看,官式建筑体系之首的皇家建筑虽唐宋至明清一脉相承,但由于国家管控的营造制度变迁及役匠来源改变等因素,会产生时代差异,因而会呈现出易于辨识的历时性。相对而言,各地域的民间风土建筑间存在很大差异,虽有民族间和民系间的交互影响,但同一地域的演变幅度却要小得多,因而呈现出较强的共时性。① 面临众多风土建筑生存危机和去留抉择的现状,直面挑战的第一步,是找到风土建筑认知和分类的有效途径。因而新时代的风土建筑研究者,提出了以民族、民系的语族—语支(方言)为背景的风土建筑谱系划分方法,尝试从"聚落形态""宅院类型""构架特征""装饰技艺"和"营造禁忌"等五方面,探究各谱系分类的基质特征和分布规律等。对江南建筑的赣、徽、吴等三个谱系作了基质对比,追溯"样式雷"家族的赣系匠作渊源等,以导向风土建筑谱系在传承中的标本保存和整体再生原则以及策略问题。②

### 三、民系方言区与风土建筑谱系的文化地理学语境

国内把文化地理学中的人地关系理论和地域空间理论运用到风土建筑进行综合性研究已经取得了一系列成果,其视角较为强调自然环境的决定因素。风土建筑具有"环境-文化"的双重属性,特别是在汉族的风土建筑中,能够明显地发现文化习俗的深厚影响,这种现象甚至比在少数民族地区更为突出。对于建筑学研究者来说,不管是出于历史、设计还是保护的角度,汇合文化地理学的视角是非常必要的现代学科综合方法,有助于今天的研究者把握风土建筑的区域性问题,不断理解风土建筑作为超越行政区划的文化与地域关系的总和。反过来,对于文化地理学而言,作为人文地理学的分支,文化地理学的基础从文化的角度出发,分析各个地方或区域,是研究文化现象与地理环境相互关系的学科,③那么汇合建筑学的专业视角,进行综合交叉的研究,对于自身而言也意味着正不断开启了新的问题域获得活力。

半个多世纪以来,国内建筑史领域对民居的研究成就斐然,形成了传统建筑研究的分支领域。研究多以行政区划,或以某个地区、某一民族为单位,在一定程度上存在着分类学上的局限。④ 21 世纪以来,学界对传统民居的人文地理背景和建筑形

① 常青.我国风土建筑的谱系构成及传承前景概观——基于体系化的标本保存与整体再生目标[J].建筑学报,2016(10):1-9.
② 同上。
③ 周尚意,戴俊骋.文化地理学概念、理论的逻辑关系之分析——以"学科树"分析近年中国大陆文化地理学进展[J].地理学报,2014,69(10):1521-1532.
④ 常青.我国风土建筑的谱系构成及传承前景概观——基于体系化的标本保存与整体再生目标[J].建筑学报,2016(10):1-9.

态分布区系已有一些学术探讨①，有过以传统建筑结构类型为主线的地域区划专题研究②。近年来，常青先生提出了以方言和语族—语支为参照，对各地风土建筑做出以"语缘"为纽带的谱系研究构想，即对其相对独特的地域匠作特征、体系及其传承关系进行分类和分布的梳理和归类③。作为历史上维系民族和民系的纽带，"语缘"的作用一般而言仅次于血缘，是地缘文化认同的重要根基④。若以"语缘"为背景，似有可能在总体上厘清我国汉族和少数民族风土建筑谱系的分类和分布规律，从本质上把握建筑本土化的风土源泉。

我国共有 55 个少数民族，地理分布复杂，但主要可分为大西南地区汉藏语系——由 17 个民族构成的藏缅语族、9 个民族构成的壮侗语族和 3 个民族构成的苗瑶语族，西北和东北阿尔泰语系——由 7 个民族构成的突厥语族、6 个民族构成的蒙古语族和 5 个民族构成的通古斯语族等。参照这些语族划分，也可尝试分出相应的藏缅、壮侗、苗瑶、蒙古、突厥、通古斯等 6 大语族风土区系。根据语言学家的分类方法，汉藏语系的汉语族可分为东北、华北、西北、江淮和西南等 5 大官话方言区，以及南方的徽、吴、湘、赣、客家、闽、粤等 7 大非官话方言区。以此为参照，分别可做出相应的北方和南方汉族风土区系划分：北方的东北、冀胶、京畿、中原、晋、河西等 6 大区系；跨越南北的江淮和西南等两大区系；南方的徽、吴、湘赣、闽粤等 4 大区系。⑤

该研究思路结合了文化地理学的视野和方法，对于把握地域建筑的环境因应特征有着分类学上的意义，属于建筑本土化基础研究范畴。研究以谱系分类为基础，案例研究为抓手，在两个目标指向上推进研究：其一，特定传承对象—风土建筑标本的选择、认定和保存方法；其二，大量性风土建筑基质的传承方式。其关键点是筛选

---

① 王文卿，陈烨. 中国传统民居构筑形态的自然区划[J]. 建筑学报，1992(4)：12 - 16.王文卿，陈烨. 中国传统民居的人文背景区划探讨[J]. 建筑学报，1994(7)：42 - 47.余英.中国东南系建筑区系类型研究[M].北京：中国建筑工业出版社，2001：18 - 22.

② 朱光亚. 中国古代建筑区划与谱系研究初探[C]//路元鼎，潘安.中国传统民居营造与技术. 广州：华南理工大学出版社，2002：5 - 9.朱光亚. 中国古代木结构谱系再研究[C]//第四届中国建筑史学国际研讨会论文集.上海：同济大学，2007：385 - 390.

③ 常青. 从风土观看地方传统在城乡改造中的延承——风土建筑谱系研究纲领//历史建筑保护工程学——同济城乡建筑遗产学科领域研究与教育探索.上海：同济大学出版社，2014：102 - 110.

④ 语言是人类历史最大的谜之一，美国的认识人类学重视文化的内在记述，致力于对对象社会母语的含义进行分析，认识人类学受到语言决定论(Linguistic Determinism)的影响认为，语言是认识民族体系的关键，语言不同，认识世界的方式也不同。提出人的思维由语言决定，"语言决定认识"，Sapir-Whorf Hypothesis 甚至认为"不存在真正的翻译，除非抛弃自己的思维方式，习得目的语本族的思维模式"。参见 Goodenough. W. H. Cultural Anthropology and Linguistics, Monograph Series in Languages and Linguistics (ed., P. L. Garvin)[M]. Georgetown University，1957.

⑤ 常青. 从风土观看地方传统在城乡改造中的延承——风土建筑谱系研究纲领//历史建筑保护工程学——同济城乡建筑遗产学科领域研究与教育探索.上海：同济大学出版社，2014：102 - 110.

和提炼传统风土技艺优良基因,激活和复兴建造及使用习俗中适宜于文化传承的精华要素等。以"语缘"的风土区系为背景,对北方中原和西南的官话区、晋语方言区、江南的赣语、徽语和吴语方言区,华南的闽语、粤语和客家语方言区,以及少数民族的藏缅语族区、突厥语族区、苗瑶语族区和壮侗语族区,进行风土建筑地域谱系的考察与研究。[①]

# 第三节　中国风土建筑存续的当代实验

中国风土建筑的当代实验是在种种历史建成环境的"古色"正在被"刮除"的威胁之中展开的,如何应对种种不利条件,把握住风土建筑的重要特质并处理好发展与保护的复杂关系?广州恩宁路的延续和保护过程值得思考。

## 一、风土建筑保护与延续的当下现实

自建城两千多年来城址从未经历变迁的广州,见证了南越、南汉、南明三朝,拥有历代古城遗址、丰富的建筑遗产,以及独特的岭南风土建筑氛围,种种"利好"构成了这座古城重要的地域身份。而与许多经历摧枯拉朽般现代建设的古城一样,广州的"古色"受到越来越严重的威胁和挑战,见缝插针式的"利用""改造"使历史建筑聚落的肌理和脉络日益碎片化,加以自然环境不断变迁和恶化,曾经云山珠水环绕下的历史城区已山水难见。在市场为导向的汹涌资本裹挟下,大量具有文物价值的建筑自身与周边文脉均被侵蚀[②],历史城区内大量传统建筑的保护修缮、公共基础设施的完善、居民居住条件的改善、传统文化的振兴等课题举步维艰。更为触目惊心的是,曾经弥漫于城乡风土聚落中的"活遗产"——传统节庆和生活习俗正在逐步被淡忘;民居中的雕刻、彩绣等传统工艺也在追逐经济效益的今天变得后继乏人;而作为岭南戏剧标志的粤剧,其影响力也在逐渐淡化。在广州市域的范畴下看,渐渐浮现的传统古村民居的空心化、历史街区的"士绅化"(gentrification)倾向,加快了传统文化消亡和本土特色淡化的趋势,若不遏制逐利的资本扩张对于历史街区的吞噬,成为又一部"无史之境"也并非遥不可及。

从广州城镇历史发展上的几个关键拐点来看,恩宁路地块自身历史沿革和现代遗产保护语境下的存废之争是广州这一历史城市面对经济发展引发的"文化不适"症候的一个缩影。隋唐时期,广州的西部地区为中外商贾聚居之地,南汉王修建的

---

① 常青.探索我国风土建筑的地域谱系及保护与再生之路[J].南方建筑,2014(5):4-6.
② 冯江,汪田.两起公共事件的平行观察——北京梁林故居与广州金陵台民国建筑被拆始末[J].新建筑,2014(3):4-7.

昌华苑地区遍植荔枝树,该区故得名荔湾。随着珠江日益收窄,城镇向西南扩展,对
外贸易中心转移到城外的西关。由明一代,沿西壕及下西关涌交通方便之处建立
十八甫,商业街圩始成(恩宁路为第十一甫)。至清代,西关日趋繁荣,人口日增,
大片农田被开发为最初的住宅区,西关大屋及竹筒屋的聚落布局日渐成型,此时
荔枝湾地区仍保持水乡特色。1931年广州修建新式马路,出现了将西方古典建筑
中的券廊等形式与岭南的气候特点相结合演变成的"骑楼"建筑类型,"骑楼"下的
步行道长廊,可以避雨、防晒、遮阴,又可以方便店家敞开门面广招顾客,这一舶来
建筑类型在本地建制的应变之下,极好适应了广州炎热多雨的气候特点(图5.1—
图5.3)。

图5.1　恩宁路历史街区的位置和广州建筑风貌评价图　来源:笔者改绘,底图为2012年编制的《广
　　　州市历史文化名城保护规划》中的广州建筑风貌评价图

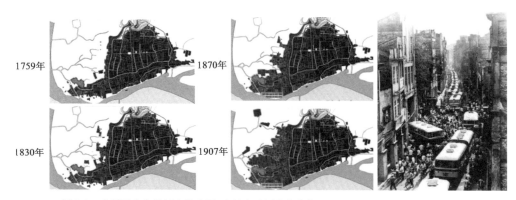

图 5.2　广州城市布局历史信息图：为恩宁路历史文化街区
来源：2018 年编制的《恩宁路历史文化街区保护利用规划》

图 5.3　20 世纪 60 年代的恩宁路　来源：2018 年编制的《恩宁路历史文化街区保护利用规划》

　　因恩宁路两端分别为恩洲村、宁溪村，因而此地协商以恩宁作名，如今的西关旧城肌理多为该时期实存。1966 年，恩宁路曾因为纪念向秀丽而将其改名为秀丽一路，至 1981 年复名恩宁路。1992 年，荔湾涌水道被全部覆盖为马路，荔湾涌成为历史。今日的恩宁路历史街区传统肌理尚存，以高密度、并联式为特征的传统竹筒屋、骑楼依然普遍存在，尽管这一历史格局中的建筑实存多为民国时期建造，但其有形的肌理形态和无形的文化惯制则是在长时段的每一个"此地人"生命痕迹的叠加下形成，包含着"此地人"在文化适应和地理制约下的秉性和智慧，包含着关于"此地人""从哪里来，往哪里去"的所有珍贵记忆，以及对现实问题的答案。

　　相对于拥有保护身份登录在案的单体保护建筑，成片的恩宁路风土建筑遗存在 2014 年之前并无保护"身份"认定，故也无保护制度护航，在这一保护历史自身发展的局限下，最先出现的关键词"恩宁路连片危破房改造项目"中，作为 2006 年广州"中调"城市战略的首个旧城改造项目，其决策必然与保护无关。在之后的十余年来，涉及恩宁路的旧城改造断断续续，关于历史街区存废之争逐渐激烈。从 2006 年这一标志性的年份开始，恩宁路历史街区犹如在书写一部保护历程的"奥德赛"，其逐渐纳入保护规划体系的历程尤为艰难。恩宁路历史街区规划编制的过程如下。

**1. 2006 年：恩宁路地块广州市危改房试点改革方案**

　　2005 年，广州市政府提出政府主导，以危破房改造推进旧城改造的原则，2006 年又提出"中调"战略，城市发展策略从"增量"发展转为"存量"再开发。2006 年 5 月市政府提出启动恩宁路地块危破房改造，并编制恩宁路地块广州危破房试点改革方案,2006 年 11 月"恩宁路连片危破房改造项目"正式启动,提出以控规为依据将规划范围内的建筑"全部拆除",再进行"原地回迁式改造",地块内的功能主要以居住为主,希望将恩宁路打造成上海新天地那样的时尚休闲地,这一方案曾遭受当地居民的联名反对,但是恩宁路部分地区已经在此轮改造中被拆除。

### 2. 2007 年:恩宁路地段旧城改造规划

1999 年,广州市曾明确禁止开发商介入旧城改造,摒弃房地产推动型模式。2007 年 3 月,恩宁路成为重新引进开发商进行旧城改造的试点项目,同年 9 月《恩宁路地段旧城改造规划完成》,发布拆迁公告。该规划提出拆除部分恩宁路建筑,发展休闲旅游、文化娱乐、创意产业功能,仍然以居住功能为主。2008 年 4 月,《历史建筑保护与利用规划》完成,增加了保留历史建筑,当地居民则在同年发起维权运动,上书全国人大直指恩宁路拆迁违反《物权法》。这一举措使当地的规划决策由原本的"封闭决策"改为"被动公众参与"。同年 11 月,恩宁路改造规划区内正式开始拆迁。恩宁路项目涉及拆迁户 1 950 户,动迁面积 14.14 万平方米,到 2012 年完成拆迁。[①]

### 3. 2009—2011 年:恩宁路旧城更新规划

2009 年 12 月,恩宁路更新规划编制完毕,同月,新闻媒体报道恩宁路旧城更新未有规划先拆迁。2010 年 1 月,广东省省长宣布该年为"大拆大建"年,同月,183 户恩宁路居民联合签署建议书反对规划方案,提出立即停止拆迁行动。2010 年 2 月,为迎接 2010 年亚运会,针对"旧城镇、旧厂房、旧村镇"改造工作的广州市"三旧"改造办公室成立,荔枝湾涌揭盖复涌,沿岸历史建筑如陈廉伯公馆、陈廉仲公馆、文塔、龙津仓等历史建筑被修复[②]。2011 年 6 月,《恩宁路旧城更新规划》经广州市城市规划委员会审批通过,11 月,《恩宁路旧城改造更新地块控制性详细规划导则更改》获批,提出街区整治和修复"整旧如旧,新旧建筑风貌相融""保留原有街巷肌理"等原则。按照"政府主导、企业承办、居民参与"的思路,依然由开发商负责投资和运营,实施修复改造工程的方案设计、房屋修缮、立面整饰、街巷整理、引入新的产业等工作。

### 4. 2012—2016 年:广州市历史文化名城保护规划

2012 年《广州市历史文化名城保护规划》草案公示,78 个居民向规划局递交《关于将恩宁路以北地区纳入历史文化街区保育的建议》,此轮公众参与对政府决策产生了实质性影响,2014 年《广州历史文化名城保护规划》编制完成,恩宁路地块被划入广州历史文化名城在市域范围内的 26 片历史文化街区之一。2012 年,粤剧艺术博物馆选址于恩宁路以北地块。2013 年 8 月,粤剧艺术博物馆地块建筑总体限高维

---

① 刘垚,田银生,周可斌.从一元决策到多元参与——广州恩宁路旧城更新案例研究[J].城市规划,2015(8):101-111.

② 冯江,杨颖,张振华.广州历史建筑改造远观近察[J].新建筑,2011(2):23-29.

持 15 米不变,主体阁楼局部的高度被放宽至 30 米。2016 年 1 月粤剧艺术博物馆落成揭牌。2016 年 10 月恩宁路永庆坊社区微改造由万科集团建设完成。

关于恩宁路历史街区的存废之问,在经历了危改房试点改革、异地安置、亚运前拆迁、荔枝湾河涌掀盖复涌、旧城更新规划、控制性详细规划更改、粤剧博物馆建设、广州市历史文化名城保护规划、选入历史文化街区、永庆坊社区微改造等等一系列"事件"之后,迷雾缭绕的事态逐渐明朗化,保护恩宁路历史街区,在此基础上延续和再生已经是不容置疑的理性抉择。至今,恩宁路以北片区因建筑的大片拆除,原有肌理在客观上已被破坏,恩宁路南部肌理保存依然较为完好,住民的生活还未被侵扰,在被纳入看似安全的保护名录之后,静待下一步举措。

## 二、风土建筑保护与延续中的若干难点

2019 年 1 月《恩宁路历史文化街区保护利用规划》(下文简称"保护规划")获广州市政府批准,实际上恩宁路一期改造先于保护规划的编制已经建成了,保护规划的出台与一期改造结果进行对照,显示出保护实践中依靠制度管控变化的重要性,同时也显示出恩宁路历史街区作为一个风土建筑保护与延续的当代案例,具有代表性地给出了延续与保护问题中的难点,这份文件为恩宁路后续二期改造的审慎介入和保护性干预给出了有益启示。

保护规划第十三条"历史文化街区整体保护结构"指出,恩宁路历史文化街区整体保护结构为"一轴、两片、多点"。一轴:恩宁路骑楼轴线,控制骑楼街风貌,严格控制沿线新建建筑体量、高度、骑楼尺度、色彩,与传统骑楼街风貌充分融合。两片:逢庆与永庆街片,保留并强化传统格局。多点:指分布在街区范围内的文保单位、历史建筑线索等。2007 年—2016 年,恩宁路历史街区的肌理变化以北部为甚。在保护规划中规定的"两片"区域即逢庆片与永庆街片,逢庆片属于肌理尚未被破坏的恩宁路南部,居民生活状态的保留也相对较为完整,永庆街片则在恩宁路北部,经历了一系列未经保护管控和干预的变化,其传统肌理的变动较难逆转。从保留和强化传统格局的规划理念出发,实施难点在于建筑与长期居住的居民生活能否在市场力量的冲击下予以保留,同时也将成为考验当地诸多保护利益相关者(stakeholders)的重大议题(图 5.4,图 5.5)。

保护规划明确了"禁止大拆大建活动,采用小规模渐进式更新模式,新建、扩建、改建建筑在建筑高度、体量、色彩、材质等方面应与保护规划相关规定一致"的规划原则,对恩宁路历史文化街区保护对象构成表中进行了明确的保护类别划定。值得注意的是不可移动文化遗产保护线索一项下对于传统风貌建筑线索的划定,对应的处置对策涵盖了以适度介入与保护性干预角度下的改建、改动、更新对策。现状建

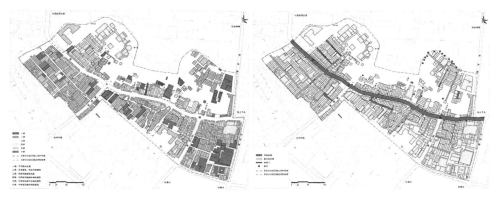

图 5.4 恩宁路历史文化街区保护规划保护对象
分级图 来源:2018 年编制的《恩宁路历史文化
街区保护利用规划》

图 5.5 恩宁路历史文化街区传统街巷分布图
来源:2018 年编制的《恩宁路历史文化街区保护
利用规划》

筑综合评价被明确分为:一类:不可移动文物,二类:历史建筑线索,三类:传统风貌
建筑线索,四类:与传统风貌协调的建筑,五类:与传统风貌不协调的建筑,六类:与
传统风貌冲突的建筑。在现状建筑风貌评价图中,对作为构成肌理的重要组成部分
的民居建筑的处置方式是归入五类,这一"不足"在公示意见中被提出,但由于种种
原因未被规划机制及时"吸收"和有效"反弹",与追求更为严格的肌理变化管控的保
护目标尚不能完全呼应。[①]

　　在保护规划的建筑与环境整治控制条文一节中,就管控具体措施分为针对修缮
类建筑、改善类建筑、整修类建筑、整治类建筑、改造类建筑等。对第三类"整修类建
筑"和第四类"整治类建筑"的翻新设计的具体管控方式,即"不可移动文化遗产保护
线索"一项下"传统风貌建筑线索"的保护性干预,保护规划有如下相关描述。整修
类建筑为传统风貌建筑线索,鼓励"整修类建筑"在不损害历史风貌真实性的原则
下,按照风貌指引,对建筑外观加以维护修饰,鼓励对建筑内部使用条件进行提升、
适合现代使用。在关于第四类"整治类建筑"的描述中指出,与传统风貌协调的建筑
为更新类建筑,可采取整治改善的措施进行更新,应保持原有建筑体量;整治改善后

---

① 2017 年 12 月 15 日至 2018 年 01 月 13 日,恩宁路历史文化街区保护规划开展公开征求意见。公示意见汇
总并回应,在补充保护名录一栏中含有相关意见:"建议将恩宁路沿线骑楼、街区内保存价值较高的老旧建
筑推荐为传统风貌建筑线索或历史建筑。对街区中还保存有价值较高和现状较好的老旧建筑补充进保护
名录,并在下一步的更新或实施规划中明确保护或更新措施。建议名为:分布在大地旧街、宝华路(3、5、
7、19、21、31)、吉祥坊(36、38)、汇源桥脚(吉祥坊 1 号东面)、逢庆首约(16、16-1)、逢庆大街(23、27、29)、蓬
莱路(50、48、46、44)、恩宁南横(3)、十二甫西街(67、65、68)、光天巷(9、25、27、30、32)、大同路(133-1、
135-2)、贤圣里、同义巷以及十二甫新街的传统风貌建筑。"答因为"历史建筑、传统风貌建筑及其线索的认
定已经过区里普查、专家评审等相关程序,因此本次规划尊重原有的规划成果,不另增加"。该意见未被本
次保护规划采纳。

的外观应符合传统风貌特征,建筑改善过程中应保护具有历史文化价值的构件或装饰物;允许内部进行必要的更新改造,适应使用功能的需求;确有需要可以进行扩建、改建及拆除重建的,应符合相关法律法规,获得城乡规划行政部门许可,与传统风貌相协调并符合控制性详细规划。 显然,对第三类"整修类建筑"和第四类"整治类建筑"的翻新设计的规划管控,应对了历史保护中大范围的风土建筑群单体是否真正成为保护管控的对象,以及如何实现管控的急迫问题。

对应这一保护性干预的制度化管控,位于恩宁路一期改造工程永庆坊的万科"云"六克拉民居改造因为种种原因未进入保护规划的管控,这一设计结果提示了对于建筑遗产中一般性风土建筑价值认知与设计管控的重要性。该建筑位于永庆二巷,是该片区历史最悠久的民居,在保护规划中该建筑也依然被归为整治类建筑。作为重要公共空间节点且是历史街区视锥(view cones)处的主体建筑,其屋顶作为第五立面所贡献的历史肌理被消解,在行人主视线位置的山墙原窗洞处代替以封闭的商业性凸窗,传递了某种不真实的历史信息,形成了与传统氛围联系微弱的现代城市场景(图 5.6,图 5.7)。

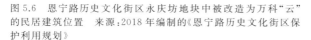

图 5.6　恩宁路历史文化街区永庆坊地块中被改造为万科"云"的民居建筑位置　来源:2018 年编制的《恩宁路历史文化街区保护利用规划》

图 5.7　永庆二巷历史最悠久民居建筑改造前后,改造后称为万科"云"。　来源:有方空间

由开发商负责投资和运营历史街区的保护与改造,需充分预计到市场力量对于历史地区的设计判断和开发行为较难避免商业利益驱动下造成的文化短视,这也意味着保护目标与社会综合利益的最终达成需要不断争取长期的、持续的多方努力与合作。 参照国外的实践经验,行政方、学者(含建筑师)、居民三位一体的保护模式和制度搭建往往可以充分利用、制衡好市场力量。 一项历史街区的保护是否成功、延

续是否得当与跨学科、跨领域的多方合作密不可分。社会亟待达成的共识或许应当是，保护历史街区的建筑遗产本体、保留住民日常生活，以及其背后包含对家园的归属感等，这些非商业利益考虑的决策在短期内并不能直接兑现为商业收益，其长时段对社会的反哺能力将体现在维持社会和谐、稳定民心、可持续发展等等应对国际发展局势的战略需要。

　　此外，保护规划对恩宁路历史街区的产权作了统计，其产权归属主体为私产（表5.3）。《物权法》出台后，这一产权状况多少预示着，恩宁路历史街区如果意欲照搬上海"新天地"改造模式或无可能①，新天地案例自身作为一个特殊情况下的商业开发模式本身亦已成为绝版个例。改变单一的商业开发思路，以文化带动商业，进而留取风土民居建筑和居民生活状态或可被期待为一种更为长远的文化战略眼光，也是在提升广州其地域和文化身份的名片。保护规划已经包含保护具有代表性的传统文化内容，诸如粤剧、咏春拳、西关打铜工艺、西关正骨四项，但并无清晰的保护长期民住的居民日常生活形态的内容，这一境况与国际保护语境的接轨尚有差距，其原因也在于长期民住的居民的生活场景还未被作为当下社会共识性的保护内容，无形的遗产（intangible heritage）与有形的遗产（tangible heritage）两者整体的、活态的保护尚处于割裂的现实境况。

表 5.1　恩宁路历史文化街区各类产权建筑面积统计表（来源：2018《恩宁路历史文化街区保护利用规划》）

| 序号 | 建筑产权 | 建筑面积（平方米） |
| --- | --- | --- |
| 1 | 私有产权/产权不明 | 226 049 |
| 2 | 代管公产 | 430 |
| 3 | 公产 | 16 903 |
| 4 | 双代转代管 | 767 |
| 5 | 托产 | 301 |
| 6 | 抢代 | 211 |
| 7 | 抢修代管产 | 802 |
| 8 | 无主代管产 | 1 056 |
| 9 | 民产 | 33 |
| 10 | 经租产 | 16 873 |
| | 总计 | 263 425 |

---

① 郑时龄.上海的建筑文化遗产保护及其反思[J].建筑遗产，2016(1)：1－10.常青.旧改中的上海建筑及其都市语境[J].建筑学报，2009(10)：23－28.

国际古迹遗址理事会(ICOMOS)于 2011 年颁布《关于历史城镇和城区维护与管理的瓦莱塔原则》(简称《瓦莱塔原则》)①,这一针对历史城镇和城区保护问题的纲领性文件取代 1987 年的《华盛顿宪章》②,重新界定了保护所需的目标、态度和工具,并将历史城镇和城区维护与管理的相关定义和方法的重大演变纳入考虑范畴。对照恩宁路历史街区的历史和现状,《瓦莱塔原则》也为本案例提供了诸多在国际保护语境视野下有助于反思和推进实践的角度和议题。

**1. 市场对历史城区形态的干预**

《瓦莱塔原则》中对于市场向保护实践施加的越来越强的干预力予以正视,原则指出:"市场和生产方式的全球化导致了区域之间,以及朝向城镇,尤其是大城市的人口迁移。""针对快速生长的城市,将大规模开发问题纳入考虑范畴,这些开发改变着有助于界定具有历史意义的城市形态的传统地块规模。"

按此议题回溯,价值一直是城市历史环境延续问题的核心,兰德尔·梅森(Randall Mason)指出从保护与社会心理的关联看,历史保护存有两种同时存在的作用力③:向内看的动力称为"馆藏式的推动力"(curatorial impulse),建立在植根于鉴赏家和手工艺式的、保存艺术品的方法的基础之上;向外看的动力称为"城市进程的推动力"(urbanistic impulse),试图使遗产保护承担起更广泛的社会目标,致力于同时满足非保护目标的社会实践。换言之,馆藏式推动力作为一种原生的保护驱动力,在与城市进程推动力的互相作用下,在保护诉求和社会利益之间应当存有一种理想的平衡状态。实际上这一社会利益的诉求在美国的保护语境下以遗产作为公共利益的民主共享方式曲折"变现",绝非让步于特定市场力量或某一民间投资方,并放任其对保护的过度干预。今天的历史保护以人为目的,不应以牺牲人的发展为代价,但也不意味着将人的需求化约为城市发展中单纯的经济需求,这一挑战也提示我们历史保护应当是更为精细化,以及更为全面的保护。

**2. 长期居住的居民参与社会生活的权利**

其次,《瓦莱塔原则》中重申了长期居住的居民依然在历史街区享有生活的权利:"丧失和(或)取代传统的用途和功能,比如当地社区的特定生活方式,会对历史城镇和城区造成重大的负面影响。如果不能认识到这些改变的性质,就会导致社区

---

① ICOMOS-CIVVIH. The Valletta Principles for the Safeguarding and Management of Historic Cities,Towns and Urban Areas ( Chinese Version ) [G/OL]. [2019 - 02 - 11]. [http://www. icomos. org/images/DOCUMENTS/Charters/Valletta_Principles_Chinese_language.pdf].陆地.关于历史城镇和城区维护与管理的瓦莱塔原则[J].建筑遗产,2017(3):104 - 111.
② ICOMOS. Charter for the Conservation of Historic Towns and Urban Areas ( The Washington Charter) [EB/OL].[2016 - 07 - 05].[http://www.icomos.org/charters/towns_e.pdf].
③ 兰德尔·梅森.论以价值为中心的历史保护理和实践[J].卢永毅,潘玥,陈旋,译.建筑遗产,2016(3):1 - 18.

搬迁、文化习俗消失,这些被遗弃的场所也会随之丧失身份认同和特征;还会导致历史城镇和城区变成只致力于旅游和休闲的单一功能区,不再适合日常生活。保护历史城镇需要努力保持传统活动,保护长期居住的居民。""重要的是要认识到士绅化进程会对社区产生影响,导致场所丧失宜居性,并最终丧失其特征。"

与之对应,列斐伏尔(Henri Lefebvre)曾在《接近城市的权利》(*The Right to the City*)中提出随着都市的扩张,土地与财富,资本和权力,文化和人民,剧烈的动能产生"残余"(residue),吞噬乡村内地,也将不合时宜和没用的人驱逐出去,这些残余人应有接近集体城市生活的权利①。换言之,共性(commonality)比差异重要,承认亲近性,滋养认同感,不破坏他者自身的认同是城市乃至全体人类可持续发展的基础。

从保护语境观照之,建筑实存作为有形遗产,长期居住的居民的生活场景作为无形遗产,这两者的结合首先具有的好处是给外来观者带来完整的遗产体验,也是历史街区的"怀旧"(nostalgia)魅力所在。就历史保护的伦理立场而言,"此地人"享有的空间权利和家园生活,不应因为现代社会的审美喜好和消费需求被剥夺。此外,值得警惕的是,历史街区暴露于持续的"士绅化"(gentrification)进程之下不仅意味着场所丧失真正的宜居性,还意味着赝品被当成真品,普世化面具下的虚假认同被误认为是新的地域特色②,引发不停自殖复刻的"千城一面""千村一面"。

**3. 建筑翻新的连贯性要求**

《瓦莱塔原则》指出"历史城镇的真实性和完整性,其本质特征是通过其中所有物质和非物质元素的性质和连贯性体现出来的"。历史城区中建筑的翻新设计应在城市脉络的分析之上,充分考虑连贯性要求,避免戏剧化,即:"高度、色彩、材料和形式的和谐,立面和屋顶建造方式中的常量(constants)、建筑体量和空间体量的关系,以及它们的通常比例和位置。应特别注意地块规模,因为任何的地块重组都可能导致体块变化,进而损害整体和谐。"

对于建筑师而言,无论基地是否是纳入保护名录的历史街区,历史意识都应当全设计过程"在场"。建筑的翻新、改造设计必须是在尊重城市地理文化脉络、深入

---

① Verso Books (ed.). The Right to the City: A Verso Report[EB/OL].[2019-02-19].[https://www.versobooks.com/books/2674-the-right-to-the-city.].
② 对于"士绅化"泛滥并损害历史街区原真魅力的原因,布尔迪厄的理论可以提供一种解释:不同社会阶级的成员与其说是按照他们对文化的认可(reconnaissent)程度互相区分,不如说是按照他们对文化的认识(connaissent)程度互相区分,不感兴趣的声明是罕见的,敌意的拒绝更罕见。认识与认可之间的明显差距可以推导出良好的文化意愿原则(bonne volonté culturelle),这种良好的文化意愿按照对合法文化的熟习程度,也就是按照社会出身和与社会出身相关的文化获得方式,往往伴随着一种与给予的尊重成比例的不够格之感,夹杂渴望和忧虑,由不加区别的尊敬引起的对正统的幻想中,把普及当科学,把赝品当真品,并在这种既忧虑又过分自信的虚假认同中找到一种满足的原则。参见[法]皮埃尔·布尔迪厄.区分判断力的社会批判[M].刘晖,译.北京:商务印书馆,2016.

学习此地同时段同类型建筑形成的"谱系""样式"等知识上进行,不应省略必要的功课直接进入追求戏剧化效果的创作,更不能将破坏历史街区的肌理和空间的连贯性视为建筑师的"个性""创新"之举。进一步而言,伴随着中国向现代转型过程中错综复杂的态势,建筑师对待历史的态度经历了剧烈变化,需进入更为审慎的反思期,在当下回归传统的呼声中,建筑师亟需提振历史意识,在历史累加的古层中寻找到新旧交融的创生方式,在全球化语境中重建风土个性与民族身份,在历史之内获得历史之外的创生。意大利建筑师卡洛·斯卡帕常有成功转化历史元素为设计资源的优秀案例,以崭新的角度指明反思型怀旧(reflective nostalgia)的史观,其设计策略与中国语境下的建筑师实践同道近途,可供当代中国建筑师参考借鉴。

## 三、对风土建筑特质转换的启示

由恩宁路的案例研究带来的重要启示是,如果我们再次思考已经反复浮现的总体性问题,即何为以人为目的的历史保护?或许会发现一些更为根本的哲学立场紧密关联着保护问题。

汉斯-格奥尔格·伽达默尔的诠释学理论指出。人们只能认识到自己确实存在于有意识地思考于自己特定的视界之中,同时在面对另一种视界,并且努力在联系两者。通过某种方式将现在与过去结合起来,此处与彼处结合起来,这种方式被称为视界融合(horizon merger),即效果历史(effective history),也即可以"为我们所用的历史",而不是被档案记录或将我们与过去分开的那种历史。[①]

马丁·海德格尔曾指出这一抉择的困难所在,当我们解读时本身已经包含了解读的结构。"我"从一开始知道某物时就知道它是某物了,我们控制不住地去理解,理解本身是一种禁锢,只面对事物而不去思考这是什么意味着对思维来说是"一个极其艰难的时刻"。[②]

赫施援引康德,即道德行为的基础是人应该以自己本身为目的,而不是他人的工具。需在历史理解中选择求真,拒绝将历史理解本身工具化。相对于赫施求取历史理解的"意义",伽德默尔探讨的恰恰反映了历史理解的"真相",即牺牲意义在历史上和文化上的精确性。[③]

两相比照,面对风土建筑的去留问题,"历史性的"与"历史中的"态度对应于历

---

① 汉斯-格奥尔格·伽达默尔.诠释学 I:真理与方法[M].洪汉鼎,译.北京:商务印书馆,2010:377-433.
② 海德格尔.存在与时间[M].陈嘉映,王庆节,译.北京:生活·读书·新知三联书店,2014:70-73.
③ 关于诠释学循环的解析,涉及的阅读材料涉及详读文献第三章《走进和走出诠释学循环的方法》(Ways In and Out of Hermeneutic Circle),参见 Paul H Fry. Theory of Literature[M]. New Haven and London:Yale University Press,2012.

史主义与诠释学的决裂,截然分离。

**1. 历史性的**

抛弃"我"的部分没有成见地还原历史,因缺少足够的历史真相的支持,求真不得真,因此历史理解的主体具有"历史性",对该主体而言获得的"真相"是在其历史理解中的"精神在场",得到的是历史理解的"意义"。

**2. 历史中的**

承认历史理解的主体"我"无法抛却前见,无法割离历史理解中"我"的部分,历史理解的"真相"是,进行历史理解的人自身就处在历史之中,是一个"历史中的"人。[①]

我们可以发现,"真相""意义"其核心的不兼容形成了一个十字路口,现代人似乎不得不从伽德默尔和赫施的立场中选择,这或许就是为何海德格尔称之为"一个极其艰难的时刻"。这一对历史理解路径的二律背反,却有助于关于保护总体性问题的思考。不管是赫施还是伽达默尔的观点,其述及的历史对象属于"过去"。尽管赫施在强调历史理解的主体需去"工具化",但建筑遗产中有着正在生活着的"此地人",如果作为历史理解的真实对象在避免历史理解主体去工具化的同时,自身被封存在已经过去的历史之中,这是否是另一重意义上的被工具化? 此为风土建筑遗产保护问题的吊诡之处。如果"历史性的"与"历史中的"的抉择与生活着的"此地人"相关,那么"此地人"究竟是一个被"历史性的"立场需要的"他者",还是作为一个"历史中的"的主体自身? 如何尊重"此地人"作为"历史中的"的人,如何尊重社群中"此地人"的道德准则,如何理解国际保护语境对这一立场的采纳? 我们怎么抉择? 遗产保护应该优先考虑历史学家的意见还是考虑当地人发展和创造的需要?

我们带着这样的疑问再思考恩宁路的保护问题,或能真正触及历史环境延续问题的本质。即便存有表面的"权宜"之法,采取任何一种保护立场都将意味着总有人作出"牺牲",因为其指向的是哲学立场的不兼容。正如我们所观察到的,保护恩宁路历史街区的种种周折伴随着"自上而下"与"自下而上"决策模式的混合,在不拒绝外部市场力量涌入下同时试图扭转为"此地人"共同策动的历史保护,从这种复杂的运作中可以解读出近代商业文明冲击下人们共同感受到的"故乡失落感",在这种心理机制的驱动下其历史保护的行动力依然强大,但并不意味着所有历史街区的保护实践都可以全心期待保护主体性的觉醒[②],任何历史保护的理想都不可能超越时代

---

① 例如在塔夫里曾质疑的"操作性批判"中,"柯布西耶们"等建筑师将历史为自己所用,并未得到历史理解的"意义"。参见[意]曼弗雷多·塔夫里.建筑学的理论和历史[M].郑时,译.北京:中国建筑工业出版社,2010:112.

② 张松,顾承兵.历史环境保护运动中的主体意识分析[J].规划师,2006(10):5-8.

的逻辑或者跨越历史发展的轨迹，存欤，废欤，如何延续最终都会从该特定地域的"此地人"现实需求和真实情况出发，在现有条件下推而广之的在历史和社会的维度上进行延续和创造。

换言之，恩宁路历史街区中社群推动历史保护的纵横向扩张与综合性选择是一个相当具有说服力的例子，而这也同样体现在其他历史环境中"此地人"对于保护立场的抉择上，比如著名的日本长野县妻笼宿案例，当地住民自发选择牺牲现代生活的便利，将江户时期的民居建筑群和古老生活方式完整地保留下去传递给后代。实际上，国际保护语境的探讨对自发选择保护立场的尊重也出于认识到顺应和激发社群中的道德准则才是一项真正能够实现持续性干预的保护手段。国际保护语境对社群主导风土建筑遗产保护的建议，反映在诸如国际古迹遗址理事会第十二届全体大会于 1999 年 10 月在墨西哥通过的《风土建筑遗产宪章》中①。

到这里，历史保护总体性问题的答案似乎逐渐浮现。推而广之看，对于涵盖城乡行政区划的风土建筑遗产这一广阔对象而言，国际保护语境毋宁说是在一再重申"准确阐释和表达遗产具有重要意义"，在这种美学上，准确与否的仲裁者与引路人已经不全在于学者，确实应当最终落于处于历史中的"此地人"。若根本地看，保护理念之争背后指向的是历史理解，是哲学立场的抉择，如同"历史性"的物与"历史中"的人之间两者客观的存有矛盾。如果不能预先理解每一种保护立场对应的哲学立场在本质上不可避免地会有牺牲的部分，那么也就无法理解在一个社群中自发的抉择究竟意味着什么，也就没有充分的理由表明我们真正需要一种更为多元的、开放的、从人出发的历史保护理念与实践方式的发展，除非我们真正意识到我们确乎迫切需要它的尽快形成。

"历史性的"还是"历史中的"？这一保护立场的抉择最终指向了哲学立场的二元对立，中国人提供的智慧在于"权宜"（expediential），例如陈独秀在《调和论与旧道德》中指出，文化转换中"激进"与"保守"如何"角力"："比如货物买卖，讨价十元，还价三元，最后结果是五元，讨价若是五元，最后的结果，不过二元五角。社会上的惰性作用也是如此。"②试以此言观照历史保护问题，回顾恩宁路历史街区的延续与保

---

① "风土建成遗产是重要的；它是一个社群的文化，以及与其所处地域关系的基本表现，同时也是世界文化多样性的表现。""风土建成遗产的保护必须在认识变化和发展的必然性和认识尊重社群已建立的文化身份的必要性时，借由多学科的专门知识来实行。""为了与可接受的生活水平相协调而适应化和再利用乡土建成物时，应该尊重其结构、特色和形式的完整性。在乡土形式不间断地连续使用的地方，存在于社群中的道德准则可以作为干预的手段。""随着时间流逝而发生的一些变化，应作为风土建筑的重要方面得到人们的欣赏和理解。风土建成物干预工作的目标，并不是把一幢建筑的所有部分修复得像同一时期的产物。"参见 ICOMOS. Charter on the Built Vernacular Heritage (1999) Ratified by the ICOMOS 12th General Assembly[C]. Mexico, 1999.
② 生活·读书·新知三联书店. 陈独秀文章选编（上）[M]. 北京：生活·读书·新知三联书店，1984：444.

护历程不啻是在镜照保护立场自身的吊诡与现阶段保护实践中常见的社会多方"胶着"、种种"两难""讲价"的真实境况。因此,今日的风土建筑延续与保护问题中,容纳历史理解对象的真实传递和"此地人"自身发展需要的不可化约性(irreducible)提出了精细化保护的多种内容和更高要求,这也是所有关心遗产保护问题的同仁们将为之奋斗的事业。但是从现代社会中文化转换的普遍性困境而言,"历史性的"与"历史中的"的二律背反,其化解本质上是"失效"的①。人类历史上众多国家面对每一个时代主题都会有不同的应对机制,但是每一次应战之后,同一项挑战还是不断重演,所幸人类有力量通过反省继续书写历史的诗意。

在国际保护理念不断更新和发展的今天,我们拥有的智性资源更精致和便捷,但我们面对的历史保护问题中两元对立式的困惑对启蒙时代的卢梭、歌德、康德、尼采而言大概还是并不陌生,只是我们所面对的情境更为复杂,需要考虑的问题域更为具体而庞杂。或许这些思想巨擘会这么说:一个人必须敢于面对问题,依赖人类反省的力量,随时准备着重新思考一切。

# 本 章 小 结

从认识人类学的角度而言,语言决定思维,甚至在"语言决定论"者看来,根本就不存在所谓的翻译,除非抛弃自身的思维方式去习得目的语族的思维方式,这一论点即便有失偏颇,但也引出了思维习惯与语言之间互为作用的问题。语言本身作为一种反映社会所有成员共同思维方式的产物,风土这一概念的本质,以及"为什么保护""保护什么""为了谁保护"等问题也可以回到语源学的再考察推进理解(图 5.8—图 5.10)。

---

① 英国的小说家麦克斯·毕尔邦(Max Beerbohm)在其短篇小说《伊诺克·索埃穆斯》(Enoch Soames)中描绘浮士德式的对于身后之名的向往,这位被同时代忽略的诗人将自己的灵魂出售给魔鬼以换取知晓后代对自己的评价。一个世纪之后他来到英国的图书馆只看到自己的名字出现在一个条目中:麦克斯·毕尔邦小说中"一个虚构的人物……一个三流但自认为是一流的诗人"。在另一处浮士德式的理想中,魔鬼将这位作家变作同代人抑或是该世纪甚至千年以来最优秀的作家:"你的荣耀永远闪耀。不过你要做的是将你的祖母,你的母亲,你的妻子,你的孩子,你的狗以及你的灵魂都出售给我。""当然,我在哪儿签字?"作家欣然应允,但他又迟疑了,"等一下,有什么条件吗?"……歌德说:"所有这些关于原创性的谈话实际上是在说什么呢?当我们呱呱坠地那一刻起我们周围的世界就开始影响我们,直到我们死去方体。"尼采说:"将过去带至法庭,控告它,最终谴责它。"但尼采知道这毫无用处"因为没有可能动摇这一禁锢"。"每一项科学或者艺术的成就都是对某人已做之事的重复或驳斥",诗人瓦莱里说:"或改善或扩展或简化,又或驳斥、颠倒、破坏和否认,但实际上也隐秘地使用了它。"参见 David Lowenthal. The Past is a Foreign Country[M]. New York: Cambridge University Press, 2015.

图 5.8　修复后的沙溪古镇街道一角
来源：自摄

图 5.9　古村落一角：经精细修复
的沙溪四方街戏台　来源：自摄

图 5.10　保留完好的侗寨
来源：James Warfield

何谓风土？我们已经讨论过西方与此概念对应的 vernacular 一词，该词本译为地方，方言，乡土，风土。注意到在西方，vernacular 一词与社会、经济的概念紧密相连，这意味着这个词先天性的带有经济语境的考虑，在这个组合词中，verna 的意思本为奴隶，vernacular 意味着一个住在他主人房子边上的人（奴隶）。在艺术中这个词所带有的当地的，土生土长的，较低的形式等衍生义，则是在后来的艺术语境里逐渐出现的一个特定的范畴，作为平行于"高级艺术"（high art）的平行物，vernacular 意味着这样一种"庶民艺术"——"低等级的模拟"（low mimetic），绝非高级的形式艺术，所以一直以来被作为艺术等级的最末等。① 另一方面，从语源上横向看，除了源于拉丁语词根的 verna，在希腊语里与 vernacular architecture 比较接近的词语是 Laiki architektoniki，在 Laiki 这个词中，词根 Laos 接近于拉丁文的 verna，但更多的意为"人民的"，比之拉丁语带有几丝民主、平等意味。对于希腊人来说，风土建筑不同于古典建筑，是由人民建造的，也就是这些建筑是由那些很少受教育，主要生活在乡村的人们建造的。②

不管如何，风土与风雅之间，似乎古来就具有一种观念上的两极化倾向，而对统一的持久渴望也在鼓励这种讨论发生于某个契机。两极化倾向于统一性欲望并存，

① Alan Colquhoun. Modernity and the Classical Tradition：Architectural Essays 1980—1987[M]. Cambridge：The MIT Press，1989：17 - 30.
② Jean-François Lejeune，Michelangelo Sabatino. Modern Architecture and the Mediterranean：Vernacular Dialogues and Contested Identities[M]. London：Routledge，2010.

它们开启了一种只会在现代产生的辩证运动，甚至还使之延续良久。

从上述语言现象中，可以尝试理解遍布城乡中的那些风土建筑群的特质，结合上篇的理论爬梳与下篇的切片实证，行文至此，我们拟可初步归纳出风土建筑的四重特征：

第一，风土建筑相对于经典建筑而言是"异邦"的建筑；

第二，风土建筑常常处于相对故旧的状态，保有"古色"；

第三，风土建筑多数由聚居在群落里的人们集体建造，是社群性产物；

第四，风土建筑的建造者大部分是很少受到学院式专业训练的普通劳动者。

在以上四点中，我们可以发现，前面两者是相对于外围观察者而言，他们常常是从摩登都市来到市井之地、蛮荒郊野的人，他们中的多数带着伤怀之情寻求避世之所，从"遗忘药水"中逐渐醒来，发现自己被丢弃在人间破碎的伊甸园之中，于是着力在摩登时代复刻过去的"如画游"（picturesque tourism）体验；后面两者则是生活在那些风土建筑中的居民主体，他们在到访者眼中更多地作为"他者"[①]被倾向于客体化。按照维特根斯坦（Ludwig Josef Johann Wittgenstei）的哲学方法，返回语言中寻找事物的本质，或许可以将以上得以区分出的风土建筑自身特质的关键词进一步抽取出来，从语词再次反观思维路径，逐一考察这些特质是否为风土建筑保护的当下所向，并进一步反思和总结。在尘封的历史之音逐渐显得清晰之前，我们首先得到的关键词依次为：

**异邦、古色、群落、劳动。**

这四个关键词构成了理想风土的本质。今日提及风土建筑牵引出乌托邦般的美丽意象曾深深植根于人类深层的思维结构中，语词在人们约定俗成的概念中隐去了原初的意味，必然结构隐藏在或然的历史现象中，而由于风土建筑自身的丰富性和复杂度，其本质越发隐蔽，也越来越易被人们滥用或忽视，在对于风土建筑的存续和发展中，特别是集中在乡村范围内的改造与建设中，以上特质易被"刮除"，使得大量乡村经历不当"保护"后失魅。在剖析理想风土的四点本质之后，针对保留风土建筑珍贵特质而建立的风土建筑保护原则也将逐渐显现。

**特质一：异邦**

大卫·洛文塔尔（David Lowenthal）在《过去即他国》（*The Past is a Foreign Country*）中指出：

> Heritage reverts to tribal rules that make each past an exclusive, secret possession. Created to generate and protect group interest, it benefits us only

---

[①]　注意"在包容过程中，既不要利用他者，也不要同化他者"，参见［德］尤尔根·哈贝马斯.包容他者［M］.上海：上海人民出版社，2019.

if withheld from others. Sharing or even showing a legacy to outsiders vitiates its virtue and power; like Pawnee Indian 'sacred bundles', its value inheres in being opaque to outsiders. (Lowenthal, 1996)

遗产溯源的是关于部族的金规铁律，每一段过往均为一种绝无仅有的、隐秘的所有物。为了创造和保护集体的利益并使得我们获益良多，它需有所隐匿。与外国者分享甚至展示自身的宝贵只会伤害它的价值与力量；譬如波尼族印第安人"圣包"，它在对于外国者保持神秘的状态里保有价值。(洛文塔尔，1996)[1]

洛文塔尔的观点意味着遗产价值中不可见的"神秘"——这一情感价值对人类的精神世界起的深刻滋养作用，如果我们无视"异邦"这一吸引我们的本质要素，破除譬如波尼族印第安人奇特习俗的神秘感，这些遗产也就不再显现魅力和价值。然而从这段关乎"异邦"的极端评论中更牵动本质的讨论或许在于揭示了两大事实，首先，人类在某种程度上需要"异邦"，甚至是虚构的"异邦"；第二，在真正的"异邦"中，即符合某些"神秘"特质的"异邦"中，人类获得精神的巨大满足。

"异邦"作为"他者"的普遍特质之一，首先在于其中的风土人情是奇幻的、神秘的，也是瑰丽的，以及难以彻底了解的。对于厌倦了司空见惯、陈词滥调的现代人而言，对"异邦"的向往正代表长久以来人类对神话世界的追逐。这种追求即便在现代也随处可见端倪，被称为"梦幻工厂"的现代电影采纳了数不清的神话主题，比如英雄和怪物的战斗，经受种种磨难解救人类等等。通过在"神话时间"中的逗留，"阅读""体验"神话，现代人可以获得一种与由神话牵引的"从时间中出现"相提并论的、"从时间中逃走"的感觉，进而使他脱离个人的时间绵延(durée)，融入另一种别样的律动中去，最终使他生活在另一部"历史"之中。不论是在西方还是东方，古代抑或现代，暂时身处"异邦"神秘的风土环境之中或是彷徨在世俗的城市生活里，孜孜追求着心灵的旷奥两极之人，也均是被永恒复归的神话所陶醉的人。因此，"异邦"的神秘养成另一种关乎白日梦的启迪，也构成了人类另一种性质的生命，极大程度地滋养着现代人的内心。现代人的"乡愁"存在于想象中的迷梦(myth)，存在于神话之处的"异邦"，甚至于"回不去的才是故乡"。无数现代人从城市逃往乡村，这份被标签为怀旧(nostalgia)的情感需要，实际上怀的不仅是"旧"，指向的更多是想象中的"异邦"。

因此，当我们作为干预主体介入乡村的保护与建造时，无论是雄心勃勃的建筑师也好，奔走疾呼的文化遗产保护者也好，如果忽略"异邦"特质，便会引发必然的不够小心，在"保护"的初衷下破坏了构成"异邦"特质的要素——这些要素可能是可见的物质载体也可能是不可见的文化要素，比如一座木编拱桥，一栋干阑式高仓、一座

---

[1]  David Lowenthal. The Past is a Foreign Country[M]. New York: Cambridge University Press，2015.

老侗寨鼓楼、一座高耸的魁星楼（图 5.11），乃至一种奇异而不健康的婚配制度，一项古怪又耗时的迁居仪式……这些元素的丧失意味着中断了神话时间的绵延。或许看起来这只是破坏了来访者一个小小的白日梦，而事实上造成的怅然若失，以及接踵而至的更大程度的渴望，最终会带来蔓延整个人类现代文明进程的危机，人，或许终将从心底丢弃这座失魅之所，转而去寻找下一座"异邦"，追逐新的"灵光"（aura）。

图 5.11　河北蔚县白家六堡之魁星楼　来源：自摄

### 特质二：古色

"柏树滋养着意大利的风景，因为意大利是一个坟墓之邦，空气中充满死亡的气息——她住在过去，在过去她如此辉煌——她在死亡里显得美丽动人，她的人民，她的国家，都是死的；她的无上荣光即在于长眠"[①]（图 5.12），这段话来自拉斯金（John Ruskin）唯一的一部小说片段里，透过一个叫委拉斯凯兹的角色说出来[②]。在意大利，在这片人工的废墟中，拉斯金找到了理想废墟的特质。它是一处华丽的残迹，一种令人赞赏的失序，告诉每一个到访者一个关于宏伟古代的伟大传说。当拉斯金登上圣米歇尔山，面对废墟，他进一步写道，"……沧桑难以言尽，我开始怀疑，这座建筑比起它刚刚建成的时候，显得大有益处了"[③]。建筑在岁月的沉淀中获得犹如铜器锈斑似的古色（patina），它代表的是彼时的建造者在彼时以自己的双手寻找自然材料所做的创造，因此，移动该建筑是不

---

[①] Edward Tyas Cook，Alexander Wedderburn. The Works of John Ruskin（Volume 1）[M]. Cambridge：Cambridge University Press，2010：542.

[②] 拉斯金仅有一次尝试写作小说，存世的是残篇《新手委拉斯凯兹》。其中一个角色讲过一段话，这段话后来经修改后被收录进《建筑的诗意》，这也是当时 18 岁的拉斯金开始表现出对于废墟的欣赏。然而，在《现代画家》第 3 卷中，拉斯金认为当代对废墟的趣味是过度的（第 5 卷 319 页）；不过在另一方面，废墟则成为他所有作品的主题。在《现代画家》中可发现这个基本的主题在关于阿尔卑斯的地质讨论中被称为"山中的废墟世界"（第 9 卷 294 页），也如同他将透纳《赫斯帕里德花园》（Garden of the Hesperides）画中的龙称作"永恒废墟上的蠕虫"（第 7 卷 420 页）。拉斯金这部书重点研究透纳，他的结论指出了一处极为重要的事实——在"他（透纳）生命的所有记忆物中，无论在何处，他看到的是废墟。废墟，还有暮色……夕阳渐逝，他看到的，依然是废墟上的一切……"（第 7 卷 432 页）。在《现代画家》长期的写作过程中，拉斯金著有《威尼斯之石》，如同他在首页上声明的，这本书的写作也是出自废墟。他的威尼斯的书信、笔记与速写都在持续地哀悼和注解着废墟，正如书中文字慢慢地重构着废墟。甚至在收集像哥特建筑这样并非是明显废墟的素材时，拉斯金也选择将它片段化的记录。参见 John Dixon Hunt. Ut pictura poesis，the picturesque，and John Ruskin[J]. Comparative Literature，1978，93（5）：794－811.

[③] Edward Tyas Cook，Alexander Wedderburn. The Works of John Ruskin（Volume 3）[M]. Cambridge：Cambridge University Press，2010：206.

图 5.12 透纳(Joseph Mallord William Turner)所绘的
《现代罗马》(Modern Roma,1839)为拉斯金的废墟理
论作了脚注 来源:J. Paul Getty Museum, Los
Angeles

可的,改变材料亦是不妥当的。但是对于拉斯金而言更为重要的意义,尽在保护之外,即建筑需对人类灵魂产生教益,而这教益不由宏伟完整的大宗建筑物提供,只可由废墟完成,废墟经由眼的观察,引发大脑思考,并在人类的想象中完整,故而引发智性活动是一栋废墟带给人类最大的贡献。这便是拉斯金所形容的圣米歇尔山的废墟对于人类的心灵"大有益处"之所在了。

从拉斯金得到的启示也适用于理想风土的本质探寻。对于朴素故旧的风土建筑进行理想化欣赏中同样蕴藏着"更深层的道德需要",风土建筑经由历史沉淀,时光层染,亦有其古色,即相应的适度故旧与不完善,或许恰恰有益于人类的智性活动,这又或许便是风土建筑作为"道德"价值的某种实现。拉斯金又云,废墟需要保留,概因完善之物会使我们的大脑倦怠,我们只沉溺于形式的愉悦之中,只有废墟连接着人深层的知觉体验且当观察者处在废墟中,在面对眼前的不完善之物时,大脑才开始思考,有意义的联想才能够展开,人类因此才能进行有意义的智性活动,在推测废墟过去的同时,体会人类自身的历史。[①] 乡村的相对日新月异的城市,其适度的故旧更需得以珍视和保留的原因亦然。

进一步而言,拉斯金指出,对于废墟的欣赏中牵动着复合的知觉活动,即看、思考、言说三者的复合作用。废墟那些需要被完善的部分,不仅牵动了眼睛,还牵动了思维,乃至语言,这三者在对废墟的观察中是一体的。因此,更好的看,从来不仅仅是"看"(to see)这一单个的动作,而是联系了思考与言说的"看",是一种复杂的思维与感知交织的智性运作与精神活动。由此出发,拉斯金激烈反对修复一座历史时期的建筑,概因其抹杀了废墟的教益作用:

> 我至今所见的对历史建筑的修复和清理,无一例外地比那些原先风化了的部分甚至是几乎完全破败的部分还要拙劣,因此如果建筑修复是件可憎的事情,那么威尼斯的没落永远都不可能借由修复那些建筑来挽回(更不用说用灰泥重新粉刷),那些空白只有通过保留它们不可避免的碎片化才得以完整——

---

① John Dixon Hunt. Ut pictura poesis, the picturesque, and John Ruskin[J]. Comparative Literature, 1978, 93(5):794 - 811.

在想象中得以完整。[①]

拉斯金对于废墟的极端推崇,实质近似保护的自我废除,但在某种程度上,反向提示我们如何靠近理想风土的本质。在逐渐侵蚀城市风土聚居之地"土味"的"士绅化"(gentrification)越来越无孔不入,这种乡村建设全面"现代化""洋化"过程中,难以避免地会伤害拉斯金所珍视的"古色"。但是如果完全停下发展的脚步,保留"废墟"供人缅古幽思也是不现实的。如何用一种甄别的眼光保留住风土的文化传统,保留住珍贵的建筑"古色",保留住珍贵的本质,而不使之变味和失魅,是正介入乡村建设中的建筑师和历史保护专家必须守住底线的关键。

**特质三:群落**

进入现代后,城市与乡村关系由于工业化进程产生新的对立。文化与物质的繁荣被认为是建立在对技术的依赖上。自文艺复兴以来人文思想与科学技术达成的平衡被"破坏",大量乡村人口被城市吸引,人口的涌入导致城市急剧膨胀,交通拥堵、环境恶化问题开始大量滋生,出于释放城市生活的压力,规划师与建筑师群体自发的关注乡村。风土建筑群落化的形成时间集中在工业化进程未开始的前现代,其共有的特点有这样两方面,首先,风土建筑的建造大部分并非在工业化标准下建造,往往是就地取材,自然质朴,风格自由,各地风土建筑由于当地材料技术、气候环境、社会文化,以及经济运作的千差万别也形成了建筑形式的极少雷同。其二,风土建筑在物质形态的特征识别上,往往以大量的、集聚性群落形式出现,风土建筑的魅力几乎不可能通过单体建筑来表现,只能且必须通过群落显现其压倒性力量,即通过建筑群与完整聚落来保有其巨大魅力(图 5.13)。

群落的肌理与特质包含两方面的内容应当包含以下几种:

第一是物质构成上的,最为直观。在物质形态上的集群性力量是外显的,可被直接感知的。因此一座完整的古村落给人带来的震撼是零落的散布在新建筑缝隙中的几处老建筑所无法比拟的。保留一座或几座单体建筑的片

图 5.13　保存完好的希腊基克拉迪群岛的风土建筑群　来源:王瑞坤摄影

① Edward Tyas Cook，Alexander Wedderburn. The Works of John Ruskin(Volume 3)[M]. Cambridge: Cambridge University Press，2010:205.

段不能够保有理想风土的本质。

第二是社会结构上的,展现无形的社群力量。即群落内部所有成员共同形成的一整套社会结构与文化特质使得建筑及其无形的社会惯制与人的生活紧密结合成"社群"这一"文化共同体"。而在单个的建筑体中这样的社会结构与文化失去依附,无法存在,也就不存在所谓的"文化共同体"①。

比如当我们进入一个云南摩梭人的村落,可能较易于体会到以上两点。摩梭人的社会存在着完全迥异于其他民族的制度,民俗仪式极为丰富,当需要寻找建住宅的木材时,巫师立中柱表男女团结之意。取白色鸡羽献于山神,以竹笼盛粮食与酒祭于中柱旁,再取一羽,在中柱旁绕行三圈,将鸡投向日出的方向。而在建筑建造时还需举行点火仪式,一女持水桶立于正门,一男持松明立于后门与主室。男女共同点火,并将水倒入锅中,此时,房屋四周与火炉同时点火,取水泼出。摩梭人的主屋为一家之中心,祭坛象征着核心,摩梭人须在祭坛前用餐,每日供奉祖先。很难想象如果这座村落中只保留若干栋摩梭人住居,而不以群落的方式整体保留村落,这样独特的社会制度和文化居俗依附在何处?

**特质四:劳动**

人类世界进入现代的标志是世俗化和机械复制化,一方面宗教不断失魅,一方面工业革命使得机械制造代替手工艺制作,劳动产品失去了人的温度,劳动者也被剥夺了生产过程中的愉悦感。这种境况成为19世纪知识分子的忧患之始。拉斯金一生致力于改变这种境况,极力反对工厂重复的机械化劳动,认为这会有害于人的灵魂,并在《建筑七灯》从伦理学推导出新的建筑学原则:献祭、真实、力量、美、生活、记忆和服从,提倡还原过去手工艺人的美好劳动生活,力图以唯美的方式与工业社会的劳动异化相和解:

> 再次审视那些丑陋的小妖,无状的怪物,和严肃的雕像,它们与解剖学结构相去甚远,而且呆板僵硬;但请不要嘲笑它们,因为它们是每一个辛苦凿石的匠人生活和自由的象征:是思想的自由,是等级的自由,这种自由是任何法律宪章和慈善团体无法保证的;今天全欧洲的首要目标,就是为她的子孙们恢复这种自由的社会环境。

> ……尽管每一任继承者,多数也都是房子的主人,有权利做任何自己喜欢的改变,但是他们却没有因为自己的需要做任何不协调的添建。斑驳的村舍,这种美带给人们的想象空间,人们搭建时带着极大的喜悦。这种建筑是与人们

---

① 注意"文化共同体"的边界与地理疆域、行政边界并不一定重合。参见[德]尤尔根·哈贝马斯.后民族结构[M].上海:上海人民出版社,2019.

的需要和环境相协调的,并给村民带来很多欢乐。

……克己,谨慎,让自己的努力能够造福子孙后代,任何历史名城都不仅由一个个孤立的纪念物组成,更应该包括各种各样的建筑、空间、细节。①

在《建筑的诗意》一书中,拉斯金用"诗意"来形容建筑,一方面,书名体现了他对前辈华兹华斯的敬意,一方面该书也体现了他对于湖区风土建筑圆形烟囱这一建筑片段的特别关注。拉斯金认为,"诗意"体现的是"国家特征"的品质,例如在对"威斯特摩兰郡小屋"的讨论中,他积极讲述地景、地质和风俗的地区性差异。拉斯金表面意图是通过一种唤回责任感和尊严的方式重振本国的建筑创作,实质强调的是风土建筑的创作实践是民族个性的根源,国家身份需要通过独特的建筑地域性来表达,正如多姿多彩的方言显示文化独特性一样,拉斯金写道:

我们应当被引领不仅仅至那些庙宇和高塔里,也要到普通的街道和农舍里,并且相对于那些按规则建造的建筑,对由情感引发创作而成的建筑更有兴趣。我们应该着手研究那些低等级的建筑,从街巷到村落,从村落到城市。②

拉斯金"感觉"高于"规则"的语境实质上一方面将乡村中的风土建筑首次置于超过古典建筑的高雅语汇的地位,成为民族灵魂的安放之所;另一方面将建造过程中的"情感"关联的愉悦引出,意在于消除劳动主体和对象的异化,实现对机械复制时代劳动者的救赎,极力提倡对人性的完整保护,提倡以人为目的的保护(图 5.14,图 5.15)。

回到现代语境中,村民们在劳动中获得的愉悦迥然相对于工厂劳动者的境况。海德格尔在《诗·言·思》中曾着力还原栖居与建造的本质,即"人,诗意的栖居"的理想:"诗意地栖居意味着:置身于诸神的当前之中,受到物之本质切近的震颤。此在在其根基上诗意地存在——这同时表示:此在作为被创建(被建基)的此在,绝不是劳绩,而是一种馈赠。"③在今天 3D 打印的新机器时代,机械生产的高度发达使人继续堕落为各种机器的奴隶,劳动的愉悦与创造的快乐在城市近乎消失殆尽。重启劳动的愉悦意味着原始创造力的唤醒与复苏,这也是需保留住理想风土珍贵本质的缘由所在。

① John Ruskin. The Seven Lamps of Architecture[M]. New York:Dover Publications,1989.

② John Ruskin. The Poetry of Architecture:or, The Architecture of the Nations of Europe Considered in its Association with Natural Scenery and National Character [M]//Edward Tyas Cook, Alexander Wedderburn. The Works of John Ruskin(Volume 1). London:Cambridge University Press,2010.

③ Martin Heidegger. Poetry Language Thought[M]. A. Hofstader, trans. New York:Harper and Row, 1971.

图 5.14　河北郑家窑村中手工　　图 5.15　河北郑家窑村手工艺人
艺人制作陶缸　来源：自摄　　　一日获 30 口陶缸　来源：自摄

　　大卫·洛文塔尔在《过去即他国》中曾指出，现代社会的基本状况之一，就是现在同过去的关联并非预先给定（不管是个人的还是社会的），而是人为建构的；也就是说，它是由社会力量、政治、传统和经济压力塑造而成的，而那种与过去有机的、有活力的和连续的关联，再也不会处于主导地位，或者通过民间方式流传下来。取而代之的，是需要从各种不同的残留痕迹、故事以及碎片中构建出来一种"有用的过去"（a usable past）。洛文塔尔关于人们对物质存在的过去的态度，给出了社会史的叙述，明确了在所有现代社会中某种形式的历史保护的必要性。①

　　与之相应，相对于历史纪念物针对保护理想所主张的历史主权，风土建筑作为历史保护对象的必要性，更多在"历史性"维度之外，从所隶属民族以文化应战获得地域身份的角度获得其正当性。我国的传统乡村也好，或者是世界上任何一座风土性城镇也罢，乃是千百年来生活在聚落中的人民与大自然以一种朴素的方式互为运作的结果。物竞天择，适者生存，在这种进化过程中，得以产生了附丽其上的社会结构与变化万千的生命律动，这些特质构筑了民族性的根基，显示其强盛生命力。但是当代的风土建筑处于工业社会的冲击中，在应对扰动时却相当脆弱，任何方式的轻易介入和不友善的改变，都会构成新的"事件"，从而打破聚落发展的一贯脉络，破坏其环境和文化特征的整体性，其后果就是其理想本质被伤害，镇也不是镇，村也不是村，成为经济利益驱动下的异化产物，现代人的怀旧情怀最终也被不谨慎的建设行为消费殆尽。

———————————

① 　David Lowenthal. The Past is a Foreign Country[M]. New York：Cambridge University Press，2015.

　　风土建筑存欤？废欤？更重要的是，这个命题所关联的也是整个现代人的集体命运。艺术家贾科梅蒂（Alberto Giacometti，1901—1966）曾经以一组著名的雕塑隐喻处于"历史中"的那个"单向度的人"①（one-dimensional man），此作品是一则现代人精神境况的寓言。人像极度瘦削，呈现着一种前进者的姿态，男性迈开双腿有力地行进，即便身形薄如纸片，眼神始终纯一。雕像满布全身的粗糙肌理寓意人类的宿命。现代人，行进着，始终行进着，若不行进便超越不了历史，超越不了历史便只有惭愧，即使惭愧还是超越不了历史，因此别无选择，只有行进。这也寓意着在巨大的历史漩涡中无法摆脱的线性，人类在单向度的背离过往，驶向未来之河，永远都回不到过去，我们都将是"历史中"的人。然而，艺术家同时刻画了另一类人，她们迥然对立于行走的群像，从未呈现行进的状态，只是伫立于原地纹丝不动，这样一种意味深长的角色设定由雕塑的"女性"形象承载，一类总是陌生的、神秘的、被动的、阴性气质的"他者"，代表世界另一端的"妇人性"，一个持留"历史性"的立场。阴性—女性，持留实体世界，阳性—男性，不断变革，将世界抽象化理论化，两者互为修正。即便阴性的持留者看似无动于衷于阳性的行进者，却在暗中牵制和规定着它的走向。人类的主体命运中，"他者"的存有是对主体行进历史命运的必要牵制与或然作用，与之相应，"他者"的本质显现需对应于主体而言实现价值，并保有作为"他者"的自由与疏离。风土建筑作为"他者"，恰恰是在某些主体自认为保有了它的"优美"的时刻，促成了事实上的"失魅"，失去其本真价值。

　　风土建筑如何化解存续与发展的两元对立？或者说，以"历史性的"物的保留为先还是以"历史中的"人的发展为先？通过对风土建筑存续和发展的典型案例作出的"连番"考察和西方观念流变影响的种种痕迹，我们应力图从这些"镜子"中，反观自身。一张主体权力与保护义务的关系网络将被编织起来，交错的网线横跨过去的网眼，以往的纠结点松散了，以往松散的东西纠结了，各种联系有时对调了位置，产生新的平衡，历史就在此中不断地行进，人类具有某种不断修正自我的能力。历史中的人即使难以摆脱怀旧的情绪与神话的幻象，从中依然可以看到，把现实利益与虚构神话融为一体的抉择，文化被作为人类的第二天性为历史提供了一幅与之相称的图景，风土建筑存欤？废欤？这一追问引发不同利益者内心的交战与抉择便不断地融于这幅图景之中，在每一个具体情境下保护立场的倾向恰当与否将会不断的经受后代对我们这一代人的历史"清算"，照此观之，风土建筑的延续得当与否是这个时代最为紧迫和重要的文化命题之一。

---

①　[美]赫伯特·马尔库塞.单向度的人：发达工业社会意识形态研究[M].刘继，译.上海：上海译文出版社，2014.

# 结语　认同的重量：风土建筑的价值与未来展望

　　撰写一部包含对风土建筑进入现代后的价值认知、特质传承、学科化进程、实践案例的理论研究，以及风土建筑和相关理论演进史实的专著，本质上是以历史性的视角观察西方现代风土观念的生发流变，以及对相应的建造、保护活动做出当下化、具体化诠释的历史性验证过程。在广泛调取西方文献记录的基础上，将田野结合进案头，以新的理论视野观察西方风土建筑的存续实践如何展开。在朝向目标的道路上，逐渐形成以历时性的史实梳理为主，探讨价值认知与特质转换的理论，同时以现代问题为新的导向，对共时性的案例做出新的分析，淬炼风土建筑保护实践的新经验，寻求对当代的启迪。

　　对于风土问题与解决途径的"问题感"贯穿我们这一场讨论的始终，今日研究风土建筑的核心问题，其研究侧重应当在以下三处：

　　**首要是关于风土之身份，其次是关于风土与现代之关系，最后则是风土之可育性。**

　　西方风土建筑现代意义下的价值认知，其理念发展以及保护实践的行动化，重要思想策源地在于自然主义（浪漫主义运动的一支）和"如画"滋生之地——英国，正是在这个国家的浪漫主义运动特别是如画美学的广泛、深刻的文化"洗礼"后，到今天对于风土价值的认知惯性和现代困境还有持续影响，这就是"风土之身份"，也是本书上篇从探讨浪漫主义文学与风土观的关系着手的原因，因此我们回到了第一次文化思潮的巨变，寻找西方风土观的思想根源，揭示其学术构架雏形最初的思想准备。

　　那么，自然可以18—19世纪这一时期为风土话题讨论的第一个时间节点，问题的中心是西方现代风土建筑理论的由来，我们需要考察其价值认知的转变过程。这么划分时段的基本出发点也是因为注意到19世纪以前的风土观中，风土建筑并未被当作艺术（或者学术）对象加以重视。自西方启蒙运动和工业革命的变化之后，18世纪下半叶兴起浪漫主义运动，风土建筑被浪漫主义的推行者认为具有面对自然的谦恭态度，这一特质恰好与浪漫主义思潮同情"普通人"，崇尚自然情感和个体化经验的追求相契合，作为一个特殊的承载某种自由精神的对象被浪漫主义者推崇。在形

408

形色色的民族诉求压力下,进一步抬升了本土景色中风土建筑在诗人、艺术家心中的价值。在 18 世纪中叶逐渐兴起的"如画"美学思潮中,风土建筑通常具有的不规则形态、废墟摇摇欲坠的结构符合这一审美需求,对乡村败落风景中的风土建筑进行纯粹的审美或形式主义的欣赏从客观上改变了过往的风土观。正是因为这二者构成的政治、文化、社会语境的刺激,使得 18—19 世纪的风土观走至第一个历史"拐点",风土建筑作为景观审美的对象,借由精英阶层的推崇获得了国家层面的认同,故而这个时段被采用为风土观演进追溯上的现代"开端"。

1810 年,华兹华斯发表了与风土建筑研究联系更为直接的《英格兰北部湖区指南》,这本书成为 19 世纪及其之后风土建筑保护运动的开创性文本,更重要的是形成了第一部按照地形学角度划分的、对于英国风土建筑的记录和评价,第一次记录了工业化与风土建筑存续之间的矛盾。1837 年,拉斯金出版《建筑的诗意》,强调风土建筑的"诗意"如一系列方言语汇,是民族个性和国家身份的来源。拉斯金认为在对于建筑的更高层次的追求上,在需要精神更为深刻或者崇高的阶段里,英国从来就不能与欧洲大陆的民族相匹敌。故而拉斯金通过跨国族的比较竭力挖掘自身文化的特点,提出新的如画美,将英格兰的风土建筑抬升到一个前所未有的高度,风土建筑成为民族灵魂安放之地。这是 19 世纪一项重要的由拉斯金完成的风土建筑价值提升过程。

总的来说,18—19 世纪是一个风土建筑研究的准备阶段,在这个时期里包含了深刻的思想变革和观念转折。另外,在风土理想逐渐完善的同时,一个在之后两个世纪萦绕未去的声音是,对乡村败落风景中的风土建筑进行纯粹的审美或形式主义的欣赏与人道主义的同情之间,注定有着无法调和的矛盾。尽管拉斯金提出新的如画美,但"旧"如画美阶段从未真正结束,并且持续在风土建筑的现代价值认知以及存续方式上显现,这也是这个时代里最先发现的一项困境。这一阶段形成的"思想遗产"以及"道德困惑"在未来的保护实践里一直若隐若现,甚至成为风土建筑实体保存与风土建筑中的人如何生活、发展之间的二元对立与困惑。作为一个隐藏的问题来源,上篇中的这个线索带至下篇进行专门讨论。

历史不断行进,接下来轰轰烈烈的现代运动兴起,在这段历史中,"风土与现代"的关系是非常重要的历史现象,现代建筑师面对着社会条件与工业化生产的历史要求,在一种充满创造力的学习中,将风土建筑的价值做了一次重要的扩充。

双重性是一道重要的历史线索,我们进入了第二个历史时段的讨论,时间跨度包含 19 世纪末—20 世纪 90 年代,这是一个较为宽泛的分期。作为拉斯金的精神门徒,莫里斯倡导的工艺美术运动发生于 19 世纪下半叶,在 19 世纪末较为激烈。而现代建筑史的编纂中往往以 19 世纪的工艺美术运动进行传播、触发了现代运动的开始为时间节点，正因为这一时期的风土建筑的价值认知演变方式发生了比较显著的变化，建筑师群体成为风土建筑研究的重要群体，这些建筑师不仅仅是设计的实践者，也应当被看作思辨的哲学家。因此本书借鉴现代建筑史的一般分期方式，将这一时期的开端定于 19 世纪末。在这个时期，风土建筑首先是那些深深忧虑着现代建筑失去地域性的建筑师普遍的灵感来源，一个提供联想用以抵御全球化的工具，这个阶段以鲁道夫斯基极为著名的"没有建筑师的建筑"展览与同名著作的诞生年份为"终结"。我们先是梳理了这一发展的基本历程中的重要人物及其谱系，思考建筑师之间迥异的思想如何构成了关于该话题的缤纷景象，形成了反转话锋与显露洞见的当代群像，进一步选取了关键人物及其思想和作品的解析作为理解那个复杂时代的重要入口。1904 年穆特修斯出版的《英国建筑》，欣赏风土建筑所具有的客观性品质并进一步发展，使这一特性的转化符合社会性的要求，客观性与风土建筑的品质具有了某种"关联性"，正是这种"建构"使得建筑师看待工业时代的诉求时，把风土建筑推向了一个具有"可育能力"的角色——即通过学习风土建筑所具有的客观性，破除学院派的既有框架，寻找到一条属于工业时代的现代建筑之路。1911 年柯布西耶自德累斯顿开启"东方之旅"，在巴尔干、土耳其和希腊的游历结束之后，同年 10 月到达那不勒斯，继续前往罗马、庞贝、佛罗伦萨等处，旅行包含对文化、民俗、工业各方面成果的考察，但最值得注意的部分是柯布西耶对风土民居长时间的大量的学习和积累。1965 年，柯布西耶出版《东方之旅》，收录这一早年旅行经历中的所见所闻和速写，记录了柯布西耶成为建筑和画家过程中风土建筑形成的视觉积累如何转换为现代设计资源。陶特在德国、日本、土耳其等若干阶段中发展出了与风土建筑紧密相关的建筑理论与设计作品，其关于风土建筑的思想使现代建筑的观念进一步得到扩充，大大丰富了现代文化转换的方式，使得理性和经验合一的现代新理性法则作为建筑精神的基底，对风土建筑的价值完成了一次升华。1931 年，鲁道夫斯基以希腊的基克拉迪群岛的风土建筑为其博士论文的研究对象，发表《南部基克拉迪群岛混凝土构筑物的原初类型》，探讨地理景观、岛屿历史、建筑形式、居民生活方式、社会习俗之间的复杂关系，揭示风土建筑形态的缓慢沉淀过程，风土建筑的组构特征被类比为岛屿自身地理上所具有的性格，即岛民以柔性火山岩组构筒形拱的综合选择平行于岛屿经历火山爆发后的地质层累，天工决定人工，并因此形成震撼性的地景。1964 年，他对于风土建筑的研究结晶终于产生新的感召，在纽约现代艺术博物馆举办的"没有建筑师的建筑"的展览和同名著作，作为一种深刻的文化认同，风土建筑及其展览者一同登上了建筑历史的舞台。建筑师这一研究群体，特别是像柯布西耶身上所体现的对于风土建筑的极高学习能力，为如何在新工业时代树立起对风土建筑的价值认知并继承其优秀特质，化为现代设计的资源等命题提供了新的解答。同时,风土建筑与现代进程的关系作为主流建筑史叙述下的一脉支流,逐渐壮大和拓宽,引发了关于地域主义的批判性的讨论和实践。整个现代性正是一项未完成的事业,种种话语之中,风土建筑作为重要的提供灵感的对象,从游走于现代的边缘,逐渐汇入关于完整现代性的诠释。

凡此种种历史现象或简要点出,或辟专篇阐释。因为在现代建筑的新美学建构中,自身便包含了一种叛逆与革新的澎湃激情,而实际上风土建筑长期身处相对于正统建筑的边缘位置,为其正名多少也包含了彰显建筑师革新意识的"自我典范"式的思辨与建构,现代建筑师向一切学院派建筑不重视、不感兴趣的对象学习,因为现代运动反对的正是学院派建筑。对于建筑师而言,一端是对理性的极度崇拜——几何与逻辑范畴中抽象组织原则,一端则依然包含对感性的极度渴望——视觉上追求纷繁复杂的愉悦感,这是一种更为持久的对于建筑的不可化约的"不安分的灵感"的追求,即使过往的评论常常将其削减为某些建筑师对"地方性"的追求。在建筑师大脑与心灵维度的旷奥两极,风土建筑如同某种"万灵药",解决了这一群体在面临文化转换时其立场的"二律背反",这也决定了各个建筑师向风土建筑"学习"时根据自己的立场将会产生不同的侧重点。风土建筑的优秀基质作为建筑师学习、转化为设计资源的方式,本身是一种更为重要的无形传承的方式,并且为今日解答"风土可育性"——风土建筑如何延续,提供了开放性的答案,他们都曾经真正诠释和拓展了风土建筑的价值认知和多维度学习、存续策略。

同时,这一时段的史学著述也引发对现代建筑史学的重新思考,在 20 世纪三四十年代的最有影响力的建筑论著里,风土建筑与现代建筑关系的线索虽然存在,但其实处于一种被有意无意忽视的状况。由那位桂冠诗人华兹华斯发现风土建筑具有艺术价值开始,拉斯金将风土建筑看作是民族精神的"映射物",移民到英国后的佩夫斯纳接续了这一项工作,完成了对于风土建筑演进而言具有重要意义的风土建筑普查著作——46 卷本的《英格兰建筑》,不论是佩夫斯纳早期的著名文本《现代设计的先驱》还是档案实录式的巨作《英格兰建筑》,以佩夫斯纳为缩影的现代建筑史学写作上的转向,意味着风土建筑价值认知的整个学理基础被拓宽和加深了,也进一步勾画了西方保护风土建筑遗产的未来图景,因为佩夫斯纳等一众研究者的努力,这一图景越来越清晰。

此后进入 20 世纪 60 年代—90 年代,与前两个阶段相比,周期越来越短,原因在于风土研究的演进在经历基奠性的观念建基之后,此后则进入快速学科化阶段。这一转变集中在上一阶段学术史演进的末尾,即鲁道夫斯基 1964 年"没有建筑师的建筑"展览之后,拉普卜特出版了《宅形与文化》一书,接续拉普卜特的人类学视野,在 20 世纪 90 年代末期,由英国人奥利弗率先完成《世界风土建筑百科全书》的编纂,成为风土建筑研究完成学科化的标志。

摩根的《美国土著居民的房屋与家庭生活》研究完成于1881年，当时并未获得很大反响，在1964年"没有建筑师的建筑"展览之后，人们对于风土建筑的兴趣大增。摩根这本关于美国原住民印第安人住居、习俗及社会组构的书在1965年再版时，被重新认为极有价值。4年之后，1969年，拉普卜特出版重要著作《宅形与文化》，指出住屋是社会制度和文化的产物，是一种文化形式、文化建成物，拉普卜特突破了以往建筑史研究架构的限制，以前无法处理（或不处理）的大部分的"普通建筑物"得到关注，在社会变迁中意义的转化，以及在社会关系权力运作中的作用被加以研究。1994年，日本学者浅川滋男的博士论文《住的民族建筑学——江南汉族与华南少数民族的住居论》进一步提出人类学视角对于风土建筑研究的重要性。在延续过去的考古学、建筑史研究的遗构及据文献复原的基础上，将风土建筑的研究作为认识人类学的分支，进行民族志学、地理学的分布论的比较，提出建筑是由一个社会里的所有构成人员共有的认识形成的，是综合性的社会的产物，是"活生生的建筑"。这些强调研究者"走向田野"的人类学观点逐渐将风土建筑研究本身引向容纳多种学科的视角和方法，在研究中与风土建筑相关的纵横资料，均需从历时性和共时性的角度进行分析解读。1997年，奥利弗编辑出版长达3卷、2 000余页的《世界风土建筑百科全书》，完成集大成的学科架构，将20世纪全世界现存的风土建筑从"环境－文化"的角度作了七个分区，显示了风土建筑在世界范围内地理上的分布情况。

编著中对风土建筑的"环境－文化"两分本质造成的多学科研究视野形成的成果进行梳理和汇总，一方面出于一种"艺术史"式的需求，希望此书是一个积极的设计资源，对建筑学的发展产生影响，另一方面则是出于近期世界范围内风土建筑极速破坏背景下抢救性记录的需要。

根据《世界风土建筑百科全书》，现代语境中风土建筑基本的研究对象和学科框架共有20种。在对西方风土建筑研究的演进形成基本认识之后，我们要注意到当前困扰遗产保护工作者的紧迫问题还未解决，我国曾经量大面广的风土建筑在城市化的威胁中，正以极快的速度改换原貌、趋于消失，传统环境的重要底色正被逐渐"刮除"，乡愁越来越难觅。即使是借助文保身份幸存的官式建筑，也只能以点状孤立的方式分布在缺乏历史连贯性的环境之中，形成我国传统文脉的断裂、历史意义的模糊。

当今建筑历史的学术研究已经并非只为学术而研究，而是有对公共生活进行"介入"的目的，这也是知识阶层对于公共生活投注关心与热情的体现。而在研究中，也总是会包含教育后来者的意图，这一专业理想从启蒙时代就开始传递给无数知识分子。如何将城乡环境中的风土建筑与官式建筑视作整体财富进行"整体性"

保护，"连贯性"再生的紧迫性、必要性，已经是国内外许多建筑史研究者（包括建筑教学者、遗产保护者）逐渐产生共识并与其他学科的学者通力合作的重要动机。

因此，下篇选择了三个国际案例以及一个国内案例，对国内外的风土建筑保护实践进行了个案研究和初步查证。视角包含英国、日本和中国，侧重于日本研究的动机在于：首先注意到日本是亚洲一个"西化"程度最高的国家，受到西方观念和理论的影响，20 世纪 80 年代鲁道夫斯基的《没有建筑师的建筑》一书经渡边武信翻译后出版，译者自觉地接续了 30 年代和辻哲郎《风土》一书的主旨，使用"风土建筑"一词对应 vernacular，并认为"没有建筑师的建筑"具有"风土性"。其次，日本风土建筑的构筑多为木质遗产，与我国同属于东亚建筑体系下的风土建筑，材质情况较为接近。最后，在日本，风土建筑的存续往往实施等同于文物保护的标准，其严谨的研究态度和技术方法具有相当的借鉴意义。

通过适当的视野"迁移"，聚焦了国内的保护实践热点案例之一——广州恩宁路历史街区的改造案例，综合分析和反思了业内历史环境保护与风土延续理念的成熟度，为恩宁路后续二期改造的适度介入和保护性干预给出了初步的参考，并提出中国当代新风土实验的意义。1999 年，在《世界风土建筑百科全书》问世 2 年后，国际古迹遗址理事会（ICOMOS）通过《风土建成遗产宪章》指出：风土建筑是社群为自己建造房屋的一种传统和自然方式，是一个社群的文化和与其所处地域关系的基本表现。宪章显示出对于风土建筑保护的重视，其抢救遗存实物、社群文化、地域关系的紧迫性也在学科化阶段，即风土建筑研究学术架构成熟同期成为遗产保护者的工作重心之一。

风土建筑不论是作为单体考虑还是代表历史性环境中的社群共同体的一个神经元，今天的实践者面对这一对象，无论介入程度的深浅，都应在厘清理念的基础上审慎实践，管控得当。在现代进程中，风土承载的是关于认同的意义的重量，现代人的经验开始不断返回到以"再回忆""再感知""再建构"历史馈赠的诸多遗产，以对"历史的敬畏"抵抗"存在之遗忘"，而不再是过去简单化的"批判""解构"态度。要真正走进这种新的历史氛围，并在这中间找到自己的道路，重新组织起新的叙事结构来，着实不易。

写到这里，请允许笔者最后以拉斯金在《建筑七灯》第五灯"生命之灯"中沉甸甸的叩问自勉："不，我们可以希冀所有这样的回归总能达成，如果我们将瘫痪转为天真，那就有希望；但是我不知道我们如何再次回归童年，寻回我们失去的生活。"

# 附录 A 《风土建成遗产宪章》

## CHARTER ON THE BUILT VERNACULAR
## HERITAGE(1999)

*atified by the ICOMOS 12th General Assembly , in Mexico , October 1999 .*

## 风土建成遗产宪章(1999)

（国际古迹遗址保护协会第十二届全体大会于 1999 年 10 月在墨西哥通过）

### INTRODUCTION
### 前言

The built vernacular heritage occupies a central place in the affection and pride of all peoples. It has been accepted as a characteristic and attractive product of society. It appears informal, but nevertheless orderly. It is utilitarian and at the same time possesses interest and beauty. It is a focus of contemporary life and at the same time a record of the history of society. Although it is the work of man it is also the creation of time. It would be unworthy of the heritage of man if care were not taken to conserve these traditional harmonies which constitute the core of man's own existence.

风土建成遗产在全人类的情感和自豪感中占有重要的地位。它已经被公认为是有特征的和有魅力的社会产物。它看起来是不拘泥于形式的,但却是有秩序的。它是有实用价值的,同时又是美丽和有趣味的。它是那个时代生活的聚焦点,同时又是社会史的记录。它不仅是人类的作品,也是时间的创造物。如果这些组成人类自身生活核心的传统性和谐不被重视,人类的遗产将失去价值。

The built vernacular heritage is important; it is the fundamental expression of the culture of a community, of its relationship with its territory and, at the same time, the expression of the world's cultural diversity.

风土建成遗产是重要的;它是一个社群的文化,以及与其所处地域关系的基本表现,同时也是世界文化多样性的表现。

Vernacular building is the traditional and natural way by which communities house themselves. It is a continuing process including necessary changes and continuous adaptation as a response to social and environmental constraints. The survival of this tradition is threatened world-wide by the forces of economic, cultural and architectural homogenisation. How these forces can be met is a fundamental problem that must be addressed by communities and also by governments, planners, architects, conservationists and by a multidisciplinary group of specialists.

风土建筑是社群为自己建造房屋的一种传统和自然方式。风土建筑包含必要的变化和不断适应的连续过程以因应社会和环境的约束。这种传统的幸存物在世界范围内遭受着经济、文化和建筑同一化力量的威胁。如何抵制这些威胁是社群、政府、规划师、建筑师、保护工作者以及多学科专家团体必须熟悉的基本问题。

Due to the homogenisation of culture and of global socio-economic transformation, vernacular structures all around the world are extremely vulnerable, facing serious problems of obsolescence, internal equilibrium and integration.

由于文化和全球社会经济转型的同一化,面对被忽视、内部失衡和解体等严重问题,全世界的风土建成物都非常脆弱。

It is necessary, therefore, in addition to the Venice Charter, to establish principles for the care and protection of our built vernacular heritage.

因此,有必要建立管理和保护风土建成遗产的准则,以补充《威尼斯宪章》。

## GENERAL ISSUES
## 一般性问题

1. Examples of the vernacular may be recognised by:

1. 风土性可以由下列各项确认:

**a**）A manner of building shared by the community；

a）某一群落共有的一种建造方式；

**b**）A recognisable local or regional character responsive to the environment；

b）一种可识别的、与环境因应的地方或区域特征；

**c**）Coherence of style，form and appearance，or the use of traditionally established building types；

c）风格、形式和外观一致，或者使用基于传统建立的建筑类型；

**d**）Traditional expertise in design and construction which is transmitted informally；

d）突破一般形式流传下来的用于设计和施工的传统专业技术；

**e**）An effective response to functional，social and environmental constraints；

e）一种对功能、社会和环境约束的有效因应；

**f**）The effective application of traditional construction systems and crafts.

f）一种对传统的建造体系和工艺的有效应用。

**2.** The appreciation and successful protection of the vernacular heritage depend on the involvement and support of the community，continuing use and maintenance.

2. 正确地评价和成功地保护风土建成遗产要依靠社群的参与和支持，依靠持续不断的使用和维护。

**3.** Governments and responsible authorities must recognise the right of all communities to maintain their living traditions，to protect these through all available legislative，administrative and financial means and to hand them down to future generations.

3. 政府和主管部门必须确认所有的社群有保持其生活传统的权利，通过一切可利用的法律、行政和经济手段来保护生活传统并将其传给后代。

# PRINCIPLES OF CONSERVATION
# 保护原则

**1.** The conservation of the built vernacular heritage must be carried out by multidisciplinary expertise while recognising the inevitability of change and development，and the need to respect the community's established cultural identity.

1. 风土建成遗产的保护必须在认识变化和发展的必然性和认识尊重社群已建立的文化身份的必要性时，借由多学科的专门知识来实行。

**2.** Contemporary work on vernacular buildings，groups and settlements should respect their cultural values and their traditional character.

2. 当今对风土建筑物、街区和聚落所做的工作应该尊重其文化价值和传统特色。

**3.** The vernacular is only seldom represented by single structures，and it is best conserved by maintaining and preserving groups and settlements of a representative character，region by region.

3. 风土性几乎不可能通过单个建成物来体现，最好是经由维持和保存有典型特征的街区和聚落来成片区地保护风土性。

**4.** The built vernacular heritage is an integral part of the cultural landscape and this relationship must be taken into consideration in the development of conservation approaches.

4. 风土建成遗产是文化地景的组成部分，这种关系在保护方法的发展过程中必须予以考虑。

**5.** The vernacular embraces not only the physical form and fabric of buildings，structures and spaces，but the ways in which they are used and understood，and the traditions and the intangible associations which attach to them.

5. 风土性不仅在于建筑物、构筑物和空间的实体形态，也在于使用它们和理解它们的方法，以及附着在它们身上的传统和无形的联想。

## GUIDELINES IN PRACTICE
## 实践中的细则

**1.** Research and documentation

Any physical work on a vernacular structure should be cautious and should be preceded by a full analysis of its form and structure. This document should be lodged in a publicly accessible archive.

1. 研究和文献编录工作

任何对风土建成物进行的实际工作都应该谨慎,并且事先要对其形态和结构做充分的分析。这类文件应该存放于可供公众使用的档案里。

**2.** Siting, landscape and groups of buildings

Interventions to vernacular structures should be carried out in a manner which will respect and maintain the integrity of the siting, the relationship to the physical and cultural landscape, and of one structure to another.

2. 选址、地景和建筑群

对风土建成物进行干预时,应该尊重和维护对选址的完整理解、维护它与自然地景和文化地景的联系,以及建筑物和建筑物之间的关系。

**3.** Traditional building systems

The continuity of traditional building systems and craft skills associated with the vernacular is fundamental for vernacular expression, and essential for the repair and restoration of these structures. Such skills should be retained, recorded and passed on to new generations of craftsmen and builders in education and training.

3. 传统建筑体系

与风土性有关的传统建筑体系和工艺技术对风土性的表现至为重要,也是修复和复原这些建成物的关键。这些技术应该被保留、记录,并在教育和训练中传授给下一代的工匠和建造者。

**4.** Replacement of materials and parts

Alterations which legitimately respond to the demands of contemporary use should be effected by the introduction of materials which maintain a consistency of expression, appearance, texture and  form  throughout  the  structure  and  a consistency of building materials.

4. 材料和部件的更换

为适应目前需要而做的合理的改变应该考虑到所引入的材料能保持整个建成物的表达、外观、质地和形式的融合，以及建筑物材料的一致。

**5.** Adaptation

Adaptation and reuse of vernacular structures should be carried out in a manner which will respect the integrity of the structure，its character and form while being compatible with acceptable standards of living. Where there is no break in the continuous utilisation of vernacular forms，a code of ethics within the community can serve as a tool of intervention.

5. 适应性

为了与可接受的生活水平相协调而适应化和再利用风土建成物时，应该尊重其结构、特色和形式的完整性。在风土形式不间断地连续使用的地方，存在于社群中的道德准则可以作为干预的手段。

**6.** Changes and period restoration

Changes over time should be appreciated and understood as important aspects of vernacular architecture. Conformity of all parts of a building to a single period，will not normally be the goal of work on vernacular structures.

6. 变化和定期修复

随着时间流逝而发生的一些变化，应作为风土建筑的重要方面得到人们的欣赏和理解。风土建成物干预工作的目标，并不是把一幢建筑的所有部分修复得像同一时期的产物。

**7.** Training

In order to conserve the cultural values of vernacular expression，governments，responsible authorities，groups and organisations must place emphasis on the following：

7. 培训

为了保护风土性表达的文化价值，政府、主管机关、各种团体和机构必须在如下方面给予重视：

a) Education programmes for conservators in the principles of the vernacular；

b）Training programmes to assist communities in maintaining traditional building systems，materials and craft skills；

c）Information programmes which improve public awareness of the vernacular especially amongst the younger generation.

d）Regional networks on vernacular architecture to exchange expertise and experiences.

a）按照风土性原则实施对保护工作者的教育计划；

b）帮助社群制定维护传统建造体系、材料和工艺技能方面的培训计划；

c）通过信息传播，提高公众特别是年青一代的风土意识；

d）用于交换专业知识和经验的有关风土建筑学的区域性工作网络。

# 附录 B 《木质建成遗产保护准则》

## 序言

本准则是对 1999 年 10 月在墨西哥 ICOMOS 第 12 次全球代表大会上通过的 "历史木构建筑保护准则"的补充及更新。此次更新过程始于墨西哥瓜达拉哈拉大会(2012),日本姬路大会(2013),并延续至瑞典法伦大会(2016)。

本文件力求与《威尼斯宪章》(1964)、《阿姆斯特丹宣言》(1975)、《巴拉宪章》(1979)、《奈良真实性文件》(1994)的一般原则,以及联合国教科文组织和 ICOMOS 提出的有关木质建筑遗产保护的相关法规相适用。

本文件旨在尊重木质建成遗产文化意义的基础上,定义具有最大限度国际实例适用性的保护及保养的基本原则。

这里提到的"木质建成遗产",是指所有类型的木质建筑,以及具有文化意义或作为历史区域一部分的其他木质构筑物,包括那些临时性的、可移动和持续演变的构筑物。

文件中提到的"价值",指的是美学、人类学、考古学、文化、历史和科技的遗产价值。本准则适用于具有历史价值的木质建筑物和构筑物。并非所有建筑都完全由木材建造,由此也应考量木材与其他材料在建造中的相互作用。

## 原则

· 认识并尊重木质建成遗产的重要性,它们的各个历史时期的结构体系和细节都是人类文化遗产的组成部分。

· 重视并尊重木质建成遗产的多样性以及任何与其相关的非物质遗产。

· 认识到木质遗产为手工艺者和建造者的技艺、以及他们掌握的传统的、文化的和祖传的知识提供物质证据。

· 理解文化价值随时间的持续演变,因而需要周期性回溯它们如何被定义,以及真实性如何被界定,以适应不断变化的认知和态度。

· 尊重不同的地方传统、建造实践和保护方法,并重视可以被应用于保护中的多样的方法与技术。

- 重视并尊重历史上采用的丰富多样的木材的种类和材质。
- 认识到从建筑物和构筑物整体来看,木构件是纪年信息的珍贵载体。
- 重视木结构能承受巨大外力(抗震)的优良性能。
- 认识到全木或半木结构在多变的气候环境条件下的脆弱性,易受(并不限于)温度和湿度变化、光照、真菌和昆虫、磨损风化、火灾、地震或其他自然灾害和人为损毁等因素的影响。
- 认识到因木构自身的脆弱性、不当利用、传统建筑设计和建造技艺的失传,以及对当地社区的精神和历史需求缺乏理解,越来越多的历史木构建筑在消失。
- 认识到木构建筑遗产保护中社区参与的相关性,保护与社会、环境变化的关系,及其对可持续发展的作用。

### 检查、勘察和研究

1. 在考虑实施任何干预前,应认真记录建筑结构及其各组成部分的现状,包括之 前所有的干预工作。

2. 在任何干预行动前,必须实施全面、精确的诊断分析。分析内容需附有对建筑的建造和结构体系,现状及糟朽成因、损坏或结构故障,以及设计、定型或装配错误的分析。这些诊断必须以文献佐证、本体物理性勘察和分析为基础,若有必要,物理现状的检测应当采用无损测试,甚至必要时的实验室测试,也不排除在必要时采取微小干预和紧急保护措施。

3. 在检测对象被其他结构遮盖部位,上述检测方式可能不足以获得本体结构全部现状信息。在覆盖物价值允许的情况下,可以考虑局部临时性移除遮挡以实施检测,但必须在完成全面记录的基础上。

4. 木构件上"看不见"(隐藏着的)标记也应被记录。"看不见"的标记是指如木工的题记、水平线及被工匠用于施工(或后续工程或修缮中的)无意作为可见的建筑构成部分的其他标记。

### 分析和评估

5. 保护工作的首要任务是保留历史遗存的真实性,包括布局构造、材料、装配、完整性、建筑学及文化遗产价值,并尊重其历史变迁。而要做到这一点,则应尽可能保留所有界定遗产特征的要素。界定遗产特征的要素可包含以下一项或多项内容:

a) 整体结构系统;

b) 非结构元素如立面、隔断、阶梯;

c）表面特征；

d）木工的装饰处理；

e）传统和工艺；

f）建筑材料，包括建材质量（或品级）和典型特征。

6. 必须对上述要素的价值进行评估和界定，以制定干预方案。

## 干预措施

7. 干预工作的第一步应制定建筑保护总体策略。这需要相关各方参与讨论并达成共识。

8. 干预策略须考虑当前的主流文化价值观。

9. 除干预规模过大、可能影响历史建筑真实性的情况外，建筑结构的原始功能应予以保留或修复。

10. 干预可采取如下形式：

a）使用传统木工工艺或兼容的现代固件的简单修复；

b）使用传统或兼容的材料和工艺的结构加固；

c）缓解现有结构荷载的补充结构的引入。

干预方式的选择应取决于是否能够最好地保护建筑结构的文化价值。

11. 干预最好能够做到：

a）以必要的最小干预来保证建筑或遗址的物理和结构稳定性及其本体和文化意义的长久保存；

b）遵循传统做法；

c）如技术可行，尽量可逆；

d）不影响或阻碍后续必要的保护工作；

e）不妨碍未来对显露或融入建筑中的证据的读取；

f）重视遗产环境。

12. 干预应遵循的标准是：能够确保建筑本体保存、尽可能多保留真实性和完整性、并使其持续安全地发挥功能的最小干预。但是，遇如下情形不排除部分拆卸甚至全部的结构解体（落架）：

a）采用原构件进行原址修缮时需要的干预程度过大；

b）变形严重以至于无法恢复其原有结构性能；

c）为维持已变形结构稳定需有不当添加，任何拆卸工作的适当性均应结合其文化背景来考虑，且应以最好地保持建筑真实性为目标。

此外，干预决策的确定应考虑和评估拆卸过程中对木材以及木质和其他材质连接件(如钉子)等潜在的不可逆的破坏。

13. 应尽可能多地保留现有构件。当有必要替换整个或部分构件时,应首先尊重建筑的整体特性和价值。在特定文化背景下,如已有相关传统,其他老旧建筑中的构件也可能在干预过程中被利用。

14. 任何用于替换的木材应尽量满足如下条件:

a) 与原构件属于同一木种;

b) 与原木构件含水率相吻合;

c) 可见的部分与原木构件有相似纹理特征;

d) 加工时采用与原构件相似的工艺和工具。

15. 不应刻意将替换的木构件人工做旧。新构件不应在审美上影响整体外观。不应对替换构件上色以匹配整体色彩现状,但特殊情况如会对遗产建筑的艺术理解和文化意义造成严重负面影响时除外。

16. 新木构件可做谨慎的标记处理,以便后期可辨识。

17. 为评估诸如临时性和演进中的特定木质建成遗产的文化意义,需要对其更多特有的价值进行考量。

18. 在实施干预过程中,历史建筑应被视为一个整体。所有材料,包括结构性部件、填充性嵌木、防风板、屋顶、地面、门窗等,均应被同等重视。原则上,现存材料以及早期修缮,应在其不影响结构稳定性的情况下尽可能予以保留。保护对象还应包括各种建筑表层处理如地仗层、彩绘层、表面涂层、墙纸等。应尊重原材料、原工艺和原肌理。如建筑表面糟朽亟需更换时,宜采用兼容材料和工艺。

19. 考虑结构性部件时应注意如下几点:

a) 若结构本身性能表现良好,且其使用情况、实际条件及承重系统均未变化时,可通过只简单维修/加固最近受损和失效的承重部分来有效增强其结构性能。

b) 如近期产生过较大变动,或未来有可能的功能变更将会造成更大的负载时,在考虑实施任何加固措施前,应通过结构分析评估其潜在承载强度。

20. 任何情况下都不应仅仅为满足现代建筑规范要求而实施干预措施。

21. 一切干预措施均须建立在经充分验证的结构原则基础上。

22. 对于已经长期存在、无结构和功能影响的轻微偏移变形,不可一味地为迎合今天的审美倾向,而实施"纠偏"干预。

## 当今材料和技术

23. 对选择和使用当下新材料和技术应采取极端谨慎的态度,只有当这些材料和建造技术的耐久性和结构性能已经足够长的时间被证实表现良好时,方可考虑。

24. 实用设施的安装应考虑建成遗产的物质和非物质价值。

25. 新的设施的安装不应引起诸如温湿度等环境条件的巨大改变。

26. 化学性防腐剂的使用应当被谨慎控制和监测管理,且只有当公众和环境安全不受影响且有重要的长效提升等明确效果时方可使用。

## 记录和建档

27. 根据《威尼斯宪章》第 16 条以及《ICOMOS 关于建筑、建筑群和遗址记录的准则》的规定,记录应包含干预措施和保护工作中涉及的所有材料。所有相关文献档案,包括从建筑中拆除的多余材料或构件的典型样品,以及传统技法和工艺的相关信息,均应被收集、编目、妥善保存且适当开放查阅。记录中应包括选择特定保护修复材料和方法的具体原因。

26. 既为了建筑今后的持续维护,也作为重要历史档案,所有上述记录应被妥善保存。

## 监测和维护

29. 必须制定一套清晰连贯的定期监测和日常维护的策略,以推迟更大的干预措施的实施,并确保对木质建成遗产及其文化价值的持续保护。

30. 监测工作须贯穿任何保护干预过程始终并持续进行,以确保采用方法的有效性以及木构件和其他材料的长期性能。

31. 日常维护和监测数据都应作为建筑历史资料的一部分妥善保存。

## 历史森林保护区

32. 因木构建筑非常脆弱,但作为持续贡献社会发展的活态遗产的一部分,涉及的木材的可得性对其保护至关重要。因此,森林保护区在木构建筑维护和修复的自我维持循环中发挥着非常关键的作用。这一点应当被充分重视。

33. 古迹遗址保护机构应当鼓励保护原始林区并建立风干木材仓库,以用于木质建成遗产的保护修缮。此项政策应预见到未来修复工作中对适用风干木材的大量需求。然而,这些政策并非要鼓励对历史建筑真实构件的大规模替换,而是为建筑必要的修缮和少量替换服务的储备型保护区。

## 教育和培训

34. 记录、保护和恢复历史木构建筑的传统知识和技艺是非常重要的。

35. 教育是通过推动对遗产价值和文化重要性的理解和认知,来提升木构建筑遗产保护意识的一个核心途径。教育是可持续的保护和发展政策的基础。一个综合、可持续的策略须涉及地方、区域、国家和国际层面,同时还应包括所有相关政府机构、领域、行业、社区和其他相关群体。

36. 应该鼓励开展有利于深入理解木质建成遗产的显著特征、其社会及人类学方面内容的研究项目(尤其是在区域层面)。

## 术语词汇表:

建造、建筑(名词):1. 将材料有效排列、组合、统一构成一个整体的行为;2. 建造的行为;3. 建成物(也见下文"构筑物")。

文化意义:建筑或遗址中对过去、现在和未来世代具有的美学的、历史的、考古的、人类学的、科学的、技术的、社会的、精神的或其他非物质的遗产价值。

有机演进的建筑:那些在当今社会保持着活跃的社会角色而又与传统生活方式紧密相连,并且仍然在演变进程中的建筑。同时这些建筑是展示其历史演进过程的重要物证。

本体:建筑或遗址所有的物理材料,包括构成部分、固定装置、内容及其他实物。

非物质遗产:与木质建成遗产的建造和使用相关的各传统过程。

加固:增强建筑单个构件、构件组合或整体的结构性功效的行为。

修复:是指旨在恢复木构建筑遗产一部分或全部的结构性能、美学完整性的行为。这包括了为了替换糟朽部分或保持建筑结构和材料的完整而对历史建筑本体采取的艰苦细致的干预工作。

构筑物(名词):一个经过设计和建造的稳定的构件组合,它作为一个整体具有安全地支撑和传递使用荷载至地面的功能。

临时性结构:作为特定文化或民族的重要仪式或其他活动的一部分,体现其传统文化、工艺及传统知识,而被周期性建造、使用再拆除的结构。

ICOMOS China

中国古迹遗址保护协会

# 附录 C 《乡村景观遗产准则》

ICOMOS-IFLA(国际古迹遗址理事会文化景观专业委员会—国际景观设计师联盟)关于乡村景观遗产的准则是在 2017 年年底在印度召开的 ICOMOS 第 19 届大会通过的 4 个文件之一,也是文化景观专业委员会于 2013 年启动的一个名为"全球乡村景观倡议"主题研究工作的初步成果,相关成果还包括编制中的全球乡村景观地图集和术语词汇表。

ICOMOS CHINA 延续了积极参与国际讨论的专业态度,密切关注了这一文件的编制,并认真贡献了基于中国思考和实践的专业意见。

ICOMOS CHINA

中国古迹遗址保护协会

## 《国际古迹遗址理事会与国际景观设计师联盟
## 关于乡村景观遗产的准则》
基于第十九届 ICOMOS 大会提交的版本分发给 ICOMOS 成员的最终版

### 序言

乡村景观是人类遗产的重要组成部分,也是延续性文化景观中最常见的类型之一。全世界的乡村景观丰富多样,它们也代表了多样的文化和文化传统。乡村景观为人类社会提供多种经济和社会效益、多样化的功能、文化支持和生态系统服务。本文件旨在从国际到地方管理各级,和涉及的各个层面,就乡村景观系统的伦理、文化、环境和可持续转化,鼓励深入思考并提供指导。

认识到以文化为基础的食物生产与对可再生自然资源的利用所具有的全球重要性,以及在当代文化、环境、经济、社会及法律背景下面临的问题和挑战;

考虑到《联合国世界人权宣言(1948 年)》《联合国生物多样性公约(1992 年)》《联合国教科文组织世界文化多样性宣言(2001 年)》《联合国原住民权利宣言

（2007年）《粮食和农业的植物遗传资源国际条约》（粮食和农业组织，2011年），
2015年联合国可持续发展目标（尤其是但不限于子目标11.4）等国际公约均阐明，所
有人类都有权享受充足、健康和来源安全的食物和水；

考虑到《关于古迹遗址保护和修复的威尼斯宪章（1964）》《联合国教科文组织保
护世界文化和自然遗产公约（1972）》《国际古迹遗址理事会—国际景观设计师联盟
关于历史公园的佛罗伦萨宪章（1981）》《国际古迹遗址理事会关于历史城镇和城区
保护的华盛顿宪章（1987）》《国际古迹遗址理事会关于真实性的奈良文件（1994）》
《联合国教科文组织保护非物质文化遗产公约（2003）》《国际古迹遗址理事会关于保
护文物建筑遗址和遗产区域的背景环境的西安宣言（2005）》《联合国教科文组织关
于历史城市景观的建议（2011）》《国际古迹遗址理事会关于作为人类价值的遗产与
景观的佛罗伦萨宣言（2014）》《联合国教科文组织关于生物和文化多样性关联的佛
罗伦萨宣言（2014）》联合国教科文组织将可持续发展观纳入世界遗产公约议程的政
策（2015）等国际文件都与景观的遗产和文化价值相关；

考虑到区域及国家层面诸多文件都与乡村景观有关，如《欧洲景观公约（2000）》
《欧洲乡村遗产观察指南（CEMAT，2003）》《欧洲委员会关于文化遗产的社会价值的
法罗公约（2005）》《关于神圣自然遗产地和文化景观在生物和文化多样性保护中的
作用的东京宣言（2005）》《关于加勒比文化景观的古巴圣地亚哥宣言（2005）》《拉丁
美洲景观行动（LALI）（2012）》《国际古迹遗址理事会澳大利亚国家委员会关于保护
具有文化意义的场所的宪章（巴拉宪章）（1999—2013）》《国际风景园林师联合会亚
太地区景观宪章（2015）》；

考虑到联合国教科文组织世界遗产中心颁布的《实施保护世界遗产公约的操作
指南（2015）》，自1992年以来就将乡村景观认定为"延续性的文化景观"；

考虑到将乡村景观作为遗产的《国际古迹遗址理事会—国际景观设计师联盟文
化景观科学委员会（ISCCL）关于乡村景观的米兰宣言（2014）》；

考虑到世界自然保护联盟（IUCN）在其管理体系中对第五类受保护陆地景观和
海洋景观的认可，IUCN对维持传统游牧所做的努力（关于可持续畜牧业的全球倡
议，2008），以及国际古迹遗址理事会（ICOMOS）与世界自然保护联盟（IUCN）联合
倡议"自然与文化联合实践"，认识到人们与周围环境进行互动的方式维系了生物—
文化多样性（包括农业生物多样性以及文化和精神价值）；

考虑到联合国粮食及农业组织（FAO）《全球重要农业遗产（GIAHS）》项目旨在
确认和保护卓越的具有遗产价值和丰富的全球重要农业生物多样性及知识体系的
土地利用系统和景观；

考虑了其他与乡村景观相关的文件，如《关于农业遗产的巴伊萨宪章（2012）》在

匈牙利托卡伊通过的《关于葡萄园文化景观的世界遗产主题专家会议的建议（2001）》以及其他关于将乡村文化景观作为遗产的主题专家会议；

国际古迹遗址理事会和国际景观设计师联盟承诺将扩大双方的合作，通过传播和使用下述准则，来提升将乡村景观遗产作为人类社会和文化的组成部分以及世界范围内重要资源的理解、有效保护、可持续转化、传播和欣赏。

本准则旨在通过对乡村景观遗产价值的认知、保护和推广，寻求方法应对乡村景观及其相关社区所面临的损失和负面改变。目的是推动实现经济、社会、文化及环境各方之间的适度平衡。

## 准则

### A 定义

乡村景观：就本文件而言，乡村景观指在人与自然之间的相互作用下形成的陆地及水生区域，通过农业、畜牧业、游牧业、渔业、水产业、林业、野生食物采集、狩猎和其他资源开采（如盐），生产食物和其他可再生自然资源。乡村景观是多功能资源。同时，生活在这些乡村地区的人和社区还赋予其文化意义：一切乡村地区皆是景观。

乡村景观是变化着的活态体系，包括使用传统方法、技术、累积的知识、文化习俗等生产并管理的地区，以及那些传统生产方式业已改变的地区。乡村景观系统包括乡村元素，其内部及与更广泛背景的功能、生产、空间、视觉、象征和环境的关系。

乡村景观包括管理良好的、已退化或废弃但仍可再利用或开垦还原的区域，如广阔的乡村空间、城市边缘以及建成区域内的小型空间等。乡村景观涵盖地面、亚表土及资源、土地上空以及水域。

乡村景观遗产：指的是乡村地区的物质及非物质遗产。乡村景观遗产的物理特征包括生产性土地本身、结构形态、水、基础设施、植被、聚落、乡村建筑和中心区、本土建筑、交通和贸易网络等，以及更广阔的物理、文化、与环境关系及背景。乡村景观遗产还包括相关的文化知识、传统、习俗、当地社区身份及归属感的表达、过去和现代族群和社区赋予景观的文化价值和含义。乡村景观遗产包含涉及人与自然关系的技术、科学及实践知识。

乡村景观遗产反映了社会结构及功能组织，及其在过去和现在的形成、使用和变革。乡村景观遗产包括文化、精神和自然属性，这些都对生物文化多样性的延续意义重大。

独特或普通，传统还是被现代活动改变，所有乡村地区都可以被当作遗产解读：遗产以不同的类型和层次存在，与多个历史时期相关，如同羊皮纸上的文字，可以被重叠书写。

**B 重要性**

乡村景观历经数千年得以形成，代表了地球上人类和环境发展史、生活方式及遗产的重要部分。世界许多地区对当地社区、原住民和参观者都是重要的食物、可再生自然资源、相应的世界观与福祉的源泉。用于生产和/或收获包括可食用资源的动植物资源的乡村景观，反映出广阔区域内人类与其他物种间的复杂关系。农业、林业、畜牧业、渔业和水产业、野生动植物资源以及其他资源活动的多样性对全球人类生活未来的适应力和复原力至关重要。

已有遗产名录认识到了乡村景观的遗产价值，如联合国教科文组织（UNESCO）世界遗产名录中的"延续性文化景观"。区域、国家及地方层面的遗产清单及保护区机制可能已识别出乡村景观的遗产价值。对乡村景观价值在任何级别的认识，都旨在提供对乡村景观中存在的物质及非物质特征和价值的意识，这也是推动这些地区的可持续保护、将其相关知识和文化意义传承后世的第一步和必要的一步。

**C 威胁**

不断增加的人口数量和气候变化导致乡村景观非常脆弱，面临损失和/或遗弃或巨变的风险。乡村景观受到的威胁反映出三种互相关联的变化类型：

1. 人口和文化（城市地区人口增长而乡村地区人口减少，城市扩张，密集的基础设施建设，开发压力，传统习俗、技艺、当地知识及文化的丧失）；

2. 结构（全球化，贸易及贸易关系的改变和增长，经济增长或衰退，农业实践和技术的强化，土地功能转变、天然牧场和驯化物种多样性的丧失）；

3. 环境（气候变化，污染和环境退化，包括不可持续资源的开采、对土壤、植被和空气质量的影响，生物多样性及农业生物多样性的丧失）。

**D 挑战**

其代表的重大价值，遗产应该在认识、保护和促进乡村景观和生物文化多样性上都发挥重要作用。通过支持乡村和城市居民、地方社区、政府、工业和集体，作为地区动态属性、威胁、风险、优势和潜力综合管理的一部分，遗产可以助力维护和增强乡村景观的适应性和应变力。保护乡村遗产的完整性和真实性，应集中确保在乡村景观内工作和生活的当地居民的生活水平和质量。与所有其他遗产一样，乡村遗产也是一种经济资源：应对其加以适当利用，为当地长期可持续发展提供重要支撑。

**E 效益**

乡村景观是未来人类社会和世界环境发展的关键资源：它们提供了食物、原材料以及身份认同感；它们代表了经济、空间、环境、社会、文化、精神、健康、科学、技术以及,在某些区域,休闲娱乐的要素。除了提供食物和原材料外,乡村景观还有助于土地保护(自然、环境、土壤、水文网络),有助于将乡村文化(技艺、环境知识、文化传统等)传递给下一代。与遗产价值的提升和传播充分结合,乡村景观往往能创造独特的经济和旅游收益。

在过去的几十年里,环境和文化遗产越来越成为国际、跨学科的和学科间研究的对象。作为知识所有者的当地社区或地方行动,利益相关方、乡村和城市居民与专家学者之间的合作,都有助于乡村景观作为珍贵的共享资源的保护、认知和价值提升。许多国际、国家和地方管理机构已通过立法和政策来支持这一概念。

**F 乡村景观的可持续性**

许多乡村体系已在长时间中被证明具备可持续性和发展弹性。这些乡村体系的多个方面,可为未来乡村活动管理提供参考,为保护和提高生物文化多样性提供支持,并有助于保障人们获得充足、优质食物和原材料的权利。

由于景观会经历持续的、不可逆的以及不可避免的变化过程,在制定乡村景观政策时,应将重点放在对可接受和适当的变化的管理,以及对遗产价值的保护、尊重和提升。

## 行动标准

具体措施是:理解、保护、可持续管理、交流传播景观及其遗产价值。

**A 理解乡村景观及其遗产价值**

1. 认识到所有的乡村景观都具有遗产价值,无论被评估为突出还是一般价值,这些遗产价值在规模和特征上呈现出多样性(形状、材质、用途和功能、历史时期、变化等)。

2. 记录乡村景观的遗产价值,以此作为有效规划、决策制定和管理的基础。清单、目录、地图集、地图为乡村景观的空间规划、环境和遗产的保护与管理、景观设计和监测提供基础信息。

3. 形成关于乡村景观物理及文化特征的基线知识:乡村景观的现状;其历史演变及物质和非物质遗产的表现;对景观历史的、内在的及当代社会文化中的感知;乡村景观体系内不同要素之间(天然和人造,物质和非物质)存在的历史与当代联系(空间、文化、社会、生产及功能上的);以及过去和当今涉及的利益相关方。清查和编目既是为描述乡村景观的现状也是为明确其历史变迁。

4. 制定不同层面的乡村景观(世界的、区域的、国家的、地方的)的清单目录。这些工具应整合当地、传统的和科学的知识体系,利用已有的、系统化的、适合专业和非专业人士使用的方法,以在国际及地方层面收集、比较乡村景观的信息。为建立有效的数据库,清单目录应考虑复杂性、人力成本、数据收集和整理时间安排等因素,并鼓励专家学者和当地居民的共同参与。

5. 形成相关知识体系以比较不同层级(世界、区域、国家、地方)的乡村景观,监测历史变化、支持共享学习,促进从地方与国际、公共及私人利益相关方间的合作。

6. 认识到当地居民是信息持有者,在很多情况下能够帮助塑造并维护景观,因此应积极参与到集体知识的创建中来。

7. 就研究、信息共享、技术支持,在各管理层级合作开展大范围知识创建活动等方面,推动公共机构、非政府组织和大学间展开广泛而持续的合作。

**B 保护乡村景观及其遗产价值**

1. 审查并实施相关立法和政策框架,确保在应对来自全球、国家及地方的威胁、风险和机遇,利用和转化乡村景观时,保持生物文化发展的可持续性和适应性。

2. 落实政策:通过法律、法规、经济战略、监管方法、信息共享和文化支持。由于乡村景观具有较大的复杂性特征,为此必须形成详细的、跨领域的政策,从更广泛的层面考虑文化、社会、经济、环境等因素。

3. 明确动态保护、修复、创新、适应性转化、维护和长期管理的策略和行动。应寻求全球与当地方法间的平衡,确保在有效设计和日常管理过程中所有利益相关方和社区的参与和合作。

4. 考虑到乡村景观的遗产价值包括经济、社会、环境、文化、精神及空间等不同纬度,对每一乡村景观的价值的良好认知,将有助于对遗产未来适当和有效的转更好的管理。

5. 制定有效的方针政策,应先获取景观相关的地方知识、了解其强项和弱项,以及潜在的威胁和机遇。制定目标,选择适当的工具,形成项目行动计划,明确长、中、短期管理目标。

6. 明确监测策略,审查政策实施的有效性,重新评估与监测结果相关的短、中和长期目标。

7. 考虑到有效实施既定方针政策,有赖于公众有足够的知识和意识,能够支持所需的战略方针,并积极参与进来。有必要与其他行动相互补充。公共管理机构应支持积极主动的和自下而上的行动。

**C 持续管理乡村景观及其遗产价值**

1. 考虑到食物和自然资源生产的生态文化权利。应实施有规划的管理方法,认识到景观具有动态特征,是活着的遗产,并尊重生活在其中的人类和非人类物种。尊重、珍视并支持文化多样性以及不同族群不同的与自然相处的方式。

2. 确认乡村景观的关键利益相关方,包括乡村居民、与当地有紧密联系的当地社区、原住民和移民群体；他们在塑造和维护景观中发挥的作用，以及他们关于自然和环境状况的知识、历史和当下的重要事件、当地文化和传统、以及数世纪以来不断试验和实施的科学和技术方案。承认乡村居民高标准高质量的生活将有助于促进乡村活动的开展、维护乡村景观、将乡村实践和文化传递至下一代，源远流长。

3. 考虑在制定作为遗产资源的乡村景观可持续管理战略时，大小规模景观在文化、自然、经济和社会等不同方面之间的关联。

4. 考虑乡村景观和城市景观的相互联系。乡村景观是全球都市居民提升生活品质（休闲娱乐、食物的品质和数量、木柴、水和洁净的空气、园艺种植等）的重要资源。城市可以为乡村景观出产的产品提供经济机会，并根据城市居民的需求融入其他休闲、教育、农业旅游等多样功能。应鼓励乡村、城郊以及城市居民积极合作和实践，促进共享乡村景观遗产知识和分担管理职责。

5. 在长期可持续（经济，社会，文化，环境）资源使用与遗产保护、乡村工人短期内提升生活品质的需求之间寻求平衡。这是维持和促进乡村景观活动的前提条件。生活品质包括收入、社会认同、教育等公共服务的供给、文化权利的认可等。这需要找到适当的方法和方式，使得活态遗产价值可以被认可，社会变革与遗产价值的保护、利用和传播能够相融合，与乡村景观遗产的经济增效相一致。

6. 支持对乡村景观实施公平治理，鼓励当地民众、利益相关方、城市及农村居民积极参与到乡村景观遗产的管理和监测中来，参与知识生产和传播，肩负相关责任。这是因为许多乡村景观包含私人、企业和政府等多种所有权形式，为此形成合作式工作关系是有必要的。

**D 乡村景观遗产和价值的沟通及传递**

1. 通过协同分享活动来传播对乡村景观遗产价值的认知，如共享学习、教育、能力建设、遗产阐释和研究活动等。制定参与计划和实践方案，将民间团体、私营组织、公共管理机构等纳入进来，吸引城市及乡村居民的参与。

2. 提升人们对相关方式方法的认识，促进传统知识、技艺和实践的传承，开展相关案例研究，并推广最佳实践。

3. 使用各种工具、方法和文化实践活动支持共享学习、培训和研究，如文化地图、信息共享、教育、现场培训等，吸引当地社区、遗产专家、来自不同学科、学校和大学的专家学者等利益相关方以及媒体的积极参与。

# 附录 D　[美]约翰·迪克逊·亨特《诗如画、如画与约翰·拉斯金》

## Ut pictura poesis，the picturesque，and John Ruskin
John Dixon Hunt

## 诗如画①、如画与约翰·拉斯金
约翰·迪克逊·亨特

> 我只要稍微不从如画的层面来讨论一个话题，就总会遭受指责……
>
> ——拉斯金，写给电讯日报，1870 年 10 月 8 日

拉斯金终生信奉"人类灵魂之伟大莫过于观看，并清晰述说所看到的。"若要理解拉斯金精神与思想世界的主体，他接下来的话很关键："百里挑一的人能思考而不仅是言说，而千里挑一的人能看而不仅是思考。去清晰的看意味着诗，意味着预言，也意味着宗教——集于一体。"（第 5 卷 333 页）②本文之目的即为考察此三者。

不过，重要的是通过这段开场白强调拉斯金不是哲学家；此外，虽然他有时显得比他的对手更系统化和有逻辑，他也不太依赖那种追求严谨一致的形式思维③。

---

① "诗如画"原文为拉丁语短语 Ut pictura poesis，其字面意思为"画如此，诗亦然"，古罗马诗人贺拉斯（Horace，公元前 65—前 8）在著作《诗艺》（Ars Poetica）中用此比喻以比较绘画艺术与诗歌，他以广泛的分析提出绘画应当与诗歌一样提供阅读者以美学上的愉悦。绘画既可以被近距离的欣赏，也可以被远距离的欣赏，诗歌也应当能够被仔细阅读或者被以广泛的视角整体阅读。译者注。

② 除特殊注明外所有引文均来自《拉斯金全集〔图书馆版〕》（The Works of John Ruskin），E.T.库克（E. T. Cook）与 A.韦德本（A. Wedderburn）编，39 卷。（伦敦，1903—1912），此处标示引用的卷数和页码供参考。作者注。

③ "然而如今，我无意追求用如此费力的系统化的方式来研究问题……"（第 5 卷 18 页）相较于 G.P.兰登（G. P. Landow）在《拉斯金的美学与批评理论》（The Aesthetic and Critical Theories of John Ruskin）。（普林斯顿·N.Y. 1971 年）。试图将拉斯金描述成一位系统性的思考者而言，这段评论于我而言更能代表拉斯金实际的实践方式。然而，兰登的书以及罗伯特·海威森（Robert Hewison）的《约翰·拉斯金，关于眼睛的争论》（John Ruskin，The Argument of the eye）（伦敦，1977），是最新的两本讨论拉斯金与如画美学这方面话题的专著。作者注。

1858 年,拉斯金在剑桥发表演说:

> 或许,今晚我的某些听众有时会听到这样的言论,说我容易陷入自我矛盾。我反倒希望自己陷入更多的矛盾。我一直认为,要解决任何一个重要问题,都必须至少给出正反两面答案,这就好比解一个二次方程。多数情况下,重要事情总是三面的,或者四面的,甚至多面的;对固执己见的人而言,要他们变换视角真不是件易事。

——第 16 卷 187 页

拉斯金当时正致力于让自身的艺术和建筑批评家职业身份变得合情合理;这是因为到了 1858 年时,他还剩两年就将完成已耗费十五载光阴的《现代画家》(*Modern Painters*)。最优秀的拉斯金当代研究者如此评价这部书:"如果拉斯金动笔时更懂些艺术,或写作时少汲取些知识,这书就不会那么让人困惑。"拉斯金或许至少不自知地怀有这样的信念,它显然促使他个人走向了对有机结构的某种普遍的浪漫主义信仰。"所有真正的思想都是鲜活的,"他在《现代画家》中如此写道(第 7 卷 9 页),"以能够滋养它者乃至推进变更来显示它们的生命力。"①

拉斯金在事业初期知之甚少,而后又汲取过多——这已是广被认可的观点,但它掩盖了关于拉斯金的另一个同样基本的事实。他早年受益于 18 世纪的如画美学,长期运用它关于体验风景与品读风景画的思想。这些均可在他第一部重要出版物《建筑的诗意》(*The Poetry of Architecture*)里找得到,并持续影响他至少到 1860 年之前的所有著作,尽管那时他已公开宣称放弃如画品位了。

在《建筑的诗意》里,拉斯金谈论风景对我们的教益——"大地上更为崇高的风景……被任命为思想的学校"(第 1 卷 132 页),自青年起拉斯金便在这方面反复训练,他的诗与速写显示了他频繁接触如画美学。不过,他宣称旅行有益于智性和伦理的观点,(可能是蓄意地)对立于 18 世纪的引领大众文化之人威廉·吉尔平(William Gilpin)。吉尔平认为"如画之旅"不该跟"任何更注重实用目的的旅行抢夺风头"。② 这是一种典型的拉斯金式的既继承又独立的套路,显示了他往后与如画美学的关系。他即使在一系列文章中大量以吉尔平的方法来观察风景,他总要调整吉尔平的理论以适应他自己的观点。

拉斯金年轻时受过实质性的如画教育,这已是老生常谈。在 1880 年,拉斯金回

---

① 我在一篇文章中考查了拉斯金在写作方面的发展与积累,《约翰·拉斯金:作品与脚注》,于 1978 年 4 月于约翰·霍普金斯大学的人文学科中心拉斯金学术座谈会上宣讲,待发表。作者注。

② 《三篇文章》(Three Essays)(1792 年),P41,总体上是关于吉尔平(Gilpin),可参见卡尔·保罗·巴比耶(Carl Paul Barbier)的《威廉·吉尔平的如画绘画,教学与理论》(William Gilpin, His Drawings, Teaching and Theory of the Picturesque)(牛津,1963 年)。作者注。

忆起他祖父购得的一幅塞缪尔·普劳特(Samuel Prout)的画,这幅画:

> 就我记忆所及,它悬挂在我们位于赫恩山(Herne Hill)住处的客厅角落里……这幅画给我的童年思维带来宿命般的持续力量。首先,它主要教会我爱上粗粝之物……线脚的结合之处,历经沧桑的墙上嵌入的石块……
>
> ——第 16 卷 385 页

拉斯金的父亲颇具艺术天分,熟谙如画。[①] 他身为雪莉酒商人,在英国各地奔波张罗生意,他的家信频频记录如画的风景:"老橡树……以最富想象力的方式扭曲和打结……凯尼尔沃斯(Kennilworth)废墟是一处饶有趣味的风景。"[②]这个家庭每年一度的远足,表面上物色买家,实际上向一处接一处的如画之地前进。年幼的拉斯金从"从四轮马车的四面窗户构成的全景"景框中欣赏风景(第 35 卷 16 页)。拉斯金在成年后继续着这种经历,他遍游欧洲,观览普劳特和透纳(Turner)笔下的风景。我认为,透纳的画连同卡帕奇奥(Carpaccio)和贝里尼斯(Bellinis)的画在内,相当程度上决定了拉斯金走上威尼斯艺术研究之路;同时他关于泥金装饰手抄本(Illuminated MSS)的研究,连同他对威尼斯教堂的研究,决定了他对哥特工匠的见解。[③]

拉斯金似乎最常运用如画美学与实践的三个关键要素——尽管这些要素也是如画美学里较为次要的——对废墟的想象,在 18 世纪兴起对'诗如画'传统的思潮中以崭新方式组合言辞与图像,以及使用镜子。[④] 不可否认,拉斯金在一生事业上不可避免地调整了所吸取的这些如画的思想、体验模式、分析方法。最有力的例子就是他著名的对透纳式方法的重构[⑤]以及在《现代画家》的第 4 卷中关于崇高的如画的讨论。尽管这三种如画思想或策略经过拉斯金的修正,它们依旧是他整套理论的基石。我认为,此三者甚至标志着拉斯金充满想象力的世界。

---

① 此话题参见海伦·吉尔·维尔永(Helen Gill Viljoen)的《拉斯金的苏格兰遗产》(Ruskin's Scottish Heritage)(乌尔班纳市,伊利诺伊州,1956 年),P107 与 P227。作者注。

② 《拉斯金家书》(The Ruskin Family Letters),凡·阿金·伯德编著,2 卷(伊萨卡,纽约,1973),P117 - 18。父亲的信中有大量如画的发现——"你一定要去看看贝里圣埃德蒙兹(Bury St Edmund)优美的如画的桥梁与教堂……"(P557)

③ 关于最后一个话题参见艾利斯·哈克(Alice Hauck)的文章《拉斯金对泥金装饰手抄本的运用:在博普雷·沃尔特斯艺术馆里鲍佩·安东尼的例子》("Ruskin's use of Illuminated Manuscripts:the case of the Beaupré Antiphony at the Walters Art Gallery"),以及注 4 提到的文章。作者注。

④ 我在《如画之镜与往日的废墟》(Picturesque Mirrors and the Ruins of the Past)一文中研究了 18 世纪的如画狂热的三个方面,即将发表于《Dispositio》,此文面向欲详尽考察拉斯金作品背景的读者。作者注。

⑤ 拉斯金指出透纳关注的是物体粗糙的表面与致密的肌理,注重观察与描绘自然世界的现象化本质,故称之为透纳式地形学(Turnerian Topography),并按照这种方式重绘风景画加以对比,参见作者的另一篇文章《透纳式地形学与场所精神》("Turnerian Topography," and Genius Loci//Gardens and the Picturesque. Cambridge,1997:217),译者注。

## 一

在任何如画的视角中，废墟都是必不可少的组成要素；热爱它们破败的粗野表面也决定了如画美学的核心：

> 在废墟中，即便是最规整的建筑留下的废墟，线条被年久失修所柔化，被残垣断壁所打断；跃跃欲入的灌木和摇曳欲落的杂草都使原本羁直的设计显得松弛了许多……

但同样重要的是，一处废墟应当"具有某种伟大和优雅"，而且"需涉及着实有趣之物"，这样才能引人浮想联翩。废墟引人入胜之处在于自身的不完整，在于直接代表着缺失。从托马斯·伯尼特（Thomas Burnet）在《大地的神圣理论》（*The Sacred Theory of the Earth*）思考山脉成为"破碎世界"的成因，到透纳或拜伦（Byron）在罗马遗迹被掏空之处的冥思，废墟让人在脑海中补全残片。然而，废墟引发的崇高感强调了其自身的不明确性，强调将观者从习以为常的精确解释的桎梏中解脱出来，强调了如画美学。人们发展出以这种体验作为标志的如画美学，避开了伯克（Burke）对崇高和美的定义，而是选择了填补这种想象空白。

拉斯金现存最早的画作之一是多佛尔城堡（Dover Castle）的废墟，[①]他青年时代的平淡诗作将废墟作为核心母题。在 11 岁时，他在一首欢快的歌曲中将哈登庄园（Haddon Hall）的"老墙"写入副歌："嘿，废墟，嘿，残迹——/被创造出来就为去破坏创造！"（第 2 卷 284 页）。3 年后沿莱茵河旅行时，这位年轻的废墟鉴赏家只看到了"令人讨厌的重复的废墟，而不是我认为的废墟该有的样子"（第 2 卷 349 页）。这段评论高高在上，未作解释；但从对 1833 年旅行的评价与反馈可以推断，拉斯金认为废墟应当能让他以某些特征来补全。于是当他到了安德纳希（Andernacht），他发现那里的废墟"在衰败中显得强而有力、雄伟壮丽，但神离开了，也被遗忘了"（第 2 卷 355 页，斜体处）。不过，事实上是他对地质学的兴趣拓展了他早期的如画之见：阿尔卑斯的"废墟世界"（第 2 卷 373 页）符合了他对废墟的最高标准：

> 在我面前屹立着布朗峰（Mont Blanc），一道道针状结晶岩体、是开裂的、破碎的、颤栗的，是经历了六千年暴风雪侵蚀留下的印记，依然还在这里，红色的、赤裸裸的，甚至都没有苔藓能生长，完全难以接近，也无雪……

——第 2 卷 382 页

---

① 这是他"第一本速写本"中描绘的主题之一，根据《过去》（Praeterita）（第 35 卷，77 页），于 1835 年拉斯金 16 岁时的绘画，藏于瓦萨大学美术馆。另一幅早期画作描绘了被他的编者称为安布尔赛德（Ambleside）附近的"废墟"，由编者重新制作附在第 2 卷 P201 的对页。作者注。

拉斯金关于"采晶者"(Chrystal-Hunter)①的诗为如画的旅行者提供了新的身份认同。在 1835 年的家庭旅行中,他在特伦托冰川(Glacier du Trient)边度过了几个小时,他动人地记录道:这是一次经典的如画体验("一处极美丽的废墟,一片极好的残迹,一种让人极度赞赏的混沌"),也反映了他欲使"历尽沧桑的峭壁"废墟趋于完整("告诉每一个到访者一个关于宏伟古代的伟大传说")。②

拉斯金仅有一次尝试写作小说,存世的是残篇《新手委拉斯凯兹(Velasquez)》。其中一个角色讲过一段话,这段话后来经修改后被收入《建筑的诗意》:"柏树适合意大利的风景,因为意大利是一个坟墓之邦,空气中充满死亡气息——她活在过去。在过去她如此辉煌——在死亡里显得美丽动人。她的人民,她的国家,都是死的;她的无上荣光即在于长眠。"(第 1 卷 542 页)在《建筑的诗意》里,更多像"坍塌的柱子"这样的如画细节加重了对废墟的强调(第 1 卷 19 页)。《建筑的诗意》主要致力于探索大脑和眼睛如何在建筑和风景中得到满足,从而将对废墟景象的思维及言语表述建立为对废墟的恰当完善。拉斯金的早年经历贯穿在投稿给劳顿(J. C. Loudon)的《建筑杂志》的文章中。当他在《现代画家》中谈起这些早年经历时,他提到自己"从来不曾脱离过联想。几乎就在我刚学会看与听,我就阅历得足够多,让自己联想到所有类型的风景了……因此我在山中或废墟里获得的乐趣一直都笼罩于某种敬畏和忧郁以及对死亡意义的一般感觉,从我最早的童年时代起就已是这样"(第 5 卷 365—366 页)。

然而,在《现代画家》第 3 卷中,拉斯金认为当代对废墟的趣味是过度的(第 5 卷 319 页);不过在另一方面,废墟则成为他所有作品的主题。《现代画家》解释了废墟的基本主题,如同与阿尔卑斯山的地质相关的"山中的废墟世界"(第 9 卷 294 页),也如同他将透纳《赫斯帕里德花园》(Garden of the Hesperides)画中的龙称作"永恒废墟上的蠕虫"(第 7 卷 420 页)。由于拉斯金这部书确实重点研究透纳,他的结论指出了一处极为重要的事实——在"贯穿透纳的生命,无论在何处,他看到的是废墟。废墟,还有暮色……夕阳渐逝,他看到的,依然是废墟上的一切……"(第 7 卷 432 页)在《现代画家》的长期写作过程中,拉斯金研究并著有《威尼斯之石》③,如同他在首页上声明的,这本书的写作也是出自废墟。他的威尼斯书信、笔记与速写都在持续地哀

---

① Chrystal-Hunter 指的是在山中寻找水晶的人,可译为"采晶者",他们对某一地区的地形十分熟悉,可为旅行者提供向导。相关的记载可见于沃尔特·斯蒂尔曼(Walter Stillman,记者,曾经作为拉斯金旅行的同伴与其同行)的旅行记录。译者注。

② 《日记》(The Diaries)、琼·伊瓦斯(Joan Evans)与 J·H·怀特豪斯(J. H. Whitehouse)编著(牛津,1956年),第 1 卷,32 页,关于霞慕尼(Chamounix)的峡谷的相似章节参见《日记》(Diaries)第 1 卷 14—16 页。作者注。

③ 关于这两本重要著作互相之间的关系的阐述参见注释 3 中提到的文章。作者注。

悼和注解着废墟,正如书中文字慢慢地重构着废墟。甚至在收集像哥特建筑这样并非是明显废墟的素材时,拉斯金也选择将它片段化地记录。

尽管拉斯金在 1850 年中期嘲讽过如画的废墟及其情感化的联想,如同他形容自己的多面性,但可以说,他终究被衰败与残缺吸引,这成为他全部著作的基石。我认为这源于他年少时的宗教熏陶,使废墟成为他精神世界中的本质特征。他母亲反复对他施以福音派教义,笃信人之生命及成就的不完善。在每日的圣经阅读中,拉斯金总在勾画伊甸园的毁灭,这形成了一种信念,以至于成为他成年后的标志性视角。在他 1833 年与 1835 年的瑞士旅行中,夏佛豪塞(Schaffausen)的阿尔卑斯与霞慕尼(Chamounix)的峡谷接近于"天堂般的栖居地"(第 2 卷 392 页。前者在《过去》(*Praeterita*)中被描绘成"失落的伊甸园可见的墙"(第 35 卷 115 页)。① 而《现代画家》中,位于梵洛西纳(Valorsine)和马蒂尼(Martigny)之间的特里安特(Trient)峡谷展现了"山之忧郁"的类型和特殊位置,是一处延伸着但绝不孤立的废墟典型,位于世外桃源里:

> 另一处(即萨瓦地区)农舍,处在一片无法想象和言喻的优美之中,位于金色草地的某处斜岸边,边上流淌着清泉,盛开着野花,生长着庄严树木,由优美的岩石围绕着,使其完美堪比天堂。农舍本身却像这温和风景中的一块黑暗、瘟疫般的污渍。在离入口不远处,地面污秽难闻,牲口践踏;木头被烟熏黑,花园满是杂草与难辨的垃圾,它的房间空空如也,了无生趣,光线和风闪烁着从石头之间的裂缝里透过。

——第 6 卷 389 页

对像拉斯金这样的气质而言,关于废墟的想法产生了重要的联想。进一步看,当拉斯金不再接受母亲的新教熏陶后,似乎这些想法持久地弥漫在他整个心灵;结果是,我们发现他即便在新教的语境之外,也倾向于识别并讨论废墟。比如他对"浪漫主义联想"的解释,也是基于对废墟的回应:

> 它在美丽的过往与单调可怕的现实的对比中兴起;它的力量依靠废墟与传统,依靠建筑的遗存,依靠战场的痕迹,以及重大历史的前兆。它的吸引人之处是难以在美洲感受到的……

——第 5 卷 369 页②

---

① 关于霞慕尼(on Chamounix),另请参阅第 2 卷,425 页与注解。作者注。
② 美国的见解由一位纽约的运河建造者凯德沃莱德·D·戈登(Cadwallader D. Colden)反映出来:"我们是否曾经居住在废墟中……风景里显示着当下的衰败……我们或许不像他人那样喜欢向前看";戴维·洛温塔尔(David Lowenthal)在《心灵的地理》(Geographies of the Mind)中援引道"存在于美国风景中的历史上的地方",洛温塔尔与马迪 J·保登(Martyn J. Bowden)编著(牛津,1975 年)。

远在他在《现代画家》第 4 卷里计划重新定义崇高的或透纳式的如画之前,他曾为塞缪尔·普劳特的如画的建筑速写辩解,他坚持认为普劳特:

> (他的)感觉来自各种影响——建筑的崇高线条,裂缝与铁锈、裂口、苔藓、杂草,还来自古老墙壁上留下的象形文字,记载着人类历史。
>
> ——第 3 卷 217 页

此处的思想具有如画特征,拉斯金急切地通过普劳特所描绘的"对当下生机勃勃的城市的理想化欣赏"里蕴藏着"更深层道德"以证明如画并不浅薄;也就是说,普劳特成功地想象出了他在城市废墟里看到的东西,并从中推断出它们的过去。拉斯金本人对废墟的迷恋有一部分源于普劳特;如我们所见,这种迷恋也只能如此解释。他简洁而动人地描绘了卢卡的圣米歇尔山(San Michele at Lucca)的立面:

> 半数柱子上的马赛克都脱落了,散落在长满杂草的废墟之下;严寒使得大量的饰面都被撕裂了,露出疤痕累累的丑陋表面。两扇高处星形窗户的窗轴被海风完全吞噬得不见踪迹,剩下的也失去比例;拱的边缘被劈成深坑,犬牙交错的阴影投在长满杂草的墙上。沧桑难以言尽,我不禁怀疑,这座建筑比起它刚刚建成的时候更为有力。
>
> ——第 3 卷 206 页

拉斯金旋即变得严肃,仿佛突然意识到自己深陷于此,他写道这"不仅仅是对如画之物的追求,而是在真正地寻找建筑的理想特质"。

## 二

如果理想建筑存在,那么,只存在于想象中。

> 让读者在那些带有意大利人品位的灰泥和油漆下依稀能够搜集到的残碎证据,以及那些在英国和德国人的客厅中诞生的创造力的帮助之下,在想象中将威尼斯恢复到与她没落之前相似的样子吧。
>
> ——第 3 卷 213 页

拉斯金对"保留"废墟的执着坚持很可能根源于他终生对修复古建筑抱有敌意:"我至今所见的对历史建筑的修复和清理,无一例外都劣于原先风化的部分,甚至劣于那些几乎完全不经过设计的部分。"(第 2 卷 205 页)因此,如果建筑修复是可憎之事并且威尼斯的没落永远都不可能借由修复它的建筑来挽回(更不消说用灰泥重新粉刷),那么尽管不可避免仍会有破碎,还是需要将建筑的残缺补全——且在想象中将其补全。这种如画的观点需要以言辞对视觉图像进行详尽的表述。

基于这些原因,拉斯金坚持有必要将图像与言辞结合。他坚信对灵魂而言,最妙之处莫过于言说其所见,这在前文已经引述过。拉斯金认为他用的"画家"与"诗人"这两个词之间无甚差别,这毫无疑问也基于这一信念(第 5 卷 221 页)。① 拉斯金不可避免地会郑重引用透纳给自己作品构思精妙标题与分类目录的例子;他却选择忽略画家康斯太勃尔(Constable)在 1830 年代靠凸版印刷的《英国风景》,②原因可能是他有意偏袒透纳。然而他确信现代艺术家应当为他们的作品附上文字说明,以便更完整地表达作品的意义。拉斯金在拉斐尔前派(Pre-Raphaelites)中看到了诗歌与绘画这对姊妹艺术的新统一(第 6 卷 32 页,第 5 卷 127 页)。

然而拉斯金也常常煞费苦心地提醒他的读者,"言辞难以足够准确而精妙地表达、捕捉那些总是弥散于透纳作品中的微妙而朦胧的阴影效果"(第 3 卷 308 页)。然而,当拉斯金挑战将视觉图像转译为语言表达时,他几乎不可避免地将这种转译作为开端,进入更艰难的、更修辞化的分析。然而拉斯金在如画中并非一无所获,他获益的乃是对自然或绘画中的形式效果的着迷,并发现言辞在形式效果面前极度苍白无力。因此,在面对透纳晚期的瑞士风光水彩画时,拉斯金变得异乎寻常的沉默,仅罗列相关主题(第 3 卷 551 页)。他显然从未在《现代画家》中持续面对过绘画的形式语言问题,对它只有零散的建瓴之见。具体而言,书中对色彩的讨论越来越显自信,视野也越来越广阔,这是因为色彩是拉斯金鉴赏威尼斯建筑的核心部分。但关于色彩的讨论未曾被整理为连贯篇章,拉斯金只是在一个谈及第 5 卷的注释里惶恐地承认未能将其实现(第 7 卷 414 页)。然而,拉斯金关于色彩的零碎讨论揭示了对视觉艺术里形式元素的某种真实感受,语言或能指向这种感受,但无法将其转译为言辞。第 4 卷中关于"深红色"(Scarlet)的讨论(第 6 卷 69 页)就极为精辟。

究竟是视觉优先,还是视觉与言辞结合,抑或仅使用言辞即可,拉斯金对此犹豫不决。这种犹豫显然部分源自一个事实——他本身就兼备二者。尽管拉斯金的父母只要求他的绘画水平达到普通绅士的水准,他却能娴熟运用图像和文字来表达想法。他在孩童时代就设计了自己的书,且是图文结合的。他在 1832 年发现了萨缪尔·罗杰斯的诗集《意大利》,书中附有透纳所绘的插图,这愈加激发了他对图文结合的兴趣。他成年后的书信就经常在图文两者之间转换以完善表达。然而正如《现代画家》第 1 卷中提到的,上帝存在于微小的声音中,而非地震、飓风及烈火等形式中。拉斯金还在书中别处告诫我们最好用比图像更少的言辞来呈现上帝(第 5 卷 86 页),尽管这个观点是拉斯金本人对风景画道德教益作用的无尽怀疑下产生的附属品。

这些摇摆不定很大程度上源于拉斯金对如画的矛盾心理。如画这一美学运动

---

① 另请参阅"这些能够用语言与绘画表达事件与思考的发明"(第 3 卷 112 页)。作者注。
② 《英国风景》(The English Landscape)是英国风景画家康斯太勃尔(John Constable)的铜版画集

涉及很多言辞与图像关系的难题。当拉斯金写到透纳如何与图像寓言和神话主题的图像学传统分道扬镳、并尝试代之以自然形式的风景时,他间接指出一些当中的难题:

> 研究透纳作品时最有意思的其中一件事情是,即见证他自身的英国人天性力量如何逐渐突破束缚和形式主义;如何从艾灵格(Egerian)的古井偷偷离开,来到了约克郡(Yorkshire)的小溪边;如何从上有月桂、下布洞穴的荷马时代的岩石,最终攀援至松树环绕的阿尔卑斯峭壁,因其陡峭绝壁上的废墟而愈加险峻;以及如何从朱庇特神庙和金苹果园,任由足下之精灵引导着最终到达惠特比(Whitby)孤寂的拱门和圣岛(Holy Isle)荒凉的沙滩。

——第 5 卷 329 页

拉斯金在此揭示了一个重要事实,甚至鲜明地忽略了相关证据(拉斯金在《现代画家》中从未触及透纳早期的如画阶段,这是该书出人意料的一个刻意忽略)。透纳在他的艺术生涯中逐渐(尽管并非完全连贯)放弃了神话与圣像的图像——这种变化对康斯太勃尔(Constable)而言未曾出现——这显示了 18 世纪晚期对诗如画(Ut pictura poesis)传统的核心要素丧失了信心。该核心要素便是能被轻易转译为言辞的图像。

在我看来,18 世纪如画学派的兴起与"诗如画"传统的衰落是密切相关的。如果追溯它们各自的命运,就会发现,英国风景园林的新艺术形式即使没有引发这一现象,也起到了推波助澜的作用。首先,可读的元素如雕像、神庙以及碑铭都被安置在树林、草地以及水体等自然形态之间。随着对寓言和典故的兴趣逐渐减弱,这些自然形式自身开始确立其核心角色——要么成为视觉形式效果的组成要素,就像在"万能"布朗的园林("Capability" Brown's garden)[①]中那样,要么若是视觉的抽象愉悦不足时,成为在风景中传达"涵义"的新视觉语言。如画运动兼备对两者的关注。它既推动了对美学效果的欣赏,又剥离道德与宗教价值。它认可在风景中个人化地、情感化地发现含义。这两者都取代曾经声名狼藉的传统:旧式图像学或象征性的句法,将美学和道德以及在场景中传达公共意义联系在一起。D. J. 戈登(D. J. Gordon)在对英国"反诗如画传统"历史的研究中,曾将约瑟夫·斯潘思(Joseph

---

① "万能"布朗(Capability Brown)本名朗塞洛特·布朗(Lancelot Brown 1716—1783),英国景观园林大师,被称为英国最伟大的园艺家,他有"万能"布朗的绰号是因为其极为善于发现和利用场地的潜力,他经常向客户说的一句口头禅就是"场地有巨大的潜力"(it had great capability)。布朗不使用象征的手法进行园林设计,也放弃庙宇、纪念物、碑铭等具体形式,而善用抽象的方式园林中表达情感。译者注。

Spence）1747 年的作品《泡里麦提斯》（*Polymetis*）作为主要的文本①。约瑟夫·斯潘思在书中声称他既无法理解基于象征性图像而创作的画，也不会援引里帕（Ripa）的《图像学》（Iconologia）②或者阿尔恰蒂（Alciati）的《安布雷马塔》（*Emblemata*）③，而只会依赖眼前所见——"事物的形象自身在说话……它们就是最清晰的语言。"④

拉斯金在早期就对如画的极端化表达产生过怀疑。在《建筑的诗意》中，这些怀疑集中在典型 18 世纪式的对事物清晰语言的强调。如我们所见，拉斯金像看待废墟的纷繁与粗粝以及各种地理环境那样，以对如画的偏好来看待形式与外形。这些事物向我们眼睛诉说它们自身。然而他同时抱有一种相当传统的观点：风景与建筑应不仅向我们眼睛而且向我们思维诉说它们自身。尽管如今任何可能实现这种诉说的语言都已从该传统里消失。

拉斯金一方面持保守态度，一方面又摒弃传统语言，这样一来拉斯金似乎很接近莱普顿（Humphry Repton）关于景观设计的后期思想。劳顿于 1840 年把莱普顿的文稿结集出版。劳顿曾是拉斯金在 19 世纪 30 年代后期的老师，并在 1837 年和 1838 年将《建筑的诗意》中的文章收录到他的《建筑杂志》中；劳顿甚至还将拉斯金书中的一篇文章（《论绘画和版画的适当形式》，第 1 卷 235 - 45）收录进莱普顿文集。拉斯金可能获悉莱普顿的很多思想；《建筑的诗意》的某些章节很明显表露这种影响——尤其当拉斯金称赞意大利别墅周边的台地处理方式是一种必要的"艺术与自然之间的联系"（第 1 卷 86 页）。拉斯金和莱普顿都从整体上强调了风景对智性的吸引力，尤其是对思维关于建筑与周围风景、建筑位置与建筑装饰之间适当关系的判断所产生的吸引力，这一点上二人有许多共同之处。⑤ 于是乎拉斯金取笑当代如画

---

① Joseph Spence，历史学家、文学家，牛津大学的诗学教授，Polymetis 为其著作，副标题为《关于罗马诗人作品与古代艺术家遗迹之间的一致性研究，拿二者相互说明的一种尝试》（参见莱辛著，朱光潜译，《拉奥孔》人民文学出版社，1979，p47。译者注。

② 卡萨雷·里帕（Cesare Ripa，1560—1645），意大利肖像画家，曾担任红衣主教 Anton Maria Salviati 的厨师及管家，著有《图像学》（Iconologia），是一部影响深远的符号学辞典，书中基于埃及、希腊及罗马的象征性表达将诸如美德、恶习、热情、艺术以及科学等抽象事物赋予其物质形象。书中的概念条目按照文艺复兴时期所盛行的字母表顺序排列，Ripa 对每一个寓言式的形象加以文字描述并为其选择型衣着的类型、色彩以及随身的象征物，并对做此选择的原因进行说明，依据通常是古典文学作品。此书最初版本没有插图，17 世纪被扩充为多语种附插图的著作。译者注。

③ 安德烈·阿尔恰托（Andrea Alciato，1492—1550）通常被称为阿尔恰蒂（Alciati），意大利法学家、作家。其最著名的著作《安布雷马塔》（Emblemata）是一部附有对应木刻版画的短篇拉丁语诗集，它在欧洲创造了一种新体裁：关于象征的书籍，在欧洲大陆和英国有巨大的影响力。译者注。

④ 引自 D·J·戈登的重要文章《文艺复兴的想象力》（The Renaissance Imagination）"里帕的命运"（Ripa's Fate），斯蒂芬·奥格尔（Stephen Orgel）编著（伯克利，1975 年），P60。作者注。

⑤ 我曾就莱普顿（Repton）作为具有保守派和革新主义者进行过论述，特别是他明显区别于与他相关的如画实践者的特点，在我的文章《汉弗瑞·莱普顿的景观设计中的感觉与情感》（Sense and Sensibility in the Landscape Designs of Humphry Repton），《关于伯克与他的时代的研究》（Studies in Burke and his Times），19 卷（1978 年），P3 - 28。作者注。

建筑师所谓的"启迪性的想象",并模仿他刚读的《匹克威克外传》的风格调侃道：

> 幽默感如今弥漫在我们许多和蔼可亲的老绅士中间,他们一辈子都未曾吸过一口粉尘。他们会在外形粗野的塔楼中吃早餐松饼,迎接安静的老淑女们参加受二十六门大炮保护的茶会。大炮都是木头做的,对室内的瓷器来说还算幸运。大炮的炮口都尽可能精确地、惊悚地从客厅的窗外伸进来。[1]
>
> ——第 1 卷 153 页

这话类似莱普顿对"萨尔瓦多·罗萨(Salvator Rosa)[2]以及我们英国式莫蒂梅尔(Mortimer)[3]"的如画语汇是否适合复制到"光鲜文雅之人的居所"的质疑。在两个例子中,对思维的吸引力都被忽略了,都缺乏考虑联想的适度和合理。拉斯金说过:"英格兰风景的精神是单纯的、田园式的、温和的,同时也缺少高级的联想。"相比之下,苏格兰高地则具有这种联想。(第 1 卷 169 页)

拉斯金和莱普顿提出的共同问题是:建筑和风景的"涵义"无法再依靠清晰的图像学语言。在图像学语言中,对象都是程序式地依据成型的寓言式句法被"转译"。拉斯金已发现透纳放弃了这种语言。为了避免愚蠢地沉溺于纯粹的形式效果或随意的幻想,拉斯金认为风景应当被视为是具有含义的。他使用了各式词语,诸如"性格"(character)、"灵魂"(soul)、"神气"(animation)的词来帮助观察者理解。他的文章有时也相当令人困惑:当他论及不同风景时,这些含义是否是"既存的"？再者,当一个受过良好教育的有感知能力的人融入一个场景中,到底是什么形成了他的意识？[4] 不过,在这两种场合下,视觉经验总会引起思维反馈,而这正是言辞需要识别和解释的事。(在此观点上,拉斯金不仅明显得益于如画绘画,而且得益于同时代的风景园林,而他在环英格兰的家庭年度旅行中就看过很多风景园林。拉斯金的后世评价者都没提及这点。)[5]

拉斯金继续以一种轻贬的口吻使用"如画"这个词,表达他不赞同"对外在形式

---

[1] 拉斯金认为意大利别墅具有优美简洁而不是傲慢的形式,一栋优美的住宅不应当是哥特式或者是伊丽莎白式的,因为视觉沉浸在周围的自然景色中,尖塔和锐利的角度都会打断视线的延续。此处提及的塔楼也是拉斯金所反对的当代如画建筑师常用的美学要素之一。此段完整著述见拉斯金全集第 1 卷 153 页。译者注。

[2] 萨尔瓦多·罗萨(Salvator Rosa),意大利 17 世纪巴洛克时期的画家、诗人。擅长写生,描绘自然风景,对浪漫主义和如画绘画有深远影响。译者注。

[3] 莫蒂梅尔(John Hamilton Mortimer),英国 18 世纪人物画与风景画画家,以浪漫主义的意大利风景组画、描绘人物对话、战争场面而闻名,其作品与萨尔瓦多·罗萨(Salvator Rosa)的绘画有相似性。译者注。

[4] 一个关于景观语言的有趣探讨——风土的抑或源于拉斯金所质疑的"可悲的谬误"——哈罗德 L·夏皮罗(Harold L. Shapiro)的《〈建筑的诗意〉:拉斯金为〈现代画家〉所做的准备》(The Poetry of Architecture: Ruskin's Preparation for Modern Painters)补充了我关于《建筑的诗意》一书在拉斯金生涯中其重要性的探讨,《文艺复兴与现代研究》(Renaissance and Modern Studies),第 15 卷(1971 年),P70-84。作者注。

[5] 参见《日记》(Diaries)第 1 卷,63 页,"自然…是一个出色的风景园林师"。作者注。

的狭隘欣赏"（第 6 卷 23 页）以及"对艺术家的技巧及构图能力的简单展示"（第 7 卷 255 页），即便与此同时他也在依赖如画美学的方面。他运用了如画美学视觉感染力中最显而易见的因素，比如，以此建立了终生对建筑装饰的关注，同时也将其作为重新把言辞与视觉图像结合到如画里的前提。

威廉·吉尔平已经描绘过，为了让如画的对象"满足视觉"，一定得有一个肌理丰富的表面：

> 物体各式各样的表面，有时候朝向光亮的一面，有时朝向另一面……这便赋予画家选择体块、光影渐变的机会。——光线造成的丰富性还来自物体表面的断裂和细微的凹陷。

吉尔平举过一个例子，建筑师"用装饰打破了立面"。拉斯金在《建筑的诗意》里指出，正是建筑师在建筑基本结构之上所做的装饰，赋予了一座建筑"性格"（第 1 卷 136 页）。在如画美学的术语中，"性格"意味着可以激发和引导我们的想象，并可通过语言来清晰地表达。我认为拉斯金在这点上作了循环式的思考（而非多面的）：装饰提升"性格"，"性格"促进联想，联想需要思维参与而不仅是眼睛，于是装饰将人类建筑区别于动物巢穴：

> 建筑中值得引以为傲或者感到愉悦的部分不应当是仅从便利角度考虑的设计；而在建筑中被赋予崇高地位的艺术是那些必须存在的部分，它们的形式与色彩能如此愉悦我们的心灵，并使之真正从属于建筑。
>
> ——第 1 卷 105 页

因此，《建筑的诗意》中很早就持有这样一种观点："适当地设计装饰"（第 1 卷 135 页）是每一位建筑师必须首先考虑的。

显然这就是《建筑七灯》和《威尼斯之石》中哥特装饰成为拉斯金讨论的主要对象的前提——"色彩斑斓的马赛克构成精美的立面，充满了狂野的想象和臆想的鬼怪。"（第 8 卷 53 页）与此同时，这也为拉斯金的文本提供了语言——"（北方哥特建筑的装饰）没有一处不在诉说，诉说着久远的岁月"（第 8 卷 28 页）。在《建筑的诗意》里，首次出现典型的拉斯金式的通过一处风景或一座建筑的细节来向我们"言说"其构想：一座农舍是"一处安静的充满生机的声音"（第 1 卷 12 页），或者古树将它的岁月"书写在每一处枝桠"、总是向我们"倾诉着过往"（第 1 卷 68 页）。在拉斯金后来的著作里，这种对有形之物的无声语言的强调整合了如画的三个策略——寻找富有肌理的粗糙，因为威尼斯的装饰或者阿尔卑斯的地质构造从整体看是类似废墟的，或者用拉斯金的话说，是碎片化的；言辞与图像的如画式的结合；以及通过鲜活的语言向心灵倾诉。

威尼斯建筑的丰富装饰，像自然的岩石和晶体那样的"浮雕般色彩斑斓的表面"

445

（第 8 卷 145 页），是超出任何一位如画旅行者想象的形式愉悦。那些威尼斯的石头，正如霞慕尼的一样，它们同时也是"象形文字"，需要转译。关于哥特建筑，拉斯金在"记忆之灯"里说：

> 哥特建筑容许记录的丰富与无限。它那微妙而丰富的雕刻装饰为民族情感或民族成就感提供了象征化的或者文学化的表达途径。而更多的装饰并不被要求提升至具有"性格"，即使在最具思想性的时期，也留有自由的幻想，或是某些民族象征记号的重复。然而，即便在表面的装饰里，放弃哥特精神所容许的多样性的力量与地位都是不明智的。尤其在一些重要的特征比如柱头、线脚以及浅浮雕上就更是如此。讲述故事、记录事实的粗粝好过不传达意义的精致。

——第 8 卷 229—230 页

拉斯金通过强调大教堂与阿尔卑斯山的结合将他的建筑研究与山地风光联系起来。在讨论山地风光时，他同样关注可见的现实和可转译的含义：

> 对一块岩石而言，当它被仔细观察时，便成为一座山的缩影。大自然的鬼斧神工如此伟大，以至于在这块一二方寸间的小石头上，就能够将丰富的形式与结构变化浓缩在如此小的范围中，如同她要创造一座大山一般；于是，以青苔为森林，以晶石为峭壁，多数情况下，一块岩石的表面远比一座普通的山丘的表面饶有趣味；它们有着更为新奇的形式，以及无与伦比的斑斓色彩。实际上，最后还有一项品质：大多数产地优良（即来自晶莹剔透的山峦）的石头都是如此的高贵，以至于我除了版画之外无法再以别的方式将此处主题很好地描述一二。除了天空的颜色。

当拉斯金郑重承认视觉图像的无能为力时，他为这些事实和含义准备着必要的文学转译。这些解释成就了拉斯金大部分著名的写作套路，包括很多摘录自他著作的、供人仔细研读的华美篇章。然而，若忽略那一直提醒我们诠释装饰或山石的无言之诗的评述语境，那么这些名篇佳句本身也只不过是如画之物罢了，说明我们从拉斯金篇章中获得的"纯外部愉悦"不过是"狭隘的欣赏"。

三

如画美学的三要素似乎对拉斯金发挥想象起到了核心作用，其中，第三个要素关于镜子的使用，或所谓的"克劳德镜"。大多数如画旅行者都会携带这种染了颜色的凸面镜。托马斯·格雷[①]（Thomas Gray）在拜访科克斯多修道院（Kirkstall Abbey）时描述道：

---

① 托马斯·格雷（Thomas Gray）英国 18 世纪重要的抒情诗人，最著名的传世作品是《墓园挽歌》。译者注。

古老小房间的晦暗,风景的荫蔽与青翠,溪流的闪烁与低语,高耸的塔楼与教堂的远景……使我伫立良久,是我在镜中所见的最为真实的事物。

"玻璃镜"对于艺术家来说有许多传统意义上的益处;它对如画旅行者来说有更新鲜的用处,作为业余艺术家,他们经常将镜中景象转画为速写和水彩画。

镜子是颇被器重的对艺术再现的隐喻,依照个人侧重,来获得视觉准确或捕捉美妙自然。对如画艺术家而言,它不仅反映了真实世界,还在椭圆镜框里(有时是方形)汇集精选后的图像,并赋予它们协调的色调。这是客观的认识活动,也是个人化的创造活动,因为镜子的使用者转过身背对风景,退入自己在镜中的映像。镜子里反转的图像,与我们在视网膜上得到的上下颠倒的图像相平行,共同成为视觉和心理映像相结合的世界里的可见象征——或者通过反射镜(speculum)和推测(speculation)来描述——这在那喀索斯(Narcissus)的神话中被戏剧化了,是一个在18世纪描述诗歌(descriptive poetry)中极为流行的母题。阿尔伯蒂(Alberti)在《论绘画》(*Treatise on Painting*)第二书中,论及那喀索斯面对的水面之镜是绘画的起源以及至高无上地位的开始,因为绘画将三维世界转换为二维图像。

据我所知,拉斯金并未使用过克劳德镜,尽管他某些青年时期的诗文显得他用过[1]。不过他还是发现,如画美学对镜子和映像的热衷回应了他自身的许多思考,甚至与他早年学习圣经曾产生的想法相一致。拉斯金频繁借助"艺术为自然举镜"这一个传统的艺术隐喻,这当然不是如画思想特有的。如我们所料,拉斯金将矛盾性建于其上。有时候,它只是一种意象,表达不尽如人意的、不完整的想象:

> 那么,最后,镜中画面的另一个无限的好处,就是在这些与现实的种种不同之中,表达友善的人类灵魂的智性和力量。在所有这些精心的选择中,周到的安排、深邃的视野、友善的指引,我们意识到一种超自然的运作,而且,不仅仅只感知到镜中呈现的景色与场面……

——第 5 卷 186—187 页

在别的场合下,镜子代表了那喀索斯式的傲慢。在《现代画家》的标题页,拉斯金引用了华兹华斯(William Wordsworth)的诗句。华兹华斯这句诗表达他并非只是赞颂镜子:

> 这灵魂,和无上的宇宙,
> 不过是一面反射的镜子,
> 照耀她自己知性的自恋。

---

[1]  参见他早期关于德文特湖(Derwent Water)的诗歌(第 2 卷,265 - 66)与描写斯基多峰(Skiddaw)的相结合,这座山上的废墟也非常著名。关于其他将湖水作为如画的镜子使用可参见《伊特里亚德》(Iteriad),J·S·迪亚登编著(纽卡斯尔,1969 年),P33 - 34。作者注。

不过镜子同样支持拉斯金对一名艺术家的要求：艺术家应当小心地描画自然世界；至少在学习的开端，艺术家不应该盯着前辈的成就，而是通过仔细地观察，捕捉镜子中自然世界的细节。如果说阿尔伯蒂将那喀索斯的神话视为从三维到二维的转化，那么拉斯金则将镜子作为艺术家的引导者，让艺术家回到对三维世界的恰当领会和重新接触：

> 每个物体，不论多么靠近眼睛，仍有某些你看不到的东西，它甚至将距离的神秘带入每一个我们自以为看得最清楚的部分中去。

——第 3 卷 337 页

这是镜子丢失景深的矛盾反转。拉斯金首度在《建筑的诗意》中以惊人的视角探讨了作为镜子的湖，这个视角显得尤为如画：[①]

> 小片安静的湖水静憩于山谷中，或坐落于峭壁的环抱中，总体的美来自我们感受到的与沉眠融为一体的清澈与深不见底。在它有限的湖面上，我们得不到往外延伸的崇高感，但我们能拥有宁静的美与深度的庄重。湖面因此须是，让眼睛移离其表面，往下深潜，让眼睛沉醉于湖底的曼妙仙境。这仙境远比重复之物美妙，因为它充满梦，梦是不可到达的、漫无边际的。这只有将湖的边界置于视线外才能做到，引导眼睛从大地转向镜像，仿佛进入迷雾，直至觉醒自己游向蓝天，同时伴随深深坠落的颤栗。

——第 1 卷 90 页

湖面之镜，远优于任何别的如画工具，乃是上帝馈赠，邀约并容纳了想象力的内在映像。如同《现代画家》中所言，由于"水的表面不是一个模仿物，而是为其上景象提供全新视角"（第 3 卷 542 页），那么，映像可象征最高层级的想象。对拉斯金而言，这是透纳式的想象，它准确反映了自然世界并提供了一个"其上景象的全新视角"。拉斯金通过透纳的作品用水中映像来反映事物本质的基本事实，反驳了当时对透纳的敌对批评。《现代画家》整本书都力图回答我们对镜子的着迷和困惑所引发的疑问。另一位在 1821 年来到意大利的旅行者表达了这种疑问：

> 为何运河的映像会比它本身美丽得多？这些色彩更为生动而和谐，远方的树和山峦的轮廓交相辉映显示出柔软、温和的色彩，既超越了现实，也扭曲再现了现实。

---

[①] 另请参阅约翰·詹姆斯·拉斯金(John James Ruskin)在 1840 年 2 月，也许经由他儿子在《建筑的诗意》中的文章，他学会了仔细观察镜像，"在宁静的冬日，强光的缺席造就了如钢面般完满的镜面，一切都清晰地映照出来，整幅画面让人感到惊奇。"《拉斯金家书》(Ruskin Family Letters)，P647，E·T·库克(E. T. cook)所著的《拉斯金的一生》(Life of Ruskin)(伦敦，1911)第 1 卷，143 页。注意到拉斯金关于映像丰富的解说，其灵感来自蒙塔古·波洛克(Sir Montagu Polock)的《光与水》(Light and Water，1903 年)。作者注。

在"扭曲再现"（misrepresenting）与超越现实中，拉斯金展现了透纳本人也着迷于水中倒影，尤其在他描绘的瑞士与威尼斯主题中，不仅结合了镜子所有的传统用法，也将"一个本是工具的镜子，以一种更高的力量作为映像使用，以反射出一种他自己的力量永远不可能探明的真理。"（第 6 卷 44 页）

如画里的镜子和圣经里的镜子最终在《现代画家》最后一卷的"黑暗之镜"一章中达成一致。在这一章里，拉斯金主要关注"描绘风景是否看上去完全是在浪费时间"。他以回应的方式统合了他全部作品前九卷中许多互相交织的线索。这九卷包括：《建筑的诗意》、《建筑七灯》各一卷，《威尼斯之石》的三卷，以及《现代画家》的前四卷。并且，他回顾了我在这篇文章中正想要阐明的大多数问题。

拉斯金写到，如画最为糟糕之处为沉思力与反省力的退化。然而，他重申，杰出的艺术家应当注意"风景的历史关联"以及像威尼斯这样的城市。他提醒读者，在"我的著作具有与众不同的特征，比如关于艺术的论述，源于它们根植于人类热情与希望"。他研究"绘画的所有原则"到"一些至关重要的精神现实"，并运用他自身的语言技巧去解释，尽管"艺术与人类的感情联系"有时是"轻微而局限的"。他认为强调人类的内在比外在更重要，在视觉艺术中亦如此。他说，人们在灵魂上与上帝相似，"人的灵魂依然是一面镜子，在那里，上帝的思想之形在黑暗中隐现"。

拉斯金旋即为这些"大胆之辞"辩护。在拉斯金完善《现代画家》及相关理论的长期努力中，这一大胆见解也许部分是因为他发现自己必须还得使用一种意象。他首先在如画美学运动中接触这种意象，如今他又反对它的一些方面；尽管这种如画的意象与宗教思想有着强有力的联系，他认为还是不够（1858 年，拉斯金作了著名的"不改变信仰"①的决定后，他花了足足 12 个月的时间在收藏于都灵的维罗内塞（Veronese）的《所罗门王和希巴女王》画作前写作）。连续性和矛盾性是拉斯金思想的孪生式烙印。所以，除了对那些想将拉斯金视作一位系统化的思想者的人而言，拉斯金反对从思维模式中总结出思想也就没什么令人惊讶的了。在为那番大胆言辞简短辩护之后，他很快重申"人类的灵魂就是上帝思想的镜子"，这次更能显示出拉斯金的缘由：

　　一面镜子，黑暗、扭曲、破损——可以用任何贬损的词语来描述它的状态。但是总体来说，唯有通过一面真正的镜子，我们方可得知上帝的任何事情。

---

① 拉斯金一生的宗教信仰分为四个阶段，在 1848 年之前，他接受父母的宗教信仰，即新教福音派，随后他经历了 10 年的对于该信仰的痛苦怀疑，直到 1958 年他决定不改变信仰，但实际上随之而来的是更为痛苦的 17 年间的不可知论时期，至 1875 年他形成了一种个人化的奇特的基督教信仰，这一信仰延续到他生命终结。参见乔治·P·兰登（Gerrge P. Landow）《约翰·拉斯金的美学与批评理论》（Aesthetic and Critical Theory of John Ruskin，1971）第 4 章关于拉斯金宗教信仰的论述。译者注。

——第 7 卷 260 页

人类的遗迹，就像所有如画之物一样是有瑕疵的、粗糙的。它自身作为精神与神明历史的象形符号，等待被转译与清楚言说。

# 四

拉斯金早期的如画教育与他母亲长期对他讲授圣经相结合，塑造了他最为独特的思想。有时，他坚称自己已不受这两方面的影响；同时，他肯定也改造了两者。我并不认为这两方面不再影响他的思维方式，实际上，甚至对他的所有作品（至少到1860 年）的奇异风格都有影响。

对废墟、碎片的热爱，给予拉斯金"镜片下最真实的主题"，正如曾经给予托马斯·格雷（Thomas Gray）那样。这些主题给拉斯金带来清晰的描绘，是对形状、形式、色彩和光线充满爱意的回应。不过它们也带来了诠释的机会。因为，即便在拉斯金称之为"可爱的自然"中，"尽管有着只呈现给眼睛的极为简洁的美，但令我们印象最深的部分只是那可见的美中极少的部分"（第 5 卷 355—356 页）。此处，关键词是印象（impress）；在《现代画家》第 1 卷的其他地方（201 页），如画的与"印象的"（impressive）明显对立。我担心此处所谈的是一些来自洛克哲学及其相关传统的陈词滥调；不过，它帮助将纯粹视觉之物与视觉向思维的言说区分开来。然而，对美好的思想或可见之物的现实形成的印象，则需要全新的语言来诠释。在记录令人愉悦的形式上，如画的技法并不足够；陈旧的寓言式、象征化的语言则遭到唾弃，因其过于晦涩，也过于大众化和一般化，不能适应个人化的情感体验。需要建立言辞和图像的新联系以看待真理：

> 真理可由任何在观众脑海中留下确定意义的符号或象征物来表达，尽管这些符号本身既不是图像，也不像任何东西。

——第 3 卷 104 页

于是，拉斯金力求的是，尊重他在同一物体中所见之真理及推断之真理，在他自身福音派背景中正有这么一种传统语言：关于美的类型[①]"我遍求所有典型的美，并坚信我们对这种美具有天生的感知力；它的道德意义只能通过反思（reflection）方可得以揭示"（第 4 卷 211 页）。这种美其效果就是引发思考，如同他为透纳辩护的那样，这种反思也意味着我们愿意作为上帝的镜子。

拉斯金对碎片的关注形成了连篇的论述。我们或许可以不无公允地认为，这种

---

[①] 关于拉斯金的类型学策略的运用参见注释 2 引用的章节中 G·P·兰登（G. P. Landow）的相关讨论。他较近的关于此话题的论述参见极有参考价值的著作《类型学的文学运用》（Literary Uses of Typology），艾尔·米纳（Earl Miner）编著（普林斯顿，1977 年）。

关注可类比拉斯金自己的作品。他频繁地谈到"变形且破碎"的文本（第 7 卷 257 页）。但在这些文本中，他能够通过大量图像甚至更多地通过语言，来揭示废墟是如何在像阿尔卑斯山那样的地方趋向上帝宇宙的本质，又如何在像威尼斯的装饰中趋向人类世界的本质。他能够将它们的现象意义与本体意义分门别类。也许在他的镜子里，他能够使整体图像保持稳定；而当我们尝试越过他的肩膀再看时，这些图像变得不总是那么连贯了。我们时常有信心可以稳定地把握拉斯金的全貌，但同样我们也时常会困惑于他的多面性。在文章的结尾，我引用一段他父亲的惶恐的话。拉斯金于 1846 年 5 月 25 日辗转在威尼斯的废墟里狂热地探索。父亲并非愚钝，面对着儿子这种举动，他已经凭直觉感受到这是对如画的奇特修正：

> 他（拉斯金）目前正陶冶于艺术中，渴求真正的知识；但对你（指 W. H. Harrison，拉斯金父亲给这位老朋友写信）和我而言，艺术现在还是一本尘封的书。它不会以绘画或诗歌的形式来实现，它藏在那些未经加工的碎片里，因为他永不停息地画着，但画的完全不是你我在过去通常都会称赞的那类正统画作，他画的是比如从穹顶到车轮的各种碎片。这堆小碎片对普通眼睛来说确实只是一堆象形符号，但从中能看到真理本身，只不过是马赛克般的真理。

——第 8 卷 23 页

# 附 录 E  访 谈 实 录

　　每年夏天,天津大学的古建筑测绘实习都会如期在多地开展。作为全国各县中拥有国家级文物保护单位数量最多(22处)的河北蔚县,近年来正逐渐成为这一课程测绘研究的田野之一,也吸引了除天津大学以外的国内外建筑院校师生参与其中。在多种因素推动下,课程本身的传统模式发生了一些变化。2016年8月的一个夏夜,在蔚县牌楼西路惠宾宾馆内,天津大学测绘实习领队教师丁垚与一直关注此项工作的刘东洋、冯江两位老师共同接受了笔者的访谈,内容包括蔚县田野调查的内涵、调查与教学的形式,以及城乡建筑遗产保护的一般性问题。

　　访谈嘉宾:丁垚、刘东洋、冯江(按访谈先后顺序)

## 1. 蔚县的田野

　　**潘玥:**丁老师已经多次来蔚县做过调查了,刘老师、冯老师也曾经考察过蔚县很多的村堡、民居和庙宇,这次师生再次在蔚县相聚,三位老师能否先结合自己的经验和思考,谈谈在蔚县的感受?

　　**丁垚:**2006年,我第一次来蔚县做测绘,是在县城的常平仓和灵岩寺进行。蔚县给我的印象是,明代的建筑遗存很丰富,城里城外的、镇上的、村里的,都能分出来好几期,这是别的地方不太容易见到的。那时我已经开始有了一些思考,这些思考后来逐渐明确。我知道自己是来测绘庙宇的,它们是"地方"的东西。2005年,我曾带学生在晋中介休测绘,那个时候逐渐对一个"地方"有了感受。我那一路上总会说,蔚县与燕山南北、雁北、晋中是一个大的文化区,介休就是它的南端。对于地方细致的、深层次的了解本身是很有意思的一个理论探索,而这部分理论思考很重要的来源,其实是考古学的研究。考古学比较关注各个地区的文化问题。而建筑学往往就是看"高级"的建筑(官式建筑),而那种乡土的和民居的研究,则勾画得不够细致,会平一些。在蔚县,最重要的其实是做村子的研究,相对来说,会有比较多民间的研究内容。但事实上,蔚县的研究是比较系统的,从最高级的到最民间的,研究内容体现了一个竖向的社会结构中与衣食住行的种种关联。

　　比如在蔚县,流行单数门簪(三枚、五枚)这个事情。虽然,这是一个微小的细节,但是它比较特殊,通过它可以发现一些问题。它背后有一个很大的背景,或者说,它是一种文化的表现。其他情况,比如瓦,虽然也小,但关乎一个工种,至少涉及两个方面,一是制作,一是安装。瓦是那个时候手工业大量生产的产品,能够代表一个地区的建造水平。平常,我们会觉得是考古学在研究这些,但其实仍在地上使用的建筑构件,直观的数量当然远超地下的埋藏。而我们看到的这些建筑构件,如果若干年后埋于地下了,将来做考古学研究时,它们都是处在一个地层。而现在,它们不仅在原位,你还能在一个房子里看到好多次。很多因素让这件事情变得挺重要,但是不论考古学还是建筑学,原来都没有被充分讨论过。因为如果在一个高级建筑(官式建筑)上,即便不是对瓦的多样性视而不见,往往事实上也看不到像民居建筑中那么复杂的保存情况。所以说对瓦的研究其实是可以有一个很重要的理论层面的贡献。

**刘东洋**:在蔚县你可以非常直观地看到那个旧的格局还在,因为物质的在场非常重要。比如昨天葛康宁同学做的木工工具展览里面的那个刨子,你画一个刨子不会感觉到它是怎么用的,可是现场握住的时候,手指触碰到刨子的哪个位置上,这种上手的状态非常直观。又比如我们在白南场堡的堡门那里,照片拍得再好,也不会引发丁老师的那一系列发问,因为在照片上你很难看出右侧新造的墙壁跟左侧的厚度有差别。这一个小的变化引出的不仅是断代的问题,也就是哪个朝代哪一次的建设的问题,更会涉及风水观变化的问题,可能上面要建一个关帝庙,它对空间的轴线有了要求,于是要扭转门的朝向,这就变成大问题了。当然过程中还有美学的要求,中间砖砌的三道线脚是过渡用的,让你没有感觉到它在调角度,那个动作很有意思。这样的动作能在照片上看到吗?能在线图上看到吗?这就是蔚县的好处之一。另外你甚至可以直观地看到村落的沿革——废堡、老堡、新村,乃至堡子的扩张和合并。包括人在里面使用的情况,尽管老人们很多已经过世或者搬出去了,但简单地去注意哪个村里的石牙子摆放的位置,一定跟太阳有关,这是人的行为,太符合人对物和空间的使用,这就是民间的设计,给学生提供了巨大的一个观察机会。

当然对不同的人,蔚县的意义也是各不相同的。要讨论生态人类学,这是一个地方,把它的作物、植被的历史研究一遍,特别是可以关注人口与地下水的关系,跟上面物种和贸易的关系——这还是一个非常活生生的,可以看得到的地方。要研究所谓的城乡关系等,即使它比较破碎了,但它仍然还是比其他地方完整,所以蔚县是不可多得的实物。

**冯江**:因为跟丁老师之间会相互关注对方的教学和研究,2015 年夏天就过来观摩了一下,自己平时研究的地域和这里差别很大,差别带来的张力本身很吸引人。很多地方的聚落都会有防卫性,有些地方有碉楼,有些地方有村围子,有些地方有堡寨,这是一个比较常见的现象,并不是蔚县独有。但蔚县的特征是,它处在历史上的长城附近,也就是农、牧两种文明的交界地带,周围是山,中间是一块盆地,土地并不肥沃。就我现在比较直接和粗浅的认识,像在这种曾经不断被军事化又去军事化的地区,在目前这样的地理(包括土地)的条件下,会形成人群的生存智慧和政府、军队的管制措施之间的一套关系,在我看来蔚县样本的独特性首先在这里。

这里的乡村不像南方的宗族社会里有许多单姓村或者双姓村,大量的是多姓村。我会关心多姓群体如何在边界明确的同一个空间里共存,比如整个堡子规模的大小、边界的确定,怎么制里、割宅,这一定程度上反映了社会结构的底盘。举个例子,客家地区有很多的围屋,福建很多大的土楼,一个围子里住着一个同姓的家族,共用一个祖堂,用这种方式管理同一个达到几百人的家族或者家族分支。可是蔚县这里是不同的家族共用一个围墙,它和围屋有某种可比性,但是又有很明确的差异,在这里,庙的作用变得更重要。所以蔚县村堡的形态其实是社会治理体系和与之相对应的一种文化或者社群的架构在空间上的投射。这个投射在历史中究竟是怎么发生的? 这对我来说非常有吸引力。

### 2.“空间考古学”蔚县调查的方法和问题

**潘玥**:那么,各位老师再蔚县调查中采取的方式和关注的问题都是什么呢?

**丁垚**:我在 2006 年第一次来蔚县,在之后十年的时间里,一直在做辽代的一些或许可以称为纪念物(monument)的大建筑(庙或者是塔)的研究。它们相对于我们在蔚县所面对的,是比较孤立的东西,因为它们自身就已经足够大、足够复杂了。这种超越性,使这些大建筑跟具体地方其实没有关系,像独乐寺,它不是蓟州这个地方能够造出来的。但再超级大的巨构,只要在这个地方,最主要的使用者还是当地人。我有一个方便的表述就是,属于蓟县的独乐寺曾经从来没有存在过。意思是说,对于十一面观音这样的造像而言,它本来是为了更高层面的需要——所谓护国佑民而出现的,这样的意义只在那一刻呈现,之后就立刻解构或消解了。独乐寺就变成了一个普通庙宇,可以任由谁占,今天是道士,明天是和尚,清代的时候成为乾隆的纪念地,新中国成立后变成仓库,直到今天作为全国重点文物保护单位,由文物局来管理。在成为普通的庙宇之后,独乐寺就跟地方有联系了。因此,我就开始关注蓟县整个更大范围的文化,包含这个地区所有的东西。所以说这个思路一直在酝酿,当然有其他的积累,包括阅读,包括常跟刘东洋老师的学习还有交流,然后正好又开始在蔚县做工作了,那就按照蔚县具体的空间来展开。

前年(2014 年)夏天是做了县城南关的关帝庙和东关的天齐庙的测绘研究。去年夏天主要测绘了水涧子的三个堡(水东堡、水西堡、西小堡),收获很大。有些去年来过的老师今年也来了。去年的情况跟今年的类似,但是现场工作时间要短很多。也是没有任何限定,大家觉得自己感兴趣的就去深入,有不少同学,抓的问题很有趣。其实无所谓师生关系,因为在那一点上,学生有闪光的东西,我们就互相学习。夏天之后,开始密集地过来。晚秋来,严冬来,春播再来,每次几个同学一块,方式就是每天走走看看。每次来一个星期,而不是说今天来明天就走,一定要腾出这个时间来,停留一星期就可以稍微有身处其中的感觉了。对于所有人而言,基本上还是靠这种身体上的感受。因为庄子曾表达过这样的意思:你思考的时候就不能感受,感受的时候就不能思考。所以我没有刻意思考,但是其实你走到哪里、看到哪里都会自然地思考,看见后直接就会产生一些想法,类似反射。包括这回我们去九宫口,很多地方都是原来去过的,这样对它的感受和想象就慢慢丰满了。中间从刘老师那学习交流得到的东西也很重要,特别是他讲大连空间史的时候,然后回头再来看列维-施特劳斯讲的所谓"空间考古学"的事,确实思路是一样的。

今年的调研范围比去年的稍微扩大了,包括在县城西北的西陈家涧、白家庄六堡、小饮马泉,还有西关。具体的方式还是会带大家去到地里,就像我们那样四处走。后半段增加了针对村堡和其中庙宇的设计环节,名义上虽然是寻找一个解决方法,但这并不是我的目的,它只是一个形式,来拉动学生们做一些思考,从另一个角度看建筑设计的问题。这样试试,我觉得具体结果肯定都是带有遗憾的,或者也都会有问题和不足。但是很好,因为认识总是这样发生的,我对这件事是很有信心和期待的,然后只要去坚持就行了。

**刘东洋**:我看丁老师表达的这种愿望,很人类学了,如果一定要用什么名称来称呼丁老师他们这几年的活动的话,我觉得"蔚县空间调查"是个不错的词语。或许重要的也不是称谓,而是参与者自身的觉悟。丁老师说他10年前是作为一个建筑研究者来的,看到了满眼的"明代",对于搞建筑史研究的人来说,这很可理解,因为地面上仍然看到这么多完整的遗存,别处已经不多见了。然后,丁老师提到了改变,他在拓展和深化对蔚县的理解以及自己介入蔚县的方式。比如说,天大的蔚县空间调查并不是以服务于具体项目为导向的,这个立场才能让你慢下来,仔细观察。像把自然史的内容包括在调查里面。昨天党晟讲演中有一张图片让我看了特别高兴,关于一座砖厂取土揭露出来的地层,我在下面看到了湖相沉积,他拍到了大湖时代留下的植物痕迹和贝壳。我一直以为,建筑聚落的研究,一个地区的文化、文明的研究一定要从自然史开始,这跟我们做建筑项目是一样的,你要做一个小房子,就得考虑基地,人类文明只是整个大时段中的一个小的东西,你不能只考虑小基地,就看这一点点。要讨论"明",你得讨论"周",要讨论"周",你得讨论新石器时代,当你讨论这里的聚落、人类文明的存在,你得看它的自然状态和历史沉积又是什么。这个对于建筑学的人、规划的人都是个挑战,这个挑战在于它不在你的专业视野范畴内,起码在你的知识体系里是缺乏的。当然这并不是说没人研究过大时段的自然史,地质学、考古学、植物学、生态学工作者们早就做了大量的工作,给了你剖面图。对于关心建筑和聚落时间尺度的人,怎么接续人家已经完成的劳动,化书本上知识为自己认知的行动力,是个不小的挑战。所以看到党晟描述湖相沉积的现场时,还是很高兴。

丁老师还提过,他希望这个阶段更多的会是一个试错的过程。也很像人类学中的"深描",或者是"深描"之前的"反复体验"。

**冯江:**去年来的时候,丁老师也是第一次把大二的学生带到这里做一个非经典的测绘,更多是一种跟传统建筑认识有关的教学,可以称之为"田野上的漫流"。学生分了很多组,有一点漫无目的地在看,丁老师还带他们去看周围其他的大庙。这样的形态像水的漫流,有趣的是,这边的河流也主要是漫流的,没有堤坝。今年增加了设计的环节,明显比去年要更集中一些,可能经过去年的尝试以后,把一些对学生来说理解太困难的部分切掉了,是"田野中的行走"。

我和丁老师都是学建筑史的,研究建筑史的人天然会把自己放在历史里面看待历史。我们的研究都会关心建筑以外的好多东西,认为它们跟建筑很有关系。丁老师对建筑有很多细微的观察,包括构件的造型和加工、建筑中的图像等。而我的研究重心相对来说尺度更大一些,这也跟自身的经历有关。蔚县地区总体上的自然环境变化是渐变型的,我所研究的珠江三角洲是剧变型的。在这样的剧变中,可能有一些过于细微的变化未见得来得及发生,即使发生了也会被淹没在更大的浪潮里面。所以我感兴趣的是先把浪潮本身了解清楚。相对来说,虽然我也对细微的变化很感兴趣,但会优先去寻找拐点,拐点总是戏剧性的。我把丁老师的工作特点形容成一种坍缩和大爆炸的模式,先建立黑洞,把无论多么久远、细微、渺无边界的东西先吸进去,你看不清黑洞里面是什么反应,坍缩的结束是大爆炸,所以外人每次看到坍缩就会期待放烟花。

### 3. 在蔚县谈建筑遗产保护

**潘玥:**在蔚县除了谈建筑史,建筑遗产保护的问题似乎是不能回避的。这几天我在实地观察了很多堡子和庙宇,发现有被大量空置和废弃的现象。我作为一个外来者,首次在现场看到这些建筑与聚落形态时非常震撼,就很自然地想到一个问题:蔚县的风土建筑具有鲜明的特征,无论作为一种特殊的聚居形态还是明清建筑实存都有很高的价值。作为思考遗产保护问题的人,我们有没有可能让它们的状态不那么糟糕?里面的人怎么办?要不要保护,以及怎么保护是好的?

**冯江:**在经济缺少足够活力的情况下,我们必须直面堡子未来会继续衰退的趋势。我所关注的乡村的严重问题真的还不是活力的逐渐丧失，而是乡村伦理的崩坏。你去和老人家聊天，问他们小孩在哪里、家里靠什么过活？绝大多数老人家会告诉你，他们虽然会以子女为傲，但是平日里老人们都是没有人照顾的。有很多家庭是不愿意养老的，问了几名中年阿姨，都说当然要给老人家钱啊，但言语之间又透露出这是一个大的负担。这种情况在我自己老家也一样，而且可能更严重。整个社会已经变成经济为主的导向了。自然状态下的老人没有很强的劳动能力，因此就成了可能被嫌弃甚至遗弃的弱势群体。在我看来，这个是比建筑的崩坏更严重的问题，老的建筑坏掉和老人没有人照料一样，这之间的跨度似乎很大，但是这两种崩坏几乎同步。这是社会状态的反映。不能简单地认为我们把建筑修好了，老人的生活就会好起来。我更倾向于认为，老人被照顾好了，房子就会好起来。所以不能因为我们是从事建筑遗产保护研究工作的，就觉得老人们要配合建筑遗产来生活，相反，应该是建筑遗产配合老人的生活，这是我对遗产保护的主体优先性的基本看法。很多时候，建筑遗产剥夺了别人的部分权益，同时加给别人责任。所以建筑遗产不能只发大红花，要一手拿着大红花、一手拿着大红包，同时交给那些创造、守护了建筑遗产和在其中生活的人们。没有红包只有红花是没有用的，红包被少数人拿走也不行，要有恰当和针对性强的办法激活人们守望和维护建筑遗产的主动性。

**刘东洋**：遗产保护和对老人的照顾可类比，它们都可以延缓，但不能逆转衰老。另外，保护或照顾的另一个重要作用是给衰老以尊严，使其远离废弃和破败。我在2013年的时候，跟丁老师一起去拜访了弗朗索瓦·萧依（Françoise Choay），那时她已经90岁了吧，我觉得她当年的学说好多都涉及我们现在讨论的话题。萧依一直强调，物的保护只在物的层面没有意义，或意义不大，还是要在人，当遗产保护能在年轻人身上变成一种身体性的感受、技能、习惯时，这个事情就有希望了。比如，萧依说，你让年轻人就看拱的照片，那就只是个视觉的印象，但是带领年轻人摆弄一下模型，自己也小尺度地操练下基本建造，会比只看照片更重要。她当然还希望保护要普遍化、公民化。费孝通在晚年前还在讨论一件事情，就是文化自觉和身份认同，你如果为美国骄傲的时候，你不会保护你自己祖先的东西，只有当你为自己祖先的东西感到骄傲，对你的梆子、昆曲，对你家后面那个庙感到骄傲的时候，你才会觉得那个身份认同让你不丢脸。让蔚县人感觉作为蔚县人很骄傲的时候，这个文保才有戏，可是一提到蔚县未来的时候，年轻人都觉得我要出去，觉得北京更好的时候，这个问题就麻烦了。遗产能够得到普遍保护，它一定是被广泛地接受，当地的人热爱自己的文化，热爱自己的物质文明。

**丁垚**：这个问题很复杂，对照几十年前，堡子里面很多都废掉了，因为人走了嘛，或者用传统的汉语说是"空聚"，聚落空了。在这种情况下保护这些庙，就产生了很多问题。当说到遗产保护的时候,它一定不是一个个体性的问题,而是一个群体性的问题、大量性的问题,是一个系统问题,也就是所谓社会的问题、文化的问题。我们保护堡子,是为了人,为了自身。我们要保护,更要思考,15 年或 20 年后,这儿能发生什么,怎么能够让它有可能发生对的事情?虽然一定会有遗憾。去年冬天来的时候去白草窑,这次去白草窑了吗?

潘玥:恰好去了,我看到了嘉靖的佛殿,濒临坍塌,非常可惜。我想对于整个蔚县的建筑遗产保护现状来说,需要保护的对象非常多,这是其中一个典型的例子。

丁垚:当时我在白草窑有一种复杂的情绪,但这实际上是一种个人的代入,是跟你这个研究者的生命有关联的。这是遗产保护研究需要去思考的问题,就是保护到底是什么,目前的思考是完全不匹配的。比如像五龙庙环境整治引起了一些思考。其实不仅是五龙庙,南禅寺的实践就已经是国内建筑遗产保护历程中挺值得回顾的事例。日本更早就有类似于我们修南禅寺的修法,在昭和大正(20 世纪 20—30 年代)的时候,他们想修到相当于我们盛唐那时候的样式,然后在结构里边放钢板。中国文物保护的起步阶段受到日本的影响是很大的,梁先生写独乐寺的文章,最后一个部分写保护的问题。而且他应该是专门请人翻译了一篇关于日本古建筑保护的文章,刊于同一期《中国营造学社汇刊》。现在看来,幸亏南禅寺没采纳改用钢结构的意见,否则的话,我觉得那是很剧烈的变化。其实有很多这样的例子可以讨论,也足够让我们受到触动。

其实在五龙庙的建造有一点很重要,就是这个措施是可逆的,有时间性的。可逆,意味着它随时可以成为瞬时(片刻)的东西。我觉得,当意识到采取的遗产保护的动作非常非常重的时候,像五龙庙或者是南禅寺保护设计实践中的那样,这就是保护意识的自我升级。所以我认为,你在采取每个遗产保护的动作都要自觉地比你认为的再轻一些,那么,保护可能就会升级了。你做得越轻,你可能面对的各方人群就越多,这个过程中,一定会有伤害,但是做的轻些,伤害就会小一点。在对遗产实体进行干预的时候,尤其不能伤害话语权最少的人,就是未来的人,遗产保护实践不仅仅要提供反思发生的契机,还要给予后一代人依旧可能体会到的真实的土壤,给主体提供更多的可能。

这是一个保护可能性的问题,不能让可能性消失。而可能性就包括所有历史,动了之后另外的可能性就没有了。刚才刘老师提到弗朗索瓦 · 萧依,恰巧那年她的那本《建筑遗产的寓意》被翻译出版了。之前我也读过她的论述,她对雨果的看法,对柯布的看法,她对关于建筑遗产上,或者我们称之为古迹或者文物,或者文化遗产的看法,以及文本的分析和阐释,我都很认同。我觉得我们缺少类似像这位学者那样来思考问题的状态。我还是想追问"何种古迹观",不在于一个结果,这些是遗产保护研究者的责任,而且是很紧迫的任务,不是说要等到一个新的问题出现了的时候才开始思考,更不能等到一个问题出现了半个世纪甚至更久了但仍不思考。

**潘玥:**谢谢三位老师。借用丁老师的话,希望今晚对"古迹观"的追问也能得到更多思考遗产保护问题诸同仁的共鸣。

## 后记

2018 年 5 月 2 日国务院国函(2018)70 号文批复同意将蔚县列为国家历史文化名城。批复中指出,蔚县历史悠久,古城形制独特,风貌保存较好,文化遗存丰富多样,古代建筑数量众多,具有重要的历史文化价值。

(丁垚,天津大学建筑学院副教授;刘东洋,自由撰稿人;冯江,华南理工大学建筑学院教授)

# 参考文献

## 第一章

[ 1 ]〔美〕阿摩斯·拉普卜特.宅形与文化[M].常青,等译.北京:中国建筑工业出版社,2007.

[ 2 ] Paul Oliver. Encyclopedia of Vernacular Architecture of the World[M]. London:Cambridge University Press,1997.

[ 3 ] 常青.序言:探索我国风土建筑的地域谱系及保护与再生之路[J].南方建筑,2014(5):4 - 6.

[ 4 ] 常青.风土观与建筑本土化:风土建筑谱系研究纲要[J].时代建筑,2013(3):10 - 15.

[ 5 ] Alan Colquhoun. Modernity and the Classical Tradition:Architectural Essays 1980—1987[M]. Cambridge:The MIT Press,1989.

[ 6 ] R. W. Brunskill. Traditional Buildings of Britain:An Introduction to Vernacular Architecture[M]. London:Victor Gollancz Ltd in association with Peter Crawley,1986.

[ 7 ] Paul Oliver. Shelter and Society[M]. London:Barrie & Jenkins,1969:10 - 11.

[ 8 ] Bernard Rudofsky. Architecture Without Architects:A Short Introduction to Non-Pedigreed Architecture[M]. New York:Doubleday,1964.

[ 9 ] Lejeune Jean-Fransçois,Sabatino Michelangelo. Modern Architecture and the Mediterranean:Vernacular Dialogues and Contested Identities[M]. London:Routledge,2010:xvii.

[10]〔法〕克洛德·列维-施特劳斯.忧郁的热带[M].王志明,译.北京:中国人民大学出版社,2009.

[11] Esra Akcan. Bruno Taut's Translations out of Germany[M]//Lejeune Jean-Fransçois,Sabatino Michelangelo. Modern Architecture and the Mediterranean:Vernacular Dialogues and Contested Identities. London:Routledge,2010.

[12] Bruno Taut. Die Stadtkrone[M]. Jena：Verlag Eugen Diederichs,1919:82.

[13] 〔英〕亚当·梅纽吉.英格兰风土建筑研究的历程[J].陈曦,译.建筑遗产,2016(3):40－53.

[14] 〔德〕温克尔曼.论古代艺术[M].邵大箴,译.北京：中国人民大学出版社,1989.

[15] 〔美〕约翰·迪克逊·亨特.诗如画,如画与约翰·拉斯金[J].潘玥,薛天,江嘉玮.译.时代建筑,2017(6):67－74.

[16] William Wordsworth. A Guide Through the District of the Lakes in the North of England[M]. Kendal：Hudson and Nicholson,1835.

[17] Edward Tyas Cook，Alexander Wedderburn. The Works of John Ruskin (Volume 3：Modern Painters I)[M]. Cambridge：Cambridge University Press，2010.

[18] John Ruskin. The Poetry of Architecture；or，The Architecture of the Nations of Europe Considered in its Association with Natural Scenery and National Character[M]//Edward Tyas Cook，Alexander Wedderburn. The Works of John Ruskin(Volume 1). Cambridge：Cambridge University Press，2010.

[19] 常青.从风土观看地方传统在城乡改造中的延承——风土建筑谱系研究纲领[M]//李翔宁.当代中国建筑读本.北京：中国建筑工业出版社,2017.

[20] Lewis Henry Morgan. Houses and House-Life of the American Aborigines [M]. Washington：Government Printing Office，1881.

[21] 潘玥. 风土：重返现代[J]. 建筑遗产,2016(3)：126－127.

[22] Emmanuele Fidone. From the Italian Vernacular Villa to Schinkel to the Modern House[M]. Siracusa：Biblioteca del Cenide,2003.

[23] Michael Snodin. Karl Friedrich Schinkel：An Universal Man[M]. New Haven：Yale University Press,1991.

[24] Gottfried Semper. Vorläufige Bemerkungen über bemlte Architektur und Plastik bei den Alten[M]. Altona：Hammerich,1834.

[25] Gottfried Semper. The Four Elements of Architecture and other writings[M]. Cambridge：Cambridge University Press,1988.

[25] Gottfried Semper. Der Stil in den technischen und tectonischen Künsten，oder praktische Äesthetik [M]. Frankfurt,1860.

[26] Eduard Sekler. Joseph Hoffmann：The Architectural Work[M]. Princeton：Princeton University Press,1985.

[27] John Ruskin. The Stone of Venice[M]. Edited and abridged by J. G. Links.

New York：Da Capo Press，2003.

［28］Hermann Muthesius. The English House［M］. Dennis Sharp(ed.). New York：Rizzoli，1987.

［29］Hermann Muthesius. Das englische Haus：Entwicklung，Bedingungen，Anlage，Aufbau，Einrichtung und Innenraum［M］. Berlin：E. Wasmuth，1904－1905.

［30］Nikolaus Pevsner. Pioneers of Modern Design：From William Morris to Walter Gropius［M］. London：Penguin Books，1936.

［31］尼古拉斯·佩夫斯纳.现代设计的先驱者:从威廉·莫里斯到格罗皮乌斯［M］.王申祜,王晓京,译.北京:中国建筑工业出版,2004.

［32］Ivan Zaknic(ed.). Journey to the East［M］. Cambridge：The MIT Press，2007.以及中译本:勒·柯布西耶.东方游记［M］.管筱明,译.北京:北京联合出版公司，2018.

［33］牛燕芳,刘东洋.也谈柯布［J］.建筑遗产,2019(1):114－119.

［34］Alberto Sartoris. Encyclopédie de l'architecture nouvelle［M］. Milano：Hoepli，1948－57.

［35］Bruno Zevi. Storia dell'architettura moderna［M］. Torino：Giulio Einaudi editore，1950.

［36］Hubert de Cronin Hastings. The Italian Townscape［M］. London：Architecture Press，1963.

［37］Sibyl Moholy-Nagy. Native Genius in Anonymous Architecture［M］. New York：Horizon Press，1957.

［38］潘玥.西方风土价值认知的转变——伯纳德·鲁道夫斯基和"没有建筑师的建筑"思想形成过程研究［J］.建筑学报,2019(6):110－117.

［39］Vincent Scully. Introduction to Robert Venturi［M］//Robert Venturi. Complexity and Contradiction in Architecture. New York：The Museum of Modern Art，1966.

［40］Aldo Rossi. The Architecture of the City［M］. Cambridge，Massachusetts，London：MIT Press，1982.

［41］Peter Eisenman. The Houses of Memory：The Texts of Analogy［M］//Aldo Rossi. The Architecture of the City［M］. Cambridge，MA：The MIT Press，1982:4.

［42］Rafael Moneo. Theoretical Anxiety and Design Strategies in Work of Eight

Contemporary Architects[M]. Cambridge，MA：The MIT Press，2004：102－143.

[43] Alan Gowans. The Buildings of England by Nikolaus Pevsner[J]. Journal of the Society of Architectural Historians，Vol.15.1956(2)：29.

[44] 和辻哲郎.风土[M].陈力卫,译.北京：商务印书馆,2018.

[45] R. W. Brunskill. Illustrated Handbook of Vernacular Architecture[M]. London：Faber & Faber,1970.

[46] Lloyd Kahn. Shelter[M]. Bolinas：Shelter Publications，Inc.,1973.

[47] Vincent Scully. Pueblo：Mountain，Village，Dance[M]. Chicago：University of Chicago,1989.

[48] 浅川滋男.住まいの民族建築学:江南漢族と華南少数民族の住居論[M].東京：建築思潮研究所,1994.

[49] Richard E. Blanton. Houses and Households：A comparative Study[M]. New York：Springer Science＋Business Media，1994.

[50] John May. Handmade Houses & Other Buildings：The World of Vernacular World[M]. London：Thames & Hudson,2010.

[51] Amos Rapoport. Vernacular Design as a Model System[M]//Lindsay Asquith，Marcel Vellinga. Vernacular Architecture in the Twenty-First Century：Theory，Education and Practice. London and New York：Taylor & Francis Group，2006.

[52] Ronald Lewcock. "Generative Concepts" in Vernacular Architecture[M]// Lindsay Asquith，Marcel Vellinga. Vernacular Architecture in the Twenty-First Century：Theory，Education and Practice. London and New York：Taylor & Francis Group，2006.

[53] 松本继太,宫泽智士.日本白川乡合掌造民居复原研究——白川村加须良地区旧山本家住宅[J].胡佳林,唐聪,译.建筑遗产,2016(3)：80－97.

[54] Willi Weber，Simon Yannas. Lessons from Vernacular Architecture[M]. London and New York：Routledge,2014.

[55] Isaac A. Meir，Susan C. Rolf. The Future of the Vernacular：towards New Methodologies for the Understanding and Optimization of the Performance of Vernacular Buildings[M]//Lindsay Asquith，Marcel Vellinga. Vernacular Architecture in the Twenty-First Century：Theory，Education and Practice. London and New York：Taylor & Francis Group，2006.

[56] Richard Balbo. A Lesson in Urban Design From Dakhleh Oasis[M]//Willi Weber，Simon Yannas. Lessons from Vernacular Architecture. London and New York：Routledge,2014.

[57] Benson Lau，Brian Ford，Zhang Hongru. The Environmental Performance of A Traditional Courtyard House in China[M]//Willi Weber，Simon Yannas. Lessons from Vernacular Architecture. London and New York：Routledge，2014.

[58] 朱孝远.西方现代史学流派的特征与方法[J].历史研究,1987(2)：142－155.

[59] Marc Bloch. The Historian's Craft[M]. Manchester：Manchester University Press,1992.

[60] Lucien Febvre. Combats pour l'histoire[M]. Paris：Armand Colin,1953：456.

[61]〔法〕费尔南•布罗代尔.菲利普二世时期的地中海世界[M].唐家龙,曾培歌,吴模信.译.北京：商务印书馆,2013.

[62]〔法〕克洛德•列维-施特劳斯.结构人类学[M].张祖建,译.北京：中国人民大学出版社,2009.

[63] Claude Lévi-Strauss. The View from Afar[M]. New York：Basic Books,1985.

[64]〔德〕汉斯-格奥尔格•伽达默尔.真理与方法[M].洪汉鼎,译.北京：商务印书馆,2010.

[65]〔德〕海德格尔.存在与时间[M].陈嘉映,王庆节,译.北京：生活•读书•新知三联书店，2014.

[66] Hans-Georg Gadamer. The Elevation of the Historicality of Understanding to the Status of Hermeneutic Principle.[M]//Paul H. Fry. Theory of Literature[M]. Boston：Yale University Press，2012.

[67] Erid Donald Hirsch. Passages from Martin Heidegger[M]//Paul H. Fry. Theory of Literature[M]. Boston：Yale University Press，2012.

[68] ICOMOS. Charter on the Built Vernacular Heritage(1999)Ratified by the ICOMOS 12th General Assembly[C]. Mexico,1999.

## 第二章

[1]〔英〕亚当•梅纽吉.英格兰风土建筑研究的历程[J].陈曦,译.建筑遗产,2016(3)：40－53.

[2]〔美〕阿摩斯•拉普卜特.宅形与文化[M].常青,等译.北京：中国建筑工业出版

社,2007.

［3］ Quatremère de Quincy. Encyclopédie Méthodique ［M］. Paris：Panckoucke，
1788 - 1825.

［4］〔美〕H. F.马尔格雷夫.现代建筑理论的历史,1673—1968［M］.陈平,译.北京：
北京大学出版社,2017:106 - 108.

［5］ William Wordsworth. A Guide Through the District of the Lakes in the North
of England［M］. Kendal：Hudson and Nicholson,1835.

［6］〔英〕阿诺德•汤因比.历史研究［M］.郭小凌,等译.上海：上海人民出版社,2010.

［7］ David Lowenthal. British National Identity and the English Landscape［J］.
Rural History. 1991(Vol.2):205 - 230.

［8］ Nikolaus Pevsner. Pioneers of Modern Design：From William Morris to
Walter Gropius［M］. London：Penguin Books,1936.

［9］尼古拉斯•佩夫斯纳.现代设计的先驱者:从威廉•莫里斯到格罗皮乌斯［M］.
王申祜,王晓京,译.北京:中国建筑工业出版,2004.

［11］ E. M. Yates. The Evolution of the English Village［J］. The Geographical
Journal.1982(2). Vol.148:182 - 202.

［12］ Timothy O'riordan. Culture and the Environment in Britain［J］. Environmental
Management.1985 (2)，Vol.9:113 - 120.

［13］ Stephen Daniels. Fields of Vision：Landscape Imagery and National Identity in
England and the United States［M］. Cambridge：Polity Press,1993.

［14］ David Lowenthal. British National Identity and the English Landscape［J］.
Rural History.1991(Vol.2):213.

［15］ David Matless. Definitions of England,1928—89：Preservation，Modernism
and the Nature of the Nation［J］. Built Environment，1990(3)，Vol.16:
179 - 191.

［16］ Robert Anill Boote. Countryside Conservation：The Protection and Management of
Amenity Ecosystems by Bryn Green［J］. The Town Planning Review. 1982(3)，
Vol.53：350 - 351.

［17］〔法〕罗曼•罗兰.卢梭的生平和著作［M］.王子野,译.上海：三联书店,1996.

［18］ John Ruskin. The Seven Lamps of Architecture［M］. New York：Dover
Publications,1989.

［19］ Stephan Tschudi-Madsen. Restoration and Anti-Restoration：A Study in
English Restoration Philosophy［M］. Oslo：Universitetsforlaget:1976.

［20］ An Essay on British Cottage Architecture//Lefaivre L. Tzonis A. The Emergence of Modern Architecture：A Documentary History from 1000 to 1810［M］. London：Routledge,2003.

［21］ Adolf Loos. Rules for Building in the Mountains［M］//Adolf Loos. On Architecture，Studies in Austrian Literature，Culture & Thought. Michael Mitchell，trans. Vienna：Ariadne Press,2002.

［22］ John Ruskin. The Poetry of Architecture；or，The Architecture of the Nations of Europe Considered in its Association with Natural Scenery and National Character［M］//Edward Tyas Cook，Alexander Wedderburn. The Works of John Ruskin（Volume 1）. Cambridge：Cambridge University Press，2010.

［23］〔英〕肖恩·奥雷利.英国历史建成环境保护——一段在实践中往复的历史［J］.江孟繁,陈曦.译.建筑师. 2018(4)：7-18.

［24］ Barry Cullingworth. Town and Country Planning in the UK［M］. London：Routledge,2015：134-135.

［24］ 西山夘三.歴史的町並み事典［M］.東京：柏書房株式会社,1981.

［25］ 日本观光资源保护财团.历史文化城镇保护［M］.路秉杰,译.北京：中国建筑工业出版社,1991.

［26］ Edmund George Bentley. A Practical Guide in the Preparation of Town Planning Schemes［M］. Nabu Press,2010.

［27］ Anthony Sutcliffe. Britain's First Town Planning Act：a Review of the 1909 Achievement［J］. Town Planning Review. Vol. 59,1988(3)：289-303.

［28］ Patrick Abercrombie. The Preservation of Rural England［EB/OL］.［2018-09-26］［https：//www.jstor.org/stable/40101681］

［29］ Peter J. Larkham. Conservation and Heritage：Concepts and Application for the Built Heritage［M］//Cullingworth Barry. British Planning：50 years of Urban and Regional Policy. London：Athlone,1999.

［30］ Robert Hewison. The Heritage Industry：Britain in a State of Decline［M］. London：Methuen Publishing Ltd,1987.

［31］ Gregory. J. Ashworth. Conservation as Preservation or as Heritage：Two Paradigms and Two Answers［J］. Built Environment. 1978(2). Vol. 23：92-102.

［32］ The Council of Europe. European Charter of the Architectural Heritage［C］. Amsterdam,1975.

［33］〔丹麦〕勃兰兑斯.十九世纪文学主流(第四分册:英国的自然主义)［M］.徐式谷，江枫，张自谋，译.北京:人民文学出版社，2017:1－36.

［34］华兹华斯.《抒情歌谣集》1800 年版序言［M］//伍蠡甫.西方文论选.上海:上海译文出版社:1979.

［35］John Plaw. Rural Architecture［M］. London：J. Taylors，1794.

［36］Howard Colvin. A Biographical Dictionary of British Architects 1600—1840［M］. New Haven：Yale University Press，1997.

［37］Malcolm Andrews. The Search for the Picturesque［M］. Stanford：Stanford University Press,1989.

［38］Uvedale Price. An Essay on the Picturesque，as Compared with the Sublime and the Beautiful［M］. Cambridge：Cambridge University Press，2014.

［39］Christopher Hussey. The Picturesque：Studies in a Point of View ［M］. London：Routledge，2004.

［40］The Prose of John Clare［M］. edited by J. W. and Anne Tibble. London：Routledge & K. Paul，1951：174－175.

［41］William Gilpin. Observations，relative chiefly to Picturesque Beauty，made in the Year 1776，on Several Parts of Great Britain；particularly the High-Lands of Scotland［M］. London：Wentworth Press,2016.

［42］Joseph Mawman. An Excursion to the Highlands of Scotland，and the English Lakes，with Recollections，Descriptions and References to Historical Facts ［EB/OL］.［https://ir.vanderbilt.edu/handle/1803/1801］.［2019－05－31］

［43］Alfred Lord Tennyson. Edwin Morris［M］.［https://www.fulltextarchive.com/page/The-Early-Poems-of-Alfred-Lord-Tennyson6/］.［2019－05－31］

［44］〔美〕斯皮罗·科斯托夫.城市的形成——历史进程中的城市模式和城市意义［M］.单皓，译.北京:中国建筑工业出版社,2017.

［45］〔德〕尤尔根·哈贝马斯.后民族结构［M］.世纪文景/上海人民出版社:2019.

［46］Paul Oliver. Encyclopedia of Vernacular Architecture of the World［M］. London：Cambridge University Press,1997.

［47］〔日〕和辻哲郎.风土［M］.北京:商务印书馆,2018.

［48］Kathleen Tillotson. The Letters of Charles Dickens (Volume IV：1844—1846)［M］. London：Oxford University Press,1977.

［49］Charles Dickens. The Chimes：A Goblin Story of Some Bells That Rang An Old Year Out and a New Year In［M］. London：Bradbury and Evans,1844.

［50］ John Ruskin. Of the Turnerian Picturesque［M］//Edward Tyas Cook，Alexander Wedderburn. The Works of John Ruskin（Volume 6，Modern painters IV）. Cambridge：Cambridge University Press，2011.

［51］潘玥.回响的世纪风铃：约翰·拉斯金对如画的升华及其现代意义［J］.建筑学报，2020（9）：116－122.

［52］〔德〕海德格尔.存在与时间［M］.陈嘉映，王庆节，译.北京：生活·读书·新知三联书店，2014.

［53］弗朗索瓦丝·萧依.寇庆明，译.建筑遗产的寓意［M］.北京：清华大学出版社，2013.

［54］Günter Nitschke. From Shinto to Ando：Studies in Architectural Anthropology in Japan［M］. London：Academy Editions·Ernst & Sohn，1993.

［55］潘玥.神性的栖居——《从神道到安藤：有关日本的建筑人类学研究》读书笔记［M］.建筑师.2017(2)：103－108.

［56］Satoshi Asano. The Conservation of Historical Environments in Japan［J］. Built Environment 1978,25(3)：236－243.

［57］岩井正.伝統的建造物群保存地区におけるまちづくりのサスティナビリティに関する研究——橿原市今井町·近江八幡市八幡を事例として—［J］.都市経済政策，2009(3).

［58］潘玥.《日本建筑史序说》评述［M］.时代建筑，2017,4(156)：148－149.

［59］関野克，太田博太郎，等.今井町民家の編年［M］//日本建築学会論文報告集第60号（昭和33年10月）.東京：日本建築学会，1958.

［60］渡辺定夫.今井の町並み（大型本）［M］.京都：同朋舎，1994.

［61］足達富士夫.地域景観の計画に関する研究［D］.京都：京都大学，1970.

［62］足達富士夫.歴史的街区の保存——奈良県今井町の場合［J］.建築と社会.1969(10)：53－54.

［63］Le Corbusier. Toward an Architecture［M］. Los Angeles：Getty Research Institute，2007.

［64］西川幸治.都市の思想：保存修景への指標［M］.東京：日本放送出版協会，1973.

［65］德尔·厄普顿.在学院派之外：美国乡土建筑研究百年，1890—1990［J］.赵雯雯，罗德胤，译.建筑师.2009(4)：85－94.

［66］J. B. Cullingworth，N. Nadin. Town and Country Planning in Britain 11th ed. London：Routledge，1994.

［67］W. Holford. Preserving Amenity［M］. London：Central Electricity Generating

Board,1959.

［68］カリングワース,J. B.英国の都市農村計画［M］.（久保田誠三監訳）.都市計画
協会,1972.

［69］〔日〕西村幸夫.風景論ノート：景観法・町並み・再生［M］.東京：鹿島出版
会,2012.

［70］Spiro Kostof. The City Shaped：Urban Patterns and Meanings Through
History［M］. London：Thames & Hudson Ltd.,1991.

## 第三章

［1］Nikolaus Pevsner. Pioneers of Modern Design：From William Morris to
Walter Gropius［M］. London：Penguin Books,1936.

［2］Nikolaus Pevsner. An Enquiry into Industrial Art in England［M］. Cambridge：
Cambridge University Press,1937.

［3］Alan Gowans. The Buildings of England by Nikolaus Pevsner［J］//Journal of
the Society of Architectural Historians，Vol. 15，1956(2)：29.

［4］Johann Wolfgang Von Goethe. Faust［M］. Deutscher Taschenbuch Verl,1997.

［5］〔德〕温克尔曼.论古代艺术［M］.邵大箴,译.北京：中国人民大学出版社,1989.

［6］〔法〕勒・柯布西耶.走向新建筑［M］.陈志华,译.北京：商务印书馆,2016.

［7］Lejeune Jean-Françcois，Sabatino Michelangelo. Modern Architecture and the
Mediterranean：Vernacular Dialogues and Contested Identities［M］. London：
Routledge,2010.

［8］Le Corbusier，Danièle Pauly. Le Corbusier et la méditerranée ［M］.
Parenthèses：Musées de Marseille，1987.

［9］〔法〕费尔南・布罗代尔.菲利普二世时期的地中海世界［M］.唐家龙,曾培歌,吴
模信.译.北京：商务印书馆,2013.

［10］Willi Weber，Simons Yannas. Lessons from Vernacular Architecture［M］.
London：Routledge，2014.

［11］Kenneth Frampton. For Dimitris Pikionis［M］//Dimitris Pikionis：Architect
1887—1968，A Sentimental Topography. London：Architectural Association，1989.

［12］Robert Twombly. Frank Lloyd Wright：Essential Text［M］. New York：W.
W. Norton & Company，2009.

［13］R Stephen Sennott. Encyclopedia of Twentieth Century Architecture（Vol.
Ⅲ）［M］. New York：Taylor & Francis,2004.

［14］〔德〕海德格尔.海德格尔存在哲学［M］.孙周兴,等译.北京:九州出版社,2004.

［15］〔法〕马拉美.马拉美诗全集［M］.葛雷,梁栋,译.杭州:浙江文艺出版社,1997.

［16］沈志明,夏玟.萨特文集(文论卷 I)［M］.施康强,译.北京:人民文学出版社,2019.

［17］让-保罗·萨特.活着的纪德［G］.吴岳添,译//文艺理论译丛(第 2 辑).北京:中国社会科学院外国文学研究所,1984.

［18］尼古拉斯·佩夫斯纳.现代设计的先驱者［M］.北京:中国建筑工业出版社,2004.

［19］海因里希·沃尔夫林.文艺复兴与巴洛克［M］.沈莹(译).上海:上海人民出版社,2007.

［20］Wilhelm Pinder. Das Problem der Generation in der Kunstgeschichte Europas［M］. Berlin:Frankfurter Verlagsanstalt,Nachdruck Köln,1949.

［21］Maiken Umbach and Bernd Hüppauf (eds.). Vernacular Modernism:Heimat, Globalization, and the Built Environment［M］. Stanford, CA:Stanford University Press,2005:13.

［22］Hermann Muthesius. Kunst und Maschine［J］. Dekorative Kunst,1901—2 (ix):141.

［23］Julius Posener. From Schinkel to the Bauhaus［M］. London:Architectural Association Publications,1972.

［24］〔美〕H. F.马尔格雷夫.现代建筑理论的历史,1673—1968［M］. 陈平,译.北京:北京大学出版社,2017.

［25］Hermann Muthesius. The English House［M］. Janet Seligman(trans.). New York:Rizzoli,1987.

［26］Hermann Muthesius. Das englische Haus: Entwicklung, Bedingungen, Anlage, Aufbau, Einrichtung und Innenraum［M］. Berlin:E. Wasmuth, 1904—1905.

［27］Alina Payne. From Ornament to Object: Genealogies of Architectural Modernism［M］. New Haven and London:Yale University Press,2012.

［28］铃木一. 近代建築の展開とその社会-新即物主義とバウハウスにおける思想の展開プロセス［M］.日本建築学会論文集第 336 号,1984.

［29］Julius Meier-Graefe. A Modern Milieu［M］. edited, translated, and with an Epilogue by Markus Breitscmid and Harry Francis Mallgrave. Blacksburg:Virginia Tech Architecture Publications,2007.

［30］Henry-Russell Hitchcock, Philip Johnson. The International Style［M］. New

York：W. W. Norton，1995.

[31] 勒·柯布西耶.东方游记[M].管筱明,译.北京:北京联合出版公司,2018.

[32] Adolf Max Vogt. Le Corbusier，the Noble Savage：toward an Archaeology of Modernism［M］. Radka Donnell，(trans.). Massachusetts：The MIT Press,1998.

[33] Francesco Passanti. The Vernacular，Modernism，and Le Corbusier［J］. Journal of the Society of Architectural Historians. Vol. 56. 1997（4）：438－451.

[34] Benedetto Gravagnuolo. From Schinkel to Le Corbusier：The Myth of the Mediterranean in Modern Architecture ［M］//Jean-Francois Lejeune，Michelangelo Sabatino. Modern Architecture and The Mediterranean：Vernacular Dialogues And Contested Identities. Routledge，2010.

[35] Le Corbusier. L'Art décoratif d'Aujourd'hui[M]. Paris：Editions Crest,1925.

[36] Le Corbusier. IL viaggio in Toscana（1907）［M］. Venezia：Cataloghi Marsilio,1987.

[37] Charles-Edouard Jeanneret. Letter à L'Eplattenier. Vienna：Fons Le Corbusier of the Library of La Chaux-de-Fonds，1908. Translated by Benedetto Gravagnuolo.

[38] Maurice Besset. QUI ETAIT LE CORBUSIER？［M］. Editions Skira：1968.

[39] Ivan Zaknic(ed.)，Journey to the East，Cambridge：The MIT Press,2007.

[40] Edward Tyas Cook，Alexander Wedderburn. The Works of John Ruskin（Volume 3)[M]. London：George Allen，1903—1912.

[41] 牛燕芳,刘东洋.也谈柯布[J].建筑遗产,2019(1):114－119.

[42] Le Corbusier. Confession[M]//Le Corbusier. The Decorative Art of Today. Cambridge：The MIT Press,1987.

[43] Le Corbusier. The Four Routes[M]. London：Dobson,1947.

[44] Le Corbusier，Danièle Pauly. Le Corbusier et la méditerranée[M]. Parenthèses：Musées de Marseille,1987.

[45] Colin Rowe. The Mathematics of the Ideal Villa［M］//Colin Rowe. The Mathematics of the Ideal Villa and Other Essays. Cambridge：The MIT Press,1987.

[46] Colin Rowe，Mannerism and Modern Architecture[M]//The Mathematics of the Ideal Villa and Other Essays. Massachusetts：The MIT Press,1987.

［47］ 刘涤宇.书评《勒·柯布西耶，高贵的野蛮人：走向一种现代主义的考古学》［J］. 世界建筑.2016(2).

［48］〔瑞士〕W. 博奥席耶.勒·柯布西耶全集第 2 卷 1929—1934 年［M］.牛燕芳，程 超.译.中国建筑工业出版社：2005.

［49］ Bruno Taut. Japans Kunst Mit europäischen Augen gesehen［M］//Nachlaß Taut. Baukunst Sammlung(Mappe 1. Nr 14. BTS 323). Berlin：Akademie der Künste：24.
Bruno Taut. Das japanische Haus und sein Leben ( Houses and People of Japan)［M］. Berlin：Gebr. Mann Verlag,1997.

［50］ Bruno Taut. Houses and People of Japan ［M］. Tokyo：The Sanseido Press,1938.

［51］ Esra Akcan. Toward a Cosmopolitan Ethics in Architecture：Bruno Taut's Translations out of Germany［J］. New German Critique，No. 99，Modernism after Postmodernity.2006(Fall)：7 - 39.

［52］ Esra Akcan. Bruno Taut's Translations Out of Germany：Toward a Cosmopolitan Ethics in Architecture ［M］//Lejeune Jean-François，Sabatino Michelangelo. Modern Architecture and the Mediterranean：Vernacular Dialogues and Contested Identities. London：Routledge，2010.

［53］〔德〕奥斯瓦尔德·斯宾格勒.西方的没落［M］.吴琼，译.上海：三联书店，2006.

［54］ Calinescu. Five Faces of Modernity：Modernism，Avant-Garde，Decadence， Kitsch，Postmodernism［M］. Durham：Duke University Press，1987.

［55］ Bruno Taut. Ex Oriente Lux：Die Wirklichkeit Einer Idee［M］. Berlin：Gebr. Mann Verlag,2007.

［56］ Matthew Mindrup，Ulrike Altenmüller-Lewis. The City Crown by Bruno Taut［M］. London：Routledge,2015.

［57］〔德〕布鲁诺·陶特.城市之冠［M］.杨涛，译.武汉：华中科技大学出版社,2019.

［58］〔美〕肯尼斯·弗兰姆普敦.建构文化研究［M］.王骏阳，译.北京：中国建筑工业 出版社,2007.

［59］ Die Neue Wohnung，Die Frau als Schöpfenh［M］. Leipzig：Verlag Klinkhardt & Biermann，1928.

［60］ Adolf Loos. Spoken in the Void：Collected Essays,1897 - 1900［M］. Cambridge： The MIT Press,1982.

［61］ Nikolaus Pevsner. The Buildings of England(1 - 43)［M］. London：Penguin

Books，1951－1974.

［62］Bernard Rudofsky. Eine primitive Betonbauweise auf den südlichen Kykladen，nebst dem Versuche einer Datierung der-selben［D］. Wien：Technische Hochshule，1931.

［63］井上章一. つくられた桂離宮神話［M］.東京：講談社，1997.

［64］Manfred Speidel. Bruno Taut From Alpine Architecture to Katsura Villa［M］. Tokyo：Minoru Mitsumoto，2007.

［65］〔日〕篠田英雄.日本——タウトの日記 1933 年［M］.東京：岩波書店，1975：i－ix.

［66］〔日〕落合桃子.タウト建築論講義［M］.東京：鹿島出版会，2015：334.

［67］Robert Venturi. Complexity and Contradiction in Architecture［M］. New York：Museum of Modern Art，1966.

［68］Aldo Rossi. The Architecture of the City［M］. Cambridge：The Mit Press，1966.

［69］Charles Jencks. The Language of Post-Modern Architecture［M］. London：Academy Editions，1987.）。

［70］〔德〕尤尔根·哈贝马斯.分裂的西方［M］.郁喆隽，译.上海：上海译文出版社，2019.

［71］〔德〕汉斯-格奥尔格·伽达默尔.真理与方法［M］.洪汉鼎，译.北京：商务印书馆，2010.

［72］David Lowenthal. The Past is a Foreign Country［M］. New York：Cambridge University Press，2015.

［73］Dal Co Francesco，Mazzariol Giuseppe. Carlo Scarpa The Complete Works［M］. Milano：Electa Editrice，1984.

［74］Svetlana Boym. The Future of Nostalgia［M］. New York：Basic Books，2002.

［75］Jane Fawcett，eds. The Future of the Past：Attitudes to Conservation 1147－1974［M］. London：Thames and Hudson Ltd，1976.

［76］Sergio Los. Carlo Scarpa：an Architectural Guide［M］. San Giovanni Lupatoto：Arsenale Editrice，2007.

［77］李雳.卡罗·斯卡帕［M］.北京：中国建筑工业出版社，2012.

［78］普鲁金.建筑与历史环境［M］.韩林飞，译.北京：社会科学文献出版社，2011.

［79］Robert McCarter. Carlo Scarpa［M］. New York：Phaidon Press，2013：275. Ministero Della Pubblica Istruzione. Carta Italian del Restauro 1972［R/OL］.［2019－06－13］.［http://www.sbappsae-pi.beniculturali.it］

[80] 卢永毅.历史保护与原真性的困惑[J].同济大学学报(社会科学版),2006,17(5):24 - 29.

[81] John Ruskin. The Seven Lamps of Architecture[M]. New York：Dover Publications,1989.

[82] Eugène Emmanuel Viollot-le-Duc."Restauration"[M]//Dictionaire Raisonné de l'Architecture Française du XI$^e$ au XVI$^e$ siècle(1854—68) vol. Ⅷ. Paris，1866:14 - 34.

[83] Alois Riegl. The Modern Cult of Monuments：Its Character andIts Origin[C]//Opposition25. New Jersey：Princeton University Press，1982:21 - 50.

[84] Françoise Choay. The Invention of the Historic Monuments：its Character and Origin[M]. Translated by Lauren M. O'Connell. Cambridge：Cambridge University Press,2001.

[85] 常青.对建筑遗产基本问题的认知[J].建筑遗产,2016(1):44 - 61.

[86] 〔德〕贝托尔特·布莱希特.陌生化与中国戏剧[M].张黎,丁扬恩,译.北京:北京师范大学出版社,2015.

[87] Sergio Los. Carlo Scarpa：an Architectural Guide[M]. San Giovanni Lupatoto：Arsenale Editrice，2007:46 - 49.

[88] Querini Stampalia Foundation. Carlo Scarpa at the Querini Stampalia Foundation Ricordi[R]. Venice：2009.

[89] Cadwell Michael. Strange Details[M]. Cambridge：The Mit Press，2007.

[90] Heinrich Wölfflin. Renaissance and Baroque[M]. Translated by Kathrin Simon. Ithaca，New York：Cornell University Press，1984.

[91] Paul Valéry. Le Cimetière Marin[M]. Edinburgh：Edinburgh University Press，1971.

[92] Marco Frascari. The Tell-the-Tale Detail[M]//Theorizing A New Agenda For Architecture (An Anthology Of Architetural Theory 1965—1995 ). Kate Nesbitt. New Jersey：Princeton Architectural Press，1996:504.

[93] Guarneri Bocco Andrea. Bernard Rudofsky and the Sublimation of the Vernacular[M]//Lejeune Jean-Fransçois，Sabatino Michelangelo. Modern Architecture and the Mediterranean：Vernacular Dialogues and Contested Identities. London：Routledge，2010.

[94] Robert Venturi. Complexity and Contradiction in Architecture[M]. New York：The Museum of Modern Art，1966.

[95] Bernard Rudofsky. Behind the Picture Window[M]. New York：Oxford University Press，1955.

[96] Bernard Rudofsky. Introduzione al Giappone[J]. Domus,1956,6(319):45-49.

[97] Magris. Danube：A Journey through the Landscape，History，and Culture of Central Europe[M]. New York：Farrar Straus Giroux,1989.

[98] Bernard Rudofsky. Eine primitive Betonbauweise auf den südlichen Kykladen，nebst dem Versuche einer Datierung der-selben［D］. Wien：Technische Hochshule,1931.

[99] Ugo Rossi. The Discovery of the Site：Bernard Rudofsky. Mediterranean Architectures[M]//Eleonora Mantese. House and Site：Rudofsky Lewerentz Zanuso Sert Rainer. Firenze：Firenze University Press,2014.

[100] Joseph Rykwert，On Adam's House in Paradise：The Idea of the Primitive Hut in Architecture History[M]. New York，MoMA,1972.

[101] 〔美〕约瑟夫•里克沃特.亚当之家——建筑史中关于原始棚屋的思考[M].李保,译.北京:中国建筑工业出版社,2006.

[102] Frank Lloyd Wright. Ausgeführte Bauten und Entwürfen von Frank Lloyd Wright[M]. Berlin：Wasmuth，1910.

[103] Bernard Rudofsky. Origine dell'abitazione[J]. Domus,1938,3(123):16-19.

[104] Bernard Rudofsky. Problema[J]. Domus,1937, 2(122)：XXXIV.

[105] Bernard Rudofsky. Architecture without Architects：A Short Introduction to Non-pedigreed Architecture[M]. New York：Museum of Modern Art，1964.

[106] Bernard Rudofsky. The Prodigious Builders：Notes Toward a Natural History of Architecture with Special Regard to those Species that are Traditionally Neglected or Down-right Ignord［M］. New York-London：Harcourt Brace Jovanovich，1977.

[107] Bernard Rudofsky. Streets for People：A Primer for Americans，Garden City [M]. New York：Doubleday，1969.

[108] Esther McCoy. Masters of World Architecture Series：Richard Neutra by Esther McCoy[M]. New York：George Braziller，1960.

[109] Josef Frank. Architect and Designer：An Alternative Vision of the Modern Home[M]. New Haven：Yale University Press，1996.

[110] Le Corbusier. Toward an Architecture[M]. Los Angeles：Getty Research Institute,2007.

[111] Siegfried Giedion. Mechanization Takes Command[M]. New York：Oxford University Press，1948.

[112] Bernard Rudofsky. Are Clothes Modern? An Essay on Contemporary Apparel[M]. Chicago：P. Theobald，1947.

[113] Joseph Rykwert. Introduction to Adolf Loos[M]. Ins Leere Gesprochen，Wien-München，Herold. 1960.

[114] Giovanni Ponti. Falsi e giusti concetti nella casa[J]. Domus,1938,3(123):1.

[115] Le Corbusier. Il"Vero"sola ragione dell'architettura[J]. Domus.1937,10(118)：1 − 8.

[116] Bernard Rudofsky. Origine dell'abitazione[J]. Domus,1938,3(123):16 − 19.

[117] Manfred Sack. Richard Neutra[M]. Zürich-London：Verlag für Architektur,1992.

[118] Bernard Rudofsky. Problema[J]. Domus,1937，2(122)：XXXIV.

[119] Bernard Rudofsky. Variazioni [J]. Domus,1938,4(124):14.

[120] Guido Harber. Der Wohngarten：Seine Raum-und Bauelemente[M]. München：Callwey,1933.

[121] Bernard Rudofsky. The Bread of Architecture[J]. Arts and Architecture，1952.10(69):27 − 29,45.

[122] Bernard Rudofsky. Der wohltemperierte Wohnhof[J]. Umriss.1986，1(10)：5 − 20.

[123] Gaston Bachelard. Poetics of Space[M]. New York：Orion Press,1964.

[124] Bernard Rudofsky. Non ci vuole un nuovo modo di costruire，ci vuole un nuovo modo di vivere[J]. Domus.1938,3(123):6 − 15.

[125] AttilioPodestà. Una casa a Procida dell'architetto Bernard Rudofsky[J]. Casabella.1937,10(117).

[126] Guarneri Bocco Andrea. Bernard Rudofsky and the Sublimation of the Vernacular[M]//Lejeune Jean-Fransçois，Sabatino Michelangelo. Modern Architecture and the Mediterranean：Vernacular Dialogues and Contested Identities. London：Routledge，2010.

[127] Bernard Rudofsky. Una villa per Positano e per altri lidi[J]. Domus.1937，1(109):12 − 13.

[128] Bernard Rudofsky. Notes on Patio[J]. New Pencil Points 24.1943,6(6):44.

[129] Bernard Rudofsky. Three Patio Houses[J]. New Pencil Points 24.1943,6(6):48 − 65.

［130］ Sacheverell Sitwell. The Brazilian Style［J］. Architectural Review. 1944，3（95）.

［131］ 伍蠡甫.西方文论选（下卷）［M］.上海：上海译文出版社，1979.

［132］〔德〕J. G. 赫尔德.论语言的起源［M］.姚小平，译.北京：商务印书馆，1999：13.

［133］ Bernard Rudofsky. Back to Kindergarten，unpublished lecture in Copenhagen，April 8，1975，p.1 of manuscript.

［134］ Ivan Illich. Disabling Professions［M］. London-Salem：M. Boyars，1977.

［135］ Claude Lévi-Strauss. The View from Afar［M］. New York：Basic Books，1985.

［136］ Bernard Rudofsky，unpublished lecture at the Walker Art Center，Minneapolis，1981［EB/OL］.［https://mafiadoc. com/carra-blanc-carra-noir_59ccd9b61723ddd32083ee2e.html］.［2018－10－05］

［137］ Andrea Bocco Guaeneri. Bernard Rudofsky：A Humane Designer［M］. New York：Springer，2003.

［138］ Alan Colquhoun. Modernity and the Classical Tradition：Architectural Essays 1980－1987［M］. Cambridge：The MIT Press，1989.

［139］ 常青.风土观与建筑本土化：风土建筑谱系研究纲要［J］.时代建筑，2013（3）：10－15.

［140］ Nikolaus Pevsner. An Outline of European Architecture［M］. Salt Lake City：Gibbs Smith，2009.

［141］ Wilhelm Pinder. Das Problem der Generation in der Kunstgeschichte Europas［M］. Berlin：Frankfurter Verlagsanstalt，Nachdruck Köln，1949.

［142］ Iain Boyd Whyte. Nikolaus Pevsner：art history，nation，and exile［J］. RIHA Journal.2013，10（75）.

［143］ Nikolaus Pevsner. Die italienische Malerei vom Ende der Renaissance bis zum ausgehenden Rokoko［M］. Potsdam：Athenaion，1928.

［144］ Wilhelm Pinder. Cover letter31.05.1933［A］. Ms SPSL Archive 191/1—/2. Bodleian Library.
Emilie Oléron Evans. Transposing the Zeitgeist? Nikolaus Pevsner between Kunstgeschichte and Art History［J］. Journal of Art Historiography，2014，11（11）.

［145］ David Watkin. Morality and Architecture：The Development of a Theme in architectural History and Theory from the Gothic Revival to the Modern Movement［M］. Oxford：Clarendon Press，1977.

[146] Robin Middleton. Sir Nikolaus Pevsner，1902 – 1983[J]. The Burlington Magazine(Vol. 126).1984,4(973):234 – 237.

[147] Nikolaus Pevsner. The Englishness of English Art：An Expanded And Annotated Version of the Reith Lectures Broadcast in October And November 1955 (Penguin Art & Architecture S.) [M]. London：Penguin Books,1993.

[148] Tim Benton. Reassessing Nikolaus Pevsner[J]. Journal of Design History，2006，19(4)：357 – 360.

[149] Mary Banham. A Critic Writes：Essays by Reyner Banham[M]. Berkeley and Los Angeles：University of California Press,1999.

[150] Nikolaus Pevsner. Yorkshire：The North Riding//The buildings of England [M]. London：Penguin Books,1966.

[151] Alan Gowans. The Buildings of England by Nikolaus Pevsner[J]//Journal of the Society of Architectural Historians，Vol. 15，1956(2):29.

[152] Peter Draper. Reassessing Nikolaus Pevsner. London：Routledge,2004.

[153] 鲍尔·克罗斯里."矛盾的巨人"：艺术史家佩夫斯纳的生平与学术[J].周博,张馥玫(译).世界美术.2014,1(1).

[154] Robin Middleton. Sir Nikolaus Pevsner，1902 – 1983[J]. The Burlington Magazine(Vol. 126).1984,4(973):234 – 237.

[155] 潘曦.化石的比喻：进化论与 20 世纪中后期的乡土建筑研究[J].世界建筑，2018(2):102 – 105.

[156] Lewis Henry Morgan. Houses and House-Life of the American Aborigines [M]. Washington：Government Printing Office，1881.

[157] Jon Elster. An introduction to Karl Marx[M]. Cambridge：Cambridge University Press,1986:78.

[158] 德尔·厄普顿.在学院派之外：美国乡土建筑研究百年,1890—1990[J].赵雯雯,罗德胤,译.建筑师.2009(4):85 – 94.

[159] 〔英〕丹·克鲁克香克.弗莱彻建筑史(原书第 20 版)[M].郑时龄,支文军,卢永毅,等译.北京：知识产权出版社,2011.

[160] 〔瑞士〕费尔迪南·德·索绪尔.普通语言学教程[M].高名凯,译.北京：商务印书馆,1980.

[161] Henry Glassie. Folk Housing in Middle Virginia：A Structural Analysis of Historic Artifacts[M]. University Tennessee Press,1976.

〔162〕 Claude Lévi-Strauss. The Ways of the Masks〔M〕. Translated by Sylvia Modelski. London：Jonathan Cape,1983.

〔163〕 〔法〕克洛德·列维-施特劳斯.面具之道〔M〕.张祖建,译.北京：中国人民大学出版社,2008.

〔164〕 Richard E. Blanton. Houses and Households，A Comparative Study〔M〕. New York：Springer Science＋Business Media，1994.

〔165〕 Lewis Henry Morgan. Houses and house-life of the American aborigines〔M〕. Chicago：University of Chicago Press,1965.

〔166〕 Paul Oliver. Dwellings：The Vernacular House Worldwide〔M〕. London and New York：Phaidon Press,2003.

〔167〕 Paul Oliver. Round the Houses〔M〕//A. Papadakis，eds. British Architecture. London：Architectural Design,1984.

〔168〕 Charles Knevitt. Vernacular man〔J〕. The Architects' Journal.1998,1（22）. Retrieved 15 August 2017.

〔169〕 R. W. Brunskill. Traditional Buildings of Britain：An Introduction to Vernacular Architecture〔M〕. London：Victor Gollancz Ltd in association with Peter Crawley,1986.

〔170〕 Paul Oliver. Shelter and Society：New Studies in Vernacular Architecture〔M〕. London：Barrie & Jenkins,1969.

〔171〕 Durkheim，Emile and Marcel Mauss. De quelques formes primitives de classification：contribution a l'etude des representations collectives〔J〕. Annee sociologique，1903（VI）：1－72.

〔172〕 Clark E. Cunningham. Order in the Atoni house〔M〕. Leiden：Bijdragen tot de Taal-Land,1964.

〔173〕 Pierre Bourdieu. The Berber house or the world reversed〔J〕. Centre de Sociologie de la Culture et de l'Éducation（Volume 9）.1970（2）：151－170.

〔174〕 〔美〕约瑟夫·里克沃特.亚当之家——建筑史中关于原始棚屋的思考〔M〕.北京：中国建筑工业出版社,2006.

〔175〕 Claude Lévi-Strauss. Anthropology and Myth：Lectures，1951－1982〔M〕. R. Willis，trans. Oxford：Basil Blackwell,1987.

〔176〕 Victor Mindeleff. A Study of Pueblo Architecture：Tusayan and Cibola：Eighth Annual Report of the Bureau of Ethnology to the Secretary of the Smithsonian Institution，1886 － 1887〔M〕. Washington：Government

Printing Office，1891.

[177] Louis Hellman，Charles Knevitt. Perspective：An Anthology of 1001 Architectural Quotations[M]. London：Humanities Press,1987.

[178] Peter J. Larkham. Conservation and Heritage：Concepts and Application for the Built Heritage[M]//Cullingworth Barry（Editor）. British Planning：50 years of Urban and Regional Policy. London：Athlone，1999.

[179] Eugène Emmanuel Viollot-le-Duc."Restauration"[M]//Dictionaire Raisonné de l'Architecture Française du XIe au XVIe siècle(1854—68) vol. Ⅷ. Paris，1866：14 - 34.

[180] Fritz Graebner. Methode der Ethnologie[M]. Heidelberg：Winter，1911.

[181] Karl Jettmar，Robert von Heine-Geldern. Paideuma[J]. Mitteilungen zur Kulturkunde,1969(15)：8 - 11.

[182] Fred Bowerman Kniffen. Folk Housing：Key to Diffusion[J]. Annals of the Association of American Geographers，1965,4(55)：549 - 577.

[183] Robert McC. Netting. Balancing on an Alp：Ecological Change and Continuity in a Swiss Mountain Community[M]. Cambridge：Cambridge University Press，1981.

[184] Stephen Boyden. Western Civilization in Biological Perspective[M]. Oxford：Oxford University Press，1987.

[185] R. J. Stewart. The Elements of Creation Myth[M]. Elenment Books，1989.

[186] Marc-Antoine Laugier. Essai sur l'architecture[M]. Paris：Duchesne，1753.

[187] William Chambers. A Treatise on the Decorative Part of Civil Architecture [M]. London：J. Haberkorn，1759.

[188] Gottfried Semper. Der Stil in den technischen und tectonischen Künsten，oder praktische Äesthetik [M]. Frankfurt,1860.

[189] George Alexis Montandon. L'Ologenèse culturelle，traité d'ethnologie[M]. Paris：Payot,1934.

[190] 〔挪〕诺伯舒兹.场所精神:迈向建筑现象学[M].施植明,译.武汉:华中科技大学,2010.

[191] 〔荷〕亚历山大·楚尼斯,勒费夫尔.批判性地域主义——全球化世界中的建筑及其特性[M].王丙辰,译.北京:中国建筑工业出版社,2007.

[192] 〔美〕唐纳德·米勒.刘易斯·芒福德读本[M].宋俊岭,译.上海:上海三联书店,2016.

［195］Vincent B. Canizaro. Architectural Regionalism：Collected Writings on Place，Identity，Modernity，and Tradition［M］. Princeton Architectural Press，2007.

［196］常青.从风土观看地方传统在城乡改造中的延承——风土建筑谱系研究纲领［M］//李翔宁.当代中国建筑读本.北京：中国建筑工业出版社，2017.

［197］Adolf Loos. Spoken in the Void：Collected Essays，1897 – 1900［M］. Cambridge：The MIT Press，1982.

［198］常青.我国风土建筑的谱系构成及传承前景概观——基于体系化的标本保存与整体再生目标［J］.建筑学报，2016(10)：1 – 9.

［199］〔英〕威廉・莫里斯.乌有乡消息［M］.黄嘉德，译.北京：商务印书馆，1981.

［200］潘玥.朝向重建有反省性的建筑学：风土现代的 3 种实践方向［J］，建筑学报，2021(1)：105 – 111.

## 第四章

［1］ICOMOS. Charter on the Built Vernacular Heritage(1999)Ratified by the ICOMOS 12th General Assembly［C］. Mexico，1999.

［2］ICOMOS. Principles for the Conservation of Wooden Built Heritage. Final draft for distribution to the ICOMOS membership in view of submission to the 19th ICOMOS General Assembly［C］. Delhi：2017.

［3］UNESCO. Recommendation Concerning the Safeguarding of Beauty and Character of Landscapes and Sites［R/OL］. 1962.［2019 – 06 – 18］.https://www.icomos.org/publications/93towns7a.pdf.

［4］国家文物局法制处.国际保护文化遗产法律文件选编［C］.北京：紫禁城出版社，1993.

［5］常青.常青谈营造与造景［J］.中国园林，2020，36(2)：41 – 44.

［6］UNESCO. Operational Guidelines for the Implementation of the World Heritage Convention［R/OL］. 1992.［2019 – 01 – 12］. https://whc.unesco.org/archive/opguide12-en.pdf.

［7］UNESCO. Recommendation on the Historic Urban Landscape［R/OL］. 2011.［2017 – 06 – 18］. http://whc.unesco.org/en/activities/638.

［8］西川幸治.日本都市史研究［M］.东京：日本放送出版协会，1972.

［9］伊藤ていじ.民家は生きてきた［M］.美術出版社：1958—60.

［10］西山夘三.歴史的町並み事典［M］.東京：柏書房株式会社，1981.

［11］渡辺定夫.今井の町並み［M］.京都:同朋舎,1994.

［12］関野克,太田博太郎,等.今井町民家についての若干の問題点(意匠・歴史)［M］//日本建築学会論文報告集第 60 号(昭和 33 年 10 月).東京:日本建築学会,1958.

［13］今井町地区における景観形成の推進のための調査報告書［G］.社団法人奈良県建築士会橿原支部,2005.

［14］森本育寛,等.今井町近世文書［M］.1978,出版社不詳.

［15］永島福太郎.今井氏及び今井町の發達［M］.東京帝國大學史料編纂所,出版时间不詳.

［16］八甫谷邦明.今井町:甦る自治都市——町並み保護とまちづくり［M］.今井町街並保護会/学芸出版社:2006.

［17］橿原市教育委員会.橿原市今井町伝統的建造物保護地区予定地区における建築基準法の緩和条例案の検討調査報告書［G］,1992—1993.

［18］太田博太郎,大河直躬,吉田靖,等.民家のみかた調べかた［M］.东京:第一法規出版社,1970.

［19］建設省,文化庁.歴史的環境保全市街地整備計画調査報告書［G］,1977—1980.

［20］文化庁,国土開発技術研究センター.昭和 52 年度—56 年度今井町調査報告書(歴史的環境保全市街地整備計画)［G］.奈良:橿原市教育委員会,1984.

［21］橿原市教育委員会.今井町伝統的建造物群保護地区補助金交付一覧［G］,奈良:橿原市教育委員会,2011.

［22］佐野熊二,等.橿原市今井町伝建地区における長屋の利用形態と景観の実態［M］//1998 年度第 33 回日本都市計画学会学術研究論文集,1998.

［23］根田克彦.伝統的建造物群保護地区におけるイベント型観光の可能性:橿原市今井町の事例［J］.奈良教育大学紀要,第 59 巻第 1 号(人文・社会),2010.

［24］橿原市教育委員会.橿原市今井町伝統的建造物群保護地区見直し調査報告書［G］,2009.

［25］足達富士夫.今井町住民の保护意識［G］//日本建築学会近畿支部研究報告書,1969.

［26］増井正哉.歴史的町並みにみる都市住宅の課題:今井町伝統的建造物群保護地区の見直し調査とその後［M］//都市住宅学 87 号,2014.

［27］藤原義則.南木曽町妻籠宿伝統的建造物群保存地区——妻籠宿の文化文政風俗絵巻之行列［J］.文化庁月報,2011(4).

［28］〔意〕布兰迪.修复理论［M］.陆地,编译.上海:同济大学出版社,2016.

［29］太田博太郎，小寺武久.妻籠宿：その保存と再生［M］.東京：彰國社，1984.

［30］澤村明.街並み保存の経済分析手法とその適用——木曽妻籠宿の40年を事例に［J］.新潟大学経済論集，2009，88(2)：19－32.

［32］長野県.長野県史・近世資料編・第六巻——中信地方［M］.長野：長野県史刊行会，1979.

［33］南木曽町誌編さん委員会.南木曽町誌・通史編［M］.南木曽町：南木曽町誌編さん委員会，1982.

［34］南木曽町.木曽妻籠宿保存計画の再構築のために——妻籠宿見直し調査報告［R］.長野：南木曽町，1989：9－22.

［35］長野県南木曽町商工観光課.46年度学会賞受賞業績——妻籠宿保存復元工事の経過概要［J］.建築雑誌，1972(8)：831－833.

［36］小林俊彦.妻籠が保存すべきもの［C］//長野県南木曽町 & 財団法人妻籠を愛する会.妻籠宿保存のあゆみ.長野：長野県，1998：4－8.

［37］〔美〕梅森.论以价值为中心的历史保护理论和实践［J］.卢永毅，潘玥，陈旋，译.建筑遗产，2016(3)：1－18.

［38］小寺武久，川村力男，佐藤彰，上野邦一.旧中山道妻籠宿の民家について［C］//日本建築学会大会学術講演梗概.日本建築学会，1968：865－866.

［39］川村力男，上野邦一.旧中山道妻籠宿嵯峨隆一氏宅の解体復原［C］//日本建築学会東海支部研究報告.日本建築学会，1970：259－262.

［40］今津芳清，加藤亜紀子，小宮三辰，林金之.木曽路を行く［J］.建築と社会，2007，1020(03)：44－49.

［41］遠山高志.妻籠宿——その保存の事例について［J］.建築と社会，2007，1020(03)：40－41.

［42］〔英〕詹姆斯・W・P・坎贝尔.英国的风土建筑［J］.潘一婷，译.建筑遗产，2016(3)：54－67.

［43］National Association for AONBs. The AONB Story（Taken from Outstanding Magazine-Summer 2006）［EB/OL］.［2018－10－01］［http://www.landscapesforlife.org.uk/aonb-story.html］

［44］Cotswold District Council. Bibury Conservation Area Statement. Planning Guidance for Owner，Occupiers and Developers［EB /OL］.［2018－09－01］［http://www.cotswold.gov.uk/media/243631/Conservation-area-Bibury.pdf］

［45］James John Hissey. Through ten English countries：the chronicle of a driving tour［M］. London：Richard Bentley，1894.

[46] Cotswold District Council. Cotswold Design Code［EB/OL］.［2018－10－17］
［https：//www. cotswold. gov. uk/residents/planning-building/cotswold-
design-guidance/cotswold-design-code/］; Cotswold Cobservation Board.
Landscape Strategy and Guidelines［EB/OL］.［2018－10－17］.［https：//www.
cotswoldsaonb. org. uk/our-landscape/landscape-strategy-guidelines/］;
Cotswold Conservation Board. Facts Sheet On the Cotswold Areas of
Outstanding Natural Beauty［EB/OL］.［2018 － 10 － 17］.［https：//www.
cotswoldsaonb.org.uk/planning/cotswolds-aonb-management-plan/］

[47] Cotswold District Council. Traditional-Chimneys-Design-Guide，Traditional-
Chimneys-Technical-Guide， Traditional-Dormer-Windows-Design-Guide，
Traditional-Casement-Windows-Design-Guide［EB/OL］.

[48] Bourton-on-the-water. Conservation Area Statement：Planning guidance for
owners，occupiers and developers［D］. Cotswold District Council，2000.

[49] Gregory J. Ashworth，John E. Tunbridge. Heritage，Tourism and Quality-of-
Life［M］//M. Uysal et al.（eds.）Handbook of Tourism and Quality-of-Life
Research：Enhancing the Lives of Tourists and Residents of Host
Communities. Springer Science Business Media，2012.

[50] 〔英〕詹.乔.弗雷泽.金枝［M］.汪培基,徐育新,张泽石,译.北京:中国民间文艺出
版社,1987.

[51] 太田博太郎,大河直躬,吉田靖,等.民家のみかた調べかた［M］.东京:第一法规
出版社,1970.

[52] 曼弗雷多·塔夫里.建筑学的理论和历史［M］.郑时龄,译.北京:中国建筑工业
出版社,2010.

## 第五章

［1］ 常青.风土观与建筑本土化:风土建筑谱系研究纲要［J］.时代建筑,2013(3):
10－15.

［2］ 常青.常青谈营造与造景［J］.中国园林,2020,36(2):41－44.

［3］ 龙庆忠.穴居杂考［J］.中国营造学社汇刊,1934.5(1).

［4］ 刘致平.云南一颗印［J］.中国营造学社汇刊,1944,7(1).

［5］ 梁思成,林徽因.晋汾古建筑预查纪略［J］.中国营造学社汇刊,1935.5(3)

［6］ Wilma Fairbank. Liang & Lin：Partners in Exploring China's Architectural
Past［M］. Philadelphia：University of Pennsylvania Press,2008.

［7］刘致平.中国居住建筑简史——城市、住宅、园林［M］.北京：中国建筑工业出版社，1990.

［8］张仲一.徽州明代建筑［M］.北京：建筑工程出版社，1957.

［9］李乾朗.金门民居建筑［M］.台北：雄狮图书公司，1978.

［10］刘致平.中国居住建筑简史——城市、住宅、园林［M］.北京：中国建筑工业出版社，1990.

［11］龙炳颐.中国传统民居建筑［M］.香港：香港区域市政局，1991.

［12］吴良镛.北京旧城与菊儿胡同［M］. 北京：中国建筑工业出版社，1994.

［13］单德启.中国传统民居图说［M］. 北京：清华大学出版社，1998.

［14］阮仪三.江南古镇［M］.上海：上海画报出版社，1998.

［15］Ronald G. Knapp. China's Vernacular Architecture：House Form and Culture［M］. Hawaii：University of Hawaii Press，1989.

［16］河村五朗.戦線・民家［M］.東京：相模書房，1943.

［17］浅川滋男.住まいの民族建築学：江南漢族と華南少数民族の住居論［M］.東京：建築思潮研究所，1994.

［18］茂木計一郎，稲次敏郎，片山和俊. 中国民居の空間を探る［M］.東京：建築資料研究社，1996.

［19］Paul Oliver. Encyclopedia of Vernacular Architecture of the World［M］. London：Cambridge University Press，1997.

［20］常青.序言：探索我国风土建筑的地域谱系及保护与再生之路［J］.南方建筑，2014(5)：4－6.

［21］常青.从风土观看地方传统在城乡改造中的延承——风土建筑谱系研究纲领［M］//李翔宁.当代中国建筑读本.北京：中国建筑工业出版社，2017.

［22］常青.我国风土建筑的谱系构成及传承前景概观——基于体系化的标本保存与整体再生目标［J］.建筑学报，2016(10)：1－9.

［23］周尚意，戴俊骋.文化地理学概念、理论的逻辑关系之分析——以"学科树"分析近年中国大陆文化地理学进展［J］.地理学报，2014,69(10)：1521－1532.

［24］王文卿，陈烨. 中国传统民居构筑形态的自然区划［J］. 建筑学报，1992(4)：12－16.王文卿，陈烨. 中国传统民居的人文背景区划探讨［J］. 建筑学报，1994(7)：42－47.余英.中国东南系建筑区系类型研究［M］,北京：中国建筑工业出版社，2001：18－22.

［25］朱光亚. 中国古代建筑区划与谱系研究初探［C］//路元鼎，潘安.中国传统民居营造与技术. 广州：华南理工大学出版社，2002：5－9.

［26］朱光亚.中国古代木结构谱系再研究［C］//第四届中国建筑史学国际研讨会论文集.上海：同济大学，2007：385－390.

［27］冯江，汪田.两起公共事件的平行观察——北京梁林故居与广州金陵台民国建筑被拆始末［J］.新建筑，2014（3）：4－7.

［28］R. Twombly. Frank Lloyd Wright：Essential Text［M］. New York：W. W. Norton & Company，2009：116.

［29］刘垚，田银生，周可斌.从一元决策到多元参与——广州恩宁路旧城更新案例研究［J］.城市规划，2015（8）：101－111.

［30］冯江，杨颋，张振华.广州历史建筑改造远观近察［J］.新建筑，2011（2）：23－29.

［31］郑时龄.上海的建筑文化遗产保护及其反思［J］.建筑遗产，2016（1）：1－10.

［32］常青.旧改中的上海建筑及其都市语境［J］.建筑学报，2009（10）：23－28.

［33］ICOMOS-CIVVIH. The Valletta Principles for the Safeguarding and Management of Historic Cities，Towns and Urban Areas（Chinese Version）［G/OL］.［2019－02－11］.［http://www. icomos. org/images/DOCUMENTS/Charters/Valletta_Principles_Chinese_language.pdf］.

［34］陆地.关于历史城镇和城区维护与管理的瓦莱塔原则［J］.建筑遗产，2017（3）：104－111.

［35］兰德尔·梅森.论以价值为中心的历史保护理和实践［J］.卢永毅，潘玥，陈旋，译.建筑遗产，2016（3）：1－18.

［36］Verso Books（ed.）. The Right to the City：A Verso Report［EB/OL］.［2019－02－19］.［https://www.versobooks.com/books/2674-the-right-to-the-city.］.

［37］Svetlana Boym. The Future of Nostalgia［M］. New York：Basic Books，2002：46－50.

［38］张松，顾承兵.历史环境保护运动中的主体意识分析［J］. 规划师，2006（10）：5－8.

［39］生活·读书·新知三联书店.陈独秀文章选编（上）［M］.北京：生活·读书·新知三联书店，1984：444.

［40］David Lowenthal. The Past is a Foreign Country［M］. New York：Cambridge University Press，2015.

［41］〔德〕尤尔根·哈贝马斯.包容他者［M］.上海：上海人民出版社，2019.

# 图　　录

## 第四章　西方现代风土建筑理论的实践意义

**第五章　西方现代风土建筑理论的在地思考与实践**

# 表　　格

# 后　　记

对于地方的差异性,我们称其为风土(vernacular)。在现代理论话语之中,风土是边缘性的,关于风土的理论亦是缺位的,这是客观事实。然而其暗流却藏身于现代建筑的实践之内,出现了研究风土的星群(constellations),这种长期的影响引人警示,发人深思。风土意识加深的现象和现代性自身的问题相伴而生,我们不禁怀疑,风土究竟是一种建筑类型吗?抑或是提醒人类重视过往真实的、具体的经验?风土本身是否折射了现代性?诸如这样的探讨,绝对不是为了风土自身(per se)展开,而是在一种相对性的历史关系里以严谨辩证的方式得出认识。按照传统对黑格尔辩证法的三段论解释,辩证法开始于自我的同一性,而这种自我同一性只有通过它的对立面才能得到确证,提出某个命题/建议意味着它的对立面的存在。也就是说,一个命题,只有通过历史地转换为它的对立面,它的存在才能完成与实现。因此,第三项的出现显得顺理成章。因为它既是前两项的否定,也是对它们的体现。于是著名的三段论出现了:"肯定—否定—否定之否定"。在此公式中,第三项是对第二项的否定和对第一项的更高层次的回归。列斐伏尔曾在黑格尔辩证法的基础上,提出三元论,尽管不符合逻辑的实际过程。他的辩证法的出发点不是一种自我肯定的思想,而是矛盾运动着的社会生产实践,涵括全球化、城市化、国家空间、差异与节奏理论、建筑学乃至于女性主义话题,与之相对的第二个环节是既抽象又具体的权力,是一种压缩与强制的统一。第三个环节则是包括诗性与欲望在内的超越形式,从而摆脱死亡的控制,注意在这里只有三元性和他者。按照这些历史叙述建构的探索,风土这块帷幕一旦拉开,正因为深刻关联着现代思辨的自反性本质,好戏必定接连不断。张拉的绳索,一端系于地域、一端系于全宇,具体的地方性与超越差异的抽象之间的对峙,现代性深陷又凸显此中,本身的内涵将变得越发复杂。

复杂性和矛盾性,是一个出现于后现代文本中的重要关键词,也是风土建筑给出的特征之一,对应于且涌现在建筑操作的过程里,如果从空间的方式来审视现代建筑与风土建筑之间的关系,显然其意味不证自明,但是风土建筑的内涵不仅于此。在多数人的印象中,风土建筑更多是一种经验化的范畴参照,紧密指向一群以前现代群居方式生活的人群,享有在现代生活中不可寻觅的亲密感,这些久远的前现代记忆和感召总是若有似无地重现在所谓的彰显现代性及其生活方式的建筑里，我们于是在以速度为标志的现代社会里开始一次"缓慢的归乡"。人类已经以亲地的方式在地球上栖息了数十世纪，与此相比，高楼大厦的生活经验在生物纪元的记忆中不过是短短一瞬。而即使在现代运动鼎盛时期，风土建筑依然在发挥出作为人类认知类型的作用力。考古学家在土耳其的乡村里发现了一种被忽视的居住原型，一个农民住宅这种自给自足的恒常图式，却跟柯布西耶代表性的现代建筑作品萨伏伊别墅有着惊人的相似。这座现代建筑建造于上个世纪20年代末，之所以被接受并成为新的现代范式，大概并非有多么摩登，而恰恰是因为它多么原始。凡此种种，这些现象背后究竟是什么原因呢？或许正如列维·斯特劳斯所说，传统意义上，建筑史常常是而且一直是针对于建筑的意识和可见的表达来整理资料的，而关于建筑的人类学则始于对建筑那些潜意识的（个体的、群体的、集体的）基础的考察，建筑人类学认为，这种从意识到潜意识的转变，标志着从具体的和有时间性的领域向共同的和不变的领域的迈进。换言之，在这样一个时代，在随处可见激烈的宗教和民族冲突的时候，这些研究成果或许就意味着在我们这个星球上，在过去的历史中，在人造形式的外在表现的多元性和复杂性的下面，是可以建立起某些人类共同的因子的。

因此，本书在择取讲述的参照点的时候，必然需要颇费周章地追溯风土建筑价值认知的最早升华，从此出发实现文本细读与抽象观念的穿梭。价值认知的许多拐点特别重要，因为过往的习惯是，人们总是从行动上揣测动机，这种动机的来源究竟是否牢靠，需要从非常仔细的文本释读和谱系追踪（思想上的）入手，使其在"还原"的时候能够始终由问题意识引导，使其具体化、当下化。风土这个话题不仅仅是一个学术课题，通过理解构筑理论体系的历史同时可以理解人类自身的观念行进问题。它就好像是一个早期伴随人类启蒙而萌发的种子，正是这种丰富而深刻的关联性使得多少过往的思想变革者被深深吸引，试图有所作为。本书正是要试图照亮这些消弭在历史暗夜里的过往，看看风土者（暂且这么称呼他们）如何被文化更新的动力推动着，自觉地且以一种接续性的方式前行。每一颗观念的种子其萌芽和成长在人类历史上都经历了经年累月的孕育，翻开土壤探视最初的芽尖绝对必要，而更重要的是，到今天，播撒新的种子也一样重要。在历史的幽暗处，宏观与微观都有着深刻的传达性力量，必然性与偶然性总在历史中交替运行。全景式的历史主线叙述将提供体系式的力量，但一个个细微的闪光之处则更加引人入胜，因此需要力图挖掘个案、个人、个别现象上的细节，只为以手电筒照亮一角，揭示全体。只有带入直观的、生命的体验，才能真正领会价值认知的最初源头，领会个体脑中小小的灵光一现后面需要跟随什么样的努力才能真正牵动一段思潮的萌发，那么写作者也就从个体身上，最终真正找到了那个历史时期的入口并获取对当下源源不断的新鲜启示。今人不断感受到的事实是,历史总在照亮我们。按照黑格尔的观点,人类总是能够依靠反省的力量不断地重新思考一切,最终向着更深远的总体性行进。或许这也是不断进行自我审视的每一个历史研究者在看待历史时,将会最终看到的奇妙景象。于是,这样一个深刻的主题以及背后涉及的结构性命题贯穿六年间的每一次伏案挥笔,甚至化身为生活中每一个静默时刻里魂牵梦绕的意义之问。

这样一场写作恐怕真的有点"史无前例",或者在一开始就冒着极大的风险,特别就其角度而言,是一个险峻的研究方向。风土这一话题是边缘的,也是世界的,它是一个极具魅力的话题,因为透过它描绘的就是人类自身,历史中的"那个人"最终发现,每一条河流都将带有它所流经的大地的性质。但是更让人受益的是,任何一位真正深入到风土现场的研究者,其历史写作正因为风土本身的特殊性,得以挥别了案头上的"剪刀加浆糊",理论研究者也从案头走向了田野,最终走向带入主体生命体验的诠释学立场,这也是整个写作期间一直在不断习得和逐渐坚定的关于历史理解的最终持守。大概正如布克哈特所云"每一个时代在不同观者眼中均是不同的文化轮廓",或者也正如克罗齐所言"每一部历史都是当代史",人类在理解历史的过程里理解着自身,又从自身的体验里感知过往的历史,找到应对当下许多困惑和难题的参鉴和力量。一年,两年,三年,四年……数年之后,一篇新的"历史建构"就这么慢慢写成了,它一开始就立志于指向很多群体。作为那个写作者,奢求和期待人们从中受益,不论是关心艺术史、建筑设计、人类学、民居研究,还是遗产保护的人,甚至是对诗歌、哲学、普通人的生活感兴趣的人。

在本书的最终完成之际,我要感谢很多很多人。

首先,非常感谢恩师常青院士对我的学术引导,常老师数载间批阅此稿数版,花费了大量时间和精力对我的研究做了评点和修改,提出了一系列鞭辟入里的建设性意见与我讨论,使我的写作一直有所推进,他极端严谨的治学态度和基于因材施教的传道、授业、解惑方式都让我受益终生。

夏铸九教授,王骏阳教授,黄居正主编,卢永毅教授,李翔宁教授,冯江教授,朱晓明教授,都曾对我的研究提出了一系列宝贵意见,给出了极为深刻的评判以及理性、有效的指导。卢老师是我在同济大学就读硕士期间的导师,也是我学习建筑历史与理论的第一位引路人,一直关注和指点着我的学术写作。夏老师以循循善诱的引导对本书给予了重要指点,使我极为受益。

常青研究室对我的研究提供了全方位的支持,本书的写作离不开研究室众位师长和同门的关怀。我也非常感谢我的很多老师、前辈和学友对我给予过的帮助和关心,刘东洋老师曾对论题中柯布西耶与风土的相关研究给出过具体的指导,并与丁垚老师、冯江老师共同接受过关于蔚县城乡和建筑遗产的空间调查的采访,在此一并向三位老师致谢。感谢宾夕法尼亚大学荣休教授约翰·迪克逊·亨特先生准予我翻译其关于拉斯金如画理论的著述。感谢刘涤宇老师，张鹏老师，刘雨婷老师，张晓春老师，王方戟老师，张松老师等老师在我写作过程中提供帮助。感谢陈曦师姐，董一平师姐，梁智尧师兄，伍沙师姐等前辈对我的建议。感谢江嘉玮，胡佳林，周娴隽，许月丽，郑露荞，李勇等学友给予的鼓励。

最后，非常感谢我的家人包括父母、爱人以及年幼的女儿对我学术生涯的支持，我的家人是我最重要的人生财富和坚强后盾。特别感谢我的母亲张爱萍女士，若没有她长期的付出和无私的关爱，我将很难专注于学业，直到顺利完成本阶段的研究。

潘　玥

2021 年 12 月　于沪上寓所